科学出版社"十四五"普通高等教育本科规划教材

# 兽医产科学

## （第二版）

侯振中　赵树臣　曹永国　主编

科学出版社

北京

# 内 容 简 介

本书入选科学出版社"十四五"普通高等教育本科规划教材，针对农业院校动物医学专业学生编写，着重从动物的生殖生理、产科疾病和生殖调控技术等方面，对动物繁殖机制及产科相关疾病的病因、诊断和防控等进行全面、系统和深入的阐述。内容涉及家畜、宠物、经济动物、野生动物等相关的兽医产科学知识和技术。

本书可作为动物医学专业本科生或研究生教材，也可作为动物科学、生物学、实验动物学等相关专业学生的参考用书。

**图书在版编目（CIP）数据**

兽医产科学 / 侯振中, 赵树臣, 曹永国主编. 2 版. -- 北京：科学出版社, 2024. 11. --（科学出版社"十四五"普通高等教育本科规划教材）.
-- ISBN 978-7-03-079491-8

Ⅰ. S857.2

中国国家版本馆 CIP 数据核字第 2024NE9949 号

责任编辑：刘　丹　马程迪 / 责任校对：严　娜
责任印制：吴兆东 / 封面设计：金舵手

科学出版社 出版
北京东黄城根北街 16 号
邮政编码：100717
http://www.sciencep.com
三河市春园印刷有限公司印刷
科学出版社发行　各地新华书店经销
*
2011 年 2 月第 一 版　开本：787×1092　1/16
2024 年 11 月第 二 版　印张：26 1/4
2025 年 2 月第十次印刷　字数：688 000
定价：108.00 元
（如有印装质量问题，我社负责调换）

# 《兽医产科学》（第二版）编委会名单

# 前　言

本书第一版编写时，国内兽医产科学的教科书和参考书较少，不能满足不同层次专业学生的教学和基层专业技术人员临床参考应用需求。因此，在科学出版社的支持下我们编写了《兽医产科学》（第一版），并于2011年出版。

近年来，随着国内外广大科研工作者在兽医产科学方面的研究创新，以及现代诊疗技术在兽医领域的发展，先进的诊疗手段已经应用到产科临床实践中并在生产中发挥重要的作用。在宠物疾病诊疗和特种经济动物养殖业中，兽医产科学学科知识在繁殖、疾病诊断和治疗等方面也面临更大的挑战。在生殖调控技术方面，无论是胚胎体外生产和移植技术，还是克隆和转基因等技术，国内外也有突飞猛进的发展，已不仅局限于实验室研究，更多的是将成果应用于生产实践中，将生产和研究相结合。因此，根据上述教学需要和实际生产的需求，主编组织国内十余所农业院校的兽医产科学教师对第一版进行全面修订，力求满足国内多数普通高等农业院校和职业院校的教学需求。

在教材的再版过程中，编委团队全面贯彻党的二十大精神，坚持正确的政治方向和价值导向，突显专业特色，传承目前国内相关教材的教学思想和内容精髓，也汇集国内多所普通高等农业院校兽医产科学专业教师的智慧，汲取国内外学科的部分最新成果，科学合理地编排教材内容，希望能够满足动物医学专业学生的学习需求，也可作为基层兽医工作者的临床参考用书。

本次再版增删和修订了较多内容。全书除绪论外，主要包括动物的生殖生理、产科疾病和生殖调控技术三部分，共15章。赵树臣编写了绪论和第一章第三节；杜立银和温泽星编写了第一章第一、二、四节；曹峥编写了第二章；赵立佳编写了第三章；巨向红编写了第四章；张志平编写了第五章；安志兴编写了第六章；韩欢胜编写了第七章；杨淑华编写了第八章；鲁文赓编写了第九章第一至四节，沈留红编写了第九章第五至八节；高瑞峰编写了第十章；刘贤侠和李华涛编写了第十一章；白喜云编写了第十二章；曹永国和胡晓宇编写了第十三章；肖雄编写了第十四章；余树民编写了第十五章第一至三节，陈华涛编写了第十五章第四至七节。全书由侯振中、赵树臣、曹永国校稿，付世新审定。

各位编者和部分普通高等农业院校兽医产科学教师在本教材修订过程中提出了宝贵意见，在此一并表示感谢。尽管我们在编写过程中竭尽所能，苛求完美，但是兽医产科学涉及的知识面广，内容浩繁且更新迅速，加之编者水平所限，疏漏在所难免，诚挚恳请广大读者在使用中批评指正。

编　者

2024年10月

# 目 录

前言
绪论 ······················································································· 1
第一章 生殖内分泌学基础 ··········································· 6
  第一节 激素概述 ······················································· 6
  第二节 激素的作用机制 ··············································· 9
  第三节 生殖激素 ······················································· 11
  第四节 生殖内分泌学的研究方法 ··································· 32
第二章 生殖器官解剖 ··················································· 43
  第一节 雌性动物生殖器官解剖 ····································· 43
  第二节 雄性动物生殖器官解剖 ····································· 51
第三章 母畜生殖功能的发生与发展 ····························· 61
  第一节 卵子发生与卵泡发育 ········································ 61
  第二节 母畜生殖功能的发展 ········································ 64
  第三节 发情周期 ······················································· 66
  第四节 不同动物发情周期的特点及发情鉴定 ················· 72
第四章 受精 ······························································· 79
  第一节 配子在受精前的准备 ········································ 79
  第二节 受精过程 ······················································· 91
  第三节 异常受精及性别决定 ········································ 96
第五章 妊娠 ······························································· 98
  第一节 妊娠期 ·························································· 98
  第二节 妊娠识别与妊娠建立 ········································ 101
  第三节 胚胎发育 ······················································· 103
  第四节 胎膜及胎盘 ···················································· 106
  第五节 妊娠期母体的生理变化 ····································· 112
  第六节 妊娠诊断 ······················································· 116
第六章 分娩 ······························································· 123
  第一节 分娩预兆 ······················································· 123
  第二节 分娩启动 ······················································· 125
  第三节 决定分娩过程的要素 ········································ 128
  第四节 分娩过程 ······················································· 131
  第五节 接产 ···························································· 135

第六节　产后期 ·························································· 137

第七节　诱导分娩 ······················································ 139

**第七章　特种经济动物繁殖** ············································· 142

第一节　鹿 ····························································· 142

第二节　水貂 ··························································· 145

第三节　狐 ····························································· 148

第四节　貉 ····························································· 150

第五节　羊驼 ··························································· 153

第六节　骆驼 ··························································· 155

第七节　狍 ····························································· 158

第八节　麝 ····························································· 161

第九节　熊 ····························································· 163

第十节　兔 ····························································· 166

**第八章　妊娠期疾病** ··················································· 169

第一节　流产 ··························································· 169

第二节　阴道脱出 ······················································ 177

第三节　妊娠毒血症 ···················································· 181

第四节　孕畜截瘫 ······················································ 185

第五节　胎水过多 ······················································ 187

第六节　孕畜浮肿 ······················································ 188

第七节　假孕 ··························································· 189

**第九章　分娩期疾病** ··················································· 192

第一节　难产概述 ······················································ 192

第二节　难产的检查 ···················································· 196

第三节　手术助产的术前准备 ············································ 200

第四节　助产的方法 ···················································· 204

第五节　助产后母畜的检查和护理 ········································ 219

第六节　母畜常见难产 ·················································· 220

第七节　危重情况的处理 ················································ 241

第八节　难产的预防 ···················································· 243

**第十章　产后期疾病** ··················································· 245

第一节　产道损伤 ······················································ 245

第二节　胎衣不下 ······················································ 248

第三节　子宫破裂 ······················································ 253

第四节　子宫内翻及子宫脱出 ············································ 255

第五节　子宫复旧不全 ·················································· 258

第六节　产后感染 ······················································ 260

第七节　产后瘫痪 ······················································ 264

第八节　产后截瘫 ······················································ 269

第九节　围产期奶牛脂肪肝 ·············································· 270

第十节　奶牛产后卧地不起综合征 ……………………………………………… 273

**第十一章　母畜科学** …………………………………………………………… 276

第一节　不育的原因及分类 ………………………………………………… 276

第二节　先天性不育 ……………………………………………………… 276

第三节　营养性不育和管理利用性不育 …………………………………… 280

第四节　繁殖技术性不育 …………………………………………………… 282

第五节　环境气候性不育 …………………………………………………… 283

第六节　衰老性不育 ……………………………………………………… 284

第七节　疾病性不育 ……………………………………………………… 284

第八节　免疫性不育 ……………………………………………………… 302

第九节　提高牛繁殖力的兽医管理措施 …………………………………… 303

**第十二章　公畜科学** …………………………………………………………… 307

第一节　公畜生殖功能的发生、发展与调节 ……………………………… 307

第二节　公畜的性行为 …………………………………………………… 311

第三节　公畜不育概述 …………………………………………………… 315

第四节　公畜生殖系统疾病 ………………………………………………… 319

**第十三章　乳房疾病** …………………………………………………………… 333

第一节　乳房组织结构与功能 ……………………………………………… 333

第二节　乳腺炎 …………………………………………………………… 336

第三节　其他乳房疾病 …………………………………………………… 350

第四节　乳头疾病 ………………………………………………………… 356

**第十四章　新生仔畜科学** ……………………………………………………… 360

第一节　新生仔畜的生物学特点和护理 …………………………………… 360

第二节　新生仔畜疾病 …………………………………………………… 366

**第十五章　生殖调控技术** ……………………………………………………… 378

第一节　人工授精 ………………………………………………………… 378

第二节　胚胎移植 ………………………………………………………… 383

第三节　胚胎体外生产 …………………………………………………… 387

第四节　胚胎显微操作 …………………………………………………… 390

第五节　性别控制 ………………………………………………………… 393

第六节　动物克隆与转基因 ………………………………………………… 396

第七节　同期发情与定时输精 ……………………………………………… 405

**主要参考文献** …………………………………………………………………… 410

# 绪　　论

## 一、兽医产科学的基本含义及其主要研究内容

兽医产科学（theriogenology）是研究动物繁殖生理、繁殖技术和繁殖疾病的一门临床学科。兽医产科学最初附属于兽医外科学，在生产实践中仅仅涉及家畜的接生和难产救助等方面的知识，发展到今天，已经形成一门既相对独立，又与其他学科有着千丝万缕联系的新型学科。目前兽医产科学的主要研究内容包括动物的发情、受精、妊娠、分娩到产后期的整个生殖生理、繁殖疾病（也包括新生仔畜疾病和乳腺疾病）和繁殖技术。另外，随着科学发展的需求和人类生活水平的提高，涉及实验动物、经济动物、伴侣动物的有关繁殖生理、繁殖技术和繁殖疾病等方面的内容也被囊括到兽医产科学的范畴，形成了外延更加广阔、内涵更为丰富的兽医产科学。从整体来看，兽医产科学的主要研究内容涉及生殖内分泌学（reproductive endocrinology）、生殖生理学（reproductive physiology）、繁殖技术（reproductive technology）、产科疾病（obstetrics disease）、母畜科学（gynecology）、公畜科学（andrology）、新生仔畜科学（neonatology）和乳腺疾病（mammary disease）。

生殖内分泌学是专门研究动物生殖活动内分泌调控的学科，其主要研究动物的内分泌活动规律，利用这些规律调控动物的繁殖活动，诊断、治疗和预防生殖疾病，也是兽医产科学的核心内容。

生殖生理学主要研究、阐明动物在整个生殖过程中的生理现象、规律和其内在的发生机制。其中，以潜在的生殖激素为主导的生殖内分泌活动，反映到卵巢上卵泡和黄体的周期性变化，以及行为上的发情周期和妊娠分娩等生殖生理活动，不仅对于阐明动物的生殖生理、调控动物的生产繁殖，而且对于产科疾病的诊断、治疗和预防都有着重要的意义。因此，在学习动物的繁殖生理过程中，要把表观的生理现象和其内在的内分泌调控结合起来，同时要将内分泌-免疫-神经系统有机结合起来，将现象和本质结合起来。

繁殖技术是人们在认识生殖规律的基础上，为了提高动物的繁殖力所采用的手段和技术。繁殖技术在提高动物的繁殖力、提高人类劳动的生产价值，以及发展科学技术方面具有重要的意义。随着畜牧业养殖的现代化、集约化和高效化发展，人们对家畜的饲养、管理和繁殖等方面提出更高的要求。在动物的整体繁殖生理周期内，在性成熟、发情、配种、妊娠、分娩、哺乳及产后动物繁殖功能的恢复和生产性能的提高等方面，都有可能涉及繁殖技术的应用，如改变某些繁殖过程、缩短繁殖周期、开发繁殖潜力等，以达到降低生产成本、提高人工劳动效率和增加经济效益的目的。人工授精技术、配子冷冻保存技术、胚胎工程技术、人工诱导分娩技术、人工诱导泌乳技术、体外胚胎生产、胚胎显微操作技术、性别控制技术、动物的克隆与转基因技术等，对现代化畜牧业生产发挥了巨大的作用，大大提高了家畜的繁殖效能。此外，随着科技的发展，动物疾病的诊疗和繁殖技术，如超声技术、腔镜技术，对于动物的发情鉴定、妊娠诊断、采卵和胚胎移植等繁殖环节也发挥了越来越大的作用。

产科疾病主要研究动物在妊娠期、分娩期、产后期等繁殖过程中的相关疾病，也将新生仔

畜、乳腺疾病和繁殖障碍性疾病囊括在内，主要介绍疾病的诊断、治疗和综合防控等内容。在兽医产科学方面，用于疾病的诊疗技术发展迅速，为畜牧业的发展奠定了坚实的基础。

## 二、兽医产科学的发展简史及重要进展

### （一）国外兽医产科学的建立与发展

兽医产科学诞生于 20 世纪，逐渐发展、壮大，并走向成熟。100 多年来，在几代兽医产科学工作者继承和发展的不懈努力下，兽医产科学已经由传统的进行家畜的接产助产等简单分散的临床技术工作转变为一门系统完整的兽医临床学科，并和现代化的诊疗体系相结合，产生很多新技术。兽医产科学和其他兽医学科的关系也密切相关，是整个兽医学课程体系中必不可少的一个重要组成部分。

1909 年，美国兽医产科学先驱 Williams 出版 *Veterinary Obstetrics*，1921 年出版了 *Disease of the Genital Organs of Domestic Animals*，后来均再版并被翻译成西班牙文和意大利文，这两本书的出版为现代兽医产科学学科体系的建立和发展奠定了基础。1938 年，Benesch 主编出版 *Veterinary Obstetrics*，该书于 1951 年和 1964 年分别进行修订，于 1975 年进行第三次修订时更名为 *Veterinary Reproduction & Obstetrics*，并且在 1982 年、1989 年、1996 年、2001 年、2009 年和 2018 年分别进行了修订，该书被认为是兽医产科学较权威的参考书，在兽医产科学领域具有重要的地位，其中 2009 年修订版本于 2014 年在我国翻译出版。20 世纪 60 年代以后，兽医产科学领域还相继出版了诸如 *Reproduction in Domestic Animals*，*Current Therapy in Large Animal*，*Veterinary Obstetrics and Genital Diseases*（*Theriogenology*），*Veterinary Endocrinology and Reproduction*，*Physiology of Reproduction and Artificial Insemination of Cattle*，*Reproduction in Domestic Animals*，*Reproduction in Farm Animals* 等大量的教科书、专著和专论，使兽医产科学成为一个更加完整的学科。

近年来，在兽医产科学领域出版的较实用的专著还有 Mauricio 的 *McDonald's Veterinary Endocrinology and Reproduction*（第 5 版）（2008）；Jackson 的 *Handbook of Veterinary Obstetrics*（第 2 版）（2004）；England 的 *Fertility and Obstetrics in the Horse*（第 3 版）（2005）；Samper 的 *Current Therapy in Equine Reproduction*（2007）；Youngquist 的 *Current Therapy in Large Animal Theriogenology*（第 2 版）（2006）；MeKinnon 的 *Equine Reproduction*（第 2 版）（2011）；Zimmerman 等的 *Diseases of Swine*（第 10 版）（2012）和 *Veterinary Medicine*，*a Textbook of the Disease of Cattle*，*Sheep*，*Pig and Goats*（第 11 版）（2012）；Hopper 的 *Bovine Reproduction*（2014）和 *Pathology of Domestic Animals*（第 6 版）（2016）（其中 McEntee 编写的繁殖病理学的部分章节是研究生殖道疾病的重要指南）等。

在产科疾病和治疗方面，1897 年丹麦的 Bernard Bang 发现了布鲁氏杆菌是引起牛流产的主要原因。1932 年 Emmerson 发现滴虫病为牛不育的原因之一。1920~1940 年，美国兽医产科学家 Cassius Way 研制的卵巢针可通过阴道刺入卵巢吸取卵巢囊肿的卵泡液治疗不育；Earle B. Hopper 研制出可牵拉牛子宫和子宫颈的子宫颈钳。Caslick 在 1937 年发表的关于马发情周期的研究报告，至今仍是兽医学文献中关于马繁殖的最为完整和经典的研究论文；他还提出了通过缝合阴唇来治疗气膣导致的不育。1938 年奥地利兽医学家 Benesch 研制出通用型截胎器械，以及用于难产救治的手指刀、线锯、产科凿、钩刀等。20 世纪 40 年代初期，Frank 和 Roberts 发现注射卵泡液可抑制牛产奶，并能预防乳热症；他们对猪和牛的剖宫产进行了大量的研究，使

剖宫产成为日常难产救助的常用方法。1944 年，美国威斯康星州的 Lester E. Casida 教授和同事利用绵羊的垂体提取物治疗牛的卵巢囊肿，并且对牛的受精失败、胚胎死亡和屡配不孕等进行了大量的研究。20 世纪 50 年代，科学家发现弯曲杆菌病是引起牛不育和早期胚胎死亡的主要原因。20 世纪 60 年代，由 de Bios 领导的荷兰兽医产科学家对截胎术和剖宫产技术进行了比较和改进。兽医产科工作者对人工授精进行了大量的研究，后期结合同期发情技术、发情鉴定技术，使冻精人工授精技术在各种家畜甚至野生动物上得到广泛的应用。1951 年，威斯康星州的研究人员首次在牛体内进行了胚胎移植手术，此后胚胎冷冻保存及移植已扩展到几乎所有的动物。20 世纪 60 年代后期，以色列 Ayalon 等对屡配不孕的病因和胚胎移植等技术治疗进行了深入的研究。20 世纪六七十年代，Loy 和 Kenney 等在子宫内膜病理学和公畜科学方面进行了大量的研究。

（二）兽医产科学在我国的发展及重要成就

在我国，从驯养家畜开始就出现了和家畜繁殖相关的研究，当然那时候还没有学科间的分类，主要就是从事和记录家畜在繁殖技术、产科疾病方面的经验和方法。早在公元前 11 世纪的《周礼》、公元 6 世纪的《齐民要术》、明代的《马书》《元亨疗马集》、清代的《活兽慈舟》《猪经大全》《抱犊集》《驹疗集》等名著，均记载有不少家畜繁殖技术和产科疾病的防治方法。这些都是我国人民积累的宝贵经验，对畜牧业的发展起到了积极的作用。1904 年，北洋马医学堂（也称陆军兽医学校，现为吉林大学动物医学学院）成立。20 世纪 30 年代，陆军兽医学校最早开设了兽医产科学。1947 年，陆军兽医学校的王石斋编写了《家畜产科学》。

1949 年后，兽医产科学前辈在教学过程中开设相关课程，针对没有相应教材的现状，很多院校的前辈通过翻译引用国外兽医产科学教材和文献完成教学，同时组织人员编写了各自学校的校内教材。1952 年，西北畜牧兽医学院（现为甘肃农业大学）陈北亨翻译了 Walter L. Williams 的 *Veterinary Obstetrics*，1956 年陈北亨等翻译苏联司徒监佐夫的《家畜产科学及母畜科学》和古巴列维奇的《小家畜产科学》作为当时主要教学参考书，1963 年东北农业大学郑昌乐等编写《家畜产科学》讲义和《家畜产科学及人工授精实习指导》，直到 1979 年 6 月，国内第一本系统的教材《家畜产科学》由甘肃农业大学的陈北亨教授主编而出版，其内容涉及家畜的产科生理和产科疾病。自此以后，本学科才可以说真正独立出来，被命名为家畜产科学，1984 年 9 月召开了中国畜牧兽医学会兽医产科学研究会筹备会议暨兽医产科学第一次学术讨论会。随着养殖业的发展和繁殖新技术的应用，1988 年本学科改名为兽医产科学。1993 年，由王建辰主编的《家畜生殖内分泌学》出版。20 世纪 80 年代开始，我国兽医产科学的研究突飞猛进，在家畜生殖生理、家畜生殖内分泌研究、胚胎工程和疾病防治方面出现了许多研究成果，影响深远，在许多方面已经接近或达到世界水平，同时兽医产科学也和其他很多学科建立起了千丝万缕的联系，很多学科间具有密不可分的联系，相互支撑。

在生殖内分泌方面，我国从 1970 年开始研究前列腺素，1972 年合成前列腺素类似物——15 甲基前列腺素 $F_{2\alpha}$，随后将其用于牛持久黄体的治疗和同期发情、同期分娩与人工引产等生产活动中，在促进动物生产和胚胎移植等生产活动中发挥了重要的作用。1980 年，农业部（现农业农村部）批准西北农业大学（现西北农林科技大学）成立家畜生殖内分泌与胚胎工程重点开放实验室。20 世纪 80 年代起，我国开始将放射免疫分析（RIA）应用于产科临床实践，可测定血浆、血清和乳汁中的孕酮浓度，后来很快可以采用 RIA 和酶联免疫吸附分析（ELISA）技术测定血液中卵泡刺激素（FSH）、黄体生成素（LH）、孕酮（$P_4$）、睾酮（T）、17-β-雌二醇（17-β-$E_2$）

等生殖激素，用于各种动物的早期妊娠诊断、产后和发情周期中卵巢功能的监测、疾病诊断和治疗效果的监控、繁殖生理的研究等，如对奶牛生殖激素与胎次关系、对民猪的生殖激素与繁殖性能关系及不同品种山羊促黄体素与繁殖性能关系的研究等。

在生殖生理方面，通过 RIA 和 ELISA 等技术测定 $P_4$ 以进行早期妊娠诊断，采用腹腔镜技术进行山羊的妊娠诊断，通过人工采卵、人工授精及胚胎移植以实现高效、优良繁殖。应用超声技术进行牛和马的早期妊娠诊断和卵巢疾病的诊断等，如在母马怀孕的第 16～18 天即可发现孕囊的存在；应用 B 超检测牛卵泡的发育和确定最佳人工授精时间等。在小动物产科临床方面，采用 B 超、X 射线摄影技术进行早期妊娠诊断、判定预产期、诊断生殖疾病等，采用激素测定和阴道细胞学检查等技术进行发情鉴定和最佳输精时间的确定。可通过测定激素进行奶山羊发情生理的研究；通过测定激素证实怀孕山羊的雌二醇（$E_2$）由胎儿胎盘单位所产生；进行雌二醇诱导羊的黄体溶解机制的研究；开展骆驼通过精液中的诱导排卵因子以体液途径发生排卵的研究；发现 $E_2$ 和 $P_4$ 在 0.1mg/kg：0.25mg/kg 或 0.5mg/kg：0.125mg/kg 时，配合催乳素（又称促乳素）（PRL）分泌峰，可启动乳汁的合成和分泌；发现利血平可降低 PRL 抑制因子多巴胺的分泌而使 PRL 迅速释放，提高产奶量等，以及采用人工诱导泌乳的方法，提高产奶量，减少经济损失，而且也可以辅助性地治疗牛羊的不育症等。

在胚胎工程方面，我国兽医产科学工作者在 20 世纪 80 年代开展了胚胎工程方面的研究。1994 年，西北农业大学窦忠英等首次进行猪胚胎细胞核移植。2000 年 6 月 16 日，西北农林科技大学张涌等培育的世界首例成年体细胞克隆山羊"元元"顺利诞生，但仅存活了 36 小时 05 分。2000 年 6 月 22 日，第二只体细胞克隆山羊"阳阳"出生，存活了 16 年。2006 年 12 月我国首例绿色荧光蛋白转基因克隆猪由东北农业大学克隆培育成功，并于 2008 年 1 月成功产下 2 头具有绿色荧光遗传特征的小猪。从 20 世纪 80 年代开始，国内的科研工作者先后在胚胎分割、胚胎冷冻、体外受精、冻胚分割、卵核抑制、体外胚胎生产方面取得了一系列的突破性成果，并且将牛羊等家畜的胚胎工程向生产实际进行转化，涌现出大量胚胎移植科技工作者和胚胎工程或生物技术企业。此外，在胚胎融合、性别控制、核移植、克隆和转基因等方面均取得重要突破，对胚胎发育机制研究等具有重要的意义。目前胚胎工程技术已经向生产实际进行转化，在多种家畜和野生动物中得到应用。2022 年，西北农林科技大学靳亚平教授领衔的奶牛种业创新团队开展奶牛体细胞核移植与克隆胚胎技术的研发与推广应用工作，首次在牛场实现了克隆奶牛胚胎的规模化生产。西北农林科技大学张涌院士在牛羊高效克隆研究、基因编辑牛羊培育研究及牛羊胚胎工程产业化方面都取得了辉煌的成绩。

在产科疾病防治方面，也积累了丰富的经验，如对马的妊娠毒血症、子宫内膜炎、乳腺炎的治疗，胎儿绞断器的研发，应用各种激素制剂广泛进行卵巢疾病和子宫疾病的治疗，中药或中西合剂的研发治疗产科疾病等都取得了长足的进步。近年来在小动物产科疾病的诊断、治疗及小动物繁殖等方面的研究，也取得了长足的进步，在疾病诊断上更是将彩色多普勒超声检查（彩超）、计算机体层成像（CT）、核磁共振、数字 X 射线摄影（DR）和内窥镜检查等技术应用到小动物临床生产实践中，诊疗水平得到长足的发展，为宠物提供了有力的帮助，同时也满足了人们对宠物医疗的需求，其中黄群山和杨世华编著的《小动物产科学》及白喜云等主译的《犬猫临床繁殖与产科学》等对于解决小动物产科临床方面的一些问题具有一定的指导意义。

在进行上述科学研究和生产实践的同时，国内的兽医产科学专家也编著了大量的专著和教材，除了指导兽医临床实践外，也为动物医学专业学生的学习提供参考。从 1979 年陈北亨主编的《家畜产科学》在中国农业出版社出版始，到 2017 年由赵兴绪主编的《兽医产科学》已经在中国农业出版社出版第 5 版。此外，陈北亨和王建辰主编的《兽医产科学》(2001)，章孝荣主编的《兽医产科学》(2011)，侯振中和田文儒主编的《兽医产科学》(2011)，余四九主编的《兽医产科学（精简版）》(2013) 等产科教材也相继出版。在生殖内分泌方面，1993 年王建辰主编的《家畜生殖内分泌学》出版，2007 年张家骅主编的《家畜生殖内分泌学》出版，主要用作研究生教学的参考教材。除了上述教材外，和兽医产科学相关的专著还有很多，在此就不一一赘述。

### 三、学习兽医产科学的目的

兽医产科学是一门临床实践性很强的学科，是动物医学专业学生的必修临床专业课程之一。要求动物医学专业学生学习兽医产科学的主要目的是使学生能够了解和掌握现代兽医产科工作中所需要的基本知识、基本技能和新技术，根据所学的动物繁殖生理和生殖内分泌调控规律在生产实践中调控动物的发情、受精、妊娠和分娩等各个生产环节，或者应用胚胎工程技术指导动物的生产繁殖，保证或提高动物的正常繁殖效果或进行新品种的培育，并且利用前期的动物繁殖生理和兽医相关知识，去诊断、治疗和预防动物在生产过程中相关的生殖或产科方面的疾病，如进行疾病的现场快速诊断、研发激素疫苗高效控制动物的繁殖、简化繁殖技术和研发治疗药物等，由此解决生产实践中的问题，指导生产实践，为畜牧业的健康发展保驾护航，提高动物的养殖水平，解放生产力，满足人们对肉蛋奶等的生产需求。

### 四、兽医产科学的发展与展望

兽医产科学已经取得很大的发展，其在畜牧业、公共卫生事业、伴侣动物及观赏动物医疗保健、食品安全等诸多领域都发挥着重要作用。例如，在畜牧业中，兽医产科学的研究和应用对于提高动物繁殖效率和生产质量发挥重要的作用；在公共卫生事业中，兽医产科学可以帮助我们更好地了解和预防人畜共患病；在伴侣动物及观赏动物医疗保健中，兽医产科学的研究和应用可以提供更好的医疗保健服务；在食品安全领域，兽医产科学可以帮助我们更好地生产肉蛋奶。并且，随着科学技术的不断进步和社会的发展需求，兽医产科学有着更广阔的发展前景。未来，兽医产科学工作者将继续深入研究动物的繁殖生理和繁殖技术，探索和研究新的技术和方法，以更好地服务于畜牧业。同时，兽医产科学研究还将继续关注人畜共患病问题，为公共卫生事业做出更大的贡献。此外，伴侣动物和观赏动物的医疗保障需求也在不断增加，兽医产科学将在这方面发挥更大的作用。当然，兽医产科学的研究会更加注重在教学、生产及科学研究中的使用价值，重视培养应用型人才。在科学技术上要锐意进取、开拓创新，创造出更加有效且便于推广应用的诊断方法、器械和药品等，更加注重产、学、研、用的一体化，推动教学、科研与产业开发及应用相结合，提高经济效益和社会效益，同时促进本学科教学、科研和生产的发展。

# 第一章　生殖内分泌学基础

动物在整个繁殖过程中，都受到内分泌作用的调控，内分泌作用的正常与否和动物的生殖活动密切相关。本章主要介绍动物生殖内分泌的基础知识，为调控动物的生殖活动，诊断、治疗和预防生殖疾病奠定基础，是兽医产科学的重要基础和核心内容。

## 第一节　激素概述

### 一、激素概念的建立与发展

激素的现代学说起源于 19 世纪对形态学和生理学的研究。那时人们已经认识到内分泌腺，并能清楚地区别排泄和分泌作用。1855 年，法国生理学家 Bernard 用化学方法证明肝除了具有排出胆汁的功能外，还担负着将葡萄糖运到血液中的任务。他将后者命名为"内分泌作用"，从而创建了一个重要但仍不清晰的生理学概念。1905 年，英国生理学家 Starling 首次提出了"激素"（hormone，激动之意，源于希腊语）一词。Bayliss 和 Starling 通过对胰分泌素及其对消化液分泌作用的研究，认为"内分泌"表达含义不够精准，从而采用"激素"一词来描述他们观察到的内分泌过程中的一些化学信息物质。

**1. 经典的激素概念**　　激素是人和动物体内特殊的物质，由一定的腺体或神经细胞（神经元）产生，直接或间接地输送到血液，在机体的另一部位发挥其特异作用，为机体功能所必需的特殊物质。激素过多或缺乏，将引起一定的疾病，减少或补充相应的激素即可治愈。

Karlson（1982）主张应对激素和类激素这样一些化学信息物质加以区分，尽管激素和类激素之间很难有明显的界限，但还是可以根据其运输方式提出恰当的定义；并主张应将"激素调节"这一概念限制在内分泌系统中。他对内分泌的定义是：内分泌细胞或神经内分泌细胞向血液中释放信息物质（激素），这些信息物质在靶器官中与特异受体相互作用，从而调节靶器官的物质代谢过程和形态学变化。邻分泌的定义则是：邻分泌细胞产生信息物质，通过在细胞间质中的扩散而到达靶细胞，其作用是近距离的。这些信息物质不应属于激素，而应称为"邻分泌素"或"胞间分泌素"，其含义是"局部信息或局部作用"。它包括神经分泌物质、神经调节物质和神经递质等具有邻分泌局部调节作用的物质。与此相对应的是，激素具有远距离传递信息和全身性的调控作用。

**2. 内分泌和激素的新概念**　　Roth 小组认为，神经分泌细胞、内分泌细胞和邻分泌细胞都应归为同一家族，并统称为"调节细胞"。它们产生的分泌物则统称为"调节素"，不再分为激素或神经递质。从进化学上讲，激素是细胞与细胞之间传递信息的古老方式，其合成部位并没有严格的局限性。其他研究者也证实，单细胞生物对激素的反应也是通过特异性受体实现的，并指出，细胞生物学家起初称作组织因子的细胞激素和神经递质，它们的作用是刺激细胞生长，或使细胞作为一个整体而进行活动，或者引起某种生化反应；多细胞生物（如哺乳动物）进化出了具有不同功能的细胞、组织和器官，能以更加复杂而精密的方式利用这些激素。按照 Roth 的理论，激素仅仅是信息物质的一种表现形式。Ensinck 等则将激素效能归纳为 6 个方面，即内分泌、神经分泌、神经内分泌、神经传递、邻分泌和外分泌，并主张"一种化学物质只要具备上述一项或一项以上效能，都可称为激素"。某些激素仅有一种功能，而有些激素则可能具有多种功能，从而出现内分泌与神经分泌交叉、内分泌与邻分泌交叉等现象。Hyland（1990）等给出定义为：激素是机体分泌的、在局部或通过运输到达靶组织而起调节分泌或代谢作用的物质。

**3. 激素的新学说与经典概念的区别**　　综上所述，激素新学说的核心含义是：激素是细胞与细胞间功能实现相互关联的信息物质，其合成部位并没有严格的局限性。它与经典概念的区别如表 1-1 所示。

表 1-1　　激素的新学说与经典概念的区别

| 项目 | 激素的新学说 | 激素的经典概念 |
| --- | --- | --- |
| 存在范围 | 动物和植物<br>内分泌和外分泌<br>细胞和内分泌腺 | 人和动物<br>内分泌<br>内分泌腺 |
| 合成部位 | 没有严格的局限性。可产生于同一机体的不同部位，从高等动物到植物的不同种属也可产生 | 由专门内分泌腺产生的特殊物质。认为同一机体只有特定的腺体才能产生激素 |
| 传递方式 | 因机体种属不同而异 | 经血液到达靶组织 |
| 总的观点 | 进化的观点 | 非进化的观点 |
| | 认为激素是细胞之间联系的古老方式，激素就是调节素，是信息物质的一种表现形式，不再区分不同的类别 | 认为激素是经血液运输而与靶细胞结合的物质 |

除上述区别外，新学说还认为不同内分泌细胞之间的差异是因为在整套基因组中只有某一部分基因参与表达（基因的选择性表达）。用新学说可以解释经典概念不能解释的许多问题，也包括癌症方面的问题。

## 二、激素的分类与命名

### （一）激素的分类

激素的种类很多，目前已知的主要激素超过 60 种。其分类方法也各有不同，可根据其化学性质及产生的部位和作用进行分类。

根据化学性质可将激素分为 3 类：①含氮激素，包括蛋白质、多肽、胺类激素（氨基酸衍生物）；②类固醇激素；③脂肪酸激素。

与动物生殖关系密切的激素可根据产生部位和作用分为 8 类：①松果体激素；②丘脑下部激素；③垂体前叶促性腺激素；④胎盘促性腺激素；⑤性腺激素；⑥神经垂体（垂体后叶）激素；⑦局部激素；⑧外激素。

体内产生的激素为"内源性激素"，在临床上通过各种途径给予的激素及类似物为"外源性激素"。

### （二）激素的命名

相对分子质量较小的类固醇激素及脂肪酸激素采用化学命名法，相对分子质量较大的蛋白质或多肽激素均依照传统的命名法。例如，甲状腺素、肾上腺素等是按分泌部位命名的；加压素、释放素等是按生理功能命名的；胎盘催乳素、垂体促甲状腺素等是按分泌部位和生理功能综合命名的。

为了统一命名，国际理论与应用化学联合会及国际生物化学联合会（IUPAC-IUB）的生物化学命名委员会（CBN）于 1975 年发表了《蛋白质和多肽激素命名法》的推荐书。新的命名原则为：所有天然出现的蛋白质和多肽激素因无法使用系统命名法，一律以俗名命名。但激素的名称均限用一个词，废除了同物异名。当需要另创新词时，构词原则为：①凡垂体前叶激素均用"-tropin"（"促……激素"）的词尾；②凡丘脑下部释放激素均用"-liberin"（"释放素"）的词尾；③凡丘脑下部抑制激素均用"-statin"（"抑制素"）的词尾。此外，该推荐书中还有废除缩写，停用"-trophin"词尾等方面的建议。由于习惯的原因，某些建议（如废除缩写）很难被人们所接受，这份推荐书至今未被完全采用。

## 三、激素作用的特点

**1．特异性**　　激素进入血液循环系统后，随着血流到达全身各处，与各自靶细胞上相应的受体结合，发挥功能效应。例如，雌激素可作用于乳腺导管的发育；孕激素可作用于乳腺腺泡的发育；睾酮可作用于鸡冠的生长。激素只加快或减慢靶细胞生化反应速度，不触发或诱发新的反应。

**2．高效性**　　生理状况下，激素在血液中的含量很低，一般为 $10^{-12}\sim10^{-6}$g/ml（如类固醇激素为 $1\times10^{-8}$g/ml，前列腺素为 $1\times10^{-9}$g/ml），但却表现出强大的生理作用，这就是激素的高效性。若某种内分泌腺分泌的激素稍微过量或不足，都会表现出其功能的亢进或减退。

**3．分泌速率不均一性**　　表现持续性分泌和（或）阵发性分泌的特点，有些激素的分泌还具有昼夜节律或周期性。

**4．反馈作用**　　靶细胞的反应性会影响相应细胞分泌激素的功能，促进分泌为正反馈，减少分泌为负反馈。反馈调节作用的意义在于协调机体正常的生理活动。

**5．协同或拮抗作用**　　激素之间的相互作用主要表现为协同和拮抗两种形式。例如，雌激素和催产素都可促进子宫收缩，当两者同时存在时促进子宫收缩的效应就会增强，表现出协同的生理作用；孕酮可以抑制子宫收缩，当孕酮和雌二醇同时存在时，两者就会相互抵消一部分作用，表现出拮抗的生理作用。此外，协同和拮抗这两种作用在不同的生殖、生理时期是可以转化的。例如，雌激素与孕激素在一般情况下是拮抗的，但在胚胎进入宫腔的早期，两者的协同作用使子宫内膜充分发育以接纳胚胎并能够成功完成附植。

## 四、激素的合成

多肽激素或蛋白质激素由激素结构基因编码，转录 mRNA 后在核糖体翻译出多肽或蛋白质激素链，形成没有生物活性而相对分子质量较大的前激素原或激素原。不同的前激素原或激素原经过裂解酶、激素原转化酶作用和（或）化学修饰（如糖基化、羟基化、酰基化、二硫键的形成等），形成具有生物活性的激素。

类固醇激素或胺类激素不是直接由基因转录、翻译产生的，而是以胆固醇、酪氨酸或色氨酸等为底物，在一系列酶（如链裂解酶、羟化酶、脱氢酶、异构酶等）的参与下，通过一系列酶促反应而合成的。例如，在性腺内，胆固醇可转变为雄激素（如睾酮）、雌激素（如雌二醇）或孕激素（如孕酮）。

## 五、激素的贮存与释放

**1. 含氮激素**　　含氮激素在腺体内产生后常贮存于该腺体内，当机体需要时，分泌到邻近的毛细血管中。

**2. 类固醇激素**　　类固醇激素产生后立即释放，并不贮存。血液中含有各种类固醇激素，这主要是因为血浆中含有运载类固醇激素的载体蛋白，如皮质类固醇结合球蛋白（又称为运皮质激素蛋白）、性激素结合球蛋白等。这种结合作用可以限制激素扩散到组织中去，并能延长激素的作用时间。结合形式的激素没有活性，只有变为游离形式才能发挥其作用。例如，某些哺乳动物在妊娠期间血浆中的雄激素结合球蛋白显著增多，这可防止大量雄激素对母体和胎儿的敏感组织产生有害作用。

**3. 脂肪酸激素**　　目前所知，此类激素只有前列腺素（PG）。它是在机体需要时分泌，一边分泌一边发挥其作用，并不贮存。PG 主要在局部发挥作用，只有少量进入循环系统，对全身发挥作用，如 $PGA_2$。

激素的释放是指激素从腺体细胞释放到细胞外液或血液中的过程。体内外各种有关的刺激都能影响激素的释放。激素在细胞外液中必须维持一定的浓度，才能对靶组织起作用。但绝大多数激素的半衰期较短，必须不断地分泌才能维持足够的浓度（阈值）。反馈作用是调节激素分泌速率的重要机制，反馈不仅有正负之分，在"线路"上还有长短之分，如外周的激素作用于丘脑下部为长反馈；垂体前叶激素反馈作用于丘脑下部为短反馈。

## 六、激素的转运与灭活

激素的转运方式随激素种类的不同而有差异。一般来说，水溶性激素分泌后，在血液中不需要特殊机制就可转运，而水溶性低的激素则需要载体蛋白。大多数情况下，只有游离的或未结合的激素才能进入细胞，因此载体蛋白主要在激素的游离与结合的动态平衡中发挥调节库的作用。游离激素进入细胞后，其数量可以迅速由载体蛋白新释放出的激素去补充，这样可确保激素能够到达所有细胞。

激素在全身不同组织器官血液中的浓度是不同的。例如，释放素在垂体门静脉系统浓集，胰岛素在肝门静脉系统的浓度要远高于周围动脉系统。各种激素在静脉血中的浓度也不一样，甚至相差悬殊。例如，加压素在血中的浓度达到 $10^{-12}g/ml$ 水平，而妊娠末期妇女血中的胎盘催乳素的浓度可达 $10^{-6}g/ml$ 水平。同一种激素在不同生理或病理条件下，其浓度也常有变化。血液中激素的降解与补充处于动态平衡之中，激素从分泌入血，经过代谢，直到灭活（或消失）所经历的时间长短不同。一般采用半衰期作为衡量激素更新速度的指标。多肽激素半衰期较短，一般为几分钟；类固醇激素半衰期较长，多数为几小时，少数可长达几周以上。血液中激素半衰期的长短与其化学结构、动物的种属等因素有关。例如，小分子激素（如类固醇激素）在血中常与特异蛋白结合，使得半衰期延长；激素类似物由于能抵抗酶的水解作用，半衰期也相对较长。

# 第二节　激素的作用机制

激素作用机制的本质是细胞信号转导过程。激素对靶细胞发挥作用，至少要经过 4 个基本环节：①靶细胞受体对激素的识别与结合；②激素-受体复合物转导调节信号；③激素信号转导后引起靶细胞内的生物效应；④激素作用的终止。

　　由于激素的化学性质不同，与其对应受体的分布及其信号转导的方式也不相同。多肽激素（如生长激素）、单胺类（如 5-羟色胺）或前列腺素（如 PGE$_2$）不进入靶细胞，而是通过与靶细胞表面受体结合产生第二信使转导信号，继而产生生物效应。类固醇激素或甲状腺素通过与靶细胞核受体结合，在靶细胞的细胞核发挥作用，调节特异基因的表达，并改变细胞的功能或促进细胞的生长、分化等生物效应。

## 一、主要与靶细胞表面受体结合的激素作用机制

　　1965 年，Sutherland 提出了第二信使学说，认为含氮激素（如胰高血糖素和肾上腺素）作为第一信使，可通过与靶细胞膜上特异性受体结合，激活靶细胞内腺苷酸环化酶（adenylate cyclase，AC）系统，在 Mg$^{2+}$存在的情况下，催化 ATP 转变为环磷酸腺苷（cyclic adenosine monophosphate，cAMP）；cAMP 作为第二信使，再使下游调节蛋白逐级磷酸化，最终引起靶细胞特定的生理效应。

　　体内大多数含氮激素（甲状腺素除外）为水溶性大分子物质，不能通过细胞膜，其主要通过与靶细胞表面受体相互作用来实现对靶细胞功能的调控。目前认为，细胞表面受体与激素结合后被激活，激素信号在受体后（细胞内）的转导主要有 3 类途径：①G 蛋白偶联受体途径［如 AC/cAMP/PKA（蛋白激酶 A）途径、磷脂酰肌醇代谢途径等］；②激酶偶联受体途径（如酪氨酸激酶偶联受体途径、酪氨酸激酶结合型受体途径、丝氨酸/苏氨酸激酶受体途径、鸟苷酸环化酶受体途径等）；③离子通道受体途径（如配体门控离子通道、电压门控离子通道和机械门控离子通道等）。

## 二、主要作用于转录因子的激素作用机制

　　核受体超家族（nuclear receptor superfamily）成员是一类进化上高度相关、具有共同结构特征的转录因子，它们能响应各种细胞外或细胞内信号而调节细胞核中的基因表达。与核受体结合的特异性配体通常为小分子亲脂性物质，如类固醇激素、甲状腺素、维生素 A 和维生素 D 的衍生物、外源化学物（xenobiotics）等。根据核受体结合配体的类型不同，可将以作用于转录因子的方式实现激素生物学作用的信号转导途径大致分为 3 类：①类固醇激素受体［如雌激素受体（ER）、雄激素受体（AR）、孕激素受体（PR）、糖皮质激素受体（GR）和盐皮质激素受体（MR）等］途径；②非类固醇激素受体［如甲状腺素受体（THRα 和 THRβ）、视黄酸受体（RARα、RARβ 和 RARγ）、维生素 D 受体和过氧化物酶体增殖物激活受体（PPARα、PPARβ 和 PPARγ）等］途径；③孤儿受体［指目前仍未发现内源性配体的核受体，如睾丸受体（TR2 和 TR4）、雌激素相关受体（ERRα、ERRβ 和 ERRγ）、视黄酸相关的孤儿受体 γ（RORγ）、生殖细胞核因子（GCNF）、核受体相关因子 1（NURR1）、神经元衍生孤儿素受体 1（NOR1）、神经生长因子诱导蛋白 B（NGFI-B）等］途径。

## 三、激素作用的终止

　　激素对靶细胞的调节作用完成之后，其信号须及时减弱或终止。激素作用的终止可在多个环节单独或联合进行，其具体的调控机制极为复杂，主要包括以下几种途径：①通过激素分泌调节体系，内分泌细胞停止分泌激素；②激素与受体分离，信号转导终止；③通过增强靶细胞内某些酶的活性，降解或清除激素；④通过靶细胞内吞作用，分解、灭活或清除激素或其受体。

此外，激素在信号转导过程中常常形成一些中间产物，能及时限制自身信号的转导。

# 第三节　生殖激素

哺乳动物的生殖活动是一个十分复杂的生命活动，几乎所有激素都与动物的生殖功能有一定的相关性。有些激素直接影响动物生殖环节的某些生理活动；有些激素则对动物的生长、发育及代谢有作用，从而保证生殖活动的顺利进行，间接地影响动物的生殖功能，如生长激素、促甲状腺素、促肾上腺皮质激素、甲状腺素、甲状旁腺激素、胰岛素、胰高血糖素和肾上腺皮质激素等。

直接影响生殖功能的激素称为生殖激素（reproductive hormone）。它们直接调节母畜的发情、排卵、生殖细胞在生殖道内的运行、受精、妊娠识别、胚胎附植、妊娠、分娩、泌乳和母性行为等；另外这些激素对公畜的精子生成、副性腺分泌、性行为等生殖环节也有重要的作用（表1-2）。

表1-2　生殖激素的种类、来源、化学性质和靶器官等

| 激素类别 | 激素名称 | 英文名称及缩写 | 主要来源 | 化学性质 | 靶器官 | 主要作用 |
|---|---|---|---|---|---|---|
| 松果体激素 | 褪黑素 | melatonin（MT/MLT） | 松果体 | 胺类 | 垂体 | 将外界光照刺激转变为内分泌信号 |
| 丘脑下部激素 | 促性腺激素释放激素 | gonadotrophin releasing hormone（GnRH），gonadoliberin | 丘脑下部 | 十肽 | 垂体前叶** | 促进LH及FSH释放 |
| | 催乳素释放因子 | prolactin releasing factor（PRF） | 丘脑下部 | 多肽* | 垂体前叶** | 促进PRL释放 |
| | 催乳素释放抑制因子 | prolactin release inhibiting factor（PRIF） | 丘脑下部 | 多肽* | 垂体前叶** | 抑制PRL释放 |
| 垂体前叶促性腺激素 | 促卵泡素 | follicle stimulating hormone（FSH） | 垂体前叶 | 糖蛋白 | 卵巢、睾丸（曲细精管） | 促使卵泡发育成熟，促进精子发生 |
| | 促黄体素或间质细胞刺激激素 | luteinizing hormone/interstitial cell-stimulating hormone（LH/ICSH） | 垂体前叶 | 糖蛋白 | 卵巢、睾丸（间质细胞） | 促使卵泡排卵，形成黄体，促进孕酮、雌激素及雄激素的分泌 |
| | 促黄体分泌素或催乳素 | lueotropic hormone（LTH）/prolactin（PRL） | 垂体前叶及胎盘（啮齿类） | 糖蛋白 | 卵巢、乳腺 | 促进黄体分泌孕酮，刺激乳腺发育及泌乳，促进睾酮的分泌 |
| 胎盘促性腺激素 | 人绒毛膜促性腺激素 | human chorionic gonadotropin（hCG） | 胎盘绒毛膜（灵长类） | 糖蛋白 | 卵巢、睾丸 | 主要作用与LH类似 |
| | 马绒毛膜促性腺激素/孕马血清促性腺激素 | equine chorionic gonadotropin（eCG）/pregnant mare serum gonadotropin（PMSG） | 马胎盘的子宫内膜杯 | 糖蛋白 | 卵巢 | 主要作用与FSH类似 |
| 性腺激素 | 雌激素 | estrogen（E） | 卵巢、胎盘 | 类固醇 | 雌性生殖道，乳腺，丘脑下部 | 促进发情行为，促进生殖道发育 |
| | 孕酮 | progesterone（P$_4$） | 卵巢（黄体）、胎盘 | 类固醇 | 雌性生殖道，丘脑下部等 | 与雌激素协同，促进发情行为，促进子宫腺体发育，促进乳腺腺泡发育 |

续表

| 激素类别 | 激素名称 | 英文名称及缩写 | 主要来源 | 化学性质 | 靶器官 | 主要作用 |
|---|---|---|---|---|---|---|
| 性腺激素 | 睾酮 | testosterone（T） | 睾丸（间质细胞） | 类固醇 | 公畜生殖器官及副性腺 | 维持雄性第二性征和雄性性行为 |
| | 松弛素 | relaxin | 卵巢、胎盘 | 多肽 | 丘脑下部、垂体 | 促进子宫颈、耻骨联合、骨盆韧带松弛 |
| | 抑制素 | inhibin | 睾丸、卵泡 | 多肽 | 丘脑下部、垂体 | 抑制 FSH 分泌 |
| 神经垂体激素 | 催产素 | oxytocin（OT/OXT） | 神经垂体 | 九肽 | 子宫、乳腺 | 促使子宫收缩及排乳 |
| 局部激素 | 前列腺素 | prostaglandin（PG） | 各种组织 | 不饱和羟基脂肪酸 | 各种器官和组织 | 具有广泛的生理作用，$PGF_{2\alpha}$ 具有溶黄体作用 |
| 外激素 | 概括为两大类：信号外激素和诱导外激素 | pheromonal or extohormonal: signaling pheromone and priming pheromone | 身体各处靠近体表的腺体。有些动物的尿液和粪便 | 多种化学性质各异的化合物 | 嗅觉和味觉器官 | 通过神经-激素机制，间接影响发育和生殖等过程。直接作用于中枢神经系统产生性引诱和进攻行为 |

*动物体内发挥催乳素释放因子作用的主要是促甲状腺素释放激素（TRH）、加压素和血管活性肠肽（vasoactive intestinal peptide，VIP），发挥催乳素释放抑制因子作用的主要是多巴胺和 γ-氨基丁酸（gamma-aminobutyric acid，GABA）

**垂体前叶为腺垂体

在现代集约化的畜牧业生产中，往往为了更好地提高家畜的繁殖效率或更快地进行品种的改良，人们也会应用生殖激素进行人为干预和控制家畜的繁育活动，满足生产的需要和经济效益最大化。例如，发情控制［诱导发情、同期发情和超数排卵（简称超排）］、胚胎移植（供体超排、受体的同期发情等）、同期分娩和体外胚胎生产等。此外，在动物的妊娠诊断、发情鉴定、分娩控制、诱导泌乳和很多产科疾病的治疗中，也离不开生殖激素的测定和（或）应用。

## 一、松果体激素

松果体（pineal body）也称为松果腺（pineal gland），位于间脑顶端后背部，四叠体交界处正中陷入部的一个小突起。哺乳动物的松果体在胚胎发生过程中先呈囊状，后为滤泡状，最后因细胞的增生而内腔消失。成年动物的松果体细胞没有再生和增大的能力。

过去人们一直认为松果体是一个退化了的器官，直到 1958 年 Lerner 等从牛松果体提取物中分离、鉴定出褪黑素（melatonin，MT 或 MLT），才重新激起人们对松果体研究的兴趣。近数十年来，越来越多的实验证据和临床观察表明，松果体是一个受神经支配，能合成和分泌某些激素，且具有多种生理功能的器官，它不仅调节生殖系统的功能，影响诸多内分泌腺，而且在镇痛、镇静、应激、睡眠、调节生物节律、抗肿瘤、免疫调节等方面起着重要作用。

松果体主要是由大量的松果体细胞（pinealocyte）和少量的胶质细胞（glial cell）及一些间质细胞组成。脊椎动物松果体细胞形成特殊的超微细胞器——突触带（synaptic ribbon，SR）和突触球（synaptic spherules，SS），它们出现在松果体细胞之间的连接区。突触带的数量有昼夜节律变化，而且这种变化与 MLT 产生的节律变化呈平行关系。

松果体的血液供应十分丰富，如按单位重量计，其血流量仅次于肾，而超过其他内分泌腺。同时此处不存在血脑屏障，活性物质或重金属离子可自由进入血液循环。由左、右脉络膜后动脉的分支分出许多微动脉，穿入松果体被膜，行走于结缔组织中，然后形成毛细血管网。静脉汇集行走于被膜下，穿过被膜，形成松果体奇静脉，最后注入大脑大静脉。

哺乳动物松果体内除含有颈上交感神经节的节后纤维外，还含有中枢神经纤维和副交感神经纤维。进入松果体的交感神经，包括沿小血管进入被膜的一些小束和从小脑天幕两侧由两条纤维束汇合形成的一条松果体神经（pineal nerve），后者从松果体柄穿入。切除颈上交感神经节不仅可减少松果体的代谢功能，而且使松果体的血流量减少 1/3。

松果体内存在三类化学性质不同的激素。第一类为吲哚类，主要有褪黑素、5-羟色胺和 5-甲氧色胺等；第二类为肽类，松果体含有很多短肽激素，已肯定的有促性腺激素释放激素（GnRH）、促甲状腺素释放激素（TRH）、8-精催产素（8-arginine vasotocin，AVT）和 8-赖催产素（LVT）等；第三类为前列腺素，如雌性大鼠的松果体中含有高浓度的 $PGE_1$ 和 $PGF_{2\alpha}$。

**1. 褪黑素（MT 或 MLT）**　　早在 1917 年，研究发现青蛙和蝌蚪吃了牛松果体提取物之后皮肤变白。1958 年 Lerner 从牛松果体的提取物中分离出了使青蛙皮肤变白的物质，命名为褪黑素，并鉴定出其化学结构为 N-乙酰-5-甲氧基色胺（N-acety-5-methoxytry-ptamine）。褪黑素在哺乳动物体内的含量因种属不同而异，如母牛为 0.2μg/g、大鼠为 0.4μg/g、人为 0.05～0.4μg/g、其含量受昼夜变化和季节性变化的影响，黑暗刺激其合成，光照则抑制其释放。经放射免疫分析证实，绵羊的褪黑素含量为黑夜高，白天低。但是，不同动物 MLT 的昼夜变化规律存在着一定的差异。

褪黑素对生殖系统发挥抑制作用，主要具有抗性腺和抗甲状腺作用。褪黑素的抗性腺作用是通过选择性抑制垂体促性腺激素细胞对 GnRH 的应答来实现的。MLT 可调节动物初情期的发育，也可引起性腺的萎缩，还可调节动物的繁殖季节。例如，对于短日照发情动物（如绵羊），有报道 MLT 可使乏情期绵羊配种季节提前，提高产羔率；MLT 还可诱导水貂冬毛生长，改进皮毛的颜色和质量。此外，MLT 可通过丘脑下部神经内分泌激素的释放，调节人和动物的昼夜及季节性节律。

**2. 肽类**　　松果体内的肽类激素已肯定的有 GnRH、TRH、AVT 和 LVT 等。

（1）GnRH 和 TRH　　大鼠、牛、羊和猪的松果体含有的 GnRH 要比丘脑下部的高出 4～5 倍。大鼠松果体中的 GnRH 可引起其他动物排卵。松果体内的 TRH 含量与丘脑下部的含量相当，因此松果体可能是 GnRH 和 TRH 补充的来源。

（2）AVT 和 LVT　　牛和猪的松果体内含有升压作用的 AVT 和 LVT。1963 年研究人员从牛和猪的松果体提取出一种具有升压作用的物质，确定为 8 肽化合物，其结构是由催产素的 5 肽环和加压素的 3 肽侧链构成，其侧链第 8 位为精氨酸，因而称为 8-精催产素（AVT），也具有催产及抗利尿作用。1970 年 Benson 和 Matthew 报道，牛的松果体提取物在除去褪黑素之后，仍具有抑制促性腺激素的活性，Clteerman 的研究继而证明 AVT 确实为具有对抗促性腺激素的活性物质，对生殖系统有明显的抑制作用：①抑制外源性促性腺激素的生物效应，致促性腺激素诱发的子宫增重受到抑制；②抑制 eCG、hCG 或人绝经期促性腺激素（hMG）诱发排卵和子宫增重效应；③抑制丘脑下部促黄体素释放激素（LHRH）的释放和垂体 LH 的合成与释放；④抑制雄性动物性腺及副性腺的发育及增重。

**3. 前列腺素（PG）**　　大鼠松果体中含有丰富的 PG，其中 $PGE_1$ 和 $PGF_{2\alpha}$ 的含量分别比丘脑下部高 15 倍和 19 倍，比垂体高 7 倍和 6 倍。不仅如此，大鼠松果体中的 PG 含量还随发情周期而变化，其中以发情前期、发情期的 PG 含量最高，发情后期次之，静止期最低。松果体中 PG 含量的变化是由卵巢类固醇激素的变化所引起的。小剂量雌激素可增加松果体中 PG 的合成或释放，而孕激素则对其合成或释放具有抑制作用。松果体中 PG 的释放，可能通过血液或脑脊液，作用于丘脑下部、垂体而参与丘脑下部-腺垂体-性腺轴系的调节。

## 二、丘脑下部激素

丘脑下部是间脑的一部分，位于间脑之下，并构成第三脑室侧壁的一部分及其底部。丘脑下部包括视交叉、灰结节、乳头体、正中隆起、漏斗及垂体神经部 6 个部分。丘脑下部与垂体前叶之间的激素传递是通过丘脑下部-垂体门脉系统来完成的。门脉系统的动脉起于垂体上动脉及垂体下动脉。垂体上动脉在丘脑下部形成毛细血管袢，与正中隆起及神经紧密接触。毛细血管袢汇合进入垂体蒂的门脉干，再进入垂体前叶，分支成为窦状隙。垂体下动脉分出的短门脉血管，也分支成为窦状隙，分布于垂体前叶周围。窦状隙汇合为垂体外侧静脉传出。由体内及外界产生的刺激信号经体液及神经系统传至丘脑下部，激活其相关的神经分泌细胞，产生释放素或抑制因子（抑制素）沿轴突而下，至其末梢释出，进入正中隆起的毛细血管袢内，然后经门脉干传至垂体前叶。有的神经细胞则通过长的轴突经过垂体蒂传至短门脉血管，进入垂体前叶。

丘脑下部激素是指由丘脑下部神经元合成，通过神经轴突输送到神经末梢释放进入血液循环（包括垂体门脉和体循环）的一类以肽类为主的激素。释放素和抑制素能够刺激或抑制垂体前叶激素的释放。丘脑下部产生的与生殖有关的激素包括促卵泡素释放因子（FSHRH）、促黄体素释放因子（LHRH），二者合称为促性腺激素释放激素（GnRH），此外还有催乳素释放因子（PRF）及催乳素释放抑制因子（PRIF），PRF 刺激垂体释放催乳素，PRIF 的生理作用与 PRF 相反。另外，促甲状腺素释放激素（TRH）也能导致催乳素释放（绵羊）。丘脑下部产生的激素和因子见表 1-3。

表 1-3　丘脑下部产生的激素和因子

| 激素和因子 | 缩写 | 化学结构 | 主要作用 |
| --- | --- | --- | --- |
| 促甲状腺素释放激素 | TRH | 3 肽 | 刺激甲状腺素和催乳素分泌 |
| 促性腺激素释放激素 | GnRH | 10 肽 | 刺激 LH 和 FSH 分泌 |
| 生长激素释放激素 | GHRH | 未定 | 刺激 GH 分泌 |
| 生长激素释放抑制激素 | GHRIH/GHIH | 14 肽 | 抑制 GH 分泌 |
| 催乳素释放因子 | PRF | 未定 | 刺激 PRL 分泌 |
| 催乳素释放抑制因子 | PRIF | 未定 | 抑制 PRL 分泌 |
| 促肾上腺皮质激素释放激素 | CRH | 未定 | 刺激促肾上腺皮质激素（ACTH）分泌 |
| 促黑素释放素 | MRF | 未定 | 刺激垂体促黑细胞激素的分泌 |
| 促黑素抑释素 | MIF | 未定 | 抑制垂体促黑细胞激素的分泌 |

释放素的产生及释放，也受靶腺体产生激素的反馈调节（图 1-1）。此外，外界环境因素（如发情季节、地理条件等）、神经刺激（如雌雄个体接触、吮乳等）、逆境（如疼痛、禁闭等）及运动、营养等其他原因都能影响释放素的产生及释放。生产实践证明，良好的饲养管理条件，维持体内正常的神经体液调节，有利于畜群繁殖率的提高。在发情季节，地理条件合适、有公畜在场、饲养管理条件及健康良好等，都有利于释放素发生作用；反之，则不利于它们发生作用。例如，

给幼畜哺乳及挤奶过多，催乳素的分泌增强，催乳素释放抑制因子的作用减弱。任何限制催乳素释放抑制因子分泌的原因，都能限制促黄体素释放激素的分泌，因而抑制促黄体素的产生，卵泡的最后成熟及发情排卵也不能发生，这就造成了泌乳性乏情。这种情况见于牛、羊、骆驼，特别是猪。

丘脑下部与神经垂体的联系起于视上核及室旁核。室旁核中的神经分泌细胞能够合成催产素，由轴突传送至神经垂体贮存起来，轴突在垂体蒂内构成垂体径，达到神经垂体。核内的毛细血管丛来自丘脑下部视上动脉。丘脑下部接受刺激，神经垂体中的催产素即释放出来。通过垂体下动脉分支而成的毛细血管，自神经垂体静脉传出，可使母畜的子宫及输卵管蠕动增强，并导致排乳（图 1-2）。

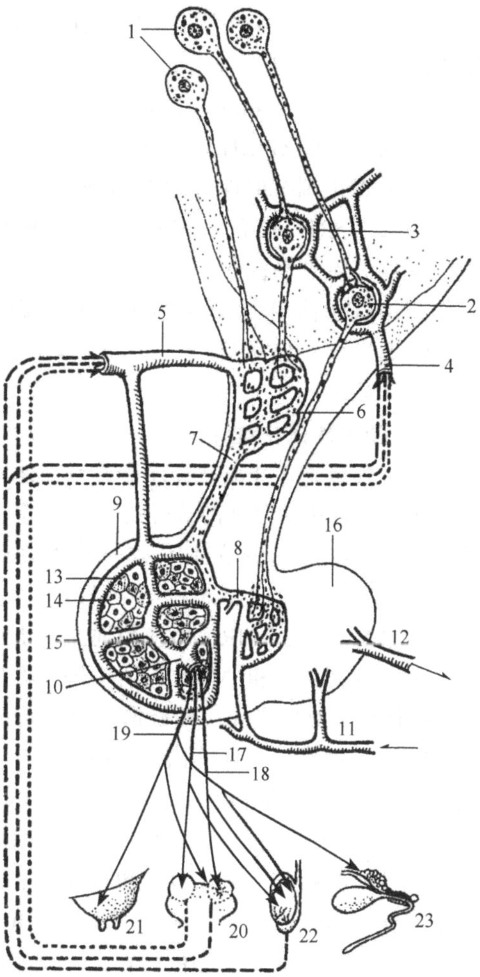

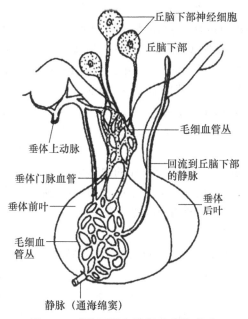

图 1-2 丘脑下部和神经垂体的联系

图 1-1 丘脑下部与垂体的解剖关系及功能示意图（侯振中和田文儒，2011）

1. 丘脑下部外神经元；2. 丘脑下部神经；3. 毛细血管；4. 丘脑下部动脉；5. 垂体上动脉；6. 垂体门脉系统；7. 门脉干；8. 短门脉血管；9. 窦状隙；10. 垂体外侧静脉；11. 垂体下动脉；12. 后叶静脉；13. 嫌色细胞；14. 嗜色细胞；15. 垂体前叶；16. 神经垂体；17. 促卵泡素；18. 促黄体素；19. 催乳素；20. 卵巢；21. 乳腺；22. 睾丸；23. 公畜副性腺

## （一）促性腺激素释放激素

促性腺激素释放激素（gonadotropin releasing hormone，GnRH 或 gonadoliberin）是哺乳动物生殖控制的中的关键因子，由丘脑下部（又称下丘脑）分泌，刺激垂体前叶促性腺激素细胞分泌 FSH 和 LH。GnRH 是碱性很强的多肽，主要由丘脑下部的弓状核和正中隆起合成，此外，松果体也含有高浓度的 LHRH，人胎盘可能也产生 GnRH。GnRH 前体由 92 个氨基酸组成，结构中主要包括 GnRH（酰胺化 10 肽）和催乳素释放抑制因子（PRIF），具有抑制催乳素（PRL）和促性腺激素释放的活性。GnRH 为 10 肽，结构为谷-组-色-丝-酪-甘-亮-精-脯-甘酰胺，哺乳动物的 GnRH 结构完全相同。在临床上 GnRH 具有更明显的释放 LH 作用，因此 GnRH 也可以用 LHRH 表示。GnRH 在体内的含量极微，每个丘脑下部中仅含 20μg，外周血浆中每毫升约含 1pg。其生物半衰期约为 4min，也有报道为 57min。

不同部位的 GnRH 神经元在功能上有所不同，只有能分泌 GnRH 进入门脉血的 GnRH 神经元才能真正调节促性腺激素的分泌。而且 GnRH 本身具有反馈调节，通过邻分泌和自分泌作用激活 GnRH 神经元。GnRH 控制垂体促性腺激素的脉冲式分泌，是调节 LH 排卵峰值精确出现的关键调节因子。视交叉上核和内侧视前核参与 LH 排放的准时启动。排卵前 GnRH 先在正中隆起蓄积，受下丘脑神经核团短暂的信号传递和卵巢雌激素及孕酮反馈控制的整合，GnRH 通过激活自身及邻近的 GnRH 神经元，引起同步排放，GnRH 大量涌入垂体门脉，刺激 LH 分泌。

### 1. GnRH 的生理作用

（1）刺激垂体合成、分泌和释放 LH 和 FSH　　GnRH 控制促性腺激素，特别是 LH 的合成和分泌。GnRH 以脉冲式分泌，但具有不同的频率和振幅，从而调控垂体 LH 和 FSH 的脉冲式分泌，GnRH 是调节 LH 排卵峰值精确出现的关键调节因子。垂体促性腺激素细胞上具有 GnRH 的受体，通过 cAMP 介导引起促性腺激素的分泌，使血浆中 LH 浓度明显升高，而 FSH 仅轻度升高。2μg LHRH 可使兔血浆中 LH 升高 20 倍，并促使排卵。在不同繁殖状态，GnRH 释放的范围（频率和振幅）有所不同。在发情周期，GnRH 的脉冲频率在卵泡期增高，在排卵前 LH 达到最高的当天出现峰值，但在黄体期下降。在性成熟期，GnRH 的频率和振幅都增加。GnRH 的脉冲频率是调控 LH 和 FSH 分泌的机制之一，以 30min 为间隔给予 GnRH 可使 LH α 亚基、LH β 亚基和 FSH β 亚基 mRNA 浓度升高 2～3 倍。若增加频率（8min 间隔）则 α 亚基的 mRNA 浓度升高。不同频率的脉冲和持续给予 GnRH 可引起不同效应，不仅涉及 GnRH 受体敏感性或脱敏感（受体数量和亲和力），而且涉及受体后过程。长期或超大量给予 GnRH 可抑制促性腺激素的释放，同时干扰卵巢甾体的合成。

（2）刺激排卵　　GnRH 除了能刺激 LH 的释放外，还能刺激 LH 的糖基化，以保证 LH 的生物活性，从而可引起动物排卵。GnRH 通过磷脂酶 C 调节 LH 糖化量。LHRH 能刺激各种动物（大鼠、兔子、羊、鸡、水貂和鱼等）排卵，但不同种动物的敏感性有差异。

另外，对于雄性动物，GnRH 可促进精子形成。

### 2. GnRH 的临床应用

GnRH 在动物繁殖中主要用于治疗母畜的乏情，特别是牛的产后不发情；提高受胎率和超数排卵效果；治疗不育及用于公畜的免疫去势。促排卵素 3 号（LRH-A3）是我国合成的一种 LHRH 类似物质，其活性比天然的 LHRH 高。在给牛、猪等家畜输精的同时或前后，肌内注射 LRH-A3 可以促进卵泡进一步成熟和排卵，提高情期受精率，促进黄体形成并提高其分泌功能，减少早期胚胎死亡，从而显著提高情期受胎率和增加产仔数（猪）；用于公畜则治疗少精子症或无精子症等不育症，或免疫去势；对抱窝母鸡催醒可使其恢复产蛋，或提高母鸡的产蛋率。

此外，有些 LHRH 类似物能竞争性地与垂体细胞 LHRH 受体结合，但又不能使垂体出现分泌促性腺激素的反应，可控制动物的繁殖活动。

（二）催乳素释放因子和释放抑制因子

丘脑下部有一种能刺激 PRL 分泌的物质，称为催乳素释放因子（PRF），由丘脑下部正中隆起部分泌释放，作用于垂体，刺激 PRL 的释放。除 PRF 外，血管活性肠肽（VIP）、血管紧张素Ⅱ、5-羟色胺、组胺、内阿片肽等均有刺激垂体释放 PRL 的作用。

丘脑下部也有抑制 PRL 分泌的物质，称为催乳素释放抑制因子（PRIF）。由丘脑下部的神经分泌细胞合成，在正中隆起处从轴突末梢向脑垂体门静脉系统毛细血管丛的血管中分泌，直接作用于腺垂体的 PRL 分泌细胞，具有抑制 PRL 分泌的作用。此外，多巴胺和 γ-氨基丁酸（GABA）也具有抑制垂体细胞分泌 PRL 的作用。

### （三）神经递质

神经递质是神经末梢释放的化学传递物质，它跨过突触间隙，作用于突触后膜或效应细胞上的受体，完成神经元之间或神经元与其效应器之间的生理信息传递。现已证实，丘脑下部存在或分泌多种神经递质，包括 5-羟色胺、内阿片肽（EOP）、P 物质、多巴胺和 γ-氨基丁酸等多种神经递质，这些神经递质除了发挥其神经递质的本身作用外，对于动物机体的内分泌调节也有着重要的作用。

## 三、垂体激素

哺乳动物的性腺功能主要受垂体激素调控。垂体激素与卵巢和睾丸上特定的受体结合，从而调节甾体激素和配子的产生。

### （一）垂体前叶细胞类型及分泌特性

垂体前叶由不同类型的细胞所构成，根据有无染色颗粒，垂体前叶细胞分为嫌色细胞和嗜色细胞两大类。根据嗜色细胞的性质不同，又可将垂体前叶细胞分为嗜酸性细胞和嗜碱性细胞两种。嫌色细胞是嗜色细胞的前身，没有分泌功能。当嫌色细胞产生染色颗粒以后，就转成嗜色细胞。嫌色细胞具有两种不同的染色性质，即前嗜酸性嫌色细胞和前嗜碱性嫌色细胞，因而在产生激素的过程中分别转变为嗜酸性细胞和嗜碱性细胞。当它们释放出所分泌的激素以后，就由嗜色细胞转变为嫌色细胞；当这种嫌色细胞再度积累特殊的染色颗粒以后，又转变为嗜色细胞。因此，根据释放或积累染色颗粒的不断变化，这些细胞有时处于嫌色状态，有时则处于嗜色状态。垂体前叶中各种激素的分泌都和固定的细胞类型有关，如嗜碱 A 细胞分泌促卵泡素。

根据组织化学染色、免疫荧光及电子显微镜的观察，还可将垂体前叶细胞依据功能不同分为 6 种类型（表 1-4）。

表 1-4　垂体前叶细胞的分类

| 中文名称 | 细胞形态及颗粒染色特性 | 颗粒直径/nm | PAS 染色反应 |
| --- | --- | --- | --- |
| 促卵泡素细胞 | 圆形，嗜碱性 | 150～300 | + |
| 促黄体素细胞 | 圆形或多角形，嗜碱性 | 100～300 | + |
| 催乳素细胞（ε 细胞） | 大椭圆形，嗜酸性 | 600～900 | − |
| 生长激素细胞（α 细胞） | 圆形或卵圆形，嗜酸性 | 100～300 | − |
| 促甲状腺素细胞（β2 或 θ 细胞） | 多角形，嗜碱性 | 50～400 | + |
| 促肾上腺皮质激素细胞（β1 或 γ 细胞） | 大，有突起，形态不规则，嗜碱性 | 90～150 | − |

和生殖密切相关的激素是 FSH 和 LH。垂体分泌 FSH 和 LH 的含量及其比例，因家畜种类

不同而异，且与家畜的发情活动密切相关。例如，母马垂体中 FSH 的含量最高，猪次之，羊又次之，牛最低，这些家畜的发情持续期也是以马最长，牛最短。就这两种促性腺激素的比例而言，牛、羊的 FSH 显著低于 LH，马的恰好相反，猪则趋于平衡，这就关系到它们发情表现的强弱和安静排卵出现的多少，如牛、羊的安静排卵显著多于猪和马。

## （二）促卵泡素

促卵泡素（follicle stimulating hormone，FSH）又称为卵泡刺激素或促卵泡成熟素，是由 α 和 β 两个亚基组成的糖蛋白，二者间以共价键相连。糖基以 $N$-糖苷键的方式分别连接在 α 和 β 两个亚基上，主要成分有氨基己糖、己糖、岩藻糖、唾液酸、氨和硫等。FSH 的相对分子质量在不同种属间差异较大，羊为 32 700～33 800，猪为 29 000，马为 37 300。

**1. FSH 的主要生理作用**

（1）刺激卵泡的生长发育　卵泡生长至有腔卵泡时，FSH 能够刺激它继续发育增大至接近成熟。在卵泡颗粒细胞膜上有 FSH 受体，FSH 与其受体结合后，产生两种作用：一是活化芳香化酶，将卵泡上来自内膜细胞的雄激素转变成 17-β-雌二醇（17-β-E$_2$），后者协同 FSH 使颗粒细胞增生，内膜细胞分化，卵泡液形成，卵泡腔扩大，从而使卵泡生长发育；二是诱导 LH 受体形成。

（2）FSH 与 LH 配合使卵泡产生雌激素　卵泡内膜细胞在 LH 的作用下，使 19 碳的雄烯二酮/睾酮通过基膜进入颗粒细胞，在 FSH 的作用下，将雄激素通过芳香化作用转变成雌激素。卵泡内膜细胞本身只能产生很少量的雌激素。

（3）FSH 与 LH 协同诱导排卵　FSH 与 LH 在血液中达到一定浓度且成一定比例时，可协同诱导动物排卵。

（4）刺激卵巢生长，增加卵巢重量　切除啮齿动物一侧卵巢后常导致另一侧卵巢代偿性肥大，此归因于 FSH 的作用。给予动物过量的 FSH，会导致很多囊性卵泡出现，伴有卵巢明显增大。增加 FSH 的浓度并不加快卵泡的生长速度，却能使腔期的卵泡发育增大。

（5）刺激曲细精管上皮和次级精母细胞的发育　性成熟的雄性家畜，若切除其垂体，精子的生成几乎立即停止，并伴有睾丸及副性腺的萎缩。此时给予 FSH，几天后曲细精管上皮生殖细胞的分裂活动增加，精子细胞增多，睾丸增大，但无成熟精子形成。

（6）FSH 在 LH 和雄激素的协同作用下使精子发育成熟　FSH 的靶细胞是睾丸间质细胞，FSH 对间质细胞的主要作用是刺激其分泌雄激素结合蛋白（ABP），ABP 与睾酮结合，可保持曲细精管内睾酮的高水平。

（7）其他　FSH 促使睾丸中的精细胞释放。

**2. 在家畜繁殖上的应用**

（1）超数排卵　单胎动物在正常情况时只有一个卵泡发育，应用 FSH 后可引起多个卵泡同时发育成熟。例如，对牛应用 FSH 进行超数排卵，一次平均可达 10 枚卵子。

（2）诱导泌乳乏情期的动物发情　猪产后 4 周，牛产后 60d，如果单独用 FSH 或 FSH 加孕酮，可促使由于泌乳而乏情的牛和猪发情。

（3）提早家畜的性成熟　对于季节性发情的动物，可以先用 P$_4$ 处理，然后再用 FSH 处理，可使动物的性成熟时间提前。

（4）治疗母畜的卵巢疾病　针对卵巢功能不全、卵泡萎缩、不发情或安静发情的动物，均可应用 FSH 治疗，效果良好；也可促使持久黄体萎缩，但对幼稚病无效。

（5）提高公畜的精液品质　　对于公畜精子活力差或密度不足，可用 FSH 配合 LH，提高公畜的精液品质。

（三）促黄体素

促黄体素（luteinizing hormone，LH）又称为黄体生成素，在公畜称为间质细胞刺激素（interstitial cell-stimulating hormone，ICSH）。它是由 α 和 β 两个亚基组成的糖蛋白，含有 219 个氨基酸。

**1. LH 的主要生理作用**

（1）促进卵泡发育成熟，诱发排卵　　LH 能协同 FSH，促进卵泡成熟，颗粒细胞膜增生，使卵泡内膜产生雌激素，并在与 FSH 达到一定比例时，导致排卵，对排卵起主要作用。

（2）促进黄体形成　　排卵之后，LH 促使颗粒细胞及卵泡膜细胞形成黄体，产生孕酮。在牛和猪，还可促使黄体释放孕酮。

（3）刺激睾丸间质细胞的发育和睾酮分泌　　LH 可促进睾丸间质细胞的发育，同时能够促进睾丸的间质细胞分泌睾酮。

（4）刺激精子成熟　　LH 协同 FSH 及雄激素，完成精子生成。

**2. 在家畜繁殖方面的应用**

（1）诱导排卵　　可对卵泡交替发育、延迟排卵、不排卵的病牛进行诱导排卵；在超数排卵时，在配种同时注射 LH，可引起动物 24h 内排卵而达到更好的超排效果。

（2）治疗卵巢疾病　　可促进卵泡囊肿的牛卵巢上的囊性卵泡黄体化而治疗卵巢囊肿。

（3）预防习惯性流产　　配种同时或之后连续注射 2～3 次 LH，可促进黄体快速生成而治疗由于黄体生成慢而导致的习惯性流产。

（4）治疗公畜性不育　　LH 可治疗公畜性欲减退、精子浓度不足等公畜性不育。

（四）催乳素

催乳素（prolactin，PRL）又称为促乳素或促黄体分泌素（lueotropic hormone，LTH），是一种单链的蛋白质激素。荧光抗体法研究发现，PRL 是由垂体前叶嗜酸性细胞中的嗜卡红细胞分泌的，由于种间差异，不同动物 PRL 的氨基酸组成为 190 个、206 个或 210 个。牛、羊 PRL 的化学结构及生物活性无明显差别，只是牛的酪氨酸比羊的多。

PRL 的主要生理作用如下。

（1）刺激和维持黄体分泌孕酮　　这种作用在绵羊和大鼠已得到肯定，但在牛、猪及山羊都尚未证实。在维持黄体功能上，PRL 具有两种明显的作用。当黄体处于活动状态时，它能够维持其活动状态，延长其分泌；一旦黄体的分泌停止，它可促进老化黄体的分解。

（2）刺激阴道分泌黏液，并使子宫颈松弛，以排出子宫的分泌物　　通过切除大鼠垂体和卵巢的实验证明，PRL 对阴道分泌物的调节可以不通过类固醇激素分泌的变化而发挥作用。

（3）刺激乳腺发育，促进乳腺泌乳　　PRL 与雌激素协同作用于腺管系统，与孕酮协同作用于腺泡系统，促进乳腺发育；与皮质类固醇一起则可激发和维持发育完全的乳腺泌乳，因而又称为促乳素。PRL 不仅可促进乳腺细胞 RNA 及蛋白质的合成，还能使乳腺的糖代谢及脂代谢中的许多酶活性增加。

（4）促进鸽子的嗉囊发育，并分泌嗉囊乳　　注射 PRL 后，鸽子嗉囊的黏膜上皮增厚，直径变大，并分泌嗉囊乳，以喂养雏鸽。

（5）对雄性的作用　　PRL 有促进 LH 合成睾酮的作用，PRL 协同雄激素，可促进前列腺及精囊腺的生长。

（6）调节动物的繁殖行为　　能增强母畜的母性、禽类的抱窝性、鸟类的反哺行为。在家兔，还与脱毛和造窝有关。用外源性 PRL 处理雄兔，可抑制其交配活动，但用睾酮处理则可使其恢复交配欲。

由于催乳素来源稀缺，价格较贵，很少应用于动物的临床实践中，但是有些药物可促进 PRL 的分泌，如利血平、氟哌啶醇、精氨酸，以及多巴胺拮抗剂等。临床中口服多巴胺拮抗剂如多潘立酮、舒必利（为一种复合制剂）来刺激母马和母犬的泌乳。而有些药物可降低 PRL 的分泌，如溴隐亭，按 $30\mu g/kg$ 口服，连续 16d，可治疗犬假妊娠所致的乳腺肿大。卡麦角林也可作为一种 PRL 抑制剂，可降低黄体的功能而终止犬的意外妊娠，按 $5\mu g/kg$，从犬妊娠中期开始给药，每天 1 次，直到妊娠终止。

（五）促性腺激素的合成与分泌调节

**1. 激素的调节**　　促性腺激素的生物合成和分泌受 GnRH 刺激并受甾体激素（雌激素、孕激素和雄激素）和肽类（抑制素、激活素和卵泡抑素）的反馈调节，最终的调节结果表现在垂体编码促性腺激素亚单位基因的表达速率。性腺激素反馈调节的最终结果为促性腺激素合成受到抑制，但是在去势或性腺失去功能时，LH 和 FSH 的合成和分泌显著升高。

（1）GnRH 的调节作用　　GnRH 是以脉冲方式从丘脑下部释放到垂体门脉循环，然后作用于腺垂体促性腺激素细胞膜上的受体，控制 LH 和 FSH 的合成与分泌，这在哺乳动物周期性生殖活动的调节中起着关键作用。FSH 和 LH 的分泌均受到丘脑下部 GnRH 及卵泡颗粒细胞产生的性腺分泌素（gonadocrinin）的调节，并在很大程度上受到性腺激素及丘脑下部 LH 的反馈调节。此外，内、外环境的改变，也明显影响着 LH 的分泌。

促性腺激素的脉冲式释放是由于 GnRH 的脉冲式分泌，控制脉冲式分泌的脉冲发生器位于下丘脑的弓状核区。GnRH 促进促性腺激素基因的转录，包括 α 和 β 亚单位的表达。

（2）性腺类固醇的调节作用　　雌二醇对促性腺激素的释放具有正、负两种反馈调节作用，可增加 LH 的 β 亚单位合成和增强 GnRH 引发的 LH 分泌。雌二醇（$E_2$）对促性腺激素分泌的敏感性具有先降低后增高的双重效应，并可被孕酮增强，但在下丘脑水平可抑制 GnRH 的释放。

**2. 应激反应的调节**　　应激反应通过下丘脑-垂体-肾上腺轴使糖皮质激素的分泌增加，防止排卵前 LH 和 FSH 的释放而阻止排卵。

**3. 神经系统的调节**　　神经系统影响性行为和下丘脑-垂体-性腺轴的功能。下丘脑 GnRH 分泌细胞接受各种神经元的兴奋性和抑制性刺激，调节 GnRH 的分泌。神经系统通过神经递质的释放调控而达到对生殖功能的控制。例如，γ-氨基丁酸（GABA）和多巴胺对 GnRH 神经元发挥抑制作用；神经降压素（neurotensin，NT）可抑制 LH 分泌而不抑制 FSH 分泌，其抑制作用是通过抑制 GnRH 的释放而实现的。

近年来的研究发现，在大鼠、犬、猴和人等的腺垂体内有较多的 P 物质和降钙素基因相关肽（calcitonin-generelated peptide，CGRP）免疫反应阳性神经纤维，这些肽能神经纤维与腺垂体的各种腺细胞具有密切关系，因此垂体前叶激素的分泌除受体液调节外，还直接受神经调节。

## 四、胎盘促性腺激素

胎盘作为在妊娠期间的一个暂时性的器官，可分泌多种激素，如孕激素、雌激素、胎盘催乳素等，还可分泌不同的胎盘促性腺激素（placental gonadotropin），也称为绒毛膜促性腺激素（chorionic gonadotropin，CG），包括马绒毛膜促性腺激素、驴绒毛膜促性腺激素、绵羊绒毛膜促性腺激素和人绒毛膜促性腺激素。在生产实践中主要有两种，即马绒毛膜促性腺激素（equine chorionic gonadotropin，eCG）和人绒毛膜促性腺激素（human chorionic gonadotropin，hCG）。

（一）马绒毛膜促性腺激素

马绒毛膜促性腺激素（eCG）是糖蛋白，其含糖量高达 47%，以前一直称为孕马血清促性腺激素（pregnant mare serum gonadotropin，PMSG），虽不够确切，但因习惯上沿用已久，至今仍常应用。1930 年美国的 Cole 等从孕马血清（PMS）中发现具有促性腺物质，到 1941 年 Cole 认为 eCG 的功能具有双重性（FSH、LH）。我国在 20 世纪 80 年代初开始有了 eCG 的粗提品。

**1. eCG 的来源**　　1943 年，Cole 等发现在怀孕 40d 前后的孕马子宫内膜可以看到一种杯状结构［子宫内膜杯（endometrial cup），长 2～10cm，宽 1～3cm］，此后逐渐退化和坏死。子宫内膜杯产生黏稠的分泌物，每克分泌物含 eCG 达 100 万 IU。但在 1973 年，Allen 等否定了这个见解，认为来自胎膜的某种特异滋养层细胞在子宫内膜基质内迅速膨胀并变成双核时，即开始分泌 eCG。在妊娠 40d 时 eCG 在血浆中出现，54～85d 时效价最高，到 100d 以后分泌量就很低。eCG 的峰值在个体间存在很大的差异，不同畜种之间比较，驴怀骡驹＞马怀马驹＞马怀骡驹＞驴怀驴驹；小型马比大型马含量高。有人认为这是大型马体型大血量多冲淡之故，也有人认为随年龄和胎次的增加而递减。eCG 不从尿中排出，而积聚于血液中。

**2. 在家畜繁殖上的应用**

（1）催情　　主要利用的是 eCG 的 FSH 作用，对各种家畜均有催情效果，但由于 eCG 制剂的效果不一致及动物个体的反应不同，其催情效果常有差异。例如，牛皮下注射 2000IU eCG，3～5d 大部分可发情；非繁殖季节的绵羊和山羊需皮下注射 1500～2000IU eCG；母猪按平均 10IU/kg 体重的 eCG 剂量耳根皮下注射。

（2）刺激超数排卵　　可单独应用，或者联合其他激素。

牛的超排：若在正常配种时应用，可以提高双犊率。应用 eCG 对牛的超排效果，一般在黄体自然溶解的情况下效果较好（约发情周期的第 16 天，由黄体期转入卵泡期的阶段），而且在一定范围内（1500～3000IU），随着 eCG 剂量的增大，平均排卵数也增加。但是药物的稳定性、牛的品种、季节性、所处的泌乳周期，甚至反复应用可能产生的激素抗体等因素，都对 eCG 的超排效果有影响。

羊的超排：对羊进行超数排卵处理，可提高产羔率。主要方法有：①在发情周期的第 12 天或第 13 天注射 600～1000IU eCG，注射后，放入试情公羊，对发情母羊及时配种；如果不考虑发情周期，给全群羊同一时间注射 600～1000IU eCG，注射后大约有一半的羊发情，并能提高产羔率，但是比起在发情周期的第 12 天或第 13 天应用，发情率要低一些，超排后母羊产 3～4 羔的机会少一些。②孕酮＋eCG。一次注射或 2d 内注射 20mg 孕酮，第 3 天注射 600～1000IU eCG，大多数羊可在第 8 天发情，然后及时配种。③配种前 16d 用公羊试情，将连续 3d 发情的母羊挑选出来编为一个组，在试情后第 15 天开始注射 1000IU eCG，然后放入试情公羊，对发情母羊及时配种。

（3）防止马胚泡萎缩　　母马怀孕后 20～30d 时常有胚泡萎缩现象，可注射 20～30ml 孕马全血，连续或隔日注射，注射 2~5d，可使有萎缩倾向的胚泡转为正常发育。

（4）治疗卵泡囊肿　　马患卵泡囊肿时，注射 1000~2000IU eCG。

（5）治疗持久黄体　　注射 1000~1500IU eCG，可使牛的黄体消退。

（6）治疗公畜阳痿或性功能减退　　治疗公马阳痿，方法同母马的催情。可连日或隔日在颈部皮下注射孕马全血 3 次：第 1 次 10~30ml；第 2 次 30~40ml；第 3 次 40~50ml。对于公羊条件反射性的性抑制，可注射 600~1200IU eCG，注射后 3~4h 性活动旺盛，可持续 1~2d，必须在此期间令其多次交配，重新建立其条件反射。

### （二）人绒毛膜促性腺激素

人绒毛膜促性腺激素（human chorionic gonadotropin, hCG）由孕妇早期绒毛膜滋养层的合胞体细胞所产生，由尿排出。人在胚胎植入的第 1 天（约受孕第 8 天）即开始分泌 hCG，孕妇尿中的含量在妊娠 45d 时升高。妊娠 60~70d 达到最高峰，21~22 周降到最低以至消失。

hCG 也是一种由 α 和 β 两个亚基组成的糖蛋白，以共价键与糖单位相结合。糖单位约占 hCG 相对分子质量的 30%，糖单位由甘露糖、岩藻糖、半乳糖、己酰氨基半乳糖及乙酰氨基葡萄糖组成，糖链的末端连有唾液酸。其相对分子质量为 36 000~40 000。大部分学者认为该激素在干燥状态下极其稳定。hCG 的生理特性与 LH 类似，FSH 的作用很小。

在家畜繁殖上的应用如下。

（1）促进卵泡发育成熟和排卵　　配种前 2~3h，静脉注射 2000~3000IU hCG，可促进排卵，也可提高情期受胎率。促进卵泡发育可注射 1000~2000IU。

（2）增强同期发情的排卵效果　　口服孕酮、埋植孕酮、阴道内放置孕酮缓释阴道装置（PRID）等均可，但必须使孕酮浓度持续升高 13d，然后注射 hCG，同期发情排卵的效果更好。

（3）治疗卵巢囊肿　　肌内注射 3000~5000IU，或静脉注射 2000~4000IU hCG，可使卵巢上囊肿的卵泡黄体化。曾有报道对 100 多头患卵泡囊肿的奶牛用 hCG 治疗获得了满意的效果。有报道经对比试验后认为以 20 000IU 为宜。将 20 000IU hCG 溶解于 500ml 生理盐水中一次静脉注射，仅用药一次，囊肿在半月后逐渐萎缩，之后开始正常的发情周期。但是配种受孕后 3 个月内普遍发生流产，可以用孕酮预防流产。

（4）治疗排卵延迟或不排卵　　静脉注射 1000~2000IU，可促进排卵。

（5）促使公畜性腺发育，使性功能得到增强，治疗隐睾及阳痿　　马、牛剂量为 1000~3000IU，一次肌内注射。

（6）治疗产后缺奶　　马、牛剂量为 1000~5000IU，肌内注射，隔日再注射一次。

## 五、性腺激素

性腺激素（gonadal hormone）是指卵巢和睾丸产生的激素。卵巢产生的主要是雌激素、孕酮和松弛素；睾丸产生的主要是雄激素。此外，卵巢和睾丸都能产生抑制素。肾上腺皮质也可产生少量的孕酮和睾酮。值得注意的是，母畜也能产生少量雄激素，公畜也能产生少量雌激素。

性腺激素包括两大类：一类属于蛋白质或多肽，另一类为类固醇。类固醇激素又称为甾体激素，它们是带有不同侧链的环戊烷多氢菲的衍生物。雌激素和孕酮对生殖生理的作用在很多方面是协同的，或者是先后的，或者是拮抗的。垂体前叶促性腺激素控制着性腺激素的产生，性腺激素反过来又通过正、负反馈作用调节垂体前叶促性腺激素的分泌释放，它们之间存在着密切而复杂的关系。正常的生殖生理现象正是在这些激素及神经系统精确的相互作用、相互配合下发生的，很少是由一种生殖激素单独起作用。

（一）雌激素

雌激素（estrogen，E），公、母畜均可产生。母畜的产生部位主要是卵泡的内膜细胞和颗粒细胞，其次卵巢的间质细胞、黄体、胎盘及肾上腺皮质也能产生一定量的雌激素。公畜睾丸中的支持细胞也能产生雌激素。雌激素主要包括17-β-雌二醇，另外还有少量雌酮，它们均在肝内转化为雌三醇（马尚有马烯雌酮、马萘雌酮及异马萘雌酮），从尿及粪中排出。

**1. 雌激素的主要生理作用**

（1）刺激并维持母畜生殖道的发育　　动物在初情期前摘除卵巢，生殖道就不能发育，初情期以后摘除卵巢则生殖道退化。发情时，在雌激素增多的情况下，生殖道充血，黏膜增厚、上皮增高或增生，子宫管状腺体长度增加、分泌增多，子宫肌层肥厚，蠕动增强，子宫颈松软，阴道上皮增生和角化。子宫经雌激素作用后，才能为以后接受孕酮的作用做好准备。因此，雌激素对于胚胎的附植也是必要的。

（2）刺激性中枢，使母畜产生性欲及性兴奋　　这种作用是在少量孕酮的协同下发生的。例如，羊初情期第一次排卵（或发情季节第一次排卵）不出现发情征兆，可能是因为没有孕酮的协同作用；产后母牛隐性发情，也可能是此道理。

（3）雌激素通过正、负反馈作用于丘脑下部或垂体前叶调节FSH和LH的释放　　雌激素减少到一定量时，会正向反馈到丘脑下部或垂体前叶，引起FSH释放，然后LH与FSH共同刺激卵泡发育，使卵泡内膜产生的雌激素开始增多，排卵前雌激素含量快速增加，它反过来作用于丘脑下部或垂体前叶，抑制FSH的分泌（负反馈），并在少量孕酮的协同下促进LH的释放（正反馈），从而导致排卵。

（4）刺激垂体前叶分泌催乳素　　妊娠期间，胎盘产生的雌激素作用于垂体，使其产生催乳素，刺激和维持黄体的功能。

（5）使母畜发生并维持第二性征　　例如，雌激素可使髋软骨骨化早而使母畜骨骼较小、骨盆宽大、易于蓄积脂肪及皮肤软薄等。

（6）刺激乳腺管道系统的生长　　雌激素可与孕酮共同刺激并维持乳腺的发育，但在牛和山羊，雌激素单独就可使乳腺腺泡系统发育至一定程度，并能泌乳，因此在临床上可用雌激素延长不孕牛的泌乳时间。

（7）妊娠末期，雌激素增多可使骨盆韧带松软，进一步为分娩启动提供必需的条件　　妊娠足月时，胎盘雌激素增多，可使骨盆韧带松软。当雌激素达到一定浓度，且与孕酮达到适当比例时，可使催产素对子宫肌层发生作用，为启动分娩提供必需的条件。

（8）刺激前列腺素的释放　　雌激素引起催产素受体数目增加，进而引起前列腺素的释放。

**2. 在家畜繁殖上的应用**

（1）用于引产　　雌激素有溶解黄体的作用，可能原因是雌激素浓度升高，引起催产素浓度升高，进而使$PGF_{2\alpha}$浓度升高而导致黄体溶解。但在猪，雌激素可促进和维护黄体发育，因此可用于同期发情（雌激素维护黄体，等雌激素浓度减少时再用$PGF_{2\alpha}$溶解黄体）。

（2）用于公畜的生物学去势　　雌激素可促进睾丸萎缩，副性腺退化，可用于公畜的生物学去势。

（3）增强同期发情的效果　　对牛用前列腺素类似物进行同期发情处理时，如配合小剂量雌二醇，则能提高发情率。利用孕酮处理，配合雌激素，可促进黄体消退，缩短处理日期。

（4）排出子宫内存留物　用于死胎、子宫积脓及胎衣不下的处理，可使子宫颈松弛开张，便于冲洗子宫或利于子宫内存留物的排出，先注射雌激素，再注射催产素。对轻型慢性子宫内膜炎，如果用雌激素处理，可增加子宫病理性渗出物的清除，有利于受胎。

（5）催情　肌内注射少量苯甲酸雌二醇，可使80%的母牛于注射后2～5d发情。虽然雌激素可引起动物的发情症状，但是发情不排卵，原因是雌激素不能直接作用到卵巢使卵泡发育，但是可通过反馈作用使LH分泌，间接作用于卵巢，并能增加子宫对垂体后叶激素的敏感性而提高子宫收缩力。该作用可能会产生一些不良反应，所以临床上用雌激素催情应慎用。

（二）孕酮

孕酮（progesterone）又叫作黄体酮，主要是由黄体及胎盘（马及绵羊）产生，肾上腺皮质、睾丸和排卵前的卵泡也能产生少量孕酮。

**1. 孕酮的主要生理作用**

（1）促进生殖道的进一步发育　生殖道受到雌激素的作用开始发育，但只有经孕酮协同作用后，才能得到更充分的发育。

（2）孕酮为妊娠做准备，并维持妊娠　子宫内膜经雌激素作用后，孕酮维持黏膜上皮的增长，刺激并维持子宫腺的增长（分支、弯曲）及分泌；还能使子宫颈收缩，且使子宫颈及阴道上皮分泌黏液，并抑制子宫肌的蠕动。这些作用都为胚胎的附植及后续发育创造有利条件，所以孕酮是维持妊娠所必需的激素。

（3）调节发情行为　孕酮对于丘脑下部或垂体前叶具有负反馈作用，能够抑制FSH及LH的分泌，所以在黄体开始萎缩以前，卵巢中虽有卵泡生长，但不能迅速发育；同时还能抑制性中枢，使母畜不表现发情。但在牛发情初期注射少量孕酮可以促进排卵，而且在少量孕酮的协同作用下，中枢神经才能接受雌激素的刺激，母畜才能产生性欲及性兴奋，否则母畜表现安静发情或安静排卵。因此，少量孕酮能与雌激素共同作用使母畜出现外部发情现象，并接受交配，但是大量孕酮可以对抗雌激素的作用，抑制发情活动。

（4）促进乳腺的充分发育　在雌激素刺激乳腺腺管发育的基础上，孕酮刺激乳腺腺泡的发育，与雌激素共同刺激和维持乳腺的发育。

**2. 在家畜繁殖上的应用**

（1）预防孕酮不足性流产　应用孕酮可保胎，预防由于内源性孕酮产生不足所致的习惯性流产，牛剂量为50～100mg，肌内注射，隔日一次，直到安全度过习惯性流产的危险期。

（2）诱导同期发情　对牛、羊和猪连续给予孕酮，可抑制垂体促性腺激素的释放，从而抑制发情。一旦停止给予孕酮，即能反馈性引起促性腺激素释放，使家畜在短时间内出现发情，如将孕酮阴道栓（CIDR）撤掉后引起同期发情。为了增加同期发情的效果，往往在给予孕酮的同时，还应用GnRH和PG，图1-3是三种母牛（A～C）黄体酮植入时间和人工授精的同期发情方案，在应用CIDR前注射

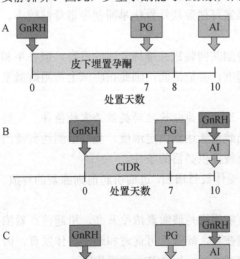

图1-3　母牛黄体酮植入时间和人工授精方案
（Noakes et al.，2019）

AI. 人工授精；CIDR. 孕酮阴道栓

GnRH 可降低优势卵泡持续存在的风险，并且大多数母牛会产生新的卵泡波。

（3）治疗产科疾病

卵泡囊肿：在没有 hCG 和 LH 的情况下，可采用孕酮治疗卵泡囊肿。牛每次肌内注射 50～100mg，每日或隔日一次，连用 2～7d，病牛的性兴奋及慕雄狂症状即可消失。当然，先用孕酮，然后配合应用 hCG 和 LH 的效果更好。

排卵延迟：肌内注射孕酮，对牛、马的排卵延迟均有良好效果。

卵巢静止和暗发情：对于卵巢静止的母牛，一般用孕酮缓释阴道装置或孕酮皮下埋置法处理 12d，撤除孕酮后牛发情时输精。

**3. 血浆（清）中孕酮含量的变化在临床诊断上的应用**

（1）利用血和乳中孕酮含量进行早期妊娠诊断　动物受精妊娠后，血液和乳中孕酮的含量就会增加，可通过测定孕酮的含量而用于早期妊娠诊断。

（2）鉴别动物所处发情周期的时期和确定最佳人工授精时间　通过测定孕酮水平，马、牛结合直肠检查，可判断是处于发情期（孕酮含量低，有卵泡）、间情期（孕酮含量高，有黄体、无卵泡），还是乏情期（孕酮含量低，既无卵泡，又无黄体，主要见于季节性发情的马和驴）。例如，母犬是在进入发情期后约 2d 排卵，在排卵前血清孕酮浓度开始升高，当垂体分泌促黄体素（LH）大约达到峰值的时候，孕酮浓度会从基准值极显著升高。在排卵前 24～48h，血清孕酮平均浓度为 2.0～2.9ng/ml，并且在排卵日达到 4.0～10.0ng/ml。如果浓度超过 10.0ng/ml，可能母犬已经排卵，进入间情期，需要结合其他方法确定母犬是否排卵。

（3）区别囊肿　卵巢囊肿包括卵泡囊肿和黄体囊肿两种情况，可通过测定血浆中孕酮含量来区分，卵泡囊肿的血中孕酮值为（0.23±0.2）ng/ml；而黄体囊肿血中孕酮值为（3.80±1.29）ng/ml。

（4）判定胎儿死活　Bulman 等（1979）报道母牛配后 30～50d，孕酮浓度突然下降到发情周期 0～4d 的基线上提示胚胎死亡。

（5）鉴别妊娠发情　马、牛、羊在妊娠早期出现妊娠发情现象，通过测定孕酮含量，可确定是妊娠发情还是返情。例如，在临床中大约有 6%母牛会出现妊娠发情，这时候可通过测定孕酮来确定是正常发情还是妊娠发情，如果是妊娠发情则禁止配种，否则易导致流产。

（6）初步判定卵巢功能是否紊乱　如果血浆中孕酮的含量至少 30d 无连续升高，可能是发生持久黄体；如果产后 50d，孕酮浓度持续降低，可能发生了卵巢静止；如果孕酮变化呈周期性，但是不发情，提示母畜暗发情。

（三）雄激素

雄激素主要是由睾丸间质细胞产生，肾上腺皮质和卵巢也能分泌少量雄激素，其主要形式为睾酮（testosterone, T）。有 97%～99%的雄激素在血液循环中和甾体结合球蛋白（steriod-binding globulin）结合，1%～3%的雄激素被靶细胞中的酶转化为氢化睾酮而发挥作用。睾酮的分泌量很少，不在体内存留，分泌之后很快即被利用或发生降解。其降解产物为雄酮，通过尿液、胆汁或粪便排出体外，所以尿液中存在的雄激素主要为雄酮。

**1. 雄激素的主要生理作用**

（1）刺激并维持公畜性行为和第二性征　去势后公畜即无性行为表现，有交配经验的公畜去势后需要经过一段时间，性行为才消失。

（2）与 FSH 及 ICSH 共同作用，刺激曲细精管上皮的功能，维持精子的生成　动物切除垂体后，在没有 ICSH 的情况下，间质细胞变性，不能产生雄激素，曲细精管退化；注射雄激素后，曲细精管则可恢复原状。

（3）对附睾的作用　雄激素可刺激和维持附睾的发育，延长精子在附睾中的存活时间。

（4）对雄性特征的作用　雄激素可刺激并维持副性腺和阴茎、包皮（包括使幼畜包皮腔内的阴茎与包皮内层分离）、阴囊的生长发育及功能。雄性外阴部、尿液、体表及其他组织中外激素（信息素）的产生也受雄激素的调节。

（5）对丘脑下部或（和）垂体前叶发生负反馈作用　垂体前叶 ICSH 和雄激素之间存在彼此调节的关系，ICSH 可以促进睾酮的分泌；但在睾酮增加到一定浓度时，则对丘脑下部或（和）垂体前叶发生负反馈作用，抑制 ICSH 释放或（和）促使 ICSH 的释出，结果睾酮的分泌减少。当睾酮减少到一定程度时，负反馈作用减弱，使间质细胞刺激素的释出增加，间质细胞分泌的雄激素也随之增加。它们如此相互促进和制约，取得相对平衡，从而使公畜的性功能得以正常维持。

**2. 在家畜繁殖上的应用**　雄激素主要用于制备试情动物去鉴定发情；也可通过主动免疫，使卵巢和肾上腺分泌的雄激素减少。雄激素是合成雌激素的前体，所以主动免疫后，限制卵巢雌激素的合成与分泌，从而引起对下丘脑和垂体的正反馈，让垂体分泌更多的促性腺激素，从而刺激卵巢上更多的卵泡发育，提高绵羊的排卵率，增加产羔数。

（四）性腺类多肽

性腺主要分泌类固醇激素，但是还分泌多种多肽激素及前列腺素。卵泡分泌的多肽激素有抑制素等多种多肽激素或因子，黄体分泌的有催产素、松弛素等，睾丸也分泌抑制素。

**1. 松弛素（relaxin）**　松弛素是一种多肽，其结构类似胰岛素，在妊娠后期分泌增多，分娩后即从血液中消失。黄体是松弛素的主要来源，牛、猪、绵羊的松弛素都主要来自黄体，家兔则主要来自胎盘，绵羊发情周期的卵泡内膜细胞也能产生松弛素。

正常情况下，松弛素的单独作用很小。生殖道和有关组织只有经过雌激素和孕激素的事先作用，松弛素才能显示出较强的作用。松弛素主要生理作用与家畜的分娩有关：①促使骨盆韧带及耻骨联合（人）松弛，因而骨盆能够扩张，利于分娩。②使子宫颈松软、扩张。在分娩的开口期，当子宫肌的收缩力逐步增强时，松弛素与其他激素发生协同作用，使子宫颈变得柔软，产生弹性。③促使子宫水分含量增加。④促使乳腺发育和分化。

**2. 催产素（oxytocin）**　黄体组织可以产生大量催产素，其分子结构与垂体后叶分泌的催产素完全相同。卵巢催产素在发情周期和妊娠后期均呈阵发性分泌，其浓度变化与孕酮相似，但其峰值期稍早于孕酮。

**3. 抑制素（inhibin）**　抑制素是由卵巢的卵泡组织（在卵子发育过程中）和睾丸支持细胞（在精子发育过程中）产生的。在母畜，主要由卵泡的颗粒细胞产生，其含量随卵泡的发育状态及动物类别而异。在牛，中等卵泡和大卵泡的含量比小卵泡高。猪在发情周期的第 5 天，抑制素含量随着卵泡直径的增大而增加，而在第 10 天以后，则随卵泡直径增大而趋于下降。抑制素在闭锁卵泡中的含量比发育中的卵泡低。卵泡液中抑制素的活性水平是卵巢静脉的 100～1000 倍（猴、人、大鼠），这说明抑制素主要保留在卵泡中，仅有少量进入血液。在公畜，抑制素主要由睾丸曲细精管中的支持细胞产生，输送到附睾头而被吸收，进入血液。

抑制素在繁殖方面的主要作用如下。

（1）通过丘脑下部或垂体的负反馈环路，阻滞 GnRH 对垂体的作用，抑制 FSH 的合成和释放　抑制素和雌二醇共同调节 FSH 分泌，抑制素是 FSH 分泌的主要抑制因子。而当 LH 和雌激素水平升高时，可以增加卵泡的血流量和血管通透性，从而使抑制素容易离开卵泡而进入血液，通过反馈作用使 FSH 维持在适当水平。排卵后，卵泡液进入腹腔，其中的抑制素被腹膜吸收，因而血液中的抑制素水平升高，通过反馈作用使 FSH 浓度在 LH 峰值后第 2 天降至基线水平。在雄性，抑制素能直接抑制 B 型精原细胞的增殖，还可通过选择性地抑制 FSH 的分泌而影响生殖细胞的分裂。这种抑制生精的作用，对维持精原细胞数量的恒定及阻止曲细精管的过度生长均有重要意义。

（2）作用于垂体，阻断垂体对外源性 LHRH 的应答反应　　给牛注射 LHRH 的前半小时或后 3h，若按每 100kg 体重注射 0.5ml 牛卵泡液，则 LHRH 诱导的 FSH 分泌反应几乎完全丧失。

（3）其他作用　　抑制素可延迟垂体对促甲状腺素释放激素的敏感性，促甲状腺素的存在又可以阻断抑制素对血浆 FSH 水平的影响。

**4. 活化素（activin）**　　活化素也称为激动素，由两个抑制素亚单位组成，可刺激培养的垂体细胞对 FSH 的基础分泌，但对 LH 和 PRL 的分泌没有明显影响。来自性腺的活化素可作用于垂体，促进 FSH 分泌，进而对卵巢发生作用，对卵泡有促进和保持的作用。在体外，活化素对颗粒细胞和卵泡膜细胞中类固醇激素的产生具有调节作用，可促进孕酮的产生和 FSH 诱导的芳香化作用，抑制 LH 诱导的雄激素合成。活化素对垂体的作用，主要是通过正、负反馈作用促进 FSH 的分泌。

## 六、神经垂体激素

神经垂体（垂体后叶）激素包括两种，即催产素（oxytocin，OT/OXT）和加压素（抗利尿激素，vasopressin）。它们都是 9 肽，二者只有第 3 位和第 8 位的氨基酸不同。催产素和加压素主要合成部位是丘脑下部的视上核和室旁核，并且呈滴状沿丘脑下部-神经垂体束的轴突被运送至神经垂体而贮存起来。此外，视交叉上核、终纹床核、杏仁核、背正中核和蓝斑也能合成一定的催产素和加压素。

神经垂体释放催产素，是由内外环境的刺激引起的。例如，公牛的叫声、气味等可刺激发情母牛的视觉、触觉、听觉及嗅觉器官，尤其是爬跨、交配及输精，均能反射性地引起母牛释放催产素，从而可调节动物的发情，使子宫收缩增强。吮挤乳头、按摩乳房、触摸阴门、在阴门内吹气、刺激子宫颈及发出与挤奶有关的奶桶响声等，均能导致排乳。但不良的内外刺激，如惊吓、疼痛等，能够抑制催产素的释出，并且由于交感肾上腺系统受到刺激，功能增强，肾上腺素引起血管收缩，使催产素达不到靶器官。

（一）催产素的主要生殖生理作用

**1. 调节反刍动物的发情周期**　　催产素是诱导黄体溶解的重要激素，可以诱导牛、羊黄体的溶解；可诱导子宫内膜释放 $PGF_{2\alpha}$，在催产素和 $PGF_{2\alpha}$ 之间可能存在一种正反馈调节机制，黄体溶解时，子宫催产素受体浓度增加，催产素和 $PGF_{2\alpha}$ 均出现明显的分泌波。

**2. 调节卵巢甾体激素的生成**　　小剂量催产素可使牛的黄体细胞分泌的孕酮增加，但大剂量催产素却能抑制孕酮的产生。

**3. 对输卵管的作用**　　催产素可刺激输卵管平滑肌收缩，帮助精子及卵子的运送，有利于受精。

**4. 使子宫发生收缩，促进胎儿排出和子宫复旧**　　排卵前雌激素使子宫敏感，催产素可收缩子宫有利受精；分娩前雌激素升高，催产素升高，使子宫发生强烈阵缩，排出胎儿；产后期催产素还有利于子宫复旧。在妊娠后期，子宫肌层的催产素受体（OTR）增多，分娩时进一步增加，使子宫对 OTR 的敏感性升高；而且 OTR 还可以通过促进子宫内膜 $PGF_{2\alpha}$ 的合成引起子宫收缩，见图1-4。

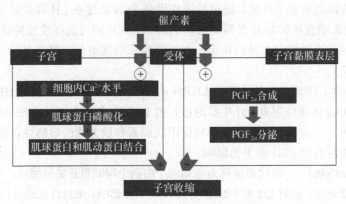

图1-4　催产素对子宫的收缩作用（Vannuccini et al.，2016）

**5. 对乳腺的作用**　　刺激乳腺腺泡的肌上皮细胞收缩而促进泌乳，使乳汁从腺泡通过腺管进入乳池，使乳腺大导管的平滑肌松弛，在乳汁蓄积时能够扩张。

**6. 对雄性的作用**　　给性未成熟的公兔长期使用催产素，能促进曲细精管的发育和睾丸增重。

**7. 对非生殖系统的作用**　　催产素可扩张皮肤血管，降低血压，收缩胃及膀胱平滑肌。

（二）在畜牧业中的应用

**1. 提高受胎率**　　在奶牛配种前1~2min，子宫注入OT 5~10IU，可提高受胎率6%~22%。

**2. 诱发同期分娩**　　对临产母牛，先注射地塞米松，48h后给催产素5~7μg/kg，4h左右分娩。妊娠达112d的母猪，先注射$PGF_{2\alpha}$，16h后注射OT，几乎全部母猪可在4h内完成分娩。

**3. 终止误配妊娠**　　在母牛错配后一周内，每日注射100~200IU，能抑制黄体的发育而达到终止妊娠的目的。一般可于处理后8~10d返情。

**4. 提高胚胎移植受胎率**　　胚胎移植前采用硬膜外麻醉，可阻断催产素神经反射通路，减少移植过程中对子宫颈的刺激而产生OT，提高移植成功率。

**5. 治疗排乳不良**　　由于疼痛或疾病排乳不良的奶牛，在按摩乳房并挤奶后，每天静脉注射60IU催产素，连用4d，可促进排乳。

**6. 治疗产科疾病**

（1）持久黄体和黄体囊肿　　牛按400IU/头，分4次注射，间隔2h，可使80%的患牛黄体溶解或消散。

（2）催产　　在分娩过程中出现产力微弱性难产，应用小剂量OT可增强子宫收缩，促进胎儿排出，但是要注意大剂量注射可能引起子宫破裂或子宫强直性收缩。

（3）促进死胎排出　　先注射雌激素，48h后静脉注射OT或OT和$PGF_{2\alpha}$联合应用，有助于死胎的排出。

（4）治疗产后出血　　应用大剂量OT可迅速引起子宫强直性收缩，使子宫肌层内血管受到压迫而达到止血的作用。但其作用时间很短，必须要大剂量。

（5）治疗胎衣不下　　如果产后时间超过48h，先注射雌激素促进子宫对催产素的敏感性，静脉滴注或每2h肌内注射催产素1次，可增强子宫的收缩而促进胎衣的排出。在分娩后越早应用效果越好。

（6）治疗子宫积脓　　使脓液排出子宫外。

## 七、前列腺素

前列腺素（prostaglandin，PG）是一类长链不饱和羟基脂肪酸。原先以为只来源于前列腺，故而定名，后来发现，大部分组织均可产生。其生物合成是在细胞膜内由必需脂肪酸通过前列腺素合成酶的作用，经环化和氧化反应进行的。PG 分子的基本结构为含一个环戊烷及两个脂肪酸侧链的二十碳脂肪酸，相对分子质量为 $300\sim400$。目前已知的天然前列腺素分为 3 类 9 型，根据环外双键的数目分为 $PG_1$、$PG_2$、$PG_3$ 3 类，又根据环上取代基和双键位置的不同而分为 A、B、C、D、E、F、G、H 和 I 9 型，其中在 C-9 有酮基，在 C-11 有羟基的称为 PGE，在这两处都有羟基的为 PGF。α 指 C-9 上羟基的构型。所有的 PG 在 C-13 及 C-14 间有一个反式双链，在 C-15 处有一个羟基。右下角的小数字表示侧链中双键的数目。与动物繁殖关系密切的是 PGF 和 PGE。

（一）产生与存在部位

PG 产生最活跃的场所是精囊腺，其次是肾髓质、肺和胃肠道，此外脑、肾上腺、脂肪组织、虹膜及子宫内膜等组织的合成也较多。

PG 广泛存在于家畜的各种组织和体液中。生殖系统，如精液、卵巢、睾丸、子宫内膜包括子叶和子宫分泌物，以及脐带和胎盘血管等，都含有前列腺素。精液中 PG 的含量在公羊最多，公猪含量很少，公牛的含量极微。

绵羊子宫内膜和母体子叶中的 $PGF_{2\alpha}$ 含量很高，子宫内膜中还含有类似 $PGE_1$ 和 $PGE_2$ 的物质；子宫的其他部分也含有少量 $PGF_3$ 和类似 $PGF_1$、$PGF_2$ 的物质。子宫内膜和子宫静脉血中 $PGF_{2\alpha}$ 的含量随发情周期的阶段不同而有变化，外周血浆中的 $PGF_{2\alpha}$ 于第 13 天升高，发情周期第 14 天的 $PGF_{2\alpha}$ 含量比早期高 4 倍。妊娠绵羊子宫内膜的 $PGF_{2\alpha}$ 含量比未孕绵羊发情周期第 $13\sim18$ 天的高，而且妊娠羊子宫静脉血中的含量也较高，借此推测，胚胎产生一种促黄体分泌素，阻止 $PGF_{2\alpha}$ 对黄体的溶解作用。

（二）生理作用

前列腺素的作用极其广泛，对生殖系统的影响最为突出，其重要作用如下。

**1. 对雌性生殖的作用**

（1）溶解黄体　　PGF 对动物（包括灵长类）的黄体有明显的溶解作用，PGE 的作用较差。子宫内膜产生的前列腺素通过子宫静脉时，可以直接被卵巢动脉吸收而到达卵巢，几乎不产生灭活作用而对卵巢直接发挥作用。PGF 溶解黄体的机制尚无定论，现有资料认为主要有两种可能：一种是直接作用于黄体，抑制孕酮的合成，导致黄体细胞死亡；另一种是收缩血管平滑肌，显著降低子宫、卵巢的血流量，导致卵巢局部缺血，从而使合成孕酮所需要的原料供应减少，最终抑制孕酮的合成。目前研究表明 PG 溶解黄体细胞的机制是其与大黄体细胞质膜上的特异性受体结合，激活磷酸肌醇特异性磷酸化酶 C 通路而引起大黄体细胞退化和死亡。

（2）影响排卵　　$PGE_1$ 能抑制排卵，$PGF_{2\alpha}$ 和 $PGF_{3\alpha}$ 在排卵过程中，直接作用于卵泡，有促进排卵的作用。$PGF_{2\alpha}$ 还可刺激卵泡壁平滑肌的收缩，促使卵泡破裂。

（3）影响输卵管的收缩　　$PGE_1$ 和 $PGE_2$ 能使输卵管前段（卵巢端）3/4 松弛，后段（子宫端）1/4 收缩。$PGF_{1\alpha}$ 和 $PGF_{2\alpha}$ 则能使各段肌肉收缩，这对于精子和卵子的运行有一定作用，因而能够影响受精卵附植。输卵管下段收缩，可使卵子在壶腹末端停留时间较长，有利于受精。但是 $PGF_{2\alpha}$ 可以加速卵子由输卵管向子宫移行，使其失去受精机会。

（4）刺激子宫平滑肌收缩　　PGE 和 PGF 对子宫平滑肌都具有强烈刺激作用。小剂量 PGE 能促进子宫对其他刺激的敏感性，较大剂量时则对子宫有直接刺激作用。PGE 和 PGF 可使子宫颈松弛，但 $PGF_{2\alpha}$ 的作用并不稳定。

前列腺素可以增加催产素的自然分泌量，$PGE_2$ 可增加妊娠子宫对催产素的敏感性，故当二者合用时，具有协同作用。

（5）影响生殖激素的合成与释放　　PG 能促进垂体 LH 及 FSH 的释放，如 $PGE_2$ 和 $PGE_1$ 都有刺激雄性大鼠释放 LH 及 FSH 的作用，但 $PGE_1$ 的作用较小。静脉注射前列腺素数小时后，可使血液循环中的 hCG 水平显著下降。PGF 还能够增加 LHRH 的释放。该作用是间接的，因为血液中的 PGF 被迅速灭活，所以来自子宫的 PGF 不大可能直接作用于中枢引起 LHRH 的释放。例如，绵羊雌激素升高能够引起 LHRH 释放，其原因是雌激素可导致子宫和丘脑下部释放 PGF，丘脑下部 PGF 升高，促使 LHRH 的释放。

**2. 对雄性生殖的作用**　　在 LH 的影响下，睾丸能分泌 PG，反映出 PG 对雄性生殖具有重要作用。

（1）影响睾酮的生成　　适当剂量的 PG 处理，不会影响生殖能力，若用量过大就会降低外周血中睾酮的含量。

（2）影响精子生成　　给大鼠注射 $PGF_{2\alpha}$ 可使睾丸重量增加，精子数目增多。若服用 PG 的抑制剂阿司匹林或消炎痛，则抑制精母细胞转化为精子细胞，使精子数目减少。如果注射大量 PGE 或 $PGF_{2\alpha}$，可使睾丸和副性腺减轻，造成曲细精管生精功能障碍，生精细胞脱落和变性。

（3）影响精子运输和射精量　　小剂量 PG 能促进睾丸网、输精管及精囊腺的平滑肌收缩，有利于精子运输和增加射精量。

（4）影响精子活力　　PGE 能增强精子活力，$PGF_{2\alpha}$ 却能抑制精子活力。

## （三）PG 在畜牧业中的应用

**1. 调节发情周期和同期发情**　　$PGF_{2\alpha}$ 及其类似物能显著缩短黄体的存在时间，因而能够控制母畜的发情和排卵，可用来调节动物的发情周期。注射 $PGF_{2\alpha}$ 可以使黄体发生溶解，从而使群体发情时间处于一致。调节母牛产后发情的处理方式：如果母牛产后 6 周不发情，马上用 $PGF_{2\alpha}$ 及其类似物处理，处理后如果观察到动物发情直接进行人工授精，如果没有观察到母牛发情，在第一次处理后的第 12 天进行第二次 PG 处理，在第 15 天进行第一次人工授精，第 16 天进行第二次人工授精。

现在对于牛的同期发情，处理方式多数是用孕酮缓释阴道装置放置 7d 后将其撤去，并在撤去前一天用 $PGF_{2\alpha}$ 及其类似物处理，同期化效果好，100% 的牛在处理后的 37h 以内发情。

**2. 流产和人工引产**　　根据目的不同，应用前列腺素可使母畜排出不需要的胎儿，也可使接近预产期的家畜提前分娩而达到人工引产（即诱导分娩）或同期分娩的目的，同期分娩有利于猪场的管理。前列腺素对延期流产的木乃伊胎也有良好的引产作用，对于牛、羊和猪的延期流产或同期分娩，一般应用 PG 类药物 2～3d 后即可分娩。在妊娠 200d 内的牛应用 $PGF_{2\alpha}$ 及其类似物，即会发生流产。如果终止犬的误配妊娠，可按照 50～250μg/kg 体重皮下注射 $PGF_{2\alpha}$，每天 2～3 次，连续 4d 或直到妊娠终止，注意在妊娠的后期降低 $PGF_{2\alpha}$ 类药物的用量，应用 PG 类药物的主要不良反应包括呕吐、流涎和腹泻等。胎水过多可应用 $PGF_{2\alpha}$ 引产。

**3. 治疗产科疾病**

（1）治疗持久黄体　　因 PG 有溶解黄体的作用，可用其治疗牛、马的持久黄体。

（2）治疗黄体囊肿　　作用原理同上，一般在应用 PG 6～7d 后对侧卵巢会发生排卵。

（3）治疗卵泡囊肿　　先用 LHRH 或 hCG，后用 $PGF_{2\alpha}$ 及其类似物，比单独应用 LHRH 或 hCG 能够更好地治愈卵泡囊肿。

（4）治疗子宫疾病　　包括产后子宫复旧不全、子宫内膜炎治愈后的黄体残留症、子宫积脓、子宫积水、子宫内膜炎、胎儿干尸化等，均可应用 PGF 类药物进行治疗。

**4. 在公畜繁殖中的应用**

（1）增加精子的射出量　　对未使用过性激素制剂的公牛和公兔注射 $PGF_{2\alpha}$ 及其类似物，在两个小时以内可以增加精子的排出量。

（2）提高人工授精的效果　　可在精液中加入 PG，由于 PG 有利于子宫颈的开张和精子的进入，可提高牛羊人工授精的妊娠率和受胎率。

## 八、外激素

外激素（pheromone）是动物向周围环境释放的化学物质。它的定义最初是对昆虫而言，外激素被认为是某一动物个休释放至休外，被同类动物其他个体所接受，并产生特定生理反应的物质。近来认为：外激素是动物体向体外排放的一种或数种化学物质，作为信号可引起接受它的同类动物行为上和（或）生理上的特定反应。外激素的种类很多，包括简单的化合物（乙酸、丙酸等）和复杂的化合物［如麝香酮（$C_{16}H_{30}O$）、灵猫酮（$C_{17}H_{30}O$）等］。

### （一）产生及存在部位

产生外激素的腺体分布广泛，遍及身体各处，靠近体表，包括头部、眼窝、咽喉、肩脚、体侧、胸、背、尾、阴囊、外阴部、肛门、蹄底及指（趾）间等。释放外激素的腺体有皮脂腺、汗腺、颌下腺、腮腺、泪腺、包皮腺、尾下腺、会阴腺、肛腺、侧腺、腹腺、跖腺、跗腺及掌腺等，有些动物的尿液和粪便中也含有外激素（表 1-5）。这些腺体大多数由体表细胞所构成，可能是单层细胞，也可能比较复杂，并有贮存处与腺体相连，到需要的时候将其释放至周围环境中。外激素包括很多种化学特性各异的化合物。

**表 1-5　某些哺乳动物的外激素释放源**

| 动物名称 | 外激素释放源 | 动物名称 | 外激素释放源 |
|---|---|---|---|
| 牛 | 子宫颈和阴道黏液 | 罗猴 | 性接受期的阴道分泌物 |
| 绵羊 | 发情时的阴道、外阴部、尿液 | 棕熊 | 尿液 |
| 猪 | 公猪颌下腺、包皮腺 | 北美野牛 | 尿液 |
| 马 | 尿液 | 野山羊 | 枕骨腺 |
| 犬 | 肛门腺、发情时的尿液 | 狨猴 | 外阴腺 |
| 兔 | 颌下腺 | 麝 | 包皮腺（麝香酮） |
| 小鼠 | 泪腺、颌下腺、包皮腺、雄性及雌性尿液、阴道黏液 | 灵猫 | 会阴腺 |
| | | 黄兔尾鼠 | 会阴腺、肛腺 |
| 大鼠 | 雄性及雌性尿液 | 黑尾鹿 | 雄性跗腺 |
| 豚鼠 | 雄性及雌性尿液 | | |

（二）生理作用

**1. 提早性成熟**　　将一头成年公猪放入青年母猪群后 5～7d，即出现发情高峰，性成熟比未接触公猪的青年母猪提早 30～40d。公羊对母羊的刺激同样具有促进性成熟的作用。

**2. 终止乏情期，促进发情**　　在季节性乏情期结束之前，在母羊群中放入公羊，会很快出现集中发情，这种现象称为公羊效应（ram effect）。利用公羊效应，几乎可使所有绵羊、山羊的季节性乏情提前 6 周结束，但公羊的接触不能少于 24h。

**3. 影响母畜发情率、发情持续期和排卵时间**　　公畜刺激可提高母牛和母猪的发情率；公、母畜养在一起时，能加速发情进程，缩短性接受期，从而使排卵集中，提高受胎率。

**4. 雄性行为可提高后代的生殖力**　　有人发现，配种能力强的公羊，其后代排卵率高。

（三）外激素和激素的区别

外激素和激素是两个不同的概念。外激素来自外分泌腺（主要在体表部分），排放至体外，在空气中扩散到一定距离之外，作用于同类动物的其他个体。激素是体内的化学信息，而外激素是个体之间的化学信息。但有的化学物质既是外激素，又是激素，如某些类固醇激素。

# 第四节　生殖内分泌学的研究方法

生殖内分泌学是内分泌学的分支之一，其研究方法属于内分泌研究方法学的范畴。目前已经由最初以临床观察法为主，形成了可以根据研究对象、研究目的选择研究方法的系统的内分泌研究方法学。

## 一、临床观察法

临床观察法是研究内分泌学的一种重要方法。通过临床观察，我们可以获得与动物内分泌相关的最直接的初始信息，这不仅为进一步认识内分泌现象提供了动力，也在客观上推动和促进了内分泌研究的实验方法学的不断发展，同时也奠定了临床观察法在内分泌研究方法学上的基础地位。但必须明确的是，临床观察提供的仅仅是表象，要从本质上认识内分泌现象，尚需结合其他的研究方法。

## 二、外科学方法

1849 年，德国学者 Berthold 通过外科手术对公鸡睾丸进行摘除和移植的研究，提出了睾丸向血液内释放的某种物质具有维持雄性行为和第二性征的观点，这是人类第一次将科学实验引入内分泌学的研究。在此后相当长的一段时间内，器官或组织的摘除和移植方法被广泛用于验证其是否具有内分泌功能的研究中。此外，在体内还可以将某种内分泌器官移位，破坏其血管联系，再采用血管吻合、安装血管或器官导管等方法进行内分泌学研究。例如，将子宫或卵巢自体异位（如颈部皮下或肾被膜下等部位）移植或异体原位移植，并进行微血管吻合，在灌注不同的激素或药物后，监测子宫和卵巢的内分泌功能变化，阐明子宫与卵巢的相互作用关系。在此类研究中，为了避免器官或组织移植后的免疫排斥反应，应尽可能地选择免疫原性低的移植供体或降低移植物的免疫原性。

损伤和替代疗法也是研究内分泌器官及激素功能经常采用的方法。例如，通过显微外科手术切断垂体柄、破坏下丘脑特殊部位神经核团，研究下丘脑和垂体的功能及下丘脑、垂体与靶腺间的相互作用；采用电烙法或 X 射线照射破坏卵巢上的卵泡，保留黄体的功能，在消除体内主要雌激素来源的基础上研究黄体溶解的机制。替代疗法是指在破坏了某种内分泌腺或内分泌细胞后，再补充相应提取物或人工合成的物质，观察机体能否出现恢复性的变化。

## 三、体外研究

体外研究主要包括内分泌器官灌注法、组织或细胞培养法和细胞提取物某些成分的分析等。

（一）内分泌器官灌注法

将离体的动物内分泌腺（如卵巢、睾丸或肾上腺等）放入密闭的灌注室内，灌注自身的血液、特殊的培养液（如 TCM-199 培养液）或 Krebs-Ringer 缓冲液等，使该器官或组织存活时间更长，按实验所需时间间隔收集灌流液，研究激素的生物合成途径。

（二）组织或细胞培养法

在体内，内分泌器官的功能受神经和体液等诸多因素的调节。将组织或细胞在体外进行选择培养，可以在人为控制条件下分别对其进行研究。

**1. 组织培养** 在体外适宜条件下，将腺垂体、子宫内膜或黄体等组织样品的薄片置于特殊的培养液（如 DMEM/F12 或 TCM-199 培养液等）中进行培养。再向培养液中添加某些试验物（如诱导剂或抑制剂等）后，按实验所需的时间间隔收集培养液样品，进行代谢产物的测定分析。

**2. 细胞培养** 采用酶（如胶原酶和透明质酸酶等）消化法和免疫磁珠分选法或其他分离纯化细胞的方法，从睾丸、卵巢或黄体等组织样品的薄片中分离纯化出睾丸间质细胞、卵巢颗粒细胞或黄体细胞等内分泌细胞。在体外适宜条件下，将上述内分泌细胞培养在添加某些试验物（如诱导剂或抑制剂等）的培养液中，根据细胞的反应或某些物质含量的变化，推测激素合成或作用的机制。截至目前，用于内分泌研究的细胞包括从动物体获得的原代细胞和已获得的多种细胞系等。

除了细胞的原代培养和传代培养技术，干细胞技术也被用于内分泌学的研究。将干细胞或器官祖细胞嵌入适宜的细胞外基质中，在含有特定生长因子的培养基中进行培养，它们可以增殖分化并自组织形成三维类器官结构。类器官具有目标器官或组织的部分空间结构和特定功能，它与体内来源的组织或器官具有高度相似的生理反应，因而在基础研究及临床诊疗方面具有广阔的应用前景。与均一化的细胞培养物或异质性的组织培养物相比，类器官能在去除动物模型可能引入混淆变量的基础上提供更高的复杂性。在很多情况下，类器官具有辅助或替代动物实验和体外使用原代细胞或其他细胞系的潜力，这为研究激素合成或作用机制提供了新的可能。例如，妊娠早期子宫内膜和卵巢的分泌功能；性腺激素对子宫内膜细胞增殖和基因表达的影响等。到目前为止，利用类器官培养技术成功培养出多种具有部分关键生理结构和功能的类器官，如肠、大脑、心脏、甲状腺、卵巢、输卵管、子宫内膜、卵泡、滋养层等。但值得注意的是，类器官系统只是初具雏形，并不能完全替代所有的传统模型，类器官的稳定性、保真性、重现性及扩展性等问题仍需进一步的深入研究。

（三）细胞提取物某些成分的分析

将离体细胞或体外培养的细胞进行适当处理，破坏其细胞膜，可获得包含有原生质的可溶性组分和一些悬浮的固体组分（如微粒体、线粒体、溶酶体及核仁等）。由于一些重要的成分（如酶）结合在细胞器上，或存在于可溶性组分的提取物中，因此采用这种分析方法不仅可以研究与激素相关的酶的转化，还可以研究激素的作用机制、合成及代谢等。例如，线粒体内膜上的胆固醇侧链裂解酶 CYP11A1/P450scc 是类固醇激素合成和代谢的关键酶，通过差速离心法提取线粒体，并分离其内、外膜，就可能在体外进行 CYP11A1/P450scc 在线粒体内转化的研究。

## 四、电生理学研究方法

电生理学是一门研究生物细胞或组织的电学特性的科学。它包括对单个离子通道到整个器官（如心脏）的电压、电流测量与操纵。在内分泌学领域，电生理学研究方法就是利用电或化学物质刺激含分泌颗粒的细胞，使之去极化（或超极化），引起（或抑制）分泌颗粒释放的一种研究方法。主要包括体内电生理研究法、体外电生理研究法、电压钳和膜片钳技术等。例如，膜片钳技术是一种以记录通过离子通道的离子电流来反映细胞膜单一的或多个离子通道分子活动的技术。它的基本原理是将特制微电极的尖端与靶细胞膜接触，利用抽吸作用所形成的负压将微电极吸附于细胞膜单一的或多个离子通道内，电极尖端与细胞膜的高阻封接，使与电极尖端相接的细胞膜的小区域（膜片）与其周围在电学上分隔，在此基础上固定点位，利用特定的仪器记录膜片上的离子通道在不同因素影响下的开、关情况及电流变化。不同类型的内分泌细胞在细胞膜离子通道特性研究中被广泛用作模型系统。截至目前，膜片钳技术的研究对象已从对离子通道（配体门控性、电压门控性、第二信使介导的离子通道、机械敏感性离子通道及缝隙连接通道等）的研究发展到对离子泵、交换体及可兴奋细胞的胞吞、胞吐机制的研究等。

## 五、组织学与组织化学研究方法

### （一）电子显微镜技术

随着显微镜技术的不断改进和发展，以及特殊染色方法的应用，人们能够对内分泌器官中不同类型的细胞及细胞内的亚细胞器等结构的形态和功能进行深入研究。例如，分泌蛋白质和多肽激素的细胞具有丰富的粗面内质网、发达的高尔基体及膜包被的分泌颗粒；分泌类固醇激素的细胞，其滑面内质网和脂滴含量丰富，线粒体嵴常呈管状，但无分泌颗粒。

电子显微镜（简称电镜）由于其高分辨率，在观察超微结构及亚细胞结构中有着光学显微镜（简称光镜）无法比拟的优点，尤其是与免疫组织化学技术结合后，其在内分泌学研究中更具有普通光镜技术无法相比的优势。除了免疫电镜技术，冷冻蚀刻免疫电镜技术和扫描免疫电镜技术也是内分泌研究中广泛应用的电镜技术。冷冻蚀刻免疫电镜技术包括冷冻蚀刻表面标记免疫电镜技术和断裂标记免疫电镜技术，是研究生物膜结构的重要方法之一。扫描免疫电镜技术则为研究细胞或组织表面的三维结构与抗原组成的关系提供了可能。

### （二）免疫组织化学技术

免疫组织化学技术是利用抗原-抗体反应的高度特异性，将抗体用某种易于识别或检测的物质（如荧光素、酶、铁蛋白等）标记，在光镜或荧光显微镜下观察标记抗体-抗原复合物的分布情况，从而定位组织中的抗原。但无论是标记第一抗体还是第二抗体，都会影响抗体与抗原的结合，敏感性较差。为了避免这种情况，一般采用非标记的免疫酶法，如过氧化物酶-抗过氧化物酶复合物（PAP）法和亲和素-生物素-过氧化物酶复合物（ABC）法。以 ABC 法为例，利用亲和素和生物素之间具有极高的亲和力这一特性，使复合物比抗原-抗体直接结合的亲和力提高了 100 万倍，大大提高了检测的灵敏度。

随着免疫组织化学技术的不断改进和发展，很多方法已广泛用于内分泌学的研究。例如，葡萄球菌 A 蛋白（SPA）法，它利用了 SPA 能与多种哺乳动物和人类的 IgG 结合，且具有不受种属特异性限制的优点；链霉亲和素-过氧化物酶（SP）法和链霉亲和素-碱性磷酸酶（SAP）法，主要利用了链霉亲和素结合能力强、结合位点多的特点；免疫金银技术是利用了胶体金颗粒的超强物理吸附作用和银显影的放大作用，以及胶体金颗粒对蛋白质生物活性影响极小的特点。

（三）免疫电镜术

免疫电镜术（IEM）是将抗体进行特殊标记后用电镜观察免疫反应的结果。它突破了光镜分辨率的限制，使免疫细胞化学技术可以从细胞超微结构水平观察和研究免疫反应。根据标记方法的不同，可分为免疫铁蛋白技术、免疫酶标技术和免疫胶体金技术。例如，免疫铁蛋白技术是应用低相对分子质量的双功能试剂将含铁蛋白与抗体相连，制备成一种双分子复合物，它既保留了抗体的免疫活性，又具有电镜下可见的高电子密度铁离子核心，因此用铁蛋白标记的抗体可通过电镜免疫化学的方法在电镜下定位细胞中的抗原。由于某些固定技术（如锇酸固定）对抗体-抗原的结合有干扰，因此应采取较为温和的样品制备方法。

（四）原位杂交技术

原位杂交组织（或细胞）化学技术简称原位杂交（ISH）技术，它是利用特定标记的已知碱基序列核酸作为探针，与组织或细胞中待测核酸按碱基互补配对的原则在原位进行杂交，通过免疫组织（或细胞）化学方法在被检测核酸原位进行组织或细胞内核酸定位。ISH 技术属于固相核酸分子杂交的范畴，但它有别于固相核酸分子杂交中的任何一种核酸分子杂交技术。其他分子杂交技术只能证明病原体、细胞或组织中是否存在待检测的核酸，而不能证明该核酸分子在细胞或组织中存在的部位。

早期的 ISH 技术多使用同位素标记探针，但由于放射性同位素既有可能污染环境，又对人体有害，还受半衰期等限制，因此科学家通过对 ISH 技术的不断改进，发现了多种标记核酸探针的非放射性标记物，如荧光素、2,4-二硝基酚（DNP）、生物素和地高辛等。与放射性标记法相比，非放射性标记具有相对安全，操作简便，标记物可以长期保存，背景清晰，信号能级联放大，能进行多重标记等优点，从而被广泛采用。特别是地高辛标记法，它所显示的颜色为紫蓝色（标记碱性磷酸酶-抗碱性磷酸酶显色系统），有较好的反差背景，又不需要特殊的设备，因而成为广泛应用的非放射性高效标记技术。

近几十年来，原位杂交技术的发展十分迅速。由于分子遗传学研究提供的探针大量增加，探针生产的可靠性和速率大大加快，更重要的是非放射性标记物的研究快速发展，使 ISH 技术成为一项实验室的常规技术和临床应用的诊断技术。

## 六、放射性同位素示踪技术

放射性同位素示踪技术是研究激素代谢及作用的重要手段。它采用放射性同位素（如 $^3$H、$^{131}$I 等）标记激素或激素前体，通过灌喂、注射或吸入等方式将其引入体内，经过一定时间后，利用同位素检测仪或放射自显影追踪、示踪激素在体内的分布、摄取、生物合成、储存、释放、降解和排泄等过程。例如，为了研究雌激素在体内的吸收和代谢，可将标记了 $^3$H 的雌激素输入体内，在一定时间后，检测 $^3$H 标记雌激素的存在和位置，确定雌激素的吸收，也可将 $^3$H 标记物提取出来研究雌激素的转化情况。

放射自显影技术是利用放射性同位素放出的射线能使照相乳胶中的卤化银晶体感光的特性，将适宜的放射性同位素或放射性同位素标记化合物输入动物体内，让动物存活一定时间后收集标本，并在标本上涂以卤化银感光材料，通过影像分析标本中放射性示踪剂的准确位置和数量，从而精确地确定被检物质的来源、分布、相对含量、代谢转归或所作用的靶器官。这种放射性同位素示踪技术检测定位性好、灵敏度高，已经普遍应用于研究下丘脑和垂体分泌激素对靶器官的作用、激素对下丘脑和垂体的反馈作用或下丘脑特殊核团的定位等。将放射自显影技术与薄层色谱、高效液相色谱或液相色谱-质谱联用等方法结合，可以通过跟踪放射性标记物质的浓度变化，了解其代谢途径。

如上所述，放射性同位素示踪技术可以测定放射性标记物在体内消失的速率、转移情况，在器官或组织中的分布及代谢产物的变化。但值得注意的是，采用这种技术必须考虑选择合适的放射性同位素，并使用安全的示踪剂量，同时要求良好的实验设备条件以防污染的扩散及避免测定误差。

## 七、生殖激素测定技术

激素在体内的含量极低，一般都在 $10^{-12}\sim10^{-6}$g/ml 的水平。要对激素水平进行超微量测定分析，必须有灵敏、特异的测定方法。

### （一）生物测定法

生物测定法是直接测定激素生物活性的方法。它是将某种激素的标准品和（或）待测样品按一定比例稀释后，分别处理实验动物及离体器官、组织或细胞，通过观察和测定所引起的特征性生物学反应，对生殖激素进行定量和定性测定。该方法多选用小鼠、大鼠、仓鼠、兔、鸡和鸽子等作为实验动物。例如，雌激素能使去势或未成熟的啮齿动物阴道上皮角质化和子宫增重；雄激素能使阉鸡鸡冠增重；雌激素和孕激素能促进家兔子宫内膜上皮细胞增殖；促卵泡和马绒毛膜促性腺激素能使未性成熟的或切除垂体的啮齿动物的卵巢和子宫增重、卵泡增大；黄体生成素能使假孕大鼠黄体中的维生素 C 耗竭；催乳素能使鸽子嗉囊上皮细胞快速增殖及嗉囊壁增厚；催产素能使雌激素预处理的离体大鼠子宫收缩。通过定量测定发生反应器官的大小及其他特性变化，可换算成激素作用的小鼠单位、大鼠单位或国际单位等。

生物测定法灵敏度较高，能直接测定激素的生物活性，用其结果解释激素的生理作用更符合生物体内的实际情况。然而，该方法最大的缺点是生物学反应的灵敏度和准确性易受实验动物（如动物种属、来源、体质、年龄及性别等）、实验条件（如给药途径、注射剂量及溶剂的性质等）和判定标准的影响；同时存在测定过程较复杂费时、实验动物用量多、饲养较麻烦等问题，目前这类方法在内分泌学研究中已不常用。但是，对一些目前尚不能提纯或不够稳定的无法采用放射免疫技术测定的激素（如马绒毛膜促性腺激素），仍需利用生物测定法进行检测。目前已经成功建立对某些垂体激素高敏感的细胞化学检测方法，其灵敏度可达 $10^{-15}$mol/L 水平，超过了现有的放射免疫测定技术。

### （二）免疫测定法

免疫测定法是以抗原-抗体特异性结合为基础的激素测定技术，是目前内分泌学研究和临床诊断的常用分析技术。

**1. 间接凝集试验及间接凝集抑制试验**　间接凝集试验是将可溶性抗原（或抗体）吸附或偶联于惰性颗粒载体表面，使之成为致敏颗粒，再与相应抗体（或抗原）作用，在适量电解质存在的条件下，出现肉眼可见的凝集现象。应用抗原致敏颗粒进行检测的称为正向间接凝集试验，而采用抗体致敏颗粒进行检测的则称为反向间接凝集试验。间接凝集抑制试验是将待测样品与已知抗体混合并作用一定时间后，再将其与相应抗原致敏颗粒混合，通过观察是否出现凝集现象来判定待测样品中是否存在相应抗原。不出现凝集现象的为阳性结果，表明待测样品中含有相应抗原；出现凝集现象的为阴性结果，表明待测样品中无相应抗原。例如，人类妊娠诊断中常用的妊娠试验就是一种间接凝集抑制试验。

**2. 免疫比浊法**　它是一种检测血清中含量较高的特殊蛋白（如性激素结合球蛋白）的方法，可分为直接比浊法（透射比浊法和散射比浊法）和免疫胶乳比浊法两大类。直接比浊法是使抗原-抗体复合物在特殊缓冲液中形成足够大的浊度颗粒，再通过测定透射光减弱的程度或散射光的强度来分析被检物的含量，其灵敏度可达 $10^{-8} \sim 10^{-3}$mol/L 水平。免疫胶乳比浊法是将待测物质相对应的抗体包被在直径为 $15 \sim 600$nm 的胶乳颗粒上，以提高抗体-抗原复合物的浊度，使透射光或散射光的强度变化更为显著，从而提高试验的敏感性，其灵敏度可达 $10^{-8}$mol/L 水平。

**3. 标记免疫测定法**

（1）放射免疫分析　1959 年，美国学者 Yalow 和 Berson 将高灵敏度的放射性同位素测定技术与高特异性的免疫化学技术巧妙地结合起来，进行了血浆中胰岛素含量的测定，成功创立了胰岛素的超微量分析方法。这种方法又被称为放射免疫分析（radioimmunoassay，RIA），它是生物学领域中方法学上的一项重大突破，开启了极微量物质的精确定量研究新时代。

RIA 的基本原理是利用放射性同位素标记抗原（Ag*）和非标记抗原（Ag）与限量的特异性抗体（Ab）发生竞争性结合反应。在反应体系中 Ag*-Ab 和 Ag-Ab 复合物的生成量与 Ag 的量之间呈一定的函数关系，即当待测样品中 Ag 含量高时，Ag-Ab 复合物的生成量就增多，而 Ag*-Ab 复合物的生成量相对减少，游离的 Ag* 增多，反之亦然。因此，在放射免疫分析中，用已知不同浓度的标准物和一定量的 Ag* 及限量的 Ab 反应，采取一定方法将结合物（B）与游离物（F）分开，即可测定出在标准物浓度变化的情况下 Ag*-Ab 复合物结合百分率（B/T）的变化。在实际工作中，以 B/T 为纵坐标、标准物的浓度为横坐标，绘制标准曲线（或称竞争性抑制曲线）；以未知浓度的样品（如激素）替代标准品，按制作标准曲线同样的方法进行操作，所得结合率（%）与标准曲线相比或通过计算，即可得出样品中待测激素等物质的浓度。

RIA 具有灵敏度高（可达 $10^{-9}$g/ml、$10^{-12}$g/ml，甚至 $10^{-15}$g/ml 量级）、特异性强（能识别化学结构上非常相似的物质，甚至能识别立体异构体）、应用范围广（理论上认为，只要能获得纯品的具有生物活性的物质，均可应用相应的 RIA 进行分析）、操作简便（加样程序简单，样品及试剂用量少，重复性好，实验方法易于规范化和操作自动化）等诸多优点。但是，RIA 也存在明显的缺点。例如，它测定的是抗原的免疫活性，而非生物活性；相同样本在不同实验室的测定结果存在差异；测定值是相对量而非绝对量；测定需要特殊仪器；测定过程比较复杂耗时；由于使用了放射性同位素，存在放射性污染、废液处理及半衰期不同（如 $^3$H 的半衰期约为 12.4 年、$^{125}$I 的半衰期约为 60d、$^{131}$I 的半衰期约为 8d 等）等问题。

RIA 在畜牧兽医领域的应用主要有以下几个方面：①基础理论研究。通过对动物体液及排泄物中各种激素浓度的精确测定，可以深入了解动物不同生殖阶段的激素分泌范围及下丘脑-

垂体-性腺轴（HPG）激素之间的相互作用关系。②妊娠诊断。采集发情配种后预期到来的下一个发情期前后的母畜体液或排泄物样品（如血清、乳汁、唾液、尿液和粪便等），通过测定其孕酮或代谢产物含量并与正常发情期对比，可以进行妊娠诊断。③诊断母畜产科疾病。通过 RIA 测定激素，可为卵巢静止、持久黄体、卵泡囊肿、黄体囊肿和多种发情紊乱的临床诊断提供可靠依据，并辅助判断临床治疗效果。④判定下丘脑、垂体或性腺的原发性缺陷或继发性损伤。采用相应的药物或激素，针对动物某种激素的分泌或某种腺体进行功能抑制或刺激试验，根据测定结果判定发病部位。

（2）酶免疫分析　　酶免疫分析（enzyme immunoassay，EIA）是一种将酶促反应的放大作用与抗原-抗体免疫反应的特异性相结合的微量分析技术。根据测定过程中是否需要将结合的酶标记物与游离的标记物分离，可分为均相 EIA 和非均相 EIA 两大类。

均相 EIA 由于免疫反应后有酶活性改变，不需要分离结合和游离的酶标记物，可通过直接测定标记酶活性的改变来确定待测样品中抗原或抗体的浓度。该方法操作简便、快速，灵敏度可达 $10^{-6}$g/ml，起初仅用于测定激素、药物等小分子物质，现在也可用于大分子物质（如蛋白质类激素）的测定。由于受样品中非特异性干扰物影响，均相 EIA 的灵敏度不如非均相 EIA 高。

非均相 EIA 可分为竞争性和非竞争性两大类，其中，竞争性非均相 EIA 又可分为酶标记抗原和酶标记抗体两类。酶标记抗原的 EIA 是利用酶标记抗原与待测抗原相互竞争结合有限的特异性抗体，通过洗去游离抗原和酶标记抗原，测定固相抗体结合的酶标记抗原的酶活性，从而确定待测样品中抗原的浓度。该法具有操作简便、快速，分离效果好，非特异性结合率低等优点，但灵敏度不如 RIA 高。酶标记抗体的 EIA 是利用酶标记抗体作为示踪剂，使标记抗体和未标记抗体竞争结合同一固相抗原，固相抗原结合的酶标记抗体与待测抗体的浓度呈负相关，通过测定固相抗原结合的酶标记抗体的酶活性，即可定量测定被测抗体浓度，其灵敏度与 RIA 相同。

（3）酶联免疫吸附分析　　酶联免疫吸附分析（enzyme-linked immunosorbent assay，ELISA）是一种将固相载体吸附技术和酶免疫分析相结合的非均相酶免疫测定方法。该方法操作简便、快速，载体易于标准化，灵敏度可达 $10^{-12}\sim10^{-9}$g/ml，既可用于测定抗原，也可用于测定抗体。在 ELISA 测定过程中有三个必要的试剂：①固相的抗原或抗体；②酶标记的抗原或抗体；③酶反应的底物。根据试剂的来源、标本的性状及检测的具体条件，ELISA 可分为直接法、间接法、双抗体夹心法和竞争法等。例如，双抗体夹心 ELISA 的基本原理是使用两种抗体，一种是固相抗体，另一种是酶标记抗体，待检样品中的相应抗原可同时与两种抗体结合，夹在两种抗体之间，使测定的特异性和灵敏度显著提高。该方法只适用于有两个或两个以上结合位点的大分子抗原（如 β-hCG）的检出和定量分析，而不能用于半抗原等小分子的测定。竞争 ELISA 的基本原理是标本中的抗原和一定量的酶标记抗原与固相抗体竞争结合。在测定过程中，一组用酶标记抗原和待测抗原混合液，而另一组只用酶标记抗原，通过比较两组底物降解量之差，即可确定待测抗原的浓度。竞争 ELISA 所测定的抗原只要有一个结合位点即可，故常用于激素、药物等小分子抗原或半抗原的测定。该方法的优点是快，缺点是酶标记抗原的用量较多。

（4）免疫放射分析　　免疫放射分析（immunoradiometric assay，IRMA）属于非竞争性放射性配体结合分析技术，它与 RIA 的主要区别是利用过量的放射性同位素标记抗体，实现抗体与样品中待测成分（抗原或半抗原）的充分结合。与 RIA 相比，IRMA 的特异性、精确度和灵敏度更高，反应速率更快，标准曲线工作范围更宽，稳定性更好。根据实验所用抗体、固相材料及分离剂等的不同，可将 IRMA 分为直接法、双抗体夹心法、标记第三抗体法和生物素-亲和素法等。例如，双抗体夹心法的基本原理是采用固相抗体作分离剂，待测抗原的分子至少要含有两个抗原决定簇，其中一个结合固相抗体，另一个结合放射性同位素标记抗体，根据免疫反应后固相载体上抗体-抗原-标记抗体复合物的放射活性，确定待测样品中抗原的含量。该法要求待测抗原的分子必须具有两个或两个以上抗原决定簇，故不适用于测定短肽和类固醇激素等小分子抗原或半抗原。

（5）荧光免疫分析　　荧光免疫分析（fluorescence immunoassay，FIA）是将具有光致发光特性的荧光物质（如 Alexa 系列染料、镧系元素螯合物等）用化学方法结合在抗体（或抗原）分子上，后者再与相应的抗原（或抗体）反应，通过荧光检测仪测定复合物或游离物的荧光强度，从而确定样品中待测抗原（或抗体）的含量。由于早期的 FIA 稳定性差、特异性和灵敏度较低（主要原因在于荧光测定中易受散射光、操作系统的本底荧光和荧光淬灭等因素干扰），人们在 FIA 基础上快速发展建立了荧光偏振免疫分析（FPIA）、时间分辨荧光免疫分析（TRFIA）和荧光酶免疫分析（FEIA）等荧光免疫测定技术。其中，TRFIA 是以镧系元素（最常用的是铕）螯合物标记抗体或抗原作为示踪物，利用增强液的荧光放大作用和时间分辨荧光测定技术，排除了样品或试剂中非特异性荧光物质的干扰，极大地提高了荧光信号检测的特异性和灵敏度。该法具有灵敏度高（最低检测限可达 $10^{-15}$g/ml）、标准曲线剂量范围宽、应用范围广、示踪物稳定、无放射性污染、操作简便及测定快速等优点，但其缺点是易发生内源性或外源性污染，即易受环境、试剂和器材中的镧系元素离子的污染，导致本底荧光增高。

（6）化学发光免疫分析　　化学发光免疫分析（chemiluminescence immunoassay，CLIA）是将高灵敏度的化学发光分析与高特异性的抗原-抗体免疫反应相结合而建立起来的一种超微量分析技术。它具有灵敏度高（最低检测限可达 $10^{-18}$g/ml）、线性动力学范围宽、光信号持续时间长、分析方法简便快速、结果稳定、误差小、试剂安全性好及使用期长等优点。CLIA 是目前世界公认的各种激素最精确和最成熟的检测方法，已广泛用于临床诊断、治疗监测和内分泌研究中。CLIA 的基本原理类似于 RIA 和 EIA，只是所用的标记物或检测信号不同。根据 CLIA 所用标记物的不同，可分为直接化学发光免疫分析（DCLIA）、化学发光酶免疫分析（CLEIA）和电化学发光免疫分析（ECLIA）等。其中，ECLIA 是利用电化学反应产生的化学发光原理进行的免疫分析技术，是一种将电化学反应的高可控性、化学发光分析的高灵敏度和免疫反应的高特异性有效结合的超微量分析技术。它的基本原理是以电化学发光剂三联吡啶钌作为抗体或抗原的标记物，抗原-抗体免疫反应后采用磁性颗粒作为固相载体的分离系统进行标记复合物的分离，以三丙胺作为电子供体，在电场作用下诱导标记复合物发光，通过测定电极上的发光强度实现对待测抗原或抗体的定量分析。该法具有灵敏、特异、快速、精密、准确、分析适应性广和易于自动化等特点，是继 RIA、IRMA、EIA、FIA 之后的新一代标记免疫测定技术，目前已广泛应用于抗原、半抗原和抗体的免疫检测。

（三）放射受体分析

放射受体分析（radioreceptor assay，RRA）又称为放射性配体结合分析（radioligand binding assay，RBA），它是利用放射性同位素标记的可与受体特异结合的配体示踪待测受体的方法。RRA 的基本原理类似于 RIA，是采用放射性同位素标记配体（如激素），在一定条件下与相应受体结合成配体-受体复合物，经分离后分别测量配体-受体复合物或游离标记配体的放射性强度，实现对受体的定量测定。配体与受体的结合可反映配体与受体间的生物活性关系，而放射性同位素标记免疫分析反映的则是抗原与抗体间的免疫活性。RRA 可用于测定受体的数量（浓度）、活性、亲和常数、解离常数等。例如，通过 RRA 测定激素受体的相对亲和力，可判断待测样品有无激素的生物活性，尽管 RRA 测定值仅代表激素与受体结合的亲和力，不能准确反映激素结合后的生物活性，但能够反映出与生物活性的正比关系。

## 八、分子生物学方法

自 20 世纪 50 年代以来，分子生物学就一直是生命科学的前沿和最活跃的学科，其主要研究领域包括蛋白质体系、蛋白质-核酸体系（中心是分子遗传学）和蛋白质-脂质体系（即生物膜）等。随着分子生物学技术的迅速发展，如免疫印迹、免疫 PCR、定量 PCR、基因敲除及生物芯片等技术手段的相继问世与不断改进，其在动物内分泌领域中的应用日益广泛。

（一）免疫印迹

免疫印迹（immunoblotting）又称为蛋白质印迹（Western blotting），是一种将高分辨率凝胶电泳和固相免疫分析技术相结合的蛋白质分析技术，现已广泛应用于生物化学、分子生物学、免疫学和医学等研究领域，在生殖内分泌研究中也是一种十分有用的分析技术。免疫印迹技术常用于蛋白质的定性和定量分析，它能够实现对低相对分子质量或低丰度的特定蛋白的定量分析，而传统的 ELISA 方法则无法满足要求。

**1. 免疫印迹的基本原理及特点**　　免疫印迹将蛋白质转移到免疫印迹支持材料［如 NC（硝酸纤维素）膜、PVDF（聚偏二氟乙烯）膜等］上与探针结合，克服了包埋方法分辨率低的缺点。该技术的优点在于：当蛋白质转移到膜上时，所有的转移蛋白与探针相遇的机会均等；印迹在膜上的蛋白质电泳带在反应过程中基本不发生扩散，提高了分辨率；不需要特殊试剂，流程短、易操作、分析结果易储存。但高质量的免疫印迹技术要求有高分辨的电泳和良好的膜转移技术。

**2. 免疫印迹实验具体方法**　　将蛋白质印迹在膜上或直接进行斑点印迹，包括被动和主动的转移；封闭饱和膜上未被蛋白质占据的空余位点；用相应的探针，即含有被分离的蛋白质所对应的标记配体、抗体等与膜进行反应，从中找出感兴趣的蛋白质；根据标记物的不同，测定结合在膜上的复合物标记信号，如同位素、荧光、化学发光、胶体物质和酶等信号。

（二）免疫 PCR 与定量 PCR

免疫 PCR（IM-PCR）是利用一段特定的双链或单链 DNA 来标记抗体，以 PCR 扩增免疫反应产物中抗体所连接的 DNA，再用电泳法或其他定量方法检测扩增的 DNA 产物，最终由 PCR 扩增 DNA 产物的量来反映抗原分子的量。IM-PCR 的关键之处就在于用一个连接分子（如链霉亲和素-蛋白 A 融合蛋白、亲和素、异双功能交联剂 sulfo-SMCC 等）将一段特定的 DNA 连接到抗体上，建立抗原和 DNA 对应的量变关系，从而将检测蛋白质转变为检测核酸。IM-PCR 作为一种抗原检测系统，其检测灵敏度比目前其他免疫分析法高 $10^3 \sim 10^5$ 倍，特别适用于样品量极少和组分含量极低的成分检测，如微量激素 TSH（促甲状腺激素）、hCG、α-人心房肽（α-hANP）等。但该技术存在操作复杂费时、定量分析影响因素多、检测精密度较差等缺点。

定量 PCR（quantitative PCR，qPCR）技术是指以外参或内参为标准，通过对 PCR 终产物的分析或 PCR 过程的监测，进行 PCR 起始模板量的定量，实现在敏感检测靶 DNA 的基础上准确测定 DNA 含量。目前已建立的 qPCR 方法较多，但根据所选择的定量标准可分为外标法和内标法两大类。外标法主要包括极限稀释法和使用外参的 qPCR 等；内标法主要包括非竞争性的同步扩增法和竞争性 PCR 等。其中，实时荧光定量 PCR（RT-qPCR）就是采用外标法进行定量的方法。它的基本原理是在 PCR 反应体系中加入荧光基团，利用荧光信号积累实时监测整个 PCR 进程，最后通过标准曲线对未知模板进行定量分析。RT-qPCR 技术具有自动化程度高、准确性高、重现性好、操作简便、不易污染、假阳性率低等诸多优点，已被广泛应用于基础研究、疾病诊断和农业检测等领域。

（三）基因敲除

随着基因组学、转录组学和蛋白质组学等组学技术的发展，亟须发展新技术用于未知功能基因和新基因的功能鉴定，而基因敲除（gene knockout）技术是目前研究基因功能最直接有效的手段之一。应用较为广泛的是转录激活因子样效应物核酸酶（TALEN）和 CRISPR/Cas9（CRISPR 即成簇规律间隔短回文重复，Cas9 即一种能降解 DNA 分子的核酸酶）基因编辑系统，但这两种基因打靶体系都需要进一步优化，应用范围与方式也需要进一步拓展，作用机制也有待深入研究。例如，TALEN 的成功率与靶点效率预测，CRISPR/Cas9 系统的成功率与特异性/脱靶效应、毒性与安全性等，均有待进一步评估优化。

在内分泌学研究领域中，基因敲除技术的应用日益广泛。例如，将编码 FSHβ 亚基的 *Fshb* 基因敲除后，雌鼠不育，卵巢体积小，卵泡发育停止于腔前期，但用 eCG 联合 hCG 治疗，可恢复其排卵能力，并可获得 2 细胞期胚胎；FSH 受体敲除的雌鼠表型与 FSHβ 亚基敲除的雌鼠基本相同，但 eCG 联合 hCG 治疗无效。敲除编码 FSHβ 亚基的 *Fshb* 基因或 FSH 受体基因会使雄鼠睾丸体积变小，精子生成受损，但仍具有正常的雄性特征和繁殖力。这不仅证明了 FSH 及其受体对于卵泡发育的重要作用，也表明影响 FSH 功能的主要是 β 亚基和 FSH 受体。新生的敲除雌激素受体基因（*ERα*）的小鼠会发生严重的生殖系统异常，如雌鼠的子宫和卵巢发育不全，而雄鼠则存在睾丸发育不全。但雌激素受体基因（*ERβ*）敲除小鼠的表型正常，只有雌鼠会出现繁殖力下降。若将这两种雌激素受体的基因都敲除，则会出现比 *ERα* 敲除更严重的表型。上述研究结果证明了雌激素及其受体对于生殖系统发育的重要作用及其对 ERα 依赖性。此外，通过对敲除雄激素受体基因的雌鼠模型的研究发现，适量的雄激素可以促进卵泡的生长发育，而过量的雄激素则可导致卵泡闭锁，这表明适量的雄激素对卵泡的生长发育也具有重要作用。

（四）生物芯片

生物芯片（biochip 或 bioarray）是根据生物分子间的特异性相互作用原理，将生物化学分析过程集成于芯片表面，从而实现对组织、细胞、蛋白质、核酸及其他生物组分的准确、快速、大信息量的检测和分析。目前，常见的生物芯片主要包括基因芯片、蛋白质芯片、组织芯片、细胞芯片和微流控芯片等。

基因芯片又称为 DNA 芯片、DNA 微点阵芯片、DNA 微阵列等，是指将大量的已知探针分子同时固定到固相支持物（如玻璃片、硅片、尼龙膜等）上，借助核酸分子杂交配对的特异性，对 DNA 样品的序列信息进行高效率的解读和分析。基因芯片技术可用于基因表达谱测定、突变筛查、DNA 多态性分析、DNA 测序和基因组文库作图等。

蛋白质芯片又称为蛋白质微点阵芯片或蛋白质微阵列，是指将许多序列不同的多肽或蛋白质分子（如抗体、配体、酶、细胞因子等）按照预定的位置固定于芯片片基上，通过蛋白质或多肽与特异结合分子的相互作用，实现对样品蛋白质的性质、特征及蛋白质或其他配体作用特异性的研究。目前已知，蛋白质芯片技术可用于蛋白质表达谱的分析、蛋白质的定性和定量分析、抗原表位分析、蛋白质与蛋白质或其他分子（如核酸、多糖、脂质、小分子等）之间的相互作用的研究。

组织芯片又称为组织微阵列，是指将许多不同的小组织样本以规则阵列方式排布于同一张载玻片上，进行同一指标（如基因或蛋白质的表达情况等）的原位组织学研究，实现基因、蛋白质水平的研究与组织形态学特征相结合的技术。该技术最大优势是芯片上的组织样本的实验条件完全一致，有极好的质量可控性。

细胞芯片又称为细胞微阵列，是指在芯片上完成对细胞的捕获、固定、平衡、运输、刺激及培养等精确控制，并通过微型化的化学分析方法，实现对细胞样品的高通量、多参数、连续原位信号的检测和细胞组分的理化分析等。该技术最重要的特点是在芯片上实现了对活细胞的原位监测，并以多参数高通量的形式直接获得了细胞功能相关的大量信息。

微流控芯片又称为芯片实验室或微全分析系统，是指将生物和化学等领域中所涉及的样品制备、反应、分离、检测等基本操作单元微缩到几平方厘米（甚至更小）的芯片上，由微米级的微管通道形成网络，以可精确操纵的微量流体贯穿整个系统，用以实现常规化学或生物实验室的各种功能的一种技术。该技术具有分离效率高、分析速度快、分离模式多、所需样品少、应用范围广、自动化程度高等优点，充分体现了当今分析设备微型化、集成化、自动化和便携化的发展趋势，在生命科学、医学等领域具有广阔的应用前景。

# 第二章　生殖器官解剖

生殖器官的主要功能是产生生殖细胞和孕育新个体，保证物种得以延续。此外，生殖器官还可分泌激素，以调节其生长发育和生理活动，并维持第二性征。

## 第一节　雌性动物生殖器官解剖

母畜生殖器官由性腺（卵巢）、生殖道（输卵管、子宫、阴道）、外生殖道（阴道前庭、阴门）组成。

### 一、卵巢

卵巢（ovary）是成对的实质性器官，具有产生卵细胞（ovum）和分泌激素的功能，其形状和大小因畜种、品种不同而异，且随年龄和繁殖阶段不同而出现变化。

卵巢借卵巢系膜（mesovarium）附着于腰下部两旁，其子宫端借卵巢固有韧带（ligament of ovary）与子宫角尖端相连。血管、淋巴管和神经由卵巢系膜缘基进入卵巢，该处称为卵巢门（hilum of ovary）。卵巢无专门排卵的管道，成熟卵泡（排卵前卵泡）破裂时，卵细胞直接从卵巢表面排出。

卵巢（图 2-1）由被膜和实质构成。卵巢表面被覆有一层与腹膜相连接的生殖上皮，上皮

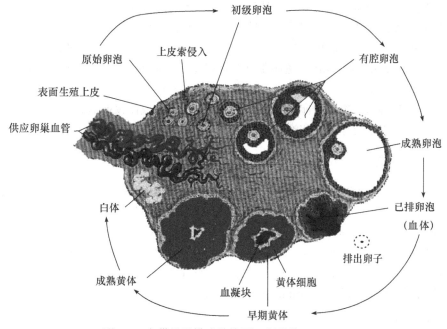

图 2-1　卵巢组织模式结构图（赵兴绪，2010）

下为结缔组织构成的白膜。卵巢实质可分为皮质（ovarian cortex）和髓质（ovarian medulla）两部分。皮质内有许多大小不一、发育阶段不同的卵泡（follicle）或黄体。大的卵泡位于卵巢表面，肉眼可见。卵泡成熟后将卵子排出。排卵后血液进入卵泡腔（follicular cavity），形成血体（corpus hemorrhagicum，又称红体）。随后，残留在卵泡内的颗粒细胞和卵泡内膜细胞增殖分化，形成黄体（corpus luteum，CL）。黄体分周期黄体（corpus luteum spurium）和妊娠黄体（corpus luteum verum），黄体退化后，被结缔组织代替，称为白体（corpus albicans）。卵巢髓质部由疏松结缔组织和平滑肌束组成，富含弹性纤维、血管、淋巴管和神经，经卵巢门和卵巢系膜相联系。根据卵泡的发育阶段，可将其分为腔前卵泡、有腔卵泡和成熟卵泡。

（一）腔前卵泡

尚未出现腔体的卵泡为腔前卵泡（preantral follicle），包括原始卵泡和初级卵泡。

**1. 原始卵泡（primordial follicle）**　位于卵巢皮质浅层，是大量处于静止状态的卵泡。卵泡呈球形，由一个大而圆的初级卵母细胞（primary oocyte）外包一层扁平的卵泡细胞（follicular cell）（又称颗粒细胞）构成。卵泡细胞是由卵巢上皮向内生长发育而成。电镜观察，可见卵母细胞核膜的核孔明显，内有一个或数个呈网状的核仁。胞质内细胞器丰富，核周有许多线粒体包绕，细胞器在核的一端聚集成一个大的核旁复合体，其中央为中心体，周围环绕内质网和高尔基体，外周由线粒体包绕。在核旁复合体内或其附近可见成层排列的滑面内质网，有时形成同心圆状，称为环孔片层（annulate lamellae），它可能与核和胞质间的物质传送有关。胞质内还可见成簇分布的核糖体及溶酶体，溶酶体参与卵母细胞及卵泡细胞间的物质传送。卵泡细胞呈扁平状，核扁圆形，着色深。

**2. 初级卵泡（primary follicle）**　原始卵泡开始生长转变为初级卵泡，卵母细胞体积增大，几乎达到最大体积，核也增大，核孔增多，以利于核与胞质间的分子传递。胞质变化显著，环孔片层大多消失，粗面内质网及核糖体增多，由细胞核旁分散至细胞周边近细胞膜处，这与透明带和皮质颗粒形成有关。皮质颗粒是一种初级溶酶体（primary lysosome），在受精时，颗粒释放内容物，发生皮质反应，有防止多精子受精的作用。卵泡细胞发育成单层立方上皮，当它成为两层时，在卵母细胞膜周围出现一层厚的凝胶状糖蛋白，形成嗜酸性和折光性强的膜，称为透明带（zona pellucida，ZP）。透明带具有许多微孔，卵泡细胞伸出突起穿入透明带，与卵母细胞突起或细胞膜接触。受精过程中，透明带对精子与卵细胞间的相互识别和特异性结合具有重要作用。卵泡细胞的突起随卵泡的生长而增多，至排卵或闭锁前消失，表明卵泡细胞对卵母细胞的新陈代谢有重要作用。卵泡细胞增生成多层时，逐渐分化为卵泡。

（二）有腔卵泡

初级卵泡继续生长发育和分化，卵泡增大，卵泡细胞间出现新月形的卵泡腔，充满卵泡液，这种卵泡称为有腔卵泡。此时卵母细胞及其周围的卵泡细胞被挤到卵泡腔一侧，形成一个突入腔内的隆起，称为卵丘（cumulus oophorus）。紧靠透明带的一层卵泡细胞体积增大，变成高柱状，并呈放射状排列，称为放射冠（corona radiata）。放射冠细胞可为卵母细胞提供营养。反刍动物排卵时，放射冠消失，其他动物的放射冠则一直存在到受精之前。卵泡腔周围的卵泡细胞紧密排列成数层，称为颗粒层（stratum granulosum）。

（三）成熟卵泡

有腔卵泡发育到最后时期称为成熟卵泡，又称排卵前卵泡。卵母细胞的核为圆形，位于细胞中央，核内染色质网疏松，核仁明显。随着卵泡的扩大，卵泡液增多，颗粒层逐渐变薄，卵泡突出于卵巢表面。成熟颗粒细胞具有类固醇分泌细胞的特征，尤其是具有滑面内质网和管状嵴的线粒体。卵泡周围包有卵泡膜，分为内、外两层，内层为细胞性膜，含丰富的血管和毛细淋巴管，细胞呈梭形，位于网状纤维的细网中。外膜由疏松结缔组织构成。线粒体具有管状嵴，管状的滑面内质网和高尔基体都很发达，脂类内含物丰富，是合成雌激素的主要部位。

动物排卵后，残留在卵泡内的颗粒细胞和卵泡内膜细胞随同血管一起向卵泡腔内塌陷，在促黄体素的作用下增殖分化为富有血管的细胞团索，称为黄体。颗粒细胞分化成颗粒黄体细胞（granular lutein cell），体积大、染色浅、数量多，主要分泌孕酮。卵泡内膜细胞分化成膜黄体细胞（theca lutein cell），体积小、染色深、数量少，多位于黄体周边，主要分泌雌激素。马、牛和肉食动物黄体细胞内含有黄色的色素，使黄体呈现黄色；羊和猪的黄体细胞无此色素，故呈肉色。排卵后的成熟卵子如未受精，过一定时期会出现新的发情周期，此时所形成的黄体称为周期黄体；若卵子受精则妊娠会维持下去，此时形成的黄体称为妊娠黄体。

## 二、生殖道

### （一）输卵管

输卵管（uterine tube）是一对细长而弯曲的管道，位于卵巢和子宫角之间，可将卵巢排出的卵子输送到子宫，同时也是精卵受精的部位。输卵管被子宫阔韧带（broad ligament of uterus）分出的输卵管系膜（mesosalpinx）所固定。输卵管系膜与卵巢之间形成卵巢囊（ovarian bursa），卵巢位于其内。

输卵管可分为漏斗（infundibulum）、壶腹（ampulla）和峡（isthmus）三部分。漏斗为输卵管前端接近卵巢的扩大部，漏斗边缘有许多不规则的皱褶，呈花边状，称为输卵管伞（fimbriae of fallopian tube）。漏斗的壁面光滑，脏面粗糙，脏面上有一小的输卵管腹腔口（abdominal orifice of fallopian tube），与腹膜腔相通，卵子由此进入输卵管。输卵管前段较粗而弯曲，称为壶腹，为卵子受精处。壶腹的后端和峡相通，称为壶腹部-峡部连接处。峡为输卵管的后段，较细而直，其末端称为宫管结合处，以输卵管子宫口（uterine orifice of fallopian tube）与子宫相通。

输卵管的管壁由内向外分别为黏膜层、肌层和浆膜层。黏膜形成许多纵褶，在壶腹高而复杂。黏膜表面的柱状上皮细胞的腔面有微绒毛，可向子宫端波动，有助于卵子进入输卵管腹腔口。纤毛数目及波动强弱受卵巢激素的调节，因此在发情周期中的各阶段有所不同。有的细胞腔面无纤毛，为分泌细胞，其结构及分泌功能也受卵巢激素的调节，接近排卵时分泌最多，分泌的黏液成分主要为黏蛋白及黏多糖，可供给卵细胞营养。肌层主要由内环形或螺旋形平滑肌和外纵行平滑肌组成，具有蠕动及反蠕动功能，并使管腔发生节段性的扩张与收缩。上述功能可使卵子和精子向相反方向输送。

### （二）子宫

子宫（uterus）是孕育胚胎的器官，借子宫阔韧带附着于腰下部和骨盆腔侧壁。哺乳动物的子宫类型可分为单子宫、双子宫、双腔子宫和双角子宫。根据形态可将家畜的子宫分为两种类型：牛、羊子宫体内腔前部有一纵隔，将其分开，称为双腔子宫（uterus bipartitus）；猪、马子宫腔内无纵隔，称为双角子宫（uterus bicornis）。家畜的子宫可分为子宫角（uterine horn）、子宫体（uterine body）和子宫颈（uterine cervix）三部分。子宫角成对，位于子宫前部，呈弯曲的圆筒状，有一大弯及一小弯。小弯及子宫体、子宫颈的两旁是子宫阔韧带附着的部分，也是血管神经出入之处。两侧子宫角后部会合为子宫体。子宫颈为子宫后端的缩细部，黏膜形成许多纵褶，内腔狭窄，称为子宫颈管（cervical canal）。子宫颈管平时闭合，发情时稍松弛，精液可进入；妊娠时紧闭，保护胎儿的安全；分娩时扩大，且子宫肌收缩，将胎儿排出体外。子宫颈位于盆腔内，背侧为直肠，腹侧为膀胱；大动物在直肠检查时易摸到。子宫体和子宫角则不同程度地向前伸入腹腔。子宫的形态、大小、组织结构和位置等在妊娠不同时期均发生相应的显著变化，分娩后通过复旧过程而基本复原。

子宫壁从内向外由黏膜层、肌层和浆膜层构成。黏膜厚，由上皮层和黏膜固有层构成，妊娠时黏膜构成母体胎盘，适应胎儿发育的需要。上皮层为单层柱状上皮（牛、羊和猪还有假复层柱状上皮），有分泌作用，上皮细胞的腔面有时有暂时性纤毛；黏膜固有层内分布有丰富的分支管状腺，开口于黏膜表面，称为子宫腺（uterine gland）。腺上皮为有纤毛及无纤毛的单层柱状细胞，其分泌物对早期胚胎有营养作用。腺体的分泌功能受卵巢激素调节。发情时，雌激素使黏液分泌增多并且稀薄。黄体期分泌的孕酮则使黏液变得黏稠。子宫颈黏膜上有大量隐窝，精子在其中存活时间较长，是精子的贮存库。子宫肌的外层为纵行纤维，内层为螺旋状环形纤维。子宫颈肌是子宫肌和阴道肌的附着点，也是子宫的括约肌，其内层特别厚，富有致密的胶原纤维和弹性纤维。

### （三）阴道

阴道（vagina）又称为膣，为母畜交配器官和分娩时软产道的一部分，位于盆腔内，背侧为直肠，腹侧为膀胱和尿道。阴道前接子宫，阴道腔前部有子宫颈突入（猪例外），因而形成环形或半环形的隐窝，称为阴道穹隆（fornix of vagina）。

阴道向后与阴道前庭相连接。两者在腹侧壁的交界处有尿道外口。在尿道外口紧前方，黏膜形成一横壁或环形壁，称为阴瓣（hymen），在未配过的幼年母畜比较明显。

阴道壁由黏膜层、肌层和浆膜构成。黏膜形成一些纵褶，牛阴道前端黏膜还有环形褶。黏膜表面被覆复层扁平上皮，发情时上皮增生加厚，浅层细胞角化，发情后脱落。肌层由两层平滑肌构成，内层为厚的环形肌，外层为薄的纵行肌。它们向前、向后分别和子宫肌及前庭肌相连。浆膜仅被覆于阴道的前部，其余部分均由骨盆内的结缔组织包着。

## 三、外生殖道

### （一）阴道前庭

阴道前庭（vaginal vestibule）为阴瓣至阴门裂的一段短管，为雌性交配器官和软产道的一部分，尿液也经此排出，所以又称为尿生殖前庭。

阴道前庭的腔面为黏膜，常形成纵褶，呈淡红色至黄褐色，衬以复层扁平上皮。前庭侧壁和底壁的黏膜下层有前庭小腺（lesser vestibular gland），发情时分泌物增多。马的每侧小腺腺管以两列小乳头开口于前庭的中部和下部。猪的小腺腺管以两行小孔开口于前庭底部中线两旁。前庭腺分泌黏液，交配和分娩时增多，有润滑作用，此外还含有吸引异性的外激素物质。阴道前庭的黏膜下具有静脉丛，马的两侧形成一对前庭球（bulb of vestibule），相当于公马的尿道海绵体。阴道前庭肌薄，除平滑肌外，还有环形的横纹肌束，构成前庭缩肌。

### （二）阴门

阴门（vaginal orifice）又称为外阴，由左、右两阴唇（labia）构成，两侧阴唇的上下端分别融合形成阴唇背侧联合和腹侧联合。背侧联合与肛门之间的部分称为会阴。两阴唇之间为纵的阴门裂（rima vulvae）。在阴唇腹侧联合之内有阴蒂（clitoris），相当于公畜的阴茎，由阴蒂海绵体构成，也可分为阴蒂脚、体和头三部分。

## 四、常见雌性家畜生殖器官解剖特点

### （一）牛

母牛的生殖器官模式图见图 2-2。

**1. 卵巢**　母牛的卵巢稍扁，呈椭圆形，一般卵巢长 2～3cm、宽 1～2.5cm、厚 1～1.5cm、重 15～20g；右侧的常较大。随着发情周期的变化，因有卵泡和黄体发育，卵巢外表不平整。成年乳用母牛的卵巢位于骨盆腔入口的侧缘中点略下方，经产母牛的子宫角因胎次增多而逐渐垂入腹腔，卵巢也随之前移至耻骨前缘前下方，即进入腹腔。

**2. 输卵管**　母牛的输卵管长 20～30cm，弯曲度中等；输卵管漏斗大，可将整个卵巢包裹；末端与子宫角连接部，二者间分界不明显。

**3. 子宫**　牛子宫属于双腔子宫。子宫角长 30～40cm，基部直径 1.5cm，子宫角的游离部分卷曲成螺旋形的绵羊角状，经产牛的子宫则随着胎次的增多而伸展开来，子宫体仅长 3～4cm。子宫角和子宫体的黏膜呈灰红色，并有 80～120 个圆形隆起，称为子宫阜，其上无子宫腺。子宫阜妊娠时显著增大，成为母体胎盘，以细柄与子宫壁相连，表面呈海绵状，胎儿的尿膜-绒毛膜（胎儿胎盘）上的绒毛嵌入包围住子宫阜，共同形成许多胎盘单位。子宫颈发达，青年牛的长 6～7cm，经产牛约 10cm。子宫颈

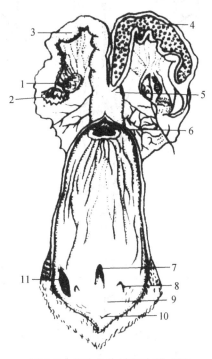

图 2-2　母牛的生殖器官模式图
（赵兴绪，2010）

1. 卵巢；2. 输卵管伞；3. 子宫角；4. 子宫阜；5. 子宫体；6. 子宫颈；7. 尿道外口；8. 前庭大腺开口；9. 阴道前庭；10. 阴蒂；11. 前庭大腺

颇坚实，直肠检查很容易摸到，可以作为寻找子宫的起点。子宫颈管呈螺旋状并紧密闭合，妊娠时封闭更紧密，发情时也仅开放为一弯曲的细管。子宫肌的外层为纵行纤维，内层为螺旋状环形肌纤维。子宫颈肌是子宫肌和阴道肌的附着点，也是子宫的括约肌，其内层特别厚，富有致密的胶原纤维和弹性纤维。

**4. 阴道**　牛的阴道长 22～28cm，瘪塌成横扁的管状。由于环形的阴道穹隆在背侧较深，因而子宫颈阴道部略斜向下方。阴道背外侧前部被覆有浆膜，在背侧壁为 12cm，腹侧壁约为 5cm。阴道的前 2/3 段黏膜上有柱状上皮细胞，并有黏液细胞散在其中；其余部分为扁平细胞。在阴道腹侧壁内两旁，常各有一条纵管，开口于尿道外口两旁稍前方，为附卵巢纵管（longitudinal duct of epoophoron）。

**5. 阴道前庭**　牛前庭侧壁内各有一前庭大腺（greater vestibular gland），相当于公牛的尿道球腺，腺管开于尿道外口两侧后方的小黏膜囊内。

**6. 阴门**　牛的阴唇背侧联合圆而腹侧联合尖，其下方有一束长毛。

### （二）马

母马的生殖器官模式图见图 2-3。

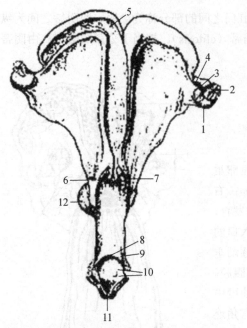

图 2-3　母马的生殖器官模式图（赵兴绪，2016）

1. 卵巢；2. 漏斗；3. 卵巢囊；4. 输卵管；5. 子宫角
黏膜；6. 子宫颈阴道部；7. 阴道穹隆；8. 阴瓣；9. 尿
道外口；10. 阴道小腺开口；11. 阴蒂；12. 膀胱

**1. 卵巢**　　成年母马卵巢略呈肾形，卵巢平均长 4cm、宽 3cm、厚 2cm，重 25～40g。卵巢系膜缘随卵泡的发育而生长较快，致使两端和两边弯向游离缘，形成一凹陷，并且卵泡都在凹陷处破裂排卵，此凹陷称为排卵窝，为马类所特有。只有排卵窝处存在生殖上皮，其他部分均覆盖浆膜。卵巢实质中皮质与髓质的位置与别的家畜正好相反。小卵泡弥散分布于中部的广大区域，为皮质；白膜下有一不太厚的血管区，富含血管和淋巴管，为髓质。成熟卵泡很大，直径可达 3～4cm 或以上，髓质突出于卵巢表面。

**2. 输卵管**　　长 20～30cm，输卵管壶腹占全长的 3/4 以上，粗而弯曲；峡部细，弯曲减少，与子宫角之间界线明显。

**3. 子宫**　　呈"Y"形。未孕子宫角长 20～25cm、宽 3～4cm，略呈弧形，背侧缘（小弯）在上，借子宫阔韧带附着于腰下部。腹侧缘（大弯）凸而游离。子宫体呈管状，长 16～20cm，宽 6～8cm，前端两侧接子宫角。子宫角及子宫体的黏膜上有很多纵褶。子宫颈长 5～7cm，直径 2.5～3.5cm，壁较软，直肠检查时不易摸清。子宫颈阴道部为钝圆锥状，长 2～4cm，黏膜上有放射状皱襞。

**4. 阴道**　　长 15～20cm，呈塌扁状，撑开时直径 10～12cm。阴道穹隆呈环状；幼驹阴瓣很发达，使阴道口变窄小。

**5. 阴道前庭**　　每侧小腺的腺管以两列小乳头开口于前庭的中部和下部。

**6. 阴门**　　马的阴蒂比其他家畜明显。阴唇前方的前庭壁上有发达的前庭球，长 6～8cm，相当于公马的阴茎海绵体。阴唇为皮肤褶，外部皮肤具有丰富的汗腺和阴唇皮脂腺，在马还有色素；内面皮肤薄而无毛。阴唇内有脂肪组织和平滑肌及横纹肌束，后者构成阴门缩肌。在马的阴门下角，从阴门缩肌到阴蒂有一薄层肌束，称为阴门辐肌，收缩时，可使阴门下角张开，将阴蒂暴露出来，这种现象见于排尿与发情时。阴唇分布有丰富的血管和淋巴管，在发情时充血。

**（三）羊**

母羊的生殖器官模式图见图 2-4。

**1. 卵巢**　　卵圆形或圆形，长 1～1.5cm，宽和厚为 0.5～1cm。表面常不平整，年老时卵巢缩小，黄体大，呈灰红色。年轻、胎次少的母羊，卵巢在骨盆腔内；经产母羊，子宫角因胎次增多而逐渐垂入腹腔，卵巢也随之前移至耻骨前缘前下方。

**2. 输卵管**　　输卵管相对较长，达 14～15cm，较牛的弯曲。

**3. 子宫**　　子宫角长 10～12cm，游离部卷曲成蜗牛壳形，子宫体长 2cm。子宫内膜呈灰红色，成年后呈褐黄色。子宫阜在绵羊为 80～100 个，其表面常有一浅窝，因此形成盂状母体胎盘；山羊约有子宫阜 120 个。子宫颈长约 4cm，子宫颈阴道部突入阴道不长，子宫外口与阴道腹侧壁相平。

**4. 阴道** 长 8～14cm，阴道穹隆下部极不明显。阴道壁由肌肉层和黏膜层构成，在肌肉层外面，除阴道的前端有腹膜以外，其余部分均由骨盆内的疏松结缔组织包着，膘情好的母羊，其中含有脂肪，肌肉层主要由厚的内层环形肌和薄的外层纵行肌构成，并向前向后分别和子宫肌相连。

**5. 阴道前庭** 连接阴道与阴门之间的一段，前高后低，稍微倾斜，底壁有不发达的前庭小腺，开口于阴蒂前方。在尿道外口的腹侧有一盲囊，称为尿道憩室。两侧壁有前庭大腺及其开口，为分支管状腺，发情时分泌物增多。

**6. 阴门** 阴蒂主要由海绵组织构成，阴蒂海绵体相当于公羊的阴茎海绵体，见于阴门下角内。

（四）猪

母猪的生殖器官模式图见图 2-5。

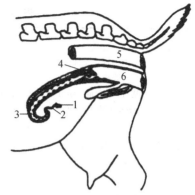

图 2-4 母羊的生殖器官模式图
（朱士恩，2015）
1. 卵巢；2. 输卵管；3. 子宫；
4. 子宫颈；5. 直肠；6. 阴道

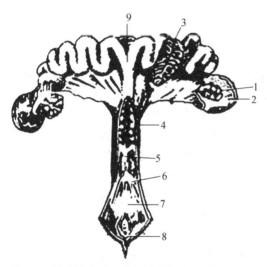

图 2-5 母猪的生殖器官模式图（赵兴绪，2016）
1. 卵巢；2. 卵巢囊；3. 子宫解剖面；4. 子宫颈；5. 阴道；6. 尿道外口；7. 前庭小腺开口；8. 阴蒂；9. 膀胱

**1. 卵巢** 形状、体积、位置及内部结构因年龄及胎次不同而有很大变化。断乳仔猪的卵巢位于荐骨岬两旁稍后方，呈椭圆形扁豆状，表面平滑，淡红色，左侧卵巢稍大，约为 5mm×4mm，右侧约为 4mm×3mm。接近初情期时，卵巢表面因有突出的小卵泡而呈桑葚形，位置稍移向下方。性成熟后和经产母猪，卵巢长 5cm，重 7～9g，表面因有卵泡或黄体突出而呈一堆葡萄状。卵巢有一蒂连到卵巢系膜上。卵巢系膜随卵巢发育而增长，卵巢囊宽大，性成熟时卵巢多藏于囊内，性未成熟时则常在囊外。

**2. 输卵管** 输卵管长 15～30cm，前端扩大成宽大的输卵管漏斗，也可包住整个卵巢。输卵管后端逐渐移行为子宫角，无明显分界。

**3. 子宫** 子宫角长而弯曲，类似小肠，但管壁较厚而硬，颜色较白，成年猪子宫角拉长可达 1～1.5m，直径 1.5～3cm。子宫体短，长 3～5cm。黏膜上有许多皱襞，充满于子宫腔中。子宫颈长达 10～18cm。子宫颈黏膜形成左、右两行半球形交错相嵌的隆起，称为子宫颈枕（pillow of the cervix），有 14～20 个，中部的较大，两端的较小。子宫颈后端逐渐过渡为阴道，没有子宫颈阴道部，发情时子宫颈管开放，交配时龟头能伸入子宫颈管内。

**4. 阴道** 阴道长 10～12cm，较狭窄。前端不形成阴道穹隆，后端尿道外口紧前方有环形阴瓣，但只在幼猪稍发达。环形肌之内还有一薄的纵行肌层。

**5. 阴道前庭** 以两行小孔开口于前庭底部中线两旁。

**6. 阴门** 阴蒂细长，突出于阴蒂窝的表面。

常见雌性家畜生殖器官解剖特点见表 2-1。

表 2-1 常见雌性家畜生殖器官解剖特点

| 器官 | 牛 | 马 | 羊 | 猪 |
|---|---|---|---|---|
| 卵巢 | 卵巢稍扁，呈椭圆形，一般卵巢长 2~3cm、宽 1~2.5cm、厚 1~1.5cm、重 15~20g | 略呈肾形，卵巢平均长 4cm、宽 3cm、厚 2cm，重 25~40g，马成熟卵泡很大，直径可达 3~4cm 或以上，髓质突出于卵巢表面 | 卵圆形或圆形，长 1~1.5cm，宽和厚为 0.5~1cm。表面常不平整 | 椭圆形扁豆状，表面平滑，淡红色。性成熟后和经产母猪，卵巢长 5cm，重 7~9g，表面因有卵泡或黄体突出而呈一堆葡萄状 |
| 输卵管 | 长 20~30cm，弯曲度中等 | 长 20~30cm，输卵管壶腹占全长的 3/4 以上，粗而弯曲，峡部细 | 长达 14~15cm，较牛的弯曲 | 长 15~30cm，前端扩大成宽大的输卵管漏斗 |
| 子宫 | 子宫角长 30~40cm，基部直径 1.5cm，子宫体长 3~4cm，子宫阜长 1.5cm | 子宫角长 20~25cm、宽 3~4cm，略呈弧形，子宫体呈管状，长 16~20cm，宽 6~8cm，子宫颈长 5~7cm，直径 2.5~3.5cm | 子宫角长 10~12cm，子宫体长 2cm，子宫颈长约 4cm，子宫阜在绵羊为 80~100 个，山羊约有子宫阜 120 个 | 子宫角长而弯曲，类似小肠，拉长可达 1~1.5m，直径 1.5~3cm。子宫体短，长 3~5cm，子宫颈长达 10~18cm |

## 五、常见雌性宠物生殖器官解剖特点

### （一）犬

**1. 卵巢** 呈长卵圆形，稍扁平，卵巢较小，长约 2cm，直径约 1.5cm，（小型犬）紧邻同侧肾的后端，（大型犬）距同侧肾的后端 1~2cm 处，并随着发情周期的变化而大小不同，是一对蚕豆形实质器官。青年犬的卵巢表面光滑，稍柔软，老龄犬的卵巢缩小变硬，表面有大小不同的凸隆和深的凹陷，凹陷中有闭锁卵泡和陈旧黄体。通常左右卵巢的形状大致相似，卵巢表面和卵巢断面的基质呈同一颜色，10%的犬左、右卵巢重量相差很大，有的一侧卵巢重量比对侧卵巢重一倍，90%的犬卵巢重 350~2150mg。成年母犬卵巢表面凹凸不平，位于第三或第四腰椎横突腹侧，右卵巢比左卵巢位置靠前。在大多数犬中，两侧卵巢系膜的长度不等，并且与年龄和妊娠有关。卵巢位于卵巢囊内，囊腹侧有一条长 0.2~1.8cm 的通道，随发情周期的变化而开闭，非发情期，卵巢全被包于卵巢囊内。

**2. 输卵管** 短而细，长 5~8cm，未成年犬的输卵管一般为直管状，成年犬的输卵管明显弯曲，呈螺旋状，犬的输卵管特点是直接进入卵巢囊，包埋在卵巢囊的脂肪中。输卵管与子宫角的界线非常明显。输卵管伞和前段输卵管全在卵巢囊内，后段绕行到卵巢囊外。

**3. 子宫** 属双角子宫，子宫角直而细长，内径均匀，没有弯曲，两侧子宫角呈"V"形，子宫体和子宫颈均较短，子宫体只有子宫角的 1/6~1/4。中等体形的成年母犬，子宫角背腹稍扁，长 12~15cm，直径 0.5~1cm。左右子宫角在骨盆联合前方自子宫体分出，位于腹腔内。妊娠后，子宫角中部弯曲并向前下方沉降，可抵达肋骨弓内侧。子宫体长 2~3cm，子宫颈长 1.5~2cm，后 1/2 突入阴道内，子宫颈管近乎垂直。犬的子宫角形似小肠但较为平直，弯曲较小，两子宫角于膀胱上方分叉后向前延伸到位于肾后方的卵巢。子宫颈是子宫体与后部的阴道相连接的圆筒形部分，此部的环形肌发达，是由平滑肌与弹性纤维所组成。子宫颈壁厚 1~2cm，中央通路是子宫颈管，子宫颈管与子宫体腔相接的部位是子宫颈内口。犬的子宫颈末端管壁逐渐增厚，长度为 0.3~1cm，开口于阴道的部位是子宫颈外口。

**4. 阴道** 较长，前端与子宫颈相接，是由扩张性的强韧肌膜构成的管腔，阴道的前部是阴道圆盖，较细，无明显的穹隆。子宫颈阴道部由前上方呈圆锥状突出于阴道腔 0.5~1cm，其直径为0.8～1cm。环形肌发达，在阴道前部，隆起的背侧纵褶几乎遮盖了子宫外口，以致导管不易插入子宫。各种犬的阴道长度不尽相同，成年中型犬一般为9～15cm，成年德国牧羊犬的阴道长达18cm。

**5. 阴道前庭**　有发达的前庭小腺和前庭肌，但缺乏前庭大腺，尿道外口与阴门间有小凹陷。

**6. 阴门**　阴唇较厚，腹联合较尖锐，其前部内腔有阴蒂头和阴蒂窝。两阴唇的上部联合与肛门皮肤之间没有明显界线，中型犬的肛门到上部联合的距离为8～9cm，下部联合稍离体下垂，呈突起状。阴唇光滑而柔软，富含弹性结缔组织、平滑肌纤维及脂肪组织。阴唇在母犬发情期发生充血、肿大。阴唇的内侧黏膜为复层扁平上皮，有多角形上皮细胞和角化细胞层。阴蒂的游离部分长0.6cm，直径为0.2cm。

（二）猫

**1. 卵巢**　位于肾的后方，呈卵圆形，稍扁平，位置与犬卵巢的位置相似，非发情期，卵巢全被包于卵巢囊内，长约1cm，宽3～4mm，表面有许多白色稍透明的囊状卵泡，黄体呈棕黄色。

**2. 输卵管**　输卵管较弯曲，在卵巢的背内侧与子宫角相接。长为4～5cm。输卵管伞和前段输卵管全在卵巢囊内，后段绕行到卵巢囊外。

**3. 子宫**　为双角子宫，呈"Y"形，每侧子宫角细直而长，未怀孕时近似直线，怀孕时形似串珠，衬有单层柱状纤毛上皮，腺体发达。子宫体长约4cm，位于直肠和膀胱之间。子宫体前部中间有隔膜，将其分为左右两半，黏膜形成许多纵行皱褶。子宫颈阴道部呈乳头状，伸向后下方。子宫颈很短，长约1cm，肌层发达。

**4. 阴道**　阴道很短，阴道向后延伸而成尿生殖窦，尿生殖窦再向后通阴门。

**5. 阴道前庭**　有发达的前庭小腺和前庭肌，但缺乏前庭大腺，尿道外口与阴门间有小凹陷。

**6. 阴门**　阴唇较厚，腹联合较尖锐，其前部内腔有阴蒂头和阴蒂窝。

# 第二节　雄性动物生殖器官解剖

## 一、雄性动物生殖器官

雄性动物生殖器官由性腺（睾丸）、生殖管（附睾、输精管、尿生殖道）、副性腺（精囊腺、前列腺、尿道球腺）、交配器官（阴茎、包皮）和阴囊等组成。不同畜种雄性动物生殖器官的解剖组织学结构大体相似，但各有特点（图2-6）。

（一）睾丸

睾丸（testis）位于阴囊内，是一对长卵圆形的腺体，主要功能是产生精子和分泌雄激素。牛和羊的睾丸悬垂于腹下，猪、马、犬、猫的睾丸贴近腹壁。不同动物睾丸的大小和重量差别较大，猪、绵羊和山羊睾丸重量占体重的比例大于马、牛。

睾丸的被膜由一层很薄的鞘膜脏层和它下面的一层白膜包裹。白膜由睾丸头端向睾丸内部深入形成索状的睾丸纵隔，再由睾丸纵隔发出小梁，将睾丸分成许多外粗内细的锥状体小叶（牛

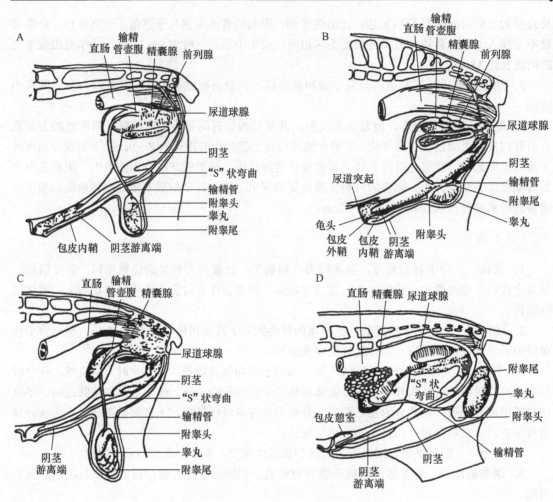

图 2-6　公牛、马、猪、羊生殖器官示意图（赵兴绪，2016）

A. 公牛的生殖器官；B. 公马的生殖器官；C. 公猪的生殖器官；D. 公羊的生殖器官

的小叶分界不明显）；每个小叶内有 2～5 条曲细精管，其间有间质细胞。曲细精管汇合为直细精管后进入纵隔，汇合成睾丸网（马无睾丸网）。由睾丸网分出 6～23 条睾丸输出小管，构成附睾头的一部分。睾丸的大小主要与曲细精管的长度有关。

**1. 曲细精管**　　曲细精管（seminiferous tubule）是十分盘曲的上皮性管道，由界膜（limiting membrane）围绕，管壁上皮为特殊的生精上皮，由两类形态结构和功能不同的细胞组成：一类是支持细胞（Sertoli's cell），另一类是生精细胞（germ cell）。

（1）界膜　　界膜也称为管周组织（peritubular tissue）。曲细精管的界膜通常有三层：内层为基膜，中层为肌样细胞层，外层为成纤维细胞层。马、犬和猫的基膜一般分层不明显；猪和兔一般分两层；羊和牛的基膜可达 8～10 层或更多。界膜具有收缩作用，它可以使曲细精管维持一定的张力，并使精子向附睾方向输送。界膜还具有进行选择性物质交换的功能，因此曲细精管界膜也被认为是血睾屏障的组成部分。

（2）支持细胞　　1865 年，Sertoli 首先发现了支持细胞，并认为其对生精细胞具有营养性功能。支持细胞的重要功能之一是形成血睾屏障，相邻支持细胞之间出现多处膜融合，形成的缝隙连接（gap junction）是形成血睾屏障的结构基础。血睾屏障具有选择性、通透性，为维持曲细精管内精子生成微环境的稳定性提供了重要保证。同时，它也是一道免疫屏障，能有效地防止精子抗原被机体免疫系统识别而发生免疫反应。此外，支持细胞可以合成一种特殊的雄激素结合蛋白（androgen binding protein，ABP），ABP 可以与睾酮等雄激素可逆性结合，对雄激素的转运和在曲细精管内维持较高浓度具有重要作用。支持细胞还分泌选择性抑制 FSH 分泌的抑制素。近年的研究发现，支持细胞可以产生多种局部调节因子，它与睾丸内其他类型细胞之间以邻分泌方式互相影响和作用，为生精细胞的增殖和分化提供了必要的条件。另外，支持细胞还可将孕烯醇酮和孕酮转变为睾酮，并将睾酮转变为雌二醇，因此支持细胞具有产生和分泌雌激素的能力。支持细胞分泌的睾丸液，对于精子在曲细精管内的输送具有重要作用。支持细胞的其他功能还包括对精子的支持、释放、营养和吞噬功能等，已经证明，精子发生必须有支持细胞参与。支持细胞受损后缺乏再生能力。

（3）生精细胞　　生精细胞包括精原细胞、初级精母细胞、次级精母细胞、精子细胞和精子。各阶段特点如下。

精原细胞是生成精子的干细胞，紧靠基膜分布，胞体较小，圆形或椭圆形，胞质清亮，胞核大而圆，染色深。由精原细胞分裂后产生的子细胞中，一部分仍保持其作为干细胞的分化能力，而另一部分是继续发育的细胞，再分裂后发育成初级精母细胞。

初级精母细胞多位于精原细胞内侧 1～2 层，胞体最大，呈圆形，胞核大而圆，多处于分裂期。可见明显的分裂相。初级精母细胞经第一次减数分裂，产生两个较小的次级精母细胞，其染色体为单倍体。

次级精母细胞位于初级精母细胞内侧，细胞较小，核大而圆，淡染，次级精母细胞存在的时间很短，很快进行第二次减数分裂，形成两个精子细胞。

精子细胞靠近管腔排列成数层。细胞更小，核小而圆，染色深，有清晰的核仁。精子细胞不再分裂，而是经过复杂的形态变化，变成蝌蚪状的精子。

精子是一种高度分化的细胞，含遗传物质，有自主活动能力，其功能是将遗传信息携带给卵母细胞。一般家畜的精子长度达 50～70μm，但头部仅长 10μm。精子主要由扁卵圆形的头部、细长的尾部组成（头与尾的连接部也称为颈部，此处结构极脆弱）；表面覆盖质膜，携带父方遗传物质。

**2. 间质和间质细胞**　　间质为曲细精管间填充的疏松结缔组织。在间质中，除结缔组织细胞、未分化间充质细胞、淋巴细胞、肥大细胞、胶原纤维、弹性纤维及丰富的毛细血管和毛细淋巴管外，主要是大量的间质细胞（leydig cell）。牛和羊间质细胞数量中等；猪的间质细胞数量最多，按体积计算，可占睾丸体积的 20%～60%。间质细胞具有分泌类固醇激素细胞超微结构特征，即具有丰富的滑面内质网、线粒体和脂滴。间质细胞除产生少量雌激素外，主要产生雄激素。在胚胎早期，间质细胞产生的雄激素能刺激雄性生殖道的分化和雄性生殖器官的发育；在出生前可以促使丘脑下部完成性分化；到初情期和性成熟时，可以促进精子生成、第二性征的发育和维持，并对整个机体的生长发育起促进作用。间质细胞也能产生和分泌多种局部调节因子，在睾丸内通过内分泌和邻分泌作用，调节不同类型细胞的功能和精子生成。

**3. 直细精管和睾丸网**　　直细精管（straight tubule）很短，一端连曲细精管，一端连睾丸网（rete testis）。直细精管壁无生精细胞，由单层柱状或单层立方上皮组成。睾丸网位于睾丸纵隔中，由互相连通的不规则腔隙和管道组成。睾丸网也能分泌液体，与支持细胞分泌的睾丸液混合被称为睾丸网液，为精子的存活和输送提供基质。直细精管和睾丸网上皮有很强的吞噬精子作用，可以清除变性的精子。

（二）生殖管

**1. 附睾** 附睾（epididymis）由输出小管及附睾管组成，可分为头、体、尾三部分。附睾头主要由睾丸输出小管组成，汇合后形成的附睾管构成附睾体和附睾尾。

输出小管上皮为单层柱状上皮，由表面有纤毛的高柱状细胞和表面有微绒毛的低柱状细胞组成。纤毛向附睾管方向摆动以推动精子的运动。低柱状细胞有分泌功能。附睾管上皮为复层柱状纤毛上皮，主要成分是主细胞和基细胞。附睾管上皮的主要功能是吸收和分泌。睾丸支持细胞和睾丸网可以产生大量液体进入附睾。睾丸网液在附睾内几乎全部被重吸收。与此同时，一些与精子成熟有关的物质在附睾内被浓缩。附睾上皮还可以分泌甘油磷酸胆碱、糖蛋白、唾液酸等物质，这些物质与精子的运动、成熟和使精子具有受精能力有关。附睾内环境有运送精子、使精子成熟、贮存精子及吞噬和吸收精子等作用。

（1）运送精子 附睾管总长度可达 30～85cm。牛的精子通过附睾管约需 11d，羊 13～15d，猪 9～12d，马 8～11d，兔 8～10d。精子通过附睾管主要是由于：大量睾丸网液的流动；输出小管纤毛上皮的纤毛运动；附睾管的节律性收缩，频繁射精的动物精子通过附睾管的时间可能缩短 10%～20%。

（2）使精子成熟 从睾丸内和附睾头部采得的精子无运动和受精能力，在附睾内运行过程中，精子逐渐获得运动与受精能力，达到精子的功能成熟。附睾分泌的特殊物质和经附睾浓缩的物质与精子在附睾内的成熟有关，这些物质除满足精子成熟的特殊需要外，还造成了附睾管内特定的 pH、渗透压和离子成分。附睾内高浓度的 ABP-二氢睾酮复合物是精子成熟的必要条件。在精子成熟过程中精子的形态变化表现为精子体积略缩小，原生质小滴逐渐由中段后移并最终脱下。功能上的改变包括膜通透性、代谢方式、耐寒抗热性、运动能力和方式及精子膜抗原的变化，精子最终获得受精能力。

（3）贮存精子 在附睾管内，分泌物为弱酸性（pH 为 6.2～6.8），缺乏果糖，温度也较低，所以精子不活动，消耗的能量很少，精子可存活月余并保持受精能力。1 头公牛两侧附睾可容纳 $7.41 \times 10^{10}$ 个精子，相当于睾丸 3.6d 的产量，其中约有 2/3 贮存在附睾尾。

（4）吞噬和吸收精子 贮存在附睾尾的精子在射精时由于管壁环状平滑肌收缩而排出。配种过频，精液中可能出现未成熟精子。如果久不配种，精子则衰老、死亡、分解并被附睾上皮和管腔内的巨噬细胞吞噬。一部分精子可能进入尿道随尿液排出。

**2. 输精管** 输精管是精子从附睾管进入尿生殖道的通道，包括输精管壶腹。输精管有较发达的肌层，一般为 2～3 层，各层肌纤维混杂，不易分清。射精时附睾管和输精管收缩，使精子从输精管排出。输精管壶腹具囊状扩张的分支管状腺，能分泌柠檬酸、果糖（牛）及硫组氨酸甲基内盐（马）。壶腹末端和同侧精囊腺的排出管并列或共同开口于尿道起始部背侧壁的精阜上，有共同开口的称为射精孔。

**3. 尿生殖道** 尿生殖道为尿液和精液共同通过的通道，可以分为两部分：第一部分起自尿道内口，即尿道在骨盆内的部分，称为尿道骨盆部。它的管腔较粗，在尿道海绵体处包有一层强大的尿道肌。牛、羊、猪的海绵体与尿道肌之间有前列腺的扩散部。输精管及副性腺均开口于尿道骨盆部。第二部分称为尿道阴茎部，位于阴茎腹面的尿道沟中，仍由尿道海绵体所包裹。公马尿道阴茎部尿道海绵体外均被球海绵体肌包裹。其他家畜球海绵体肌仅存在于尿道骨盆部和阴茎部的交界处。尿道阴茎部的开口即尿道外口。

（三）副性腺

公畜的副性腺包括精囊腺、前列腺和尿道球腺。副性腺都是雄激素依赖器官，去势后腺体萎缩；催乳素对雄激素的作用有协同作用。精液中的精清（精浆）主要来自副性腺，副性腺的分泌物中还含有精子所必需的营养成分，提供可增强精子运动能力的适宜酸碱度，并作为精子排出和运动的媒介，使精子在较长时间内保持受精能力。

**1. 精囊腺**　　精囊腺（vesicular gland）位于输精管末端外侧，左右各一。精囊腺管分别和同侧输精管共通一个射精管，与尿生殖道相连。马的精囊腺为叶状分支的管泡状腺，外形为长圆形囊状，分泌胶质液体。牛、羊、猪的精囊腺为叶状分支的管状腺，猪的特别发达，再加上发达的尿道球腺，所以猪的精液量特别大。犬、猫均无精囊腺。

精囊腺的分泌物是一种白色或淡黄色的黏稠液体，富含果糖等营养物质（马的果糖极少），可以供给精子代谢所需的能量。精囊腺还能分泌或浓缩柠檬酸盐、山梨醇、胆碱酯、抗坏血酸和无机磷。这些物质既有缓冲作用，又能刺激精子运动。柠檬酸盐还可以使马的精清凝结为冻胶状，对射精后防止精液在母畜生殖道内倒流有一定作用。猪的精囊腺分泌物中还有硫组氨酸甲基内盐和肌醇。

**2. 前列腺**　　公畜的前列腺（prostate gland）一般可以分为两部分，即前列腺体和扩散部。前列腺体位于尿道内口之上，围绕于尿道肌之外。公猪前列腺体大，公牛的较小，公羊的不明显。扩散部位于尿道肌下，包在尿道海绵体骨盆部周围。羊的扩散部罩在尿道海绵体骨盆部的背面和侧面。公马前列腺完全在表面，位于膀胱颈之上，两侧叶间有峡部相连，形似蝴蝶。前列腺均开有许多小孔通入相应部分的尿生殖道。犬的前列腺位于膀胱颈后，围绕尿道前部，正中有一背沟将其分为对称的两叶，球形，结构紧密有弹性。猫的前列腺与犬相似。

前列腺分泌物稀薄，淡白色，稍具腥味，弱碱性，可以中和进入尿道中液体的酸性，消除精子代谢所产生的二氧化碳，改变精子的休眠状态，使其活动力加强。分泌物中还含有锌、钾、钠、钙的柠檬酸盐、氯化物和果糖。

**3. 尿道球腺**　　马、牛、羊的尿道球腺（bulbourethal gland）均为一对圆形小体；猪的很大，呈三棱形。尿道球腺位于尿道骨盆部末端之上壶腹两旁，由球海绵体肌（牛）和坐骨海绵体肌（马、猪）所覆盖。马的腺体有一列小管，牛、羊、猪的有一条管道，开口于尿道骨盆部后端的上壁。猫的尿道球腺位于阴茎根部前部两侧，犬无尿道球腺。

猪的尿道球腺分泌黏滞胶状乳白色液体，即精液中的胶质成分。其他家畜的分泌物清亮稀薄。公牛爬跨前从包皮流滴出来的液体即尿道球腺的分泌物，有润滑和清洗尿道的作用。

（四）交配器官

**1. 阴茎**　　阴茎（penis）是公畜的交配器官，并兼有排尿功能。阴茎的主体是勃起组织（海绵体），外包以很厚的白膜，海绵体内为血窦组织，其根部有两个阴茎脚固定在坐骨弓上。尿道海绵体阴茎部包在尿道阴茎部周围，位于阴茎海绵体腹面尿道沟内，其远端形成龟头（或称阴茎头）。马龟头部海绵体特别发达，牛、羊、猪则不很发达。

公畜阴茎的形状、大小及构造都有不同特点。马的阴茎属于血管肌肉型，海绵体发达，白膜仅包裹阴茎海绵体，尿道海绵体周围裹有较厚的球海绵体肌。阴茎在不勃起时软垂于包皮腔内，龟头大，尿道突位于龟头前面下侧的龟头窝内。牛、羊、猪的阴茎属于纤维伸缩型，阴茎海绵体和尿道海绵体全部被致密的结缔组织白膜包裹，不勃起时也是硬的。由于其海绵体不很发达，再加上白膜的限制，因此在勃起时的充血量及膨大的程度均不如马。

　　牛、羊阴茎前端稍微变粗的部分称为阴茎头。牛的尿道突位于阴茎头之下左侧；绵羊的为一细管，自阴茎头之下伸出。猪的阴茎前端呈螺旋状，勃起时尤其显著，阴茎头不明显，无尿道突。牛、羊、猪的阴茎在不勃起时在包皮内呈"S"状弯曲，勃起时伸直。

　　犬的阴茎有两部分海绵体，阴茎前部有阴茎骨（baculum），其前端有一圆锥形的长约 0.5cm 的纤维软骨突起。猫的阴茎海绵体两部分的区别不明显，阴茎为圆锥形，朝向后下方，前 2/3 阴茎表面具有 100～200 个长 0.75～1mm 朝向阴茎基部的角质化突起，到 6～7 月龄时，这些角质化突起发育充分。

　　**2. 包皮**　　阴茎根和阴茎体包于躯干皮肤以内，而阴茎游离部和头部则藏于皮肤褶形成的腔中，此皮肤褶称为包皮。包皮有容纳和保护阴茎头的作用，由两层构成，外层与周围皮肤构造相似，沿包皮口转折为内层。内层至包皮腔底转折而直接包于阴茎游离部和阴茎头上，转折处在腹侧形成包皮系带。阴茎头的皮肤至尿道外口处与尿道黏膜相连接。被覆阴茎游离部和阴茎头的皮肤分布有大量的感觉神经末梢。包皮的内层无被毛和皮肤腺，但分布有淋巴小结和包皮腺，其分泌物与脱落的上皮细胞形成包皮垢，具特殊腥臭味。包皮内层与外层疏松相联系，因此当阴茎勃起并从包皮腔中伸出时，包皮的两层即展平，包皮腔也暂时消失。包皮具有一对包皮前肌，由躯干皮肌分出，起始于胸骨剑状突处，向后行，两侧在包皮口处形成裱状止于包皮内层。有的家畜还有一对包皮后肌，起始于腹股沟处的筋膜，向前行，在包皮口附近止于包皮外层。包皮肌在交配时可将包皮口向后或向前拉，配合阴茎游离部伸出或缩回包皮腔。

　　（五）阴囊

　　阴囊（scrotum）是腹壁的延续部分，由外向内由皮肤、肉膜、睾提肌、筋膜及腹壁鞘膜组成。腹壁鞘膜与睾丸被膜的最外层脏层鞘膜之间有一狭窄的鞘膜腔。阴囊中隔将阴囊分为两半，睾丸分别位于两侧鞘膜腔中。

　　阴囊的主要功能是调节温度，并保护睾丸、附睾和精索免受损伤。阴囊皮肤较薄，血液供应和汗腺都很丰富，并具有一层肌质肉膜。受冷刺激时，睾丸提肌和肉膜收缩，阴囊皮肤变皱变厚，睾丸贴于腹壁；受热刺激时，肌肉松弛，阴囊壁扩张、变薄，睾丸下垂，有利于散热。阴囊的温度比腹腔要低 3.0～6.8℃（牛），保证了精子的正常生成和使精子在附睾内贮存较长的时间。

　　阴囊靠近或远离腹部的程度与精子在雌性生殖道内存活时间有关，牛和绵羊的阴囊下垂于腹部，其精子在雌性生殖道内仅存活 30h 左右；犬和马的阴囊靠近腹壁，精子在雌性生殖道内存活时间可达数天；家禽的睾丸位于腹腔，其精子在雌性生殖道内能使卵子受精的时间达 30d 左右。

## 二、常见雄性家畜生殖器官解剖特点

　　（一）牛

　　**1. 睾丸**　　呈长椭圆形，悬垂于腹下，长轴与地面垂直，头朝上，尾向下。牛睾丸左大右小。一般单枚睾丸重 250～300g；基膜可达 8～10 层或更多。

　　**2. 附睾**　　附睾头扁平，呈"U"形，覆盖在睾丸上端的前缘和后缘；附睾体细长，沿睾丸后缘的外侧向下伸延，至睾丸下端转为粗大明显的附睾尾，且略下垂。

**3. 输精管**　　管壁厚、硬而呈圆索状。它从附睾尾部开始由腹股沟进入腹腔，再向后进入骨盆腔到尿生殖道起始部背侧，开口于尿生殖道黏膜形成的精阜上。输精管是精子由附睾排出的通道。

**4. 尿生殖道**　　球海绵体肌仅存在于尿道骨盆部和阴茎部的交界处，公牛的尿生殖道不明显，扩散部位于尿道肌下，包在尿道海绵体骨盆部周围。

**5. 精囊腺**　　为叶状分支的管状腺。

**6. 前列腺**　　较小，体部小，扩散部大。

**7. 尿道球腺**　　为一对圆形小体，有一条管道，开口于尿道骨盆部后端的上壁；分泌物清亮稀薄。

**8. 阴茎**　　阴茎在不勃起时在包皮内呈"S"状弯曲，勃起时伸直；为纤维性阴茎，阴茎海绵体和尿道海绵体全部被致密的结缔组织白膜包裹，海绵体不很发达。牛的尿道突位于阴茎头之下左侧。

**9. 包皮腔**　　包皮腔狭长，长 25～40cm，包皮腔内有包皮腺，包皮口周围生有长毛。有一对包皮前肌和一对包皮后肌。

**10. 阴囊**　　阴囊位于两股之间，呈瓶状，阴囊颈明显，皮肤呈淡肉色，在阴囊颈前方常有 2 对雄性乳头。

（二）羊

**1. 睾丸**　　羊的睾丸呈长卵圆形，悬垂于腹下，左右两个，一般左侧略大，呈白色；基膜可达 8～10 层或更多。

**2. 附睾**　　附睾贴附于睾丸的背后缘。羊的精子通过附睾管的时间为 13～15d。

**3. 输精管**　　羊的输精管壶腹明显。

**4. 尿生殖道**　　球海绵体肌仅存在于尿道骨盆部和阴茎部的交界处，呈"乙"状弯曲。

**5. 精囊腺**　　为叶状分支的管状腺。

**6. 前列腺**　　不明显，无体部，仅有扩散部，尿生殖道不明显，扩散部罩在尿道海绵体骨盆部的背面和侧面。

**7. 尿道球腺**　　为一对圆形小体，有一条管道，开口于尿道骨盆部后端的上壁；分泌物清亮稀薄。

**8. 阴茎**　　为纤维性阴茎，阴茎较细，阴茎头膨大呈"乙"状弯曲，阴茎在不勃起时在包皮内呈"S"状弯曲，勃起时伸直。羊的龟头呈帽状隆突，尿道前端突出于龟头前方。绵羊呈扭曲状细长突起，山羊的较短直。阴茎海绵体和尿道海绵体全部被致密的结缔组织白膜包裹，不勃起时也是硬的。海绵体不很发达。绵羊的尿道突为一细管，自阴茎头之下伸出。

**9. 包皮腔**　　羊的包皮腔较短。

**10. 阴囊**　　绵羊的阴囊下垂于腹部，其精子在雌性生殖道内仅存活 30h 左右。羊的阴囊被毛浓密，汗腺多。

（三）马

**1. 睾丸**　　呈卵圆形，贴近腹壁，长轴与地面平行，无睾丸网。

**2. 附睾**　　马的附睾位于睾丸背侧外缘；马的精子通过附睾管的时间为 8～11d。

**3. 输精管**　　马的输精管管径较小，有壶腹且发达；输精管壶腹较牛的发达，前端左、右输精管间常有米勒管的遗迹器官，末端与精囊腺导管合并，开口于精阜。精索比牛的短，为三角形的扁索。

**4. 尿生殖道** 球海绵体肌仅存在于尿道骨盆部和阴茎部的交界处。

**5. 精囊腺** 马的精囊腺为叶状分支的管泡状腺，呈梨形囊状，表面光滑又称精囊，长度为12～15cm，直径约5cm。

**6. 前列腺** 前列腺较发达，位于膀胱颈之上，两侧叶间有峡部相连，形似蝴蝶。

**7. 尿道球腺** 体积较大，为一对圆形小体，背腹略压扁，表面被尿道肌覆盖。马的腺体有一列小管，每侧腺体有6～8条导管，开口尿生殖道背侧壁近中央的两列小乳头上。

**8. 阴茎** 阴茎较牛的发达，阴茎体粗大，不形成"乙"状弯曲，马的阴茎属于血管肌肉型，海绵体发达，白膜仅包裹阴茎海绵体，尿道海绵体周围裹有较厚的球海绵体肌。阴茎在不勃起时软垂于包皮腔内，龟头大，尿道突位于龟头前面下侧的龟头窝内，马的龟头钝而圆，外周形成龟头冠，末端偏腹侧有凹的龟头窝，窝内有2.5cm长的尿道突。

**9. 包皮腔** 马的包皮与其他家畜的不同，内、外层折转移行处形成包皮口，内层形成圆筒状的包皮褶，包皮褶远侧折转处增厚形成包皮环；在包皮口的下方边缘，常有两个乳头，为发育不全的乳房遗迹。

**10. 阴囊** 阴囊位于两股之间，悬于耻骨部的阴囊区，较牛的靠后。阴囊颈不如牛的明显。阴囊的皮肤薄而柔软，富色素而呈黑色，表面有稀疏的短细毛。皮肤内含发达的皮脂腺和汗腺。

（四）猪

**1. 睾丸** 呈长椭圆形，贴近腹壁，呈前低后高倾斜，头向前下方，尾向后上。猪睾丸重400g/枚。公猪每个睾丸每日可产生精子2400万～3100万个，猪的曲细精管占睾丸重量的77.3%；基膜分两层。

**2. 附睾** 附睾附着于睾丸附着缘，呈"U"形覆盖在睾丸。公猪精子通过附睾管至附睾尾的时间一般为10d（9～14d）。公猪每次射精并不是将全部精子排出，但若配种过勤，会导致精液中不成熟精子的比例升高；但若久不配种，则精子老化、死亡、分解并被吸收；公猪附睾中贮存的精子数为$2 \times 10^{11}$个，其中70%在附睾尾。

**3. 输精管** 公猪的输精管壶腹很不发达，壶腹末端和同侧精囊腺的排出管开口于尿道起始部背侧壁的精阜上。

**4. 尿生殖道** 骨盆部较长，球海绵体肌仅存在于尿道骨盆部和阴茎部的交界处。

**5. 精囊腺** 猪的精囊腺为叶状分支的管状腺，再加上发达的尿道球腺，所以猪的精液量特别大；猪的精囊腺分泌物中还有硫组氨酸甲基内盐和肌醇。

**6. 前列腺** 猪的前列腺较大，体部较小，扩散部大，是分支的管泡状腺。

**7. 尿道球腺** 由分支管泡状腺构成，位于尿道骨盆部末端两边，表面盖有坐骨腺体肌，呈三棱形，长约10cm，宽约2.5cm，位于精囊腺之后，其分泌黏稠胶状物，呈淡白色，即精液中的胶质成分。尿道球腺有一条管道，开口于尿道骨盆部后端的上壁。

**8. 阴茎** 为纤维性阴茎，细，海绵体不发达，不勃起时也是硬的；有"S"状弯曲，勃起时伸直。阴茎前端呈螺旋状，勃起时尤其显著，阴茎头不明显，没有尿道突，在不交配时，一般阴茎保持于包皮内。

**9. 包皮腔** 猪的包皮腔很长，前宽后窄，前部背侧壁有一圆口，通包皮憩室，包皮口周围生有长的硬毛。

**10．阴囊**　　猪位于会阴部，肛门下方，与周围界线不清。阴囊颈较为明显；猪的睾丸下降一般发生在胎儿期后 1/4 期间。

## 三、常见雄性宠物生殖器官解剖特点

### （一）猫

**1．睾丸**　　睾丸贴近腹壁，和犬的比较，猫的睾丸贴得更紧；基膜一般分层不明显。

**2．附睾**　　附睾紧贴睾丸的上端和后缘，可分为头、体、尾三部。头部由输出小管盘曲而成，输出小管的末端连接一条附睾管。附睾管盘曲构成体部和尾部。管的末端急转向上直接延续成为输精管。附睾内部有许多圆形、卵圆形或不规则形上皮管断面，断面之间为疏松结缔组织，上皮为假复层柱状上皮。

**3．输精管**　　精索较长。输精管是两条细长的管道，将精子输送到阴茎。

**4．尿生殖道**　　公猫的尿生殖道在构造和功能上与犬基本相似。

**5．精囊腺**　　无。

**6．前列腺**　　猫的前列腺位于膀胱颈后，围绕尿道前部，正中有一背沟将其分为对称的两叶，球形，结构紧密有弹性。

**7．尿道球腺**　　如豌豆大，位于阴茎基部的尿道两侧，开口于尿道。

**8．阴茎**　　猫的阴茎由三部分组成，即两个阴茎海绵体和一个尿道海绵体。在阴茎背侧和腹侧，两海绵体之间各有一条凹沟，分别是精液和尿液经过的通道。阴茎远端有一块阴茎骨。猫的阴茎通常为圆锥形，朝向后下方，前 2/3 阴茎表面具有 100～200 个长 0.75～1mm 朝向阴茎基部的角质化突起，到 6～7 月龄时，这些角质化突起发育充分。

**9．包皮腔**　　包皮内层与阴茎头之间形成包皮腔，猫包皮腔较短，包皮腔内有包皮腺，包皮口周围生有硬毛。

**10．阴囊**　　位于肛门的腹面，对着坐骨联合的中线。

### （二）犬

**1．睾丸**　　睾丸较小，呈白色卵圆形，位于阴囊内。睾丸纵隔发达。附睾较大，紧贴于睾丸的背外侧面，前下端为附睾头，后上端为附睾尾。睾丸实质呈白色睾丸贴近腹壁；基膜一般分层不明显。

**2．附睾**　　附睾较大，紧贴于睾丸的背外侧面，前下端为附睾头，后上端为附睾尾。

**3．输精管**　　精索较长，斜行于阴茎的两侧。鞘膜管上端很窄，甚至闭锁。输精管长 17～18cm，直径为 1.6～3mm。

**4．尿生殖道**　　公犬的尿生殖道是一条起自膀胱颈、伸向阴茎头（龟头）的管道，是尿液和精液排出体外的共同通道。它沿骨盆腔腹壁向后移行，绕过坐骨弓后成一锐角弯曲再转向前行，被包于尿道海绵体内，成为阴茎的一部分。公犬的尿生殖道可区分为尿道骨盆段、尿道球段和尿道阴茎段三部分。

**5．精囊腺**　　无。

**6．前列腺**　　前列腺很发达，组织坚实，呈淡黄色球形体，犬的前列腺位于膀胱颈后1cm，围绕尿道前部，正中有一背沟将其分为对称的两叶，球形，结构紧密有弹性。

**7. 尿道球腺**　　无。

**8. 阴茎**　　阴茎由阴茎海绵体和阴茎骨组成。阴茎后部为两个海绵体，正中由阴茎中隔分开。中隔前方有阴茎骨，长约10cm，由两部分阴茎海绵体骨化而成。骨体腹侧有尿生殖道沟。

**9. 包皮腔**　　包皮为皮肤折转而形成的一管状鞘，有容纳和保护阴茎头的作用。犬的包皮在阴茎的前部围绕成一个完整的环套，最外层即普通皮肤，内层薄，稍呈红色，缺腺体。包皮阴茎层紧密附着于龟头突，内部含有多数淋巴结，包皮腔底部的结比较大，常凸出于包皮腔内。

**10. 阴囊**　　犬阴囊位于两股之间的后部，有明显的阴囊颈，皮肤较薄，被毛短且细。

# 第三章　母畜生殖功能的发生与发展

母畜生殖功能发展过程会经历三个不断变化的阶段，即发生、发展和结束，这一过程受到多种因素影响。当卵子完全发育成熟，母畜便进入初情期，开始具有生育能力；机体发育至性成熟时可以受孕；到体成熟时进入繁殖适龄期，开始其周而复始的繁殖周期。然而，随着年龄增长，母畜的生殖能力会逐渐下降，最终进入衰老期。不同的畜种、品种、饲养方式等因素均可能导致各个时期的确切年龄有所不同，即使是同一品种，也会因生长发育和健康状况的不同而有所差异。

## 第一节　卵子发生与卵泡发育

### 一、卵子发生

卵子发生（oogenesis）是指从原始生殖细胞迁移进入性腺后的一系列发育过程，包括卵原细胞的增殖、卵母细胞的发育和成熟，该过程由胚胎期开始，经过出生、初情期，直至性成熟。

**1. 原始生殖细胞（primordial germ cell）**　原始生殖细胞是形成卵原细胞或精原细胞最初的细胞，起源于胚盘原条尾端，随着原条细胞从原沟处内卷，到达尿囊附近的卵黄囊背侧内胚层。在胚胎发育过程中，原始生殖细胞借阿米巴样运动，沿胚胎后肠和肠系膜迁移到正在发育中的生殖嵴，随着继续迁移，与生殖嵴的中胚层细胞共同组成睾丸或卵巢。原始生殖细胞既可分化为精原细胞，又可分化为卵原细胞，这种分化由其与不同的生殖嵴细胞的结合所决定。

**2. 卵原细胞（ovogonium）**　生殖嵴上皮处的原始生殖细胞继续迁移，到达未分化性腺的原始皮质中，与来自中胚层的细胞结合，形成原始性索，进一步发生形态学变化转化为卵原细胞，并进入有丝分裂增殖期。

**3. 初级卵母细胞（primary oocyte）与次级卵母细胞（secondary oocyte）**　大部分卵原细胞发生凋亡，部分处于增殖期的卵原细胞开始复制 DNA，进入第一次减数分裂（减数分裂Ⅰ）前期，此时的细胞称为初级卵母细胞。初级卵母细胞的同源染色体配对并发生联会，并停滞在这一阶段。当性成熟的母畜在排卵前 24~48h，初级卵母细胞迅速完成第一次减数分裂，一半染色体进入一个细胞，另一半染色体进入另一个细胞。这两个新细胞中大的被称为次级卵母细胞，小的被称为第一极体。次级卵母细胞进入第二次减数分裂（减数分裂Ⅱ）中期，并停滞在这一时期，排卵前受到促性腺激素调节，排出成熟卵子，直至受精时完成第二次减数分裂。由此可见，第一次减数分裂前期是从胚胎期开始的，直到性成熟时才完成整个过程。在此期间不断有初级卵母细胞死亡，所以母畜在出生时可能有几百万个初级卵母细胞，但最后只有一小部分能分裂形成次级卵母细胞，与精子结合，完成受精。

### 二、卵泡的周期性变化

卵泡（follicle）是卵巢发挥功能的基本单位，由体细胞和处于不同阶段的卵母细胞组成。

母畜在达到性成熟以后，卵巢中的卵泡出现周期性变化，包括卵泡的募集、生长、发育、排卵和黄体的形成与退化等一系列变化。

（一）卵泡的生长与发育

母畜进入初情期后，卵巢内的卵泡主要分为两种形式，一种是处于发育阶段的少量卵泡，另一种是作为储备的大量原始卵泡。单个原始卵泡从开始发育至排卵或闭锁，整个过程是连续和复杂的。根据卵泡生长发育阶段的不同，可将卵泡分为以下几个不同的等级。

**1. 原始卵泡（primordial follicle）** 卵原细胞发育而来的初级卵母细胞被单层扁平的颗粒细胞（granulosa cell）包裹，称为原始卵泡，大量原始卵泡聚集的场所称为原始卵泡库或原始卵泡池。大部分原始卵泡一直处于休眠状态，一旦启动发育，其过程是不可逆的。原始卵泡形成的时间根据种属的不同而不同，大多数动物的原始卵泡形成于胎儿出生之前。

**2. 初级卵泡（primary follicle）** 原始卵泡中的单层扁平颗粒细胞发育成立方形，周围包有一层基底膜，此时的卵泡即初级卵泡。透明带的形成是从原始卵泡发育成初级卵泡的主要特征。

**3. 次级卵泡（secondary follicle）** 初级卵泡继续发育，颗粒细胞变成复层不规则的多角形细胞，此时的卵泡称为次级卵泡。卵母细胞和颗粒细胞共同分泌黏多糖，构成厚 $3\sim5\mu m$ 的透明带，包在卵母细胞周围。卵母细胞有微绒毛伸入透明带内。

**4. 三级卵泡（tertiary follicle）** 在 FSH 和 LH 的刺激下，颗粒细胞间形成很多间隙，并有很多细胞液积聚在其中，这些间隙逐渐汇合后，形成一个充满卵泡液的卵泡腔，这时的卵泡称为三级卵泡，也称为有腔卵泡。卵泡腔周围的细胞称为粒膜细胞。透明带周围有排列成放射状的细胞称为放射冠。放射冠细胞有微绒毛伸入透明带内。

**5. 成熟卵泡（mature follicle）** 成熟卵泡又称为赫拉夫卵泡。卵泡腔中充满由颗粒细胞分泌物及渗入卵泡的血浆蛋白形成的黏稠卵泡液。卵泡壁变薄，卵泡体积增大，扩展到卵巢皮质层表面，甚至突出于卵巢表面之上。颗粒细胞层外围的细胞在卵泡生长过程中转化为卵泡鞘，分为内、外两层。初级卵母细胞位于颗粒细胞层上一个小突起内，这个突起称为卵丘。随着卵泡的发育，卵丘和颗粒细胞层的联系越来越小，甚至分开，初级卵母细胞被一层不规则的细胞群所包围，游离于卵泡液中（图 3-1）。

在卵泡发育过程中，大部分卵泡都有可能发生闭锁。初情期之前，一直有卵泡处于生长和发育阶段，但只有到了初情期之后，才能充分发育至排卵。

（二）排卵

排卵（ovulation）是指卵泡发育成熟后，突出于卵巢表面的卵泡破裂，卵子随同其周围的颗粒细胞和卵泡液排出的生理现象。排卵是保证动物繁衍后代的基础，也是生殖生理活动的中心环节。

**1. 动物排卵方式** 动物按其排卵方式可以分为自发排卵和诱导排卵两大类。

（1）自发排卵（spontaneous ovulation） 卵泡发育成熟后，不受外界特殊条件刺激便能自发排出卵子称为自发排卵。大多数动物为自发排卵。

自发排卵的动物，根据排卵后黄体如何形成及发挥功能又可分为两种。一种为排卵后自然形成功能性黄体，其生理功能可维持一个相对稳定的时期，如牛、羊、马、猪等家畜；第二种为自发排卵后需经交配才形成功能性黄体，如啮齿动物。这类动物排卵后如未经交配，则形成的黄体无内分泌功能。

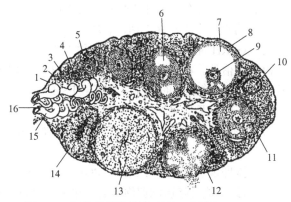

图 3-1　卵巢组织结构模式图（余四九，2022）

1. 生殖上皮；2. 白膜；3. 原始卵泡；4. 初级卵泡；5. 次级卵泡；6. 三级卵泡；7. 成熟卵泡；
8. 颗粒细胞；9. 卵母细胞；10. 白体；11. 闭锁卵泡；12. 刚排卵的卵泡（红体）；13. 成熟黄体；
14. 退化黄体；15. 血管；16. 卵巢门

（2）诱导排卵（induced ovulation）　动物卵泡的破裂及排卵需经一定刺激后才能发生的称为诱导排卵。促性腺激素排卵峰也要延迟到适当的刺激之后才能出现。诱导排卵型动物按诱导刺激的性质不同，又可分为两类。

第一类为交配引起排卵的动物，包括有袋目、食虫目、翼手目、兔形目、食肉目的某些动物，其中研究最多的是兔子和猫。兔子在交配刺激后 10min 左右开始释放 LH，0.5～2h LH 峰为基础值的 20～30 倍，9～12h 后发生排卵。猫在交配后几分钟之内 LH 显著增加，排卵一般发生在交配后 25～30h。

第二类为精液诱导排卵的动物，见于驼科动物，其排卵依赖于精清中的诱导排卵因子。在卵泡发育成熟后，自然交配、人工授精或肌内注射精清均可诱导排卵，精清进入体内 4h 后外周血浆中出现促性腺激素排卵峰，30～36h 发生排卵。

**2．排卵过程**　　排卵时卵泡的破裂是多种因素综合作用的结果，随着卵泡的发育成熟，卵泡液不断增加，卵泡体积增大并突出于卵巢表面，但卵泡内压并没有明显升高。突出的卵泡壁扩张，细胞间质逐渐分解，卵泡膜血管分布增加、充血，毛细血管通透性增强，导致血液成分向卵泡腔渗出。随着卵泡液的增多，卵泡外膜的胶原纤维被分解，使得卵泡壁变得柔软并富有弹性。突出于卵巢表面的卵泡壁中心形成透明的无血管区。排卵前，卵泡外膜发生分离，内膜通过裂口而突出，形成乳头状突起的排卵点。排卵点膨胀，顶端发生局部贫血，导致卵巢上皮细胞死亡，这些死亡的细胞释放出水解酶，进而使下面的细胞层破裂，许多卵泡液把卵母细胞及其周围的放射冠细胞冲出，被输卵管伞接受，在输卵管纤毛上皮的摆动作用下，进入输卵管。哺乳动物的卵巢表面除卵巢门外，任何部位均可发生排卵，但马属动物仅在卵巢的排卵窝发生排卵。

**3．排卵的机制及其调节**　　排卵是一个复杂的生理过程，它受神经内分泌、内分泌、生物物理、生物化学、神经肌肉及神经血管等因素调节。排卵之前，一般会出现促性腺激素排卵峰，在高水平的促性腺激素刺激下，卵泡主要发生三种明显的变化：其一是卵母细胞重新开始减数分裂，释放出第一极体；其二是发生黄体化，卵泡内细胞由主要分泌雌激素转变为主要分泌孕酮；其三是排出卵母细胞。

（1）排卵的神经内分泌调节　　在 LH 排卵峰前 3～4d，血浆 $E_2$ 浓度开始逐渐升高，在 LH 峰出现前 12h，$E_2$ 浓度急剧增加，并且在 LH 峰值时其浓度也达到高峰，随后快速降低。$E_2$ 持续分泌增加导致 GnRH 的释放出现一个"转换"期，表现为在发情周期其他时间呈波动性分泌的 GnRH 持续升高达数小时。GnRH 神经内分泌系统的这种"转换"及由此引起的 GnRH 大量分泌，形成了排卵的神经内分泌信号。在持续分泌增加的 GnRH 的作用下，FSH 和 LH 均相继出现排卵前的峰值。相较之下，LH 峰促排卵作用明显高于 FSH 峰。在 LH 峰的作用下，优势卵泡发生一系列结构和功能的变化，最终导致卵泡破裂和排卵。黄体退化后，血浆催乳素浓度上升，这种增加与血浆 $E_2$ 浓度的升高和丘脑下部多巴胺转换的降低有关，也是导致 GnRH 和 LH 分泌增加的因素。

（2）生物物理学作用　　排卵前卵泡液中 PGE 和 $PGF_{2\alpha}$ 的含量随着排卵的临近而明显增加，PG 能够刺激卵巢收缩，因此可能直接影响卵泡破裂。卵巢受组胺和 PG 的调节，支配卵巢的动脉、静脉血流及淋巴发生改变，使将要排卵的卵泡接受的血量增加，毛细血管通透性增加，卵泡外膜发生水肿；卵巢微循环对 LH 的刺激发生迅速反应，卵泡的代谢增强，产生大量透明质酸。由于其摄取水分，卵泡腔进一步增大，导致胶原纤维容易解离。

（3）生物化学作用　　临近排卵时，颗粒细胞对 LH 发生反应，细胞内出现环磷酸腺苷（cAMP）和纤溶酶原激活物（PA）。cAMP 是重要的促性腺激素细胞内作用信号，直接调节和启动卵泡的成熟和排卵。PA 将纤溶酶原转为纤溶酶，使卵泡壁变薄。许多溶蛋白物质可降低卵泡壁的张力，从而缩短卵泡破裂的时间。卵泡液中还含有促使卵泡壁破裂的各种酶类，推动卵泡破裂。

（4）其他作用　　虽然卵巢平滑肌的收缩有助于排卵，但其作用并不显著。不过，排卵时卵巢肌肉的收缩可以影响卵丘的分离。卵泡壁破裂后内容物的排出及相应的血管变化，对卵泡破裂后转变为黄体有一定的影响。

（三）黄体的形成与退化

成熟的卵泡破裂排卵后，由于卵泡液被排空，导致卵泡腔内产生负压，从而引起血管发生破裂，血液积聚于卵泡腔内形成凝块，破裂口呈红色火山口样，因此称为红体。此后颗粒细胞增生变大，充满整个卵泡腔，并突出于卵泡表面。由于颗粒细胞吸取类脂质，变成黄色，这时称为黄体（corpus luteum）。同时，卵泡内膜分生出血管，布满发育中的黄体，随着这些血管的分布，含类脂质的卵泡内膜移至黄体细胞之间，参与黄体形成。

一般在发情周期的第 7 天（按 21d 为一个周期，发情日为 0d）时，黄体内的血管生长及黄体细胞分化完成，第 8～9 天达到最大体积。母畜如未配种或配种后未怀孕，随后黄体逐渐退化，此时的黄体称为周期黄体或假黄体。在黄体退化过程中，表现为细胞质空泡化及胞核萎缩。随着血管的退化，黄体的体积逐渐减小，黄体细胞逐渐被成纤维细胞所取代。最终整个黄体被结缔组织所取代，形成一个瘢痕，称为白体。大多数白体存在到下一个周期的黄体期，此时功能性黄体与白体共存。

# 第二节　母畜生殖功能的发展

母畜的生殖功能是一个从发生、发展至衰退的生物学过程，可以概括分为初情期、性成熟期、繁殖适龄期及绝情期（繁殖功能停止期）。

## 一、初情期（puberty）

初情期是指母畜初次出现发情现象并发生排卵、开始具有繁殖能力的时期。母畜到了初情期会出现性欲，接受爬跨，表现出一些发情迹象，卵巢真正具有生成卵子和分泌激素的双重作用，但生殖器官仍在继续生长发育，生殖功能尚不完全成熟。母畜的发情和排卵往往不规律，卵子质量较差，繁殖能力有限。此时，母畜的体重也不适合进行繁殖。初情期时，发情周期经常不规律，卵巢上虽有卵泡发育和排卵，但因体内缺乏孕酮而无发情表现（安静发情）；或者虽有卵泡发育和发情表现，但不排卵（假发情）；或者能够排卵但不受孕，表现为初情期不孕；或者多胎动物卵泡发育及排卵的数目较少。初情期前，生殖器官的生长速度较身体生长缓慢，尽管卵巢中有卵泡生长，但往往发生退化和闭锁，新的生长卵泡再次出现，然后再次退化，反复循环。进入初情期后，母畜生殖器官的增长速度明显加快，卵泡才能生长成熟并发生排卵。

初情期的开始和垂体释放促性腺激素密切相关。出生后卵巢便开始产生 $E_2$，对丘脑下部发生负反馈作用；虽然垂体生长很快且促性腺激素含量也较高，很早就对下丘脑 GnRH 有反应能力，但血液中促性腺激素含量低。此时的性腺类固醇激素对丘脑下部及垂体的抑制作用（负反馈）极为敏感，很少量的性腺激素就能抑制 GnRH 和促性腺激素的释放。摘除小犊牛卵巢消除性腺类固醇激素的抑制作用，丘脑下部就能释放出 GnRH，从而使垂体释放出 LH，引起血浆 LH 升高。然而，摘除母羔羊或猕猴卵巢之后，并未观察到促性腺激素含量上升，说明可能存在与类固醇激素无关的抑制 GnRH 分泌的因素。随着机体发育和初情期的来临，丘脑下部对这种反馈性抑制的敏感性逐渐减弱，GnRH 脉冲式分泌频率增加，促性腺激素分泌的水平也相应上升，刺激性腺强度增大，引起卵巢的卵泡发育。随着卵泡的增长，卵巢的重量增加，成熟卵泡出现，雌激素分泌增加，刺激生殖道生长和发育，母畜出现发情，初情期开始。

外激素可传递多种信息，加速青年动物初情期的启动，对动物繁殖活动具有重要作用。雌雄动物隔离饲养会延迟动物的初情期。应用激素处理刺激中枢神经及应用外激素等，可诱发早熟，使初情期提前。将初情期的幼畜性腺移植于成年家畜，移植的卵巢上会出现卵泡发育；给初情期前动物注射外源性促性腺激素，可使其卵巢排出可以受精的卵母细胞。

动物初情期的年龄除因品种不同而有遗传上的差异外，还受饲养管理、健康状况、气候条件、发情季节及出生季节等因素的影响。在温暖地区、饲养管理优良且健康状况良好的家畜，初情期到来较早；相反，严重饲养不良或蛋白质、维生素及矿物质缺乏会导致发情延迟。在畜群中，增重快的个体可能提前进入初情期。所有能影响机体生长发育的因素均能影响首次发情时间。此外，与异性经常接触能够使初情期提前。

## 二、性成熟期（sexual maturation period）

母畜生长发育到一定年龄，生殖器官已经发育完全，发情周期基本正常，具备了繁殖能力，称为性成熟。此时，母畜身体生长发育尚未完成，受孕后不仅会妨碍母畜继续发育，而且对胎儿的发育也有影响，容易出现窝仔数少，可能造成难产，因此尚不宜配种。即使是同种类、同品种、同品系，也往往因个体不同而有变异。

## 三、繁殖适龄期

当母畜身体发育完全、具有雌性成年动物固有的特征与外貌时，便达到体成熟（body maturity）。繁殖适龄期是指母畜既达到性成熟，又达到体成熟，可以进行正常繁殖配种的时期。母畜达到体成熟时，应进行配种。初配时不仅要看年龄，而且要根据畜种、品种、饲养管理条件、身体生长发育情况及不同地区的气候条件而定，开始配种时的体重一般应达到成年体重的 70%以上。从性成熟到体成熟须经过一定的时期，如果在此期间生长发育受阻，必然延缓达到体成熟的时期。母畜的初配年龄为：马 2～3 岁，驴 2.5～3.0 岁，荷斯坦奶牛 18 月龄，黄牛 2 岁，水牛 2.5～3.0 岁，猪 8～12 月龄。家畜的繁殖年限取决于两个因素：其一，衰老使繁殖功能丧失；其二，疾病使生殖器官严重受损或生殖功能发生障碍时，繁殖活动也将会停止。

## 四、绝情期（menopause）

母畜至年老时，繁殖功能衰退，停止发情，称为绝情期。绝情期年龄因品种、饲养管理、气候及健康状况不同而有差异。在生产实践中，为了追求最大繁殖效率，家畜屠宰年龄往往早于其停止繁殖和自然死亡的年龄。

母畜生殖功能不同发展阶段的年龄比较见表 3-1；实验动物和宠物生殖功能不同发展阶段的年龄比较见表 3-2。

表 3-1　母畜生殖功能不同发展阶段的年龄比较

| 畜别 | 初情期 | 性成熟期 | 繁殖适龄期 | 绝情期 |
| --- | --- | --- | --- | --- |
| 奶牛 | 6～12 月龄 | 8～14 月龄 | 16～22 月龄 | 13～15 岁 |
| 水牛 | 10～15 月龄 | 15～23 月龄 | 2.5～3.0 岁 | 13～15 岁 |
| 绵羊 | 6～8 月龄 | 8～12 月龄 | 10～15 月龄 | 8～10 岁 |
| 山羊 | 4～6 月龄 | 6～10 月龄 | 8～12 月龄 | 11～13 岁 |
| 猪 | 3～7 月龄 | 5～8 月龄 | 8～12 月龄 | 10～15 岁 |
| 马 | 12 月龄 | 12～18 月龄 | 2～3 岁 | 20～25 岁 |
| 驴 | 8～12 月龄 | 12～15 月龄 | 2.5～3.0 岁 | 15～17 岁 |
| 骆驼 | 24～36 月龄 | 4 岁 | 4 岁 | 20～25 岁 |
| 兔 | 2～3 月龄 | 3～4 月龄 | 7～8 月龄 | 4～5 岁 |

表 3-2　实验动物和宠物生殖功能不同发展阶段的年龄比较

| 动物种类 | 初情期 | 性成熟期 | 繁殖适龄期 | 绝情期 |
| --- | --- | --- | --- | --- |
| 犬 | 6～12 月龄 | 7～12 月龄 | 12～18 月龄 | 7～8 岁 |
| 猫 | 7～9 月龄 | 7～12 月龄 | 9～12 月龄 | 14～15 岁 |
| 大鼠 | 1.5～2 月龄 | 2～3 月龄 | 2～3 月龄 | 2～3 岁 |
| 小鼠 | 1～1.5 月龄 | 1.5～2 月龄 | 2 月龄 | 2～3 岁 |
| 豚鼠 | 1.5～2 月龄 | 2.5～3 月龄 | 3～4 月龄 | 3～5 岁 |

# 第三节　发情周期

母畜达到初情期后，其生殖器官及性行为重复发生的一系列明显的周期性变化称为发情周期。发情周期周而复始，顺序循环，一直到绝情期为止。在母畜妊娠或非繁殖季节内，发情周期暂时停止；分娩后经过一定时期，又重新开始。在生产实践中，发情周期通常是指从一次发情期开始，到下一次发情期开始的前一天为止。

## 一、发情周期的分期

根据卵巢、生殖道及母畜性行为的一系列生理变化，可将一个发情周期分为相互衔接的几个时期。发情周期在实践中通常分为四期或三期，有时也把四期概括为二期。

（一）四期分法

此种分法是根据母畜在发情周期中生殖器官所发生的形态变化，将发情周期分为发情前期、发情期、发情后期及发情间期。

**1. 发情前期（proestrus）**　发情前期也称为前情期。在此阶段，黄体基本溶解，受 FSH 的影响，卵泡开始明显生长，$E_2$ 分泌增加，引起输卵管内膜细胞和微绒毛增长，子宫内膜血管增生，内膜变厚，阴道上皮水肿。犬和猫阴道上皮发生角化，犬和猪阴门明显水肿，子宫颈逐渐松弛，子宫颈及阴道前端杯状细胞和子宫腺分泌的黏液增多。

发情周期出现的上皮组织增长、生殖道肌肉组织的活动增加、黏液分泌增多、子宫内膜及阴道黏膜血管增生是整个发情周期的准备阶段，出现这些变化的主要原因是 $E_2$ 的分泌增加。在发情前期的末期，雌性动物一般会表现对雄性有兴趣。

**2. 发情期（estrus）**　发情期为母畜表现明显的性欲，寻找并接受公畜交配的时期。在发情期，卵巢上成熟卵泡增大，卵母细胞发生成熟性变化。卵泡产生的雌激素使生殖道的变化达到最明显的程度，输卵管上皮成熟，微绒毛活动性增强，子宫出现收缩。输卵管伞末端更接近成熟卵泡，输卵管分泌物增多。子宫张力增加，有些动物子宫出现水肿，血液供应增加，黏膜生长加快，分泌黏液增多。子宫颈松弛，轻度水肿。阴道黏膜明显变厚，出现很多角化的上皮细胞。奶牛的阴门处黏液呈线性悬挂于阴门和尾根（二维码 3-1，二维码 3-2）。多数动物在发情期临近结束前后发生排卵。牛和羊的排卵发生在发情开始后 24～30h，猪 35～45h，马 4～6d，犬 24～48h，猫在交配后 24～30h。牛比较特殊，排卵发生于发情结束后 8～12h。

二维码 3-1

二维码 3-2

**3. 发情后期（metestrus）**　发情后期也称为后情期，其特点是卵泡在 LH 的作用下迅速发育为黄体。受黄体产生的孕酮影响，抑制垂体产生 FSH，从而阻止了新卵泡的发育。牛在发情后期的早期，子宫阜覆盖的上皮充血，有些毛细血管充血，形成发情后期出血或"行经"，但这种"行经"与灵长类的月经不同。灵长类的月经出现在孕酮撤退时，与子宫内膜表皮丢失有关，而牛的发情后期出血与雌激素下降有关。在发情后期，子宫内膜黏液分泌减少，内膜腺体迅速增长。发情后期的中后期，子宫变得松软。在牛、羊、猪和马中，发情后期的长短与排卵后卵子到达子宫的时间大致相同，为 3～6d。

**4. 发情间期（diestrus）**　发情间期也称为间情期，是家畜发情周期中最长的一段时间，在此阶段黄体发育成熟，分泌的孕酮对生殖器官的作用更加明显，为受精后早期胚胎发育提供营养和适宜的环境，子宫内膜增厚，腺体肥大。子宫颈收缩，阴道黏液黏稠，子宫肌松弛。如果排卵后未受精，至该期的后期，黄体开始退化，逐渐发生空泡化，子宫内膜及其腺体萎缩，卵巢上开始有新卵泡发育。

（二）三期分法

此方法是根据母畜发情周期中生殖器官和性行为的变化，将发情周期分为兴奋期、抑制期及均衡期。

**1. 兴奋期（excitation stage）**　　相当于四期分法的发情期，是性行为表现最明显的时期。此期卵巢中卵泡发育增大、生殖道发生明显的变化、母畜表现性欲及性兴奋，通常称为发情。此期持续至发情结束，多数家畜在此期结束前卵泡破裂排卵，但有的家畜，如牛，在发情结束之后发生排卵。

**2. 抑制期（inhibitory stage）**　　此期是排卵后发情现象消退后的持续期，相当于四期分法中的发情后期和发情间期。排卵后的卵泡发育成黄体，产生孕酮，抑制垂体前叶 FSH 的分泌；生殖道对雌激素的反应减弱，在孕酮的作用下，发生适应胚胎通过输卵管和在子宫内附植的变化。

**3. 均衡期（equalizing stage）**　　此期相当于四期分法中的发情前期。卵子如未受精，则从抑制期向下次兴奋期过渡的时期称为均衡期。此期卵巢中周期黄体开始萎缩，新的卵泡逐渐发育。生殖道在卵巢激素影响下，增生的子宫内膜上皮及子宫腺体逐渐退化，母畜不表现性行为，生殖道的形态及功能又逐渐进入发情前的状态。随着黄体进一步退化，新卵泡迅速增大，进入下一个兴奋期。

（三）二期分法

母畜在发情周期中，卵巢的卵泡和黄体交替发育和存在，因此可将发情周期分为卵泡期和黄体期。卵泡期是从黄体开始退化到排卵的时期。在卵泡期，卵泡分泌的雌激素使子宫内膜增殖肥大，子宫颈上皮呈高柱状，深层腺体分泌活动加强。从卵泡排卵后形成黄体，一直到黄体开始退化为止，称为黄体期。在黄体期，黄体分泌的孕酮作用于子宫内膜，使其进一步生长发育，子宫内膜继续增长增厚，血管增生，肌层继续肥大，子宫腺分泌活动加强，为受精卵的附植创造了条件。

## 二、发情周期的特点

**1. 卵巢变化**　　发情周期的大部分时间内，卵巢上都存在多数直径为 2～6mm（羊）或 2～8mm（牛）的卵泡。这些卵泡在发生过程中可分为选择期和优势期。选择期是指从大量不依赖促性腺激素的小卵泡中选择一些卵泡进入促性腺激素优势期。被选择的卵泡在促性腺激素的作用下，优先发育成熟，卵泡发育进入优势期。当卵泡发育成熟后，即开始排卵。之后黄体形成并发育至最大体积，然后停止发育，并逐渐退化，最后被结缔组织所代替，形成纤维化，由黄体变为白体。

**2. 生殖道变化**　　发情周期中随着卵巢激素生成的周期性变化，生殖道也相应发生变化，主要表现在血管系统、黏膜、肌肉及黏液等方面。

发情前期，在雌激素作用下，生殖道充血、水肿。黏膜层增厚，上皮细胞增高，黏液分泌增多；输卵管上皮细胞的纤毛增多；子宫肌细胞肥大，子宫及输卵管肌肉层的收缩及蠕动增强，对催产素的敏感性升高；子宫颈稍张开。

发情时，雌激素分泌迅速增加，生殖道的上述变化更加明显。输卵管的分泌、蠕动及纤毛波动增强；输卵管伞充血、肿胀；子宫内膜水肿变厚，上皮变厚（牛）或增生为假复层（猪），子宫腺体增大延长，分泌增多，由于水肿及子宫肌的收缩增强，触诊有硬感，牛特别明显；子宫颈肿大，松弛柔软；黏膜上皮杯状细胞的分泌物增多、稀薄，牛与猪常有黏液流出阴门之外，黏液涂片干燥后镜检有羊齿状结晶；阴道黏膜充血潮红，上皮细胞层次增多；前庭腺分泌增多，阴唇充血、水肿、松软。

排卵后，雌激素分泌减少，新形成的黄体开始产生孕酮。由雌激素引起的生殖道变化逐渐消退。子宫内膜上皮细胞变低后在孕激素的作用下变厚（牛）。子宫腺细胞在排卵后 2d（牛）或 3~4d（猪）开始肥大增生，腺体弯曲，分支增多，腺细胞中含有糖原小滴，分泌增多。子宫颈收缩，分泌物减少而黏稠。阴道上皮细胞脱落，黏液少而黏稠。阴门肿胀消退。如卵子未受精，黄体萎缩后，孕激素减少，卵巢中又有新的卵泡发育增大，开始出现下一次发情前变化。

**3. 行为变化**　　母畜在发情周期中，受雌激素和孕激素相互交替作用，性行为也出现周期性的特征性变化。发情时，大量的雌激素和少量孕激素共同作用，刺激中枢神经系统，引起性兴奋。其外观表现为兴奋不安、食欲减退、鸣叫、喜接近公畜、举腰弓背、频繁排尿、到处走动，愿意接受公畜交配，甚至爬跨其他母畜或被爬跨（二维码 3-3）。

二维码
3-3

雌激素对中枢神经系统的刺激作用需要少量孕激素参与才能引起行为变化，母畜第一次发情时，由于卵巢没有黄体，血液中孕激素水平较低，常表现安静发情。

## 三、发情周期的调节

母畜自初情期开始到衰老期为止，生殖激素、生殖器官及性行为有规律地发生周期性变化，实际上与卵泡期和黄体期的交替过程密切相关。卵泡的生长、发育和黄体的形成、退化均受到神经激素的调节和外界环境因素的影响。

（一）内在因素

调节发情周期的内在因素主要包括与生殖有关的内分泌及神经系统活动，同时也包括遗传等因素。

**1. 生殖内分泌调节**　　与母畜发情直接有关的生殖激素包括丘脑下部产生的 GnRH，垂体前叶产生的 FSH 和 LH，性腺产生的雌激素、孕激素和催产素及子宫产生的前列腺素（图 3-2）。现将发情周期中激素分泌和卵泡发育相互作用概括为以下三个阶段。

（1）峰前期　　峰前期是指从黄体开始自然退化、表现发情，到出现 LH 排卵峰之间的时期。在这段时间，卵泡分泌的 $E_2$ 迅速增加。排卵前卵泡分泌的 $E_2$ 增加有三个重要意义，它能刺激子宫进一步分泌 $PGF_{2\alpha}$，促进黄体进一步溶解；引起发情行为；通过丘脑下部和垂体两个水平的正反馈作用，激发排卵前 GnRH 和促性腺激素峰的出现。LH 峰使颗粒细胞的形态和结构发生重要变化并导致排卵。在排卵前有些动物的颗粒细胞就有黄体化的迹象，因此卵巢静脉及卵泡液中 $P_4$ 会有所升高。

（2）峰后期　　峰后期是指从排卵前 LH 峰开始降低，到黄体开始具有功能这一阶段，为从发情当天到发情后 2~3d（牛、羊）。从 LH 峰出现到排卵这段时间，$E_2$、雄烯二酮及睾酮的分泌迅速降低，因此在排卵时，卵巢分泌的类固醇激素量比发情周期时低。

（3）黄体期　　黄体期即排卵后卵泡在 LH 刺激下生成黄体并维持其正常功能的时期。此期卵巢中仍可以发现卵泡发育并形成闭锁卵泡，而且随着这种卵泡的发育，$E_2$ 浓度又有所升高。

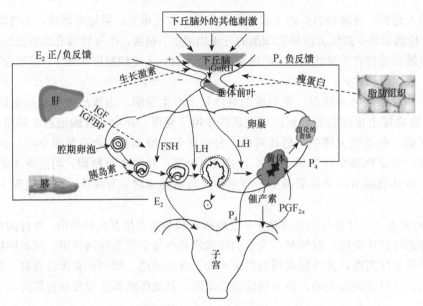

图 3-2　内分泌调控周期性生殖活动（改自 Noakes et al.，2019）
实线箭头表示下丘脑-垂体-性腺轴（HPO 轴）；虚线箭头表示 HPO 轴以外影响因素；
IGF 为胰岛素样生长因子；IGFBP 为胰岛素样生长因子结合蛋白

黄体及外周血中孕酮的含量至第 10 天达到高峰（牛）。黄体期持续时间在牛、猪为 15～17d，绵羊为 12～14d。

在整个黄体期，FSH 的浓度没有固定的变化趋势，但 LH 的浓度逐渐降低，其分泌以 3h 一次的频率持续进行。如果卵子受精，则通过妊娠识别机制，抑制 PGF$_{2\alpha}$ 的产生，周期黄体不发生溶解而转变为妊娠黄体。如果卵子未受精，经过一段时间后，黄体在 PGF$_{2\alpha}$ 的作用下开始萎缩，导致孕酮分泌减少；丘脑下部逐渐脱离孕酮的抑制后，垂体前叶又释放出 FSH，使卵巢内新发育的卵泡开始迅速生长，母畜又进入下一个发情周期。

**2．神经调节**　　外界环境因素（白昼长短）能通过感觉神经影响中枢神经（松果腺、丘脑下部），从而调节家畜发情的季节。母畜通过嗅觉、视觉、听觉和触觉接受性刺激，如公畜的气味、外貌、声音，尤其是公畜嗅闻阴门、爬跨、交配等都对母畜发情产生不同程度的刺激。有些家畜（如处女牛）在进行交配时，排卵时间比不交配时提前 2h。家兔、猫等动物只有在阴道和子宫颈受到刺激后才能排卵。由此可见，神经系统在调节母畜发情和排卵时发挥重要作用。在中枢神经系统的调节过程中，神经系统通过丘脑下部能够调节垂体促性腺激素的产生和释放，从而影响性腺激素产生及配子生成。因此，神经系统和内分泌系统之间的紧密联系主要通过丘脑下部和垂体。

除上述内在因素对发情的调节作用外，机体的其他因素，如年龄（幼牛、猪的发情周期较成年家畜稍短）、遗传（品种）、健康情况和营养状况等，都对发情周期产生影响。

（二）外界因素

家畜的生理现象与生活环境相适应，发情也受到外界因素的影响发生相应变化。各种外界因素的刺激通过改变机体神经系统和体液调节功能来实现。对发情具有影响的主要外界环境条件如下。

**1. 季节**　　季节变化是影响家畜生殖，特别是影响季节性繁殖动物发情的重要环境条件。家畜发情活动的季节性，是一定畜种在其漫长进化过程中为适应环境而进行人工驯养和自然选择的结果（表3-3）。

表3-3　动物发情季节、次数及排卵特点

| 自发排卵动物 | | | 诱导排卵动物 | |
|---|---|---|---|---|
| 季节性多次发情 | 季节性单次或双次发情 | 全年发情 | 季节性多次发情 | 全年发情 |
| 马、驴（春、夏、秋） | 犬（晚春、秋） | 牛、猪、绵羊部分品种 | 猫（春、秋） | 家兔 |
| 绵羊（秋、冬） | | （如湖羊、寒羊） | 野兔（1~8月） | |
| 山羊（秋、冬） | | | 水貂（3~4月） | |
| 牦牛（夏） | | | 雪貂（春、夏） | |
| 吉林鹿（秋、冬） | | | 骆驼（冬、春） | |

季节变化涉及的主要因素包括光照、温度、湿度和饲料等，其中某些因素对特定家畜发情起着比较重要的作用。然而，这些因素往往共同影响发情周期。

丘脑下部对性腺类固醇激素负反馈敏感性随季节和光照长短而发生变化，从而改变GnRH和促性腺激素的脉冲式释放，引起发情周期的出现或停止。动物对光照变化发生反应，可能是通过松果腺发挥调节作用的结果。松果腺分泌的褪黑素（MLT）对生殖系统有显著的抑制作用，昼夜光照和黑暗长度的变化影响许多哺乳动物松果腺的分泌功能。在黑暗中，马的MLT分泌量增多，对丘脑下部-垂体-性腺轴产生抑制作用；光照长度增加时，MLT的分泌量减少，抑制作用降低。

在家畜中，对光照长度变化敏感的是骆驼、绵羊和马。母驼在冬至过后不久光照渐长时，即进入发情季节，卵巢中开始出现明显的卵泡周期循环。母马也受白昼光照渐长的刺激而表现发情，北方马的发情季节一般在春季开始，而卵泡的发育在5~6月气温较暖时比早春天冷时发育快。绵羊是过了夏至光照缩短后不久开始发情，纬度越靠北的地区，发情的季节性越明显，而且气温较低比气温较高时发情开始得早，这可能和气温高时甲状腺功能降低有关。如果夏季人工缩短光照，可使绵羊发情季节提前。赤道附近地区光照长度恒定，绵羊可全年发情。

牛和猪在温暖地区饲养管理好的条件下，全年可以发情，配种无明显的季节性。但牛在天气寒冷、饲养条件差时，发情表现微弱，或安静发情，受胎率低；奶牛在天气酷热时受胎率低。而在高寒地区粗放管理下，有明显的配种季节，天暖时发情，寒冷时不发情。牦牛在7~9月发情。水牛多在下半年发情，以8~10月最为集中。猪虽然全年均可发情，但春、秋配种效果较好。因此，牛和猪的发情不同程度上也受到季节变化的影响。

**2. 幼畜吮乳**　　吮乳可抑制发情。母畜乳头受到吮乳刺激后神经冲动传到丘脑下部，能够抑制多巴胺释放入垂体门脉循环，使垂体前叶催乳素（PRL）的分泌增多，抑制发情。另一种解释是，神经冲动使丘脑下部产生更多的β-内啡肽，抑制GnRH的分泌，从而抑制发情和排卵。不哺乳的牛，产后发情的时间比哺乳牛早；每天哺乳30min后与犊牛隔离的母牛比带犊哺乳牛发情早70d。产羔早的绵羊产后如不哺乳，翌年2~3月能够再发情，否则需至下一次发情季节开始才能发情。骆驼的产后发情也受吮乳的抑制，如驼羔死亡，母驼很快表现发情，并可妊娠。

**3. 饲养管理**　　饲料供应充足、营养状况良好的情况下，母畜发情季节可能提前。反之，草料严重不足或长期舍饲，缺乏青绿饲料、某些矿物质、微量元素及维生素等，可抑制垂体促性腺激素释放，或扰乱卵巢对垂体促性腺激素的反应，从而影响发情。绵羊在发情季节来临之前通过加强营养，进行催情补饲，可使发情的开始时间提前。而缺乏磷及维生素 A 则可能导致发情季节延迟。猪在配种前改善饲养，进行催情，可增加产仔数。严重营养不良不仅会推迟青年母牛的初情期，还会导致成年母牛产后乏情。即使发情，也可能表现不正常，如出现安静发情或排卵延迟等。季节更替会影响草料的供应，例如，在早春阳坡上放牧的动物能采食到青草，从而提前开始发情季节。马和驴在圈养的情况下，喂青草也较一直喂干草者提前。长期在干旱缺雨草场上放牧的动物，由于长期缺磷，可导致卵巢功能受到影响，进而阻碍卵泡生长发育，甚至推迟性成熟，增加安静发情或不排卵的比例。饲养状况和吮乳也存在关联。例如，营养不良和乳汁少会导致幼畜吮乳次数增多，进而共同影响母体，使发情更为延迟。

在管理方面，对发情具有明显影响的因素是泌乳过多、使役过重，在北方冬季畜舍温度过低、南方夏季酷热、潮湿等，也会使发情受到抑制。

**4. 公畜**　　公畜对母畜是一种天然的强烈刺激。公畜的性行为、外貌、声音及气味等能通过母畜的感觉器官刺激其神经系统，并通过丘脑下部促使垂体促性腺激素的脉冲式分泌频率增高，加速卵泡的发育及排卵。例如，从乏情季节向发情季节过渡阶段，放入公羊可刺激母羊提早发情，并导致某种程度的同步发情。同样，小母猪群中放入公猪可以使母猪初情期提前出现。母猪的听觉或嗅觉受到破坏后，由于无法听到公猪的声音或嗅到公猪的气味，发情现象则无法充分表现。

气味之所以能够刺激家畜的性功能，是外激素的作用。公猪会阴部、乳用公山羊的皮肤等能产生特殊的气味，并通过母畜的嗅觉刺激其性功能。公猪的尿液、精索静脉血，特别是唾液中含有的雄烯酮对母猪会产生强烈刺激。同样，母畜发情时，从阴门中流出的黏液、尿液及腹股沟部的气味也能引诱公畜和刺激其性欲。

# 第四节　不同动物发情周期的特点及发情鉴定

## 一、不同动物发情周期的特点

长期自然选择和人工驯养导致不同动物发情季节、发情次数、发情周期长度、发情持续时间及发情行为的表现、排卵时间、排卵数及排卵方式（自然排卵或诱导排卵）均有不同。掌握不同动物发情周期的特点，有助于加强母畜的管理，及时、准确地鉴定发情母畜，确定最适配种时间，从而提高繁殖效率。现将家畜及宠物发情周期特点介绍如下。

**1. 奶牛和黄牛**

（1）初情期　　牛依体况不同，可在 6～12 月龄时达到初情期，2～2.5 岁即可产犊。初情期前大多数青年牛卵巢上有直径为 0.5～2cm 的卵泡发育，第一次排卵前 20～40d 卵泡的发育明显加快。第一次发情时，大多数青年母牛（74%）表现安静发情。

（2）发情季节　　牛在饲养管理条件良好时，特别在温暖地区，为全年多次发情，发情的季节性变化不明显。但发情现象在气候温暖时比严寒时明显，春、秋两季，奶牛的受胎率比夏、冬季高（我国南方地区冬、春季受胎率较高）。

（3）发情周期　　平均为 21（18～24）d，青年母牛较成年母牛短 1d，84%～85% 的青年及成年牛发情周期为18～24d。

（4）发情期 牛的发情表现比较明显，性兴奋持续时间平均为18（10～24）h；排卵发生在发情开始后28～32h，或发情结束后12（10.5～15.5）h。发情开始后2～5h垂体前叶释放LH，出现排卵峰，然后经过20～24h即排卵，因此牛是家畜中唯一排卵发生在发情停止后的动物，80%的排卵发生在凌晨4时到下午4时，交配能使排卵提前2h发生。从发情现象消失后6h进行配种，受胎率较高。通常在发情现象出现后数小时和发情结束时进行两次配种（间隔约12h），可以获得更高受胎率。

发情期中通常只有一个卵泡发育成熟，排双卵的情况仅占0.5%～2%。根据对黄体进行统计分析的结果，右侧卵巢的排卵功能较强，排卵数为总数的55%～60%。卵泡发育至最大时，直径为0.8～1.5cm（有时可达2cm）。

（5）产后发情 产后正常发情多在产后40d前后。气候炎热或冬季寒冷时可延长至60～70d。如果挤奶次数多、产奶量高、产后患病，发情时间则会延迟。耕牛及牧区的牛大都带犊哺乳，加之饲养管理条件较差，发情一般会较迟，常在产后60～100d，有的饲养差的牛可能延迟至来年发情。如果发生早期流产或犊牛死亡，发情出现常较早。奶牛产后第一次发情时表现为安静发情者可达77%，第二次为54%，第三次为36%。

产后15d内卵巢上就可能有卵泡发育并可排卵，形成的黄体约有90%是在前次怀孕子宫角的对侧，15～20d后该比例降低到60%。怀孕黄体在产后4d退化到直径为1cm左右，16d后直肠检查（简称直检）不再能摸到。有3%～6%的怀孕牛会表现发情症状，特别是在怀孕的前1/3阶段，因此会发生误配。55%～60%的排卵及怀孕是在右侧卵巢和同侧子宫角，因此胎儿在子宫内的迁移较少见。

**2. 水牛**

（1）初情期 水牛初次发情的年龄差异很大。初情期发情配种的母水牛通常不易受胎，或受胎后易发生流产。大多数水牛在体重达到250～275kg时可以配种受胎。

（2）发情季节 水牛不同季节发情率差异十分显著，而且有品种和地区性差别。我国洞庭湖地区的滨湖水牛全年发情，以8～11月最高，占全年总数的64.53%；而4～6月最低，占全年总数的6.81%。气温对水牛发情影响显著，我国北方的寒冷气候是水牛北移的限制因素。在高温或直接暴晒于烈日之下水牛的性活动骤减，水牛在冷水中浸泡或采取其他防暑降温措施，可明显地减少水牛卵巢静止和安静发情的发生，提高夏季配种受胎率。

（3）发情周期 水牛的发情周期一般为21～28（18～36）d，滨湖水牛为（22.36±4.03）d，青年水牛的发情周期可能稍长一些。水牛前后两个发情周期的长度常有变化。如果出现很短的发情周期，有可能是发情后未排卵造成的。据报道，在母水牛中，大约有30%为双周期［平均长度为（43.94±0.94）d］，11%为三周期［平均长度为（69.28±1.022）d］。这些异常周期的出现，可能是中间出现过未被察觉的"安静发情"，或者是妊娠后发生过胚胎死亡的缘故。

（4）发情期 摩拉水牛一般为59～62h，沼泽型水牛为53h，滨湖水牛平均为（46.86±8.86）h。一般年龄较大（10岁以上）的经产母牛和从未配过种的处女牛的发情持续时间较长，温暖季节发情持续期也较长。

（5）产后发情 水牛产后第一次发情在产后55d左右（26～116d）。体况良好的水牛发情较早；经产、老龄及营养不良者则较迟，长的甚至可拖到产后120～147d开始发情。河型水牛一般在产后42d左右，滨湖水牛平均在产后63～143d第一次发情。产犊季节和其他因素会影响产后第一次发情时间。一般来说，春、夏二季产犊的母牛，从产后到再受胎的间隔时间最长。

产后一月内开始发情的水牛配种受胎率很低，随着时间的推移受胎率会逐步提高。

**3. 牦牛**

（1）初情期　　母牦牛一般在 18～24 月龄开始第一次发情。营养状况良好、发育快的小母牛，13 月龄即有大卵泡发育，16 月龄出现发情表现并接受交配。母牦牛的性成熟一般在 2～3 岁，初配年龄为 2.5～3 岁，繁殖年龄为 2.5～15 岁。

（2）发情季节　　牦牛属季节性多次发情的动物，但约有 70% 的个体在发情季节中只发情一次，发情开始的时间受海拔、气温及牧草质量的影响较大。一般来讲，在海拔 3000m 左右的地区发情季节为 6～10 月，4000m 以上的地区为 7～10 月。非当年产犊的牦牛，发情多集中于 7～8 月；而带犊哺乳牦牛多在 9 月以后，个别产犊晚但营养好的牦牛也有在 11～12 月，甚至 1 月。

（3）发情周期　　一般为 20（19～21）d，但各地差异较大，其原因除了生态环境和饲养管理之外，某些卵巢疾病、早期胚胎死亡、安静发情等导致的观察不准确，也可能是重要因素。此外，壮龄、营养好的牦牛发情周期较为一致，老龄和营养较差的牦牛发情周期较长。有些青年牦牛和老龄牦牛在发情季节中第一次发情前，首先表现出短发情周期，然后其周期转为正常。

（4）发情持续期　　牦牛的发情期持续 12～36h，但各地差异较大，青海的为 24～36h，新疆的为 16～48h，云南的为 2～3d。差异较大的原因是牦牛的发情受年龄、天气、温度影响很大。年轻牦牛发情持续期一般较成年的短；烈日不雨而气温高的天气，发情症状明显且持续期长，阴雨天或气温降低，发情表现不明显且持续期短；在气温趋于下降的 7～9 月，持续期逐月缩短。

（5）产后发情　　牦牛产后第一次发情的时间不一致，是由于牦牛的发情具有季节性，其产后发情时间在很大程度上受产犊时间影响。产犊月份离发情季节越远，产后发情间隔越长；产犊过晚，则当年多不发情。

哺乳、挤奶及草场质量和个体营养状况对产后发情也有较大的影响。产犊后牛犊死亡而又未挤奶的牦牛，在当年的发情季节内会很快发情；膘情差、带犊且挤奶，当年一般不发情，要等到翌年发情季节发情，也有相隔两年才发情的。如果在牧草退化和草场畜群严重过载的地方，多数牦牛产后当年不发情。在冬春季合理补饲和挤奶高峰期只挤一次奶，可使产后发情率提高30% 左右。

产后第一次发情时间差别很大，与牦牛的安静发情、发情表现不明显有关。对 15 头牦牛于产后进行直肠检查和孕酮分析，发现有 10 头于产后 40d 卵巢呈现周期性活动，但仅观察到其中 2 头有发情表现。因此，对产后的牦牛须注意发情观察，以免漏配。

**4. 绵羊和山羊**

（1）初情期　　春季所产的绵羊羔，初情期为 6～8 月龄，秋季所产羊羔为 10～12 月龄，约 90% 的羔羊在第一次表现明显的发情症状前大都发生过排卵。性成熟的年龄在品种间差异较大，一般来说细毛羊略迟。在生产实践中，大多数绵羊是在其第二个繁殖季节，即 1.5 岁配种。山羊的初情期多为 4～6 月龄，有些品种略早。初配时母羊体重达到成年的 60%～70%。

（2）发情季节　　羊属于季节性多次发情的动物，我国北方绵羊，从 6 月下旬到 12 月末或来年 1 月初有循环不断的发情周期，而以 8、9 月最为集中（新疆是在 9～11 月最为集中）。温暖地区饲养的优良品种，如我国的湖羊及寒羊，发情的季节性不明显，但秋季发情较旺盛。

如果在发情季节开始时母绵羊或山羊群中引入公羊，则 40%～90% 的母羊会在引入公羊后35h 出现 LH 排卵峰，65～72h 发生排卵。虽然第一次排卵时有些羊表现安静发情，但在引入公羊后 17～24d 出现的第二次发情周期均可表现正常发情。

（3）发情周期 绵羊的发情周期平均为 16.5（14～20）d，山羊平均为 20（16～24）d，萨能奶山羊为 23～24d。初情期及老龄山羊在繁殖季节开始时可以出现 5～12d 的短周期，发情季节结束时也可出现 40～50d 的长周期。

（4）发情期及排卵时间 绵羊的发情期为 24～30（16～35）h，山羊为 40（24～48）h。初配母羊的发情期较短，年老母羊较长。

卵泡发育至最大时直径约 1cm。右侧卵巢功能较强，排双卵时，左右两侧的排卵比例分别为 44%～47% 和 53%～55%，排单卵时右侧卵巢的排卵比例为 62%。绵羊的排卵一般发生在发情开始后 24～27h。交配可稍使排卵提前，发情期稍有缩短。山羊的排卵发生在发情开始后 30～36h。排双卵时，两卵排出的间隔时间平均为 2h。

配种季节前抓好膘情，可提高羊的排卵率。也可使用 PMSG、FSH、$PGF_{2\alpha}$ 和双羔素，增加羊的排卵数目，从而提高双胎率。

（5）产后发情 我国北方绵羊和山羊产后第一次发情均在下一个发情季节。

**5．猪**

（1）初情期 猪的初情期为 3～7 月龄。春季所产仔猪达到初情期时的年龄比冬季所产仔猪早 1～3 周。与其他家畜相比，猪达到初情期的年龄占主导因素，比体重、营养更重要。

（2）发情季节 猪的发情无明显的季节性，全年都有发情周期循环，但在严冬季节、饲养不良时，发情可能停止一段时间。

（3）发情周期 一般为 21（18～24）d，其中卵泡期为 6～7d，黄体期为 14d。黄体在周期的第 10 天开始退化。

（4）发情期及排卵时间 母猪的发情期为 2～3（1～5）d。断乳后第一次发情的持续时间较长；经产母猪比青年母猪发情持续时间长。排卵在发情开始后 20～36（18～48）h 开始，4～8h 排完。每次排卵的数目依品种及胎次不同而有差异，胎次多者排卵较多。排卵开始时间及持续时间可影响发情期的长度。发情初期交配，可使排卵提早 4h。适当增加配种次数，可以提高窝产仔数。猪左侧卵巢排卵略多于右侧（51%～55%），排卵时卵泡的直径为 0.7～1cm。排卵后 7～16d，黄体体积达到最大，直径为 1cm 左右。

（5）产后发情 产后第一次发情的时间与仔猪吮乳有关，吮乳能抑制母猪垂体促性腺激素的分泌进而抑制卵巢的功能，引起泌乳期乏情，所以母猪一般是在断乳后 3～9d 才发情。体质好、营养优良的母猪在断乳以前也可能发情，但为数很少。如果在哺乳期内任何时间停止哺育仔猪，则在 4～10d 后发情（哺乳初期停止哺乳出现发情所需时间较长，哺乳末期停止哺乳出现发情较快）。提前断乳可缩短母猪产仔间隔。

**6．马和驴**

（1）初情期 马驹在生后 3 月龄时，接近输卵管伞的卵巢皮质向髓质生长，形成排卵窝。从出生到 4 月龄时，卵巢的形状从胎儿时的椭圆形变为成年时的豆形，6～9 月龄时有些小马有卵泡发育，营养良好的小马在 10 月龄时就可达到初情期。

（2）发情季节 马（驴）是季节性多次发情的家畜，发情从 3 或 4 月开始，至深秋季节停止。在繁殖季节初期，排卵通常滞后于发情表现，因此配种时受胎率较低。

（3）发情周期 母马平均为 21（16～25）d，驴为 23（20～28）d。一年的发情周期数为 3～6 次。

（4）发情期 马平均为 7（5～10）d，驴平均为 5～6（4～9）d。

（5）产后发情　　马产后第一次发情在分娩后 6~13d 开始，平均在第 9 天。在产后第一次发情即配种称为配血驹（配热胎），产后发情鉴定应在第 5 天开始进行，以免错过配种时机。马（驴）产后第一次发情时，因护驹心切，性行为表现不明显，因此必须通过直肠检查来确定。

**7. 犬**

（1）初情期　　犬在 6~8 月龄时可达初情期，但品种之间差异很大，体格小的犬初情期比体格大的犬早。

（2）发情季节　　母犬为季节性单次或双次发情的动物，一般在春季 3~5 月或秋季 9~11 月各发情一次。家犬 26% 一年发情一次，65% 发情两次，3% 出现三次发情；野犬和狼犬一般一年发情一次。

二维码 3-4

（3）发情周期　　母犬的发情周期分为 4 个时期，即发情前期、发情期、间情期及乏情期。在发情周期的不同时期，犬的阴道上皮细胞会发生明显的变化（二维码 3-4），常以此作为犬最佳配种和输精时间的判定依据，最佳配种日是排卵后 2d（LH 峰值后 4d）。

发情前期为母犬阴道排出血样黏液至接受公犬爬跨交配的时期。发情前期的时间可持续 3~16d，平均 9d，此期表现性兴奋，但不接受交配，外阴肿胀，流出混有血液的黏液分泌物，卵巢有卵泡发育。由于发育的卵泡内雌激素分泌增加，在雌激素的作用下，阴道和子宫内膜上皮生长，从阴道涂片可见到鳞状细胞，未角化的上皮细胞消失，完全角化的无核细胞逐渐增加，并从阴道内流出少量血液。

发情期为母犬接受爬跨交配的时期，平均持续 9d，但也可能为 6~14d。从细胞学角度来说，发情期的特征是阴道上皮细胞 100% 为角化细胞，而且超过 50% 为无核角化细胞。母犬第一次接受公犬交配即发情开始的标志。经产母犬发情开始，性行为即发生变化，尾偏向一侧，露出阴门。外阴部变软，外阴分泌物由发情前期带血的浆液性变为淡黄色。

母犬发情开始后，出现 LH 释放波峰，高浓度的 LH 维持 24~48h，血清 LH 浓度大于 1ng/ml。母犬在排卵前血清孕酮浓度开始升高，当垂体分泌 LH 大约达到峰值的时候，孕酮浓度会从基准值极显著升高。在排卵前 24~48h，血清孕酮浓度为 2.0~2.9ng/ml，并且在排卵日达到 4.0~10.0ng/ml。对血清中孕酮浓度的测定也可作为判断的依据之一，但往往需要连续测定孕酮浓度，并配合阴道上皮细胞角化程度进行综合判定。并在 LH 开始释放后 24h 内或开始发情的 1~2d 排卵，通常在几小时之内排空所有卵泡。犬排卵时所排出的是原始卵泡，经过 2~3d 才完成第一次减数分裂，具有受精能力。

间情期为母犬发情结束至生殖器官恢复正常为止的一段时间，可维持 60~75d。在间情期开始后，角质化细胞突然消失。涂片中主要是非角质化细胞，并且在间情期最初几天内有大量中性粒细胞存在。母犬不能自身启动妊娠识别，但所有经历发情的母犬，无论它们是否交配或是否怀孕，都会进入一个漫长的间情期。间情期早期阶段可见乳白色、无臭味的外阴分泌物，通常情况下，外阴分泌物的排出应在间情期停止。因为怀孕后所有激素都会发生变化，即使没有怀孕的母犬在间情期的后期也会出现乳房发育和泌乳。在间情期，母犬不再对公犬感兴趣，有些母犬在这一阶段表现轻度嗜睡。

乏情期母犬生殖器官处于静止状态，持续时间为 50~60d。一年只发情一次的犬，此期持续近一年。母犬在每一个完整的发情周期中，子宫长期处于孕酮支配的环境下，可引起子宫内膜过度增生和囊肿性变化，也极易引起感染，这种现象多见于老龄母犬。

母犬多在发情期配种，其时间可选择在见到血性分泌物后第 9~12 天，自然交配时往往一次获得成功，有时为了提高受胎率，常隔日再交配一次。

**8. 猫**　　家猫通常于 7～9 月龄达到初情期，早的 5 月龄就出现第一次发情，较晚的可延迟到 12 月龄。纯种猫的初情期比家猫晚，为 9～12 月龄。猫是季节性多次发情的动物，一年有2～3 次发情周期活动期，发情 4～5 次。初次发情表现不明显，仅阴唇轻微肿胀，阴道不充血，但频频排尿，尾根翘起，当用手抚摸时，可使它松弛下垂。成年母猫发情时，经常嘶叫，并频频排尿，发出求偶信号，外出次数增多，静卧休息时间减少，有些猫对主人特别温顺亲近，也有些母猫发情时异常凶暴，攻击主人。

猫的发情季节多在 12 月下旬或 1 月初到 9 月初。发情期的持续时间为 4d 左右（1～8d），母猫接受公猫交配时间为 1～4d，交配后 25～30h 排卵，精子在母猫生殖道可保持受精能力的时间为 50h。交配次数增加和注射 GnRH 可诱导多排卵，排卵后卵泡腔内不出血，卵泡壁向腔内反折，陷于腔内，而形成黄体，分泌孕激素。在排卵后 16～17d，孕激素含量达到峰值，如未受孕，20d 后逐渐下降，并延续到 40～44d 黄体退化（猫的假孕也在此时结束）。母猫产后发情的时间很短促，可在产后 24h 左右发情，但一般情况下，多在小猫断乳后 14～21d 发情。

## 二、发情鉴定

在动物繁殖过程中，发情鉴定是一个最基本的技术环节。通过发情鉴定，可以判断母畜发情所处阶段和程度，以便适时配种或输精，提高受胎率和繁殖速度。发情鉴定的方法有很多，主要根据动物发情时的外部行为表现和内部生理变化（如卵巢、生殖道和生殖激素）进行综合判断，实际的操作必须根据动物种类进行选择。常采用的方法有以下几种。

**1. 外部观察法**　　外部观察法是各种家畜发情鉴定最常用的，也是最基本的方法。主要是根据母畜的外部表现和精神状态进行综合分析加以判断。例如，精神状态是否兴奋不安，食欲是否减退，外阴部是否肿胀、湿润且有无黏液分泌物排出，以及黏液的量、颜色和黏稠度，排尿是否频繁，爬跨或被爬跨程度等。

**2. 试情法**　　应用公畜对母畜进行试情，为防止误配将公畜输精管结扎或做阴茎转位术，公羊还可以戴布兜。根据母畜在性欲上对公畜的反应情况来判断其发情的程度。该法的优点是简便，表现明显，容易掌握，适用于各种家畜，故应用较普遍。供试情的公畜应选择体质健壮、性欲旺盛、无恶癖的。试情要定期进行，以便掌握母畜的性欲变化情况。对母畜常实施压背法，视其"静立反射"程度来判断发情程度。

**3. 阴道检查法**　　用开张器扩开母畜的阴道，检查其阴道黏膜的颜色、润滑度，子宫颈的颜色、肿胀度及张口大小和黏液量、颜色、黏稠度等，以便判断母畜发情的程度。该法适用于大动物，如牛、马、驴等。检查时应注意要彻底消毒开张器，插入开张器时要小心，以免损伤阴道壁。

**4. 直肠检查法**　　该法对牛、马为常用和有效的方法。将手伸入母畜直肠内，隔着直肠壁触摸卵巢上的卵泡发育程度，确定配种时期的方法。该法只适用于大动物，检查时要用指肚轻轻触诊卵泡的发育情况，切勿用力挤压，以免将发育中的卵泡挤破。该法的优点是对卵泡的发育程度判断得比较准确，可根据卵泡发育情况确定适宜的配种时间，同时还可进行妊娠诊断，以免给孕后发情的母畜配种造成流产。缺点是对操作者的熟练程度要求严格，应具有丰富的经验和娴熟的操作能力，才能保证发情鉴定的准确性。

**5. 电测法**　　该法为应用电阻表测定母畜阴道黏液的电阻值，以确定适宜输精时间。该法对于确定适宜配种时间有一定的参考价值。原理是母畜发情时由于黏液分泌增多，生殖道内的离子浓度升高使电阻值降低，当电阻值降至最低时，输精最适宜。由于准确性不高，在生产中该法不常用。

**6. 发情鉴定器测定法**　　该法主要用于牛和马，有时也用于羊，主要有以下两种。

（1）颌下钢球发情标志器　　此装置由一个具有钢球活塞阀的球状染料盒固定于一个扎实的皮革笼头上构成，染料盒内装有一种有色染料。使用时，将此装置系在试情公畜颌下，当它爬跨发情母畜时，活动阀门的钢球碰到母畜的背部，染料盒内的染料流出，印在母畜背上，根据此标志可得知该母畜发情。

（2）卡马氏发情爬跨测定器　　此装置由一个装有白色染料的塑料胶囊构成。使用时，将此装置牢固地黏着于牛的尾根上。黏着时，注意塑料胶囊箭头要向前，不要压迫胶囊，以免引起颜色变化。当母畜发情时，试情公畜便爬跨于其上并施加压力于胶囊，使胶囊内的染料由白色变成红色，于是根据颜色的变化程度便可推测母畜接受爬跨程度。但该法的缺点是当畜群放牧于灌木林时，畜体往往会摩擦灌木，胶囊受压迫颜色发生变化造成误判或脱落丢失。

此外，有的用粉笔或大白粉涂擦于母畜的尾根上，当公畜爬跨发情母畜时可将其擦掉，这也是一种标记法。

**7. 激素测定法**　　雌性动物发情时孕酮水平降低，雌激素水平升高。应用酶免疫测定技术或放射免疫测定技术测定血液、奶样或尿中雌激素或孕酮水平，便可进行发情鉴定。目前，国内外已有多种发情鉴定或妊娠诊断用酶免疫测定试剂盒供应市场，操作时按照要求添加血样、奶样或尿样及其他试剂，最后根据反应液颜色判断发情鉴定结果。

**8. 超声波检测**　　利用配有一定功率探头的超声波仪，将探头通过阴道壁接触卵巢上的黄体或卵泡时，由于探头接收不同的反射波，在显示屏上显示出黄体或卵泡的结构图像。根据卵泡直径的大小确定发情阶段。用同样的原理，使用腹腔内窥镜，可在显示屏上直接观察到卵泡和黄体发育程度。上述使用仪器鉴定方法准确、可靠，但操作复杂、成本高。

# 第四章 受 精

受精（fertilization）是指精子和卵子相互融合而形成合子（zygote）的生物学过程。它包括精卵相遇、识别与结合、精卵质膜融合、多精子入卵阻滞、雄原核与雌原核发育和融合等过程（图 4-1）。人和家畜的受精过程始于精子获能，终于雌原核与雄原核染色体的融合。

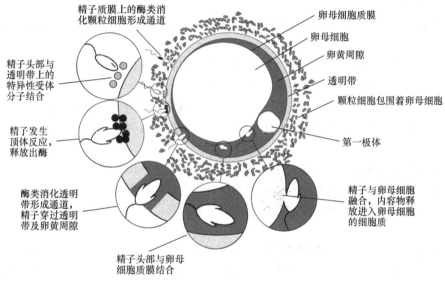

图 4-1　受精过程

在胚胎学方面，受精是卵子受到精子的激活，而在遗传学方面，受精是将父本的遗传物质，即精子细胞核内染色体的 DNA 引入卵子，使父本与母本的遗传性状均能在新个体中表现出来。受精的实质是两性细胞核的融合过程，这种结合不仅在自然选择过程中可以促进物种的进化，而且可以通过人为的选择，培育出新的优良品种。

## 第一节　配子在受精前的准备

### 一、配子的运行

哺乳动物的受精多发生在输卵管壶腹，因此在受精前精子和卵子必须在雌性生殖道内相对运行，并到达输卵管壶腹。配子在运行的同时也发生着复杂的形态和生化方面的变化。

（一）精子在母畜生殖道内的运行

**1. 射精类型**　　家畜在配种时将精液射入母畜生殖道内，由于畜种不同，各种公母畜生殖器官的解剖及功能不同，公畜的射精部位也有所不同，因此射精类型分为两种。

（1）阴道射精型　　精液射在母畜阴道前庭及子宫颈阴道部，牛、羊属于此种类型。这是因为牛、羊子宫颈内皆有纵行而横褶的皱褶，发情时开张程度小，交配时公畜阴茎不能插入子宫颈内。特点是精液量少，精子浓度高，不会发生精液倒流。

（2）宫腔射精型　　精液可直接射入子宫颈或子宫体内，马、猪、犬及啮齿动物为此种类型。这是因为马、猪等子宫颈松弛，发情时开张程度大，交配时，阴茎可直接插入子宫颈，龟头的压挤和子宫负压将精液从子宫颈吸入子宫内。特点是精液量大，浓度低。

**2. 运行的过程**　　通常一部分精子在数分钟就通过子宫颈，大部分则暂时贮存于子宫颈隐窝的黏膜皱褶内，然后再缓慢地释放出来。进入阴道或子宫内的精子起初悬浮于精清中，随后与母畜生殖道分泌物相混，当精子到达受精部位时，几乎完全悬浮于单纯的母畜生殖道分泌物中。

**3. 运行机制**

（1）射精的力量　　这是精子运行的最初动力，家畜射精的射程牛可达 2m，马 1m，猪 1m，羊 1～2m。

（2）子宫颈的吸入作用和收缩作用　　交配时由于阴茎的抽动，子宫产生负压，使精液更易进入子宫；宫颈的收缩作用能推动精子向前运行进入子宫内。这种收缩受 $PGF_{2\alpha}$ 的调节。宫颈中的 $PGF_{2\alpha}$ 一部分来自子宫，一部分来自射精后的精液。在精液中，$PGF_{2\alpha}$ 浓度在牛、马及猪约为 100μg/ml，在绵羊和山羊约为 40μg/ml。如果精液中前列腺素含量不足，可成为雄性不育的原因之一。

（3）精子的主动泳动　　精子的主动泳动可促进精子在宫颈黏液中的穿行。子宫颈黏液中低分子质量有机物质，包括游离氨基酸、葡萄糖、麦芽糖和甘露糖等，可以为精子的泳动提供能量。从子宫颈到输卵管壶腹的距离对精子而言十分漫长，故主动泳动所起的作用还不是主要的动力。

（4）子宫、输卵管的收缩作用及输卵管上皮纤毛的颤动（主要力量）　　交配时，子宫肌层收缩加强，收缩波由宫颈转向输卵管，推动子宫液体的流动，从而带动精子到达宫管连接部。进入输卵管后，再借助输卵管壶腹连接部上方的蠕动和逆蠕动引起的回旋式运动、峡部的缩张和其上皮纤毛活动引起的液流运动，推动精子运行到壶腹部-峡部连接处。此外，获能精子的主动运动加强，也对其进入壶腹部起到一定的作用。

（5）子宫和输卵管管腔液体的液流运动　　精子随子宫和输卵管内液流而运行。

**4. 精子运行的调节**

（1）激素的作用　　精子的运行主要靠子宫和输卵管肌层的收缩完成，而收缩方向、幅度及频率受母畜神经和激素的调节。在发情期，雌激素水平升高，致使子宫、输卵管的肌层收缩，蠕动加强，黏液分泌增多，宫颈中高黏稠度的唾液黏蛋白被蛋白水解酶（蛋白酶）系分解而变得稀薄（二维码4-1），便于精子通过。在发情早期和晚期，去甲肾上腺素和肾上腺素均能增加子宫和输卵管的收缩频率。而在间情期，由于母畜体内孕酮占主导地位，它可以抑制生殖道肌层收缩，使宫颈黏液分泌量少而浓稠（含高黏度的硫黏蛋白），妨碍精子的运行。另外，子宫肌的收缩还受催产素和前列腺素的影响。交配前后公畜的刺激，包括视觉、听觉、嗅觉及爬跨等动作，以及生殖器对子宫颈的机械性刺激等，可反射地引起垂体后叶释放催产素，催产素一方面能直接促进子宫肌收缩，另一方面又能促进前列腺素的合成和释放，加上精液中所含的前列腺素，进一步促进了子宫肌的收缩。在发情期，雌激素能增强子宫肌对催产素的敏感性。

（2）酶的作用　　蛋白水解酶系包括顶体素、精浆蛋白水解酶和蛋白水解酶抑制物。顶体

二维码
4-1

素来源于精子的顶体，但在射出的精液中，顶体素由于来源于精浆的精浆蛋白酶抑制物吸附于精子的顶体上而失活。当精子通过雌性生殖道时，抑制物被破坏，顶体素随之活化。精浆蛋白水解酶包括精浆酶和精浆纤溶酶原激活物，它们是前列腺的分泌物。蛋白水解酶抑制物主要是精囊腺的产物，它起着抑制顶体素的作用。

（3）宫-管迁移　依动物种类不同，精子可聚集在雌性生殖道的不同部位。无论最初精子射入哪个部位，为了与卵子相遇，都需要通过宫管结合部进入输卵管。进入输卵管的精子数量只有宫颈精子的 0.001%，大部分精子以不同的机制在雌性生殖道被淘汰。因此，精子转运的关键步骤之一是通过宫管结合部的迁移。虽然对这种转运的分子机制还不是很清楚，但转运异常可导致不孕。

（4）精子-输卵管上皮细胞结合　精子一旦进入峡部，就结合到具有微绒毛的上皮细胞上，这一过程可能受输卵管上皮细胞碳水化合物残基及精子头部类似于植物凝集素分子的介导，而且参与这一过程的分子在各种动物不尽相同。在仓鼠，精子与输卵管上皮细胞的结合受唾液酸的介导，在马则是半乳糖发挥主要作用。在猪，半乳糖基甘露糖残基可能参与精子与输卵管上皮细胞结合的调节。在牛，岩藻糖残基可能参与该过程，而该残基可被精子黏附素 BSP1（也称为 PDC-109）所识别。在美洲驼，N-乙酰半乳糖苷及半乳糖可抑制精子与输卵管细胞的结合。在精子方面，多种蛋白质具有对糖类的亲和性，因此可以与上皮细胞相互作用。研究发现精子黏附素 AQN1 和 AWN 可与 Galβ（β-半乳糖苷酶）、3GalNAc（N-乙酰半乳糖胺转移酶-3）和 4GalNAc（N-乙酰半乳糖胺转移酶-4）结合，AQN1 也可结合甘露糖残基。在牛，精子黏附素 BSP1 能识别岩藻糖残基。

精子-输卵管上皮细胞相互作用还与精子库的形成有关。哺乳动物精子库的主要作用是逐渐释放精子，以便只有少量的精子能够在特定的时间接近卵母细胞，降低多精子受精的可能性。精子的释放还受雌性动物发情周期的调节，最大释放发生在排卵前后，可能与新近附着的卵丘-卵母细胞复合体（COC）及输卵管上皮细胞之间的信号转导具有密切关系，也与 $P_4$ 水平有关。

虽然对精子从输卵管上皮细胞释出的机制还不很清楚，但这种释出与精子的获能密切相关。另外，精子的释出可能是参与精子与输卵管结合的蛋白质功能丧失所致。作为精子获能过程的组成部分，精子的超激活也可能在精子逃逸剪切力（shear force）所致的吸附中发挥重要作用。首先，输卵管液中各种糖苷酶的活性在发情周期具有明显的变化，这些酶可能作用于上皮细胞上特异性的糖类残基，而这些残基是精子结合所必需的，也与精子从精子库的释放具有密切关系。牛精子蛋白 BSP1 可特异性地识别输卵管上皮膜联蛋白（annexin）中的岩藻糖残基，因此输卵管液中的岩藻糖苷酶活性可能调节精子的结合。其次，输卵管液中的膜蛋白也可能参与这种调节。此外，AWN 具有和糖类残基的结合能力，这种蛋白质可由猪输卵管上皮细胞分泌，随后与精子竞争输卵管糖类，参与精子释出过程的调节（二维码 4-2）。

二维码
4-2

除了上述机制外，精子在雌性生殖道中的运动还可能与卵子释放的某些因子对精子的吸引有关。在许多非哺乳动物，精子具有趋化现象。例如，海胆的卵子可释放一种具有趋化吸引作用的物质来吸引精子。哺乳动物也可能存在类似现象，如人的精子可聚集在人的卵泡液中，说明卵泡液中可能存在吸引精子的趋化因子，而且这种聚集与卵子能否受精有很大关系。

**5. 精子运行速度、到达输卵管壶腹的时间和精子数**　各种家畜精子从射精部位运行到壶腹的速度一般都很快，仅需数分钟至数十分钟，在不同动物之间差异并不明显（表4-1）。精子在子宫颈管内先释放蛋白酶,解聚宫颈黏液后,以 20~50mm/s 的速度进入宫腔。精子的运行速度除受激素的影响外,还与授精方式有关。例如,牛在人工授精时仅需 2.5min,而自然交配时则需 15min。此外,免疫反应对精子的运行也有一定的影响,已知精子含有特异性的精子表面抗原,在子宫颈黏液中可形成相应抗体,因此抗原抗体反应可使子宫腔内的精子发生聚集而降低其活动性。

表 4-1　精子向受精部位的运行

| 动物种类 | 射精量/ml | 平均射出精子数/$\times 10^8$ | 射精部位 | 到达卵管受精部位精子数 | 受精部位到达所需时间 |
|---|---|---|---|---|---|
| 牛 | 3~10 | 50~80 | 阴道深部 | 4 200~27 500 | 2~15min |
| 马 | 50~200 | 100 | 子宫 | 少数 | 40~60min |
| 绵羊 | 1~1.5 | 20~50 | 阴道深部 | 240~5 000 | 2~30min |
| 山羊 | 1~3 | 20~50 | 阴道深部 | — | — |
| 猪 | 100~300 | 400 | 子宫 | 1 000 | 15~30min |
| 犬 | 2~10 | 1~20 | 子宫 | 50~100 | 2~3h |
| 猫 | 0.1~0.5 | 7 | 阴道深部 | 40~120 | 2~24min |
| 兔 | 0.5~1 | 7 | 阴道深部 | 250~500 | 1~15min |
| 大鼠 | >0.1 | 0.58 | 子宫 | 500 | 15~30min |
| 小鼠 | >0.1 | 0.5 | 子宫 | <100 | 15min |

注:"—"表示现无准确数值

　　动物在射精后精子的数目是相当多的,但是迁移到输卵管受精部位的却是极少数,主要是由于精子从射精部位到达受精部位需要闯过三道关卡,经过三次筛选。

　　(1)子宫颈管　阴道内射精的动物,宫颈黏膜上由裂隙、沟槽、隐窝和黏液共同形成一个错综复杂的体系,使相当数量的精子被滞留在子宫颈管和阴道中,有的被中性粒细胞当成异物吞噬掉,有的随阴道黏液排出体外。精子经过子宫颈管时,大量的精子滞留在子宫颈管隐窝的黏膜皱褶内,成为精子贮存库(精子库)之一。然后再缓慢释放出来。小部分精子直接送入子宫。

　　(2)宫管连接部　精子进入子宫后,借助子宫的强有力收缩作用,可较快地到达宫管连接部,这被认为是精子输送的又一关卡(屏障),它可以控制进入输卵管的精子数。据观察,猪精子可在此处保留 24h,并逐步向输卵管内输送。

　　(3)输卵管的壶腹部-峡部连接处　此部位是第三个精子库,第三关筛选精子最为严格。交配后,很快就有精子到达受精部位。但事实上在输卵管内具有受精能力的精子是很缓慢地输送的。峡部精子处于相对静止状态,一旦进入壶腹便被激活。而进入壶腹的精子数极少,绝大部分在雌性生殖道中消失。

　　家畜一次射精排出的精子可达数十亿个,但通过以上两或三个关卡的"拦筛"到达输卵管峡部的已很少,为数千至数万个,最后到达壶腹的数目更少,一般仅有数十个至数百个。

　　**6. 精子在母畜生殖道内的存活时间与维持受精能力的时间**　精子的存活时间受多种因素的影响,如精液品质、动物的发情状况和生殖道环境等,一般为 1~2d(表 4-2)。但禽类的精子一般存活时间较长,如公鸡的精子在母鸡生殖道内可存活 32d 之久。

表 4-2 精子在雌性生殖道内获能、受精能力维持和存活时间（h）

| 动物种类 | 精子获得受精能力所需时间 | 精子受精能力维持时间 | 精子活力保持时间 | 精子存活时间 | 卵子受精能力维持时间 |
|---|---|---|---|---|---|
| 牛 | 2～4 | 24～48 | 96 | 48 | 10～12 |
| 马 | — | 144 | 144 | 144 | 8～10 |
| 绵羊 | 1～1.5 | 24～48 | 48 | 48 | 10～15 |
| 山羊 | — | 24～48 | 48 | — | 10～15 |
| 猪 | 2～6 | 24～42 | 50 | 48～72 | 8～12 |
| 犬 | — | 168～235 | 286 | — | 96～120 |
| 猫 | 2～24 | — | 120 | 120 | — |
| 兔 | 5～6 | 30～32 | 43～50 | 50 | 6～8 |
| 大鼠 | 2～3 | 6～12 | 17 | 15～24 | 12 |
| 小鼠 | 1～2 | 14 | 13 | 13 | 6～15 |

注："—"表示现无准确数值

（二）卵子的运行

**1. 卵子的接纳**　卵巢内卵泡发育接近成熟时，卵细胞胞质内有卵黄沉积，称为初级卵母细胞。初级卵母细胞经两次减数分裂才能受精。第一次减数分裂发生在卵泡破裂之前，胞核经减数分裂，分为两个大小不同的细胞，各含一半染色体。较大的细胞含胞质较多，称为次级卵母细胞，较小的细胞称为第一极体。成熟卵泡破裂释出直径约 0.2mm 的次级卵母细胞，带着周围的卵丘细胞，以卵丘-卵母细胞复合体（cumulusoocyte complex，COC）的形式自卵巢排出。母畜发情排卵时，输卵管伞充血、展开，并借助输卵管系膜肌层的收缩作用而紧贴于卵巢表面上，同时卵巢固有韧带收缩，使卵巢发生一种环绕其自身纵轴的往复旋转运动，使卵巢移至输卵管伞表面，便于输卵管接纳排出的卵子。尽管如此，也不可避免有些卵子会掉入腹腔。一般来说，掉入腹腔后卵子便自行退化消失，但也有例外，如将动物一侧卵巢切除，结扎另一侧输卵管，结果在切除卵巢一侧的输卵管内发现有卵子存在，这可能是掉入腹腔内的卵子借助于肠道蠕动和腹腔液流及其表面张力而横越腹腔，进入对侧输卵管伞内。

**2. 卵子运行及运行机制**　卵子被输卵管伞接纳 8～10min 后，借助伞部的纤毛颤动和腔内液体的流动，沿着伞部的纵行皱褶进入壶腹部。卵子在输卵管中的运行，由纤毛向子宫方向的颤动起着主要作用，管壁平滑肌的收缩只起辅助作用。纤毛向子宫方向迅速颤动，以致贴近纤毛表面的一部分液体流向子宫，卵子在纤毛和液体间旋转移动。

卵子在输卵管中运行也受到神经和激素的控制。已知其收缩活动受长短两种肾上腺素能神经纤维的支配，长纤维由腹下神经丛发出，短纤维由近子宫阴道交接处的神经元发出。肾上腺素能神经支配壶峡结合部环形肌的舒张和收缩，对调控受精卵和精子的运行十分重要。排卵时雌激素水平正处于高峰，能刺激 β-肾上腺素能受体的兴奋，促使和增强输卵管峡部肌肉逆蠕动收缩和环形肌的收缩，产生类似括约肌的作用。输卵管峡部纤毛细胞较少，或纤毛细胞的纤毛暂时停止颤动，加上峡部局部水肿，致使峡部管颈闭合，可以防止卵子过早地从输卵管进入子宫。当孕酮占优势时，输卵管分泌物减少，有利于卵子向子宫方向运行。大鼠、兔、猪和人输卵管峡部的神经末梢还能分泌前列腺素，$PGE_1$ 和 $PGF_{2\alpha}$ 能促进输卵管收缩，而 $PGE_2$ 则促进其舒张。

卵子在壶腹部-峡部连接处可停留 2~3d。如果卵子在排出 23h 内遇到精子，则可在此处受精。对受精卵而言，过早或过迟从输卵管运行到子宫均不能发生附植。受精卵进入子宫后，一般是附植在同侧子宫角内，但也有可能发生宫内逆流，即由一侧子宫角逆旋至另一侧子宫角，这在马、猪发生较多。猪切除一侧卵巢后，另侧卵巢排出的卵子总是平均地分布在两侧子宫角内。牛羊发生子宫内逆旋较少。

**3．卵子的运行速度及维持受精能力的时间**　　各种家畜卵子在输卵管全程的运行时间不同，猪约为 50h，羊约为 72h，牛约为 90h，马约为 98h。卵子在输卵管不同区段运行的速度也有差别，从输卵管伞至壶腹的运行很快，仅需 3.5~6min，而在壶腹部-峡部连接处则滞留约 2d。如果卵子未受精则会很快地通过整个峡部进入子宫，进入子宫的卵子完全不能受精，它在几天内就发生崩解并被吸收。卵子维持受精能力的时间较短，不超过 24h，如牛 20~24h，马 6~8h，猪 8~10h，羊 16~24h，而犬可达 6d。卵子维持受精能力的时间长短还与输卵管的生理状况及卵子品质有关。在卵子即将失去受精能力之前，还有可能受精，但这会影响到胚胎发育与附植。这就是卵子衰老引起的不孕或多精子受精。

## 二、精子在受精前的准备

### （一）精子在附睾中的成熟

精子在附睾中首先获得使卵子受精的能力，需要 10~15d。在这段时间内，精子质膜发生广泛变形，包括蛋白质的出现或消失。尽管精子在发生期间就丧失了所有蛋白质的合成能力，本身不再合成新的蛋白质，但和其周围环境如附睾液的相互作用却可以添加新的蛋白质。精子头的赤道段、环状部和环后部的弥散屏障可以把这些蛋白质按区域重新分布，从而修改了精子表面。除了蛋白质发生了修改外，质膜的脂质也发生了变化。这些变化包括脂质组成的改变、脂质扩散系数的改变及膜内扩散限制增强等。精子在附睾成熟期间，其质膜的修改调节精子的运动能力及精子结合透明带的能力，这是精子受精的关键。

附睾精子活力和生殖力的成熟是两个独立过程，涉及不同的机制，因为发生两个过程的确切部位是不同的。在迄今检测的所有种类动物中，精子要获得受精能力必须穿过附睾头。然而，不同种属动物之间首次出现具有受精能力的精子的部位不同，啮齿动物和人精子在邻近附睾尾处获得受精能力。此外，受精能力的获得并不一定能产生有活力的后代，如家兔中，与射出的精子相比，仅获得受精能力的精子并不能产生出有活力的后代。

精子活动力成熟的标志是有运动性的精子百分率增加及附睾不同段精子运动形式的定性差异。当精子通过附睾时，它们的活力逐渐增加。附睾最初段的精子仅有较弱的振动性运动，而邻近附睾体的精子做环状游动。附睾尾的精子向前做渐进性运动和直线运动。不成熟精子的转圈运动是鞭毛不对称性摆动所致，而附睾尾精子的向前运动是沿前进轴旋转的结果。导致精子运动性成熟的一个重要因素是精子巯基渐进性氧化为二硫键。有人认为精子鞭毛蛋白中二硫键交联的形成导致更坚硬的精子鞭毛，从而影响了运动形式。

### （二）去能因子的吸收

哺乳动物交配时，把精子从附睾的稳定营养环境推进到雌性生殖道中的液体环境中。精子所发生的变化如获能和顶体反应能使精子质膜失去稳定性，如果未遇到卵子，则精子死亡。为了预防精子在遇到卵子前发生死亡，精子与精清混合时一些稳定因子（去能因子）被吸附到附睾中的精子表面。这些去能因子使精子质膜稳定，预防过早发生精子获能。现已证明这些去能因子是糖蛋白、胆固醇和脂质。例如，当牛附睾尾精子在体外进入获能期时，需要接触精清中的去能因子才能发生顶体反应。

### （三）精子获能

哺乳动物新射入雌性体内的精子，或由附睾取出的精子，不能立即与卵子发生融合，必须在雌性子宫和输卵管内停留一段时间，发生一系列形态、生理和生化的改变之后，才能获得使卵子受精的能力，此过程称为精子获能（capacitation）。只有获能的精子才可以结合卵子透明带，并发生顶体反应，从而穿透卵子完成受精。未经获能的精子不能使卵子受精。精子获能现象是1951年Austin和张吸觉在研究家兔受精时首次发现和提出的。此后，分别在田鼠、绵羊、小鼠、猫、猪、牛和人用获能精子进行体外受精（*in vitro* fertilization，IVF）的研究获得成功，使IVF技术真正用于动物生产和人类辅助生殖成为可能。

**1. 精子获能的过程**　　目前认为精子在雌性生殖道中的获能分为两个连续变化的过程。首先是除去精子质膜表面"覆盖"的附睾精浆蛋白（或称精清蛋白），接着精子质膜和细胞内发生一系列变化，如质膜脂质和糖蛋白发生改变，膜流动性增强，胆固醇流出增加，细胞内$Ca^{2+}$和cAMP浓度增加，细胞内pH降低，蛋白质酪氨酸磷酸化加强，以及运动模式和趋化力发生改变等。这些变化为进一步发生的顶体反应创造了条件。在发生顶体反应以前，丝状肌动蛋白发生解聚合作用，此过程可使顶体外膜和精子质膜更加接近和融合。

精子获能的分子机制在动物种属间有所不同。精浆蛋白含有去能物质，射精前被覆在精子表面，除去后才能使顶体中的酶激活，以发生顶体反应。顶体外层破坏或收缩，溢出一些水解酶如透明质酸酶、放射冠穿透酶和顶体素等，以利于精子钻入卵子内。精液中的糖蛋白可以使获能逆转。没有获能的精子不能和卵子结合及受精，其原因有：①精子不能穿过放射冠细胞间隙；②不能穿过透明带；③不能进入卵细胞。精子获得前后的比较见二维码4-3。

二维码4-3

**2. 获能精子的变化**　　获能期间精子表面发生的变化对于精子-卵子接触前和接触期间的许多过程来说是必要的，如穿透卵丘、黏附透明带及发生顶体反应等。获能期间精子表面的主要变化是暴露或表达专门受体，这为顶体反应期间精子质膜与顶体外膜融合做准备。该过程将涉及质膜成分和结构的变化，主要是膜内磷脂和胆固醇分布及含量的变化（二维码4-4）。

二维码4-4

**3. 精子获能的机制**　　目前对精子获能的机制仍说法不一，有一种学说认为，获能的机制就是去能因子的失活。在一些动物的精液中，存在一种抗受精物质，叫作去能因子（decapacitation factor，DF），它来源于精清。使去能因子失去生物学活性就是获能，而经过获能的精子，如果重新置于精清或附睾液（与去能因子结合）中，又失去受精能力，这就叫作"去能"或"失能"（decapacitation）。经过去能的精子在子宫及输卵管孵育后，又可获能，这就叫作再获能。说明精子获能是一个可逆过程。

这种学说认为，精子在附睾中发育时，已经获得了受精能力，即精子的顶体中储备了多种水解酶，如透明质酸酶、放射冠穿透酶等，统称为顶体酶，可溶解卵子周围的放射冠和透明带，然后精子才能与卵子结合。但顶体酶是与精浆中的去能因子（含唾液酸的糖蛋白、$Ca^{2+}$转运抑制蛋白Caltrin等）结合在一起的，因此失去了酶的活性，溶解不了卵子周围的各层，抑制了精子受精能力。去除去能因子可能使受精所需的一种或多种酶激活。

作用于去能因子的主要酶类：淀粉酶（由 α 与 β 淀粉酶组成）和葡糖苷酸酶。它们存在于雌性生殖道中，能水解去能因子，使其失去活性，并与顶体酶解离，随后顶体酶恢复酶活性，溶解卵子外围的各层，使精子穿入而获得受精能力。动物发情时淀粉酶和葡糖苷酸酶比较多，不发情时少。

输卵管的分泌液与子宫液对获能过程有协同作用。获能开始后，精子膜内外离子浓度改变，$K^+$ 外流，$Na^+$ 内流，特别是 $Ca^{2+}$ 内流及活性氧的产生是精子获能中最早发生的事件，被称为快速事件。它们参与了腺苷酸环化酶的激活，继而引起胞内 cAMP 水平升高，激活 cAMP 依赖性蛋白激酶（PKA），通过影响精子膜蛋白酪氨酸磷酸化，诱发精子获能，改变膜的结构与性质（图 4-2）。

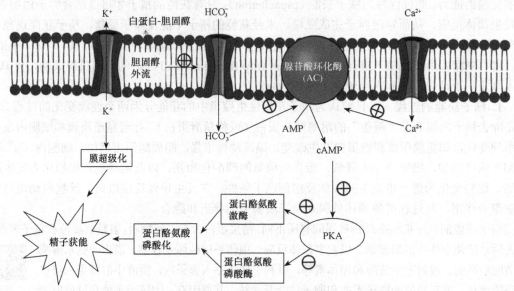

图 4-2　哺乳动物精子获能的分子机制（改自赵兴绪，2017）
⊕为促进；⊖为抑制；cAMP. 环磷酸腺苷

精子获能也与酪氨酸磷酸化的增加有关，这种酪氨酸磷酸化的增加为后期事件（慢速事件），依赖于获能培养液中牛血清蛋白（BSA）、$Ca^{2+}$ 和 $HCO_3^-$ 的存在，与获能状态密切相关。如果培养液中缺乏这些成分的任何一种，均可阻止酪氨酸磷酸化及获能。酪氨酸磷酸化是 PKA 途径的下游，可通过 cAMP 类似物诱导缺乏 BSA、$HCO_3^-$ 或 $Ca^{2+}$ 时酪氨酸磷酸化的增加。快速与慢速获能相关事件中，互相矛盾之处是两者均受 $HCO_3^-$/SACY（非典型腺苷酸环化酶）/cAMP/PKA 途径的介导，虽然这一途径的激活可立即发生而不需要胆固醇受体，但酪氨酸磷酸化及其他后期事件并不立即受到刺激，而且需要存在胆固醇受体。缺乏独特的精子 PKA 催化亚单位 $Ca^{2+}$ 的小鼠虽然交配行为正常但不育，其精子在早期及后期获能相关事件中均表现异常，表明在调节获能的快速及慢速事件中，依赖于 $HCO_3^-$ 的对 cAMP/PKA 途径的调节均发挥作用（图 4-3）。

精子中存在的精胺浓度在获能前后的变化表明，它是一种获能抑制剂，其作用是阻断钙通道，抑制 $Ca^{2+}$ 内流，使胞内 cAMP 水平下降，从而防止精子过早获能。它随获能过程逐渐丢失。另外，获能过程中精子代谢、耗氧量和糖酵解加强。获能精子呈超激活运动，质膜发生一系列变化，如去除了精子表面上源于雄性生殖道的附着成分、膜流动性增强、膜脂组成改变与某些组分的糖基修饰等，其意义包括暴露能识别卵子的特殊位点，改变膜通透性以活化代谢和增强运动，降低膜稳定性以利于随后的顶体反应（AR）和精卵质膜融合。

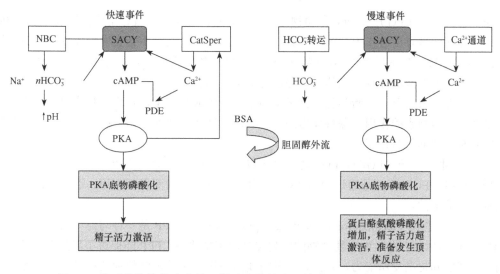

图 4-3　精子获能的快速事件及慢速事件的分子基础（改自赵兴绪，2017）

NBC. 钠离子-碳酸氢根离子协同转运体；CatSper. 精子特异性的 $Ca^{2+}$ 通道；PDE. 磷酸二酯酶

快速事件：精子一旦与含有 $HCO_3^-$ 和 $Ca^{2+}$ 的等渗溶液接触，就可发生剧烈的尾部运动。在分子水平，这一过程依赖于 PKA 活性的增加，受 $HCO_3^-$ 和 $Ca^{2+}$ 对非典型腺苷酸环化酶 SACY 协调刺激的调节，在这些情况下，$HCO_3^-$ 和 $Ca^{2+}$ 被 NBC 及 CatSper 转运

慢速事件：在体内外作用一定时间后精子获得受精能力，在出现受精能力之前，精子必须要做好发生顶体反应的准备及活力转变为超激活。在分子水平，这些变化与酪氨酸磷酸化的增加有关，这种增加为 PKA 刺激的下游事件，但与快速过程不同的是，酪氨酸磷酸化的增加也依赖于获能培养液中存在有胆固醇受体

　　虽然获能后部分精子发生自发性顶体反应，但只有顶体完整的精子能够与卵透明带（ZP）结合，在透明带表面经历顶体反应，然后穿过透明带。在获能时发生自发性顶体反应的精子不能与透明带结合，因而不能使卵子受精。有些种类动物精子在穿过卵丘时发生顶体反应，这样的精子也不可能穿透透明带。

**4. 激素对精子获能的作用**

（1）雌二醇（$E_2$）　　雌激素能促进获能。$E_2$ 可能促进了与获能和顶体反应有关的子宫蛋白的合成。葡糖苷酸酶是子宫分泌物中的一种水解酶，当雌激素占优势时，该酶的含量最大，对精子在子宫内获能的作用也最大（牛），所以在稀释液中加入此酶，比用淀粉酶所得的受胎率更高。体外受精（试管婴儿）能获得成功，主要是由于包围在成熟卵细胞最外面的颗粒细胞层的激素作用。

（2）孕酮（$P_4$）　　以往有人认为 $P_4$ 抑制了兔精子的获能，但最近几乎所有的报道都证明 $P_4$ 对获能具有促进作用。$P_4$ 直接促进了获能过程，从而改善了精子的受精能力。在体内，精子受精前必须穿过卵丘细胞和胞外基质，卵丘细胞能分泌 $P_4$，使卵丘细胞胞质内 $Ca^{2+}$ 释放，促进顶体反应及精子与卵透明带的结合。$P_4$ 促进人精子体外获能的作用是通过 γ-氨基丁酸（GABA）受体介导的。

　　孕酮促进精子获能与诱导顶体反应可能都与精子胞质的 $Ca^{2+}$ 内流有关，孕酮诱导 $Ca^{2+}$ 内流与 PKC 途径和电压门控 $Ca^{2+}$ 通道机制有关。精子表面孕酮受体是在获能过程中逐渐暴露的。孕酮受体的表达被干扰可能与不育有关。

（3）催乳素（PRL）　　PRL 在体外受精时的生理作用是缩短获能时间，并维持精子运动和活力。在体内，PRL 出现在精液中可起到调节雄性生殖能力的作用。PRL 通过控制睾丸和附睾器官中的激素受体水平及促进与获能有关的精子生化过程来达到调节目的，但精浆中过高的 PRL 水平对精子功能则有负面影响。

（4）前列腺素（PG）　　PG 在动物体内广泛分布，在精液中 PG 的浓度相对较高。PGE$_1$ 对小鼠体外获能具有促进作用，起到"获能因子"的作用，而且不会引发顶体反应，但可加强由 Ca$^{2+}$ 载体或透明带诱导的顶体反应。PGE$_1$ 对人精子的作用似乎是加强由 Ca$^{2+}$ 载体诱导的顶体反应，而对人卵泡液介导的顶体反应并没有增强作用。

（5）胎类生长因子　　胎类生长因子是通过自分泌或邻分泌途径由本身或周围细胞产生，在局部发挥类似激素的作用，保持体内的生理平衡。现在的研究表明一些胎类生长因子对获能与受精具有重要的调节作用。

1）表皮生长因子（EGF）。EGF 能刺激小鼠精子获能，并增加获能精子比例，而不引起自发性顶体反应。EGF 可能是通过激活 EGF 受体的酪氨酸激酶而发挥作用，这一受体是通过多位点磷酸化调节的。

2）受精促进肽（fertilization promoting peptide，FPP）。FPP 是一种与促甲状腺素释放激素（TRH）结构相似的三肽，由哺乳动物的前列腺分泌到精浆中，FPP 能促进小鼠附睾中精子、射出的精子获能和提高受精能力，并抑制自发的顶体损伤，说明 FPP 能促使精子最大限度到达输卵管壶腹。在发现的若干具有生物活性的 FPP 连接肽中，最令人感兴趣的是 Gln-FPP（pGlu-Gln-ProNH2），它能改变 FPP 和腺苷的生物学活性，抑制对 FPP 的应答，产生竞争性抑制效应。

3）白细胞介素-6（IL-6）。IL-6 虽不影响精子运动的百分率，但明显影响精子各种运动特性，如速度、直线性、鞭打频率等与超激活运动有关的参数，促进了精子获能，不过也增加了自发性顶体反应。

**5．获能的部位**　　一般来说，获能部位包括子宫和输卵管，宫管结合部可能是精子获能的主要部位，获能最终是在输卵管内完成的。精子在宫管结合部可停留十几到几十个小时，如牛为 18～20h，绵羊为 17～18h，猪为 36h，马可超过 100h。输卵管上皮细胞有助于精子的存活和获能，在体外将精子与输卵管上皮细胞共培养会延长精子的存活时间及保持受精能力的时间。除子宫和输卵管外，体外条件下有些动物的精子既能在血清中获能，也能在雌性生殖道分泌物中获能。

**6．获能因子**　　引起精子获能的因子较多。在子宫液中的肽酶（大鼠）和β淀粉酶（大鼠、兔），输卵管液中的β淀粉酶、HCO$_3^-$（兔）和氨基多糖（牛、山羊），还有卵丘细胞分泌的葡糖苷酸酶（仓鼠）和卵泡液中的特殊成分（牛）。获能因子主要存在于发情期前后的输卵管液中，与母畜体内雌激素和孕酮的比例有关。在雌激素水平上升的发情期，精子获能率较高。输卵管液中的获能因子主要是氨基多糖类，氨基多糖类的肝素可与精子结合，导致精子吸收 Ca$^{2+}$，调节 cAMP 的代谢，从而使精子获能。精子获能不仅可在同种动物的生殖道分泌物中完成，在不同种动物生殖道分泌物中也可以完成，说明获能因子无种间特异性。在体外，可以采用特殊的精子洗涤液洗涤精子或采用高离子强度液、钙离子载体、肝素及血清蛋白等诱导精子获能。

**7．精子获能所需时间**　　在体内，牛精子获能时间为 20h，体外为 5～6h；兔体内为 5～6h；猪体内为 3～6h，绵羊体内为 1.5h，大鼠体内为 2～3h，小鼠体内不到 1h，体外 2h；马尚不明确。

**（四）顶体形成及顶体反应**

**1．精子顶体**　　顶体是覆盖在核前部的一种膜结构。动物种属间顶体大小和形状有很大差异，这取决于精子头部的形态。哺乳动物的精子头部通常分为两种：啮齿动物的精子头部呈镰刀形，一些大型哺乳动物的精子头部呈颅盖形/桨形（铲形）。然而，所有哺乳动物顶体的基本结构和功能都是相同的。顶体由两部分组成：顶体帽（顶体前部）和赤道段（顶体后部）。这两段的分布在不同种属间有很大差异。顶体帽包括边缘段（位于核的前缘外）和主段（在核的上面部分）两部分。赤道段处的一条带几乎覆盖在铲形精子头的赤道上，并覆盖镰刀形精子头的侧面大部。多数种类动物的赤道段持续到精卵融合为止。

**2. 顶体的形成**　　顶体系统是在精子发生期间形成的。在精子发生早期（高尔基体期和顶体帽期），用于形成顶体的囊泡来源于转运高尔基体的网状系统。在高尔基体期，前顶体颗粒在转运高尔基体系统中形成，并积聚在髓质区。这些小颗粒相互融合形成单一的顶体颗粒，后者与核膜建立密切联系。在顶体帽期，通过向形成的顶体系统中添加含丰富糖蛋白的内容物，球形顶体颗粒增大。参与形成顶体的几种糖蛋白是从粗线期精母细胞开始合成的，持续整个精子生成过程。在顶体形成早期，高尔基体与形成的顶体囊泡之间存在密切的联系。在高尔基体和正在形成的顶体中存在两种被膜小泡：外被体被膜小泡（β-COP）和内涵素（网格蛋白），它们在顶体发生期间的膜运输方面起作用。生长发育过程中的顶体系统在核上方变成扁平状。最后在顶体期，顶体颗粒附着在顶体内膜上，变成半球形。此结构在精子发生的最后成熟期仍然独特，它象征着顶体结构。

当精子细胞在附睾中成熟时，出现变形现象，如顶体小泡的浓缩及顶体内一些抗原的变化。精子顶体达到具有种属特异性形状的机制尚不清楚。核上方的顶体变扁平并扩展是正在形成的顶体边缘囊泡融合的结果，同时在顶体中心伴发着膜恢复。根据此模型，新合成的高尔基体成分在精子发生早期从高尔基体迁移到顶体中，促使顶体成长。随着时间推移，从高尔基体到顶体的运输减少，而反向运输（从顶体到高尔基体）却同时增强。精子细胞不断地调整这两条转运路线，直到顶体变成扁平状及高尔基体迁移到精子的另一端为止。但控制顶体生长和形状的这种逆行和顺行的囊泡运输途径尚待证实。

**3. 顶体内容物及其作用**　　成熟顶体是一个囊样结构，具有靠近核的顶体内膜和精子质膜下的顶体外膜两层。它来源于高尔基体的一种分泌囊，内环境呈酸性，含有两种不同成分：一种是可溶性成分，另一种是不溶（微粒性）基质成分。可溶性成分决定着顶体反应期间和之后的顶体功能。例如，一旦顶体胞吐作用开始，可溶性成分立即被释放出来。顶体中的不溶基质成分作为结构成分发挥作用，这使得顶体维持种属特异的形状。顶体的内容物主要包括糖水解酶、顶体糖水解酶、蛋白水解酶、磷脂酶、磷酸酶、酯酶、芳香硫酸酯酶和其他顶体相关成分，它们的作用见二维码4-5。

二维码
4-5

**4. 顶体反应**　　顶体反应（acrosome reaction，AR）是指精子获能后，在穿透卵子的卵丘、放射冠和 ZP 前或穿过这些结构期间，在很短的时间内所发生的一系列变化。当获能后的精子到达卵细胞附近时即发生顶体反应，顶体反应发生时，顶体发生重大变化，顶体帽前部开始胀大，顶体外膜与精子浆膜融合，碎裂成小液泡并脱落，顶体内的各种酶通过泡状结构的间隙释放出来。这些酶包括透明质酸酶、放射冠穿透酶及顶体素。透明质酸酶可分解卵丘细胞间的透明酸基质，使卵丘颗粒细胞分散，为精子接近卵子打开一条通道。放射冠穿透酶是一种酯酶，可使放射冠颗粒细胞之间的酯键分解开，有利于精子穿过放射冠。顶体素是一种蛋白水解酶，类似胰蛋白酶，可借助其消化作用，在 ZP 上开辟一个通道。这些酶的作用促使精子通过卵丘、放射冠和 ZP，以接近次级卵母细胞的质膜（二维码4-6）。

二维码
4-6

## 三、卵子在受精前的准备

像精子一样，卵子在受精前和完成胚胎发育前，其细胞核和细胞质必须达到充分成熟。卵母细胞的发育分为 4 个阶段：有丝分裂期、减数分裂启动期、减数分裂停止期和减数分裂恢复期。第一个阶段发生在卵泡封闭阶段的胎儿时期或新生儿早期。在封闭以前，卵母细胞通过有丝分裂快速增殖，然后开始减数分裂。当卵母细胞周围被封闭卵泡的颗粒细胞所围绕时，卵母细胞的发育正在经过减数分裂的细线期、偶线期和粗线期，然后停止在第一次减数分裂前期的双线末期或核网期。现在称为生殖泡（也称卵核泡）的卵母细胞核多数处于减数分裂期，通常在封闭卵泡闭锁后死亡。少数卵母细胞通过对促性腺激素产生应答而从闭锁的卵泡中被挽救过来。

次级卵泡中停止在减数分裂阶段的卵母细胞的细胞核可以恢复减数分裂，但胞质不能。当卵母细胞位于发育的次级卵泡时，卵母细胞周围围绕着透明带蛋白，卵母细胞快速生长，并进行广泛的转录活动，生成指导卵子蛋白合成的 RNA，这些卵子蛋白是受精和胚胎发育所必需的。在此生长阶段，卵母细胞获得了完成成熟、受精和胚胎发育的能力。

卵泡发育后期的卵母细胞仍处在减数分裂停止期的核网期，直到从卵泡中排出或卵泡对排卵前的 LH 峰产生应答。来源于卵泡颗粒细胞的卵母细胞成熟抑制物如 cAMP、腺苷或次黄嘌呤等可以使卵母细胞维持在减数分裂停止期。在对发情时的 LH 峰发生应答的卵泡中，颗粒细胞和卵母细胞之间的联结发生分离，终止了减数分裂抑制物的转运，从而恢复减数分裂。

排卵前的促性腺激素发出释放卵母细胞的信号，卵母细胞通过两次连续的核分裂，即减数分裂 Ⅰ 和减数分裂 Ⅱ，进入细胞周期的 S 期。核膜溶解（生殖泡分解破坏），染色体从中期 Ⅰ 发育到末期 Ⅰ。第一次减数分裂完成的标志是第一极体的排出、DNA 含量从 4C 下降到 2C，以及次级卵母细胞的形成等。减数分裂 Ⅱ 被快速启动，家畜的卵母细胞在排卵前达到中期 Ⅱ。卵母细胞停止在中期 Ⅱ 直到被受精精子激活。卵母细胞的激活包括钙触发卵子细胞核从中期 Ⅱ 发育到后期 Ⅱ，随后排出第二极体，并建立母体单倍染色体。在第一次卵裂前母体和父体染色体结合时重建二倍体。

**1. 卵子胞质控制着减数分裂的恢复和受精**　贮存在卵子中的 RNA 和蛋白质，对卵母细胞减数分裂的恢复及随后的受精尤为重要，它是生殖泡分解破裂、减数分裂进入中期 Ⅰ、中期 Ⅱ 及减数分裂滞留在中期 Ⅱ 所必需的。另外，卵子贮藏的 RNA 还指导了受精期间及胚胎早期发育期间新蛋白的合成，如绵羊和牛最晚在 8～16 细胞胚时激活胚胎基因组，而猪、山羊和小鼠早在 4 或 2 细胞胚时就激活胚胎基因组。

**2. 卵子的成熟**　卵子排出后，也有类似于精子获能的成熟过程。在这一过程中，卵泡液与输卵管液的混合对卵子的作用不可忽视。卵子在到达输卵管壶腹时，与壶腹部的液体混合几小时后，卵子才具有受精能力（图 4-4）。家兔卵子能释放受精素，在一定浓度下，它对精子有排斥作用，而母兔生殖道内抗受精素的物质，能迅速中和受精素，从而促进受精。

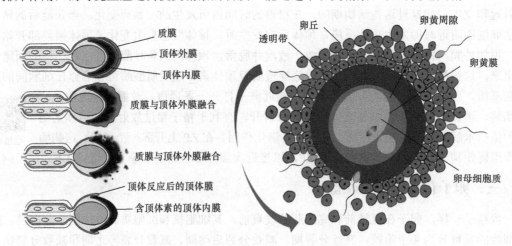

图 4-4　受精前后配子的变化（改自赵兴绪，2017）

有人认为，当皮质颗粒数量达最大时，卵子受精能力最强。透明带表面露出许多糖残基，具有识别同源精子并与其发生特异结合的作用。而卵子质膜在受精前较不稳定。卵子的许多形态和生化变化，是进入输卵管后发生的。可见，输卵管分泌物对卵子在受精前的准备是必需的。另外，此阶段卵子的核质、细胞质也发生互相渗透与同化。

# 第二节 受 精 过 程

大多数哺乳动物的卵子是在第一极体排出后就开始受精的，所以，当精子进入卵子时，卵子正处在第二次减数分裂中期。而马、犬和狐狸的卵子在排卵和精子进入时正处在第一次减数分裂时期。卵子成熟和减数分裂直到受精结束才完成，此时卵子已成为合子。卵子受精前处于休眠状态，而结合精子后的卵子迅速发生许多代谢和物理变化，统称为卵子激活。此过程发生的显著反应包括细胞内钙浓度增加、第二次减数分裂结束及皮质反应等。

受精过程包括以下几个步骤：精子附着在卵子透明带上，与透明带结合，发生顶体反应，穿过透明带，精子卵子质膜融合，卵子被激活完成减数分裂Ⅱ，皮质颗粒反应以阻挡多精子受精，透明带发生反应变硬，精子头肿胀，精子和卵子染色质去凝缩作用，精子染色质周围原核膜的沉着，最终两个原核融合并进入第一次有丝分裂细胞周期（图4-5）。

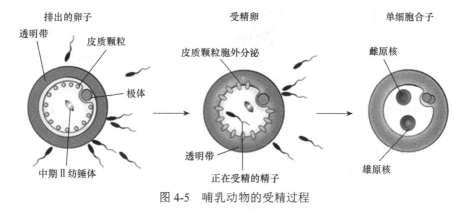

图 4-5 哺乳动物的受精过程

## 一、精子穿过放射冠，接近透明带

放射冠是精子进入卵子的第一道屏障，它是由放射冠细胞以胶样基质粘连起来的。当获能的精子到达输卵管的壶腹部-峡部连接处与卵子卵丘接触时，由于颗粒细胞释放某些物质及输卵管液的作用，激发精子发生顶体反应。顶体中的三种溶解酶，即透明质酸酶、放射冠穿透酶和蛋白水解酶（又称顶体素）释放出来，分别作用于卵丘细胞、放射冠细胞及透明带，分解卵丘和放射冠细胞的胶样基质及透明带的糖蛋白，为精子进入卵子打开通路，精子得以穿过放射冠细胞及透明带，进入卵黄周隙。放射冠溶解无种间特异性。马的卵子在受精前甚至刚一排出时即已裸露，因此精子一开始就接触透明带。

## 二、精卵的识别与结合

受精前卵子由卵丘细胞和透明带所包裹，精子首先通过疏松黏附的方式与透明带建立联系。与精子结合的卵子透明带表面具有精子受体，与卵子结合的精子表面具有卵子结合蛋白。

精子表面的卵子结合蛋白与卵子透明带上的精子受体相互作用实现了精卵结合（图 4-6）。哺乳动物卵子透明带蛋白质含量及厚度不同，但都主要由 ZP1、ZP2 和 ZP3 三种糖蛋白组成。顶体完整的精子到达透明带表面后，结合蛋白与精子初级受体 ZP3 结合，形成受体-配体复合物并诱发精子的顶体反应。顶体反应发生后，精子质膜脱落，精子表面与 ZP3 结合的受体也随之消失，精子的次级卵子结合蛋白与 ZP2（次级精子受体）相互作用，发生次级识别和结合。ZP1 对精子的结合无直接作用。参与精卵识别的初级卵子结合蛋白有半乳糖苷转移酶、酪氨酸蛋白激酶（又称为卵子结合蛋白激酶）、SP56 及精子黏合素，参与次级卵子结合蛋白有 HP-20 和顶体素（acrosin）等。

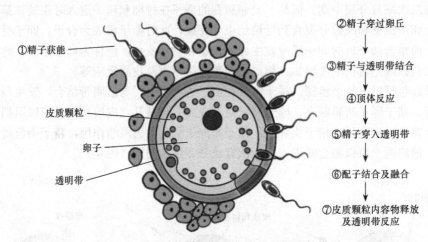

①精子获能
皮质颗粒
卵子
透明带

②精子穿过卵丘
③精子与透明带结合
④顶体反应
⑤精子穿入透明带
⑥配子结合及融合
⑦皮质颗粒内容物释放及透明带反应

图 4-6　哺乳动物精卵相互作用的早期事件模型

关于哺乳动物精子上的卵子结合蛋白大多数尚不了解，但有证据表明小鼠精子上的卵子结合蛋白是一种半乳糖转移酶。精子与卵子的结合具有种属特异性，因此每一个种属间都存在透明带蛋白或精子结合位点的差异，这就是预防种属间受精的重要机制之一。去除透明带的仓鼠卵母细胞也可被其他种类哺乳动物的精子所受精。

### 三、精子穿过透明带，接近卵黄膜

精子通常在附着于透明带后 5～15min 穿过透明带。与透明带接触部位主要是头部赤道区和核帽盾区，顶体膜剥落发生在接触透明带前后。顶体酶将透明带溶出一条通道，精子借助自身的运动穿过透明带，路径往往是弯曲的，很少见垂直或水平穿过透明带。当精子穿过透明带进入卵黄周隙（透明带与卵黄膜之间的空隙）与卵黄膜接触后，卵子产生两个有功能意义的反应。

一是接触点膜电荷改变并扩散，整个膜持续去极化数分钟，卵黄膜下面的皮质颗粒向卵子表面移动，逐渐与卵黄膜融合，立即诱发皮质颗粒内容物以胞吐方式排到卵黄周隙中即所谓皮质反应（cortical reaction）。这引起了透明带性质的改变，使透明带以外的其他精子不能再进入卵细胞，而正在进入卵细胞的精子也被固定在透明带中，以保证单精子受精。透明带的这种变化称为透明带反应（zona pellucida reaction）。皮质反应从精子入卵处开始，迅速扩散于卵黄膜四周与透明带，这是一种防止卵黄膜再被其他精子穿透的防御性反应。有人认为，皮质颗粒内容物释放出类胰蛋白酶，它能灭活透明带上的特异性精子受体，主要是消化 ZP3 受体上的含有 O-糖苷键的寡聚糖，从而去除参与精子结合透明带的特异糖类，达到阻止其他精子穿入透明带的目的。另外，皮质反应导致透明带变硬，使其他精子不能穿过透明带。也有人认为，皮质颗粒内容物可以阻止或抑制顶体素对透明带的水解作用，从而使透明带以外的精子不再穿入。

二是激发次级卵母细胞恢复第二次减数分裂，完成分裂后期Ⅱ和末期Ⅱ，分裂成为两个细胞，即含大部分胞质的成熟卵细胞和只含少许胞质的第二极体，并且第二极体排出至卵黄周隙。

家兔的卵子不发生透明带反应，受精时可有多个精子进入透明带，但无法进入卵黄膜内。能够穿过透明带进入卵黄周隙的额外精子叫作补充精子。猪的透明带反应仅限于透明带，所以补充精子能进入透明带，但不能穿越它，而另一些动物（如小鼠、大鼠）出现补充精子则较常见。

## 四、精子进入卵黄膜

精子穿过透明带后先到卵黄周隙，一旦接触到卵黄膜表面，则精子停止活动。约20min后，卵黄膜发生某种反应，使精子附着于卵黄膜上。精子后顶体帽处的精子膜与卵黄膜融合，形成小的胞质桥，胞质桥继续扩大，精卵膜逐渐融合直至完全融合（图4-7）。在融合过程中，卵黄膜表面绒毛抓住精子头，精子的头部和体部也逐渐穿入卵黄中，尾部很快消失，最后全部精子埋入细胞质中。

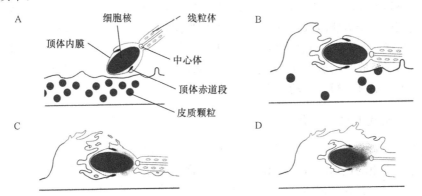

图4-7　精子顶体与卵子质膜融合过程
A. 精子附着在卵黄膜上；B. 精子膜与卵黄膜融合；C. 胞质桥继续扩大；D. 精子头完全埋入细胞质

在精子头与卵黄膜融合的同时，卵子激活，并发生卵黄膜反应（vitelline membrane reaction），即当一个精子进入卵黄后，皮质反应引起卵黄膜的改变，卵黄膜表面对其他精子的接触不发生反应，拒绝新的精子进入卵黄，卵黄膜的这种变化称为卵黄膜封闭作用或多精子入卵阻滞。

## 五、卵子激活、原核形成及配子配合

卵子激活的主要事件包括细胞质内游离 $Ca^{2+}$ 浓度的升高，皮质颗粒胞吐和阻止多精子入卵，减数分裂恢复和第二极体释放。精子入卵后，引起卵子胞质内出现 $Ca^{2+}$ 振荡，表现为短暂性的、反复性的及持续数小时的 $Ca^{2+}$ 升高，卵子质膜呈去极化状态，$Ca^{2+}$ 振荡持续到原核形成。细胞内 pH 明显升高，增加 DNA 复制和转录、增强蛋白质合成和糖原利用，促进精子核染色质去浓缩和原核形成，氧气的吸收和能量代谢也明显增强。

精子进入卵黄后引起卵黄收缩并排出液体进入卵黄周隙。此时精子头部膨大，尾部与中段脱落，核膜迅速消失，核内成分也消失，精子核形成核仁，在疏松的染色质周围形成新核膜，整个形状似体细胞核，称为雄原核。大多数动物的卵子在精子进入卵黄后，卵子进入第二次减

二维码
4-7

数分裂，排出第二极体。卵子出现核膜和核仁，形成雌原核（二维码 4-7）。两个原核同时发育，在数小时内体积可达原来的 20 倍。当两核发育到一定阶段时，移动至卵细胞中央相遇，二核互相靠近，彼此接触，体积缩小，开始融合，核仁、核膜消失，原核形态也不复存在，两组性染色体合并组成一组染色体，形成一个合子的单细胞胚胎，进入第一次卵裂前期。至此，受精宣告结束。原核的生存期为 10～15h。接近第一次分裂时，可能看到两组染色体，分别是母体和父体的。

受精的结果包括三方面：①受精后的卵细胞，其染色体恢复到二倍体数目，并接受父母双方的遗传物质；②未来胎儿的性别取决于受精精子带有 X 染色体还是 Y 染色体；③受精刺激受精卵进行一系列快速的细胞分裂，发动卵裂。

## 六、受精的分子机制

### （一）精子向卵子的运动

水生动物卵子或其周围细胞分泌一种肽类和有机小分子化合物，如 L-色氨酸、精子趋化肽 SepSAP 和硫酸类固醇等，吸引同种动物的精子。哺乳动物精液射入阴道或子宫，也需要在液态基质中长距离运动才能到达受精部位。虽然目前还没有分离到哺乳动物精子的化学趋化物质，但已经了解到获能精子对卵泡液有定向移动的趋化作用，并且缺乏种属特异性。还发现人的精子尾部中段具有嗅觉受体，通过化学嗅觉信号通路使精子定向运动，在精子趋化运动中发挥重要作用。精子在卵子释放的化学物质作用下定向向其运动，可能是趋化物质引起精子细胞内 $Ca^{2+}$ 浓度升高导致的非对称性鞭毛运动所致。

### （二）精卵质膜的结合和融合

精卵质膜的结合和融合是两个不同的概念。精卵结合是一种非特异性的细胞间的相互作用，可发生在精子膜的任何区域，包括顶体内膜。而精卵融合是指精子头部赤道段或其附近的质膜与卵子质膜发生融合。顶体反应对精卵结合并不是绝对必要，但未发生顶体反应的精子不能与卵子质膜融合。说明在顶体反应过程中精子质膜上蛋白质发生了迁移和变化，这是精卵融合的分子基础。

精子一般与卵子微绒毛结合，卵子质膜的精子受体一般在微绒毛上。卵子质膜上精子受体的候选蛋白包括卵子整合素（integrin）、CD9、糖基磷脂酰肌醇（glycosylphosphatidylinositol，GPI）、锚定蛋白等。卵子整合素是一族与细胞或细胞外基质黏合有关的跨膜受体，过去认为整合素与其配体结合介导精子与卵子的结合，但采用单克隆抗体和基因敲除技术证明，小鼠没有任何一种卵子质膜上的整合素参与精卵质膜之间的融合。在否定整合素作用的同时，却发现了 CD9 在精卵融合中的作用。CD9 属于跨膜-4 超级家族成员，是一种广泛分布于细胞表面、与整合素和其他蛋白质结合的膜结合蛋白，在小鼠卵子质膜上的表达主要分布于微绒毛。缺失 CD9 的雌性小鼠可以排卵，精卵可以结合，而融合完全被抑制，生育能力下降，不到野生型小鼠的 2%。使用抗 CD9 单克隆抗体也可以有效地阻断精卵质膜之间的融合。已报道的其他精卵质膜融合相关蛋白还有 GPI、锚定蛋白和依赖 $Zn^{2+}$ 的金属蛋白酶。

精子中参与膜融合的蛋白质分子主要是受精素（fertilizin）。受精素最初在豚鼠精子中被发现，称为 PH-30，是由 α 和 β 两个亚基组成的二聚体，其 α 前体含有去整合素结构域，α 和 β 前体中均含有金属蛋白酶结构域，受精素单克隆抗体能抑制精卵融合。这些证据说明受精素在精卵融合中发挥重要作用。但是也有证据表明，受精素 α 基因敲除的精子仍然可以与卵子质膜融合。其他参与精卵质膜融合有关的分子包括 DE 蛋白、赤道素（equatorin）、小鼠精子的 M29、豚鼠精子的 G11 和 M13 等。

### （三）精子激活卵子的机制

精子激活卵子的机制目前有两种假说：一为受体控制假说，认为精子与卵子质膜上的受体相互作用，活化的受体激活与之相偶联的 G 蛋白或酪氨酸蛋白激酶，后者进一步激活磷脂酶 C（PLC），在 PLC 的作用下，产生引起 $Ca^{2+}$ 动员的第二信使 $IP_3$，它与细胞内质网上的 $IP_3$ 受体作用，诱发内源 $Ca^{2+}$ 的释放，从而激活卵子；另一种假说是精子因子假说，认为精子胞质中存在某种或某几种可溶性信号分子，在精卵质膜融合或稍后，该信号分子通过融合孔进入卵子，激活卵子内钙释放系统而使卵子活化。精子激活卵子的信号转导如图 4-8 所示。

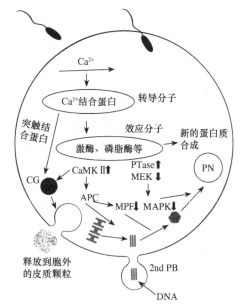

图 4-8 精子激活卵子的信号转导
（改自赵兴绪，2017）
多次 ［$Ca^{2+}$］ 升高后的下游信号途径及从早期到后期所发生的生化事件的时空顺序
APC. 后期促进复合物（anaphase promoting complex）；PTase. 磷酸酶；MAPK. MAP 激酶；MEK. MAPK 激酶；2nd PB. 第二极体；PN. 原核；CG. 皮质颗粒；CaMK Ⅱ. 钙调蛋白依赖性蛋白激酶Ⅱ，MPF. 成熟促进因子

### （四）受精后基因表达的变化

受精意味着一个新生命的开始，分别由精、卵两个细胞组合成的受精卵将在特定的时间分裂、分化，成为具有合成新的蛋白质、表现不同生理功能的细胞和组织。在受精卵发育的早期阶段，新蛋白质的合成由母源 mRNA 或由合子基因组新转录的 mRNA 指导。在雌、雄原核彼此靠近的过程中，DNA 进行复制。卵子在受精前积累了大量供早期胚胎发育所需的 mRNA，但在受精后，出现新合成的蛋白质，并且合成量明显增加，母源 mRNA 很快失去作用，从 2 细胞胚开始，就由合子基因组指导蛋白质的合成。如果将外源基因注入小鼠雄原核，发现其在原核中可以转录并加工。

## 七、受精过程所需要时间

受精后卵子内发生的系列事件如二维码 4-8 所示。从排卵至受精结束，不同动物所需的时间：马 24h、牛 11～30h、绵羊 38～39h、山羊 30h、猫 50h。从精子进入卵子到第一次分裂：牛 20～24h、绵羊 16～21h、猫 12～24h、兔 12h、人约 36h（表 4-3）。

二维码 4-8

表 4-3 受精过程所需的时间（h）

| 动物种类 | 前核形成开始 | 前核期 | 第一次分裂中期 |
|---|---|---|---|
| 牛 | 4～5 | 10～12 | 20～24 |
| 马 | — | 12～22（交配后） | 21 |
| 绵羊 | 4～5 | 9～11 | 16～18 |

续表

| 动物种类 | 前核形成开始 | 前核期 | 第一次分裂中期 |
|---|---|---|---|
| 猪 | 1.5~2 | 5~6 | 12~13 |
| 犬 | — | — | — |
| 猫 | 4~6 | 8~10 | 20~24 |
| 兔 | 3 | ~9 | 21~24 |
| 大鼠 | 2~3 | ~15 | 30~35 |
| 小鼠 | 5~7.5 | ~15 | 21~28 |

注：时间为精子侵入卵子或第二次减数分裂后开始；"—"表示现无相关数值

## 八、促进受精的因素

促进受精过程的实现，繁殖更多仔畜是畜牧工作的主要任务之一，那么哪些因素能促进受精呢？一般认为，以下4个方面的因素可促进受精。

1）活力强的精子和卵子可以促进受精。高产奶牛不易受精，多是由卵子质量不良引起。

2）具有一定差异的精子和卵子的受精率高。长期以来，人们认为受精是一个完全随机的过程，也就是任何一个精子和卵子都有同等的机会受精。但目前认为，这种看法并不完全正确，如用混合精液给母畜授精时，可以看到其中一些公畜的精子比其他公畜的精子有更强的受精能力，这就是受精的选择现象。同种两性配子之间所特有的新陈代谢方面的分化强度越大，受精能力越高。公母畜生活条件过分相似及近亲繁殖，都会减少配子在两性间的差异程度，使受精作用进行缓慢或完全不发生。

3）正确组织配种及选择发情的适当时机，可以促进受精。

4）保证一定数目的精子。一般认为，有一定数量的精子到达受精部位才开始受精。

## 第三节　异常受精及性别决定

### 一、异常受精

在正常情况下受精是一个卵子与一个精子结合，形成二倍体合子的过程。在特殊情况下，一次排卵可同时排出两个或两个以上的成熟卵子，两个卵子又同时受精，或第二极体受精而形成多胎妊娠。

**1. 多精子受精**　　由两个或两个以上的精子几乎同时与卵子接近而进入卵黄，一个雌原核和两个或两个以上雄原核结合形成多倍体胚胎。哺乳动物的精子中心粒在胚胎第一次卵裂纺锤体的形成上不起作用，因此多精子胚胎可以发育。但多精子胚胎染色质是三倍体，三倍体胚胎可以形成胎儿，但从来没有发育超过妊娠中期。这可能是由于卵子老化而使皮质反应不健全或发生较晚，丧失透明带反应，阻止不了多精子进入卵子。多精子受精往往是由延迟配种或体外受精而引起，猪常有发生，牛和绵羊也有发生。发生多精子受精时，进入卵子的额外精子若形成原核，其体积都较小。多精子受精也可用实验方法来达到，如增加壶腹部精子的数量，促进卵子衰老，改变pH或增加温度等。

**2. 多雌核受精**　　由于卵子在成熟分裂中没有将第一或第二极体排出，受精卵内含有过多的染色体，发育成多倍体胚胎。一个极体未分离出来可发育成为三倍体胚胎，两个极体未分离出来可发育成为五倍体胚胎。此情况在自然状况下通常不会发生，在人工授精条件下偶发，如兔和猪发情人工授精较晚就可以发生。

**3．雌核发育和雄核发育**　　精核在卵子细胞质内，但不能进一步参加受精，而只有卵核一方由于精核的激活发生类似受精的现象，其结果是胚胎的细胞核仅含有母本的染色体，这一现象称为雌核发育（gynogenesis）或母本生殖。在自然状况下通常并不发生，但通过人工激活卵子，阻止排出第二和第三个单倍极体可诱导形成。相反，卵子虽受到精子的激活，但卵核不能参加到最后的受精过程中，以致只有精核在卵子细胞质内进行分裂，这种现象称为雄核发育（androgenesis）或父本生殖。在自然状况下通常并不发生，在实验室的合子间进行原核移植时很容易产生。雌核发育和雄核发育都属于单倍体胚胎，胚胎都不能发育到妊娠中期。小鼠的雌核发育胚胎即使发育到妊娠中期，也会因滋养层和胎盘发育不全而流产。雄核发育胚胎缺乏内细胞团，通常只能发育到囊胚期。

若卵成熟分裂时染色体不分离，或后期个别染色体丢失，或同源染色体没能配对，不能分配到两个子细胞中去，使两个子细胞的染色体数目不等，从而形成染色体多出 1～2 倍的多倍体胚胎，或缺少一条染色体的单体胚胎，或多一条染色体的三体胚胎。这些胚胎极少数能发育成胎儿，几乎全部流产或出生后不久死亡。实际上，异常受精所形成的多倍体或单倍体胚胎在发育早期即死亡。

## 二、性别决定

在家畜中所有正常个体无论是雌性配子还是雄性配子，每个配子均含有一组常染色体和一个性染色体。雌性哺乳动物的卵子只含一个 X 染色体，雄性哺乳动物的精子有两种类型的染色体：一种含有一个 X 染色体，另一种含有一个 Y 染色体。当发生受精时，若 XX 相结合则发育成雌性，XY 相结合则发育成雄性。可见子代的性别取决于卵子染色体和精子哪一种染色体相结合。一般来说，二者概率相等。

# 第五章 妊 娠

妊娠是从受精形成胚胎开始，在子宫内完成一系列发育事件，直到胎儿发育成熟，包括受精卵形成、胚胎发育、胎儿发育、胎儿成熟等过程。

## 第一节 妊 娠 期

妊娠期是指胚胎和胎儿在子宫内完成生长发育的整个时期，大致分为胚胎早期、胚胎期和胎儿期三个阶段。胚胎早期是指从受精开始到原始胎膜发育，受精卵充分发育，囊胚附植，尚未建立胚胎内循环。不同动物胚胎的附植时间各异：牛约19d，猪约15d，绵羊约10d。胚胎期即器官生成期，滋养外胚层与子宫内膜建立联系，胚胎细胞分化，主要组织器官和系统形成，可分辨体表外形主要特征。牛约需要60d，22d可见心搏动，25d四肢、肝、胰腺、肺、脑、肾等脏器开始发育，49d消化系统开始发育，雄性胎儿45d睾丸开始发育，雌性胎儿50～60d卵巢开始发育。猪30d，可见器官发育。胎儿期即胎儿生长期，该期胎儿快速生长，器官和系统成熟。

### 一、动物的妊娠期时间

不同动物品种的妊娠期不同，同一品种间妊娠期也有差异。遗传因素是决定妊娠期长短的主要因素，此外母体、胎儿、环境（季节、日照等）等因素也影响妊娠期。各种家畜的妊娠期见表 5-1，实验动物和野生动物的妊娠期见表 5-2。

**表 5-1 各种家畜的妊娠期**

| 畜别 | | 妊娠期/d | |
| --- | --- | --- | --- |
| | | 范围 | 平均 |
| 牛 | 秦川牛 | 279～291 | 285 |
| | 南阳牛 | | 291 |
| | 埃及水牛 | 316～318 | |
| | 江汉水牛 | 303～373 | 331 |
| | 摩拉水牛 | 277～322 | 305 |
| | 中国荷斯坦（Holstein） | 250～305 | 280 |
| | 爱尔夏（Ayrshire） | | 278 |
| | 瑞士褐牛（Brownswiss） | 270～306 | 290 |
| | 乳用短角牛（Dairy shorthorn） | | 282 |
| | 娟姗（Jersey） | 270～285 | 279 |
| | 瘤牛（Zebu） | 271～310 | 292 |
| | 牦牛 | 240～270 | 253 |
| | 牦牛怀犏牛（与黄牛杂交妊娠） | | 274 |

续表

| 畜别 | | 妊娠期/d | |
|---|---|---|---|
| | | 范围 | 平均 |
| 牛 | 安格斯（Angus） | | 279 |
| | 海福特（Hereford） | 243～316 | 285 |
| | 西门塔尔（Simmental） | | 285 |
| | 肉用短角牛（Beef-Shorthorn） | 273～294 | 283 |
| 绵羊 | 绵羊 | 146～157 | 150 |
| | 粗毛和中毛绵羊 | 140～148 | |
| | 多塞特（Dorset） | | 144 |
| | 汉普夏（Hampshire） | | 145 |
| | 雪洛泊夏（Shropshire） | | 146 |
| | 考力代（Corredale） | | 149 |
| | 芬兰兰德瑞斯（Finnish Landrance） | | 145 |
| | 塔基羊（Targhee） | | 150 |
| | 兰布莱（Rambouillet） | | 150 |
| | 美利奴（Merino） | | 150 |
| 山羊 | 山羊 | 146～161 | 152 |
| | 奶山羊 | | 151 |
| 猪 | 家猪 | 110～123 | 114 |
| | 野猪 | 124～140 | |
| 马（包括驴、骡） | 阿拉伯（Arabian） | 301～371 | 337 |
| | 比利时（Belgian） | 304～354 | 335 |
| | 克拉斯代（Clydesdale） | | 334 |
| | 摩根（Morgan） | 316～363 | 344 |
| | 夏尔（Shire） | | 340 |
| | 纯血马（Thoroughbred） | 301～345 | 338 |
| | 贝尔修伦马（Percheron） | 321～345 | |
| | 轻型马 | 340～342 | |
| | 重挽马 | 330～340 | |
| | ♂马×♀驴 | 321～374 | |
| | ♂驴×♀马 | 340～406 | |
| | ♂驴×♀驴 | 350～396 | |
| 骆驼 | 双峰驼 | 374～419 | 402 |
| | 单峰驼 | 370～395 | 384 |
| | 美洲驼 | 342～345 | |
| 犬 | | 59～63 | |
| 猫 | | 56～65 | |
| 兔 | | 26～36 | |

表 5-2　实验动物和野生动物的妊娠期

| 动物 | 妊娠期/d | | 动物 | 妊娠期/d | |
|---|---|---|---|---|---|
| | 范围 | 平均 | | 范围 | 平均 |
| 豚鼠 | 63～70 | | 鼬 | | 225 |
| 仓鼠 | 16～19 | | 狮 | 105～112 | |
| 大鼠 | 22～23 | | 虎 | 105～113 | |
| 小鼠 | 10～20 | | 狼 | | 63 |
| 野兔 | 50～52 | 51 | 郊狼 | 60～68 | |
| 马鹿 | | 250 | 欧鼹 | | 40 |
| 梅花鹿 | 229～241 | | 犀牛 | 530～548 | |
| 羚羊 | | 180 | 浣熊 | | 63 |
| 黑貂 | 241～260 | | 松鼠 | 28～40 | |
| 水貂 | 49～51 | 50 | 袋鼠 | 38～40 | |
| 白貂 | 38～41 | 40 | 负鼠 | 7～13 | |
| 北美野牛 | 270～276 | | 栗鼠 | 113～128 | |
| 黑熊 | 208～240 | | 海狸 | 105～107 | 106 |
| 狐狸 | 51～52 | | 獾 | 342～371 | 357 |
| 北极狐 | 51～53 | 52 | 象（印度） | 615～650 | |

## 二、影响妊娠期的因素

### （一）遗传因素

遗传因素是决定妊娠期长短的内因。例如，瘤牛妊娠期比黄牛长，乳用牛比肉用或役用牛稍长。胎儿基因型也会影响妊娠期，杂种尤为明显，如马怀骡比怀马约长 10d，驴怀骡比怀驴约短 6d；双峰驼的妊娠期约 402d，单峰驼 384d，二者杂交的妊娠期为 398d；黄牛和牦牛杂交犏牛后代妊娠期在黄牛和牦牛之间。

### （二）环境因素

妊娠期与环境也相关。春季产犊的牛妊娠期比秋季的长，夏季产犊妊娠期最短，冬季最长。春季配种的马妊娠期长，秋季配种的短；妊娠期间光照时间长也会延长妊娠。

### （三）胎儿数目和性别因素

多胎动物胎数少时妊娠期要稍长，单胎动物妊娠双胎及怀雌性胎儿的妊娠期稍短。例如，荷斯坦奶牛单胎妊娠期为（282.4±1.5）d，双胎为（276.0±1.6）d；雄性胎儿妊娠期为（284.6±1.9）d，雌性胎儿为（280.3±1.5）d。

### （四）饲养管理和疾病因素

营养不良、慢性消耗性疾病、饥饿、应激等因素可使妊娠期缩短，分娩提前，甚至早产或流产。胎盘或胎儿炎性感染，也会导致早产或流产。妊娠期延长因素也有多种，如维生素 A 缺乏，大量使用孕激素，甲状腺功能减退，胎儿头面畸形、垂体萎缩，发育异常如无脑胎儿、肾上腺发育不全及颅面部和中枢神经系统异常等都可能引起妊娠期延长。

## 三、胎儿数目

根据正常排卵个数和胎儿数目可将家畜分为单胎动物（monotocous animal）和多胎动物（polytocous animal）两种。

单胎动物通常一次只排 1 个卵子和 1 个胎儿发育（牛偶尔妊娠双胎）。多胎动物通常一次排 3 个以上卵子，妊娠 2 个以上胎儿，极少有单胎。早期胚胎死亡率可达 20%～40%。每一胎儿体重只占母体的 1%～3%，胎儿躯体小，肢端短，多呈"子弹"型，极少难产。不同品种胎儿数目也不同。

### （一）单胎动物怀双胎或多胎

**1. 牛双胎或多胎**　　牛双胎率与品种相关。荷斯坦牛为 3.3%，瑞士褐牛为 2.7%，娟姗牛为 1%。胎次增加双胎率有所上升。牛排双卵的比例约为 13.1%，多数胚胎在妊娠早期死亡吸收，双胎率极低。双胎 90% 是双角妊娠。

同卵双胎（monozygotic twins）和异卵双胎（dizygotic twins）率分别占双胎的 0.7%～18% 和 93%～95%。同卵双胎为性别、血型和外貌特征（尾毛、头旋毛、口型和花型等）相同，进行皮肤和器官交互移植时不发生排异反应，同卵双胎占分娩总数的 0.05%～0.3%。异卵双胎外貌不同，性别及血型也可能相异；早期就会出现两胎儿胎盘血管产生的吻合支而发生血液嵌合，原始红细胞发生交换，血红蛋白和运铁血红蛋白也显示嵌合现象，出现异性孪生母畜不育。

**2. 绵羊和山羊的双胎或多胎**　　羊排卵与遗传和营养状态密切相关。蒙系羊、藏系羊、滩羊、细毛羊一般为单胎，少见双胎；湖羊、小尾寒羊单胎少，双胎或三胎多，如湖羊单胎率为 19%，双胎率为 38%，三胎率为 30%；山羊中有的乳用品种（如萨能山羊）产双胎较多。

**3. 马双胎或多胎**　　马排双卵的比例为 18%～20%，但双胎率极低，占 0.5%～1.5%，多为异卵双胎。95% 排双卵的马，妊娠早期一个胚胎死亡、被吸收或干尸化，另一个继续发育，或两个胚胎都死亡。

**4. 单胎动物妊娠双胎或多胎因素**　　产犊季节和年龄与双胎有关，奶牛 6～7 月产犊者，产双犊的略多；肉牛 8 月产双犊较多。随着年龄增长，双胎率增高。牛产后 30～40d 配种，双胎妊娠率增加。激素也会导致双胎，如应用促卵泡素诱导母畜（牛）发情，超数排卵或治疗卵巢疾病时，会导致双胎妊娠。遗传也影响双胎。

### （二）多胎动物怀单胎

多胎动物发情受精时处于不良环境应激，会导致胎儿数目减少。例如，猪有时妊娠一个胎儿；胎次增加，单胎妊娠概率增加。前者可能是胚胎早期死亡所引起，后者多因排卵过早或受精率低引起。

## 第二节　妊娠识别与妊娠建立

妊娠识别（maternal pregnancy recognition）是多种信号调节子宫环境和耐受性，建立母胎联系，胚胎得以发育。涉及胚胎和子宫内膜互作，内膜环境发生形态和功能变化。例如，孕体（conceptus）发出信号，子宫内膜催产素受体转录降低，子宫内膜 $PGF_{2\alpha}$ 合成或转运机制受限，抑制黄体退化，黄体继续合成分泌孕激素，从而使妊娠建立并维持。动物种间妊娠识别机制不同，如猪的雌激素、灵长类绒毛促性腺激素、啮齿动物的催乳素及反刍动物的干扰素参与妊娠识别和维持。

妊娠建立（establishment of pregnancy）是指妊娠识别后产生母子间信息和物质交流即孕体与子宫间生化信息传递，阻止黄体退化并延长功能，周期黄体变为妊娠黄体，部分动物妊娠后期，由胎盘替代黄体产生或补给孕酮维持妊娠（表 5-3）。

表 5-3　不同动物维持妊娠的孕酮来源

| 动物种类 | 妊娠阶段 | 孕酮来源 | 备注 |
|---|---|---|---|
| 牛 | 全妊娠期 | 妊娠黄体，肾上腺 | |
| | | 胎盘 | 量少 |
| 牦牛 | 3 个月以前 | 妊娠黄体 | |
| | 3 个月以后 | 胎盘，肾上腺 | 5 个月时胎盘孕酮升高 |
| 绵羊、豚鼠 | 妊娠前期 | 妊娠黄体 | |
| | 妊娠后期 | 胎盘 | |
| 山羊、猪、犬 | 全妊娠期 | 妊娠黄体 | |
| 马 | 妊娠后半期 | 胎盘 | |

品种不同，妊娠识别时间不同，但妊娠识别都发生在周期黄体退化之前（表 5-4）。

表 5-4　母体妊娠识别的时间（d）

| 畜种 | 发情周期 | 黄体期 | 妊娠识别 | 妊娠建立 |
|---|---|---|---|---|
| 牛 | 21 | 17~18 | 16~17 | 18~22 |
| 绵羊 | 16.5 | 14~15 | 12~13 | 16 |
| 猪 | 21 | 15~16 | 12 | 18 |
| 马 | 21 | 15~16 | 14~16 | 36~38 |

因胎儿具有同种异体抗原性，需母体免疫功能发生改变，才能维持妊娠。妊娠子宫内膜层内募集大量巨噬细胞和树突状细胞，参与母体免疫调节、细胞凋亡和催产素浓度调节。子宫细胞分泌细胞因子/趋化因子，诱导形成耐受性的子宫内环境，其机制包括：滋养细胞主要组织相容性抗原减少，巨噬细胞聚集，子宫细胞免疫调节等。在母体血液中检测到胎儿 DNA 也反映了有滋养细胞和（或）其碎片在子宫基底膜外的入侵。另外，滋养细胞外泌体也参与母胎信息交流。总之，妊娠识别免疫机制不完全清楚，主要涉及三个方面：妊娠期母体的免疫防御反应受到抑制；胎盘的屏障作用将胎儿抗原封闭起来，阻碍了胎儿抗原与母体免疫系统的接触；母体抗体及其他免疫因子受到胎盘屏障的阻碍而无法通过胎盘与胎儿接触发生免疫反应。

## 一、反刍动物的妊娠识别与妊娠建立

反刍动物妊娠识别发生不迟于发情周期的 17d。孕酮是妊娠建立和维持的关键因素，在调节子宫内膜分泌中起重要作用。反刍动物妊娠早期，黄体功能维持依赖孕体合成与分泌的多肽。干扰素-τ（IFN-τ）是反刍动物孕体附植前后滋养层分泌的一类蛋白质，以邻分泌的方式作用于子宫内膜，防止黄体溶解。孕体从球形到线状发育期，IFN-τ 分泌增加，妊娠 17～22d 出现分泌高峰，此时正处于周期黄体溶解关键期。鼠、猪、人的滋养层也能分泌 IFN-τ，但其抗黄体溶解作用与反刍动物不同。羊与牛相似，IFN-τ 分泌峰值也处在母体妊娠识别关键时期。IFN-τ 只在妊娠早期起作用，之后则需要其他因子参与黄体维持。

## 二、猪的妊娠识别与妊娠建立

雌激素是猪妊娠识别的主要信号。猪的胚泡产生雌激素，使母体发生妊娠识别，抑制黄体溶解，分泌孕酮时间延解。在妊娠 11～12d，胚胎孵化，孕体快速地从 9～10mm 球形延伸成 1000mm 长丝形，该期也是胚胎存活的关键时期，胚胎开始产生雌激素，随后在 15～30d 伴随孕体附植和胎盘形成，雌激素分泌持续增加，黄体功能维持。其机制是猪孕体分泌的雌激素使 $PGF_{2\alpha}$ 合成分泌到子宫腔内（外分泌方式），而不是进入血液循环（内分泌方式），导致 $PGF_{2\alpha}$ 不能到达卵巢溶解黄体。另外，子宫内膜由 $PGF_{2\alpha}$ 的合成转变成对黄体有保护作用的 $PGE_2$ 的合成来抑制黄体溶解。

## 三、马的妊娠识别与妊娠建立

马的妊娠识别早于其他家畜，但其确切机制尚不清楚。马妊娠早期孕囊和子宫内膜合成 $PGE_2$，拮抗 $PGF_{2\alpha}$ 对黄体的溶解。在排卵后 5～6d，桑葚胚分泌 $PGE_2$，促进胚胎从输卵管进入子宫，继续发育到囊胚。第 10 天左右孕囊分泌其他抗黄体溶解因子和妊娠相关糖蛋白（PAG）等，内膜产生 $PGF_{2\alpha}$ 下降。

## 四、灵长类动物的妊娠识别与妊娠建立

绒毛膜促性腺激素（CG）是灵长类动物妊娠识别的独特信号，对子宫的耐受性和胚胎植入产生影响。人囊胚附植前，囊胚的合胞体滋养层产生 hCG，抑制黄体溶解，延长黄体寿命和功能。

# 第三节　胚　胎　发　育

## 一、受精卵发育

受精过程在输卵管内完成，大多数动物的受精卵于排卵后 3～5d 从输卵管进入子宫。牛和绵羊的受精卵在排卵 66～72h 后，发育到 8～16 个细胞时进入子宫；而马的受精卵则在排卵后 4～5d 进入子宫，此时受精卵已发育至胚泡阶段；猪受精卵进入子宫较早，在排卵后 46～48h，即 4 细胞胚时就进入子宫。

卵子受精形成合子，依靠卵母细胞胞质进行一系列有丝分裂，细胞数量增加，但总体积不变。受精后期，雌、雄原核的核膜消失，染色体排列在赤道板开启第一次分裂。经数次分裂，由单细胞变为多细胞（卵裂球）。卵裂球只分裂而总体积不变的过程称为卵裂（cleavage）。卵裂从输卵管的壶腹部-峡部连接处开始，形成的合子向子宫方向移动，同时在透明带内分裂，依靠输卵管和子宫分泌物支持发育，早期代谢率低，桑葚胚和囊胚阶段代谢显著增加。

（一）卵裂

受精卵分裂细胞大小相等，每个卵裂球含有和合子相同的遗传物质。之后独立分裂，分裂速度各异，较大的卵裂球率先继续分裂。多胎家畜全部受精卵卵裂过程并非同步。卵裂是有丝分裂。每一卵裂球具有干细胞的全能性。受精卵不断分裂形成一个实心细胞团，形态类似桑葚，称为桑葚胚（morula），游离在输卵管和子宫腺的分泌液中，细胞呈未分化状态（图5-1）。

（二）囊胚形成

在桑葚胚期，卵裂球开始分泌液体，卵裂球间隙则聚集着分泌的液体，随着液体的增多，卵裂球重新排列，胚胎内部出现了一个含液体的腔，称为囊胚腔（blastular cavity），这时的胚胎称为囊胚（blastocyst）。较大的分裂球偏在一端，这一类细胞形成内细胞团。较小的分裂球则排列在周边，形成滋养层或滋养外胚层。内细胞团将发育成为胎儿，滋养层将与子宫发生特殊联系，为胚胎发育供给营养。

从透明带孵出前，形成扩张囊胚，进一步发育和分化，滋养层细胞成为柱状上皮细胞，形成滋养外胚层，它从子宫环境中吸收营养。胚胎三个胚层形成以后，细胞空间位置和所处环境的差异及其变化，决定了各胚层细胞的发育方向，细胞潜能逐渐趋定向发育成本胚层的组织器官（图5-1）。

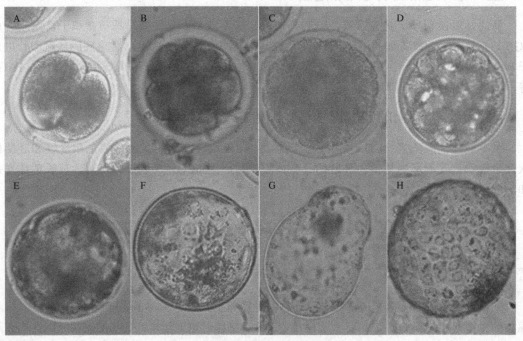

图 5-1　胚胎卵裂发育的不同阶段（牛）
A. 2 细胞胚；B. 8 细胞胚；C. 16 细胞胚；D. 桑葚胚；E. 囊胚；F. 扩张囊胚；
G. 孵化囊胚；H. 孵化后囊胚

彩图

（三）胚胎从透明带内孵出

囊胚扩张，胚胎从透明带内孵出，进入孵化囊胚阶段。孵化动力主要源于胚胎的交替舒缩，体积膨胀、收缩的物理作用使透明带拉长和变薄，继而造成透明带裂损；胚胎或子宫也释放出酶软化透明带。一旦透明带产生缝隙，胚胎就能突破透明带，膨胀孵出。卵裂球彼此间和内部相对运动，以及微绒毛作用，对孵出起一定作用。例如，鼠胚胎孵化主要是胚泡节律性膨胀和收缩的作用，雌激素刺激子宫上皮产生的透明带溶素也有辅助作用。胚胎脱离透明带后，其滋养层即迅速增殖，内细胞团逐步开始分化形成不同胚层（图5-2）。

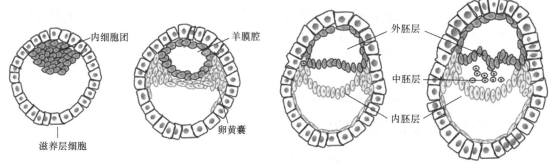

图 5-2　胚胎孵出后原肠胚形成

　　胚胎从透明带孵出时间相对固定，大多数哺乳动物是在排卵后 4～8d，孵化过程发生在子宫内（表5-5）。

表 5-5　胚胎早期发育和孵出时间

| 胚胎早期发育过程 | 动物种类 | | | | | | |
|---|---|---|---|---|---|---|---|
| | 牛 | 猪 | 马 | 绵羊 | 山羊 | 兔 | 鼠 |
| 胚胎早期发育/d | 0～24 | 0～24 | 0～24 | 0～38 | 0～38 | 0～24 | 0～24 |
| 2 细胞/h | 24 | 24 | 24 | 24 | 24 | 24 | 24 |
| 4 细胞/h | 48 | 72 | | | | 48 | 48 |
| 8～16 细胞/h | 48～54 | 72 | | | | 48～72 | 48 |
| 致密桑葚胚/h | 144 | 72～80 | | 96 | 4～5d | 48～68 | 72～80 |
| 胚泡/d | 7～8 | 5～6 | 6 | 6～7 | 7～8 | 3～4 | 3～4 |
| 孵出/d | 9～11 | 7 | 7 | 8～9 | | | |
| 胚胎进入子宫/d | 4～5 | 2 | 5.5 | 4～6 | 6 | 3～4 | 3 |
| 胚胎伸长/d | 13～14 | 10～12 | | 12～13 | 12～14 | | 6～7 |
| 妊娠识别/d | 16～17 | 12 | 14～16 | 12～13 | | | |
| 植入/d | 28～35 | 17～24 | 49～70 | 17～18 | 14～16 | 7～8 | 4～5 |

（四）胚胎伸长

　　胚胎从透明带孵出，滋养层快速增殖，形态发生变化。牛、羊、猪的胚泡，由原来充满液体的圆球形转变成长的带有皱褶的孕体。牛胚泡附植迟于绵羊和猪，附植前生长比较缓慢。排卵后 13d 的牛胚泡直径约为 3mm，第 17 天时可长达 15～20cm，呈细丝线形，占据子宫的 1/3，第 18 天时胚泡扩张到对侧子宫角。绵羊于排卵后第 5 天形成胚泡，第 7 天之前胚泡呈圆形，发育缓慢，大约由 300 个细胞组成。猪的胚胎从透明带内孵化后，各个胚泡体积差异较大，第 7～8 天时，体积逐渐增大，胚泡已不再是圆形，外表已有皱褶形成。第 13 天后，部分胚泡快速伸长，长达 80～110cm。

牛、绵羊、马和猪的胚泡附植前有一段比较长的游离期，胚胎大小和形态变化同子宫液的组成（组织营养）密切相关，而子宫液成分又受卵巢甾体激素调节，如孕酮对子宫蛋白分泌起决定性作用。

### （五）胚胎定位及其间距

胚胎在子宫内游离一段时间后，多胎动物的胚胎在两子宫角内重新分布，胚胎间保持等距离空间是胚胎生存的基础。猪在发情后 5～6d，子宫角尖端就有胚胎，之后胚胎进入子宫体，在第 9 天，就有胚胎进入对侧子宫角，胚胎迁移和胚胎分布过程约在第 12 天完成，这时胚泡迅速伸长。胚胎在子宫内迁移和保持间距由正在发育的胚胎刺激子宫肌产生蠕动收缩来调节，通过产生雌激素、基质胶和前列腺素等来刺激子宫。

## 二、胚胎和胎儿生长发育阶段

### （一）胚胎期（原肠形成和器官生成）

胚胎期细胞结构变化明显，同类型的特异细胞生长发育成为组织和器官，形成原肠胚。囊胚形成后，内细胞团（胚结）上滋养层细胞消失，内细胞团就形成胚盘。胚盘向着囊胚腔的部分以分层的方式形成一个新的细胞层，向周围的胚泡内壁扩张，成为完整的一层，称为内胚层（endoderm）。胚盘的外层细胞分化为外胚层（ectoderm）。内胚层和由滋养层而来的滋养外胚层共同形成原肠的壁，其中的腔为原肠腔，这一时期的胚胎也可称为原肠胚。

胚泡进一步发育时，胚盘成卵圆形，尾端的外胚层增生加厚，形成原条。原条中央下陷，称为原沟，沟两侧的隆起称为原褶。接着胚盘的一部分突出，在内、外胚层之间呈翼状展开，并向周围发展，形成一个新的细胞层，称为中胚层（mesoderm）。将来外胚层形成皮肤表皮和毛发，内部细胞层形成神经系统；中胚层形成肌肉、软骨、韧带、骨骼、循环系统（心脏、血管、淋巴管）和泌尿生殖系统；内胚层逐渐变成为肠腔的内壁，最后形成消化系统和呼吸系统。

### （二）胎儿期或胎儿生长期

胚胎外膜附植到子宫内膜，进入胎儿期，胚胎从游离状态转变为附植状态。组织、器官开始发育，直到个体发育成熟。胎儿期发育呈几何级增长，尤其最后 2～3 个月增长最快。例如，牛在妊娠 210～270d 时，胎儿体重增长为 210d 时的 3 倍。

## 第四节　胎膜及胎盘

胚胎发育需要胎膜和胎盘提供均衡的营养和良好的发育环境。胎盘构造与物种有关，胎龄不同，相应胎盘发育阶段不同。妊娠早期，受精卵悬浮在子宫腔内；发育至胚泡阶段，胚泡扩展，逐步占据子宫腔，与子宫内膜联结，形成胎盘结构。

## 一、胎膜

胎膜是支持胚胎发育的器官，胎儿经胎膜从母体获得营养和排出代谢产物，胎膜也合成酶和激素。胎膜由三个基本胚层（外胚层、中胚层、内胚层）所形成的卵黄囊膜、羊膜、尿膜和绒毛膜组成（图 5-3）。最早滋养层成为外胚层，在胚盘后端，外胚层与内胚层之间从原条开始发育出中胚层，并分裂为无血管的体中胚层和有血管的脏中胚层。然后，胚盘稍为下陷，滋养层和体中胚层沿胚盘周围向胚胎上方形成羊膜襞，逐渐合拢融合，把胚胎包围起来。皱襞分成内、外两层，内层为羊膜，外层为绒毛膜，有大量微绒毛，包裹着尿膜、羊膜、卵黄囊膜。同时，内胚层和中胚层（胚脏壁）也向胚盘下方形成皱襞，将原肠分为胚胎体内的原肠和体外的卵黄囊。随着皱襞的合拢，卵黄囊和原肠之间仅有一细管相通。卵黄囊同绒毛膜融合形成卵黄囊胎盘，并在母体子宫特定部位附植，发生物质交换。有些哺乳动物胚胎在 1 周龄左右卵黄囊就退化，而另一些哺乳动物，卵黄囊胎盘则是整个妊娠期营养交换的重要器官。尿囊是从原肠后端（后肠）发育出的一个盲囊，突出于胚胎之外，同膀胱相连接，因此尿囊液主要是胎儿的尿液，富含尿素和含氮代谢物。随着尿囊的扩张，延伸到胚外体腔，同绒毛膜融合，形成界线分明的尿膜-绒毛膜胎盘，开始发挥胎盘作用（图 5-3 和图 5-4）。羊膜囊包裹在胎儿外形成充满液体的环境，胚胎悬浮状态发育。

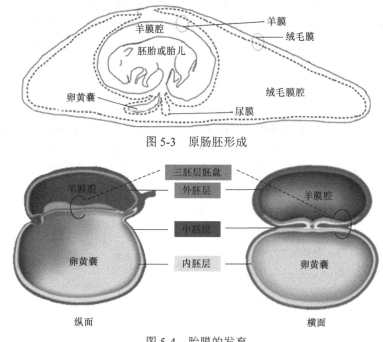

图 5-3 原肠胚形成

图 5-4 胎膜的发育

彩图

（一）卵黄囊

与禽类不同，哺乳动物卵子无卵黄，但在发育早期有一个较大的卵黄囊（yolk sac），囊壁由内胚层、脏中胚层和滋养层构成，脏中胚层上密布血管网，形成完整的卵黄囊血液循环系统，起着原始胎盘（卵黄囊胎盘）的作用，从子宫中吸取子宫乳（子宫分泌物、分解的白细胞及黏膜脱落的上皮细胞共同构成子宫乳），是此阶段主要的营养器官。家畜卵黄囊起暂时性胎盘功能，待永久胎盘（尿膜-绒毛膜胎盘）形成后便退化。

（二）羊膜囊

卵黄囊发育一定时间后，羊膜囊（amnion）形成。绵羊、马和牛于妊娠 13～16d 形成，猪、犬和猫略早。羊膜囊是一个外胚层囊，除脐带外，它将胎儿整个包围起来，囊内充盈羊水（amniotic fluid），胎儿悬浮其中，起着机械性保护作用。尿囊出现并继续增大后，将羊膜囊挤向绒毛膜，并使一部分羊膜在胚胎的背侧和绒毛膜黏合，形成羊膜-绒毛膜（牛、羊、猪），但其他家畜的羊膜并不与绒毛膜接触。奇蹄类动物的羊膜在胚胎 28d 时已被尿膜包裹，尿膜的内壁和羊膜融合，形成尿膜-羊膜。

在脐带及其附近的羊膜上有多个形状极不规则、白色、无光泽而且增厚的上皮突起，称为"羊膜斑"，妊娠 3～7 个月时最多见。

妊娠中期以前，羊水透明水样，随着妊娠，尿水量增多，羊水量仍然稳定增长，且变得黏稠，膀胱括约肌阻止尿液排入羊膜腔内。羊水黏稠可能是胎儿唾液和鼻咽等分泌物进入羊水所致。羊水中除含有电解质和盐分外，还含有胃蛋白酶、淀粉酶、脂肪酶、蛋白质、果糖、脂肪和激素等，并随着妊娠期的不同阶段而变化。此外，羊水中含有脱落的上皮细胞和白细胞。

羊水可保护胎儿免受外力影响；防止胚胎组织和羊膜发生粘连；分娩时有助于子宫颈扩张和润滑产道，利于顺利分娩。羊水量过多，甚至超过正常量的数倍，是羊膜水肿；羊水内有胎粪，多使分娩时发生胎儿缺氧或窒息；极少数情况下，还可发现羊水内有毛球，与妊娠期长、胎儿过大有关。

（三）尿囊

尿囊是沿着脐带并靠近卵黄囊由后肠而来的一个外囊。尿囊位于绒毛膜和羊膜之间。最初出现的尿囊为一半圆形凸起，其横面呈锚形，以后则向周围逐渐扩张开来。

尿囊最终紧贴着绒毛膜而将长形绒毛膜囊腔填满，所以只在顶部可见到少量的绒毛膜囊液。由于尿囊处于绒毛膜之内和羊膜之外，因而分别与脏壁中胚层和体壁中胚层融合，形成羊膜-尿膜和尿膜-绒毛膜（图 5-5）。到此阶段，只可见到两个充满液体的囊腔，卵黄囊退化。

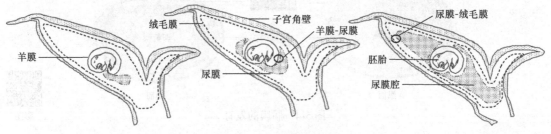

图 5-5　牛胎膜囊发育

尿囊壁是由脏中胚层的血管层覆盖在内胚层上构成的，所以尿囊的外膜上有大量血管分布，随后与绒毛膜融合成为尿膜-绒毛膜，形成与胚胎联系的血管。在发育早期，尿囊通过密闭的脐尿管收贮尿液。大家畜于妊娠 24～28d 尿囊就完全形成；在绵羊、牛，除未扩张的绒毛端外，胎膜总长度伸长；未扩张的绒毛端，由于无血管分布而发生萎缩、坏死。尿囊液（allantoic fluid）来自胎儿的尿液和尿膜上皮的分泌物。尿囊液含有白蛋白、果糖和尿素。猪和绵羊妊娠早期尿囊液生成快，妊娠中期缓慢，妊娠末期又迅速增多。尿囊液有助于分娩初期扩张子宫颈。子宫收缩时，尿囊液受到压迫即涌向子宫颈，推着尿膜-绒毛膜楔入子宫颈管中，使它扩张开放。

（四）绒毛膜

胚胎滋养层形成后，和胚外体壁中胚层融合共同构成体壁层，形成胎膜最外面的一层膜即绒毛膜（chorion）。绒毛膜包在其他三种胎膜之外，结构上与它们有密切联系。根据家畜种类和发育阶段的不同，绒毛膜可构成卵黄囊膜-绒毛膜、尿膜-绒毛膜和羊膜-绒毛膜。牛、羊、马绒毛膜囊的形状与子宫同形，猪的绒毛膜为长梭形，表面有绒毛，绒毛在尿囊上增大，尿囊上的血管在尿膜-绒毛膜内层构成血管网。

（五）脐带

脐带（umbilical cord）是由包着卵黄囊残迹的两个胎囊及卵黄管延伸发育而成，是连接胎儿和胎盘的纽带，内含脐动脉、脐静脉、脐尿管、卵黄囊遗迹和黏液组织。血管壁厚，动脉弹性强，静脉弹性小。

## 二、胎盘

胎盘（placenta）通常是指尿膜-绒毛膜和子宫内膜发生联系所形成的暂时性组织器官，由母体胎盘和胎儿胎盘两部分组成。尿膜-绒毛膜为胎儿胎盘，子宫内膜为母体胎盘，彼此间结构独立，可进行物质交换满足胎儿发育需要。

（一）胎盘类型

**1. 按照形态划分** 胎盘可分为 4 种类型。

（1）弥散型胎盘（diffuse placenta） 猪、马、骆驼等属于此类胎盘。绒毛膜整个表面被绒毛覆盖，绒毛伸入子宫内膜腺窝，构成胎盘单位或称微子叶，在此发生物质交换。马、猪的尿膜-绒毛膜形成皱襞，与子宫内膜彼此融合，扩大胎盘面积。马发育完全的绒毛长约 1.5mm，有分支。子宫内膜上皮形成腺窝，绒毛插入腺窝内，绒毛和腺窝联结紧密但不牢固。因此马妊娠初期的流产比牛、羊多，但少见胎衣不下。分娩时偶见绒毛膜提前与子宫内膜脱离，如果胎儿排出缓慢，易导致缺氧而发生窒息（图 5-6 和图 5-7A）。猪绒毛有聚集现象，形成多个小圆形绒毛晕（areolae）。妊娠 3～7 周时，滋养层上形成多个小型斑，并陷于一浅窝内，以后小斑上生出绒毛，即成为绒毛晕，绒毛伸至子宫腺开口的凹陷内，结合比马紧密。

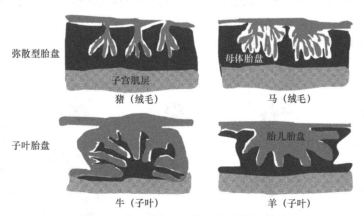

图 5-6 胎儿胎盘和母体胎盘的附植关系

（2）子叶胎盘（cotyledonary placenta） 见于牛、绵羊、山羊和鹿。绒毛膜上的绒毛分布不均匀，呈多个圆形块状，称为胎儿子叶，胎儿子叶的绒毛丛与子宫内膜无腺体区（子宫阜）相对应部位为母体胎盘，胎儿子叶和母体子宫阜结合形成胎盘突（placentoma），是母体和胎儿

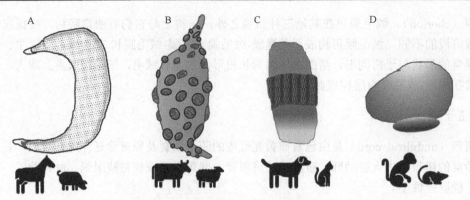

图 5-7　哺乳动物的 4 种胎盘类型
A. 弥散型胎盘；B. 子叶胎盘；C. 带状胎盘；D. 盘状胎盘

物质交换的场所。子叶绒毛与子宫阜上隐窝紧密融合，伸入子宫内膜间质中与子宫内膜的腺体直接接触。子叶胎盘比弥散型胎盘结构复杂（图 5-6 和图 5-7B）。子宫阜间区和子叶间区不形成胎盘结构。牛胎盘子叶是"子包母"型，即胎儿胎盘部分包围着母体胎盘部分（子宫阜）。羊胎盘结构与牛相同，绵羊子叶绒毛大约于排卵后 20d 产生，胎盘突小而圆，母体胎盘和胎儿子叶的形状与牛相反，绵羊母体胎盘呈凹型的盂状，将圆形子叶包起来，即"母包子"型；山羊的母体胎盘表面浅凹，呈圆盘状，子叶呈丘状附植于其凹面上（图 5-6 和图 5-7B）。各种动物之间胎盘突的数目不同，牛一般为 75～120 个。

（3）带状胎盘（zonary placenta）　　肉食动物的胎盘都是带状胎盘，其特征是绒毛膜上绒毛聚合在一起形成宽 2.5～7.5cm 的绒毛带，环绕在卵圆形的尿膜-绒毛膜囊的中部（赤道区上），子宫内膜也形成相应的母体带状胎盘。带状胎盘分为两种：一种是完全带状胎盘，如犬和猫；另一种是不完全带状胎盘，如熊、海豹、雪貂和水貂（图 5-7C）。

（4）盘状胎盘（discoid placenta）　　哺乳动物中的小鼠、大鼠、兔、蝙蝠、猴和人等啮齿类和灵长类均为盘状胎盘。胎盘由一个圆形或椭圆形盘状的子宫内膜区和尿膜-绒毛膜区相连接组成。绒毛膜上的绒毛突入子宫内膜的血管壁，直接与母体血池接触或者绒毛内皮与母体血池接触（图 5-7D）。

**2. 按母体血液和胎儿血液之间的组织层次划分**　　可将胎盘分为 5 种（图 5-8 和表 5-6）。

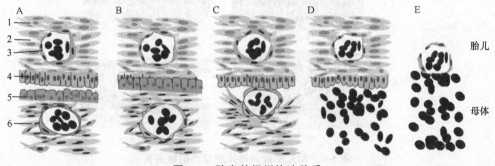

图 5-8　胎盘的组织构造关系
A. 上皮绒毛膜型；B. 上皮结缔绒毛膜型；C. 内皮绒毛膜型；D. 血液绒毛膜型；E. 血液内皮型
1. 皮下组织；2. 中胚层；3. 毛细血管；4. 滋养层；5. 子宫内膜上皮层；6. 结缔组织

表 5-6 胎盘类型及母体血液与胎儿血液之间的组织层次

| 胎盘类型 | | | 母体胎盘组织层次 | | | | 胎儿胎盘组织层次 | | | 代表动物 |
|---|---|---|---|---|---|---|---|---|---|---|
| 有无蜕膜 | 绒毛分布 | 组织关系 | 内皮 | 结缔组织 | 上皮 | 子宫腔 | 滋养层 | 结缔组织 | 内皮 | |
| 非蜕膜 | 弥散 | 上皮-绒毛膜 | + | + | + | + | + | + | + | 猪、马、驼 |
| （半胎盘） | 子叶 | 上皮-结缔绒毛膜 | + | + | ± | + | + | + | + | 牛、羊 |
| 蜕膜 | 带状 | 内皮-绒毛膜 | + | - | - | - | + | + | + | 犬、猫 |
| （真胎盘） | 盘状 | 血液-绒毛膜 | - | - | - | - | + | + | + | 人、蝙蝠 |
| | 盘状或圆形 | 血液-内皮 | - | - | - | - | - | - | + | 鼠、兔、豚鼠 |

（1）上皮绒毛膜型胎盘（epithelio chorial placenta） 见于猪、马和驼，子宫内膜上皮细胞和绒毛膜滋养层细胞接触，它们的表面均有微绒毛彼此融合。此类胎盘在母体血液和胎儿血液之间有 6 层组织，即子宫血管内皮、结缔组织、黏膜上皮和绒毛（滋养层）上皮、结缔组织及胎儿血管内皮（图 5-8A）。

（2）上皮结缔绒毛膜型胎盘（syndesmochorial placenta） 见于牛、羊等反刍动物，母体胎盘表面的黏膜可能由于受到绒毛滋养层的吞噬，从妊娠 4 个月起开始变性消失，子宫内膜下结缔组织和绒毛基部接触，故称为上皮结缔绒毛膜型。妊娠后半期，整个母体胎盘表面及腺窝开口处没有上皮层，腺窝底部则保留有子宫内膜的上皮，故又称为上皮绒毛膜和结缔绒毛膜混合型胎盘，或上皮结缔绒毛膜胎盘。在妊娠后期，该胎盘类型除子宫上皮外，其余 5 种组织均存在（图 5-8B）。

由于绒毛膜和母体胎盘联系紧密，分娩时二者不能立即分离，所以即使胎儿排出较慢。只要子宫收缩不太剧烈，胎盘循环功能保留，胎儿就不会窒息。但产后胎衣排出较慢，容易发生胎衣不下。

（3）内皮绒毛膜型胎盘（endothelio chorial placenta） 见于犬、猫。只有子宫血管内皮区和胎儿胎盘绒毛上皮、结缔组织及胎儿血管内皮共 4 层组织，将母体血液和胎儿血液分开，子宫内膜上皮和结缔组织消失（图 5-8C）。

（4）血液绒毛膜型胎盘（haemo chorial placenta） 见于灵长类和蝙蝠。胎儿绒毛（包括绒毛上皮、结缔组织和胎儿血管内皮细胞）直接侵入母体血液血池内，没有母体的其他组织（图 5-8D）。

（5）血液内皮型胎盘（haemoendothelial placenta） 见于鼠、兔和豚鼠等动物。胎儿绒毛的上皮和结缔组织消失，仅有绒毛血管内皮与母血直接接触（图 5-8E）。

**3. 按是否形成蜕膜划分** 将胎盘又可分为两种。

（1）蜕膜型胎盘（decidual placenta）或结合型胎盘 又叫作真胎盘，主要见于灵长类和啮齿动物。母体子宫上皮、黏膜下层、蜕膜细胞和胎儿胎盘形成蜕膜，子宫内膜蜕膜化。根据受精卵植入子宫腔的部位，可分为三部分：底蜕膜（在受精卵下面的蜕膜，位于受精卵和子宫壁之间，将来发展成为母体胎盘）、包蜕膜或囊状蜕膜（包围着孕体，使其与子宫腔隔开，将来成为胎膜的一部分）和真蜕膜或周壁蜕膜（覆盖在子宫腔内的蜕膜，除形成底蜕膜部分之外，其余都是真蜕膜）。

（2）非蜕膜型胎盘（nondecidual placenta） 又叫作半胎盘，见于家畜。分娩后胎盘脱落时，子宫内膜组织均不受损，也无出血。反刍动物于分娩后 6~10d，宫阜表面"脱皮"而失去上皮。

（二）胎盘的功能

胎盘是维持胎儿生长发育的器官，承担胎儿的消化、呼吸和排泄作用，其主要功能包括气体和物质交换、防御屏障与合成和分泌功能。胎儿血液循环同母体血液循环各自独立，血液不直接相通。其中母体胎盘血液来自子宫动脉，胎儿胎盘血液则来自脐动脉和脐静脉。

**1. 胎盘的气体和物质交换功能** 胎盘的气体和物质交换功能主要通过渗透、弥散、主动传递、特殊转运、胞饮和吞噬等生理过程来实现，而且具有选择性。

（1）气体交换 胎盘气体交换类似肺气体交换，不同之处是胎盘是液体之间交换，肺部则为气体与液体之间交换。相当于胎盘通过扩散方式进行气体交换代替肺的呼吸。

（2）物质交换 胎儿所需的营养物质均通过胎盘由母体供给。

1）蛋白质。囊胚附植后，子宫上皮发生蛋白质分解，绒毛膜细胞可以吞噬组织碎片和蛋白质进入胚胎；胎盘形成后，胎儿血液中蛋白氮和非蛋白氮均来自子宫内膜细胞的分解产物及血浆成分，大多需蛋白酶分解为氨基酸，在胎盘中再次合成吸收。

2）糖。胎盘能贮存糖原，胎盘中的糖原是其组织的代谢产物，在不同的妊娠期糖原含量也不相同。胎儿血液中以果糖居多，葡萄糖低于母体。

3）脂肪。胎儿脂肪来源有两种途径，一是由胎盘输送，二是碳水化合物和乙酸合成的游离脂肪酸，以弥散方式通过胎盘。通常根据胎盘类型的不同，脂肪需分解成脂肪酸及甘油，通过绒毛膜上皮后再进行合成，或以甘油酯形式直接进入胎儿肝。

4）矿物质。家畜胎儿血浆中钠、钾、镁的浓度均高于母体，而且镁的浓度取决于母体摄取的日粮中镁的含量，饲料镁含量高，血中镁浓度也高，胎儿的肝不贮存镁。钙和磷是由母体通过胎盘进入胎儿，并在胎血中保持较高水平，且随着妊娠发展而增加，以逆渗透梯度吸收。

5）维生素和激素。水溶性维生素 $B_2$ 和维生素 C 易通过胎盘。脐静脉中维生素 C 浓度高于脐动脉；胎血中维生素 $B_2$ 浓度高于母血。脂溶性维生素 A、维生素 D 和维生素 E 难以通过胎盘，脐血中脂溶性维生素含量较低。

**2. 胎盘的防御屏障功能** 胎盘的防御屏障（placenta barrier）功能包括两方面，一是阻止部分物质转运，使胎盘摄取母体物质具有选择性；二是胎盘免疫屏障功能，同胎盘类型有关，凡胎盘涉及的组织层次多，其屏障作用就大。通常细菌不能通过绒毛进入胎儿血液中，但某些病原体（如结核杆菌）在胎盘中引起病变而破坏绒毛，则可通过绒毛进入胎儿血液。病毒、噬菌体及分子质量小的蛋白质也可通过胎盘进入胎体。抗生素中青霉素少量透过胎盘，氯霉素能自由通过，土霉素在猪能通过，在牛则不能通过。某些药物如乙醚、氯仿、乙醇等也可通过胎盘。

部分母源抗体通过胎盘使胎儿获得被动免疫，新生仔畜出生后一段时间内的抗病能力就是经胎盘传递而得到的。抗体也通过初乳传递给新生仔畜，或者两种方式均有。牛、羊、马等家畜，母体的抗体不能透过胎盘，只能通过初乳被动传递免疫；人、猴、豚鼠和家兔等母源抗体可通过胎盘传给胎儿。犬、猫、猪、大鼠和小鼠通过胎盘接受少量抗体，大部分经初乳摄入。

**3. 胎盘的合成和分泌功能** 胎盘是重要的暂时性内分泌器官，能合成和分泌催乳素、孕激素、雌激素及其他类固醇激素。家畜种类的不同产生不同的促性腺激素，如马属动物的 PMSG，在人还可产生 hCG、ACTH、GnRH、LHRH、TRH 等。

# 第五节 妊娠期母体的生理变化

妊娠后，胚泡附植、胚胎发育、生长、胎盘和黄体形成及其所产生的激素都对母体产生极大的影响，母体发生相应的变化，从而引起整个机体特别是生殖器官在形态学和生理功能方面发生一系列的改变。

## 一、生殖器官的变化

### （一）卵巢的变化

**1. 牛**　整个妊娠期都有黄体存在，妊娠黄体同周期黄体没有显著区别。妊娠时卵巢的位置则随妊娠而变化，由于子宫重量增加卵巢则下沉到腹腔。妊娠100d的青年母牛，在骨盆前下方处可摸到妊娠侧卵巢，未妊娠一侧卵巢则靠近骨盆腔。

**2. 绵羊**　妊娠后卵巢变化同牛类似，妊娠最初两个月黄体体积大，至115d则缩小，妊娠2～4个月时卵巢上有大小不等的卵泡发育。

**3. 猪**　卵巢上的黄体数目往往较胎儿数目多。部分胚胎在发育早期死亡。

**4. 马**　妊娠40d，直肠触诊卵巢可摸到黄体，这种黄体可延续5～6个月。有些同时有卵泡发育，极少排卵。妊娠40～120d，卵巢活跃，两侧或一侧卵巢上有许多卵泡发育，卵巢体积比发情时大。卵泡排卵形成副黄体或不排卵而黄体化。妊娠120d后所有黄体都逐渐退化，卵巢逐渐变小而较坚实，由胎盘分泌孕酮维持妊娠。

### （二）子宫的变化

妊娠后，子宫体积和重量增加。妊娠前半期，子宫体积的增长主要是由于子宫肌纤维增生肥大，妊娠后半期则主要是由于胎儿生长和胎水增多，子宫壁扩张变薄。妊娠后子宫内膜的血液供应由于孕酮的作用而增多，黏膜增厚，黏膜及黏膜下组织疏松。子宫腺扩张、伸展、卷曲，细胞中糖原增加且分泌增多。

**1. 牛**　妊娠28d时，羊膜囊呈圆形，直径约为2cm，占据孕角游离部；尿囊约长18cm，其中尿水少，尚未充分扩张，但也几乎占据整个孕角；妊娠35d时，羊膜囊为圆形，直径为3cm，占据孕角游离部分，孕角连接部和未孕角游离部无明显变化；妊娠60d时，羊膜囊呈椭圆形，且紧张，横径约7cm；妊娠90d时，子宫连接部紧张，孕角宽达9cm，未孕角约宽4.5cm，大多数牛生殖器官均在骨盆腔内，少数则位于腹腔；妊娠4个月以后，子宫下沉到腹腔，妊娠末期右侧腹壁较左侧腹壁突出。妊娠末期，子宫占据腹腔的右半部及左侧的一部分，瘤胃被挤向左前方。

**2. 猪**　妊娠时子宫肌长度增加，肌肉层变厚，胎儿所在的子宫角增粗，胎儿间的子宫角较狭窄，妊娠子宫长达1.5～3m，子宫角位于腹腔底部，呈弯曲状态。因此妊娠母猪腹壁下垂，子宫角向前可抵达横膈。猪妊娠末期由于子宫扩张，子宫壁变薄。

**3. 马**　妊娠18d时，子宫壁增厚、增大，子宫角有坚实感，轮廓清楚。有胎囊的子宫角呈管状隆起（同发情时子宫迟缓的囊状情况易区别），有些马子宫呈面团样。胎囊大小差异大。妊娠60d时还可触摸到未孕角，胎囊开始从孕角延伸到子宫体，子宫向前向下沉。妊娠后半期，妊娠角逐渐向前延伸，最大时几乎达到横膈。子宫则位于腹腔中部，有时也偏向于一侧，通常左侧腹壁较右侧腹壁突出。

### （三）子宫动脉的变化

妊娠时子宫血管变粗，分支增多，特别是子宫动脉（子宫中动脉）和阴道动脉子宫支（子宫后动脉）。随着脉管的变粗，动脉内膜的皱襞增加变厚，而且和肌层的联系疏松，所以血液流动时就从原来清楚的搏动，变为间断而不明显的颤动，称为妊娠脉搏。

### （四）阴道、子宫颈的变化

马、牛妊娠后，阴道黏膜苍白，表面的黏液黏稠且干燥。妊娠前 1/3 期，阴道长度增加，前端变细，分娩时则变短、变宽，黏膜充血，柔软、轻微水肿。子宫颈缩紧，黏膜增厚，其上皮的单细胞腺在孕酮的影响下分泌黏稠的黏液，填充于子宫颈管腔内，称为子宫颈塞。因此，子宫颈管被严密封闭起来，阻止异物进入，保护胎儿。黏液从透明、淡白到灰黄色黏稠，量也增多，并进入阴道。马子宫颈部黏液较少，封闭较松，手指可以伸入，如果子宫颈塞遭到破坏，3d 左右就会流产。

## 二、全身变化

妊娠后，母畜新陈代谢旺盛，食欲增进，蛋白质、脂肪及水分的吸收增多，营养状况良好。但至妊娠后期，由于消化能力降低，摄入营养优先满足胎儿发育所需，母体消耗增加，食欲良好但比较消瘦。由于妊娠后期胎儿对矿物质的需要量增加，母体矿物质（尤其是钙及磷）减少，若不及时补充，母畜容易发生行动困难、牙齿受损等。

此外，母畜的心脏负担加重，稍显肥大。血容量增加，血液凝固性增强，血沉加快。糖类消化率升高，肝糖原增多。组织水分增加，妊娠后期因子宫压迫腹下及后肢静脉，这些部位特别是乳房前下腹壁上易发生广而平、无热痛、捏粉样水肿。

## 三、内分泌变化

在整个妊娠过程中，激素调节非常重要，正是由于各种激素的密切配合和协同作用，才能维持胚泡附植和妊娠。

### （一）牛妊娠期内分泌变化

妊娠 14d 时，外周血液循环中孕酮与间情期相同，随后缓慢升高，并维持一定的浓度。在妊娠 200d 左右开始下降，分娩前迅速下降。整个妊娠期间有卵泡生长，为妊娠提供雌激素。妊娠早中期雌二醇量低，在妊娠 250d 以后，雌二醇含量急剧升高，分娩前达到峰值，产前 8h 迅速下降（图 5-9）。

妊娠期间 FSH 和 LH 水平低，无明显作用。整个妊娠期间催乳素含量也低，产前 20h 催乳素含量由 50～60mg/ml 升高到 320ng/ml 峰值，产后 30h 又下降到基础水平。

少数牛也会在妊娠期发情，但是持续时间短。血液中雌激素浓度也并未增加，孕酮水平维持高位。妊娠期发情原因不明。

### （二）绵羊妊娠期内分泌变化

妊娠绵羊血浆孕酮维持上升状态，在 60d 左右处于高水平，之后维持到妊娠的最后一周，这是由胎盘产生孕酮所致，分娩时迅速下降。多胎妊娠时孕酮含量明显较高，胎盘产生的孕酮量高于卵巢，通常高约 5 倍。雌二醇含量在整个妊娠期都低，分娩前数天升高，产羔时突然升高到 350pg/ml，产后快速下降（图 5-9）。

催乳素浓度在 20～80ng/ml 变动，妊娠后期，催乳素逐渐增加，产羔时达到 400～700ng/ml 峰值。

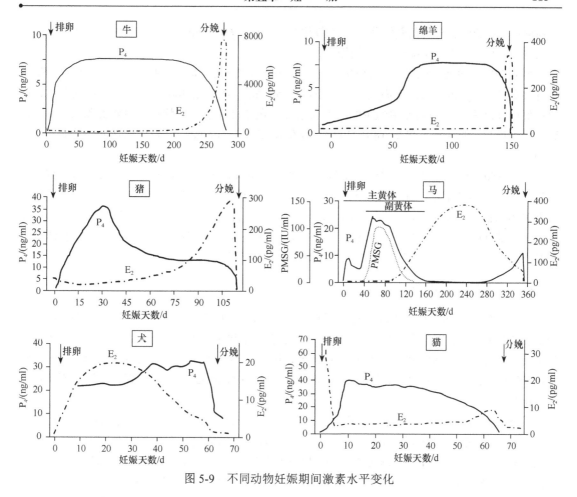

图 5-9 不同动物妊娠期间激素水平变化

（三）山羊妊娠期内分泌变化

同绵羊一样，山羊妊娠期间孕酮可增高到一定水平，而且保持稳定状态，直到分娩前几天才迅速下降。外周血中的总雌激素量比绵羊高，从妊娠 30～40d 开始逐渐增高，于分娩之前达到峰值。妊娠期间催乳素一直较低，分娩时则迅速升高。

（四）猪妊娠期内分泌变化

妊娠时，孕酮维持较高水平，同正常发情周期的峰值相同，随后下降，妊娠 60d 时下降到 15ng/ml，并维持到分娩前才突然下降。维持妊娠的外周血浆孕酮最低浓度为 6ng/ml，如低于此水平，妊娠终止。浓度较高与胚胎存活的数目无关，子宫内的胚胎数目也不影响孕酮的浓度。

妊娠期间雌二醇浓度十分稳定，并且逐渐增高，大约在妊娠 75d 时开始迅速升高，产前可增高，分娩时或产后迅速下降（图 5-9）。另外，妊娠 20～30d 时，硫酸雌酮升高到峰值，可以作为妊娠诊断的依据。在妊娠 30d 后，孕体产生的雌激素对维持妊娠也是必要的。

（五）马妊娠期内分泌变化

马妊娠期的激素特殊，在妊娠 35～40d，由子宫内膜杯细胞产生孕马血清促性腺激素

（PMSG），对卵泡有较强的刺激作用，对黄体作用较弱。60～65d 血液中 PMSG 达峰值，随着子宫内膜杯细胞变性而逐渐减少，妊娠140d 消失。

妊娠期间卵巢变化明显，孕酮浓度不稳定。排卵后形成红体和黄体，第 6 天外周血孕酮浓度升高到 7～8ng/ml，维持 4 周左右，再下降到 5ng/ml。在妊娠 40d 左右开始形成副黄体，因此在妊娠 40d 左右，外周血中的孕酮浓度又增高，在 70d 左右达到峰值，并继续维持 50d，之后下降并维持较低水平，妊娠 180～200d 的孕酮浓度低于 1ng/ml，分娩前迅速升高达到峰值，分娩后迅速下降到最低水平。

妊娠 35d，外周血液循环总雌二醇同间情期，妊娠 40～60d，因 PMSG 刺激卵泡发育，雌二醇略高于排卵前水平，并保持稳定状态，60d 后雌二醇再次升高，210d 左右时达到峰值，这可能是由胎盘分泌所引起，之后逐渐下降，到分娩时呈直线下降（图 5-9）。

妊娠期间催乳素含量的变化无明显规律，个体差异大，但随着妊娠期接近结束有略微升高。

（六）犬妊娠期内分泌变化

犬无论妊娠与否，LH 峰值引起孕酮水平升高，即排卵前就分泌孕酮。而大动物排卵后至少需要 5d 孕酮水平才上升。犬妊娠后外周血中孕酮含量和未孕犬相差不明显，未孕犬的周期黄体可持续存在 70～80d，即有一个长的黄体期，因此犬不能用测定孕酮的方法来诊断妊娠。在排卵后 11～32d，妊娠犬和非妊娠犬孕酮水平无差异。在妊娠 52～60d，妊娠犬孕酮水平平均为30ng/ml。

妊娠犬的雌二醇总量略高于未妊娠犬。胚胎附植，雌二醇增加，整个妊娠期间保持稳定（20pg/ml），分娩前 2d 下降，至分娩当天下降到未妊娠时的数值（图 5-9）。外周血催乳素同未孕犬一样，只在妊娠结束时，催乳素升高。松弛素在妊娠第 4 周可检测到，在分娩 2～3 周达最高水平（4～6ng/ml），第 4～9 周保持在 0.5～2.0ng/ml。松弛素主要来源于胎盘。

（七）猫妊娠期内分泌变化

猫配种后 23～36h 排卵，血清孕酮浓度迅速升高。排卵后 4～6d 形成囊胚进入子宫，囊胚在第 11 天从透明带中孵化出来，并在第 12～13 天着床。妊娠 3～4 周乳头光亮，尤其是头胎猫，这是孕酮作用所致。妊娠后期，胎盘孕酮维持妊娠。妊娠 30d 后孕酮浓度逐渐下降，分娩时血清孕酮浓度仍然大于 1ng/ml。雌二醇浓度产前一周可能显著升高，但分娩之前下降（图 5-9）。妊娠最后 3d 产生催乳素，在妊娠的最后阶段至分娩时达到峰值（5～10ng/ml），断乳后催乳素下降。妊娠期间胎盘产生松弛素，抑制子宫活性，维持妊娠。妊娠第 3 周就出现松弛素，分娩前下降。在妊娠前半期，促黄体素维持低水平，直到分娩。

# 第六节　妊娠诊断

早期妊娠诊断是提高受胎率的重要措施。对确定妊娠的母畜加强饲养管理，维持母畜健康，避免流产；对未妊娠母畜，注意下次发情及时复配，查出未妊娠的原因，如母畜的发情和生殖道状况、输精时间、精液品质等。妊娠检查方法主要有临床诊断法、直肠检查、超声诊断法和特殊诊断方法等。

## 一、临床诊断法

临床上常用问诊、视诊、听诊和触诊，可以大致判断家畜是否妊娠及妊娠时间。

（一）问诊

根据具体情况，可选择性地询问以下内容。

**1. 配种日期和配种次数** 包括何时开始发情，配种时间，人工授精还是自然交配，以往妊娠配种次数、本次配种次数等。

**2. 配种后发情** 妊娠最早的表现就是发情周期停止，未返情可能已经妊娠。

**3. 母畜食欲** 通常母畜妊娠后食欲增加，营养状况也得到改善。

（二）视诊

在问诊基础上，观察被检母畜体态及胎动变化等。

**1. 外形观察** 马、牛妊娠至后期，腹部两侧大小不对称，孕侧下垂突出，腹肋部凹陷，马多为左侧，牛、羊多为右侧，猪是腹部下垂。

**2. 阴道视诊** 主要检查阴道黏膜颜色、黏液性状和子宫颈形状及其黏液的变化。牛、马妊娠 1.5~2 个月时，子宫颈口及其周围有黏稠的黏液，量少；妊娠 3~4 个月明显增多，变黏稠，呈淡黄色，有弹性黏液团；妊娠 6 个月后黏液变为稀薄透明，有时可排出阴门外，附于阴门及尾上。

（三）听诊

妊娠期，腹壁（同触诊部位）听诊是否有胎心音。牛妊娠 6~7 个月至妊娠结束可进行胎儿心跳听诊，在胎儿胸壁靠近母体腹壁时才能听到心音，频率为每分钟 100 次以上。现在大多采用 D 型超声仪和胎儿心电图来监测胎儿心脏。

（四）触诊

触诊是经母体腹壁检查胎儿及胎动的方法，凡触及胎儿均可诊断为妊娠。

**1. 牛** 用弯曲的手指节或拳在其右侧膝皱褶的前方推动腹壁来感触胎儿的"浮动"。胎儿大小和母牛肥胖影响触诊，妊娠 5 个月时，有 5%的妊娠牛可感触到胎动，妊娠 9 个月时，有 90%以上可感触到或出现胎动。由于牛腹壁松弛较易看到胎动，通常是在背中线右下腹壁出现周期性、间歇性的膨胀，在腹壁软组织上感触到一个大的坚实的浮动物体撞击腹壁。

**2. 羊** 用腿夹住羊颈部，面向后驱，用左手在右侧腹壁上前后滑动，感觉有无硬物。

**3. 猪** 用左右手夹住最后两对乳房之上的两侧腹壁，并上下左右滑动。妊娠 2 个月时最容易触摸到胎儿。母猪过肥，难以摸清。

**4. 马** 用手掌连续推动左（右）腹壁最突出的下方、乳房稍前部。妊娠 8~9 个月可以感到腹腔内胎儿的撞击，体型较瘦的马妊娠 7 个月就可触到。

**5. 犬** 腹壁触诊子宫可进行早期诊断妊娠。妊娠 18~21d，胚胎尿膜-绒毛膜呈半圆形，位于子宫角内，直径约 1.5cm，通过腹壁很难触摸到；妊娠 28~32d，囊胚呈乒乓球大小，直径为 1.5~3.5cm，经腹壁易触诊到。

**6. 猫** 腹壁触诊可确定妊娠，交配后 12~26d 检查，可触摸出单个圆形膨胀的孕体。

## 二、直肠检查

直肠触诊生殖器官的形态、位置和质地是大动物妊娠诊断的可靠方法。妊娠 20d 初诊，40d 确诊，确定大致妊娠时间。猪也可进行直肠检查，但常因挣扎难以推广。

### （一）牛的直肠检查

检查卵巢黄体变化，子宫壁因胚泡扩张膨胀，随着胎儿发育和胎水增多，子宫逐渐扩张、伸长、增大，整个生殖系统位置改变，子宫上出现子叶（胎盘）、子宫动脉搏动特异的变化，以及妊娠后期可触摸胎儿肢体等。

**1. 探查生殖器官**　牛生殖器官位于骨盆腔或前方腹腔中。妊娠时，子宫似囊袋，悬垂在骨盆前沿腹腔。手指并拢触摸，可触到阔韧带，向下可探触到腹腔脏器及其内容物。若触到坚实物体，可能是胎儿，可感觉到有肌肉的骨骼、胎头、背、臀部及四肢的轮廓。如有一个有液体囊状物，查明囊大小、位置、质地、有无胎儿、判定发育阶段。

检查卵巢有无黄体、卵巢位置。妊娠黄体可存在于整个妊娠期，形态与间情期无明显区别。卵巢位置随妊娠发生变化。妊娠后，由于子宫重量增加，卵巢增大，子宫阔韧带扩张，卵巢则下沉到腹腔。妊娠 5 个月就下沉到腹底壁。少数妊娠 150d 母牛还可触摸到两侧卵巢，注意与胎盘鉴别。

判断子宫大小，一侧子宫角游离部分扩张，这时可能已妊娠 35d；妊娠 90d 时，子宫角连接部紧张，子宫角扩张，孕角宽达 9cm，生殖器官位于骨盆同一水平线上，手仍能越过紧张的子宫角伸向腹腔，手指触压紧张的子宫，可感触到悬浮在液体内的胎儿；妊娠 4 个月时，子宫下沉到骨盆前缘下方，液体下沉积聚于子宫角顶端，触诊子宫角有波动感。妊娠 5.5～7.5 个月时，则更难触到胎儿，最多只能触及胎儿头部、四肢或蹄部；7.5 个月以后，则又容易触到胎儿。评估牛胎儿月龄，参见表 5-7。

表 5-7　牛胎儿月龄评估

| 月龄 | 体型大小或状态 | 月龄 | 体型大小或状态 |
| --- | --- | --- | --- |
| 2 | 小鼠大小 | 6 | 小犬大小 |
| 3 | 仓鼠大小 | 7 | 全身细毛 |
| 4 | 小猫大小 | 8 | 毛发育完全 |
| 5 | 大猫大小 | | |

**2. 各个妊娠阶段的变化**　青年母牛生殖器官（子宫颈、体、角和卵巢）通常都位于骨盆腔内，平躺在骨盆底壁或略偏一侧，很少越过骨盆腔前缘。经产母牛的生殖器官较大，子宫角往往垂入骨盆腔入口前缘腹腔内，在子宫上方触摸时，可以清楚地摸到角间沟和两子宫角及其分叉处，用中指轻压子宫角分叉处，拇指和食指在子宫角周围滑动或稍加挤压，则可感到子宫质地良好，有弹性和收缩性。

妊娠 30d：子宫位于骨盆腔内，略微扩张，伸到骨盆腔前缘。可能触到羊膜囊，感觉到类似指关节的胚胎，胚胎长 8～12mm，羊膜囊为圆形，直径约 20mm，占据孕角游离部。孕角比非孕角大 1/2 倍。稍用力压迫子宫，指间可触到尿膜-绒毛膜，液体量少，未充分扩张，波动不明显。妊娠侧卵巢有一呈蘑菇状凸起的黄体，体积比另一侧卵巢稍大（图 5-10）。

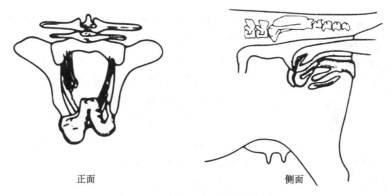

正面　　　　　　　　　　　　　　　　　　侧面

图 5-10　妊娠 30d 直肠检查方法

妊娠 45d：子宫仍位于骨盆腔内，紧张度增高，羊膜囊膨胀扩张，其大小似鸡蛋（直径约 4cm），比较容易触摸，仍然处于孕角游离部。未孕角游离部和连接部尚无明显变化。

妊娠 60d：子宫内容物增多，子宫移向骨盆腔前缘，子宫颈由骨盆腔中部移到骨盆腔入口处，子宫及卵巢开始垂入腹腔，两子宫角松弛、柔软，含有大量液体；子宫开始变薄、变长，偏向一侧；角间沟略平坦，但能辨；抚摸子宫角，收缩缓慢微弱，或完全无收缩反应，胎盘变大。

妊娠 90d：胎儿增大，胎水增多，子宫继续扩张，子宫角连接部紧张，孕角宽约 9cm，呈拳击手套形，未孕角约 4.5cm。生殖器官仍在骨盆同一水平面上，手仍能通过骨盆腔越过紧张的子宫角。子宫中动脉随着妊娠月份增长而变粗，似铅笔样，感觉到血液冲击血管壁，形成妊娠脉搏。

妊娠 120d：子宫下沉到骨盆腔前缘下方的腹腔内，难确定子宫扩张程度，将手伸深，才可触到胎儿。若触不到胎儿，可将手收拢成梨状轻轻触摸，触诊子宫体上的子叶，可触到较坚实的子宫阜或子叶，其直径约 40mm，卵圆形。

妊娠 150d：胎儿、胎水、子叶都增大，子宫中动脉变粗。随着妊娠月份增加，妊娠子宫向下沉入腹腔底部。孕角侧子宫中动脉达小指粗、震颤明显（表 5-8）。

表 5-8　不同妊娠期子宫位置和直肠检查

| 妊娠天数 | 子宫位置 | 子宫直径 | 直肠检查 |
| --- | --- | --- | --- |
| 35～40 | 骨盆底 | 稍微增大 | 子宫不对称/胎膜滑动 |
| 45～50 | 骨盆底 | 5.0～6.5cm | 子宫不对称/胎膜滑动 |
| 60 | 骨盆腔 | 6.5～7.0cm | 胎膜滑动/腹腔 |
| 90 | 腹腔 | 8.0～10.0cm | 胎盘（子叶）/胎儿长（10～15cm） |
| 120 | 腹腔 | 12cm | 胎盘（子叶）/胎儿长（25～30cm）、子宫中动脉震颤 |
| 150 | 腹腔 | 18cm | 胎盘（子叶）/胎儿长（35～40cm）、子宫中动脉震颤 |

## （二）马的直肠检查

妊娠 20d 时就能确诊妊娠与否。马直肠壁薄，内有大量粪球，需将粪球掏出，也可先用肥皂水灌肠，排空直肠。轻缓检查，切忌损伤肠组织。子宫颈柔软，不易感觉到，检查先从卵巢开始，在左侧的第四和第五腰椎横突左下方，或右侧第三和第四腰椎横突右下方相应区域找到

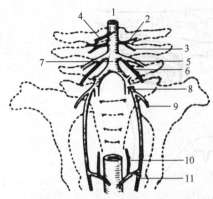

图 5-11　马子宫动脉的位置

1. 腹主动脉；2. 卵巢动脉；3. 子宫前动脉；
4. 肠系膜后动脉；5. 髂外动脉；6. 子宫中动脉；7. 髂内动脉；8. 阴内动脉；9. 脐内动脉；
10. 子宫后动脉；11. 直肠中动脉

卵巢，手心握住卵巢，沿着阔韧带向下滑动，到达子宫角。同种方法依次找到子宫体及另一侧的子宫角和卵巢。

**1．触诊内容**　　主要是触摸卵巢和子宫形态、位置、质地及子宫动脉的粗细和搏动变化，特别是卵巢位置和子宫的变化，来判断妊娠月份。

卵巢黄体形成后 2～3d，在卵巢表面就可触及黄体。妊娠黄体持续 5～6 个月，但不突出卵巢表面，触摸比较困难。部分妊娠马数量多、大小不等的新卵泡发育，在卵巢表面呈葡萄串隆突。妊娠 19～21d 时，子宫紧张度增加。邻近孕体子宫壁变薄。孕体在子宫角内逐渐膨胀，向下伸展，前后扩张，子宫角增大，逐渐扩张到子宫角顶部。将手掌贴着骨盆须向前滑动，超过峡部后，就可触摸到髂内动脉，继续向前不远就是髂外动脉，在髂外动脉起点前缘就可摸到子宫中动脉（图 5-11）。

**2．未妊娠马生殖器官形态**　　有卵泡，卵巢较大，触诊有波动感；有黄体，卵巢体积也大，触诊无波动感。两侧卵巢的位置均比较靠近脊柱。两子宫角大小相等，为扁平带状，质地松软，触诊有收缩反应，变成圆筒形。经 5～10s 后又变松弛，恢复原来的扁平带状。子宫颈位于骨盆腔底部，两侧子宫动脉粗细相同，脉搏强度相等，搏动与其他动脉一样。

**3．妊娠各阶段生殖器官的变化**

妊娠 20～25d：孕角基部和子宫体交界处膨大，与未孕角有明显不同。可触到小且柔软、直径为 2.4～2.8cm 的孕体（图 5-12A）。

妊娠 50～60d：两卵巢增大下垂，孕角侧卵巢下降到相当于骨盆腔高度的 1/3 处，并向中线靠拢。孕体呈圆形，大小约 13cm×9cm，孕角及子宫体增大变圆，形成紧张胞囊，触诊子宫壁，较硬实或者较薄软，有时两种感觉交互出现，有波动感（图 5-12B）。

妊娠 90d：两侧卵巢降到骨盆前缘，距离缩小，孕角侧卵巢降到骨盆前缘靠近骨盆入口直径的中点，孕体达 23cm×14cm。孕角及子宫体膨大成为排球大小的长形分叉的囊状物，由耻骨前缘向腹腔下沉，并略偏于左侧，有波动感。胎水量多少和孕体膨胀程度也存在差异（图 5-12C）。

妊娠 120d：卵巢降到骨盆底水平面，两侧卵巢靠近。子宫颈位于骨盆底前缘，子宫呈袋状沉入腹腔，似西瓜样的长形囊状物，表面紧张，波动明显，有时可摸到胎儿。孕角比未孕角大3～4 倍（图 5-12D）。

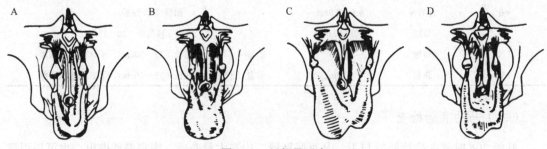

图 5-12　妊娠马子宫
A. 妊娠 20～25d；B. 妊娠 50～60d；C. 妊娠 90d；D. 妊娠 120d

## 三、超声诊断法

超声诊断法操作简单、易于掌握、准确率高，同时还可鉴别胎儿活力、数目和胎龄等，是目前诊断动物（尤其犬、猫）妊娠的常用方法。

### （一）解剖生理与超声诊断

**1. 子宫**　　超声诊断牛、马等大动物应从阴道或直肠内进行探查；猪、羊、伴侣动物和其他中小动物在腹壁耻骨前缘处；猪、羊也有从直肠内进行探查。

**2. 胚胎及其附属物**　　包括胎水及胎体。胎水包括羊水和尿水，妊娠早期胎水容易探查。

（1）胎心及其搏动　　胎儿心率测定可以通过测量胎心或动脉搏动进行。猪最早测得胎儿心率为 190 次/min（妊娠 20d 时），100d 后约 150 次/min，但始终较母体心率快。

（2）胎动　　胎动是胎儿在羊水中的颤动。用超声多普勒探查似击水声，猪的胎动最早在妊娠 50d 前后探到，似较弱的击水声。妊娠 55d 以后胎动逐渐增加，为连续颤动，无规律。妊娠 70～90d 胎动更频繁，90d 以上胎动减弱。胎动变化与羊膜囊内活动范围有关。

（3）胎盘　　弥散型胎盘和子叶胎盘血流不能给超声多普勒探查提供诊断依据。带状胎盘早环带状，构成血窦，血液在其中回流，多普勒最早可在妊娠 19d 探到胎盘血流。

**3. 子宫动脉**　　子宫中动脉和子宫后动脉对诊断妊娠有价值，随着妊娠血管增粗，血流增加，子宫中动脉变化较早而明显。

### （二）诊断妊娠的原理及依据

超声诊断妊娠，利用超声可以在机体内定向传播和遇到不同声阻抗的组织界面时能产生反射的原理，将妊娠早期的胎囊、少量胎水、胎体及胎心搏动检测出来。B 超可发射多束超声，在一个面上进行扫查，显示子宫和胎儿机体的断层扫描，诊断结果清晰、准确。

### （三）不同动物超声诊断

**1. 猪**　　B 超探查需躺卧或站立保定，在靠近后肢股内侧的腹部或倒数第 Ⅰ～Ⅲ 对乳头处，探头与体轴平行朝向母猪的泌尿生殖道进行滑动扫查或扇形扫查。探到膀胱后，向膀胱上部或侧面扫查。

**2. 羊**　　妊娠 30d 可超声诊断，45d 后更为准确。妊娠早期在乳房两侧和乳房直前的少毛区，或两乳房的间隔；妊娠中后期可在右侧腹壁进行。B 超探查未孕母羊和妊娠 25d 以内的母羊，子宫位于盆腔内，子宫体在膀胱上方中央，两子宫角垂向膀胱两侧前下方。在配种后 20～30d，用 B 超探到胎囊、胎体或胎盘来诊断妊娠。

**3. 牛**　　妊娠早期子宫位于盆腔入口前后，探查部位只能选择在离子宫较近的阴道或直肠。妊娠中后期，当子宫下垂到接近腹壁时，可以在侧下腹壁进行探查。阴道内探查时将消毒的长杆阴道探头送入阴道深部，抵达穹隆部；直肠内探查需清空直肠粪便，将探头送向直肠深部；腹壁探查适用于妊娠中期和后期。

**4. 犬、猫**　　自然站立或躺卧均可，需要保持安静。探查部位在后肋部、乳房边缘或下腹部脐后 3～5cm 处。胎儿心率比母体心率快 2 倍。猫妊娠诊断方法基本同犬。用 B 超在配种后 21d 可探到胎儿，比腹壁触诊提早三周。死胎没有心脏运动，体积减小，呈不均匀回声的卵圆形肿块。

## 四、特殊诊断方法

早孕因子由受精卵和胎盘产生，不同物种，早期妊娠因子不同，可用血样、尿样等用于妊娠诊断。

**1. 牛**　　牛妊娠相关糖蛋白（PAG）在配种后 22～24d 进入母体循环系统，25d 可检测到，28d 诊断准确性更高。PAG 在体内增加持续到 35d，之后 3～4 周持续降低，之后又增加直到妊娠结束。

**2. 猪**　　怀孕期间类固醇激素硫酸雌酮浓度增加，因此可以通过检测妊娠猪血浆、尿液或粪便中的硫酸雌酮用于妊娠诊断。妊娠 15～20d，硫酸雌酮的水平显著增加，并在整个怀孕期间增加。

**3. 马**　　PMSG 是一种由子宫内膜杯细胞产生的糖蛋白激素，在妊娠 36～38d 生成，第 40 天血液中可检测到，随后迅速上升并在妊娠后 60～65d 达到峰值，随着杯细胞退化，水平逐渐下降，第 140 天左右 PMSG 产生停止。妊娠 40d 后，胎儿胎盘开始产生硫酸雌酮，第 100 天硫酸雌酮浓度持续升高，至少是未妊娠期的两倍，通常在 5 倍以上。但是妊娠后 100d 检测硫酸雌酮方法较可靠，100d 内检测可能出现假阴性。

**4. 犬、猫**　　当受精卵植入子宫壁时，胎盘产生松弛素，在配种后 21d 可检测到，40～50d 达到峰值，可用于妊娠诊断。而假孕和未孕的母犬都检测不到松弛素。在猫妊娠后 25d 左右，血液中的松弛素通常会达到可检测范围。

# 第六章 分　　娩

动物妊娠期满，胎儿发育成熟，母体将胎儿及其附属物从子宫排出体外的生理过程称为分娩（parturition）。熟悉和掌握家畜正常的分娩机制、分娩过程及接产方法，可以有效地防止难产和产后期疾病的发生，并且可以保证家畜的正常繁殖。

## 第一节　分娩预兆

在接近预产期时，通常母畜的精神状态、全身状况、骨盆韧带及生殖器官和泌乳器官都要发生一系列的变化，以适应排出胎儿及哺育仔畜的需要，通常把这些变化称为分娩预兆（signs of parturition）。

### 一、乳房的变化

在分娩前，多数哺乳动物乳房都会出现明显的膨胀增大，乳头肿胀并分泌乳汁甚至可能发生漏乳。乳房的变化可以作为推断分娩的有用指征，但是各种动物出现乳房变化的时间各异，受饲养和个体乳房结构的影响，根据此项变化来判断分娩时间的可靠性较差，特别是营养不良的母畜，变化不明显。比较可靠的方法是根据乳头及乳汁的变化来判断分娩时间。

**1. 牛**　　初产牛在妊娠 4 个月时乳房就开始发育，在产前 2 周乳房开始膨大，经产奶牛在产前 10d 可由乳头挤出少许清亮的胶样液体（二维码 6-1）。产前 2～3d，乳房变得极度膨胀、皮肤发红，乳头中充满白色初乳，部分乳汁变得黄色且浓稠。有的奶牛有漏乳现象，乳汁呈滴状或股状流出。发生漏乳后大多在数小时至 1d 即可分娩。

二维码 6-1

**2. 猪**　　临产前半个月，乳房基部与腹壁之间出现明显界线。中部乳房则受腹前及阴外动脉的共同供应，初乳出现较早，产前 3d 左右乳头向外侧伸张，中部两对乳头可以挤出少许清亮液体。产前 1d 左右可以挤出 1～2 滴白色初乳，有的出现漏乳现象。

**3. 马、驴**　　马在产前数天乳头变粗大，开始漏乳后往往在当天或次日分娩。有时马初乳从乳头孔流出形成蜡样小珠，这发生于大多数马产驹前 6～48h，其后的 12～24h 乳汁成滴或成流淌出；驴在产前 3～5d 乳头基部开始膨大，产前约 2d 整个乳头变粗大，呈圆锥状，起先从乳头中挤出的是黏稠、清亮的液体，随后即白色初乳。约半数驴发生漏乳现象。

**4. 犬**　　通常乳腺内含有乳汁，有的乳房可挤出乳汁。

### 二、软产道的变化

**1. 牛**　　从分娩前 1 周开始，阴唇逐渐柔软、肿胀，增大 2～3 倍，皮肤皱襞展平。分娩前 1～2d 子宫颈开始胀大、松软。封闭子宫颈管的黏液软化，流入阴道，有时吊在阴门之外，呈透明索状，经常在牛的尾根及其两侧有黏液干痂。在子宫颈开始扩张而进入开口期，子宫颈黏液软化成暗红色、拇指粗的索状垂于阴门之外，分娩必然在 1～2h 内发生（经产牛较快，初产牛较慢）。

**2. 羊**　　阴唇变化不甚明显，一旦发现羊阴唇明显增大、水肿，从阴道流出黏液由浓稠变稀薄（二维码 6-2），分娩将在数小时或十余小时内发生。

**3. 猪**　　阴唇肿大开始于产前 3～5d，有的在产前数小时排出黏液。

**4. 马、驴**　　阴唇在产前十余小时开始水肿、增大。阴道壁松软并明显变短，黏膜潮红，黏液由原来的浓厚、黏稠变为稀薄、滑润，但无黏液外流现象。

**5. 犬**　　犬分娩前 1～2d 外阴肿大、充血，阴道和子宫颈变柔软。子宫颈口流出水样透明黏液，同时伴有少量出血。

## 三、骨盆韧带的变化

临近分娩时，骨盆韧带在雌激素和松弛素等的作用下变得松软，其中包括荐坐韧带和荐髂韧带同时变软，尾根两侧下陷，称为"塌窝"，荐骨后端的活动性因而增大，有利于胎儿娩出。

**1. 牛**　　荐坐韧带后缘（尾根两侧）原为软骨样，触诊有硬感，外形清楚。至妊娠末期，因为骨盆血管内血量增多，静脉瘀血，所以毛细血管壁扩张，血液的液体部分渗出管壁，浸润周围的组织。骨盆韧带从分娩前 1～2 周即开始软化，至产前 12～36h 荐坐韧带后缘变得非常松软，外形消失，荐骨两旁组织塌陷，在此只能摸到一堆松软组织，尾根容易抬起，但这些变化在初产牛表现不明显。

**2. 奶山羊**　　荐坐韧带的软化十分明显，荐骨两旁各出现一条纵沟，尾根可以轻易上下活动。荐坐韧带后缘完全松软以后，会在 1d 内发生分娩。

**3. 猪**　　猪在分娩前荐坐韧带后缘变柔软，但因猪尾根两侧的脂肪组织丰满，所以韧带的变化外观不显著。

**4. 马、驴**　　马、驴和猪相似，虽然在分娩前荐坐韧带后缘也变柔软，但因其臀肌肥厚，二者的尾根活动性不明显。

**5. 犬**　　在妊娠的第 4 周胎盘开始产生松弛素，此后一直升高并在分娩前达到高峰。但是犬在分娩前 1～2d 荐坐韧带才明显软化，臀部坐骨结节处肌肉下陷。对于犬，骨盆韧带和腹部肌肉松弛是比较可靠的临产预兆。

## 四、精神状态的变化

母畜在产前出现精神抑郁、徘徊不安等现象，离开畜群并寻找安静地方分娩。在临产前食欲不振，时起时卧，尾根抬起，排泄粪尿的量少，但次数增多。多胎动物（猪等）临产时会表现筑窝行为，不过这个行为会因现代集约化及精细化管理系统受到抑制。放牧的牛、羊则会随着畜群行动，在分娩开始前离群寻找僻静处产仔。

**1. 牛、羊**　　母畜不安，进食、反刍不规则，脉搏增至 80～90 次/min；产前 12h 左右，体温下降 0.5～1.2℃；分娩时或产后则恢复到分娩前的体温。羊常前蹄刨地，咩叫。

**2. 猪**　　在产前 6～12h（有时为数天）有衔草筑窝现象，国内品种的猪尤其明显。此外，临产母猪还表现不安，时起时卧，阴门中见有黏液排出。

**3. 马、驴**　　举尾、顾后。

**4. 犬**　　临产前 3d 左右体温下降至 36.5～37.5℃，当体温回升时即将临产。分娩前 1～1.5d，妊娠母犬精神变得不安，自动寻找僻静的地方，收集柔软的物体用于筑窝。分娩前 3～10h 开始阵痛，起卧不宁，乱扒垫草，排尿次数增多，呼吸加快，发出呻吟或尖叫。

根据这些预兆可以预测母畜的分娩时间，但不可只依靠其中单独的某一种变化来确定，而是应当做全面观察，综合分析才能做出较准确的判断。

# 第二节　分娩启动

　　为什么哺乳动物的胎儿发育成熟到一定程度，分娩即自然开始？对于这一问题已有长期的研究，但迄今并不完全清楚。一般认为，分娩的发生不是由某一特定因素引起的，而是由神经调节、激素变化、机械性扩张及机体免疫等多种因素复杂的相互作用、彼此协调所促成的，而胎儿丘脑下部-垂体-肾上腺轴对分娩启动起着重要的作用。不同物种动物分娩启动的机制存在有一定的差异。证据表明绵羊、牛、山羊的延期妊娠通常与胎儿大脑和肾上腺功能异常相关，认为胎儿控制分娩何时启动，但仍有很多重要的调控模式没有得到详尽的诠释。

## 一、启动分娩的因素

### （一）内分泌因素

　　**1. 胎儿内分泌变化**　　胎儿的丘脑下部-垂体-肾上腺轴系，特别在羊及牛，对于启动分娩起着决定性作用。其依据如下：①手术切除胎羔的丘脑下部、垂体和肾上腺，可阻止分娩，并使妊娠期延长（无限期），再滴注促肾上腺皮质激素或地塞米松，可诱发分娩（死胎，妊娠期长）；②对妊娠末期的正常胎羔滴注促肾上腺皮质激素或地塞米松能诱发早产；③人类无脑儿、死产儿，摄入藜芦而发生的独眼羊羔及采食猪毛菜的卡拉库尔绵羊，其共同缺陷是胎儿缺少肾上腺皮质，因此都表现妊娠期延长；④产妇多在午夜 0 点至凌晨 3 点启动分娩，这正是胎儿肾上腺皮质激素分泌最活跃的时间。

　　胎儿发育成熟后，其中枢神经系统通过下丘脑使垂体前叶分泌促肾上腺皮质激素，并使它作用于胎儿的肾上腺皮质，使之分泌皮质激素。该激素分泌升高，诱发胎盘 17α-羟化酶、C17，C20 裂解酶的活动，也可能增强芳香化酶的活性。这种激活作用可将胎盘由合成孕酮转向合成雌激素，最终表现为孕酮下降而雌激素分泌升高。母体雌激素/孕酮比值升高，刺激胎盘 $PGF_{2\alpha}$ 的合成与释放（二维码 6-3）。

二维码
6-3

　　**2. 母体内分泌变化**　　母体的生殖激素变化与分娩启动有关，但这些变化在不同动物差别很大。胎儿内分泌的变化与母体内分泌的变化协同作用来阐明分娩的发生机制。

　　（1）孕酮　　孕酮能抑制子宫肌收缩，使子宫肌细胞处于安静状态，从而妊娠得以维持。分娩前，胎儿糖皮质类固醇刺激子宫合成 $PGF_{2\alpha}$，使黄体溶解，导致孕酮浓度快速下降，解除抑制启动分娩。母体血液中孕酮浓度下降发生在分娩之前，但各种动物分娩前孕酮变化不尽相同。猪分娩前孕酮呈波动性下降，马和驴在进入产程后才开始下降，牛和羊在产前逐渐下降。这可能与 $PGF_{2\alpha}$ 合成释放时间有关。

　　（2）雌激素　　雌激素水平升高能诱导一系列分娩活动。首先，雌激素提高子宫肌的收缩能力；其次，通过改变胶原纤维的结构软化子宫颈、阴道、外阴及骨盆韧带（包括荐坐韧带、荐髂韧带）；再次，雌激素促使子宫肌对催产素（OT）的敏感性增强；最后，刺激子叶/肉阜合成并释放 $PGF_{2\alpha}$，增强分娩时子宫肌的自发性收缩。

　　随着妊娠期的延长，胎儿皮质醇增加，促使胎盘孕酮转化成雌激素，雌激素在分娩前达到高峰，分娩后迅速降低。例如，绵羊的雌激素在分娩前 16～24h 升高，在分娩前达到最高峰。各种动物胎盘利用 $C_{21}$ 甾体前体物合成雌激素的能力并不相同，这是因为有的动物胎盘

中含有 $17\alpha$-羟化酶，有的则缺乏。因此，有些动物分娩前雌激素水平明显升高（如绵羊、山羊、兔、牛、猪），而有的则无改变或缓慢上升（如豚鼠，人也是如此），有的反而下降（如马、驴）。

（3）$PGF_{2\alpha}$　　分娩前活化的磷酸酯酶 A2 刺激磷脂类释放花生四烯酸，从而合成 $PGF_{2\alpha}$。分娩时羊水中的 PG 较分娩前明显增高，母体子叶中含量更高，而且比羊水中的 PG 出现要早。前列腺素能溶解妊娠黄体，并引起母羊神经垂体释放 OT。在引起子宫收缩反应链中，$PGF_{2\alpha}$ 是最后一环。消炎痛或其他 PG 抑制剂能抑制子宫收缩，而 ACTH、皮质醇或地塞米松却能诱发绵羊和山羊分娩。

（4）皮质醇　　各种动物分娩前皮质醇的变化不同。黄体依赖性动物（如山羊、绵羊、兔）产前母体皮质醇水平明显升高；奶牛胎儿皮质醇水平产前 3～5d 突然升高，而母体皮质醇水平保持不变；马、驴分娩前胎儿皮质醇水平稍有升高，而母体皮质醇水平不变，可能是马和驴胎盘缺乏 $17\alpha$-羟化酶，不能将孕酮转化为雌激素。

（5）催产素　　催产素（OT）能使子宫发生强烈收缩，对维持正常产程有一定的作用，但可能不是启动分娩的主要因素。各种家畜 OT 的分泌大致相似，都是在胎儿的前置部分刺激阴道后才大量释放，并且都是在胎头通过产道时刺激阴道和子宫颈前部的敏感受体才出现高峰。在妊娠早期，OT 的受体浓度很低，子宫对大剂量 OT 也不发生反应，但到了妊娠后期，仅用少量 OT 即可引起子宫强烈收缩。

（6）松弛素　　松弛素（RLX）是多肽激素，来源于猪的妊娠黄体和排卵前的卵泡，而在马、犬和猫，RLX 只来源于胎盘。RLX 能使子宫结缔组织、骨盆关节及荐坐韧带松弛，子宫颈扩张，此外还控制子宫收缩。它能与 OT 共同作用，使子宫产生节律性收缩。在不同动物中 RLX 参与分娩所起的作用略有不同。

## （二）机械性因素

妊娠末期，胎儿发育成熟，子宫容积和子宫内压增大，子宫肌发生机械性伸展和扩张；羊水减少，以致胎儿与子宫壁和胎盘容易接触，特别是对子宫颈旁的神经感受器发生机械性刺激，这种刺激通过神经传至丘脑下部，促使垂体后叶释放 OT，从而引起子宫收缩，启动分娩。

## （三）神经性因素

神经系统对分娩过程也具有调节作用。很多家畜的分娩发生在夜晚，特别是马、驴，分娩多半发生于天黑安静的时候，而且以 22:00～24:00 居多；母犬一般在夜间或清晨分娩。这时外界光线及干扰减少，中枢神经易于接收来自子宫及产道的冲动信号，这也说明外界因素可通过神经系统对分娩发生作用。但是，破坏支配子宫的神经，或者用其他方法消除神经系统的影响，并不能阻止分娩，说明神经系统对分娩的启动并非是决定因素。

## （四）免疫学因素

胎儿带有父母双方的遗传物质，对母体免疫系统来说，胎儿乃是一种半异己的抗原，应使母体产生排斥作用。在妊娠期间，有多种因素（如胎盘屏障等）制约，抑制了这种排斥作用，妊娠得以继续维持。而且孕酮也阻止母体发生免疫反应，胎儿免受母体排斥。临近分娩时，孕酮浓度急剧下降，胎盘的屏障作用减弱，免疫保护细胞数量降到最低，才会使母体发生免疫反应，因而出现排斥现象而将胎儿排出体外。

## 二、启动分娩的机制

分娩启动是各种因素共同作用的结果。启动分娩的机制在各种家畜虽有所不同，但大同小异，有些因素在某种家畜可能具有更重要的作用。

胎儿的丘脑下部-垂体-肾上腺轴与分娩的启动密切相关。正常分娩之前，胎儿发育成熟，垂体分泌大量 ACTH，使肾上腺皮质醇的含量增多，引起牛、绵羊、猪、马胎盘孕酮分泌减少和雌激素分泌增多。孕酮水平下降，解除了对子宫的抑制作用。雌激素水平增加，刺激子宫合成 OT 受体和分泌 PGF$_{2\alpha}$。OT 受体浓度增加使子宫对 OT 的敏感性迅速增加，在 OT 的作用下子宫开始发生收缩。前列腺素直接刺激子宫肌收缩，同时会促使妊娠黄体萎缩，一方面抑制卵巢产生孕酮，另一方面刺激垂体释放 OT，使子宫肌收缩增强。当胎儿及胎囊部分逐渐被推到子宫颈口时，胎囊及胎儿前置部分刺激子宫颈及阴道的神经感受器，反射性地使母体垂体释放的 OT 增多，引起腹肌和膈肌收缩而发生努责。OT 的释放量和努责的强度与子宫颈及阴道的神经感受器受刺激的强度有关，每一次阵缩和努责都会引发下一次更为强烈的阵缩和努责。在前列腺素和 OT 的共同作用下，子宫肌和腹肌发生强烈的节律性收缩，从而将胎儿排出（图 6-1）。

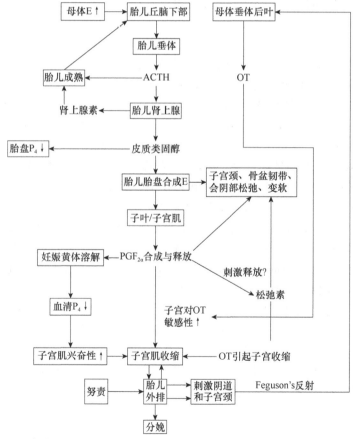

图 6-1　猪、绵羊和牛分娩前和分娩过程中内分泌的变化及其作用（Noakes，1996）

Feguson's 反射一种正反馈机制，是母畜对宫颈或阴道壁受到压力的母体应答。在受到压力时，催产素被释放，子宫收缩被刺激（反过来会增加催产素的产生，从而进一步增加收缩），直到胎儿出生

在分娩启动中，胎儿发出的分娩信号是通过其皮质醇的分泌增多、造成应激反应而传递的，

但对决定分娩时间的准确原因和机制尚不清楚。可能是由于妊娠后期胎儿发育迅速，胎盘营养供应不足，结果由胎儿体内发出一种信号反应，使皮质醇浓度升高。另一种假设认为，妊娠末期母体循环中雌激素与孕酮的比值升高，可诱发胎儿丘脑下部的活动，成为分娩启动的最初信号。由于不同家畜在分娩机制上不尽相同，对某些动物在有的环节上还不清楚，如在取出胎儿留下胎衣时，胎衣仍然是在妊娠期满前后产出。胎儿对发动分娩究竟有多大的作用，仍待进一步研究。

## 第三节　决定分娩过程的要素

分娩过程是否正常，主要取决于三个因素，即产力、产道及胎儿与产道的关系，如果这三个因素均正常，能够互相适应，分娩就顺利，否则可能造成难产。

### 一、产力

将胎儿从子宫中排出的力量称为产力（expulsive forces），由阵缩和努责组成。阵缩是分娩过程中的主要动力，占90%左右，努责在分娩的第二期与阵缩协同作用将胎儿排出。有人做过测定，阵缩和努责共同的作用力对子宫的压力相当强大，为$2\sim3kg/cm^2$。

（一）阵缩

阵缩是指子宫肌的收缩，由于子宫肌收缩具阵发性，故称"阵缩"，又称为阵痛。子宫肌细胞的伸展性（最大伸长程度）约为其他平滑肌细胞的 10 倍。随着胎儿的生长，到妊娠的后1/3 时期，子宫肌细胞拉长到其最大可伸长程度的 80%；妊娠结束时松弛素使子宫阔韧带松弛和子宫颈松软，子宫肌细胞的最大伸展性可达到伸长程度的 100%。当孕酮抑制子宫收缩的作用被解除后，便可触发子宫平滑肌细胞的动作电位，子宫开始出现阵缩。

**1. 阵缩的特点**　　阵缩呈阵发性、有节律的收缩，由于 OT、乙酰胆碱等对子宫肌的作用时强时弱，在分娩的宫颈开口期，子宫肌还可以发生蠕动收缩及分节收缩。阵缩首先出现在启动区，随后传到整个子宫。在单胎动物，阵缩从孕角尖端开始，而且两角的阵缩通常不是同时进行。在多胎动物，阵缩则先由最靠近子宫颈的胎儿处开始，子宫角的其他部分仍呈安静状态。

分娩起初，阵缩短暂而不规律，力量弱，持续时间短，间歇时间长。随后在胎儿排出期收缩的频率增高，力量和持续时间增加，成为协调、有规律地蠕动收缩。阵缩过程会持续数小时，胎儿排出后，阵缩的次数及持续时间才逐渐减少，直到胎衣排出。

由于子宫颈被固定于骨盆腔内，当延续到子宫颈的纵行肌收缩时，子宫角被拉向胎儿一侧，这种牵动有助于子宫颈开张。此外，子宫收缩使得母体胎盘部分血流阻力加大，更多的血流入胎儿体内。

**2. 阵缩的生理意义**　　阵缩对于胎儿的安全非常重要。子宫血管所受的压迫时紧时松，以保证胎儿在娩出前不致窒息，保证血流、氧气的供应充足。如果子宫持续收缩，没有间歇，胎儿就会因为缺氧而发生窒息。每次收缩间歇时，子宫肌的收缩虽然暂停，但并不完全弛缓，因此子宫壁逐渐加厚，子宫腔逐渐变小。

（二）努责

腹肌和膈肌的收缩称为努责。一般只出现在胎儿娩出期，其配合阵缩将胎儿排出体外。努责是一种有意识的行为。含有大量胎水的胎囊及胎儿的前置部分对子宫颈及阴道发生刺激，引起腹肌及膈肌的强烈收缩，每次持续 50～60s，与阵缩密切配合，并且也呈逐渐加强的趋势。

在胎儿的粗大部分通过骨盆狭窄处时，努责表现十分强烈。在猪，产出一个胎儿后，通常都有一个间歇时间，然后再努责。一般在胎衣排出期努责消失。

（三）激素对产力的调节作用

妊娠期间子宫肌保持安静是孕酮与子宫收缩素抑制剂（如松弛素、一氧化氮）共同抑制的结果。那么分娩时子宫收缩的调节，同样涉及孕酮、雌激素、催产素、前列腺素及松弛素等多种激素，但以孕酮、雌激素和催产素为核心调节激素。

在妊娠期，尽管有证据表明松弛素和 PG 可能抑制子宫肌的收缩，但是主要的抑制作用来自孕酮，孕酮在妊娠期间占主导作用，并通过许多机制使子宫处于安静状态，包括：①减少细胞之间缝隙连接的数量；②减少子宫上雌激素和 OT 受体；③抑制 PG 的产生和 OT 的释放。

雌激素能增加细胞之间缝隙连接的数量，有利于平滑肌细胞之间分子信息的传递。由于皮质醇的作用，雌激素含量上升而孕酮含量下降，雌激素/孕酮比值升高，激活子宫内的一连串调节机构，引起下一级转录因子［如激活蛋白 CAP、缝隙连接蛋白-43（connexin-43）］表达的增加，引起 OT 与 $PGF_{2\alpha}$ 的合成与释放，激活子宫肌层的活动，子宫由不活动的妊娠状态转为活动的分娩状态，表现为自发性活动增强、对子宫收缩的刺激反应增强及细胞之间的偶联增多。产生高频率、大幅度的收缩，最终使胎儿排出，完成分娩。

催产素在妊娠后期和分娩早期，在羊、牛和猪保持相当低的水平，只有当分娩时胎儿的头部露出阴门及胎衣排出时 OT 含量才达到峰值。OT 以两种形式刺激子宫肌收缩，一种是增加前列腺素的释放，前列腺素有协同收缩子宫的作用；另一种是增加 $Ca^{2+}$ 的释放，增加肌球蛋白轻链激酶的磷酸化作用。

前列腺素对分娩起着重要的作用，前列腺素的分子结构能够允许其通过细胞外液和脂质细胞膜而自由运动。前列腺素的作用受特殊受体的调节，因此前列腺素影响细胞间缝隙连接的数量及平滑肌肌纤维之间 $Ca^{2+}$ 的运转。

一氧化氮、松弛素与前列腺素的作用相似，通过抑制肌球蛋白轻链激酶的活性，或者通过增加环核苷酸或降低细胞内的钙浓度，抑制子宫收缩素的作用，进而抑制自发性子宫收缩活动，但不能阻止子宫对刺激发生应答性收缩反应。

## 二、产道

产道（birth canal）是胎儿排出的必经之路，由软产道及硬产道共同构成。

（一）软产道

软产道是指由子宫颈、阴道、前庭及阴门这些软组织构成的管道。分娩前及分娩时，阴道、前庭、阴门也相应地变得松弛、柔软并能够扩张。

子宫颈是子宫肌及阴道肌的附着点，这两种肌肉的纵行收缩可使子宫颈管从外口到内口逐渐扩大。其在妊娠时紧闭；分娩之前开始变得松弛、柔软；开口初期，开张的速度缓慢，以后较快；分娩时能够扩张到和阴道同样大小，皱襞展平，与阴道的界线消失，以适应胎儿的通过。但在牛子宫颈括约肌发达，扩张性较差，完全扩张后，仍留有一环。

（二）硬产道

硬产道即骨盆，由荐椎、前三尾椎骨、髋骨（髂、耻、坐骨）、荐坐韧带组成。骨盆可以分为 4 个理论参数——入口、出口、骨盆腔内径和倾斜度数。母畜骨盆的特点是入口大而圆，倾斜度大，耻骨前缘薄；坐骨上棘低，荐坐韧带宽，骨盆腔的横径大；骨盆底前部凹，后部平坦宽敞，坐骨弓宽，因而出口大。所有这些特点都是母畜骨盆对于分娩的适应。

## 三、胎儿与产道的关系

为了说明胎儿与母体骨盆之间在空间位置上的相互关系，常应用下列一些术语。

**1. 胎向（fetal orientation）**　　胎向即胎儿的方向，也就是胎儿身体纵轴与母体纵轴的关系。胎向有 3 种。

1）纵向（longitudinal orientation）：胎儿纵轴与母体纵轴平行。纵向有两种情况：正生（anterior orientation）是胎儿方向和母体方向相反，头和前腿先进入产道；倒生（posterior orientation）是胎儿方向和母体方向相同，后腿或臀部先进入产道。

2）横向（transverse orientation）：胎儿横卧于子宫内，胎儿纵轴与母体纵轴呈水平垂直。分为背部朝向产道或腹壁朝向产道（四肢伸入产道）两种情况，前者称为背横向（dorsotransverse orientation），后者称为腹横向（ventrotransverse orientation）。

3）竖向（vertical orientation）：胎儿的纵轴与母体纵轴上下垂直。若背部向着产道，称为背竖向（dorsovertical orientation）；若腹部向着产道，称为腹竖向（ventrovertical orientation）。

纵向是正常的胎向，横向和竖向都是异常的胎向。在临床上很难见到严格意义上的横向和竖向。

**2. 胎位（fetal position）**　　胎位即胎儿的位置，也就是胎儿背部和母体背部或腹部的关系。胎位分为 3 种。

1）上位（dorsal position）：胎儿伏卧在子宫内，背部在上，背部接近母体的背部及荐部，也称为背荐位。

2）下位（ventral position）：胎儿仰卧在子宫内，背部在下，背部接近母体的腹部及耻骨，也称为背耻位。

3）侧卧位（lateral position）：胎儿侧卧于子宫内，背部位于一侧，接近母体的左侧或右侧腹壁及髂骨，也称为背髂位。

上位是正常的胎位，下位和侧卧位则反常。侧卧位如果倾斜不大，称为轻度侧卧位，临床上一般视为正常。

**3. 胎势（fetal posture）**　　胎势即胎儿的姿势，指胎儿的头、颈、四肢在子宫内所呈的姿势，是伸直的，还是屈曲的。胎儿呈伸展状态为正常的分娩姿势。

**4. 前置（presentation）**　　前置是指胎儿某一部分和产道的关系，哪一部分向着产道，就称为哪一部分前置。例如，正生可以叫作前躯前置，倒生可以叫作后躯前置。但通常是用"前置"这一术语来说明胎儿的异常情况。例如，前腿的腕部屈曲，腕部向着产道，叫作腕部前置；后腿的髋关节屈曲，后腿伸于胎儿自身之下，坐骨向着产道，叫作坐骨前置。

## 四、胎儿排出过程姿势的变化

### （一）妊娠期胎儿的姿势

产出前，各种家畜胎儿在子宫中的方向大体呈纵向，其中大多数为前躯前置，少数呈后躯前置。在妊娠末期，胎儿的长度超过了羊膜囊的宽度，大部分胎儿身体转为头向后。胎位则依家畜种类不同而异，并与子宫的解剖特点有关。马的子宫角大弯向下，胎儿一般为下位。牛、羊的子宫角大弯向上，胎儿以侧卧位为主，有的为上位。猪的胎儿以侧卧位为主。胎儿的姿势，因妊娠期长短、胎水多少、子宫腔内松紧不同而异。在妊娠前期，胎儿小、羊水多，胎儿在子宫内有较大的活动空间，其姿势容易改变。在妊娠末期，胎儿的头、颈和四肢屈曲在一起，胎儿的转动受到限制。

### （二）产出时胎儿姿势的变化

分娩时，胎儿正常的胎位是上位，但轻度侧卧位并不造成难产，也认为是正常的。胎儿的方向应是纵向，否则会引起难产。牛、羊、马的胎儿多半是正生，有人将倒生（尾前置）看作是正常的，但造成难产的机会远较正生时多。在猪，倒生率可达 40%～46%，由于小猪的四肢都较短而柔软，不易因胎势而造成难产。单胎动物生双胎时，两胎儿大多数是一个正生，一个倒生。在正生时胎儿的正常胎势是两前腿及头颈伸直，头颈放在两条前腿的上面（图 6-2）。倒生时，两后腿伸直。这样胎儿以楔状进入产道，容易通过盆腔。只有当胎儿过大并伴有姿势异常，才有可能造成难产。综上所述，分娩时胎儿的正常姿势应该是上位、纵向、头前置、头颈放于两前肢上方，各个关节是伸展的。

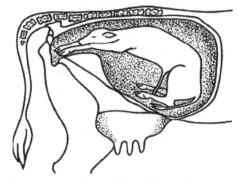

图 6-2　分娩时犊牛正常的胎位、胎向和胎势

产出时，胎位和胎势则会发生改变，使其肢体成为伸长的状态，以适应骨盆腔的情况，否则就会造成难产。这种改变主要是由阵缩压迫胎盘上的血管，供氧不足，胎儿发生反射性挣扎所致。在马，因为子宫浆膜下有一交错的斜肌层，它们的斜行收缩可以帮助胎儿向上翻起。使在分娩的第一期中胎儿由侧卧位或下位变为上位或轻度侧卧位，头、腿的姿势由屈曲变为伸直。

### （三）胎儿与分娩的关系

胎儿身体较宽大的部分分别是头、肩胛围（胸围）和骨盆（二维码 6-4）。胎儿头部是通过母体最为困难的部分，头部首先进入产道，此时产道未完全扩张；正生时头置于两前肢之上，其体积还要加上两前肢；胎儿头部在出生时骨化已比较完全，没有伸缩余地。产程的长短与头的娩出时间有关。牛、羊头部最宽处是从一侧眶上突到对侧眶上突，马是从一侧颞骨弓到对侧颞骨弓；高是从头顶到下颌骨角。肩胛围的最宽处是两个肩关节之间，高是从胸骨到鬐甲。肩胛围虽然较头部大，但由下向上是向后倾斜的，与骨盆入口的倾斜相符合；胸部有一定的伸缩性，可以稍微伸缩变形；所以肩胛围通过较头部容易。骨盆围的最宽处是在两个髋关节之间，高是从荐椎棘突到骨盆联合。胎儿的骨盆围虽然粗大，但伸直的后腿呈楔状伸入盆腔，且胎儿骨盆各骨之间尚未完全骨化，体积可稍微缩小，因此较头部也容易通过。猪的胎儿通过骨盆腔没有困难，因为仔猪的体重仅约为母体的 1/87，其最宽处也小于母体的骨盆腔。和羊、马相比，牛的胎儿这三部分都较大，故胎儿排出比较困难。

二维码 6-4

## 第四节　分　娩　过　程

分娩过程是指从子宫开始出现阵缩到胎儿及胎衣完全排出的整个连续过程。传统上通常将其分成三个时期，即宫颈开口期、胎儿排出期及胎衣排出期。这三个时期之间并没有明显的界限，而是逐渐地从一期过渡到另一期。

## 一、宫颈开口期

宫颈开口期（stage of cervical dilatation）也称为宫颈开张期，是从子宫开始阵缩算起，至子宫颈充分开大（牛、羊）或能够充分开张（马）为止。

处于宫颈开口期的母畜通常寻找僻静的地方等待分娩，其表现是食欲减退，因腹痛而时起时卧，尾根抬起，常做排尿姿势，脉搏、呼吸加快，体温略有降低。母畜的表现具有畜种间差异，个体间也不尽相同，经产母畜一般较为安静，有时甚至看不出明显的表现。除个别牛、羊偶尔努责外，一般均无努责。

该时期母体及胎儿的变化特点：子宫颈的组织结构发生变化，以便能变软扩张；仅有阵缩没有努责，每15～30min 收缩 1 次，每次持续数分钟，以后逐渐加强；多胎动物的阵缩由靠近子宫颈的胎儿处开始；胎儿调整为产出时的姿势，包括胎儿绕纵轴转动身体和伸直前肢。母畜早产时，往往子宫颈开张不充分，胎位不正，并经常发生胎衣不下。

**1. 牛** 进食及反刍不规则，脉搏增高。分娩开始后大约每 15min 阵缩 1 次，每次持续15～30s，随后阵缩的频率增高，至宫颈开口期末，阵缩每小时可达 48 次。宫颈开口期持续 0.5～24h。

**2. 羊** 常前蹄刨地，咩叫；乳山羊常舔其他母羊所生的羔羊。部分胎囊露出于阴门外。绵羊和山羊的持续时间分别为 3～7h 和 4～8h。

**3. 猪** 表现不安，时起时卧，阴门有黏液排出。宫颈开口期持续时间为 2～12h。

**4. 马** 在开口期表现较敏感，子宫收缩引起轻度疝痛现象，尾巴上下刷动，尾根时常举起或向一旁扭曲；胎儿排出前 4h 左右肘后及腹胁部常出汗；前蹄刨地，后腿踢下腹部或回顾腹部；有时做无目标的徘徊运动，有的蹲伏，叉开后腿努责，或者卧地打滚。

**5. 犬** 犬阴道较长，产道检查难以触及子宫颈，因而不易确定子宫颈扩张的时间和程度。第一个胎儿的尿膜绒毛膜在阴道内破裂，胎儿及其胎水和胎膜对阴道的刺激可引起努责。初产犬第一产程较长，表现强度及其行为特征的变化很大。

努责开始或者阴门出现包含胎水和胎儿的胎囊，标志着从第一产程转入第二产程。

## 二、胎儿排出期

胎儿排出期（stage of fetus expulsion）是指单胎动物从子宫颈充分开张，母畜开始努责，胎囊及胎儿的前置部分楔入阴道（牛、羊），或子宫颈已能充分开张，胎囊及胎儿楔入骨盆腔（马、驴），到胎儿完全排出（双胎及多胎）为止。

在胎儿排出期，母畜通常表现为极度不安，最初时常起卧，前蹄刨地，有时后蹄踢腹，回顾腹部，嗳气，拱背努责。努责数次后，休息片刻，然后继续努责。分娩时母畜多采取侧卧且后肢挺直的姿势，这是因为卧地有利于分娩，胎儿接近并容易进入骨盆腔；腹壁不负担内脏器官及胎儿的重量，使腹壁的收缩更为有力；有利于骨盆腔的扩张。

该时期母体及胎儿的变化特点：阵缩和努责共同发挥作用，以阵缩为主；阵缩的力量、次数及持续时间增加，每次阵缩持续时间延长，且间歇期很短；胎囊及胎儿的前置部分对子宫颈及阴道发生刺激，引起腹肌及膈肌的强烈收缩。努责每次持续约 1min，与阵缩密切配合，并且逐渐加强。胎膜带着胎水向完全开张的产道移动，最后胎膜破裂，排出胎水。胎儿也随着努责向产道内移动。胎儿最宽部分的排出需要较长的时间，特别是胎头，当通过盆腔及其出口时，母畜努责十分强烈。通过阵缩和努责同时进行的强大收缩，特别是在单胎动物，胎儿才能被排出来。在猪，产出一个胎儿后，通常都有一段间歇时间，然后再努责。在胎儿排出期，母畜的脉搏加快，马为 80 次/min，牛为 80～130 次/min，猪为 100～160 次/min，呼吸也加快。胎儿排出后一般努责就停止，母畜休息片刻便站立起来，开始照顾新生仔畜。

牛、羊和猪的脐带一般都是在胎儿排出时从皮肤脐环之下被扯断。马卧下分娩时则不断，等母马站起或幼驹挣扎时，才被扯断。马和猪的脐血管均断在脐孔之外。牛及羊脐动脉因和脐孔周围的组织联系不紧，断后断端缩回腹腔，并在腹膜外组织内造成少量出血后封闭，脐静脉断端则留在脐孔外。

家畜在产出期的主要表现特点如下。

**1. 牛、羊**　牛、羊的努责一般比较剧烈，每次努责的时间较长。努责开始后，母畜卧下，也可能时起时卧。母牛表现张口伸舌、呼吸促迫、眼球转动、四肢痉挛样伸直等，并且常常发出惨烈的哞叫。当胎头通过骨盆坐骨上棘之间的狭窄部时才卧下，有些牛在胎头露出后，还可能站起来，然后再卧下努责。胎牛体积相对较大，排出时较为困难。

牛（包括水牛）、羊先露出阴门之外的胎膜大多数是尿膜-绒毛膜，其中的尿水为褐色，此囊破裂排出第一胎水（尿水）后，尿膜-羊膜囊才突出阴门之外，膜的颜色为淡白或微黄，半透明，上有少数细而直的血管，囊内有胎儿及羊水（二维码 6-5）。努责及阵缩加强时，胎儿向产道的推力加大，羊膜-绒毛膜囊在阴门外或阴门口处破裂，流出淡白色或微黄色的黏稠羊水（第二胎水）。有时羊膜-绒毛膜先在阴门口内破裂，露出不多，然后尿膜-绒毛膜囊在胎儿排出过程中破裂。偶尔也有两个胎囊同时露出于阴门外的情况。牛和羊的胎盘为子叶胎盘，即使产出的时间较长，氧气的供应也有保证，胎儿不至很快死亡。

牛每小时阵缩24～48次，羊每小时阵缩可达40次。

**2. 猪**　分娩时母猪多为侧卧，有时站立，随即又卧下努责。母猪努责时伸直后腿，挺起尾巴，努责数次后产出一个胎儿。一般是每次排出一个胎儿，间隔 3～5min，再排出另一个胎儿，少数情况下可连续排出两个胎儿，偶尔连续排出三个胎儿。猪的胎水极少，胎膜不露出阴门之外，每排一个胎儿之前有时可能看到少量胎水流出。

猪的子宫除了纵向收缩外，还发生分节收缩。收缩先由距子宫颈最近的胎儿处开始，子宫的其余部分则不收缩；然后两子宫角轮流（但不是很规则）收缩，逐步到达子宫角尖端，依次将胎儿完全排出来。偶尔是一个子宫角将其中的胎儿及胎衣排空以后，另一个子宫角再开始收缩。猪与其他家畜不同的是，还存在逆蠕动，即从子宫颈向子宫角尖端蠕动，配合纵向收缩及分节收缩一起使胎儿有序地排出，并避免子宫角尖端的胎儿过早地脱离母体胎盘。由于各个胎儿的胎囊彼此相连，形成一条有许多间隔的胎膜囊管道，所以 30%～40%的胎儿是顶破与前一胎儿之间的胎膜间隔，穿过这一管道而被排出。

**3. 马、驴**　在胎儿排出期开始努责时，母畜一般卧下。腹内压增高导致子宫颈后移，子宫颈位于阴门之内不远处，质地很软，有时由于阴门张开，甚至可以看到尿膜-绒毛膜。马的努责非常剧烈，常连续努责 2～5 次后休息 1～3min。经过数次努责，子宫颈内口附近的尿膜-绒毛膜脱离子宫内膜，并带着尿水进入子宫颈，将子宫颈撑开。当子宫继续收缩时，更多的尿水进入尿囊，迫使它扩张子宫颈，最后尿囊破裂尿水流出。尿水为黄褐色稀薄液体。尿水流出后，尿膜-羊膜囊即露于阴门口上或阴门之外，颜色淡白、半透明，有少数血管，透过它可以看到胎蹄及羊水。羊水颜色为淡白或微黄，较浓稠。母马休息片刻后，努责更为强烈，胎儿排出加快。尿膜-羊膜囊常在胎儿头颈和前肢排出过程中或之后被撕破，马的胎盘为弥散型，容易缺氧而窒息死亡，这时如尿膜-羊膜囊尚未破裂，应立即撕破，以免胎儿窒息。马的胎儿排出期为

10～30min。

**4. 犬**　　刚开始努责后，常在阴门看到第一个胎儿的羊膜。当胎头通过阴门时，母犬有疼痛表现，但可迅速产出仔犬。如果努责持续 30min 无效，可能发生了难产。母犬常在产出第一个仔犬前将羊膜撕破，仔犬产出后，母犬即舐仔犬，再咬断脐带；继之再舐，以加速干燥，并刺激仔犬活动。有时母犬会咬伤胎儿的脐部，也可能吃掉部分仔犬。倒生时胎儿也多能正常产出，但第一个胎儿倒生可能引起阻塞性难产，胎儿排出的间隔时间变化很大。

## 三、胎衣排出期

胎衣排出期（stage of fetal membrane expulsion）是从胎儿排出后算起，到胎衣完全排出为止。胎衣是胎膜的总称。

胎儿排出之后，母畜即安静下来，子宫再次出现阵缩，促使胎衣排出，努责停止或偶有轻微努责。阵缩的持续时间长、间歇期长，而力量减弱。例如，牛每次阵缩 100～130s，间歇 1～2min。单胎动物胎衣从子宫角尖端先排出。单胎动物的双胎及猪的胎衣分两次排出。

胎儿排出和断脐后，胎儿胎盘血液大为减少，绒毛体积缩小；同时胎儿胎盘的上皮细胞发生变性（牛、羊）；子宫的收缩使母体胎盘排出大量血液，子宫内膜腺窝的张力减轻；胎儿排出后开始吮乳，刺激 OT 释出，进一步促子宫紧缩。因此，胎儿胎盘和母体胎盘二者间的间隙逐渐扩大，借外露胎膜的牵引，绒毛便容易从腺窝中脱落出来。因为母体胎盘血管未受到破坏，各种家畜胎衣脱落时子宫都不出血。胎衣排出的快慢，因家畜的胎盘组织构造不同而异。

**1. 牛、羊**　　牛的母体胎盘和胎儿胎盘结合比较紧密，子叶呈特殊的纽扣状结构，子宫收缩不易影响到腺窝。只有当母体胎盘组织的张力减轻时，胎儿胎盘的绒毛才能脱落下来，所以发生胎衣不下者也较多。羊的胎盘组织结构虽与牛相同，但由于母体胎盘呈盂状（绵羊）或盘状（山羊），子宫收缩时能够使胎儿胎盘的绒毛受到排挤，故排出历时较短。牛的胎衣在产后 2～8h 排出，超过 12h 仍不能排出即认定为胎衣不下。

**2. 猪**　　由于每一子宫角中的胎囊彼此端端相连，在 30%～40% 的情况下，胎衣是在两个子宫角中的胎儿排出后，分两堆排出，并且以外翻排出者居多。在胎儿数较少的猪，特别是巴克夏猪，常见后一个胎儿把前一个胎儿的胎衣顶出来。也有部分猪胎衣分几堆排出。持续时间为 10～60min。

**3. 马**　　马胎盘属上皮绒毛膜胎盘，胎盘组织结合比较疏松，胎衣容易脱落，胎儿排出后 5～90min 排出胎衣，一般不超过 3h。

**4. 犬**　　犬胎衣的排出一般是每排出一只胎儿，就会排出一只相应的胎膜，因此每排出一个胎儿就会重复产程的第二、三期。母犬常企图吃掉胎衣，这样可能引起腹泻，应予以制止。

各种动物分娩过程各期的持续时间见表 6-1。

表 6-1　动物分娩过程中各期所需要的时间

| 畜别 | 宫颈开口期 | 胎儿排出期 | 胎儿排出间隔 | 胎衣排出期 |
| --- | --- | --- | --- | --- |
| 牛 | 2～8h（0.5～24h） | 3～4h（0.5～6h） | 20～120min | 2～8h（<12h） |
| 水牛 | 1～2h | 30～60min（或6h） | 双胎率少于1/1000 | 4～5h |
| 绵羊 | 4～5h（3～7h） | 1.5h（0.25～2.5h） | 15min（5～60h） | 0.5～4h |
| 山羊 | 6～7h（4～8h） | 3h（0.5～4h） | 5～15min | 0.5～2h |
| 猪 | 2～12h | 4h | 3～17min | 10～60min |

续表

| 畜别 | 宫颈开口期 | 胎儿排出期 | 胎儿排出间隔 | 胎衣排出期 |
|------|-----------|-----------|-------------|-----------|
| 马 | 10~30min | 10~30min | 20~60min | 5~90min |
| 骆驼 | 24~48h | 15~30min | — | 30min |
| 犬 | 4h（6~12h） | 3~4h | 10~30min | 5~15min |

注：括号外为多数动物所用时间，括号内为少数动物所用时间

# 第五节 接 产

在自然状态下，动物往往会自行寻找安静的地方，多在晚上分娩，胎儿排出后舔干胎儿身上的胎水，并让它吮乳。所以正常情况下对母畜的分娩不需要干预。然而，驯养的动物运动量减少，生产性能增强，环境干扰因素增多，这些都会影响母畜的分娩过程。因此，要对分娩过程加强监管，必要时加以辅助，异常时则需及早助产，以免母子受到危害。应特别指出的是，要根据不同动物分娩的生理特点进行接产，过早、过多地进行干预会适得其反。

## 一、接产的准备工作

为使接产能顺利进行，必须做好各种准备工作，其中包括准备产房、接产前要准备好可能用到的药械和用品，以及安排接产人员。

**1. 产房** 对产房的要求是宽敞、清洁、安静、阳光充足、通风良好、配有照明设备。墙壁及饲槽要便于消毒。褥草不可铺得过厚，必须经常更换。天冷的时候，产房要保暖。猪产房的温度不应低于 18℃，否则分娩时间可能延长，小猪的死亡率增高。

根据预产期，应在产前 7~15d 将孕畜送入产房，以便让它熟悉环境。每天应检查母畜的健康状况并注意分娩预兆。

**2. 药械及用具** 在产房内应事先准备好常用的接产药械及用具，并放在固定的地方。常用的药械包括 70%乙醇、5%碘伏、消毒溶液、催产药物等，注射器、棉花、纱布、常用产科器械、体温计、听诊器、产科绳、一套常用的手术助产器械并提前消毒，以及细绳、毛巾、肥皂、脸盆、大块塑料布等。

**3. 接产人员** 畜牧生产单位应当配备接产人员，并受过接产训练，熟悉母畜分娩规律，严格遵守接产操作规程及必要的值班制度，尤其是夜间值班制度，因为母畜常在夜间分娩。同时产前做好消毒工作（剪指甲）、自身防护等。

## 二、正常分娩的接产

接产应在严格消毒的原则下，按照以下方法步骤（主要针对牛、羊、马）进行。

（一）做好接产前处理

清洗和消毒母畜的外阴部及其周围，用绷带缠好牛、马尾根，并将尾巴拉向一侧系于颈部。胎儿排出期开始时，对母体进行健康检查，若发现异常要预先处理。

对于长毛品种犬，要剪掉会阴部和后肢的长毛；用温水、肥皂水将孕犬外阴部、肛门、尾根、后躯及乳房洗净擦干，再用新洁尔灭溶液消毒。

（二）接产处理

**1. 临产检查**　　在大家畜，胎儿的前置部分进入产道时，可将手臂伸入产道，检查胎向、胎位及胎势，对异常的胎儿做出早期诊断和矫正。如果胎儿正常，正生时三部分（唇及两蹄）俱全，可等候其自然排出。检查的时间，对牛是在胎膜露出至排出胎水这一段时间；马是在第一胎水流出之后。除检查胎儿外，还可检查母畜骨盆有无变形，阴门、阴道及子宫颈的松软扩张程度，以判断有无因产道异常而发生难产的可能。

**2. 助产时机**　　遇到下述情况时，可以辅助拉出胎儿。母畜努责和阵缩微弱，无力排出胎儿；产道狭窄，或胎儿过大，胎头通过阴门困难，产出迟缓；牛、马倒生时，因为脐带可能被挤压于胎儿和骨盆底之间，妨碍血液流通，须迅速拉出，以免胎儿因缺氧、反射性地发生呼吸而吸入羊水，导致窒息；当胎儿唇部或头部已露出阴门时，在拉出胎儿之前可撕破羊膜，擦净胎儿鼻孔内的黏液，以有利于胎儿呼吸。

在猪，有时两胎儿的产出间隔时间延长。这时如无强烈努责，虽然产出较慢，对胎儿的生命一般尚无危险。但如曾经强烈努责，而下一个胎儿迟迟未能产出，则有可能窒息死亡。这时可将手伸入阴道，拉出胎儿；也可注射催产药物，促使胎儿排出。猪的死胎多发生在最后产出的几个胎儿，如在胎儿排出期末发现还有胎儿并排出缓慢时，必须用药物催产。

（三）新生仔畜护理

胎儿被娩出后，新生仔畜从子宫内的环境突然变换为自然生存的环境，需要经历许多方面的变化，帮助新生仔畜尽快适应环境，可提高其存活率。

**1. 擦干羊水**　　胎儿排出后先要擦净鼻孔内的羊水，防止新生仔畜窒息，同时观察呼吸是否正常。如果在 2～3min 未能自主呼吸，尽管有强的脉搏和心跳，新生仔畜存活的可能性也很小。胎儿在正常被娩出后 60s 内就可自主呼吸，如果分娩过程延迟，胎儿可能在被完全排出之前就开始呼吸。然后擦干仔畜身上的羊水，注意防寒保暖，扶助仔畜站立。羔羊遇冷、母畜舔舐胎儿或用垫草擦拭胎儿皮肤都有助于新生仔畜的呼吸。对头胎羊，不要擦羔羊的头颈及背部，否则母羊可能不认羔羊而拒绝哺乳。

**2. 处理脐带**　　胎儿排出后，脐血管在前列腺素的作用下迅速封闭。所以，处理脐带的目的并不在于防止出血，而是促进脐带干燥，避免细菌侵入。牛、羊胎儿排出时，脐带一般均被扯断，也可结扎后断脐，脐血管回缩，脐带仅为一段羊膜鞘。马的脐带长而不容易扯断。在脐带未断之前，可将脐带内的血液挤进胎儿体内，再剪断脐带。断脐时脐带断端不宜留得太长，断脐后将脐带断端在碘酒内浸泡片刻，或在脐带外面涂以碘伏消毒。断脐后如持续出血，需要结扎。但结扎会妨碍脐带中的液体渗出及蒸发，延迟脐带干燥，容易造成脐带感染。牛犊和仔猪的脐带应留短，因为它们常因寻找奶头而误吮彼此的脐带。

**3. 保温措施**　　新生仔畜的皮下脂肪少，湿润的被毛保温性差，其体温靠增加代谢和减少热散失来维持，而环境温度变化很大并经常低于母体子宫的温度，因此对新生仔畜保温尤其重要。新生仔畜出生后体温迅速下降，然后逐渐恢复。马驹和牛犊体温只是暂时下降；羊羔的体温生后几小时才能恢复；猪仔在冷环境下出生，其体温的恢复需要 24h 甚至更长；而猫和犬，体温恢复到出生前的温度需要 7～9d。

以下几种方法有助于新生儿增加体温：①确保新生仔畜有足够的食物；②使动物在温暖的环境下分娩，如小狗出生后的 24h 内应放在 30～33℃ 的环境中；③确保皮毛充分、迅速变干；

④在家畜分娩处增加热源。

**4. 帮助哺乳**　　新生仔畜产出后不久即试图站起，宜加以扶助让其站立。哺乳前，先擦净乳头，挤掉几滴初乳，然后再让仔畜吮乳。偶尔有头胎牛、马、羊不认仔或不习惯哺乳，拒绝仔畜吮乳。这时须帮助仔畜吮乳，并防止母畜伤害它们。

母猪分娩结束之前，即可帮助已出生的仔猪吮乳，以免它们的叫声干扰母猪继续分娩。对于特别虚弱或不足月的仔畜，应放在20～30℃的环境内，并进行人工哺乳。

（四）检查胎衣

猪和马的胎衣排出后，要检查脱落的胎衣是否完整，因为猪和马常发生部分胎衣不下。检查马胎衣的方法是将胎衣平铺在地上，用水管通过胎衣的破口向胎衣中注水，这样很容易确定胎衣各个部位的完整性。有破口时，将胎衣破口的边缘对齐，如果两侧边缘及其血管互相吻合，证明胎衣是完整的，否则就是缺少了一部分。发现有部分胎衣不下时，可将手臂伸入子宫，按照它在子宫内的位置（由胎衣的位置来决定），找到这部分胎衣并将其剥下取出。在猪，通过核对胎儿数目和胎衣上脐带断端的数目，即可确定胎衣是否已全部排出。

检查完毕后，应及时埋掉胎衣，以免牛、羊吞食后引起消化不良，或者猪采食后造成食仔恶癖。

### 三、假死胎儿的急救

**1. 假死、真死胎儿的区别**　　假死：胎儿吸入羊水或助产方法不当，引起胎儿窒息，胎儿呼吸停止，心跳微弱，若脐带充满血液（脐血泡满），外挤后有回流现象，此时为假死。

真死：呼吸、心跳停止时间长，脐带无血或有血但不饱满，无回流现象，判定为真死。

**2. 假死胎儿的急救**

（1）温水法　　提前准备好一盆40～60℃的温水。将胎体放入水中，头露外，将口鼻黏液擦拭干净，左手托颈，侧卧，胎儿背向自己，右手有节奏地沿胸廓由上而下推向腹腔挤压5～6次。出现呼吸后重复几次，直到正常为止，适用于各动物。

（2）按摩胸部急救　　仔畜侧卧，右手有节奏地按压心胸部，以60～80次/min的速度反复进行，至心跳出现为止，适于大动物。

（3）提后腿急救　　倒提并拍打胸部，适于假死小动物。

（4）药物急救　　注射强心剂和兴奋呼吸中枢的药物，如安钠咖、樟脑磺酸钠、尼可刹米等。在犊牛上可以在尾部背侧正中线的尾尖穴向上间隔2cm连续针刺，促其苏醒。

## 第六节　产　后　期

产后期是指从胎儿排出到生殖器官恢复原状的一段时间，其中包括胎衣排出期。在产后期，母畜的行为和生殖器官都发生一系列变化，其中最明显的变化包括产后子宫复旧与恶露排出。

### 一、行为变化

产后母畜表现出强烈的母性行为，如舔仔畜、哺乳、护仔等。这些母性行为随仔畜的成长逐渐减弱，最后消失。孕酮可以激活中枢神经系统中与母性行为有关的调节系统，并在雌激素和催乳素的协同作用下，使母畜产生一系列母性行为。仔畜出生后对母畜的视觉、听觉和触觉器官发生刺激，如吮吸乳头、仔畜存在等，这些刺激进一步诱发母畜的神经内分泌活动，使母性行为产生和持续下去。母性行为的维持受丘脑下部控制，如果丘脑下部相关区域受到损伤，则母性行为就会全部消失。

### （一）舐舔仔畜

除猪、马、驴以外，所有家畜都有舐舔仔畜的行为。舐去仔畜身上的羊水，可以减少蒸发引起的散热，保持仔畜体温，还能刺激仔畜的血液循环。牛、羊舔仔畜的肛门区域特别重要，因为该区域仔畜有着各自的独特气味，以后借助这种气味可识别自己的仔畜。母羊生后能识别羔羊的期限通常只有 6～12h，超过这个时间，多数母羊则拒养羔羊。

### （二）哺乳

新生仔畜站起以后，即走向母畜，寻找乳头吮乳。母畜也会调整自己的体位而靠近仔畜，帮助建立母仔联系，便于哺乳。牛、羊在哺乳中还不断舐仔畜，并嗅闻肛门区。

### （三）护仔

各种家畜产后均有强烈的护仔习性，猪、犬表现最为明显。即使平时温驯的母畜，产后期如果有人接近其仔畜，也会表示警惕，甚至攻击。母马产后很注意还未站起的仔驹，仔驹开始站立时更跟随其旁；如仔驹试图站立而屡不成功，母马往往还发出低声鸣叫。如果仔驹离开自己较远或接近同群其他家畜，母马会大声嘶鸣，将它唤回。

## 二、生殖器官变化

### （一）子宫

产后期生殖器官中变化最大的是子宫。妊娠期生殖道所发生的各种改变，在产后期都要恢复到原来的状态，这些变化称为复旧（involution）。各种家畜子宫复旧时间各异，同一种家畜的不同个体，子宫复旧时间也不一样。下列因素能够影响子宫复旧：①初产母畜子宫复旧时间快于经产的母畜；②春季和夏季分娩后较秋、冬季快；③给仔畜哺乳的母畜比不哺乳的母畜子宫复旧快，这和哺乳行为能刺激卵巢尽早活动有关；④围产期疾病，如难产、胎衣不下、产双胎和子宫炎症等延缓子宫复旧；⑤卵巢功能恢复的状况，如存在大卵泡会提高子宫的紧张度，卵巢的功能恢复越早，子宫复旧速度越快。

胎儿和胎衣排出后，子宫迅速缩小，随着时间的推移，子宫壁中增生的血管、部分肌纤维和结缔组织变性并被吸收。初产母畜的子宫并不能完全恢复到原来的大小及形状，因而经产多次的子宫比初产的要大，且松弛下垂。一般情况下，各种家畜产后子宫复旧的时间为：奶牛 30～45d，水牛 39d，羊 17～20d，马 12～14d，猪 25～28d。

在产后特定时间内，子宫内膜发生更新，残留在子宫内的血液、胎水、子宫腺的分泌物及变性脱落的母体胎盘等混在一起排出，称为恶露（lochia）。产后头几天恶露量多，呈红褐色，含有大量母体胎盘碎屑；以后血液减少，颜色逐渐变淡，大部分为子宫颈及阴道分泌物；最后变为无色透明，停止排出。正常恶露有血腥味，但不臭；如果色泽和气味异常或呈脓样，则说明产后子宫内滋生大量细菌，且多为革兰氏阴性厌氧菌和革兰氏阳性需氧菌。如果出现恶露排出期延长，子宫复旧延迟，以及卵巢功能恢复延迟等，都会加重子宫的细菌感染，应予以及时治疗。

**1. 牛**　牛产后恶露较多，经产牛可达 1000～2000ml，初产牛不超过 500ml，有的牛因为子宫吸收而没有恶露排出。最初 2~3d 恶露排出量最多，呈棕黄色或棕红色，含有大量组织碎块；产后 8d 时排出量很少，逐渐变为透明；产后 14~18d 停止排出。超过 3 周仍排出者，表示有子宫感染。

母牛子宫母体胎盘的复旧过程是血管发生变性，胎盘组织缺血变性、分解脱落及部分被吸收，至产后 10d 左右仅为一突起。产后约 20d，子宫阜恢复原状；产后 30d 左右，子宫阜上有新的上皮覆盖。产后子宫颈从内口开始收缩，正常产后 10~12h 子宫颈仅能勉强通过一只手，3~4d 仅能伸入两指，5~7d 一个手指也不易伸入。到产后 40（32~46）d，子宫完成复旧。

**2．羊**　产后期类似于牛，不同点是卵巢处于静止状态。羊的恶露不多，绵羊在产后 4~6d 停止排出，山羊约为 2 周。子宫在产后的 29d 完成复旧。

**3．猪**　恶露很少，初为污红色，以后变为淡白，再转成透明，常在产后 2~3d 停止排出。子宫上皮到产后 3 周已更新，子宫复旧在产后 28d 以内完成。

**4．马**　马的恶露少，子宫复旧快，产后 1~2d 即停止排出，只有少数马恶露排出持续一周左右。产后 13~15d 子宫内膜已完全更新，子宫颈直到产后第一次发情以后一直处于轻度松弛状态，产后第一次发情的受胎率不高。

**5．犬**　大约 4 周，子宫复旧完毕，才停止排出恶露。

（二）卵巢

分娩后，多数家畜卵巢内有卵泡开始发育。但是各种家畜产后第一次出现发情的时间早晚有所不同。卵巢功能的恢复受产后期疾病、产奶量、营养、品种、胎次、季节、气候等因素影响。

**1．牛**　分娩后妊娠黄体萎缩并被吸收，其变性萎缩过程和发情周期黄体相同，所以产后发情出现很晚。奶牛最早可在产后 13d 排卵。

**2．马**　分娩时已无黄体，分娩后卵巢功能恢复迅速，产后第 2 天就有卵泡生长，产后 5~12d 即可发情。尽管第一次发情的受胎率低，但是仍可以妊娠。

（三）阴道、前庭及阴门

在分娩后 4~5d 即完成复旧，但并不能完全恢复到原来的大小。

（四）骨盆及其韧带

在分娩后 4~5d 恢复原状。

（五）妊娠浮肿

牛、马妊娠末期腹下出现的浮肿，产后逐渐缩小，一般经 10d 左右消失。乳房浮肿在产后数天即消失，马比牛消失得快。心功能负担恢复，通过产奶水分排出较多。

# 第七节　诱导分娩

诱导分娩（induction of parturition）也称为人工引产，是指在妊娠末期的一定时间内，人为地诱发孕畜分娩，生产出具有独立生活能力的仔畜。如果不考虑胎儿在产出时的死活及胎儿在产出后是否具有独立生活能力，终止妊娠继续，称为人工流产（artificial abortion），也包括在胚胎分化完成之前人为地中断妊娠。

## 一、适用情况

### （一）生理状态

1）根据配种日期和临产表现，人们很难准确预测孕畜分娩开始的时间。采用诱导分娩方法，可以使绝大多数分娩发生在预定的日期或白天，这样既避免了在预产期前后日夜观察，节省人力，又便于对临产孕畜和新生仔畜进行集中和分批护理，合理安排产房，减少或避免伤亡事故。

2）在实行同期发情配种制度的情况下，分娩也趋向同期化，这样可为同期断乳和下一个繁殖周期进行同期发情配种奠定基础，也为新生仔畜的寄养提供了机会。例如，在窝产仔数太多和太少的母猪之间，可进行并窝或为孤儿仔畜寻找养母等。

3）胎儿在妊娠末期的生长发育速度很快，诱导分娩可以减轻新生仔畜的初生重，降低因胎儿过大发生难产的可能性。这适用于母畜骨盆发育不充分、妊娠延期及黄牛怀奶牛胎儿等情况。

4）母畜不到年龄偷配，或因工作疏忽而使母畜被劣种公畜或近亲公畜交配，可通过人工流产使母畜尽早排出不需要的胎儿。

5）使动物提前分娩，以达到对仔畜皮毛利用方面的特殊要求。

### （二）病理状态

1）当母畜发生胎水过多、胎儿死亡及胎儿干尸化等情况时，应及时终止妊娠。

2）当妊娠母畜发生受伤、产道异常或患有不宜继续妊娠的疾病时，终止妊娠可缓解母畜的病情或挽救母畜生命。例如，母畜患有骨盆狭窄或畸形、腹部疝气或水肿、阴道脱、妊娠毒血症等。

## 二、技术原理

根据妊娠和分娩机制，可以通过激素处理来中断妊娠和启动分娩，从而达到诱导分娩的目的。常用的激素有 ACTH、糖皮质激素和 $PGF_{2\alpha}$。使用 ACTH 时应注意家畜所处的妊娠阶段。如果使用过早（如羊在妊娠 130d 之前）或胎儿已经死亡，都不能引起胎儿肾上腺皮质的应答，使诱导分娩失败。使用治疗剂量的水溶性短效糖皮质激素，2～5d 后可使孕畜分娩。配合使用少量雌二醇，可能有助于改进诱导分娩的效果。但通常不单独和大剂量使用雌二醇，否则会使子宫和产道过分水肿而增加发生难产的机会。$PGF_{2\alpha}$ 具有收缩平滑肌和溶解黄体的作用，是诱导分娩最为方便、安全和有效的激素。在使用 $PGF_{2\alpha}$ 类似物时，应根据其药效而增加或减少用量。

## 三、方法和步骤

### （一）牛的诱导分娩

从妊娠 270d 起，给牛一次肌内注射 20mg 地塞米松或 5～10mg 氟美松，母牛在处理后的 30～60h 分娩。但是在妊娠 270d 前引产，经常会导致新生仔畜弱小，存活困难。

在妊娠 200d 内，注射 $PGF_{2\alpha}$，母牛很快发生流产。特别是在妊娠 65～95d，绒毛膜与子宫内膜之间的组织学联系还不紧密，流产后胎膜不破，子宫内膜不流血，母牛也无内源性 $PGF_{2\alpha}$，因而副作用较小，所以，该时间段是结束不必要或不理想妊娠的好时机。妊娠 200d 后，牛胎盘可以产生少量孕酮。在 150～250d，孕牛对 $PGF_{2\alpha}$ 相对不敏感，注射后母牛不一定流产。此后越接近分娩期，母牛对 $PGF_{2\alpha}$ 越敏感，到 275d 时注射 $PGF_{2\alpha}$，2～3d 即可分娩。

（二）绵羊和山羊的诱导分娩

羊难产的发生率较低，因此在羊实施诱导分娩的实用性不大，但是促使羊在白天分娩会增加羔羊的存活率。在绵羊妊娠 144d 后，12～16mg 地塞米松或倍他米松，或 2mg 氟美松可使多数母羊在 40～60h 产羔。在妊娠 141～144d 注射 15mg $PGF_{2\alpha}$ 也能使母羊在 3～5d 产羔。绵羊胎盘从妊娠中期开始产生孕酮，从而对 $PGF_{2\alpha}$ 不敏感，用 $PGF_{2\alpha}$ 诱发分娩的成功率不高；如果用量过大则会引起大出血和急性子宫内膜炎等并发症。

山羊的诱导分娩与绵羊相似。但山羊在整个妊娠期都依赖黄体产生孕酮。因此，给妊娠山羊注射 1.2mg $PGF_{2\alpha}$，母羊在 1.5～3d 流产或分娩。此外，用 ACTH、皮质类固醇和雌激素也能成功引产。

（三）猪的诱导分娩

给妊娠 110d 的母猪注射 60～100IU ACTH，可使产仔间隙缩短 25%，从而使产死仔猪数量减少。猪妊娠 109～111d，连续每天注射 75mg 地塞米松，或者在妊娠 110～111d 连续每天注射 100mg 地塞米松，或在 112d 注射 200mg 地塞米松，均可获得比较理想的效果。给妊娠最后 3d 的母猪注射 5～10mg $PGF_{2\alpha}$，大多数母猪在 22～32h 产仔，但母猪表现出如啃咬圈栏杆和呼吸次数增加等。如果在注射 $PGF_{2\alpha}$ 后 15～24h 时再注射 20IU OT，数小时后即可分娩，这样能较准确地控制分娩时间。

（四）马的诱导分娩

到了妊娠末期，当马乳房中有较多的初乳、子宫颈比较松软并可伸进 1～2 指时，而且胎儿前置、胎势和胎位都正常，此时注射 120IU OT（360～600kg 体重）可使母马在 15～60min 内产驹。更为安全的给药方案是间隔 15min 注射 15IU OT，注射 3 次之后将用药量增加到每次 25IU，直到分娩开始为止，这是对马进行诱发分娩的推荐方法。当马子宫颈没有"成熟"时，可先注射 30mg 己烯雌酚，12～24h 后再注射 OT。最好在注射 OT 后 10～15min 再进行一次直检，以保证胎位和胎势正常。

重要的是应该准确地知道母马的妊娠日期，因为从妊娠 321～324d 起，连续 5d 每天注射 100mg 地塞米松，可使母马在 3～7d 后分娩，妊娠 320d 之前不能成功引产。因为马在妊娠的不同阶段孕酮产生的部位有很大的差异。40d 之前由妊娠黄体产生；40～160d 由妊娠黄体和副黄体共同产生；160d 后由胎盘产生。马在妊娠 30d 内对 $PGF_{2\alpha}$ 非常敏感，处理后很快发生流产并且发情，这时配种也能妊娠。到了妊娠末期，马对 $PGF_{2\alpha}$ 再度变得敏感。用 $PGF_{2\alpha}$ 诱导分娩的可靠方法是，每隔 12h 注射 2.5mg $PGF_{2\alpha}$ 直到分娩为止。

（五）犬和猫的诱导分娩

在临床上对犬和猫的诱导分娩研究得还不充分，还没有精确诱导分娩的方法，安全有效的人工流产方法也有待建立。给犬连续注射 10d 地塞米松，每日 2 次，每次 0.5mg/kg 体重，在妊娠 45d 之前可引起胎儿在子宫内死亡和吸收；在 45d 之后可引起流产。雌激素对犬有很大的毒性，因而不宜使用。犬妊娠 40d 之内的妊娠黄体，对大多数有溶黄体作用的药物具有抵抗力。在妊娠 40d 以后注射 $PGF_{2\alpha}$ 每天 2 次，每次 25～250μg/kg，可连续注射直到流产为止。$PGF_{2\alpha}$ 对猫没有溶黄体作用。在妊娠后期，当猫处于应激状态或事先注射过 ACTH 时，每天注射 0.5～1mg/kg $PGF_{2\alpha}$，连续 2d 即可引起流产。

# 第七章　特种经济动物繁殖

特种经济动物养殖业是现代畜牧业不可或缺的有机组成部分，繁殖是畜牧业发展的基础，也是高质量发展的关键，特种经济动物较传统畜禽繁殖特殊，一般为季节性繁殖，其繁殖效率直接影响养殖的成功与否及经济效益，为此扎实地掌握特种经济动物的生殖解剖、繁殖特性和繁殖技术等对特种经济动物产业的高效、安全、健康发展至关重要。

## 第一节　鹿

### 一、基本概况

鹿类属于哺乳纲偶蹄目，分属于鹿科、鼷鹿科和麝科，草食反刍，分布世界各地，目前有43个品种和206个亚种，我国有15种分属于10属。

不同种类鹿体型差异较大，为几十斤[①]到上千斤，它们胃发育成3室（鼷鹿）或4室，四肢强健修长，视觉敏锐。一般雄性有角、雌性无角，但驯鹿两性都有角，较原始的鼷鹿科和麝科无角。寿命约为20年。

### 二、生殖解剖

#### （一）公鹿

生殖器官包括睾丸、附睾、输精管、尿生殖道、副性腺和外生殖器官，见图7-1。

睾丸略扁椭圆形，位于两后腿之间，下垂悬挂于体外，温度比腹腔低3～4℃。左、右睾丸常不一般大。阴囊没有明显的阴囊颈。睾丸长轴垂直位于阴囊中，质坚而不硬，梅花鹿睾丸重约100g，生精期体积增大0.5～1倍；马鹿睾丸重约200g，是梅花鹿的1.8～2倍。

附睾位于睾丸后缘，分头、体和尾。梅花鹿输精管由附睾管延伸而来，是1条壁厚的管道，输精管末端逐渐变粗形成膨大的输精管壶腹，输精管末端开口于尿生殖道的精阜。

输精管是附睾尾部至骨盆部尿生殖道前端的2条输出管道，末端与同侧精囊腺共同开口于精阜上。梅

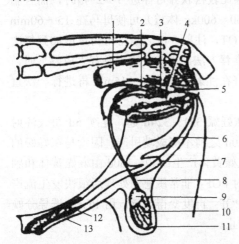

图7-1　公鹿的生殖器官（赵裕芳，2013）

1. 直肠；2. 输精管壶腹；3. 精囊腺；4. 前列腺；5. 尿道球腺；6. 阴茎；7. "S"状弯曲；8. 输精管；9. 附睾头；10. 睾丸；11. 附睾；12. 阴茎龟头；13. 包皮

花鹿的输精管在睾丸系膜内侧的输精管褶中与血管、淋巴管、神经、提睾内肌等包于睾丸系膜内而组成精索。

---

① 1斤=0.5kg

精囊腺成对，位于输精管的末端外侧。对于鹿类尿道球腺和前列腺是否存在有争议。

阴茎由勃起组织及尿生殖道阴茎部分组成，在阴囊之后折成 1 个"S"状弯曲，龟头较钝圆位于包皮腔内。阴茎尖呈钝圆锥形比较尖，其余部分粗细一致，梅花鹿阴茎长约为 34.6cm，粗为 2.3cm。

### （二）母鹿

生殖器官包括卵巢、输卵管、子宫、阴道、外生殖器官（尿生殖前庭及阴门）等，见图 7-2。

梅花鹿的卵巢扁平椭圆，青年鹿的呈鸽卵形，老年鹿的皱褶变薄。马鹿的呈扁椭圆形，长 1.5～2.1cm，宽 0.75～1.1cm。

输卵管为子宫角尖端延续的一条迂曲管道。梅花鹿的长为 15cm 左右，马鹿为 18cm 左右，有许多弯曲。前半部较粗称为壶腹，是卵子受精的地方。输卵管前端接近卵巢扩大呈漏斗状，称为漏斗。漏斗边缘上有许多皱褶和突出，称为输卵管伞。输卵管后端与子宫角连接。

梅花鹿子宫为双角子宫，伪子宫体明显，子宫角内妊娠，因子宫角右角大于左角，在右角内妊娠机会较多。子宫角呈绵羊角状，角管连接处有一明显的"乙"状弯

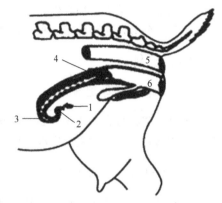

图 7-2 母鹿的生殖器官（赵裕芳，2013）
1. 卵巢；2. 输卵管；3. 子宫角；4. 子宫颈；
5. 直肠；6. 阴道

曲，子宫角有子宫阜 4～6 个，位于子宫角中央的较大，妊娠时子宫阜发育为母体胎盘，子宫角内壁被一纵隔对分为二，角间沟明显；子宫体质地柔软短小；子宫颈有 3～5 个横向皱褶彼此契合，使管腔闭锁很紧。子宫颈肌环状层厚，构成 4 个环状皱褶。马鹿子宫颈突出于阴道形如菜花。

梅花鹿阴道长（15.11±1.36）cm，阴道为母鹿交媾和胎儿排出的器官，也是尿液的排出管道。邻近子宫颈阴道部的阴道腔称为阴道穹隆。

## 三、发情

### （一）性成熟

鹿性成熟的早晚受种类、性别、气候及饲养管理等多种因素影响。梅花鹿母鹿 15～18 月龄开始性成熟，母鹿初配年龄为 2～3 岁，公鹿一般 2.5 岁左右性成熟，3 岁以上才能参加配种，梅花鹿的体成熟年龄为 3～4 岁。马鹿母鹿 16～25 月龄开始性成熟，母鹿初配年龄 3 岁，体成熟为 40 月龄，公鹿一般 4 岁参加配种。

### （二）发情周期

梅花鹿发情周期平均为 12～16d，发情持续时间为 24～36h。天山马鹿的母鹿发情周期平均（16.49±1.134）h，发情持续时间为（17.321±0.836）h；东北马鹿的母鹿发情周期为（12.7±3.4）d，发情持续时间为 2～22h。

### （三）发情季节

梅花鹿为季节性多次发情动物，母鹿多集中于每年 9～11 月，一般经历 3～5 个发情周期，

公鹿多集中在 8～11 月中旬。马鹿发情季节较梅花鹿提早 10d 左右。

（四）发情表现

母鹿发情初期食欲下降、兴奋不安，摇尾游走，外阴开始肿胀充血，公鹿追逐但不接受交配；发情盛期频繁走动、排尿，外阴肿胀明显，眶下腺开张，排出强烈难闻气味，主动接近甚至追逐爬跨公鹿，接受公鹿交配。

公鹿进入发情季节后茸生长停滞，骨化脱皮，磨角鸣叫，颈部变粗，睾丸明显增大，性情粗暴，行动分散，活动频繁，食欲显著下降甚至废绝，膘情迅速下降，追逐母鹿，争偶角斗。

## 四、配种

（一）单公群母配种法

配种季节将母鹿分成 16～20 头一群，调入 1 头种公鹿一配到底，或中途进行必要的更换。此法系谱清楚，可有效提高鹿群品质。

（二）单公单母配种法

此法种公鹿配种负担均衡，易于分别管理，系谱清楚。受胎率可达 90% 以上，但圈舍占用多，种公鹿需要量大。

（三）群公群母配种法

按公母 1∶7～1∶3 组群自然交配。此法占用圈舍少，简单易行。发情母鹿不漏配，受胎率达 95% 以上，但不易选种选配，系谱不清，不利于提高鹿群品质，种公鹿伤亡大。

（四）人工授精法

主要有自然发情人工授精法、公鹿试情人工授精法、同期发情人工授精法。目前同期发情人工授精是鹿场中常用的一种方法，情期受胎率为 30%～60%。

## 五、妊娠

梅花鹿妊娠期平均为 230d（220～240d）；马鹿妊娠期平均为（242±5.28）d，在 231～253d 变动，妊娠长短受营养、品种、年龄、性别等因素影响。妊娠初期食欲恢复，发情周期停止；妊娠中期食欲旺盛，膘情改善，被毛平滑光亮；妊娠后期腹围明显增大，乳房膨胀，行动谨慎迟缓，活动减少，时常回头望腹，喜躺卧，爱群居。

## 六、分娩

梅花鹿多在 5 月中旬到 6 月中旬天气转暖、水草丰美时产仔，一般为单胎。临产前 10d，乳房明显变大，乳头变粗；产前 2d 可挤出淡黄色黏稠乳汁，腹部下垂，肷窝塌陷，阴门肿大柔软并流出透明索状分泌物；临产前数小时起卧不安，频频摇尾排尿，不时回头顾腹，常发出呻吟声，放牧鹿常自动离群。

分娩多在清晨或午夜，仔鹿娩出后母鹿会立即舔干仔鹿体表黏液，仔鹿生后 15～30min 即可站立吸吮初乳，第 2 天可随母鹿跑动。仔鹿娩出后约半小时胎衣排出，通常被母鹿吞食。

## 七、哺育

梅花鹿初生重 5.5～6.0kg，哺乳期为 2～3 个月（5 月中旬至 8 月中旬）。仔鹿出生后消化系统需经历一个逐渐健全的过程。出生后第 1 个月内前 3 个胃不发达，胃肠容量不大，分泌及消化功能尚不完善，初期起不到消化食物的主要功能，食物消化吸收主要靠发达的皱胃和肠道来完成。以后随着仔鹿吮乳，盐酸和唾液分泌增多，皱胃消化能力逐渐增强，约 2 周后，随着仔鹿日龄增大和采食饲料增多，前 3 胃迅速发育，断乳后逐渐成为饲料消化的主要场所，但直到体成熟后才发育完全。所以要保证仔鹿健康发育，应抓住仔鹿生理特性，在保证仔鹿尽早吃上初乳、饲养条件良好的前提下，重点加强哺乳母鹿的饲养，以使其为仔鹿提供充足营养；提前给仔鹿补饲，锻炼仔鹿采食能力、增强仔鹿消化系统功能；做好仔鹿从哺乳到断乳的衔接工作，减少应激反应，保证其健康发育。

# 第二节　水　　貂

## 一、基本概况

水貂属哺乳纲食肉目鼬科鼬属，小型毛皮动物。原产于北美洲，野生状态下有美洲水貂和欧洲水貂。目前世界人工饲养水貂均为美洲水貂后裔。美洲水貂主要分布在北美洲的阿拉斯加到墨西哥湾及拉普拉塔、亚洲的西伯利亚等地区。

水貂体细长，头粗短，耳壳小，四肢短，趾间有微蹼，尾巴蓬松约为体长一半。公貂体长 38～42cm，体重 1.6～2.2kg。母貂体长 34～37cm，体重 0.7～1.1kg。寿命为 12～15 年。

## 二、生殖解剖

### （一）公貂

生殖器官包括睾丸、附睾、输精管、前列腺和阴茎等，见图 7-3。

睾丸呈长椭圆形，发育呈现明显的周期性变化。没有精囊腺和尿道球腺。输精管壶腹和前列腺发达。

附睾头与曲细精管相连，附睾尾和输精管相连。输精管沿精索内侧上行，于腹股沟管腹环处离开精索向内翻转，末端在膀胱颈部膨大，称为输精管壶腹，后接尿生殖道前部。前列腺位于尿生殖道骨盆部，围绕输精管末端，可分泌黏液，与输精管壶腹分泌的黏液一起构成精液。

阴茎分为海绵体和阴茎骨，平时藏于后腹壁皮肤形成的包皮中。成体阴茎骨长 43～50mm，阴茎海绵体被坐骨海绵体肌包着，根部有球海绵体肌，这些肌肉在勃起时挤压阴茎海绵体脚，阻止静脉血的回流，阴茎背腹两面各有一束较薄的纵行平滑肌（缩茎肌），使阴茎回缩于包皮内。

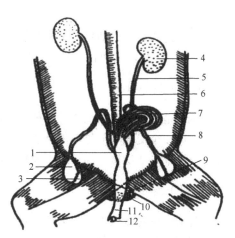

图 7-3　公貂生殖系统（正面）
（白献晓和向前，2002）

1. 前列腺；2. 睾丸；3. 附睾；4. 肾；
5. 输尿管；6. 直肠；7. 膀胱；8. 输精管；
9. 肛门；10. 肛腺；11. 阴茎包皮；12. 阴茎骨

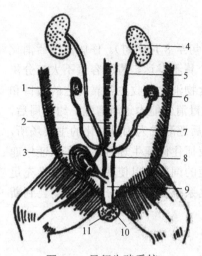

图 7-4　母貂生殖系统
（白献晓和向前，2002）

1. 卵巢；2. 直肠；3. 膀胱；4. 肾；5. 输尿管；6. 输卵管；7. 子宫角；8. 子宫体；9. 阴道；10. 阴门；11. 肛门

**（二）母貂**

生殖器官包括卵巢、输卵管、子宫和阴道等，见图7-4。

卵巢呈豆形，被卵巢囊所包围。不同生物学时期卵巢体积发生变化。乏情期卵巢平均重0.3g，配种季节增至0.6g，分娩前2周约达0.65g。配种季节卵巢充血色泽鲜红，表面凹凸不平，有很多深红色粒状突起。交配后卵巢排卵形成黄体，春分开始活动分泌孕激素。分娩后妊娠黄体消失，卵巢又处于相对静止状态，体积缩小，功能退化。

输卵管紧接卵巢上方，呈弯曲状包在卵巢周围，前端稍膨大成喇叭口，称为漏斗，被包于卵巢囊中，向后与子宫角相连。

子宫为双角子宫，位于腹腔内，在直肠前部下方，其大小在全年中急剧变化。从冬至到春分，在雌激素作用下，体积逐渐增大，为胚胎着床做准备。

阴道腔较细，阴道长30～40mm，背侧壁距子宫口2～3mm处有一肥厚的半月状纳精囊。纳精囊是由阴道背侧壁内突而成，纳精囊的阴道壁也特别肥厚。纳精囊的游离缘围成纳精囊口，其口朝前下与子宫口相对，并包围着子宫口。纳精囊能稳定交媾动作，防止或减少精液损耗，利于精子进入子宫。

## 三、发情

**（一）性成熟**

水貂在9～10月龄性成熟，2～10年有生殖能力，种貂利用期为3～5年。

**（二）发情周期**

母貂是诱导排卵动物，配种季节可出现2～4个发情周期，每个发情周期为6～9d，其中动情期持续1～3d，此期容易接受交配和受精，间情期一般为5～6d。

**（三）发情季节**

水貂是季节性繁殖动物。配种一般在2月底至3月初。产仔旺盛期为4月25日至5月5日。在同一个交配季节里，母貂能数次排卵，如第一次交配时已受精，此后8～10d仍可排卵，并可产出来自2次排卵的仔貂（异期复配）。

**（四）发情表现**

母貂发情时食欲不振，活动频繁，躁动不安，常躺卧在笼底蹭痒，排绿色尿，阴毛逐渐分开，阴门肿胀，有白色或粉白色分泌物排出。遇见公貂表现兴奋和温顺，并发出"咕咕"求偶声。发情时母貂听到公貂的求偶声会趴在网底不动，并将尾翘向一边接受交配。

公貂发情时兴奋不安、常徘徊于笼内，食欲不振，发出求偶的"咕咕"声，性情比平时温顺，睾丸明显增大下垂有弹性。

## 四、配种

配种方式一般采用同期复配或异期复配。1 只公貂在 1 个配种期内一般可交配 20 次左右，公母比例以 1∶5～1∶4 为宜。

### （一）同期复配

1＋1 配种方法是在发情持续期的 2d 内进行，效果较好。而 1＋2 配种方法是在初配后间隔 2d 配种，第 2 次配种已接近水貂的间情期（排卵不应期），效果较差。

### （二）异期复配

异期复配指在 2 个或 2 个以上发情周期内，交配 2 次或 2 次以上，间隔时间为 6～9d。记为 1＋7 或 1＋7＋1、1＋7＋2 等。异期复配有 1＋7、1＋1＋7、1＋2＋7、1＋7＋1 等方法，方法各有优劣，其中 1＋1＋7 和 1＋2＋7 是在同期复配基础上通过 1 次补配形成的，而只有对进行复配阶段刚刚进行初配的水貂才采取同期复配，因此第 3 次配种（补配）已经进入水貂配种后期，效果较差；1＋7＋1 配种虽因水貂是诱发排卵，增加配种次数可提高受胎率和产仔数，但因貂群中的性别比例是一定的，因此可以只对第二次配种效果没有把握的，如配种时间不足 10min 的母貂进行补配，以达成 1＋7 配种目的，在 3 次配种都有效时，便出现了 1＋7＋1 配种，但目前采用的主要是 1＋7 配种。实践证明，1＋7＋1 配种方式产仔数量最多，1＋7＋2 次之，1＋7、1＋1 最低。

## 五、妊娠

水貂的妊娠期变动范围较大（37～83d），平均为（47±2）d。妊娠天数个体间差异极大，其主要原因是水貂胚泡存在一个滞育期（潜伏期）。

妊娠过程胚胎发育分为三个阶段。卵裂期，是卵子受精后，经 5～6 次分裂形成桑葚胚并继而形成胚泡的阶段，这时胚泡已移到子宫角内 6～8d；滞育期（潜伏期），是胚泡在子宫角内游离而未附植的阶段，一般为 6～31d；胚胎期（胎儿发育期），是胚泡在子宫角附植并迅速发育至胎儿成熟的阶段，通常为 30d。水貂胚泡附植时间大多集中于 4 月初，而胎儿迅速生长发育是在 4 月上旬以后。

水貂妊娠后，由于黄体激素增加，外生殖器色素沉着，阴唇出现斑点或发暗，食欲旺盛，换毛正常。饮水量和排尿量皆增多，性情安静，行动稳重。后期腹部膨大，乳腺逐渐增大，乳头显露。

## 六、分娩

产仔期一般为 4 月中旬至 5 月中旬。旺期为 4 月 25 日至 5 月 5 日，特别是 5 月 1 日前后的 5d，占产仔胎数的 70%～80%，窝平均产仔数为 6.5 只。母貂临产前 1 周左右开始拔掉乳房周围的毛，露出乳头，骨盆韧带松弛、子宫颈扩张、排出初乳等。临产前 2～3d 粪便由长条状变为短条状。临产时活动减少，不时发出"咕咕"叫声，行动不安，有腹痛症状，有营巢现象。产前 1～2 顿拒食。

常在夜间或清晨产仔。正常先产出仔貂头部，产后母貂立即咬断仔貂脐带，吃掉胎衣，舔干仔貂身上羊水。

产程一般为 2～4h，快者 1～2h，慢者 6～8h。产后 2～4h，母貂排出绿黑色的胎盘粪便。

## 七、哺育

仔貂初生重为 8~11g，生长发育迅速，40 日龄可达 218~300g，增重 20~30 倍。初生体长 6~8cm，40 日龄达 22cm 左右，增长约 3 倍。15~20 日龄便开始吃食，此时要对母貂补饲。

哺乳 1 个月以后，母貂泌乳量开始明显下降。母、仔貂之间的行为也开始向疏远甚至恶化的方向变化。哺乳期一般限制在 40 日龄内，分窝离乳时间多在 6 月上旬至 7 月上旬。

# 第三节　狐

## 一、基本概况

狐属哺乳纲食肉目犬科。有 2 属 9 种，40 多个不同的色型。2 属分别是狐属和北极狐属，世界上野生狐分布范围较广。我国目前家养的品种有北美赤狐、银狐和北极狐，主要集中在山东、河北、辽宁和黑龙江等地。

北美赤狐是赤狐的亚种之一，分布于美国东部，加拿大魁北克省南部和安大略省南部；银狐又名银黑狐，原产于北美大陆的北部和西伯利亚的东部地区；北极狐又名蓝狐，产地为欧洲、亚洲、北美洲的高纬度近北冰洋一带地区。

狐形体略像狼，北美赤狐体重 6kg 左右，北极狐体型最大，大的达 25kg。狐面部较长，嘴尖，尾长而粗圆，等于或超过体长的一半，尾毛蓬松。寿命为 10~14 年。

## 二、生殖解剖

### （一）公狐

生殖器官包括睾丸、附睾管、输精管和尿生殖道、副性腺、阴茎、阴囊等。

睾丸左、右各一，呈卵圆形稍扁，大小相近，位于两股间阴囊中。其游离缘向下后方，前为睾丸头，后为睾丸尾，与纵轴平行，乏情期质地坚硬，重约 5.4g，配种期质地有弹性，增到乏情期 4 倍左右。

附睾由睾丸头部的输出管及睾丸背部的曲细精管构成，分为头、体、尾。附睾头向前下方，附睾重约占体重的 0.02%。

输精管分左、右两根，是附睾尾折向附睾头的管逐渐弯曲变小延续而形成，全长约 7.12cm，直径约 0.1cm，是 1 条很细的肌质管道。副性腺由前列腺、精囊腺和尿道球腺组成。

### （二）母狐

生殖器官包括卵巢、输卵管、子宫（子宫角、子宫体、子宫颈）、阴道、尿生殖前庭及阴门。

卵巢位于第三、四腰椎肋横突腹侧，肾后缘附近。长 1.5~2.0cm，宽约 1.5cm，未发育时呈椭圆形，表面由卵巢囊包裹，囊的开口呈裂缝状，内侧开口在输卵管腹腔口内侧。

输卵管长 5~7cm，卵巢囊相当薄，输卵管漏斗位于卵巢后下端，与子宫角前端有韧带相连。

子宫角长约 9.0cm。子宫体位于直肠腹侧，后部较厚，长约 1.92cm。子宫颈较短，长约 0.96cm，子宫颈的阴道部长约 0.3cm，在髋结节之间。

阴道长约 6.5cm，包括尿生殖前庭 1.5cm。

## 三、发情

### （一）性成熟

北美赤狐、银狐 9～11 月龄性成熟。北极狐 10～12 月龄性成熟。

### （二）发情周期

狐是季节性单次发情动物，一年发情一次，自发排卵。北美赤狐、银狐的母狐发情持续 5～10d，排卵期较短，为 2～3d；北极狐母狐发情持续 4～5d，多在发情后的第 2 天排卵，最初和最后一次排卵间隔时间为 5～7d。

### （三）发情季节

一般北美赤狐和银狐是 2 月初至 3 月中下旬发情，北极狐是 2 月中旬至 4 月中下旬发情，发情季约持续 90d。

### （四）发情表现

母狐发情时，在笼里来回走动，极度不安，不断发出声音，需水量日益增加，食欲下降，临近发情时，有的连续几日不吃。放对时，母狐表现安静，主动把尾巴抬向一侧接受交配。

公狐发情时，阴囊明显下垂，活动量、排尿量增加，尾巴常翘起，追逐母狐，时常发出"咕咕"叫声。

## 四、配种

### （一）自然交配

公母比例一般为 1∶5～1∶4。狐交配行为和犬相似。交配前，一般都有一个求偶过程，多数是公狐主动，先嗅闻母狐阴部，并频繁排尿，然后与母狐嬉戏玩耍。当母狐表现温驯时便主动抬尾等待公狐交配。这时公狐抬起前肢爬跨在母狐背上，并用前肢搂住母狐后躯，臀部不断抖动试图交配，有的可一次交配成功，有的要经几次爬跨才能交配成功。公狐断续性多次射精，射精时身体抖动加快，眯起眼睛，射精后立即从母狐身上滑下，背向母狐，出现连锁现象。

### （二）人工授精

狐主要采用鲜精人工授精，技术成熟，一般公母比按 1∶20 左右留种。

## 五、妊娠

妊娠期经产狐为 48～52d，初产狐为 50～54d。胚胎在妊娠前半期（1～20d）发育较慢，妊娠 4～5 周后腹部膨大并稍有下垂，阴门肿胀，此时可触摸到胚胎。妊娠中期（20～40d）母狐食欲下降，有的会停止进食。妊娠后期（40d 以后）乳房迅速发育，接近产仔期，母狐侧卧时可清楚见到乳头。

## 六、分娩

狐多数在 3 月下旬至 4 月下旬产仔。临近分娩，开始抓挠产箱底板及墙壁，不耐烦地待在产箱中，越临近产期在产箱待的时间越长。临产 1~2d，母狐拔掉乳头周围的毛，并拒食 1~2 顿。产仔多数在夜间或清晨，产程一般为 1~2h，有时持续 4~5h，中间会有间断。产仔数一般为 5~12 只，最多可达 24 只。银狐产仔时间稍短、产仔少。仔产出后，母狐咬断仔狐脐带，吃胎衣，舔干胎儿。

### 七、哺育

仔狐刚出生时有短而稀的胎毛，1 周龄时胎毛生长停止。仔狐生长发育很快，出生 10d 的绝对生长平均值为 17.5g/d，10~20 日龄为 23~25g/d。正常饲养条件下，仔狐出生后 20~25d 全靠母乳满足其全部营养需要。随着母狐泌乳量逐渐减少及仔狐的不断生长，母乳就不能满足仔狐全部营养需要。一般仔狐 45~50d 可断乳。刚断乳仔狐离开母狐和同伴，很不适应新的环境，食欲下降、鸣叫、躁动、怕人等。所以分窝后尽量少惊动，按性别每 2~3 只放在 1 个笼里饲养，到 80~90d 改为单笼饲养。

## 第四节　貉

### 一、基本概况

貉属哺乳纲食肉目犬科貉属，俗称貉子、土狗、狸，杂食性毛皮动物。原产于西伯利亚东部，现主要分布在中国、俄罗斯、蒙古国、日本、朝鲜、越南、芬兰、丹麦等国。

貉体长 45~70cm，尾长 17~20cm，体重 6~7kg，体型大者可达 10~11kg，体长 80cm，外形与狐相似，耳及吻部较短、体肥胖、腿短、尾毛蓬松、两颊部有淡色毛，四肢颜色较深，呈现黑色或黑褐色。四肢较狐短，前足 5 趾，1 趾短而悬空，后足 4 趾，足垫无毛。寿命为 8~16 年，繁殖利用年限为 6~7 年。

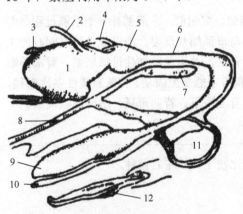

图 7-5　公貉的生殖器官
（任东波和王艳国，2006）
1. 膀胱；2. 左输尿管；3. 右输尿管；4. 输精管；5. 前列腺；6. 尿道；7. 耻骨联合；8. 腹壁；9. 阴茎；10. 包皮；11. 睾丸；12. 阴茎骨

### 二、生殖解剖

（一）公貉

生殖器官包括睾丸、附睾、精索、输精管、尿生殖道、副性腺、阴茎、阴囊、包皮等，见图 7-5。

睾丸呈卵圆形，生长发育有明显季节性变化，5~10 月为静止期，重 0.5~1g，无精子；11 月至翌年 1 月为发育期，体积和重量都不断增加；2~4 月为成熟期，重 2.3~3.2g，能产生精子。

附睾比睾丸小，长管状，分头、体、尾，紧贴于睾丸之上，有迂回盘曲的附睾管，与曲细精管相连，位于睾丸近后端，形状扁平呈"U"形，略粗于附睾体。附睾头及附睾尾均大而明显，附睾体窄而长。附睾尾延续为输精管，其起始段折行于附睾体的内侧。

精索很长，平均长 62.9mm，斜行经过龟头球后方入腹股沟管。输精管长 142.5mm，前段由附睾体内侧进入精索的前内侧，包于输精管系膜中直达腹股沟管。

尿生殖道骨盆部长（39.4±9.47）mm，尿生殖道阴茎部长 97.6mm。尿生殖道外口开口于阴茎头顶端的尿道突，尿道突长 3mm。尿生殖道肌较发达，尿生殖道骨盆部末端尿道海绵体肌发达，形成尿道球，表面有球海绵体肌。副性腺仅有前列腺，位于尿生殖道起始部，是坚实的椭圆形腺体。此外还有前列腺扩散部，以多个针尖大小的孔开口于尿生殖道。

阴茎呈圆锥状，长 97.5mm、粗 7.9mm，前端有明显的阴茎头，长 25.4mm，顶端 1 尖状的尿道突。阴茎头后方有两个半球状的龟头球，其长（19.8±9.4）mm，横径（10±3.2）mm，由两个海绵体勃起肌组织构成。阴囊位于腹股沟部与肛门之间，其包皮围绕阴茎呈环套状，附在龟头球上紧包阴茎头。

（二）母貉

生殖器官包括卵巢、输卵管、子宫、阴道、外生殖器官，见图 7-6。有 1 对卵巢，呈扁圆形，直径 45mm，几乎完全被脂肪囊包围着。卵巢从秋分开始生长发育，翌年 1 月底至 2 月初卵泡发育成熟。

输卵管位于每一侧卵巢和子宫角之间，盘曲在卵巢囊上，输卵管是输送卵细胞的管道，也是完成受精的场所。

子宫由左右 2 个子宫角、1 个子宫体和子宫颈组成，是胚胎发育和胎儿娩出的器官。子宫角长 70～80mm；子宫体长 35～40mm；子宫颈呈圆筒状，壁厚，黏膜形成许多皱褶。

阴道全长 100～110mm，直径 15～17mm。其前端与子宫颈的连接处形成拱形结构，即阴道穹隆。

外生殖器官包括前庭、大阴唇、阴蒂和前庭腺。阴门在非繁殖期陷于皮肤内，被阴毛覆盖，外观不明显。发情时有肿胀、外翻等形态变化。

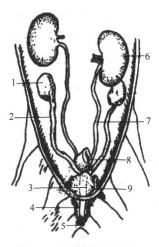

图 7-6　母貉的生殖器官
（任东波和王艳国，2006）
1. 卵巢；2. 子宫角；3. 子宫体；
4. 阴道；5. 阴门；6. 肾；7. 输尿管；8. 直肠；9. 膀胱

## 三、发情

### （一）性成熟

野生貉性成熟一般为 9～10 月龄，人工饲养的一般 8～9 月龄。母貉性成熟比公貉稍晚。貉的繁殖适龄期，公貉一般为 1～4 岁，母貉为 5～7 岁。

### （二）发情周期

貉是季节性单次发情动物，自发性排卵。母貉发情持续一般为 7～12d，发情旺期为 2～4d。

### （三）发情季节

母貉发情季节为 2 月初至 4 月上旬，不同产区略有差异，提前或延迟 10～15d。公貉发情一般每年 1 月下旬至 4 月上旬，个别可延至 4 月中旬。2 月下旬至 3 月上旬是发情旺期，经产貉发情较初产貉要早。

### （四）发情表现

母貉发情前期躁动不安，在笼内来回走动，食欲减退，排尿频繁，前 2～5d 阴毛开始渐渐分开，阴门逐渐外露红肿，阴蒂逐渐变大，呈圆形，阴唇稍向外翻、阴门渐渐变宽，用手指挤压阴门，质地较硬，且有少量浅黄色分泌物排出。

发情旺期一般为 1～4d，此时母貉可连续接受交配，极为不安，频繁发出叫声吸引公貉，采食较少，频繁排尿，阴门高度肿胀，两侧有轻微褶皱，阴唇外翻，近似圆形或椭圆形，颜色多为深红色或浅灰色，呈"十"字形或"丫"字形，阴道内有许多乳黄色黏液分泌。

发情后期母貉采食量逐渐恢复，性欲慢慢减退直至消失，不再接受公貉交配。外生殖器逐渐恢复常态，充血肿胀消退，阴门逐渐收缩至关闭，黏膜干涩褶皱，阴道分泌物开始逐渐减少消失。行为逐渐平静，不再鸣叫走动。

公貉配种期持续 60～90d，始终具有旺盛的性欲，常翘起尾巴在母貉周围来回走动，并用爪挑逗母貉。此时睾丸直径 25～30mm，质地松软、富有弹性。阴囊被毛较少，松弛下垂，外观较明显。

## 四、配种

自然配种，公母比例一般 1∶4～1∶3。性欲强的公貉一个交配期可完成 5～8 只母貉交配任务，最高可交配 14 只，每天配种 1～3 次，总配种次数达 15～23 次。一般公貉只能完成 3～4 只母貉的交配任务，配种次数为 5～12 次，貉每次交媾时间一般为 10～15min。

配种采取连续复配的方式。即初配后，还要连续每天复配 1～2 次，母貉在整个配种期交配 3 次。有时貉在上一次交配后，间隔 1～2d 才接受复配。对于择偶性强的母貉，可更换公貉进行双重交配或多重交配。

## 五、妊娠

妊娠期平均为（60.62±1.76）d，在 54～65d 变动。妊娠母貉受配 5～6d 后，其外阴肿胀区域明显收缩，性情逐渐温和平静，采食也逐渐增加，喜静。妊娠前期，胚胎发育较缓慢，妊娠25～30d，胚胎可发育到鸽子蛋大小，从腹部可以触摸到。妊娠 40d 后，母貉腹部明显变大并向下垂，背脊凹陷，其腹部毛绒竖立形成纵裂，行动变得缓慢、谨慎小心，此期母貉乳腺开始发育，冬毛开始褪去换夏毛。

## 六、分娩

产仔时间一般从 4 月上旬开始，最晚到 6 月中旬结束，产仔旺期为 4 月下旬至 5 月中旬。常在夜间或早晨于小室箱内产仔，个别也有产在笼网上的。产程需 4～8h，最长可超 1d。一般每隔 10～15min 产 1 只。窝平均产仔（8.00±2.13）只，最多可达 19 只。

经产貉较初产貉产仔要早。产仔前母貉会将乳房周围绒毛拔掉絮窝，较为焦躁不安，常蜷缩在产箱内，舔嗅阴门。产仔前采食量降低，有的会拒食，仔貉产出后母貉马上会咬断仔貉脐带，吃掉胎衣，将仔貉舔舐干净，直至将仔貉全部产出后才会安心照顾仔貉。

## 七、哺育

母貉有 4～5 对乳头，对称分布在腹下两侧。刚出生仔貉在窝箱内互相偎依成团不睁眼、无牙齿、耳道闭合、胎毛呈灰黑色。产后 1～2h 胎毛干后，仔貉开始寻找乳头吃乳。隔 6～8h吃乳 1 次，吃后便进入睡眠状态。仔貉初生重 80～100g，9 日龄体重为出生时 1 倍，断乳重（1370.65±342.02）g。10 日龄左右睁眼，14～16 日龄长出牙齿，并可采食糊状食物。母貉在仔貉 1 月龄前，一般采取躺卧姿势哺乳。1 月龄后，有的母貉则站立哺乳。仔貉在吃乳时，母貉逐个舔舐仔貉肛门，刺激其排泄并吃掉排泄物，直至仔貉能独立采食为止。45～60 日龄断乳，适当可延续 5～6d。

# 第五节 羊 驼

## 一、基本概况

羊驼属哺乳纲偶蹄目骆驼科美洲驼属，别名也叫美洲驼、无峰驼、驼羊，天然分布于南美秘鲁-智利高原，目前已在全世界范围内被引种。

羊驼体型较大，公羊驼肩高 90～100cm，体长 200cm，体重达 75kg。母羊驼相对小一些，体重达 65kg。羊驼形似绵羊，头似骆驼，鼻梁隆起，两耳竖立，脖颈细长，没有驼峰。毛纤维长而卷曲，毛长 20～40cm，细度为 15～20μm，具有光泽，可形成大卷，在身体两侧呈现波浪形披覆，轻柔而富有弹性。寿命为 20～25 岁。

## 二、生殖解剖

### （一）公羊驼

生殖器官包括睾丸、附睾、精索、输精管、副性腺、阴茎、包皮和阴囊。

睾丸相对较小，缺精囊腺，阴囊位置靠近肛门。

阴茎主要由勃起组织及尿生殖道阴茎部组成，自坐骨弓沿中线先向下再向前延伸达于脐部。阴茎为纤维性类型，富有弹性。未成年羊驼阴茎和包皮粘连，阴茎头末端皮肤下有一层软骨组织，阴茎头发硬，包皮与阴茎头粘连在一起，不易剥离，直到 2.5～3 岁成年后，粘连才能解除，方可充分地伸出阴茎进行交配。阴茎根处的坐骨结节不存在。

### （二）母羊驼

生殖器官包括卵巢、输卵管、子宫、阴道、阴道前庭和阴门。

卵巢左右各一，位于盆腔内子宫角尖端外侧稍后，附着于卵巢系膜上，形似花生粒，呈卵圆形，形态因内部卵泡发育而有变化，静止期卵巢大小约为 1.6cm×1.1cm×0.5cm，重约 2.5g。

输卵管包括漏斗、壶腹和峡三段。漏斗与卵巢相邻，当成熟卵泡从卵巢排出时，漏斗翻转兜住卵子，使其进入输卵管。壶腹是漏斗向子宫端的延续，是卵子和精子受精的场所。峡是由壶腹移行而成的狭窄部分。精子在输卵管可存活达 96h。

子宫属双角子宫，与母驴子宫相近，但子宫体与子宫角相对较小。子宫体顶部有隔膜将子宫体以上部分分成两个子宫角。子宫颈相对较粗，交配时阴茎可穿过子宫颈而达子宫角。阴唇不明显，交配时不会遮住阴门。腹侧阴唇上有阴蒂，有时见有白色糊状分泌物。

## 三、发情

### （一）性成熟

公驼 24～30 月龄达到性成熟，母驼 12～15 月龄可排卵，一般 12 月龄达初情期。繁育年限为 12～15 年。

（二）发情周期

羊驼属诱导排卵型动物，母驼无发情周期，通过交配而诱发排卵，全年任何时候可诱发发情，一般安排在春、夏季，以免冬季分娩。

（三）发情季节

发情季节一般人为安排在 11 月至翌年 3 月。

（四）发情表现

母驼没有明显的发情表现，发情时阴门肿胀有分泌物，有较长的性接受期，在这期间允许公羊驼交配。

## 四、配种

配种期一般从当年 11 月至翌年 3 月，公母驼比例为 1∶25～1∶20，母羊驼产后 2～3 周可交配。羊驼交配不同于其他家畜，公羊驼追逐母羊驼，爬跨直到雌羊驼以胸着地的姿势卧下。公羊驼立刻爬跨母羊驼，阴茎通过阴门进入阴道和子宫颈，精液射入母羊驼子宫。交配时，母羊驼保持安静，公羊驼发出一种特有粗而高昂的"哦"的喉音。交配持续 5～55min，平均 20～25min。交配中公羊驼精液间断射出，将精子直接射向子宫，精子进入两个子宫角，在输卵管中与卵子完成受精。除最近刚配过种或正在怀孕的母羊驼外，母羊驼一般接受公羊驼。

## 五、妊娠

妊娠期为 342～350d，也有妊娠 13 个月的。98%的胎儿在左侧子宫角。胚胎附植在交配后 20～22d 进行。

妊娠的第一个月是关键时间，50%以上的胎儿死亡、2%的流产发生在妊娠早期。分娩之前胎儿生长受到限制。胎儿在妊娠最后 4 个月生长快速，妊娠 7 个月胎儿重 240g，出生时可达 7.2kg。妊娠 7 个月胎儿长出毛发，8 个月时眼睛睁开。胎儿在前 6 个月生长速度缓慢，当妊娠 6～7 个月时，腹围有明显增大现象，此时食欲显著增大，在第 8～9 个月，可观察到胎动。分娩前 2 周，出现食欲减退、排尿频繁、行动迟缓、腹部下坠、乳房增大等现象。

## 六、分娩

羊驼 1 年只产 1 胎，单羔。分娩一般在 8:00～14:00 进行，临产征兆包括阴户松弛，子宫颈栓塞消失，乳腺增大，经产母驼乳头尖部发亮。出现起卧，回头观腹，离群，频繁光顾粪堆等行为。分娩分为三个阶段。

临产期。子宫颈松弛和子宫收缩开始推动胎儿进入产道。此期持续 2～6h，排便和排粪次数增多，离群和食欲下降。

胎儿排出期。起卧频繁，腹部紧缩，羊膜囊在阴门露出并破裂，羊水少。分娩时首先出来的是胎儿前腿和头，特征为上皮膜撕破（上皮膜骆驼科动物特有）。胎儿两个前肢先从阴门露出，同时头部也出现在两前肢的上部或下部。一旦头部露出，分娩一般迅速完成，但在肩部娩出之前，母羊驼可能有一个短促休息。大多数母羊驼站立分娩。此期需 35～40min。羔驼出生时，除了鼻孔、嘴、肛门、母羊驼阴门和公羊驼阴茎外，全身被覆上皮膜，这是羊驼适应原始栖息地气候的一种表现。

胎衣排出期。通常羔驼出生后 2h 内胎盘或胎衣排出。由于胎盘散在分布于子宫且其本身是上皮绒毛膜胎盘，发生胎盘滞留较少。羊驼不舔仔畜，通过嗅闻来建立母仔联系。

## 七、哺育

一般新生仔 3h 内就可站立吃奶，出生 24h 内吮吸初乳对新生儿生存至关重要，如时间较长未吃上初乳，应人工辅助哺乳。

幼仔活动区域要做好保暖措施，同时做好卫生清洁工作。当天气较好时，可让幼仔户外活动，能促进幼仔融入羊驼群体。幼仔在 7 日龄后可适当增加优质精饲料，训练其采食，此后调整其日粮中粗饲料与精饲料比例，在 3 月龄左右根据身体状况择时断乳。幼仔 3 月龄时可食草，当能够采食牧草时，应控制其采食量，一般 5～6 成饱即可，并可投喂微生态制剂和助消化健胃药。如不自动断乳，则在 6 月龄时被迫断乳，断乳时将仔驼与母驼分圈饲养，放牧时将母驼与仔驼分在不同草场。

# 第六节　骆　　驼

## 一、基本概况

骆驼属偶蹄目驼科。驼科包含旧世界骆驼属和新世界骆驼属，旧世界骆驼属包括单峰驼和双峰驼，新世界骆驼属分驼羊、羊驼、原驼和骆马。单峰驼（二维码 7-1）在炎热干燥气候环境中生长，分布区域从北非大西洋海岸一直到印度塔尔沙漠地带，约 80%单峰驼分布于非洲。而双峰驼（二维码 7-2）主要分布于中亚高海拔寒冷荒漠地带，目前主要分布于蒙古国、中国、哈萨克斯坦、阿富汗、伊朗和巴基斯坦的高山地区，印度、土耳其等地也曾有分布。

二维码 7-1

二维码 7-2

骆驼体长 120～200cm，单峰驼体重 300～650kg，双峰驼体重 450～700kg。上睫毛长密而下垂，泪腺比较发达，嘴尖齿利，上唇中间有一裂缝，下唇尖而游离，唇薄而灵活，伸缩力较强。鼻孔狭长，斜而呈裂缝状，颈较长，呈"乙"字形，有利于身体平衡。体躯较短，前腿长，后肢短而呈刀状。寿命约 30 岁，繁殖年限为 18～20 年。

## 二、生殖解剖

（一）公驼

生殖器官包括睾丸、附睾、输精管、前列腺、尿道球腺、阴茎、包皮和阴囊。睾丸为四季豆形，长 12～14cm，宽 4.5～5.5cm，厚约 4cm，位于两股之间偏后，不下垂，一般是左侧睾丸较低，精索血管束较发达。

输精管很细，直径约 2mm。壶腹与输精管本身无明确界线，最粗处直径约 4mm。两侧壶腹并列经过前列腺体之下，穿过尿道壁，开口于精阜顶上。

副性腺有前列腺、尿道球腺，无精囊腺。前列腺主要为前列腺体部，位于膀胱颈之上，桃形，很扁，尖端向后，为淡米黄色。尿道球腺很发达，色黄致密。

阴茎和公牛的不同之处在于"S"状弯曲在阴囊之前。阴茎最前端为一向右向下再向左弯

（从后面看）的钩状构造，内含软骨组织，钩的小弯基部有一尿道突。

包皮为三角形，两侧扁。包皮孔小，包皮腔为一弯的管道，长12～17cm，其方向为先向前向下，然后再向下向后，包皮孔处的管道细。排尿时尿液先排入包皮腔内，然后排出于外。包皮孔后有两对扁带状包皮后退肌，前有三条前拉肌。性交时，前拉肌将包皮孔向前拉。

（二）母驼

生殖器官包括卵巢、输卵管、子宫、阴道及尿生殖前庭等，见图7-7。

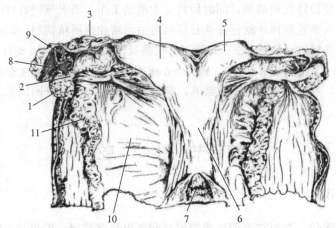

图 7-7　母驼生殖器官（陈北亨和康承伦，1980）

1. 卵巢；2. 卵巢带；3. 输卵管；4. 左子宫；5. 右子宫；6. 子宫体；
7. 子宫颈阴道部；8. 卵巢囊外囊；9. 卵巢囊内囊；10. 子宫阔韧带；11. 蔓状丛

卵巢为扁椭圆形，有的很扁，质地柔软，表面常有许多直径2～3mm的小卵泡。组织构造与牛相同，皮质在外，髓质在内。

输卵管和马、牛的基本相同。卵巢囊很大，输卵管的卵巢端开口于卵巢的外囊内。子宫端与子宫角前端之间有明确界线，其开口位于子宫角前端内一个黏膜乳头上，乳头呈圆锥状，较马的大得多，突入子宫腔内约0.5cm。输卵管的背侧有卵巢冠。

骆驼为双角子宫，分子宫角、子宫体和子宫颈。左侧子宫角比右侧大，胚胎总是附植在左侧子宫角，但双侧卵巢排卵的比例几乎相等。子宫角形状为弯管状，因收缩程度有不同形状变化，强烈收缩时呈绵羊角状，轻微收缩时略呈羊角状，松弛时整个子宫呈"T"字形。子宫颈长5～6.5cm，直径约4cm，比较短、细而软。从内口到外口，子宫颈管内有3～4（2～5）个环状皱襞。最后一个构成子宫颈阴道部，有的相邻二环的上部彼此融合。子宫颈管封闭不紧，可容一指勉强伸入。胎盘都是弥散性非浸润上皮绒毛膜胎盘。

阴道长25～30cm，前端较后端宽阔。围绕子宫颈阴道部，黏膜构成一至数圈宽大的环形皱襞。

阴瓣（处女膜）在头胎以前非常清楚，为一圈薄膜，将阴道和前庭分开。前庭长6～7cm。尿道外口位于前庭底的前端，其两旁之后各有一凹陷，其中有的见有前庭大腺管开口。

阴蒂头很小，仅为一个小突起，直径约0.6cm。其阴门裂较马牛的都小，仅长约5.5cm（4.5～6.5cm），手不易伸入。

## 三、发情

### （一）性成熟

母驼 4～5 岁达性成熟，初配多在 3 岁。单峰母驼 2～3 岁时已开始有性活动，但大多到 4 岁时才开始配种。双峰母驼初情期为 2～3 岁，以 3 岁受胎、4 岁产羔者较多。

公驼 6～7 岁达性成熟。单峰公驼 3 岁达到初情期，但其完整的性行为在 6 岁左右时才表现出来，有时延迟到 8 岁才能配种。双峰驼配种年龄一般为 5～6 岁，个别发育较好的公驼在 4 岁配种。

### （二）发情周期

一般为 2～3 周，双峰驼的发情周期可长达 30～40d，发情持续期为 3～4d。双峰驼排卵发生于交配或输精后 36～48h。

### （三）发情季节

母驼为季节性多次发情动物，单峰母驼发情季节起止时间受地理环境影响较大，在苏丹为 3～8 月，巴基斯坦为 12 月至翌年 3 月，沙特阿拉伯，如营养状况良好全年均可发情。双峰母驼的繁殖集中于冬、春两季，公驼与母驼发情季节结束时间一般在 4 月中旬后。

公驼无明显严格的发情配种季节，双峰驼尤为明显。双峰驼 12 月中旬至 4 月中下旬，发情季节有 4～5 个发情周期。发情季节内，公驼个体间发情开始和结束时间有很大不同，因此，有"冬疯驼""春疯驼"之分。"冬疯驼"是从 12 月上旬到翌年 1 月上旬，配种能力辅助交配情况下可维持到 2 月下旬到 4 月上旬。自由交配时仅能维持到 2 月中旬到 3 月上旬。"春疯驼"是指从 2 月上旬至中旬开始发情，发情结束时间为 4 月中旬至 5 月上旬。单峰公驼性活动从 11 月至翌年 7 月最为明显，而在其他时间相对较弱，但也能与发情母驼交配受胎。

### （四）发情表现

母驼发情时不安，不断磨牙，频繁举尾，排尿，阴门明显肿大，不断开闭。阴道黏膜湿润伴有恶臭，直肠检查发情开始时子宫角弯曲，子宫腔中有少量液体积存，但老年母驼无论发情与否都有液体积存。

公驼发情时出现兴奋、枕腺功能增强、性嗅反射、争雌等。颈部发痒、食欲大减、包皮肿胀、发出"嘟嘟"或"吭吭"声、磨牙、吐白沫（单峰驼软腭明显增长）、跑动、彼此咬腿、咬尾、爬跨、互相对抗、争雌、"打水鞭"；枕腺功能增强是衡量发情程度的标志；性嗅反射是公畜在嗅闻母畜的尿液、会阴部或其他部位后，将头颈伸直，上唇耸起，暴露出牙床和切齿。

## 四、配种

### （一）自由交配

可按 1∶20 或 1∶30 公母比组群，严格控制配种次数，每天不超 2 次，连续配种 3d 应休息 1d。无辅助交配时，公驼求偶与交配可能非常粗暴，交配约持续 15min，见二维码 7-3。

二维码
7-3

### （二）人工辅助交配

有些母驼卧地姿势阴门位置偏低，应使母驼卧于较高位置，待公驼爬跨时，1 只手将母驼尾巴拉至一侧，用另 1 只手捏住公驼包皮，辅助公驼将阴茎导入母驼阴门完成交配。

### （三）人工授精

骆驼人工授精技术，尤其是冻精精液人工授精技术远没有推广应用。

## 五、妊娠

妊娠期单峰驼为 12～13 个月，双峰驼妊娠期平均为（402.22±11.53）d，在 374～419d 变动。母驼妊娠初期食欲明显增加，膘情改善。妊娠后半期，腹部逐渐增大，行动稳重。妊娠后期产前 2～3 个月，乳房开始明显增大。

双峰驼母驼妊娠后嗉毛及肘毛比空怀母驼长得快。此外，阴唇或周围皮肤上，遍生光洁短毛，和四周皮毛形成非常明显的界线，呈竖的椭圆形，依此可进行妊娠诊断。

## 六、分娩

一般 3 月产羔。分娩征兆是不安和离群。分娩第一阶段，子宫颈逐渐松弛，驼羔前肢随羊膜进入产道。第二阶段，母驼努责和阵缩，继而羊膜破裂，然后露出头部，随后身体其余部分很快产出。前两个阶段平均需 27～30min。第三阶段胎衣排出，约需 50min 或更长时间。驼羔出生后 20min 内便可站立，不久开始吮乳。胎儿排出期平均为（26.8±12）min，在 8～50min 波动，胎衣排出平均时间为（69±47）min（在 21～184min 变化）。骆驼脐带的脱落要比其他家畜慢，一般约需 30d（19～39d）。

## 七、哺育

一般母驼产前 2 个月开始圈养，需专人照料。分娩后，喂给温麸皮红糖水或小米粥，消毒母驼外阴部位。驼羔出生后及时清除驼羔鼻内黏液、断脐、消毒，用清洁干布将口腔、耳鼻和眼部黏液擦净，撕去体外套膜，擦干被毛，消毒脐带，用毡片包裹胸腹，并将驼羔放在铺有干粪末的地上。夜晚或恶劣天气时可将驼羔放入暖棚中。驼羔初生重 35～40kg，生后 1～7d 要注意辅助哺乳，40 日龄开始逐渐吃草，断乳一般在翌年 4～5 月，即驼羔 13～14 月龄时进行。

# 第七节　狍

## 一、基本概况

狍为偶蹄目反刍亚目鹿科狍属，又名矮鹿、野狍、野羊。广泛分布于欧亚大陆中部和北部，黑龙江、吉林、辽宁、陕西、河北、青海和甘肃等地是我国狍的主产区。

成年狍体长 95～140cm，体高 65～95cm，尾长 2～3cm，体重 25～45kg。被毛颜色为草黄色，尾根部位有白毛，公狍有角，母狍无角。冬毛较厚密，呈均一的灰白色至浅棕色，喉部常有不规则白斑；夏毛短薄，呈棕黄色至深棕色。初生狍体侧有三列不规则白斑，伴随幼狍生长发育，斑点逐渐消失。成年雄狍生长三杈形茸角。寿命为 12～14 年。

## 二、生殖解剖

### （一）公狍

生殖器官包括睾丸、附睾、输精管、精索、阴囊、尿生殖道、副性腺、阴茎及包皮等。

睾丸大小随发情与否变化很大。配种季节睾丸显著膨大，重可增加 60%～70%。输精管起自附睾尾，沿阴囊进入腹腔，再转入骨盆腔。精囊腺位于膀胱颈背侧输精管壶腹的侧方，呈卵圆形，表面光滑。尿道球腺呈球形，位于尿生殖道骨盆部后部背侧，球海绵体、肌前端凹陷处。

阴茎呈两侧稍扁的圆柱形，不形成"S"状弯曲。阴茎表面被有白膜，内部主要由纤维组织和海绵体构成。阴茎头呈钝圆锥形，尿道突很小，位于皱褶内。尿生殖道分为骨盆部分与阴茎部分。骨盆部表面包有发达的尿道肌，其内腔宽阔，在尿生殖道起始的背侧壁上有 1 个黏膜隆起，是精阜。

### （二）母狍

生殖器官包括卵巢、输卵管、子宫、阴道、尿生殖前庭及阴门等，见图 7-8。

卵巢呈菜豆形，色较淡，表面光滑，以卵巢系带悬于荐骨翼下方的骨盆腔前口处。卵巢后端以卵巢固有韧带连于子宫角，前端连于输卵管系膜。输卵管系膜与卵巢固有韧带之间，形成较深的卵巢囊。输卵管壶腹明显，输卵管子宫端连于子宫角，二者界线不明显。

子宫分左右两角，右角比左角长而粗。子宫角弯曲形状与鹿相似，且形成几个转弯。子宫体很短。子宫颈壁很厚，其黏膜形成螺旋状皱褶，管径很小，子宫颈阴道部明显。

阴道位于骨盆腔内，阴道壁较厚，黏膜层形成许多纵行皱褶，整个阴道被中央的环形沟分成前后两部分。前部阴道黏膜纵行，皱褶比后部高，其肌层也较厚。前部阴道外表面有浆膜，而后部仅被覆外膜。尿生殖前庭黏膜层形成多个纵行皱褶。阴唇上角钝圆，下角尖锐。阴蒂位于阴唇下角阴门裂内，大部分埋在前庭黏膜内，仅露 1 个带有黑色素的阴蒂头。

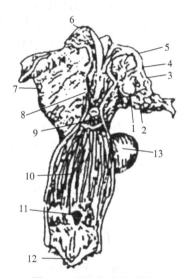

图 7-8 母狍的生殖系统
（李长生，2009）

1. 卵巢；2. 输卵管伞；3. 输卵管；4. 卵巢韧带；5. 子宫角；6. 卵巢囊；7. 子宫阔韧带；8. 子宫体；9. 子宫颈；10. 阴道；11. 尿道前口；12. 阴蒂；13. 膀胱

## 三、发情

### （一）性成熟

一般（14±2）月龄开始有发情表现，饲料品质、季节、气候、温度等因素对狍性成熟都有一定影响。

### （二）发情周期

狍为季节性单次发情动物，发情周期一般为 7d 左右（6～12d）（发情初期 1～2d、发情旺期 2～3d、发情末期 1～2d），发情周期 5～9d 占 75%，9～12d 占 25%。

（三）发情季节

发情季节在 7～9 月，配种期集中在 8 月中旬至 9 月下旬，持续时间为 1～2d。公狍发情较母狍早，并呈现季节性周期变化，5 月睾丸开始发育，体积逐渐变大，7 月初开始快速发育，8～9 月发育到全年最佳状态，睾丸体积达到最大，10 月后睾丸体积逐渐变小，12 月至翌年 5 月睾丸处于全年最小状态。

（四）发情表现

母狍发情前食欲明显增强，游走，到公狍门口站立观望，当母狍见到公狍，温顺地亲近。

公狍多数每年 7 月出现性活动，食欲下降，交配过的公狍采食量显著下降，极度兴奋，用前肢单腿刨地，甚至吼叫，整个配种季不断追逐母狍或其他公狍，个别公狍凶猛撞人。公狍追雌行为多发生在发情强烈时，且母狍刚进入发情期，此行为可刺激母狍发情和排卵。

公狍交配季节除具有卷唇、擦额、粪尿标记、自舔阴茎等特殊行为外，还具有显著的冲突行为和尾阴探究行为。冲突行为，主要源于公狍对发情母狍的追逐及对竞争者的威胁行为，母狍冲突行为仅限于对同圈母狍间偶尔所采取的一些追逐、威胁等。公狍交配期尾阴探究行为，可探测母狍发情状态，及时获得交配机会。

## 四、配种

圈养狍自由配种公母比以 1∶2 为宜。因母狍发情集中，如狍群大，每天要有十多只或几十只发情，不能如野生时一雄一雌。

公狍爬跨射精时间很短，是长期适应野外生存的一种防捕食策略。母狍有多重交配的现象，其意义有多种假说，如确保成功繁殖、避免雄性更多骚扰、获得遗传多样性、提高遗传质量及从精子中获得营养等。

## 五、妊娠

妊娠期为 270～280d，狍是鹿科动物中唯一在妊娠期具有胚泡滞育期的动物，妊娠期分为卵裂期、胚泡滞育期和胚胎期。胚胎在早期有一游离期，从夏末冬初一直处于滞留阶段。到 12 月中期，在某种生理机制的调节下，胚胎开始在子宫中着床，在整个冬天和早春进行发育，有效的妊娠期只有 5 个月，约 7 个月后才显怀。

## 六、分娩

（一）临产征兆

妊娠母狍接近临产期，因胎儿迅速发育且接近成熟，临产前 30～50d 时腹部明显膨大，行动谨慎，喜趴卧，有明显的疲劳感。空腹时，左侧肷窝不凹陷或凹陷不明显，产仔前乳房体积迅速变大，排尿及粪便频繁。外生殖器充血肿胀，骨盆韧带松弛，臀部有塌陷。

（二）分娩行为

起卧不安，嗅地，摆尾，伸颈，回头顾腹，出现腹痛症状。临产前 1～2d 少食或不食，在舍内踱来踱去，个别母狍边踱边呻吟，频频舔臀部、背部和乳头，频尿，喜欢在僻静隐蔽地产仔。

### （三）分娩过程

正常分娩正生时胎儿两前肢先进入产道，露于阴门口之外，头伏于两前肢腕关节之上娩出；如尾位先娩出的为倒生，也属正常分娩。经产母狍产程为 0.5～2.0h，初产狍有时为 3～4h。狍每胎以单胎居多。仔狍娩出后，母狍咬断脐带，吃掉胎盘，舔干仔狍身体羊水，仔狍开始站起哺乳。

## 七、哺育

仔狍出生后，30min 左右就能站立找乳头，要保证仔狍及时吃到初乳。当仔狍 25 日龄时，有采食饲料的欲望，此时要驯化补饲，为及早断乳打下基础。如母狍奶少，仔狍在 25 日龄左右时就能采食大量饲料，但要控制仔狍日粮中不能有太多粗饲料，否则成年后成大肚子影响配种。幼狍一般可随同母狍生活在一起，生长较分群饲养好。

# 第八节　麝

## 一、基本概况

麝属偶蹄目麝科麝属，产自亚洲东部林区，分布于中国、尼泊尔、不丹、巴基斯坦、孟加拉国、缅甸、老挝、越南、俄罗斯、朝鲜、韩国及蒙古国等国。

麝体型较小，马麝个体最大，林麝个体最小。体长 70～100cm，肩高 50～80cm，体重为 7～18kg。两性大小相似，无角；吻端部有一黑色裸区，称为鼻镜，无臀斑；公麝上犬牙特发达，一般长 5～6cm，裸露于唇外；公麝外生殖器部长有麝香腺分泌麝香。麝头骨眼眶环特发达，无泪窝，与其他鹿类相比，麝不含眶下腺和额腺，无足腺。寿命为 14～19 年。

## 二、生殖解剖

### （一）公麝

生殖器官包括睾丸、附睾、输精管、精索、阴囊、副性腺、阴茎、包皮和尿生殖道等。

林麝，睾丸椭圆形，体积约 2.5cm×1.4cm×1.0cm，右睾稍大于左睾，睾丸截面间隔的结缔组织不发达，小叶间界线不明显。输精管细而长，长约 22cm，粗约 0.1cm。输精管壶腹发达，长约 4cm，最粗部管径约 0.35cm。精索细而长，上窄，向下逐渐变宽，呈椭圆锥形索状物，长约 4.8cm。副性腺很发达，有精囊腺、前列腺和尿道球腺。

两侧阴茎脚起自坐骨弓和坐骨结节，阴茎脚表面有薄层的坐骨海绵体肌。两侧阴茎脚向前相合，形成阴茎体。阴茎向前逐渐变细，阴茎头呈左右扭转的圆锥形，尿道外口开于阴茎头腹侧的螺旋沟内，尿道突细而长，长约 2.0cm，呈螺旋状弯曲。尿生殖道可分为尿生殖道骨盆部、尿道峡和尿生殖道阴茎部。骨盆部位于骨盆腔底壁的正中、背侧与直肠相邻，长约 3.8cm，管径约 0.6cm。精阜呈椭圆形，位于尿生殖道起始部背侧壁，较为明显。尿道峡部管径较细，约 0.2cm。

## （二）母麝

生殖器官包括卵巢、输卵管、子宫、阴道、尿生殖前庭及外生殖器等。

卵巢形似肾扁椭圆形，附着在卵巢系膜上，附着缘上有卵巢门，血管、神经由此出入。卵巢表面光滑，长 1.0～1.2cm，宽 0.6～0.8cm，厚 0.5～0.6cm。卵巢位于两侧子宫角尖端内侧上方，耻骨前缘附近。输卵管弯曲，与子宫角之间分界不明显，长约 36cm。也有漏斗状扩大部分，漏斗边缘形成许多皱襞，边缘不整齐，输卵管伞不发达。

子宫角长 6～9cm，角的基部直径为 0.5～0.7cm。子宫体长 2～3cm。双角子宫，弯曲度较小，接近平直。子宫内膜形成有许多纵行的皱襞，充塞于子宫腔。子宫颈很短，长 0.6～0.8cm，粗 0.4～0.6cm，肌肉层发达，质地较硬，黏膜上有放射状皱襞。阴道长 4～6cm，为阴道穹隆至尿道外口的管道部分，前接子宫，后延续为尿生殖前庭。子宫颈阴道部周围有不太大的环形阴道穹隆。阴门为左右两片阴唇围成，阴蒂明显。

## 三、发情

### （一）性成熟

饲养条件下公、母麝一般 1.5 岁左右达到性成熟。为保障麝的生长发育和繁殖健壮的仔麝及提高双胎率，一般公麝 3.5 岁，母麝 2.5 岁进行配种。

### （二）发情周期

发情周期平均为 15d（13～20d），发情持续期为 24～36h。

### （三）发情季节

麝为季节性多次发情动物，发情季节一般为每年 10 月至翌年 2 月，发情盛期为 11～12 月，公麝发情季节开始时间比母麝略早。

### （四）发情表现

母麝发情初期，不安，不停走动，并伴随有较强烈嗅闻地面异物的动作，拒绝交配；发情盛期，发出低沉的"嗯嗯"求偶声，并主动接近嗅闻公麝，有时将臀部移向公麝头部让其交配。公麝睾丸膨大，不安，食量减少，游走，尾脂腺分泌增强，追逐母麝，频频爬跨，常昂头发出"嘶嘶"声，口喷白色泡沫，尾随母麝，以头往母麝阴部轻轻摩擦，并鼻闻和舐母麝阴部。

## 四、配种

圈养自然交配一头公麝可配 3～5 头母麝。母麝接受交配时站立不动，公麝先嗅闻和舐母麝外阴部，随即爬跨进行短促而多次的交配活动。公麝爬跨母麝时，母麝后肢稍分开屈曲，有助于站稳和使臀部降低而利于公麝爬跨和交配。同时母麝臀部尾周围毛竖立，尾上提，显露外阴，当阴茎插入阴道内，抽动阴茎 3～5 次，历时 2～3s，公麝离开母麝，一次爬跨结束。此时母麝仍不走动，公麝又舐母麝外阴部，有时母麝后退数步使臀部更接近公麝。母麝站稳，公麝进行第二次爬跨和交配活动，一般连续重复 3～5 次，最多可达 9 次。交配完毕，停止爬跨。公麝交配后，多卧地休息，用舌舐阴茎。

## 五、妊娠

麝每年繁殖一次，每胎 1～3 仔，双胎多，3 仔很少。妊娠期为 180d 左右（175～189d）。产仔期一般从 4 月下旬到 7 月。仔麝初生重 350～820g，750g 以上易难产。

## 六、分娩

产前 3～5d，活动减少，行动稳重，可见胎动。临产 1～2h，表现不安，尿频、行动极谨慎，子宫做交替收缩，阴门一舒一张，随即腰背弓起，寻僻静处分娩。多数先侧卧，前腿稍后屈，不接触地面的后腿多蹄蹬在地面，或选择利于蹄蹬的墙壁或其他固定物做支点，以利腹肌、膈肌做有力收缩，增加腹压。随着子宫和腹肌收缩，胎膜破裂，部分羊水外流，随着阵缩增强，胎儿逐渐产出。正常胎位是头部先产出，颈部细易产出，头颈产出后休息片刻，随着腹肌和子宫再做强有力收缩，肩部与向体后伸的前肢产出后，最后躯干、臀部和后肢产出。胎儿露出阴门到产出一般需 20～30min，胎儿排出后母麝上下唇撕断脐带，仔麝完全脱离母体。

如双胎，间隔十多分钟第二仔开始产出。仔麝产出后，母麝随即舐仔麝被毛。当仔麝产出后约 30min 胎衣相继产出，有时胎衣外露，母麝则咬住拉出，边舐外阴部边将胎衣吃掉。胎衣产出后，阴道流出少量血液。产程需 1～2h。

## 七、哺育

仔麝产出后，母麝舐去仔麝体表黏液，就可站立找乳。仔麝吃乳后找光线较暗隐蔽的地方卧息，母麝不与仔麝同居，在距仔麝数米远处警惕注视保护仔麝。

一般母麝每日哺乳 8 次，仔麝初产出时主要是母麝到仔麝居住处让仔麝吸乳，仔麝吸乳先用头和嘴数次触动刺激母麝乳房后，嘴衔住乳头吸吮乳汁时，前肢交替踢打乳房刺激泌乳，同时发出"咪咪"叫声。仔麝吸乳同时母麝舐仔麝肛门、外阴部和臀尾部。哺乳后仔麝回到原住处，母麝则站立片刻，倘认为无敌害才回到原处。

仔麝出生后 20d 左右喜睡，少活动，主要吸乳为食，随后活动增多，吃些嫩草食，吃乳逐渐减少。2 月龄时，幼麝断乳，并开始跟随母麝活动。幼麝成长迅速，6 月龄时便可离开母麝独立生活。自然哺乳期 8 个月左右，哺乳期后断乳，可分群饲养。

# 第九节　熊

## 一、基本概况

熊属食肉目熊科。世界上现存的熊有 6 属 7 种，主要分布于斯里兰卡、印度，向北到喜马拉雅山脉。南美地区包括委内瑞拉西部山区、哥伦比亚、厄瓜多尔、秘鲁、玻利维亚西部。我国有 3 种，分别是棕熊属、黑熊和马来熊属。

熊体长 120～150cm，体重 300～400kg，最大者可达 800kg，头大而圆，吻部尖长，眼小，耳圆，颈部短粗，尾很短，隐于毛下，四肢粗壮，前后肢皆具有 5 趾，爪长而弯曲，不能伸缩，强硬有力。毛被厚密，毛色多数全身一致，由纯白色、棕色以至漆黑色。熊为杂食性，臼齿强大，齿冠低而宽，咀嚼面具瘤状突起。寿命为 20～40 年。

## 二、生殖解剖

### （一）雄熊

生殖器官包括睾丸、附睾、输精管、阴茎等。

睾丸呈长椭圆形，左右各一，黑熊一般睾丸长 30mm，宽 18mm，重 3.5g，睾丸头有睾丸尾附着，另一端为睾丸尾。

附睾表面覆盖着一层厚 0.2mm 结缔组织构成的白膜，白膜结缔组织伸入附睾内，将附睾分成许多小叶，附睾内结缔组织较发达，厚 0.061~0.081mm，附睾管构成附睾体和附睾尾，上皮较厚。

输精管黏膜形成许多皱裂。固有层由疏松结缔组织构成，肌层由内纵、中环、外纵三层平滑肌构成。内纵肌层内含丰富血管，外纵肌层外面附有浆膜。

阴茎呈圆柱状细而长，黑熊阴茎长 190mm、宽 10mm，阴茎有阴茎骨，长 80mm，宽 4mm，呈两侧侧扁的稍向腹侧弯曲的长条形，两侧均有浅沟，阴茎骨头端是软骨，软骨端较宽，长 9mm，宽 5.5mm，阴茎骨软骨端弯向背侧。包皮是包在阴茎外面薄而柔软的皮肤，容易移动，呈筒状，皮脂腺存在于包皮开口处，在内层有毛。

### （二）雌熊

生殖器官包括卵巢、输卵管、子宫、阴道、尿生殖前庭和阴门等。

黑熊卵巢呈蚕豆状附着在卵巢系膜上，完全被卵巢囊包裹，表面有许多不规则沟纹，大小约 1.42cm×1cm×0.4cm。

输卵管是一对弯曲而较细管道，长约 8.59cm，内周长 1.6cm，厚 0.3cm，管壁由黏膜、肌肉和浆膜组成，黏膜皱裂较少。

子宫为双子宫，黑熊子宫长 3.83cm，子宫体长 4.29cm，内周长 3.82cm，子宫颈口呈两个瓣状突入阴道形成阴道穹隆。子宫壁由子宫内膜、肌层和浆膜组成。

黑熊阴道长约 11.1cm，在盆腔中背侧是直肠，腹侧是膀胱和尿道，前端与子宫相连。阴道黏膜较厚，有许多纵褶。黑熊阴门是阴道与外界相通的口，外观呈半球态，长 4.3cm，而棕熊阴门呈三角形。

## 三、发情

### （一）性成熟

熊 2~3 年性成熟。母熊 3~4 岁，公熊 5~6 岁可配种繁殖。

### （二）发情周期

黑熊为季节性多次发情动物，1 次发情持续时间为 10~20d，而连续 2 次发情的第一次发情持续时间为 8~12d，第 2 次为 10~18d，两次发情间歇期为 15d。

### （三）发情季节

棕熊多数在春末夏初发情，从 5 月末到 7 月初。北极熊在 3~6 月（多数在 4~5 月）发情配种。不同地区的黑熊发情交配季节也有所不同，俄罗斯黑熊在 6~7 月交配，在 12 月到翌年 3 月间产仔；巴基斯坦的黑熊通常在 10 月配种，次年 2 月产仔。

（四）发情表现

母熊性情温顺，喜欢靠近公熊，食欲减退，运动量增加，阴道黏膜充血，外阴红肿外翻，颜色鲜红、子宫颈松弛、子宫颈口张开，阴道分泌大量黏液，呈白色。发情高潮时阴门周围湿润，呈淡粉白色，有时搔抓阴部。子宫颈外口呈菊花状。

公熊情绪暴躁，追逐母熊，食欲减少，阴囊膨胀明显下垂，常露出粉红色阴茎。发出叫声和鼻鼓声，时常追逐舔母熊外阴并爬跨，阴茎勃起并伸出，有舔吸阴茎行为，如同一圈内有数头公熊，为获得交配权公熊间发生激烈争斗。

### 四、配种

母熊每个发情季节可接受 1～7 头公熊交配 1～11 次。交配一般在凌晨或傍晚。开始时公熊接近母熊，等母熊允许时才能交配。公熊爬上母熊之后不断抽动腰部，抬起一只脚，咬住母熊颈部或耳部，阴茎勃起后插入。插入后有短暂的静止状态。然后后躯特别是后肢呈痉挛样抽动，抽动持续 2～5s，休息 1min 左右，反复出现 20～30 次。射精时公熊臀部与大腿肌肉剧烈抖动，一次性射精持续 1～3min。交配持续 5～30min，公熊射精后倒地休息，有的爬进水池浸泡。公熊射精时母熊也表现出特别兴奋或发出轻而短促叫声。回头顾盼公熊体。母熊受配后，找一安静处舔其外阴，休息半小时后继续活动。

### 五、妊娠

棕熊和黑熊妊娠期分别为（242±8.8）d、（199±41）d（190～210d）。

妊娠前期，只是疏远公熊，拒绝交配，比较喜欢独处；妊娠中期，食量明显增加，贪睡，对靠近的公熊发生攻击行为，性情变得敏感易怒；妊娠末期，食欲不稳定，胆小怕人，行动缓慢小心，下腹部稍微下垂，乳房膨大，用嘴不断舔乳头，乳房周围被毛常被舔掉，露出明显的乳头。

### 六、分娩

临产前一月活动量减少，性格孤僻，睡眠时间增长，食欲大增，腹围无明显变化；产前 15d 食欲明显减退，甚至不食，放入稻草后母熊将其咬断变短，有做窝行为。窝一般为圆形，底部较平坦，四周隆起。母熊呈团卧姿势，一动不动，人一接近发出威胁叫声。

分娩早的在 12 月末，晚的在 2 月末。黑熊产仔期在年底至翌年 1～3 月。产前 2～7d 开始拒食，蜷缩或趴在产房阴暗处，对异响不敏感，触之不动，对强光敏感，呼吸平稳。产仔在黄昏至凌晨。母熊坐于地上，前肢放于腹部，头蜷缩呈半蹲式。产时呻吟，每只幼仔产出后，母熊先咬断脐带，吃掉胎衣，舔尽仔熊身上黏液，也有胎儿娩出时脐带已断开。产后几分钟仔熊发"ji—ji"似鼠叫。母熊舔尽自身和地上血迹黏液后，紧抱仔熊侧卧而睡，产程 1～2h。

### 七、哺育

母熊约隔 2h 授乳 1 次，每次 7～8min，昼夜哺乳次数随幼仔长大而减少。仔熊吮乳时发出"咕咕"声，3 对乳头每个都可授乳。授乳前，仔熊"哇哇"大声，叫声如婴儿哭声，母熊将仔熊向乳房拢近使其吮乳。母熊产后近一个月左右不离窝，大小便排在垫草周围，一月后稍离开仔熊一点。一旦听到仔熊叫或有响动迅速回窝照看。授乳时母熊用舌舔舐仔熊会阴部促其排便，便全部被母熊舔食干净，个别母熊有食仔现象，可能是母性不强不带仔或母熊采食差、乳汁分泌不足所致。

产后 1 周母熊开始采食，食量渐增，幼仔初生重 335～365g，幼仔哺乳日增重 50～150g，母熊哺乳幼仔 120～150d 后即可断乳，断乳应循序渐进，每日逐渐减少母熊与幼熊在一起时间，并相应减少每日哺乳次数，最终实现完全断乳。

# 第十节　兔

## 一、基本概况

兔属哺乳纲兔形目兔科，草食。以亚洲东部、南部、非洲和北美洲种类最多，少数种类分布于欧洲和南美洲，其中一些种类分布广泛或者被引入很多地区，而也有不少种分布非常局限。

从体型上兔可分为大型兔、中型兔和小型兔，大型兔体重 5～8kg（也有少数超过 8kg），中型兔体重 2～4kg，小型兔体重 2kg 以下。兔头部稍微像鼠，耳朵根据品种不同有大有小，上唇中间分裂，三瓣嘴。兔性情温顺，尾短且向上翘，前肢比后肢短，善于跳跃，跑得很快。颜色一般为白、灰、枯草色、棕红色、米色、黑和花色。寿命为 5～12 年。

## 二、生殖解剖

### （一）雄兔

生殖器官包括睾丸、附睾、输精管、副性腺、阴茎和阴囊等。

睾丸在两后腿之间，呈卵圆形，大小约 35×15mm，重 2g 左右。

附睾紧贴睾丸内侧，由附睾头、附睾体和附睾尾与输精管相连。睾丸中生成的精子首先从附睾头进入附睾，并贮存于附睾中。

输精管，一头连附睾尾，一头连尿生殖道，从附睾尾出发沿腹股沟管上行进入腹腔，经骨盆腔直达尿生殖道。

副性腺主要有精囊腺、前列腺、前列旁腺、尿道球腺。排出口都在尿生殖道。

阴茎是排出精液的最后通道，呈圆柱状，阴茎游离部分稍弯曲。

阴囊是容纳睾丸和附睾的器官，除容纳睾丸、附睾及部分输精管外，还起附托和保护以上生殖器官的作用。

### （二）雌兔

生殖器官包括卵巢、输卵管、子宫、阴道及外生殖器。

卵巢 2 个，左右各一，卵圆形，淡红色，由卵巢系膜挂在体壁上。卵巢除产生卵子外，还分泌雌激素。成年母兔卵巢长 1～1.7cm，宽 0.3～0.7cm，重 0.3～0.5g。

输卵管位于卵巢和子宫之间。输卵管靠近卵巢一侧呈喇叭口状。在管壁的蠕动下，卵子沿输卵管向子宫方向运动，输卵管前半部有一较粗的部位叫壶腹，输卵管的另一端连着子宫。

家兔子宫有两个，属双子宫动物，子宫前方与输卵管连接。另一端分别开口于单一的阴道内。阴道一般长 7.8～8cm。

外生殖器包括阴门、阴唇和阴蒂 3 部分。阴门在肛门下边，长约 1cm，两侧为阴唇，左右阴唇联合处比较肥大，称为阴蒂。阴蒂有海绵组织和丰富的感觉神经末梢。

## 三、发情

### （一）性成熟

性成熟因品种、类型和性别等的不同而异。一般小型品种比大型品种性成熟早，母兔较公兔性成熟早，一般小型兔 3～4 月龄、中型兔 4～5 月龄，大型兔 5～6 月龄性成熟。

### （二）发情周期

性成熟母兔，总是处于发情—休情—发情—休情这种周而复始的变化状态。母兔发情有周期性，但规律性差。母兔发情周期一般是 8～15d，发情持续期为 3～5d。但因个体差异及环境因素发情周期长短差异很大。

### （三）发情季节

家兔是全年发情的动物。但因气温影响不同季节繁殖受胎率差异很大。最好的繁殖季节是春秋季，每年 2～4 月、9～11 月，繁殖最适温度为 15～20℃，夏季气温高，不利公兔形成成熟精子，冬季缺乏青绿饲料，母兔不爱发情排卵，公兔配种能力低，繁殖率低。而春秋季气温温和适宜，饲料条件好，仔兔成活高生长速度，抓住这两季繁殖 1 年至少可繁殖 4 窝。

### （四）发情表现

**1. 行为表现**　　母兔常爬跨顿足，频繁排尿，精神不安，食欲减少，躁动，活跃，爱跑跳，乱刨笼底板，脚用力踏笼底板作响，常在饲槽或其他用具上摩擦下颚，俗称"闹圈"，并有叼草筑窝、隔笼观望、翘尾等行为。外阴部红润且有黏液。性欲强的还主动接近和爬跨公兔，甚至爬跨其他仔兔和母兔。当公兔爬跨时，站立不动，臀部抬起举尾，迎合交配。

公兔食欲不佳，拒食，情绪不稳定，容易暴躁，爱咬人，还散发出一股特殊难闻气体，咬笼，喷尿。

**2. 生殖道变化**　　卵巢在发情前 2～3d，卵泡发育迅速，卵泡内膜增生，卵泡液分泌增多，卵泡壁变薄并突出于卵巢表面。阴道上皮充血，阴蒂充血勃起；来自子宫颈及前庭大腺分泌的黏液增多；子宫颈松弛，子宫充血，输卵管蠕动和纤毛颤动加强。发情初期，外阴黏膜潮红肿胀、湿润；发情中期，黏膜呈大红色，肿胀和湿润更明显；发情后期，黏膜呈黑紫色，肿胀和湿润逐渐消失；休情期，外阴黏膜苍白、干燥和萎缩。

## 四、配种

### （一）自然交配

散养发情期将公、母兔按一定比例混养在一起自由交配。母兔在一个发情期可多次交配，受胎率和产仔数一般较高。但不易控制生殖系统疾病，无法进行选种选配，极易造成近亲退化，不能掌握母兔准确的妊娠时间。公兔因体力消耗过大利用年限缩短。

### （二）人工辅助交配

公、母兔分开饲养，母兔发情时，再放入公兔饲养的笼中或公兔的活动场所让其自然交配，交配完后把母兔放回原处。优点是能有计划地选种选配，避免近亲繁殖；能合理安排公兔配种次数，延长种兔使用年限；能有效地防止疾病传播，提高兔群健康水平。但费工费力。人工辅助交配有 3 种方式。

**1. 重复配种** 第一次交配后，隔 5～6h，再与同一只公兔交配。第一次交配的目的是刺激母兔排卵，第二次交配才是正式受孕，可提高受胎率和产仔数。

**2. 双重配种** 一只母兔连续与两只不同血缘关系的公兔交配，可提高受胎率。此法适用于商品兔。

**3. "血配"** 母兔产仔后第二天就配种，泌乳和妊娠同时进行，这样母兔每年可繁殖 8～10 胎，可产仔 50 只以上。

（三）人工授精

人工授精是加快兔繁殖和改良兔品种的一项有效措施，可有效提高优良种公兔的利用率。人工授精每采一次精液，可配 8～10 只母兔，受胎率达 80%～90%。

## 五、妊娠

妊娠期为 28～32d，妊娠期因品种、年龄、个体营养、健康水平及胎儿数量、发育情况等不同而略有差异。妊娠期细分，1～12d 为胚胎期，13～18d 为胎前期，19d 至分娩为胎儿期。

母兔妊娠后，除出现生殖器官变化外，全身变化也比较明显。例如，新陈代谢旺盛，食欲增加，消化能力提高，营养状况得到改善，毛色变得光亮，膘度增加，后腹围增大，行动变得稳重、谨慎、活动减少等。有时母兔经交配后没有受精，或已经受精，但在附植前后胚胎死亡，会出现假妊娠现象。

## 六、分娩

（一）分娩预兆

母兔临产前 3～5d，乳房肿胀，可挤出少量白色较浓乳汁；腹部出现凹陷，尾根和坐骨间韧带松弛，外阴部肿胀出血，黏膜潮红湿润；食欲减退或停食，精神不安；分娩前 1～3d 开始叼草做窝；临产前数小时用嘴将胸部乳房周围毛拉下做窝；分娩前 2～4h 频繁出入产箱。分娩多在夜间。

（二）分娩过程

母兔分娩时，精神不安，四足刨地，顿足，弓背努责，排出胎水，最后呈犬卧姿势，仔兔便顺次连同胎衣一起产出。母兔边产仔边将仔兔脐带咬断，吃掉胎衣，同时舔干仔兔身上血迹和黏液。一般每隔 1～3min 产出 1 只，产完 1 窝需 20～30min。但个别呈间歇性产仔，产出部分后便停下来，2h 甚至数小时后再产下一批仔兔。分娩结束后，母兔常会跳出产箱找水喝。

## 七、哺育

仔兔出生后全身无毛，4～5d 才开始长出细毛，此期仔兔对外界环境的适应能力差，因此冬春寒冷季节要防冻，夏秋炎热季节要降温防蚊，平时要防鼠害、兽害，可以用新鲜棉花拉松后代替兔毛垫在产箱中。此外，初生仔兔要适时进行性别鉴定，淘汰多余的公兔，每只母兔哺喂 5～6 只仔兔为宜。仔兔生下后便会主动寻找乳头，但不固定乳头，乳头不固定的优点是充分发挥母兔所有乳房的分泌功能，其缺点是仔兔发育有时不均匀，出现强弱差异较大。仔兔出生后 12d 左右开眼，多在 40～45d、体重 0.75kg 左右断乳。

# 第八章　妊娠期疾病

妊娠期间，母体除了维持本身的正常生命活动以外，还要供给胚胎及胎儿生长发育所需要的各种物质，并提供安全的环境。如果饲养管理不符合妊娠的特殊要求，母体、胎儿、胎膜及胎盘的生理过程发生扰乱或受到损害，正常的妊娠过程会转化为病理过程，从而发生妊娠期疾病。

## 第一节　流　产

流产（abortion）是胎儿与母体间的正常生理过程发生紊乱，或它们之间的正常关系受到破坏而导致的妊娠终止。流产可发生在妊娠的各个阶段，但以妊娠早期较为多见，各种动物均可发生。流产不仅使胎儿发育中断，而且危害母畜的健康，使奶畜的乳产量减少，役畜的役用能力降低，繁殖效率常因并发生殖器官疾病造成不孕而受到严重影响，使畜群的繁殖计划不能完成。因此，对流产进行积极有效的防治特别重要。

### 一、病因

流产的原因极为复杂，根据其原因不同可以概括为三类，即普通性流产、传染性流产和寄生虫性流产，每类流产又分为自发性流产与症状性流产。自发性流产是胎儿、胎膜及胎盘发生反常或直接受到影响而发生的流产；症状性流产是孕畜某些疾病的一种症状或者是饲养管理不当导致的结果。常见的流产病因及分类见表 8-1。

表 8-1　常见的流产病因及分类（侯振中和田文儒，2011）

| 普通性流产 | 传染性流产 | 寄生虫性流产 |
| --- | --- | --- |
| 自发性流产 | | |
| 胎膜及胎盘异常 | 布鲁氏菌病、沙门菌病、支原体病（牛、羊、猪）、衣原体病（牛、羊）、SMEDI* 病毒病（猪）、胎儿弧菌病（牛）、病毒性腹泻（牛）、结核病（牛）、猪繁殖与呼吸综合征（猪）、马副伤寒等 | 马媾疫、滴虫病（牛）、弓形虫病（羊、猪）、新孢子虫感染（犬、牛、绵羊、马、猫）等 |
| 胎儿过多 | | |
| 胚胎发育停滞 | | |
| 囊状胎块（多见于牛） | | |
| 症状性流产 | | |
| 生殖器官疾病 | 传染性鼻肺炎（马）、病毒性动脉炎（马）、传染性贫血（马）、钩端螺旋体病（牛、羊、马）、李斯特菌病（牛、羊）、乙型脑炎（猪）、O 型口蹄疫、传染性鼻气管炎（牛）等 | 马巴贝斯虫病、驽巴贝斯虫病、牛巴贝斯虫病、双芽巴贝斯虫病、边虫病、血吸虫病等 |
| 生殖激素失调 | | |
| 非传染性全身疾病 | | |
| 饲养不当 | | |
| 损伤及管理不当 | | |
| 中毒 | | |
| 医疗错误 | | |

\* stillbirth（死产）、mummification（干尸化）、embryonic death（胚胎死亡）及 infertility（不孕），此病主要是由肠病毒、细小病毒和日本乙型脑炎病毒引起

（一）普通性流产

据发生原因不同分为自发性流产和症状性流产。

**1. 自发性流产**

（1）胎膜及胎盘异常　　胎膜发生异常可导致胚胎死亡而流产。例如，绒毛膜或绒毛发育不全，不能形成正常的胎儿胎盘，母体与胎儿间的物质交换不能进行，均可导致胎儿死亡；母体子宫内膜发生变性，不能形成正常的母体胎盘，与此相对应的绒毛则退化，从而导致流产；胎膜血液循环扰乱常导致胎膜变性水肿，胎水过多，严重时则发生流产；在牛、羊等子叶胎盘动物，如果子叶形成过少，营养物质的交换会受到限制，进而影响胎儿的生长发育，严重时导致妊娠终止。有时在子叶以外的胎膜上形成绒毛丛与相应的子宫内膜楔合形成附属胎盘，这些额外的绒毛可能破坏子宫内膜的正常结构，甚至导致流产的发生。

（2）胎儿过多　　动物种类不同，怀胎儿的数目不同，胎儿数目主要受遗传基因和子宫容积的控制。研究表明，超数排卵处理使猪怀胎过多时，发育慢的胚胎胎膜不能和子宫内膜形成足够的联系，血液供应受限导致发育慢的胚胎停止发育；马、驴怀双胎时流产发生率比单胎时高得多；牛、羊怀双胎时，尤其是两个胎儿在同一子宫角时，流产率比怀单胎高。

（3）胚胎发育停滞　　胚胎发育停滞是妊娠早期流产的一个重要原因。胚胎附植的前后不但受多种生殖激素的控制，同时也受子宫和血液中多种细胞因子（如 TNF-α、IFN-γ、IL-2、IL-4 和 IL-10 等）的调节，如果内分泌及各种细胞因子失调，将导致胚胎的附植及发育受到影响，甚至中断；精子、卵子有缺陷，受精卵活力降低致使胚胎不能附植或附植后不久死亡，或者畸形胎儿在发育中途死亡，但也有畸形胎儿发育至足月产出。

（4）囊状胎块　　俗称葡萄胎，主要见于牛。其究竟是由遗传因素，还是由内分泌或其他因素引起，目前尚不清楚。在胚胎附植及胎盘形成时无异常，但之后发生恶性变化，且变化的速度很快，绒毛膜变性成囊泡状，大量增殖，囊泡体积大小不等，互相之间细蒂相连，成串形似葡萄，故称葡萄胎。最后发生自溶，从母体阴门中经常流出血水，偶见泡状物，具有腥臭味。

**2. 症状性流产**　　广义的症状性流产不但包括因母畜普通性疾病及生殖激素失调引起的流产，也包括因饲养管理不当及医疗错误引起的流产。下列疾病可能是引起流产的原因，但并不是这些疾病都一定会引起流产，这可能与畜种、个体反应程度及生活条件不同有关。有时流产的发生是几种原因共同造成的。

（1）生殖器官疾病　　由此造成的症状性流产较为多见，如局限性慢性子宫内膜炎、子宫颈炎、阴道炎、先天性子宫发育不全、子宫粘连等。这些疾病虽然不会直接导致母畜交配后受精失败，但往往妊娠后至一定阶段会发生流产。

（2）生殖激素失调　　妊娠的正常进行，有赖于生殖激素的正常调控。如果孕酮分泌不足或雌激素分泌过多，则可能引起流产。妊娠动物如过多地食入具有雌激素作用的植物，也能破坏子宫的正常功能，使胚胎死亡率增高。

（3）非传染性全身疾病　　例如，马的疝痛和牛、羊的瘤胃臌气，可反射性引起子宫收缩，血液中二氧化碳增多，或者因起卧、打滚等引起流产的发生。此外，能引起体温升高、呼吸困难、高度贫血的疾病，严重的肺病、心病、肾病都可能引起流产。

（4）饲养不当　　长期饥饿，矿物质缺乏，饲料品质差，维生素 A、维生素 E 及硒等不足，饲喂霉变、腐败的饲草料等均可能引起流产。另外，吃霜冻草、露水草、冰冻饲料，饮带冰的冷水，尤其大量出汗后饮冰水或吃雪，均可反射性地引起子宫收缩，将胎儿排出。饥饿后喂以大量适口性饲料，能够引起消化功能紊乱或疝痛，易发生流产。

（5）损伤及管理不当　　管理不当、使役不合理，使子宫或胎儿受到直接或间接的损伤或孕畜遭受剧烈的逆境危害，则可引起子宫反射性收缩而流产。例如，孕畜腹壁的碰伤、抵伤、踢伤、抢食、拥挤、剧烈运动、跳越沟渠、上下滑坡、突然跌倒等，可使子宫或胎儿受到剧烈振荡或压迫而引起流产。使役过重过久，孕畜极度紧张疲劳，体内产生大量乳酸、二氧化碳等，刺激延脑的血管收缩中枢，引起胎盘血管收缩，致胎儿缺氧而死。粗暴地鞭打孕畜头部、腹部、打冷鞭、惊群惊吓等可使孕畜精神紧张，肾上腺素分泌增多，反射性引起子宫收缩而发生流产。

（6）中毒　　铅中毒、镉中毒、有机磷中毒、棉籽饼中毒、霉玉米中毒、疯草中毒、西黄松叶中毒、大肠杆菌内毒素中毒等均可引起流产的发生。

（7）医疗错误　　临床上，给孕畜全身麻醉、大量放血，服用大量泻剂、驱虫药、利尿药，或注射某些能引起子宫收缩的胆碱类、麦角类及肾上腺皮质激素类药物（如氨甲酰胆碱、毛果芸香碱、槟榔碱、麦角新碱、地塞米松、氢化泼尼松、考地松等），给孕畜误用堕胎药（雌激素、前列腺素等）或刺激发情的制剂及注射某些疫苗，粗鲁的直肠检查、阴道检查，假发情时误配，误用孕畜忌用的化学药物和中草药等，均可能引起流产的发生。

（二）传染性流产

由动物的传染病而引发的流产。许多病原微生物都能引起动物的流产，它们不是侵害胎膜、胎盘或胎儿引起自发性流产，就是以流产作为一种临床表现而发生症状性流产。对孕畜危害较重的一些传染病简要地列于表 8-2 中，具体情况详见兽医传染病学相关内容，本节不再赘述。

（三）寄生虫性流产

能引起家畜流产的常见寄生虫病也列于表 8-2 中，详见兽医寄生虫学相关内容，本节不再赘述。

**表 8-2　引起家畜流产的主要传染病和寄生虫病**（陈北亨和王建辰，2001）

| 病名 | 畜种 | 病原 | 诊断 | | 预防方法 |
| | | | 临床 | 其他 | |
| --- | --- | --- | --- | --- | --- |
| 布鲁氏菌病<br>（brucellosis） | 牛 | 流产布鲁氏菌 | 妊娠后期流产，公牛不育 | 细菌学检查、凝集反应、乳环状反应（奶牛） | 检疫，预防接种 |
| | 猪 | 猪布鲁氏菌 | 流产、仔猪孱弱，公猪不育 | | |
| | 犬 | 犬布鲁氏菌 | 流产 | 细菌学检查、凝集反应及水解素皮内注射变态反应 | |
| | 绵羊 | 马耳他布鲁氏菌 | 流产 | | |
| | 山羊 | 羊布鲁氏菌 | 流产，公羊睾丸炎 | | |
| 钩端螺旋体病<br>（leptospirosis） | 牛 | 钩端螺旋体、波摩那型沼泽热型 | 血红蛋白尿，妊娠后期流产，泌乳缺乏 | 显微镜检查、凝集-溶解反应、补体结合反应 | 预防接种 |
| | 猪 | 波摩那型、流感伤寒、黄疸出血型 | 妊娠后期流产，仔猪孱弱，死产 | | |
| | 马 | 波摩那型、流感伤寒、黄疸出血型 | 妊娠后期流产，周围性眼炎 | | |

续表

| 病名 | 畜种 | 病原 | 诊断 临床 | 诊断 其他 | 预防方法 |
|---|---|---|---|---|---|
| 马副伤寒（equine paratyphoid） | 马 | 马流产沙门菌 | 妊娠后期流产 | 凝集反应，分离培养 | 预防接种 |
| 马传染性鼻肺炎（equine rhinopneumonitis） | 马 | Ⅰ型马疱疹病毒 | 妊娠后期流产，幼驹呼吸道疾病 | 胎儿肝有坏死病灶和肺水肿及包涵体，分离病毒 | 预防接种 |
| 马病毒性动脉炎（equine viral arteritis） | 马 | 马动脉炎病毒 | 呼吸道感染，蜂窝织炎，流产 | 分离病毒 | 隔离病马 |
| 马媾疫（dourine） | 马 | 马媾疫锥虫 | 阴唇、阴道、阴茎、包皮有病变，病后期神经麻痹 | 补体结合反应 | 屠宰 |
| 颗粒性阴道炎（granular vaginitis） | 牛 | 病毒、细菌或支原体 | 结节性阴道炎，龟头炎 | 无 | 无 |
| 牛传染性鼻气管炎（infectious bovine rhinotracheitis） | 牛 | Ⅰ型牛疱疹病毒 | 呼吸道疾病，流产、死胎、干尸化 | 分离病毒，血清中和试验，荧光抗体检查 | 预防接种 |
| 牛病毒性腹泻（bovine viral diarrhea mucosal disease） | 牛 | 牛病毒性腹泻病毒（黏膜病病毒） | 妊娠早期流产，死胎、干尸化 | 分离病毒，血清中和试验 | 预防接种 |
| 支原体感染（mycoplasma infection） | 牛 | 支原体 | 不育、流产 | 分离培养 | 无 |
| 滴虫病（trichomoniasis） | 牛 | 胎儿毛滴虫 | 不育，子宫积脓，流产 | 分离培养 | 停止本交，采用人工授精 |
| 李斯特菌病（listeriosis） | 牛绵羊 | 单核细胞增多性李斯特菌 | 神经症状，圆周运动，流产 | 分离培养 | 隔离，停止喂青饲料 |
| 弯杆菌病（旧称弧菌病，vibrosis） | 牛 | 胎儿弯杆菌 | 不育 | 阴道黏液凝集试验，分离培养，荧光抗体检查 | 人工授精，预防接种 |
|  | 绵羊 | 胎儿弯杆菌 | 流产 | 分离培养 | 无 |
| 弓形虫病（toxoplasmosis） | 羊、猪 | 弓形虫 | 脑炎，流产 | 原虫检查，色素试验，细胞凝集反应，荧光抗体检查 | 隔离 |
| 猪瘟（hog cholera） | 猪 | 猪瘟病毒 | 死胎，仔猪水肿，孱弱 | 病理学检查 | 屠宰病猪群 |
| 猪繁殖与呼吸综合征（porcine reproductive and respiratory syndrome，PRRS） | 猪 | 猪繁殖与呼吸综合征病毒 | 妊娠后期流产，死胎，木乃伊，弱仔，新生仔猪死亡率高，母猪耳部发绀，间质性肺炎 | 病毒分离鉴定，间接ELISA法检测抗体 | 预防接种 |
| 猪伪狂犬病（porcine pseudorabies，PR） | 猪 | 伪狂犬病毒 | 流产，死胎，木乃伊，弱仔，神经症状 | 脑、扁桃体组织学检查，血清学检查，分离病毒 | 预防接种 |

续表

| 病名 | 畜种 | 病原 | 诊断 | | 预防方法 |
| | | | 临床 | 其他 | |
|---|---|---|---|---|---|
| 猪乙型脑炎（swine encephalitis） | 猪 | 乙型脑炎病毒 | 死胎，神经症状 | 血清学检查，病理学检查，分离病毒 | 隔离，停止配种 |
| 细小病毒病（parvovirus disease） | 猪 | 细小病毒 | 死胎，流产，干尸化 | 分离病毒，红细胞凝集抑制试验 | 隔离，封锁病猪群 |

## 二、症状与诊断

由于流产的发生时期、原因及母畜反应能力不同，流产的病理过程及所引起的胎儿变化和临床症状也不一样，可以归纳为 4 种，即隐性流产、排出不足月的活胎儿、排出死亡而未经变化的胎儿和延期流产。

### （一）隐性流产

隐性流产也称为胚胎早期死亡或胚胎丢失。常见于马、驴、牛和猪等。主要发生在妊娠初期，囊胚附植前后。这时胚胎尚未形成胎儿，死亡后组织液化被母体吸收或随尿排出，未被发现，母畜一般不表现临床症状。但注意观察可见屡配不孕或返情延迟、妊娠率降低等。

胚胎早期死亡在流产中占有相当大的比例。马、牛、驴、猪、绵羊、山羊、犬及猫均可发生，但因动物种类及品种不同而有差异。马胚胎死亡率可达 20%~35%。牛胚胎死亡率可达38%，猪、羊胚胎死亡率可达 30%。有人研究发现猪妊娠 50d 时的胎儿数与新生仔猪数相接近，说明猪胚胎死亡大部分发生在妊娠的前 50d 内，导致产仔猪数目减少，繁殖效率降低。因此，胚胎早期死亡越来越受到了人们的重视。

在马、驴、牛配种 1 个月后，通过直肠检查或超声检查已确定妊娠，而以后又出现发情，再次检查时发现原有的妊娠现象消失；在猪、羊配种后经过一个发情周期未见发情，一般则认为妊娠，但过了一些时间又出现发情，并且由阴门流出较多分泌物，则一般都可诊断为隐性流产。猪、羊的胚胎死亡主要发生在妊娠的第一个月，大部分发生在胚胎附植前后。猪胚胎死亡的第二个阶段发生在妊娠 50d 左右，是子宫角内胎儿过度拥挤所致。猪的隐性流产可能是全部流产，也可能是部分流产，发生部分流产时，妊娠仍能继续维持下去。

引起胚胎早期死亡的原因主要有两个方面，一是胚胎本身生活力差，如近亲繁殖，染色体畸变形成单倍体或多倍体；二是母体的内分泌失常、激素含量不足（如孕酮）。另外，环境因素特别是热应激也能使胚胎死亡率升高。

在临床方面，首先考虑的是内分泌问题。隐性流产的动物，配种时的发情周期往往是正常的，但在配种后间隔30d 左右又出现发情，一般认为该动物已妊娠，但胚胎发育中断了，发生了隐性流产，故再次出现发情。主要特征是返情的时间推迟了若干天。

早孕因子（early pregnancy factor，EPF）是哺乳动物受精后，最早在血清中检测到的具有免疫抑制和生长调节作用的妊娠相关蛋白。早孕因子是妊娠依赖性蛋白复合物，在牛、绵羊、猪及人的血清中都存在。它的特点是在配种或受精后不久出现，胚胎死亡后不久即消失。因此它的出现和持续存在能够特异性地代表受精和孕体发育，故可用于早孕或胚胎死亡的诊断。在小鼠受精后 6h，兔受精后 16h，大鼠、绵羊、牛、猪受精后 24h，即可在其血清中检测到 EPF活性，并且在小鼠体内 EPF 的存在可持续至分娩前 4d，绵羊、猪体内几乎都持续整个孕期。

　　妊娠早期，家畜血液、乳汁中的孕酮一直维持高水平，一旦胚胎死亡，孕酮水平即急剧下降。据此，可以通过放射免疫法或酶免疫法测定血浆或乳汁中孕酮的水平来诊断胚胎是否死亡。

　　为了预防隐性流产，减少早期胚胎死亡率，提高产仔率，应注意改善母畜饲养管理条件，尽可能地满足家畜对维生素及微量元素的需要，并保证优良的环境条件，使早期胚胎得到正常发育。妊娠早期可视情况补充孕酮，这对屡配不孕的母畜尤为重要。对于马有胚泡萎缩倾向者，应注射人绒毛膜促性腺激素防止胚胎死亡。对多次配种不孕或子宫有疾患的动物实行清宫处理也有助于提高胚胎的存活率。

### （二）排出不足月的活胎儿

　　排出不足月的活胎儿也称为早产（preterm labor），是母体在妊娠期满前娩出活的胎儿。这类流产的预兆及过程与正常分娩相似，胎儿是活的，但未足月就将胎儿排出。产前的预兆不像正常分娩那样明显，往往仅在排出胎儿前 2～3d 乳房突然膨大、阴唇稍微肿胀、乳头内可挤出清亮液体，阴门内有清亮黏液排出。

### （三）排出死亡而未经变化的胎儿

　　这是流产中最常见的一种，也称为小产或死产。胎儿死后，它对母体好似异物，可引起子宫收缩反应，于数天之内将死胎及胎衣排出（二维码 8-1）。妊娠初期的流产，因为胎儿及胎膜很小，排出时不易发现，有时被误认为是隐性流产。妊娠前半期的流产常无预兆。妊娠后期的流产，其预兆和早产相同。胎儿未排出前，直肠检查摸不到胎动，妊娠脉搏变弱。阴道检查发现子宫颈口开张，黏液稀薄。如胎儿小，排出顺利，预后较好，以后母畜仍能受孕。如胎儿腐败可引起子宫炎或阴道炎症，以后不易受孕，偶尔还可能继发败血症，甚至导致母畜死亡。因此如发现胎儿已死，必须尽快使促胎儿排出来。

二维码
8-1

### （四）延期流产（死胎停滞）

　　胎儿死亡，由于子宫阵缩微弱，子宫颈管不开张或开放不大，死胎长期滞留于子宫内时，称为延期流产。依子宫颈是否开放，有以下两种结果。

**1. 胎儿干尸化（mummification）**　　妊娠终止后，母畜子宫颈未开张，死亡胎儿滞留于子宫内，其组织中的水分及胎水被吸收而变为棕黑色干尸的病理现象。按照一般规律，胎儿死后不久，母体就应把它排出体外。但如果黄体不萎缩仍保持其功能，则子宫不强烈收缩，子宫颈不开张，胎儿仍可留于子宫中。因为子宫腔与外界隔绝，外界及阴道中的细菌不能侵入子宫，胎儿则不会腐败分解，随后胎水及胎儿组织中的水分逐渐被吸收，胎儿变干，体积缩小，头及四肢蜷缩在一起而逐渐干尸化，如图 8-1 所示。

图 8-1　牛的干尸化胎儿（侯振中和田文儒，2011）

胎儿干尸化常见于牛、羊，这与母体及其子宫对胎儿的反应不像马、驴那么敏感有关，也与子宫颈管的密闭程度有关。

给猪接产时，经常发现正常胎儿之间夹有干尸化胎儿，这是由于发育慢的胎儿尿膜-绒毛膜和子宫内膜接触的面积受到邻近发育快的胎儿的限制或侵扰，致使胎儿得不到足够的营养，发育停止变成了干尸，而发育快的胎儿则继续生长至足月出生。

干尸化胎儿在子宫中会停留一个相当长的时期。母牛一般在妊娠期满后，黄体的作用消失后，再次发情时将干尸化胎儿排出；也可能发生妊娠期满，干尸化胎儿长久停留于子宫内而不被排出；也可能妊娠期满经兽医检查而发现干尸化胎儿。排出干尸化胎儿以前，母牛不出现外表症状，所以不易发现。但如果经常注意观察母牛的全身状况，则可发现母牛妊娠至某一时间后，妊娠的外表现象不再发展，腹围不再增大甚至缩小，直肠检查感觉到子宫呈圆球状，其大小依胎儿死亡的时间不同而异，且较妊娠月份应有的体积小得多，内容物（胎儿）硬，在硬的部分之间有较软的地方，乃是胎体各部分之间的空隙，子宫壁紧包着胎儿，摸不到胎动、胎水及子叶，宫颈紧闭，无分泌物排出。卵巢上有黄体。摸不到妊娠脉搏。

猪、犬、猫等发生的部分胎儿干尸化在临床上则难以诊断，需借助B超扫描等措施发现。

干尸化胎儿只要能顺利排出，则预后较好，仍能继续生育。

**2. 胎儿浸溶** 胎儿浸溶（maceration）是妊娠终止后，母畜子宫颈开张，死亡胎儿的软组织分解，变为液体流出，而骨骼则留在子宫内的现象。胎儿死后，如果黄体萎缩，子宫颈管就开放，细菌逆行侵入子宫，胎儿的软组织先气肿腐败，2d左右开始分解液化而排出，骨骼则因子宫颈开放程度不够大而滞留在子宫内。胎儿浸溶主要见于牛、羊、犬、猪等。

胎儿浸溶时，因细菌感染，母畜往往出现败血症及腹膜炎等全身症状。在气肿阶段，精神沉郁，体温升高，食欲减少，瘤胃蠕动减弱，并常有腹泻，母畜经常努责。随后，胎儿软组织分解变为红褐色或棕褐色恶臭难闻的黏稠液体，在努责时流出，其中夹杂有小的骨片。最后则仅排出脓液，沾染在阴门周围、尾根和后腿上，干后成为黑痂。

阴道检查可发现子宫颈开张，在子宫颈内或颈外可摸到胎骨，视诊可看到阴道及子宫颈黏膜红肿。

直肠检查可发现子宫颈粗大，子宫壁较厚，能摸到胎儿参差不平的骨片，捏挤子宫可能感到骨片互相摩擦。

胎儿浸溶发生在妊娠初期时，因胎儿小，骨骼间的软组织容易分解，所以大部分或全部骨骼可以排出或仅留下少数。最后子宫中排出的液体也逐渐变得清亮。

犬、猪发生胎儿浸溶时，体温升高、心跳和呼吸加快、不食、喜卧，阴门中流出棕黄色黏性液体。

发生胎儿浸溶时，预后必须谨慎，因为这种流产可以引起腹膜炎、败血症或脓毒血症而导致母畜死亡，或造成严重的子宫炎，甚至子宫与周围组织发生粘连，影响母畜以后的受孕能力，预后不良。

## 三、治疗

首先应确定患病动物属于何种流产及妊娠能否继续进行，在此基础上再确定治疗原则和措施。

（一）先兆性流产的处理

当孕畜出现了与流产相关的前期症状，但流产还没有确切发生，如果进一步发展，就可能出现流产时，称为先兆性流产。例如，孕畜出现腹痛，起卧不安，甚至有轻微努责、阴道有少量排出物，呼吸、脉搏加快等临床症状，即可能发生流产。治疗原则为安胎，抑制子宫收缩。措施为肌内注射孕酮，马、牛 50～100mg，羊、猪 10～30mg，每日或隔日 1 次，连用数次。必要时给以镇静剂，如溴剂、氯丙嗪等。禁止进行阴道检查，尽量控制直肠检查次数，以免刺激母畜引起努责。还要进行牵遛等抑制努责。

（二）无可挽回流产的处理

先兆性流产经上述处理，病情仍未稳定下来，阴道排出物继续增多，起卧不安加剧，阴道检查发现子宫颈口已经开放，胎囊已进入阴道或已破水，流产已难避免时，治疗原则为促进子宫收缩，尽快促使子宫内容物排出。

**1. 排出死亡而未经变化胎儿的处理**　　子宫颈口已经开张，阵缩与努责微弱时，兽医人员可将母畜外阴部消毒后，把手臂深入阴道及子宫，矫正并拉出胎儿。流产时，胎儿的位置及姿势往往异常，如胎儿已经死亡，矫正有困难，可以施行截胎术。如果子宫颈管开张不大，手不易伸入，可参考处理胎儿干尸化的方法，促使子宫颈开放，并刺激子宫收缩。犬、猫等小动物可在助产者手指的引导下，用敷料钳等夹住胎儿的某一部分，牵拉出胎儿。

**2. 早产的处理**　　早产胎儿如有吮乳反射，应尽量加以挽救，帮助吮乳或人工喂奶，并注意保温。精心护理，直到早产胎儿具备正常新生仔畜的生活能力。母畜按常规的产后期护理即可。

**3. 延期流产的处理**　　胎儿干尸化时，首先应用雌激素、米非司酮，继之使用前列腺素制剂或催产素，溶解黄体并促使子宫颈扩张及子宫收缩，在子宫及产道内灌注已消毒的润滑剂便于胎儿排出。由于干尸化胎儿头颈及四肢蜷缩在一起，如子宫颈开放程度不大，须先截胎，然后将胎儿取出。

胎儿浸溶时，先注射前列腺素和雌激素，以进一步消融黄体和促进子宫颈开张，因产道干涩，助产时需先在子宫及产道内灌入润滑剂。当胎儿为气肿状态时，需要施行胎儿缩小术，然后取出。如胎儿软组织已基本液化，须尽可能将骨骼逐块取净。分离骨骼有困难时，须先将其韧带破坏后再取出。因子宫内还留有胎儿的分解组织和炎性产物，取净骨骼后，用温消毒液（0.1%高锰酸钾或 0.05%新洁尔灭）或 10%高渗盐水冲洗子宫，然后尽可能全部排出，最后在子宫内放入广谱抗生素，并注射催产素促使子宫收缩，必要时进行全身治疗。操作过程中，术者须防止自己受到感染。

（三）习惯性流产的处理

流产连续发生三次以上，并且每次流产的发生时间均在妊娠的同一阶段，或后一次流产较前一次的发生时间稍推迟，这种流产称为习惯性流产。有习惯性流产的马、牛应暂停配种（或输精）半年左右或一个繁殖季节，如果已经配种，可在上次发生流产的妊娠时段之前 10d 左右，用孕酮 50～100mg 肌内或皮下注射，或用白术安胎散（炒白术 30g、当归 30g、砂仁 20g、川芎 20g、白芍 20g、熟地 20g、炒阿胶 25g、党参 20g、陈皮 25g、苏叶 25g、黄芩 25g、甘草 10g、生姜 15g 为引）进行保胎。也可注射镇静剂，如溴剂、氯丙嗪等。

## 四、预防

引起流产的原因多种多样，流产的症状也有差异。除个别病例在刚出现症状时可以试行安胎外，大多数流产一旦出现症状往往无法阻止。因此，在发生流产时，除了采用适当治疗方法保证母畜及其生殖道的健康外，还应对整个畜群的情况进行详细调查分析，注意观察排出的胎儿及胎膜，必要时采样进行实验室检查，获得确切的病因，然后提出有效的预防措施。特别是发生群发性流产时，更应如此。

调查材料应包括饲养条件及制度，特别是饲喂饲草料情况；管理及利用情况，是否受过伤害、惊吓、受冷、饲喂带冰雪的饲草料等；母畜是否发生过普通病，畜群中是否出现过传染性及寄生虫性疾病，流产时的妊娠月份，母畜的流产是否带有习惯性，以及治疗情况等。

对排出的胎儿及胎膜进行细致观察，注意有无病理变化及发育异常。在普通性流产中，自发性流产表现有胎膜的异常及胎儿畸形；霉菌中毒可以使羊膜发生水肿、皮革样坏死，胎盘水肿、坏死。由于饲养管理不当、损伤、母畜疾病、医源性引起的流产，一般看不到明显变化。

传染病和寄生虫病引起的自发性流产，排出的胎膜或胎儿常有肉眼可见的病理变化。例如，牛因布鲁氏菌病流产排出的胎膜及胎盘上常有棕黄色黏脓性分泌物，胎盘可见坏死、出血，羊膜水肿并有皮革样的坏死区，胎儿水肿，胸腹腔内有淡红色的浆液等。马沙门菌病的流产胎儿也有同样变化，羊膜上有水肿、出血及坏死区。上述流产后常发生胎衣不下。具有这些病理变化时，应将胎儿、胎膜及子宫或阴道分泌物送实验室诊断，有条件时应对母畜进行血清学检查。症状性流产，胎膜及胎儿没有明显的病理变化。对于传染性的自发性流产，应将母畜的后躯及所污染的地方彻底消毒，并将母畜隔离饲养。

正确的诊断对于做好保胎防流产工作是十分重要。只有认真进行调查、检查和分析，做出切合实际的诊断，才能结合具体情况提出相应的措施，预防流产的发生。

# 第二节　阴道脱出

阴道脱出（prolapse of the vagina）是指阴道壁的部分组织肌肉松弛扩张连带子宫和子宫颈向后移，使松弛的阴道壁形成褶襞嵌堵于阴门内（又称阴道内翻）或突出于阴门外（又称阴道外翻）。常发生于妊娠末期舍饲的牛及羊，但驴、马、水牛在发情时或发情后也偶尔发生。犬尤其是大丹犬、麦町犬常有发生，且多发生在非妊娠期或发情后，其他品种的犬少见。

## 一、病因

主要原因是固定阴道的组织及阴道壁本身松弛（固定阴道的组织主要是子宫阔韧带、盆腔后躯腹膜下的结缔组织及阴门的肌肉组织），其次为腹内压过高。这两个条件同时具备则阴道脱出的可能性增大。

妊娠母畜老龄、经产、衰弱、饲养不良（如单纯喂麸皮、钙盐缺乏等）及运动不足常引起全身组织紧张性降低，骨盆韧带及邻近组织松弛。妊娠末期，胎盘分泌较多雌激素，使骨盆内固定阴道的组织、阴道及外阴部松弛，再伴有腹压持续增高的情况，如胎儿过大、胎水过多、双胎、瘤胃臌胀、便秘、下痢、产前截瘫、严重骨软症、卧地不起或长期拴于前高后低的厩舍内，以及产后努责过强等，压迫松软的阴道壁，使阴道的一部分（部分脱出）或全部（完全脱出）脱出于阴门之外。犬发生阴道脱出可能与遗传因素及雌激素过多有关。牛患卵泡囊肿时，也常继发阴道脱出。

## 二、症状及诊断

牛、羊阴道部分脱出（图8-2），主要发生在产前。病初仅在患畜卧地时，可见阴道壁形成大小不等的粉红色瘤样物,夹在阴门之中或露出于阴门外,起立后脱出部分自行缩回。以后如病因未除,则脱出的阴道壁逐渐增大,以致患畜起立后脱出的部分不能缩回或经过较长时间才能缩回,黏膜红肿干燥,甚至有破损和感染。有的母畜每次妊娠末期均发生,称为习惯性阴道脱出。

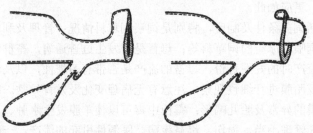

图 8-2　正常阴道上壁及阴道上壁脱出模式图(侯振中和田文儒,2011)
左图为正常的阴道上壁模式图;右图为阴道上壁部分脱出模式图

图 8-3　牛阴道完全脱出
(侯振中和田文儒,2011)

阴道完全脱出,在产前发生者,常常是由于阴道部分脱出的病因未除或由于脱出的阴道壁发炎造成刺激,导致不断努责而引起。此时可见从阴门突出一排球大小(牛)的囊状物,表面光滑,粉红色,病畜站立时脱出的阴道壁也不能缩回(图 8-3)。在脱出的阴道末端可以看到子宫颈管外口及黏液塞,下壁前端的尿道口,排尿不顺畅。膀胱或胎儿前置部分常进入脱出的阴道腔内,触诊时可以摸到。在产后发生者,脱出的阴道壁较厚,往往是不完全脱出,体积一般较产前的小,在其末端上有时看到肥厚的子宫颈膣部呈横皱襞状。

脱出的阴道时间较长不能缩回时则出现瘀血,变为紫红色,甚至发生水肿。严重水肿可使阴道壁的黏膜与肌层分离,表面干裂,流出血水。受到摩擦、损伤及粪尿、泥土、草料等污染时,常使脱出的阴道黏膜发生破裂、发炎、坏死及糜烂,表面污秽不洁。严重时可继发全身感染甚至死亡。冬天易发生冻伤。

根据阴道脱出的大小及损伤发炎的轻重,病畜有不同程度的努责。牛产前的完全脱出,常因阴道及子宫颈受到刺激发生持续强烈的努责,甚至继发直肠脱出、胎儿死亡及流产等,病畜表现精神沉郁、脉搏快而弱、食欲减少、瘤胃臌胀等。分娩后发生的阴道脱出,须注意是否有卵巢囊肿。

犬发病时,所见的全部是部分阴道壁脱出,且发生在非妊娠期,脱出的阴道呈粉红色的囊状物或瘤状物。时间较长不能回缩时,则出现水肿,颜色发绀,质地较硬,甚至表面糜烂不洁。应注意与阴道肿瘤相鉴别。

## 三、治疗

阴道部分脱出较轻时,因患畜起立后能自行缩回,所以重点是防止脱出部分继续增大、受到损伤及感染发炎。可将患畜拴于前低后高的厩舍内,同时适当增加运动,减少卧地时间,并将尾巴拴于一侧避免尾根刺激脱出的阴道黏膜。给予易消化的饲料。对便秘、下痢及瘤胃臌胀等病应及时治疗。阴道部分脱出时间较长,站立后不能自行缩回或阴道完全脱出时,则必须迅速整复,并加以固定以防再脱。

整复及固定方法如下：将患畜保定于前低后高的地方，犬、羊等中小动物可提起后肢。努责强烈妨碍整复时，应先进行荐尾间隙或第一、二尾椎间隙硬膜外腔轻度麻醉或后海穴局麻。对于犬，必须在全身麻醉状态下进行整复固定。

**1. 整复前处理**　　用温 0.1%高锰酸钾或 0.1%新洁尔灭等消毒液将脱出的阴道充分洗净，除去坏死组织，伤口大时要进行缝合，并涂布碘甘油或抗生素软膏等。若水肿严重，用纱布浸以 2%明矾液进行清洗并压迫，促使水肿液排出，也可针刺水肿的阴道壁，涂以 1%过氧化氢，并用消毒纱布挤压排液，使水肿减轻，阴道壁发皱发软，体积缩小，表面再用 0.1%新洁尔灭消毒液清洗后，涂布 1%碘甘油。

**2. 整复**　　先用消毒纱布将脱出的阴道托起，趁患畜不努责时，将脱出的阴道从基部开始，将部分或全部的阴道壁向阴门内边揉捏边推送。待全部推入阴门以后，再用拳头（牛）或适当粗细的圆头光滑并消毒后的木棒将阴道壁推回原位，并向骨盆腔内四周扩压复位。然后在阴道腔内涂布消炎药，或在阴门两旁注入抗生素，防止感染。

整复后，为防止再脱，需固定阴门或阴道，防止努责和再次脱出，可在阴门两侧深部组织内各注入乙醇 20～40ml，刺激组织发炎肿胀，压迫阴门，可阻止阴道再次脱出。也可进行荐尾间隙硬膜外腔麻醉或使用电针方法抑制努责。用花椒水热敷阴门及外阴部抑制努责。

**3. 固定**

（1）**阴门缝合法**　　牛可用 18 号缝线将阴门做双内翻缝合、圆枕缝合或纽扣缝合；羊、犬等阴门相对较小可用 10 号缝线做口袋缝合。

牛的阴门双内翻缝合方法：在阴门右侧 3～4cm 的皮肤处向阴门方向进针，从同侧距阴门边缘 1cm 处穿出，再将针自阴门左侧 1cm 处穿入，3～4cm 处穿出，然后在此线之下 2～3cm 处再用同样方法自左向右将线穿好，与右侧的原线头打结。两侧露在皮肤外的缝线上须套一段输液管、缠绕纱布、橡胶管或猪鼻环等，增加缝线的受力面积以免母畜努责强烈时缝线将阴唇等勒破（二维码8-2）。阴门的下 1/3 部分不要缝合（图 8-4），以免妨碍排尿。待数天后母畜不再努责时，将缝线拆掉。

二维码
8-2

图 8-4　阴门双内翻缝合

体型较大的犬阴道脱出后，在将阴道整复后，尽可能将阴门两侧松软的皮肤包括肌肉使劲牵拉，然后尽可能地在远离阴门的位置将阴门两侧的皮肤和肌肉一起从左向右对穿过去，将两侧的阴门上 2/3 缝合（如二维码 8-3 所示，在画线部位对穿缝合），这样就能避免单纯缝合阴门而发出的阴门撕裂等问题，而且固定脱出的阴道更为有效。当然体型较小的犬也适用。另外就是整复脱出阴道的时候，如果脱出时久，发生阴道黏膜水肿变厚等情况，无法推回阴

二维码
8-3

道时，可在脱出的阴道两侧分别先切一梭形切口，然后采用黏膜下缝合，不把缝线露出到阴道黏膜表面，这样减少了脱出面积而易于推回。然后采用上述的方法进行阴道固定和阴门缝合。

（2）**阴道侧壁与臀部皮肤缝合**　　可将脱出的阴道侧壁还纳整复后缝合固定在骨盆腔侧壁上。因为针线穿过处发炎，结缔组织增生后发生粘连，故固定比较确实，阴道不易再脱出。具体方法：先将臀部缝针处剃毛消毒，注射 2%盐酸普鲁卡因 5～10ml（也可不局麻），再用手术刀尖将皮肤切一小口。术者一只手伸入阴道内，将阴道壁尽量贴紧骨盆侧壁（避免针刺入直肠），另一只手持着穿有粗缝线的长直针（较细的缝麻袋针也可以），倒着将针孔端从皮肤切口刺入，钝性穿过肌肉，并穿透阴道侧壁（注意不要刺破骨盆侧壁的动脉，缝合时不要将阴道动脉结扎

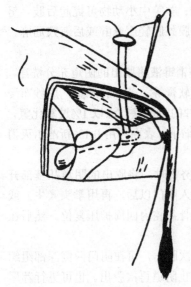

图 8-5　阴门侧壁与臀部皮肤缝合
示意图

住。手在阴道内能够摸到动脉的搏动，故容易避免缝针把它刺破或结扎住）。然后从阴道内将缝线从针孔内抽出，随即从皮肤外将针拔出。把阴道内的缝线拉出至阴门外，拴上消毒后的大纱布块或大衣纽扣，再将臀部皮肤外的缝线向外拉紧，使阴道侧壁紧贴骨盆侧壁，系上纱布块、纽扣或圆木枕（图 8-5）。使用同样的方法把另一侧阴道壁与臀部皮肤缝合。

给犬、羊等中小动物缝合时，在手指的引导下将穿有长线的长直缝针或大弯针伸入阴道腔，向阴道侧壁刺入，穿过臀中部皮肤刺出，然后将缝线两端各拴上纱布块或橡胶圈，增加接触面积，抽紧缝线打结。缝合后，肌内注射抗生素 3～4d，阴道内涂布 2%龙胆紫或抗生素软膏等以防感染。

缝合后，患畜如不再努责，经 1 周左右即可拆线。产前缝合的可在分娩时拆线。

（3）阴道下壁耻骨前缘固定法　　用不吸收缝线将阴道下壁和子宫颈外口后的阴道下壁固定在耻骨前腱上。具体方法：病畜进行硬膜外麻醉，清洗和整复脱出阴道部分；用插管或导尿管找到尿道和膀胱，避免缝合时损伤；用两个长 7.5cm 的半弯三棱针，弯成"U"形，两针分别位于 1.3～1.5m 长的缝线两端。由术者带入一端的三棱针到阴道前下部（离子宫颈外口约 1cm 处），在子宫颈外口下方的阴道下壁将针穿入阴道壁，穿透到骨盆腔前缘下方耻骨前腱，然后用同样的方法，将另一端的三棱针在阴道壁前下部，穿过阴道壁，穿透到骨盆腔前缘下方的耻骨前腱，将两针间的缝线拉紧，在耻骨前的皮肤处打结即可。后涂布碘酊消毒。

（4）内固定法　　适用于顽固性阴道脱出。选择腹中线做切口，术部除毛、消毒，自近耻骨前缘 1～2cm 处切开腹壁，暴露子宫并由此向前牵引阴道，用缝线将两侧阴道壁的浆膜肌层分别与对应的盆腔壁软组织缝合固定。如遇子宫积脓，则先摘除子宫后再用缝线将两侧阴道壁的浆膜肌层分别与对应的盆腔壁软组织缝合固定。最后闭合手术切口。

整复固定后，还可在阴门两侧深部组织内分点注射 95%乙醇，刺激组织发炎肿胀甚至粘连，有防止阴道再脱出作用，剂量视具体病例而定。也可电针后海穴及治脱穴（外阴中部两侧 2cm 处），第一次电针 2h，以后每天电针 1h，连用一周。

个别阴道脱出的孕畜，特别是卧地不能起立的骨软症、全身衰弱的病畜或者整复固定后，仍有持续强烈努责，甚至继发直肠脱出的病畜，应尽早做直肠检查，确定胎儿的死活，以便采取适当的治疗措施。如胎儿仍活着，并且临近分娩，应进行人工引产或剖宫产抢救胎儿及母畜生命，同时将阴道脱出治愈。如胎儿已经死亡，更应迅速施行人工引产或剖宫产手术。

临近分娩的牛羊发生阴道完全脱出时，建议及早进行剖宫产手术。

脱出的阴道整复固定后，可内服中药加味补中益气汤或八珍散，补气升提。

加味补中益气汤：黄芪 30g、党参 30g、甘草 15g、陈皮 15g、白术 30g、当归 20g、升麻 15g、柴胡 30g、生姜 15g、熟地 10g、大枣 4 个为引，水煎服。每日一剂，连服 3d。

八珍散：当归 30g、熟地 30g、白芍 25g、川芎 20g、党参 30g、茯苓 30g、白术 30g、甘草 15g，共为末，开水冲服，连服 2～5d。

## 四、预后

根据发生的时期、脱出程度、时间长短、致病原因是否除去而定。阴道部分脱出预后良好，分娩时阴道扩张，但不妨碍胎儿排出，产后自行复原。完全脱出发生在产前者，距分娩时间越近预后越好，如距分娩尚久，整复后不易固定，复发率高，容易发生阴道炎、子宫颈炎，炎症可能破坏黏液塞，病原微生物侵入子宫引起胎儿死亡及流产，产后可能发生屡配不孕。发生在产后者，拖延时间久的常导致不孕。继发直肠脱出时，预后须谨慎。发生过阴道脱出者，再妊娠时容易复发。

## 五、预防

加强妊娠母畜的饲养管理，适当增加运动，提高全身组织的紧张性；及时防治便秘、下痢、瘤胃臌胀等疾病对预防本病具有积极作用。

# 第三节　妊娠毒血症

妊娠毒血症（pregnancy toxemia）是指孕畜体内有机酮和有机酸大量积聚，导致酮血症和酸中毒的一种疾病。表现孕畜突然失明，倒地不起。临床上常见有马属动物妊娠毒血症和绵羊妊娠毒血症，牛、猪和兔等家畜发生较少。

## 一、马属动物妊娠毒血症

马属动物妊娠毒血症主要见于怀骡驹的驴和马，驴较马多发，马怀马驹时也可发病，但驴怀驴驹时未见有发病的报道。本病绝大多数发生于产前数天至一个月，产前 10d 以内发病者居多；1～3 胎的母驴发病最多，但任一胎次都可发病；发病率与年龄、品种、体型及配种公畜均无明显关系，但膘情好，妊娠后期不使役、不运动的驴和马易发本病。本病的主要特征是产前顽固性不吃不喝。如发病距产期远，多数病畜支持不到分娩就死亡。本病在中国北方 11 个省（自治区、直辖市）的繁殖驴骡、马骡的地区都有发生，死亡率高达 70%左右。

### （一）病因

发病原因及发病机制还不十分清楚。除了胎儿过大这一关键性原因外，孕畜缺乏运动及饲养不当可能是主要因素。

驴怀骡驹时，具有杂种优势，发育迅速，体格较大，使母体的新陈代谢和内分泌系统的负担加重。特别是在妊娠末期，胎儿迅速生长，代谢旺盛，需要从母体摄取大量的营养物质。这时如果饲养不良，没有青绿饲料，精料搭配不合理、不足或者单纯，就容易造成维生素、矿物质及必需氨基酸的缺乏。如果再缺乏运动，消化吸收功能也降低，母体所获得的营养物质不够，不得不动用自身贮存的糖原、脂肪和蛋白质优先满足胎驹生长发育的需要，母体本身营养匮乏，引起代谢功能障碍而发病。妊娠期间不使役、不放牧，甚至也不牵遛，容易导致发病。虽然不是没有运动的孕畜都发病，但发病者绝大多数都缺乏运动。可能的发病机制见图 8-6，但还需继续研究。

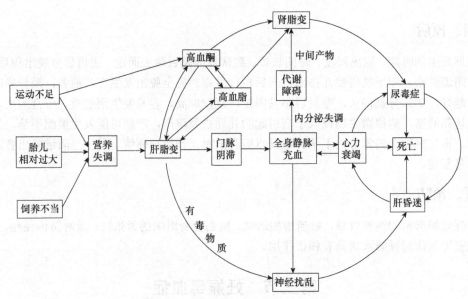

图 8-6　马属动物妊娠毒血症的可能发病机制（侯振中和田文儒，2011）

（二）症状及诊断

**1. 症状**　本病的临床特征主要是产前食欲渐减，忽有忽无或者突然持续的完全不吃不喝。驴患本病时，在临床上可分为轻症和重症两种。

（1）轻症　发病时间较短，食欲显著减退，但未完全废绝，有的仅吃少量饲草（特别是青草），不吃精料，有的只吃少量精料而不吃饲草。口色较红而干，口稍臭，舌无苔，结膜潮红。排粪少，粪球干黑，常带有黏液，有的粪便稀软，有的干稀交替。肠音弱，但拉稀者有水响音。尿少，色黄。精神不振，呆立不愿活动。下唇轻度松弛下垂。心音稍亢进，心率通常在 70 次/min 以上。体温正常。

（2）重症　食欲废绝，有的仅吃少量不常吃的草料，如新鲜青草、胡萝卜、麸皮等，且咀嚼不力，下颌左右摆动，有时不是用唇把草料送入口内，而是用门齿啃嚼。有异食癖，喜舔墙土、棚圈栏柱及饲槽。结膜暗红或呈污黄红色，口干黏，少数流涎，舌质软、色红、有裂纹，舌苔光剥或薄而白，口内恶臭。粪便量少，粪球干黑，病后期排粪可能干稀交替或者死亡前 1～2d 排出极臭的暗灰色或黑色稀粪水，肠音极其微弱或者消失。尿少，黏稠如油。精神极度沉郁，头低耳耷，呆立于阴暗处不动，运步沉重无力。后期有的卧地不起，下唇极度松弛下垂，甚至肿胀。心跳 80 次/min 以上，心音极度亢进，节律不齐。颈静脉怒张，波动明显。体温一般正常。

马和驴的症状基本相似，通常都是由顽固性慢草发展到食欲废绝，少数突然不吃。少数病马伴发蹄叶炎。重症的驴、马分娩时阵缩无力，难产较多。有时发生早产或胎儿生下后死亡。一般在产后即逐渐好转，食欲开始恢复，也有的 2～3d 后才开始采食。有的产后排白糊状或带红色的恶露。严重的病驴顺产后也可能死亡。

**2. 诊断**　根据血浆或血清的颜色和透明度出现的特征性变化，再结合妊娠史和症状，做出初步临床诊断。采集血液于小玻璃瓶内，静置 20～30min，待血浆或血清析出后进行观察，病驴的血清呈现程度不同的乳白色、浑浊（正常为透明的淡灰黄色），表面带有灰蓝色荧光。采出的全血洒于地面上或倒在桌面上，在阳光的照射下，从侧面也可以看到特异的蓝光。病马血浆呈暗黄色奶油状（正常为淡黄色）。

血液生化参数的变化，血清总脂、血清β-脂蛋白、胆固醇、甘油三酯的含量均显著升高。麝香草酚浊度试验（TTT）阳性，谷草转氨酶（GOT）、黄疸指数、胆红素总量均显著升高，提示肝功能受损。血糖和白蛋白降低，但球蛋白增多，血酮含量也增加（个别病驴从76.9mg/L增加到451.6mg/L）。

病死畜的剖检变化，多数尸体肥胖，血液凝固不良。肝、肾、心脏、脑垂体均增大增重，肝、肾严重脂肪浸润，实质器官及全身小静脉有广泛性血管内血栓形成。肝肿大，呈土黄色，质脆易破，切面油腻，镜检肝组织呈蜂窝状，肝细胞脂肪染色为强阳性，细胞核偏于一侧，呈戒指状。肾呈土黄色，包膜粘连，肾小管上皮细胞脂肪浸润，实质有变性或坏死。

（三）治疗

治疗原则为促进脂肪代谢、降脂、保肝解毒。

**1. 西医治疗**　驴的治疗为12.5%肌醇注射液20～30ml、维生素C 2～3g分别混于10%葡萄糖注射液1000ml中静脉滴注，每日1～2次。马的治疗为肌醇用量可增加0.5～1倍，每日1～2次。坚持用药至食欲恢复为止。

驴口服复方胆碱片3.0～4.5g，酵母粉10～15g，磷酸酯酶片1.5～2.0g，稀盐酸15ml，加水适量灌服，每日1～2次。马的治疗为前两种药物用量加倍。如不用稀盐酸，则可加胰酶片3.0～6.0g。

同时，还可每日肌内注射复合维生素B、辅酶A、ATP、抗弥漫性血管内凝血药物（如肝素）及其他降血脂药和保肝药等。

**2. 中医治疗**　采用中药治疗有助于改善病情。原则上应根据个体病例，通过辨证论治开出具体药方。

一般来说，在发病初期治疗以清热、利湿利胆为主，辅以健脾。方用加味龙胆泻肝汤：茵陈60g、栀子30g、柴胡30g、胆草60g、黄芩20g、半夏15g、陈皮20g、苍术30g、厚朴30g、车前20g、藿香30g、甘草15g、滑石30g（另包后入），煎汤去渣，加滑石及蜂蜜各25g，灌服。

在发病的中后期，治疗以益气血、补脾胃为主，辅以解瘀利湿。方用强肝汤：党参60g、黄芪45g、当归30g、白芍25g、生地30g、山药30g、黄精25g、丹参30g、郁金30g、泽泻25g、茵陈45g、板蓝根30g、山楂60g、神曲60g、秦艽20g，水煎服。

此外，内服莱菔子散以辅助，可理气止痛、消食导滞。配方为：莱菔子120g、枳实25g、枳壳30g、香附子30g、木香21g、乌药21g、青皮21g、三仙各75g、白芍25g，共为末，开水冲调投服。

产后食欲不振时，宜气血双补，活血祛瘀。方用八珍汤合生化汤：当归25g、川芎15g、熟地30g、白芍25g、党参30g、白术25g、茯苓30g、炙甘草15g、桃仁15g、红花20g、山楂30g、陈皮25g、益母草30g，水煎服。

在治疗期间，应尽可能促进病畜食欲。例如，饲喂新鲜青草、苜蓿、胡萝卜、麸皮或者将病畜牵至青草地自由活动和采食，对促进病畜痊愈有很大帮助。

由于病畜身体虚弱，分娩时常因阵缩无力发生难产，而且胎儿的生活力不强，有的还可能发生窒息。因此，临产时必须及时助产。

病畜产驹后一般可迅速好转，当治疗无显著效果且又接近产期时，可应用$PGF_{2\alpha}$或氯前列烯醇等进行人工引产。也可用氢化可的松注射液 500mg、生理盐水或葡萄糖盐水 500～1000ml 稀释后缓慢静脉注射，每日 1 次，连用 2 次后减半，再静脉注射 3～5 次，此法除了能解毒、消炎、抗过敏、抗休克之外，还可引起提前分娩，利用此种副作用引产，比用机械方法、药物催产或剖宫取胎术都安全，母子均存活的可能性较大。

（四）预防

适量加强运动可以增强母畜的代谢功能，防止或大大减少本病的发生。妊娠初期应正常使役，中期轻使役，产前 1～2 个月停止使役，但应经常牵遛或自由活动，有条件时最好放牧。

饲料品种多样化，合理搭配饲料，供给足够的营养物质，对预防本病具有重要意义。

## 二、绵羊妊娠毒血症

绵羊妊娠毒血症（pregnancy toxemia of ewe）是妊娠末期母羊由于碳水化合物和挥发性脂肪酸代谢障碍而发生的亚急性代谢病，以低血糖、酮血症、酮尿症、虚弱和失明为主要特征。主要临床表现为精神沉郁，食欲减退，运动失调，呆滞凝视，卧地不起，甚至昏睡等。

（一）病因

绵羊妊娠毒血症的病因及发病机制还不十分清楚。本病主要见于怀双羔、三羔或胎儿过大时，胎儿消耗大量营养物质，而母羊不能满足需要可能是发病的诱因。母羊营养不良、天气寒冷、环境骤变和饥饿等应激，缺乏运动，均是妊娠毒血症发生的主要原因。

绵羊妊娠毒血症多发生在分娩前 10～20d，有时在分娩前 2～3d 发生。在中国西北地区，瘦弱的母羊在冬春枯草季节易发病。妊娠末期的母羊营养不足、饲料单纯、维生素及矿物质缺乏，特别是饲喂低蛋白、低脂肪的饲料且碳水化合物供给不足时易发生妊娠毒血症。膘情好的母羊如果运动不够或突然减少摄入的饲草数量，舍饲期间缺乏精料或者冬季放牧时牧草不足，长期饥饿，均易发病。

妊娠末期如果母体获得的营养物质不能满足本身和胎儿生长发育的需要，则促使母羊动用组织中贮存的营养物质，使蛋白质、碳水化合物和脂肪的代谢发生严重紊乱，肝功能发生障碍，解毒功能降低甚至丧失，导致低血糖症、血液酮体及血浆皮质醇的水平升高。因此，病羊出现严重的代谢性酸中毒及尿毒症症状。但有些病羊至病的后期，由于肾上腺肿大，血浆可的松水平可增高 1～2 倍，反而出现高血糖症。

（二）症状

病初精神沉郁，放牧或运动时常离群单独行动，对周围事物漠不关心，瞳孔散大，视力减退，角膜反射消失，出现意识紊乱。随着病情发展，精神极度沉郁，黏膜黄染，食欲减退或消失，磨牙，瘤胃弛缓，反刍停止；呼吸浅快，呼出的气体有丙酮味，心跳快而弱；行动拘谨或不愿走动，行走时步态不稳，无目的地走动，将头部紧靠在某一物体上或做转圈运动；粪粒小而硬，常包有黏液甚至带血，尿频数。病的后期，视觉出现障碍或失明，肌肉震颤或痉挛，常卧地不起，四肢麻木，头向后仰或弯向一侧，多在 1～3d 死亡，死前全身痉挛，四肢做不随意运动或昏迷而死。

（三）诊断

血液检查呈低血糖和高血酮，血液总蛋白减少，血浆游离脂肪酸增多。尿丙酮呈强阳性反应。淋巴细胞及嗜酸性粒细胞减少。病的后期，有时可检测到高血糖。

尸体剖检可见肝肿大变脆，色微黄，有颗粒变性及坏死。肾也有类似病变。肾上腺肿大，皮质变脆，呈土黄色。

病程一般持续3～7d，少数病例可能拖延稍久，有些病羊发病后1d即可死亡，死亡率可达70%以上。

（四）治疗

为了保护肝功能和供给机体所必需的糖原，可用10%葡萄糖150～200ml，加入维生素C 1g，静脉输入。同时还可肌内注射复合维生素B和维生素$B_1$。出现酸中毒症状时，可静脉注射5%碳酸氢钠溶液30～50ml。还可使用肌醇注射液促进脂肪代谢。卧地不起时可静脉滴注10%葡萄糖酸钙50～100ml。

在患病早期，增加碳水化合物饲料的数量，如块根饲料、优质青干草，并给以葡萄糖、蔗糖或甘油等含糖物质，对治疗本病有良好的辅助作用。

近年来有人曾应用类固醇激素治疗绵羊妊娠毒血症。肌内注射氢化泼尼松75mg或地塞米松25mg，并口服丙二醇、葡萄糖和注射钙镁磷制剂，有一定效果，但可能招致早产或流产。

如果治疗效果不显著，建议施行人工引产或剖宫产。娩出胎儿后，症状多随之减轻。但已卧地不起的病羊即使引产也预后不佳。

（五）预防

合理搭配饲料，适量增加运动，减少应激是预防本病的重要措施。对妊娠后半期的母羊，须饲喂优质草料，保证供给必需的碳水化合物、蛋白质、矿物质和维生素。对于临产前的母羊，每当降雪之后或天气骤变时，补饲胡萝卜、甜菜、青贮等多汁饲料，对预防本病有重要作用。

完全舍饲不放牧的母羊，应每日驱赶运动2次，每次0.5h以上。在冬季牧草不足季节，对放牧的母羊应补饲适量的青干草及精料等。

一旦发现本地区羊群出现妊娠毒血症，应立即给妊娠母羊补饲胡萝卜、豆料、麸皮等，有条件时还可饲喂小米汤和糖浆等，以制止发病或降低羊群的发病率。

# 第四节　孕畜截瘫

孕畜截瘫（paraplegia of pregnancy）是指妊娠末期孕畜腰臀部及后肢既无损伤，又无明显的全身症状而后肢不能站立的一种疾病。各种家畜均可患本病，猪及牛多见。本病常常有地域性，甚至发病数量较大，同时多见于冬末春初或炎热多雨季节。母畜孱弱衰老，容易发病。

## 一、病因

许多病例的发病原因很难查清楚。孕畜截瘫是妊娠末期很多疾病的症状，如营养不良、胎水过多、严重的子宫捻转、损伤性胃炎（伴有腹膜炎）、风湿等。但饲养不当、长期饥饿、饲料单纯、缺乏钙和磷等矿物质及维生素，可能是发病的主要原因，因为补充钙、磷及青绿饲料、改善营养等，常有良好的疗效及预防作用。

骨骼中的钙、磷和血液及身体其他组织中的钙、磷，在正常情况下是维持动态平衡的。饲草饲料中的钙、磷含量不够或比例失调，导致骨骼中的钙盐沉积不足，同时血钙浓度下降；血钙的降低则促进甲状旁腺激素分泌增加，刺激破骨细胞活动，从而使骨盐（主要为磷酸盐、碳酸盐、枸橼酸钙）溶解释放入血，维持血钙的生理水平，因而骨骼的结构可能受到损害；妊娠末期，由于胎儿迅速发育，对钙、磷的需要增加，母体将大量的钙、磷优先供给了胎儿，加剧了血钙浓度的降低；同时，妊娠末期子宫的重量也大大增加，且骨盆部韧带变为松软，后肢的负重发生困难，甚至不能起立而发生截瘫。

长期饲喂含磷酸及植酸多的饲料，过多的磷酸及植酸和钙结合形成不溶性磷酸钙及植酸钙随粪排出，使消化道吸收的钙减少，胃肠功能紊乱，慢性消化不良或维生素 D 不足等也能妨碍钙从小肠中吸收，使血钙浓度降低。有的地区土壤及饮水中普遍缺磷，则骨盐不能沉积。

铜、钴、铁严重缺乏导致动物贫血及衰弱，可引发本病。

有些地区猪的产前瘫痪与猪舍内缺乏阳光照射有关。

胎儿体躯过大对骨盆神经及血管形成压迫，可使后肢不能站立而截瘫。

## 二、症状及诊断

牛一般在分娩前一个月左右后肢逐渐出现运动障碍。最初仅见站立无力，两后肢经常交替负重，行走时后躯摇摆，步态不稳，卧下时起立困难，因此长久卧地。以后症状加重，后肢不能起立。有时滑倒后突然发病。

临床检查发现后躯局部无明显病理变化，痛感反应正常，也没有明显的全身症状，吃喝也正常。如距分娩尚久，发病时久，可能发生褥疮，患肢肌肉萎缩，有时伴有阴道脱出，心跳快而弱。分娩时母牛可能因子宫轻微捻转或阵缩无力而发生难产。

猪常见于产前数天发病。最初的症状是起卧困难，站立时四肢强拘，行动困难，随后卧地不起。先是前肢跛行，以后波及四肢，触诊掌（趾）骨有疼痛，驱之行走不敢迈步，甚至跪地爬行。病猪还常有异食癖、消化紊乱、大便干燥等。

鉴别诊断应注意胎水过多、风湿及髋关节脱臼、骨盆骨折、后肢韧带及肌腱损伤等。

距离分娩时间越短，病情越轻，预后越好，产后多能很快恢复。否则可能因褥疮继发败血症而死亡。

## 三、治疗

缺钙引起的截瘫可静脉注射 10%葡萄糖酸钙，牛 200～400ml，猪 50～100ml，也可静脉注射 10%氯化钙 100～300ml，隔日 1 次，效果良好，钙制剂须加于糖盐水 500～1000ml 中，注射速度须缓慢。为了促进钙盐吸收，可肌内注射维生素 D，牛 10～15ml，或维生素 A 和维生素 D，牛 10ml，猪、羊 3～5ml，隔两日 1 次；或者肌内注射维丁胶性钙，猪 1～5ml，牛 5～10ml，隔日 1 次，2～5d 后运动障碍症状即有好转。还可同时百会穴注射维生素 $B_1$ 10ml。如有消化紊乱、便秘等，可对症治疗。对缺磷的患畜可静脉注射磷酸二氢钾。

电针（或针灸）治疗，可选用百会、肾俞、汗沟、巴山及后海等穴。

如距分娩已近，发生褥疮，采用人工引产抢救母畜及胎儿的生命。

孕畜产前截瘫的治疗时间较长，必须耐心护理并给予含矿物质及维生素丰富的易消化饲料，给病畜多垫褥草，每日翻转病畜数次，用草把等摩擦腰荐部及后肢促进后躯的血液循环。

病畜有可能站立时，每日应抬起几次或吊起以便四肢能够活动，促进局部血液循环，并防止发生褥疮。抬牛的方法是在胸前及坐骨粗隆之下围绕其四肢捆上一条粗绳，由数人站在病牛两旁用力抬绳，只要牛的后肢能够站立就能把牛抬起。

## 四、预防

妊娠母畜的饲料中须含有足够的钙、磷等矿物质，可补加骨粉、蛋壳粉等动物性饲料；也可根据当地草料和饮水中钙、磷的含量补充相应的矿物质。精粗料和青贮饲料要合理搭配，保证孕畜吃上青草。冬季舍饲的家畜应常晒太阳。

因草场不好，牛在冬末产犊前发生截瘫较多，可将配种期推后，使产犊期移至长出青草后。如产前一个多月能吃上青草，对防止截瘫效果很好。

# 第五节  胎水过多

胎水过多（dropsy，hydrops）是指尿囊腔或羊膜腔内蓄积过量的液体，前者称为尿囊积水或尿水过多（hydrallantois），后者称为羊膜囊积水或羊水过多（hydramnios），有时尿水和羊水同时积聚过多。这种病理现象主要见于妊娠 5 个月以后的牛，羊偶有发生，马和犬也有报道。

胎水的正常量在各种家畜和不同个体之间不尽相同，牛胎水的正常羊水量为 1.1～5L，尿水为 3.5～15L，平均约为 9.5L。在发生胎水过多时，胎水的总量可达 100～200L，绵羊可达 18.5L。胎水的性状呈稀薄黏液状。

## 一、病因

牛胎水过多的真正原因还不清楚。羊水过多可能和羊膜上皮的作用异常有关，也可能是胎儿发育异常所致，还可能由遗传因素引起。本病常发生在怀双胎或有子宫疾病时，这可能是由缺乏维生素 A，子宫内膜的抵抗力降低，子宫阜上皮非炎性变性、坏死，起作用的胎盘数目（子叶数）减少引起。母体的心脏和肾疾病、贫血等引起循环障碍，导致胎水过多。发生胎水过多时，母体也常发生全身水肿。发生尿水过多的牛往往并发酮尿症和低血钙症，这与肝损伤有关。

## 二、症状及诊断

胎水过多主要发生在妊娠中后期，牛主要见于妊娠的 5 个月以后，马多见于妊娠的 7.5～9.5 个月，绵羊多见于怀双羔或三羔。共同的临床症状：腹部明显增大，而且发展迅速。病重时腹部膨大，在腹下向两旁扩张，腹壁紧张，背部凹陷，见图 8-7。叩诊腹部呈浊音，推动腹壁，液体晃动明显。病畜运动困难，站立时四肢外展，因为卧下时呼吸困难，所以不愿卧地。在胎水更多时，则起卧困难或发生瘫痪。有时腹肌发生撕裂。体温无变化，呼吸快而浅，脉搏快而弱，在牛可达 80 次/min 以上。全身状况随着疾病的加重而逐渐恶化，表现精神萎靡，食欲减退，机体消瘦，被毛蓬乱。

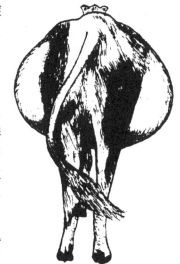

图 8-7  黄牛胎水过多

直肠检查时，感到腹内压力升高，子宫内液体多，波动明显。子宫壁变薄、紧张，尿水过多时，往往摸不到子叶；羊水过多时，虽能摸到子叶，但不清楚。不容易摸到胎儿。瘤胃空虚，或者摸不到瘤胃。

## 三、治疗

轻症者可给予富含营养的精料，限制饮水，增加运动，并给以利尿轻泻剂。如果能够维持到分娩，按处理产力微弱的方法助产。严重病例，由于子宫过大，收缩无力，子宫颈不能开张，可行剖宫产手术，但从术前约一天开始，用套管针通过腹壁缓慢放出胎水，以免突然大量排水引起休克。由于大量失水会造成电解质平衡紊乱，故手术前后均需静脉注射复方生理盐水。

在距分娩时间尚远而且症状严重时，应立即终止妊娠，及早施行人工引产，否则会危及母畜生命。方法是先应用雌激素、米非司酮，继之使用前列腺素和催产素，溶解黄体并促使子宫颈扩张及子宫收缩，胎儿排出期及其前后应用强心剂及电解质支持疗法。

人工引产时，如出现子宫迟缓、阵缩无力、子宫颈和阴道扩张不全，应随时助产。

引产后要特别重视对母畜的护理，设法清除子宫内残留的液体，并注入抗生素控制子宫内感染。否则易因子宫内液体腐败而引起子宫内膜炎，甚至败血症，或者导致母畜不孕症的发生。

## 四、预后

病轻时，妊娠可以继续进行，但胎儿发育不良，甚至体重达不到正常胎儿的一半，往往在分娩时或者出生后死亡。分娩或者早产时，常因子宫迟缓，子宫颈开张不全及腹肌收缩无力而发生难产。排出胎儿后，常发生胎衣不下。胎水大量积聚可能引起子宫破裂，或者腹肌破裂而发生子宫疝气。如果胎水极多，距离分娩时间尚早或病畜因身体衰弱而已长久不能站立，则预后不佳。

# 第六节　孕畜浮肿

孕畜浮肿（edema of pregnancy）是妊娠末期孕畜腹下及后肢等处发生的水肿。浮肿面积小、症状轻的，是一种正常生理现象；浮肿面积大、症状严重的，则认为是病理状态。

本病多见于马，有时也见于牛，主要是奶牛。浮肿一般开始于分娩前 1 个月左右，产前 10d 浮肿显著，分娩后 2 周左右浮肿自行消退。

## 一、病因

妊娠末期，胎儿生长发育迅速，子宫体积随之增大，腹内压增高，同时妊娠末期乳房胀大，孕畜运动减少，腹下、乳房及后肢的静脉血流滞缓，导致静脉瘀血，毛细静脉管壁渗透性增高，使血液中的水分渗出增多，同时也阻碍组织液回流至静脉内，组织间隙液体积留，引起水肿。

妊娠末期，母畜新陈代谢旺盛，迅速发育的胎儿、子宫及乳腺都需要大量的蛋白质等营养物质，同时孕畜的全身血液总量增加，致使血浆蛋白浓度下降，如孕畜摄取的蛋白质不足，则使血浆蛋白胶体渗透压降低，破坏血液与组织液中水分的生理动态平衡，阻止组织中水分进入血液，导致组织间隙水分增多。

妊娠末期，内分泌腺功能发生一系列变化，如体内抗利尿激素、雌激素及肾上腺分泌的醛固酮等均增多，使肾小管远端钠的重吸收作用增强，组织内的钠量增加进一步引起机体内水分的潴留。

孕畜新陈代谢旺盛及循环血量增加，使心脏及肾的负担加重。在正常情况下，心脏及肾有一定的生理代偿能力，故不出现病理现象。但如孕畜运动不足，机体衰弱，特别是有心脏及肾疾病时，则容易发生水肿。

## 二、症状及诊断

浮肿常从腹下及乳房开始，以后逐渐向前蔓延至前胸，向后蔓延至阴门，甚至涉及后肢的跗关节及球节。浮肿一般呈扁平状，左右对称。触诊感觉其质地如面团，指压留痕，皮温稍低。无被毛部分的皮肤紧张而有光泽。

通常无全身症状，但如浮肿严重，可出现食欲减退、步态强拘等现象。

## 三、治疗

改善病畜的饲养管理，给予含蛋白质、矿物质及维生素丰富的饲料，限制饮水，减少多汁饲料及食盐。浮肿轻者不必用药，严重的孕畜，可应用强心利尿剂，如内服安钠咖和呋塞米等。禁忌穿刺放液。

中兽医疗法以补肾、理气、养血、安胎为治则，浮肿势缓者可内服当归散：当归 50g、熟地 50g、白芍 30g、川芎 25g、枳实 15g、红花 3g，共为末，开水冲服。

浮肿势急者可内服白术散：炒白术 30g、砂仁 20g、当归 30g、川芎 20g、熟地 20g、白芍 20g、党参 20g、陈皮 25g、苏叶 25g、黄芩 25g、阿胶 25g、甘草 10g、生姜 15g，共为末，开水冲服。

## 四、预防

舍饲的妊娠母畜，尤其是奶牛，每天要进行适当运动，擦拭皮肤，给予营养丰富的易消化饲料。役用家畜在妊娠后半期，也要轻度使役或让它们任意逍遥运动，不可长期系留在圈内，以防本病的发生。

# 第七节　假　　孕

假孕（pseudopregnancy）是指无论交配与否，已达性成熟的未孕母畜出现妊娠的征象，如腹部膨大、乳房增长并可能泌乳，甚至表现分娩行为的现象。犬最常见，多见于 4 岁以上的母犬。猫是诱导性排卵动物，不交配通常不会排卵，交配就会妊娠，很少出现假孕。兔、猪也时有假孕现象发生。

## 一、病因

犬的发情间期长度与妊娠期相近，发情间期血液孕酮的变化与妊娠期相似。发情间期较长，持续分泌孕酮引起催乳素分泌，导致乳腺不同程度的发育；发情间期结束时血液孕酮浓度下降，引发催乳素分泌增加，催乳素对乳腺发育和母性行为有刺激作用，有的动物表现出分娩时的生理现象和母性行为，如泌乳、脱毛造窝和护仔等。猫属于诱导性排卵动物，仅在排卵但是没有妊娠的情况下才进入发情间期。猫发情间期的长度达到妊娠期的 2/3，很少表现乳腺增大或泌乳。从生理学角度看，所有处于发情间期的犬和猫都是假妊娠；从临床角度看，虽然没有受孕但表现出明显妊娠、分娩和泌乳征状的才认为是发生了假孕。

在发情间期的后期进行卵巢子宫切除术可能引发假孕症状。长期给动物使用孕酮，会产生类似妊娠的孕酮和催乳素分泌。甲状腺功能减退是犬常发的一种内分泌疾病，伴随血液催乳素浓度升高和泌乳。垂体腺瘤可能引起高催乳素血症。幼畜寄养，视觉的、自然的或社会因素可能导致催乳素分泌增加。另外，使用神经兴奋药物可引起高催乳素血症。血液催乳素浓度高的个体容易表现明显的假孕症状。

## 二、症状及诊断

### （一）症状

犬发情结束后 4~9 周可见腹围膨大，腹部触诊可感觉到子宫增长变粗，但触不到胎囊或胎体；乳腺发育肿胀并能泌乳，乳液性质发生由清亮液体到正常乳汁的变化，可持续泌乳数周，不形成初乳。发情结束后 60d 左右，常常发生体温下降，表现类似临近分娩的行为，如坐立不安，喜欢饮水，无精打采，厌食呕吐，活动减少，寻找暗处搭窝，母性增强，给其他母犬的幼仔哺乳或照顾没有生命的物体，有的表现出攻击性。由于没有仔畜吮乳，乳腺可能发生乳腺炎。在假孕期间进行卵巢切除术会使假孕时间延长。

猫在发情间期乳头充血明显，很少出现筑窝行为和泌乳现象。

### （二）诊断

动物出现典型的妊娠症状，子宫积液增多，子宫壁增厚，但经腹部 X 射线检查或超声检查可以排除妊娠。假孕可以与其他生殖疾病或非生殖疾病混合发生，增加诊断的难度。在临床上妊娠早期发生的胚胎吸收或流产很难鉴别，对这两种黄体期结束引发的假孕进行区分困难。普通假孕比流产或胚胎再吸收更普遍。假孕动物乳汁中蛋白质浓度变化很大，通过分析乳汁成分不能分辨是正常妊娠还是假孕。如果母犬假孕症状严重且持续时间超过 2 周，应考虑是否发生了甲状腺功能减退。

X 射线检查没有妊娠的子宫很困难，如果能观察到没有妊娠的子宫，则可能患有子宫内膜炎。腹部超声扫描可以观察到没有妊娠的子宫，子宫内膜增厚或子宫积液。

## 三、治疗

症状较轻的可不予理会，症状自行减轻。症状明显的需佩戴伊丽莎白项圈防止吸吮自己的乳汁；用弹性绷带将乳腺区域包裹起来，增加乳腺内压以抑制催乳素的分泌，阻止动物自己舔舐刺激乳腺；内服利尿药直到泌乳停止，不用限制饮水。如果这些措施无效，则禁食 1d，然后逐渐恢复正常采食量，或者白天将食物和饮水减少一半，晚上禁水，持续 3~7d，或者禁食 24~48h，泌乳会减少或停止。禁止对充盈的乳腺进行挤奶、按摩、冷敷或热敷，避免刺激乳腺泌乳。

如果以上措施无效或症状严重，需要采取治疗措施。多巴胺通过丘脑下部直接抑制垂体催乳素的释放。卡麦角林和溴隐亭是多巴胺受体激动剂，甲麦角林是五羟色胺拮抗剂，都可用来抑制催乳素的释放，促使假孕症状迅速消失。此类药物的副作用有精神沉郁、呕吐、厌食、共济失调和偶尔便秘。初次用药剂量要小，然后逐渐增大剂量，可以减少呕吐现象；将药物拌在食物中投服或喂后用药可减轻呕吐。预先肌内注射 0.25mg/kg 氯丙嗪能够降低副作用。甲氧氯普胺具有多巴胺受体阻断功能，不能用于上述药物副作用的止呕治疗。

　　卡麦角林每天内服 1 次，每次 5μg/kg，连续 5～10d，80%母犬临床症状好转，治愈率为 95%。约 3%的犬在停药后 5～8d 复发，需要再次治疗。卡麦角林的活性较高，作用时间较长，很少引起呕吐和厌食，偶尔引起攻击性增强。

　　溴隐亭每天内服 2～3 次，每次 10μg/kg，连续 10～14d。溴隐亭副作用明显，经常引起呕吐和厌食，有时还会引起腹泻，需要与止吐药同用。使用剂量从 5μg/kg 逐渐增加到 20μg/kg。

　　甲麦角林每天内服 2 次，每次 0.1mg/kg，连续 8～10d，对假孕有较明显的作用。甲麦角林的副作用是兴奋、鸣叫和攻击性增强，极少或没有催吐作用。

　　雄激素主要通过对抗雌激素，抑制促性腺激素分泌，从而起到回乳的作用，对子宫没有不利的影响。内服或肌内注射 2mg/kg 甲基睾酮或丙酸睾酮，每天 1 次，连用数天。雄激素米勃酮可以温和地减轻假孕症状，内服剂量为 20μg/kg，每天 1 次，连续 5d。

　　有攻击性的动物可以使用镇静剂或抗焦虑剂，促使早日摆脱假孕现象。

## 四、预防

　　发情后要适时配种，对于不用于繁殖且反复发生假孕的动物，最好在假孕症状停止后进行卵巢子宫切除术。

# 第九章　分娩期疾病

妊娠足月后，胎儿能否顺利产出，主要取决于产力、产道、胎儿与产道间的相互关系。如果其中任何一个因素发生异常，就会发生难产，甚至造成子宫及产道损伤，发生各种分娩期疾病。

## 第一节　难产概述

难产（dystocia）是指各种原因引起的分娩时宫颈开张期（第一阶段），尤其是胎儿排出期（第二阶段）明显延长，母体难以或不能排出胎儿。如不及时进行助产或处理不当，不仅会危及母畜和胎儿的生命，还会导致母畜生殖道疾病，影响其繁殖力。

各种动物及动物品种间，难产的发病率差异明显。牛的难产发病率最高，约为 3.3%，初产或体格较大的公牛品种配种（如荷斯坦奶牛和瑞士棕牛等），难产的发病率更高，奶牛的难产发病率高于肉牛；山羊的发病率为 3%～5%；绵羊怀双胎时难产的发病率明显升高；马和猪的发病率相对较低，为 1%～2%；犬的难产以小型犬多发，特别是斗牛犬等短颈品种的犬，发病率更高，大型猎犬和杂种犬则较少发生，猫的难产发病率小于犬，总之，犬和猫的难产发病率因品种不同而差异很大。

初产母畜难产的发病率比经产母畜高。牛首胎时难产的发病率最高，而且产公犊时发病率比产母犊时高，怀双胎时的发病率更高。多胎动物如果所怀胎儿数过少，则会引起胎儿过大，导致难产的发病率升高。

### 一、难产的病因

难产的病因较为复杂，一般分为普通病因和直接病因两大类。普通病因是指通过影响母体或胎儿进而使正常的分娩过程受阻。直接病因则是指直接影响分娩过程的因素。难产根据其直接病因可以分为产力性难产、产道性难产和胎儿性难产三类，其中前两类又合称为母体性难产。根据性质难产可分为机械性难产和功能性难产，根据病因分为原发性难产和继发性难产，但由于绝大多数难产病例是由于胎儿和母体之间不能互相适应，因此以上分类在很大程度上互有重复。了解难产的病因，有助于防止难产的发生，在发生难产时可及时助产，防止由难产引起的母体或胎儿的死亡。

（一）普通病因

引起难产的普通病因主要包括遗传因素、内分泌因素、饲养管理因素、环境因素、传染性因素及外伤性因素等。

**1. 遗传因素**　　母畜某些先天遗传性缺陷可引起难产，如双子宫颈、单一子宫角、腹股沟疝、米勒管发育不全及阴道或阴门发育不全等。此外，亲代的隐性基因也可引起胎儿畸形而发生难产，如牛的近亲繁殖可造成死胎和畸形胎，特别是羊水过多症的发生。

**2. 内分泌因素**　　激素分泌的频率及各激素的释放比例可能在难产的发生上起着一定作用，尤其是雌激素/孕激素的比例失调最为关键。当引起分娩的激素变化延迟，或是激素变化不明显，或各激素之间比例失衡，均可导致难产，如雌激素、催产素、垂体后叶激素及前列腺素分泌不足，孕酮分泌过多等。

**3. 饲养管理因素** 例如，妊娠母畜营养明显缺乏或过剩、运动不足、母畜配种过早、过早或过迟介入助产及不当助产方式等均可引起难产。初产母畜与经产母畜相比难产发病率较高。例如，2岁的青年妊娠母牛难产的发病率高达26%，而成年经产母牛的难产发病率仅为4%。

生长迟缓的母畜在分娩时也常发生难产。引起生长迟缓的原因很多，如营养低下、慢性消耗性疾病及寄生虫病等。生长迟缓使骨盆狭小或发育不全，或生殖道幼稚，对疾病的抵抗力低，无力将胎儿娩出而发生难产。反之，营养水平过高，骨盆区和腹壁蓄积大量脂肪，可引起产道狭窄和努责微弱，从而使难产的发病率升高。如果妊娠期营养水平过高，则胎儿生长发育成相对过大的胎儿而发生难产。妊娠母畜运动不足时，子宫捻转、子宫迟缓等疾病的发病率增加。

**4. 环境因素** 产床过滑过硬、缺少垫草垫料或垫草垫料过多、分娩前或分娩时噪声过大及产房过于狭小等均可造成难产发生。在某些地区羊的子宫颈开张不全的发病率与阴道脱出的发病率呈正相关，这主要是由环境因素引起的。

**5. 传染性因素** 任何能够影响妊娠子宫或孕体的传染病均可诱发流产、子宫迟缓、胎儿死亡及子宫炎等。当子宫严重感染时，子宫的张力及收缩力均会被减弱，进而引起子宫颈开张不全、子宫迟缓等而造成难产。如果发生胎儿死亡或早产，则多发生胎儿胎势异常而引起难产。此外，布鲁氏菌病、胎儿弧菌病及沙门菌病等传染病严重影响动物繁殖功能，因其可以造成妊娠后期的流产或早产，故而增加了难产的发病率。

**6. 外伤性因素** 所有影响母畜努责或骨盆开张的损伤均可引起难产，常见的损伤有妊娠后期的腹壁疝、耻骨前腱破裂及骨盆骨折（偶见于犬和牛）等。

（二）直接病因

难产的直接病因可以分为母体性和胎儿性两个方面，据此也可将难产分为母体性难产（maternal dystocia）和胎儿性难产（fetal dystocia）两大类（图9-1）。母体性难产又包括产力性难产和产道性难产。

图9-1 难产的直接病因及分类

**1. 母体性难产** 母体性难产是指由产力或产道异常而导致的难产。产力性难产主要为子宫肌、腹肌和膈肌收缩异常；产道性难产见于硬产道和软产道异常，从而导致产道狭窄或阻止胎儿正常进入产道的各种因素。硬产道难产主要包括骨盆骨折或骨瘤，配种过早而骨盆过小，某些肿瘤如骨盆部的软骨肉瘤，营养不足而骨盆发育不全，骨盆先天性畸形等。软产道难产主要包括遗传性或

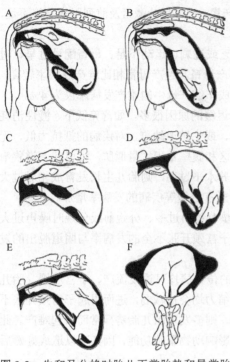

图 9-2　牛和马分娩时胎儿正常胎势和异常胎
　　　势模式图（Roberts，1971）

A. 正常正生；B. 正常倒生；C. 腹竖向（犬坐）；
　　D. 臀前置；E. 头上仰；F. 腹横向

先天性产道或阴门发育不全，分娩或其他原因引起产道损伤后使子宫颈、阴道或阴门狭窄，骨盆内血肿，阴道周围脂肪过度沉积，犬和猪结肠阻塞或膀胱扩张，子宫迟缓，子宫捻转，子宫折叠于骨盆前缘，子宫颈或阴道的纤维瘤、脂肪瘤，骨盆部的淋巴瘤，米勒管中壁残留，羊子宫颈扩张不全，胎膜水肿等。此外，也有人把单胎动物的双胎难产看作母体性的，因为这种双胎多为母体排双卵所致。

**2. 胎儿性难产**　　胎儿性难产比母体性难产更常发生，主要是由胎向、胎位及胎势异常，胎儿过大等因素引起，如单胎动物的胎儿倒生、横向（腹横向或背横向）、背荐位及背耻位，胎儿四肢屈曲于身体之下，胎儿头颈侧弯、上弯及下弯，胎儿水肿，畸胎，巨型胎儿，胎儿肿瘤等。

单胎动物的胎儿倒生时，难产的发病率很高。图 9-2 为牛和马分娩时胎儿正常胎势和异常胎势模式图。

## 二、常见母畜难产的类型

### （一）牛

胎儿与骨盆大小不适应引起的难产最为常见，尤其是初产牛发病率更高。胎儿气肿引起的难产也时常发生。

牛由于子宫无明显的子宫体，故因胎向异常引起的难产不易发生（图 9-3 和图 9-4），但是头颈部胎势异常引起的难产较为常见。此外，腕关节屈曲和双侧坐骨前置等难产类型也常有发生。

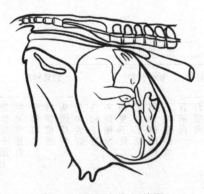

图 9-3　背竖向肩部前置

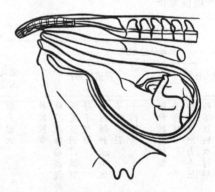

图 9-4　倒生下位

牛子宫捻转的发病率较高，子宫颈开张不全及子宫迟缓常有发生。此外，牛的胎儿畸形引起的难产也较为多见，如裂腹畸形、缺体畸形和重复畸形等。

### （二）羊

羊的难产中，最常见的是胎势异常、双胎及三胎引起的难产。

绵羊难产中胎儿与母体骨盆大小不适应较为常见，在初产绵羊及产公羔时发病率较高。胎势异常引起的难产在绵羊最常发生，其中肩部前置和肘关节屈曲发生的难产占绝大多数（图9-5），其次为腕关节屈曲、头颈侧弯及双侧坐骨前置。绵羊的双胎及多胎引起的难产发病率较高，而且常伴发胎向、胎位及胎势异常。

山羊的难产最常见的是两个或几个胎儿同时楔入产道（图9-6），而且楔入的胎儿常有胎向、胎位及胎势异常。此外，子宫捻转、胎儿过大等引起的难产也相对较多。

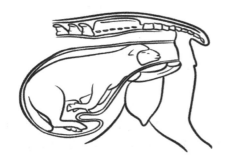 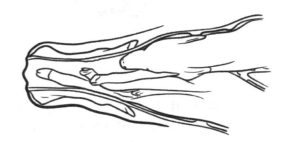

图9-5　双侧肩关节屈曲　　　　　　　图9-6　双胎同时楔入产道（Noakes et al.，2009）

（三）猪

猪的母体性难产发病率较高，其中子宫迟缓引起的难产约占40%，其次为产道狭窄等引起的难产。胎儿性难产中的双侧坐骨前置，双胎同时进入骨盆腔，胎头下弯及胎儿过大等引起的难产最为常见。窝产仔数少时，胎儿体格可能较大，因此使难产的发病率增加，另外也可使前肢姿势异常及倒生引起的难产增多（图9-7）。猪的胎儿畸形引起的难产也时有发生，其中较为常见的有重复畸形、裂腹畸形、缺体畸形及胎头水肿。猪发生难产时，死胎的比例也较高。

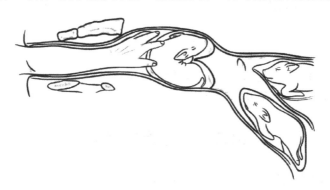

图9-7　猪的背竖向难产（Jackson，2004）

（四）马

马的难产大部分是由胎向、胎位及胎势异常所引起，主要原因是马属动物胎儿的四肢及颈部较长，由其引起的难产较多。胎向异常引起的难产中，背横向及腹横向时有发生（图9-8）。另外，有时胎儿四肢及头颈部可占据两个子宫角，胎儿体部横卧于整个子宫体中，这种难产在其他动物罕见，为马所特有，而且极难救治。

各种胎势异常引起的难产在马均可见到，最常见的是头颈姿势异常。其次是前肢姿势异常，在临床上表现为腕关节屈曲（图9-9）、肩关节屈曲等。后肢姿势异常主要有跗部前置、单侧坐骨前置及双侧坐骨前置，马比其他动物多见。

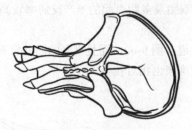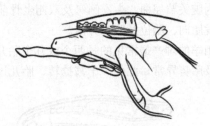

图9-8　腹横向　　　　　　　　　　　　　　图9-9　单侧腕关节屈曲

## （五）犬

犬大多由原发性子宫迟缓及胎儿与母体骨盆大小不适应引起的难产，其次为头颈姿势、胎向及胎位异常等引起的难产（图9-10和图9-11）。每胎1～2个胎儿时也可见到胎儿过大引起的难产。此外，母犬分娩时若过度兴奋或环境陌生，也可发生难产。

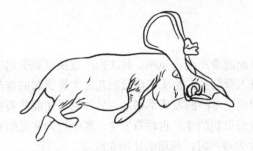

图9-10　头顶前置　　　　　　　　　　　　　图9-11　臀前置

## （六）猫

猫的胎儿头颈姿势异常引起的难产较多，偶尔可见到两个胎儿同时楔入骨盆腔引起的难产。子宫迟缓、胎头水肿也可引起猫发生难产。

# 第二节　难产的检查

救治难产的目的主要是确保母体的健康及以后的繁育能力，并且能够挽救胎儿的生命。难产时手术助产的效果与诊断准确与否有着密切关系。只有在术前进行详细检查，确定母畜及胎儿的异常情况，并通过合理的分析和判断，才能拟定切实可行的助产方案，采用合适的助产措施，准确判断预后。因此，难产的检查是救治难产的重要环节。

难产的检查包括病史调查、临床检查和特殊检查。

## 一、病史调查

遇到任何难产病例，首先需尽可能详细了解病畜情况，以便大致预测难产的程度，为初步诊断提供依据，以便做好必要的准备工作。调查内容主要包括以下几个方面。

（一）预产期

调查母畜是否达到预产期。如妊娠母畜尚未到预产期，则可能是早产或流产，这时胎儿一般较小，容易拉出，但在这种情况下胎儿为下胎位者（尤其是马、驴）比较多见，矫正比较容易。如产期已过，胎儿可能较大，矫正及牵引都较为困难。

（二）年龄及胎次

未到繁殖适龄期的母畜妊娠，常因骨盆发育不全，分娩时胎儿不易排出；初产母畜的分娩过程较缓慢，发生难产的可能性也较大。另外，其他一些疾病如生产瘫痪或牛的双胎等也与年龄有关。

（三）既往繁殖史及既往病史

是否曾患过产科疾病或其他繁殖疾病。此外还应了解有关公畜的情况，因为有些公畜的后代体格较大，易发生难产。

是否曾发生过和产道相关的疾病，如阴道脓肿、阴门创伤、骨盆骨折及腹部的外伤等均对胎儿的排出有阻碍作用。

（四）产程、胎儿娩出及助产情况

调查分析产程进展情况，可判断是否发生难产。例如，病畜出现不安和努责的时间，努责的频率及程度，胎水是否已经排出，胎儿及胎膜是否露出及露出的时间，已露出部分的状况等。根据这些进行综合分析，就可判断是否发生了难产。如果胎儿排出期的时间未超过正常时限，母畜努责不强，胎膜尚未外露，胎水尚未排出，尤其在牛及初产家畜，可能并未发生异常，或胎儿排出期尚未开始，这时分娩大多可以顺利进行。另外，有时由于努责无力或子宫颈开张不全，胎儿通过产道时比较缓慢。如果产期超过了正常时限，努责强烈，已见胎膜及胎水露出而胎儿久难排出，则可能已经发生难产，这在马、驴或经产家畜尤其如此。

在牛和羊，如果阵缩及努责不太强烈，胎盘血液循环未发生障碍，短时间内胎儿尚有存活的可能。但马、驴和驼的正常产程很短，而且尿膜-绒毛膜很容易与子宫内膜脱离，胎儿排出期一旦延长，则胎儿很快就会发生死亡，一般在强烈努责开始后超过30min胎儿未能娩出，胎儿很少能挽救下来。

在胎儿尚未露出之前，其胎向、胎位及胎势仍可能正常。但正生时，如一侧或两侧前腿已经露出很长而不见唇部，或唇部已经露出而不见一侧或两侧蹄尖；倒生时只见一后蹄或尾尖，都表示已发生胎势异常。

在猪、犬和猫等多胎动物，尚需了解是否已经有胎儿排出及排出胎儿数量，两个产出胎儿间隔时间的长短，努责的强弱及胎衣是否已经排出等。如果分娩过程突然停止，则可能发生了难产。对于犬持续强烈努责45～60min或60min以上或娩出一个胎儿后4～6h仍未见下一个胎儿娩出，则判定为犬难产，而猫则是在破水后30～60min或60min以上仍强烈努责而不见胎儿娩出，或一个胎儿娩出后2～3h仍未见下一个娩出者则被判定为难产。综合分析上述情况，可以确定是继续等待还是立即催产或用手术方法助产。

任何难产病例，如果分娩已超过24h，或是努责已明显停止，大多数情况下胎儿可能已经死亡，子宫收缩停止，胎儿开始出现气肿。这种情况预后特别应该谨慎，尤其是在多胎动物，如果子宫中仍然有胎儿存在则预后更差。

另外，应询问调查是否对病畜进行过助产，助产方法，经过及结果。如果已经对难产母畜进行过助产，需问明助产之前胎儿的异常情况，是否死亡；助产方法如何，如使用的器械及用在胎儿的部位，如何拉胎儿及用力多大；助产结果如何，对母畜有无损伤，是否注意消毒等。助产方法不当，可能会造成胎儿死亡或加重其异常程度，并使母畜产道水肿，增加助产难度。如果不注意消毒，则可使子宫及软产道受到感染；如操作不慎，则可使子宫及产道发生损伤或破裂。了解这些情况有助于对助产效果做出正确预后。对预后不良的病畜，应告知畜主并及时确定处理方法，对于产道严重损伤或感染病畜，即使痊愈，也常继发生殖器官疾病。

## 二、临床检查

### （一）全身检查

检查母畜的全身状态，如体况、精神状态及能否站立等。首先，应判断母畜能否站立，如果母畜难以或不能站立，未经产的牛通常是髋关节疾病、闭孔神经麻痹或坐骨神经麻痹等引起；而经产牛一般是乳热症或是闭孔神经麻痹所致。马、驴难产时，往往很快发生全身变化，预后应当谨慎。其次，测定母畜的体温、呼吸、可视黏膜的颜色变化及腹部充盈扩张程度。大多数难产母畜体温会稍有升高，如牛难产时，结膜苍白，则可能是有内出血或子宫破裂。腹部充盈程度较大时提示母畜产力（努责和阵缩）不足，如母犬怀胎儿数量较多的难产时，腹部充盈程度较大，母犬表现努责无力、呼吸困难（张口呼吸）、频频回头视腹等，如果犬开始呕吐，则说明病情危重。最后，要特别注意检查尾根两旁的荐坐韧带是否松软，向上提尾根时活动程度如何，以便确定骨盆腔及阴门是否充分扩张。通过上述检查，可以确定母畜的体况状态，能否经受得住复杂的手术。

### （二）外阴检查

主要检查阴门及其周围区域、阴道分泌物的性状（如水样、黏液状、血样及气味等）、腹胁部及腹部的状况。如果发现阴门外露有胎膜和（或）胎儿，应检查其干湿程度，如果干燥且颜色变暗，则说明发生难产的时间较长。当阴门内有分泌物时，应检查其性状，如果混有大量鲜血，则说明可能发生了产道损伤，如果有恶臭的暗棕色分泌物，则说明发生难产的时间已久远。

### （三）产道检查

产道检查时，注意不要污染产道。因此，检查之前应准备充足的热水、肥皂、垫草及塑料手套等。为了减少对产道的污染及保护术者，可戴塑料长臂手套，但塑料手套存在容易撕裂的缺点。检查前由一助手将患畜尾巴拉向一侧，先用温水及肥皂洗净外阴及其周围，术者再用另一盆加消毒液的温水洗净消毒塑料长臂手套，然后进行阴道检查。产道检查包括检查产道状况和胎儿状况两个方面的内容。

**1. 产道状况**　　检查产道时，首先检查阴道的开张程度、有无捻转，松软程度，湿润、光滑程度及有无肿胀和损伤等，另外，还应注意检查产道中液体的性状，如颜色、气味及是否含有组织碎片等，以帮助判断难产发生时间的长短及胎儿是否死亡腐败。如果产道液体中含有脱落的胎毛，液体浑浊恶臭，则说明发生了胎儿气肿或腐败。如果发现阴道空虚，应检查子宫颈是否开张。

其次检查子宫颈的松软和开张程度及有无捻转存在。如子宫颈尚未开张，其中充满黏液，则胎儿排出期可能尚未开始，但有时也可能是发生了子宫捻转，此时则需仔细判断。如果胎囊已破，应该检查胎儿的位置和状况。

此外，当母畜难产发生时间较长时，由于长时间的努责，软产道黏膜往往会发生水肿，导致母畜的软产道狭窄而进一步阻碍胎儿的娩出和妨碍助产，软产道黏膜水肿严重时，术者的手臂甚至都无法伸入子宫。马难产时，其软产道的水肿形成常比牛的迅速，如果难产发生不久，产道黏膜已水肿且不润滑，或有损伤及出血现象，则表明之前已对该母畜进行过助产。当软产道存在损伤时，产道内有鲜红血液，有时可以摸到伤口。

最后检查骨盆腔的大小及软产道有无异常等。骨盆腔变形、骨瘤、软产道畸形或肿瘤等均会阻碍胎儿通过。

**2. 胎儿状况**　　主要检查胎儿的胎向、胎位及胎势，是否存活，体格大小和进入产道的深浅及是否畸形等。检查时应根据胎儿、产道及母体状况和助产器械等条件，决定检查方法。在猪和羊，只要产道不是十分狭小，术者手臂不是太粗，各种方法均可进行检查。而犬和猫可通过食指进行探查，若探查不清楚，可采用B超和（或）X射线检查。

当胎膜未破裂时，不要急于撕破胎膜，以免胎水过早流失，影响子宫颈的扩张及胎儿的排出，而是应隔着胎膜触诊胎儿的前置部分。当胎膜已发生破裂，术者可将手伸入胎膜内进行检查，这样既可清楚地感知胎儿的状态，又能明了胎儿的润滑度，润滑度越高助产操作越容易。具体检查如下。

（1）胎向、胎位及胎势正常与否　　通过触诊胎儿的头、颈、胸、腹、背、臀、尾或前后肢，明确胎儿的胎向、胎位及胎势。牛、马等大动物正常正生时，两前肢伸入产道，胎头伏在两前肢上，蹄底面朝下，而倒生时则是两后肢进入产道，蹄底面朝上，但仅仅根据蹄底面的朝向判断正生或是倒生是片面的，如下位正生时，胎儿两前蹄的蹄底面也是朝上的。根据蹄底面的朝向判断正生或是倒生的正确诊断方法：如果蹄底面朝向与肢蹄上方的关节（腕关节）弯曲方向一致，则为前肢即正生，反之，蹄底朝向与肢蹄上方的关节（跗关节）弯曲方向相反，则为后肢即倒生。另外，在产道内发现胎儿的肢蹄部，应谨慎判断其为前肢还是后肢，如是两条肢蹄，则应判断是同一个胎儿的前后肢还是双胎的各一肢蹄或是畸形。

检查胎儿的胎向、胎位及胎势时，首先要明确胎儿前置部分状况。如果胎儿两前肢已经露出阴门外很长而不见唇部，或者胎儿唇部已经露出而不见一侧或两侧前肢，抑或是只见胎儿尾巴，而不见一侧或两侧后肢，则均为异常。此时，应立即进行产道内检查，以确定胎儿异常部位及异常程度，以便及时确定助产方法。若强行向外牵拉露出部分，则会加剧胎儿失位程度。

（2）胎儿与产道的关系　　首先判断胎儿的大小，胎儿的大小通常是指胎儿和母体产道宽窄的相对关系，根据胎儿与产道的相对大小，能够确定是否容易矫正和牵引出胎儿。如果胎儿过大且存活而无法通过产道产出，可采取剖宫产的救助方法。其次要判断胎儿进入母体产道的深浅及胎势，进而确定手术助产的方法。当胎儿进入产道较深，不能推回，且胎儿较小，失位程度不严重时，可先试行牵引术。当胎儿进入产道较浅且存有失位时，则应先行矫正术，若胎儿死亡，可先行截胎术。

（3）胎儿的死活　　必须细心谨慎地对胎儿的死活做出正确的鉴定，因为这将对助产方法的选择起着决定性作用。若胎儿已经死亡，在保证产道不受损伤的情况下，对胎儿可采用包括截胎术的各种措施。若胎儿仍活着，则应首先考虑挽救母子双方的助产方法，尽量避免用锐利器械，不能兼顾时，则需考虑挽救母畜还是胎儿。一般来说，挽救的对象首先应当是母畜。

胎儿的死活和母畜的阵缩强弱密切相关，特别在马、驴，如果阵缩强而持久，产程较长，则胎儿易发生死亡，反之则胎儿可能存活较长时间。故而，对于马和驴，如果其分娩过程较为缓慢，应及时检查并采取适当的手术助产方法进行救助。

胎儿死活的具体鉴定方法如下。

当正生时，术者可将手指插入胎儿的口腔，感知有无吸吮动作，或牵拉胎儿的舌头，注意感知其有无回缩反应，有则活，无则未必亡。当手指放入胎儿口腔时，活力旺盛的胎儿或出现吞咽动作或吸吮反射，如果这种反射异常强烈或经常性地出现，说明胎儿可能发生缺氧和（或）严重的酸中毒。

牵拉胎儿前肢，观察或感知其有无回缩反应，有则活，无则未必亡。牵拉时，如果胎儿活力旺盛则会立即回缩。如果这种反应异常强烈或牵拉时呈划圈状运动，则说明胎儿可能缺氧和（或）酸中毒。如果胎头已经进入骨盆腔，即使胎儿正常，有时也不出现这种反射；另外，如果母畜努责时牵引前肢，此时前肢被挤压在骨盆腔中，当压力减小时也会出现回缩现象，即使是死亡的胎儿也会有这种回缩，故而要注意鉴别。

如能触诊到胎儿颈动脉，则可感知其有无搏动。另外，如果头部姿势异常，摸不到颈动脉，可以触诊胎儿胸部及锁动脉，感知其有无搏动。当胎儿活力不强或接近死亡时，上述的反射逐渐消失，其中前肢的反射最先消失。

当倒生时，牵拉胎儿后肢或尾巴，感知其有无回缩反应；将手指插入胎儿的肛门内，感知其是否有收缩反应；触诊尾动脉或脐动脉，感知其是否有搏动。

对于触诊时反应微弱、活力不强或濒死胎儿，需仔细检查鉴定。濒死胎儿对触诊无反应，但受到锐利器械刺激引起剧痛时则出现活动。此外，胎毛大量脱落，皮下发生气肿，触诊皮肤有捻发音，胎衣和胎水颜色污秽，有腐败气味，都说明胎儿已经死亡。

判定胎儿死活时，如果上述检查中发现胎儿存有任何一种反应发生，则说明胎儿仍然存活，如果均无任何反应发生，则说明胎儿可能已经死亡。

（四）直肠检查

难产检查时一般很少进行直肠检查，仅在检查子宫的张力和收缩力、重度子宫捻转及辅助鉴定胎儿死活时需要进行直肠检查。

## 三、特殊检查

对于犬、猫的难产检查除上述方法外，可以采用 B 超和（或）X 射线检查。对于犬、猫的难产检查，多数情况下是无法通过触诊感知胎儿的死活和胎势，因此，利用 B 超和（或）X 射线检查就尤为必要。B 超检查是判定犬、猫胎儿死活特别直观有效的方法，而 X 射线检查对于犬、猫的骨盆大小、胎儿大小、胎儿数量、胎势及位置均可一目了然。

综上所述，治疗难产时，究竟采用什么助产方法，通过检查后应正确、及时而果断地做出决定，以免延误时机，并造成经济上的损失，甚至导致母子死亡。例如，母牛的全身状况良好，矫正及截胎有困难时，可以采用剖宫产，这时母牛也能存活。反之，如果母牛全身状况不佳，而且容易矫正或截胎，则不需要采用剖宫产。又如，胎头侧弯，是选用矫正术，还是施行颈部截断或剖宫产，均可通过检查，根据母畜的全身状况、胎儿的死活，并结合助产器械条件，决定助产方法。总之，全面细致的检查可以为助产方法及预后判定提供可靠的分析依据。

# 第三节 手术助产的术前准备

手术助产的术前准备是保证助产成功与否的关键因素之一，主要包含以下三个方面。

## 一、人员和场地的准备

### （一）手术助产人员的准备与消毒

根据难产检查结果选择并确定最合适的手术助产方法。一般来说，经产道助产和剖宫产至少需要2人，当遇到比较复杂的难产时，施术时间长，强度大，需要做好人员的组织分工。人员安排根据动物体型大小、难产手术的方法来确定。

**1. 更衣及助产人员的准备**　手术人员在术前应修剪并打磨指甲，充分裸露手臂，系上胶围裙，穿上胶靴，戴好手术帽、口罩和手套。对于犬、猫等宠物的手术助产则需穿灭菌手术衣和戴灭菌手套，具体按外科常规手术做好准备工作。

**2. 消毒**　术者手臂清洗后可用0.1%高锰酸钾溶液或0.5%新洁尔灭等消毒。手臂消毒的目的不仅是为了防止母畜受到感染，同时也是保证术者自身不受感染，尤其是对患有布鲁氏菌病的牛、羊及当胎儿已经腐败气肿时。此外，术者手臂有创伤时，必须戴上消毒的长臂手套。

### （二）助产场地的准备

助产手术能在手术室进行最好，否则，可根据环境条件及母畜的身体状态因地制宜，创造适宜的施术条件。一般来说，施术场地要求具备宽敞、平坦、明亮、清洁、安静、温暖及用水方便等条件。

## 二、药物和器具的准备

### （一）药物的准备

除了准备必要的消毒药剂（石炭酸、高锰酸钾、新洁尔灭或次氯酸钠等）和润滑剂（液体石蜡、中性植物油或肥皂等）外，临床上常用的应急药物和相关的药品均需做好准备，如镇静、镇痛及肌松药物、麻醉剂、子宫收缩剂、扩张宫颈药、抗生素、抗休克药物、止血药物、各种浓度的葡萄糖及生理盐水等。

### （二）器具的准备及使用方法

除了准备药物注射用具、外科手术常规器械和敷料外，应当准备好需要使用的产科助产器械，如拉的器械（产科绳、产科链、产科钩及产科套）、推的器械（产科梃）、矫正器械（推拉梃、扭正梃）及截胎器械（指刀、产科刀、钩刀、产科线锯、产科凿、剥皮铲及胎儿绞断器）等。在助产手术过程中由于器械要多次进出产道，为了保护母畜的产道不受到损伤和感染及防止术者受感染，助产器具在手术前均需消毒后方可使用。助产手术往往是在现场进行的，再加上产科器械多数较大，煮沸消毒很不方便，因此，除小器械可以煮沸外，其他器械可用0.1%新洁尔灭、0.5%煤酚皂溶液、0.1%氯己定等擦洗或浸泡消毒，然后用酒精棉球或消毒纱布擦干或用开水冲净，以免消毒剂刺激产道。器械用过以后，将组合部件拆卸，彻底消毒，并保持清洁干燥。

## 三、母畜的准备

### （一）母畜的保定

母畜的保定，对于手术助产顺利与否有很大关系。术者站着操作，比较方便省力，所以母畜的保定以站立为宜，并且后躯高于前躯（一般可使母畜站在斜坡上），使胎儿和子宫向前，不至于阻塞在骨盆腔内，这样便于矫正及截胎。在羊，为了操作方便，可由助手用腿夹住羊的颈部，将后腿倒提起来。

但在难产时，尤其是难产经过的时间较长时，母畜往往难以站立，因而常常不得不在母畜卧着的情况下进行助产操作。母畜应以侧卧为好，不可使母畜伏卧，以免腹部受压，内脏将胎儿挤向骨盆腔，妨碍操作。保定时，确定母畜卧于哪一侧的原则是：要进行矫正或截除的胎儿身体部分，不能受其自身的压迫，以免影响操作。例如，在正生时，如果胎头侧弯于左侧，母畜应左侧卧。另外，术者需要卧地助产时，因难以用力，可使母畜卧于高处。一般采用垫草、门板或拉运病畜的车辆等支成斜面，使母畜侧卧其上。在少数情况下，如头向下弯，正生时前腿压在腹下，倒生时后腿压在腹下等，仰卧或半仰卧保定母畜对于矫正胎儿的反常部分更为方便。但因家畜不习惯仰卧，常强烈挣扎，因此应在需要矫正时，再将母畜仰卧或半仰卧，且要求操作迅速。

（二）麻醉

麻醉是施行助产手术不可缺少的条件，手术顺利与否和麻醉密切相关。选择麻醉方法时，除考虑畜种的敏感性差异外，还应考虑母畜在手术中能否站立，对子宫复旧有无影响，对胎儿有无影响等。助产手术中常用的麻醉药物及麻醉方法如下。

**1. 麻醉药物**　动物发生难产时，有的表现轻度不安，强烈努责，有的还可能发生休克，此时可用镇静、镇痛及肌松药物，使其保持安静，便于施行助产手术；也可减少局部麻醉药物或全身麻醉药物的使用量，减少麻醉药物的副作用及毒性。

（1）局部麻醉药　常用的局部麻醉药有盐酸普鲁卡因、盐酸利多卡因和盐酸丁卡因等，具体用量见麻醉方法。

（2）全身麻醉药　全身麻醉药分为麻醉前用药、吸入性全身麻醉药和非吸入性全身麻醉药三种。常用的麻醉前用药主要有：①安定（地西泮）。肌内注射给药 45min 后，静脉注射 5min 后，即可产生作用。牛、羊和猪肌内注射 0.5～1mg/kg，马肌内注射 0.1～0.6mg/kg，犬和猫肌内注射 0.66～1.1mg/kg。②乙酰丙嗪。肌内注射剂量在不同动物分别为牛、猪和羊 0.5～1.0mg/kg，马 0.05～0.1mg/kg，犬 1～3mg/kg，猫 1～2mg/kg。③吗啡。本品对马和犬效果较好，但反刍动物、猪和猫慎用，马 10～20mg/kg 静脉注射，或 0.1～0.2mg/kg 皮下注射，犬 0.5～1mg/kg 肌内注射。④阿托品。肌内注射，牛和马 50mg，猪和羊 10mg，犬 0.5～5mg，猫为 1mg。此外，小动物临床的诱导麻醉更常用的是丙泊酚、舒泰和右美托咪定。吸入性全身麻醉药，常用的主要有氟烷、安氟烷、异氟醚、七氟醚和地氟醚等。而非吸入性全身麻醉药分为巴比妥类和非巴比妥类两大类：巴比妥类有硫喷妥钠、戊巴比妥钠、异戊巴比妥钠、环己丙烯硫巴比妥钠和硫戊巴比妥钠；而非巴比妥类主要有舒泰、右美托咪定、水合氯醛、静松灵和隆朋等。

1）静松灵（二甲苯胺噻唑）：静松灵对牛、马等大家畜有明显的镇静、镇痛及肌松效果，尤其是对反刍动物，该药奏效快，使用安全，术后家畜能够站立，因此在产科手术中较为常用。肌内注射剂量为：牛 0.2～0.5mg/kg，马 0.5～1.2mg/kg，羊 1～3mg/kg。

2）隆朋（二甲苯胺噻嗪）：对反刍动物可产生较好的镇静麻醉效果，并且具有用量小、作用迅速及使用安全等优点。肌内注射剂量为：马 1.5～3mg/kg，牛 0.2～0.3mg/kg。

（3）神经安定镇痛药　神经安定镇痛药常用的有氯丙嗪类、速眠新注射液（846 合剂）和新保灵等。例如氯丙嗪类，该类药物为吩噻嗪类衍生物，常用的有氯丙嗪、乙酰丙嗪及丙嗪（普马嗪）三种，常用于镇静、肌松和镇吐等。氯丙嗪的肌内注射剂量为：马、牛 1～2mg/kg，猪、羊 1～3mg/kg。镇静剂量：马 0.05～0.1mg/kg，牛、猪、羊 0.5～1mg/kg。

**2. 麻醉方法**　救治难产时，由于引起难产的病因不同和动物种类不同，所用的助产手术和相应的麻醉方法也不相同。

（1）硬膜外麻醉（epidural anesthesia）　救治胎儿反常引起的难产时，常需将胎儿由骨盆腔向内推回，以便有较大的空间进行矫正或截胎。这时母畜往往努责强烈，而使操作困难。为抑制母畜的努责，除了把母畜后躯抬高，降低腹压使努责减弱外，也可施行硬膜外麻醉。

硬膜外麻醉可使感觉神经失去传导作用，因此推动胎儿时不会引起母畜努责；而且还可使子宫松弛，以免紧裹胎儿，妨碍操作。在施行剖宫产时，硬膜外麻醉除抑制母畜努责外，同时也不影响子宫复旧。

牛的硬膜外麻醉可用 2%盐酸普鲁卡因，剂量为 10～15ml；2%盐酸利多卡因，剂量为 5～10ml。

马多用后位麻醉，可用 1.5%～2%盐酸普鲁卡因或 1%～2%盐酸利多卡因 15～20ml，如加入适量的肾上腺素可延长麻醉效果。

猪、羊的硬膜外麻醉注射部位多选用荐尾间隙或腰荐间隙。羊由于腹壁收缩力量不大，因此在救治难产时硬膜外麻醉用得较少，但常用于剖宫产。猪的硬膜外麻醉也常用于剖宫产，在其他情况下，由于产程长，子宫中的胎儿数目多，用硬膜外麻醉后由于抑制了母畜的努责，可使产程延长。注射剂量为 2%盐酸普鲁卡因 3～5ml 或 1%～2%盐酸利多卡因 2～5ml。前部硬膜外麻醉，用 2%盐酸普鲁卡因，剂量不宜超过 10ml。

进行硬膜外麻醉时，要注意注射药物的温度和注射速度。一次快速注入大量低温药物可以引起呼吸紧迫、角弓反张或猝倒等严重反应。

注入大量药物时，要保持动物前高后低的体位，防止药物向前扩散，阻滞胸段交感神经，使血管扩张，血压下降；或阻滞胸部神经引起呼吸困难或窒息。侧卧保定的家畜，下侧的麻醉效果比上侧的好。注射时要严格消毒。进针操作要谨慎，防止损伤脊髓，导致尾麻痹或截瘫的后遗症。

（2）后海穴麻醉　在不能进行硬膜外麻醉或母畜不愿卧下时，可在后海穴（肛门上尾根下的凹陷处）将 10cm 长的针头沿荐骨体下方平行稍向上刺入，牛可注射 2%普鲁卡因 10～25ml，猪、羊 5～10ml。此方法仅能使努责减弱，麻醉效果不及硬膜外麻醉。

（3）电针麻醉（electro-acupuncture anesthesia）　可供选用的穴位有猪的安神组穴；牛、羊的天平、百会、腰旁组穴，百会、六脉、腰带组穴；马、驴的巴山、邪气组穴，岩池、颌溪及下医风组穴。

（4）全身麻醉（general anesthesia）　主要用于马严重难产的矫正、截胎、子宫捻转时的翻转母体及剖宫产，牛子宫捻转时的翻转母体、犬、猫剖宫产等。在马可先注射镇静剂如静松灵或隆朋，然后静脉注射硫喷妥钠（7.5～15mg/kg）或巴比妥钠（0.03g/kg），开始出现麻醉效果后再注射少量的镇静剂以维持麻醉。

牛的全身麻醉可口服或静脉注射水合氯醛，也可用硫喷妥钠，剂量为 10～15mg/kg。马的全身麻醉也可用氟烷（halothane）吸入麻醉法，这种药物比较安全，麻醉力强。

犬和猫的全身麻醉可采取肌内注射速眠新 0.1ml/kg，或舒泰 0.1～0.2ml/kg。也可采用麻醉机进行吸入性全身麻醉，肌内注射麻醉剂和吸入麻醉混合使用效果更佳。

（5）局部浸润麻醉（infiltration anesthesia）　主要用于剖宫产及其他用于母体的术部麻醉，尤其在胎儿仍活着时，可结合硬膜外麻醉使用。

### （三）消毒

在手术助产过程中，为了保护母畜的生殖道不受到损伤和感染及防止术者受感染，对母畜阴门附近及胎儿露出部分等需进行严格消毒。家畜的外阴附近如有长毛，需剪掉。手臂消毒后，要涂上润滑剂。剖宫产时，按外科常规消毒。消毒时，可先用清水将母畜的阴唇、会阴、尾根及胎儿的露出部分清洗干净，再用 0.1% 高锰酸钾或 0.1% 新洁尔灭消毒并擦干。

术者在助产操作时，要将一只手按在母畜的臀部，以便使上力气，因此可将一块在消毒液中浸泡过的塑料布盖在臀部上面。如果母畜是卧着的，为了避免器械和手臂接触地面，还可在母畜臀后铺上一块塑料布。

### （四）润滑

救治难产时，产道及胎儿表面的润滑是必不可少的。如果阴门及阴道的黏膜干燥，可以利用温和无刺激性的温肥皂水或液体石蜡等。如果胎水流失，产道十分干燥，可在产道中灌入润滑剂，如液体石蜡、白凡士林、矿物油或菜油等。

## 第四节　助产的方法

救治难产时，可供选用的助产手术方法很多，但大致可分为两类，一类是用于胎儿的手术，一类是用于母体的手术。

为了保证手术助产的效果，在选择助产手术方法时应遵循以下的基本原则。单胎动物的难产一般多为胎儿性的，其中胎儿与母体产道的关系异常或胎儿过大引起的难产较多。在救治前者引起的难产时，主要目的是将胎儿矫正成正常分娩时的胎向、胎位及胎势，然后再用牵引术。救治胎儿过大引起的难产时，首先应考虑选用牵引术。如果胎儿异常难以矫正，胎儿过大或严重畸形，可考虑截胎术。体格大的单胎动物，胎儿已经死亡时应首选截胎术。剖宫产也是一种可行的手术助产方法，尤其在用其他方法难以使其娩出时更应及时考虑选用剖宫产。

### 一、用于胎儿的助产方法

#### （一）牵引术

牵引术（traction，forced extraction）又称为拉出术，是指通过外力将胎儿由母体产道拉出的助产手术方法。

**1. 适应证**　　牵引术是救治难产最常用的助产手术，主要适应证有：母畜阵缩和努责微弱且胎儿尚未进入产道；通过硬膜外麻醉实施矫正术后；胎儿相对过大而难以被母体娩出；产道狭小的初产母畜，作为一种排出胎儿及刺激产道扩张的方法时；产道被阻塞时，如产道肿瘤、脂肪过多、瘢痕或其他病理情况。胎儿处于倒生状态，胎儿的腹壁和母体骨盆前缘挤压脐带时；胎儿气肿且不具备实施截胎术或剖宫产的条件时；施行截胎术后拉出残留的胎儿肢体时；猪、犬及猫等多胎动物的子宫内尚余有 1～2 个胎儿且母体发生继发性阵缩微弱时。

**2. 牵引术的实施方法**　　正生时，应牵引两前肢和头，当两前肢和头已经通过阴门时，方可只牵引两前肢。在牵引前，于胎儿的两前肢的球节之上拴系产科绳或产科链（产科链仅限于阴门之外使用），交由助手牵引两前肢，而术者则将拇指从胎儿的口角伸入口腔，握住下颌，与助手配合共同用力牵引。对于马和羊，还可将中指和食指夹在下颌骨体后，用力拉头。对于牛，也可利用助产牵引器进行牵引（图 9-12A）。注意在球节上拴系产科绳时一定要拴系紧，以免产科绳下滑至蹄部，将蹄部拉断。绳子也可拴系在腕关节之上，但如果牵引力过大则会引起骨折。牵引时的路线必须与骨盆轴相符合。在努责开始时或胎儿的前置部分尚未进入骨盆腔时，牵引的方向应向上向后，以便使胎儿的前置部分越过耻骨前缘进入产道。如果前肢尚未完全进入骨盆腔，蹄尖常抵于阴门的上壁；头部也有类似情况，其唇部会顶在阴道的上壁。此时要向下压，以免损伤母体。胎儿通过骨盆腔时，应水平向后牵引。牵引前肢的方法是两肢轮流拉，使胎儿容易通过骨盆腔。胎头通过阴门时，拉的方向应略向下，并用手将阴唇从胎头前面向后推挤，帮助通过。

在牵引胎头时，对于存活的胎儿，可借助推拉桄或产科套将产科绳套在胎儿的耳后方，然后牵引胎头。使用推拉桄桄叉时要确保放在胎儿的下颌之下，使绳套由上向下成为倾斜状，避免绳套勒压胎儿的脊髓和血管而引起死亡。此外，为避免产科绳滑脱，可先将产科绳套住胎头，而后把绳移至胎儿口中。在猪，正生时可用中指及拇指抓住两侧上犬齿，并用食指按拉住鼻梁拉胎儿。也可掐住两眼眶拉，或用产科套拉（图 9-12B）。在羊，当产道空间有限时，可以使用羔羊圈套器（lambing snare）对羔羊头部施加牵引力（图 9-12C）。在犬和猫，可借助产科钳（如罗伯特圈套钳及霍氏产钳等）实施牵引（图 9-12D），也可利用产科杠杆和食指牵引头部（图 9-12E）。而对于已经死亡的胎儿，可将产科绳套在胎儿的脖颈之上，牵引时要注意胎儿的头和嘴唇的前进方向。可用力将下颌骨体下后方的皮肤切破通入口腔，然后穿系上产科绳，拴牢下颌骨体进行牵引。也可使用产科钩，产科钩的主要作用部位有：①胎儿的下颌骨体之上，但拉力太大时，下颌联合容易被拉裂，要注意在拉裂以前及时停止；②鼻后孔或硬腭，可将钩子深深伸入胎儿口内，然后将钩尖向上转即可钩住；③眼眶；④其他任何能够将产科钩钩住的部位。

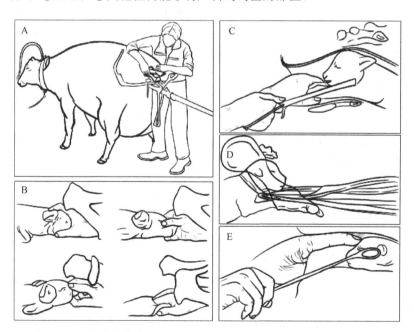

图 9-12　各种动物牵引术的常见施术方法（改自 Jackson，2004）

A. 牛的牵引（利用助产牵引器）；B. 猪的牵引；C. 羊的牵引；D. 犬的牵引；E. 猫的牵引

当胎儿的胸部露出阴门外而其骨盆部进入母体骨盆入口处时，拉的方向要使胎儿躯干的纵轴成为向下弯的弧形，必要时还可以向下并向一侧弯，以便与母体骨盆的最大直径相适应。如果母畜站立，还可以向下并先向一侧，再向另一侧轮流拉。对于未经产的青年母牛，有时胎儿臀部不易通过母体骨盆入口，通过上述牵引方法，待臀部露出后，马上停止拉动，让后肢自然滑出，以免用力过猛造成子宫脱出。

　　倒生时，可在两后肢球节之上栓系产科绳或产科链，轮流牵引两后肢使两侧的髋结节稍微斜着以便于其通过母体骨盆。如果胎儿臀部通过母体骨盆入口受到侧壁的阻碍（入口的横径较窄），可利用母体骨盆入口的垂直径比胎儿臀部的最宽部分（两髋结节之间）大的特点，扭转胎儿的两后肢，使其臀部成为侧卧位以便于胎儿通过。在猪，可将中指放在两胫部之间握住两后肢跖部，这种握法很牢，不至滑脱（图 9-12B 右下图）。

　　**3．施行牵引术时的注意事项**　　实施牵引术，应根据动物种类及难产状态和程度，选择合适的牵引方法，正确利用产科器械，同时应注意以下事项。

　　1）牵引术仅限于胎向、胎位及胎势正常或已矫正为正常的难产，如胎儿相对过大及产力不足等。在大家畜，牵拉人员不宜过多，通常为 2~4 人，如在牛的牵引时，使用胎儿牵引器（Vink calving jack）仅需 1~2 人即可；在羊、猪、犬及猫，1 人足以应对。牵引的力量应均匀稳定，不可忽紧忽慢或忽强忽弱，否则可引起母畜疼痛或拉伤胎儿，抑或造成母体产道损伤。在多胎动物难产救助中，使用产科绳或产科链牵引时，必须确定栓系的肢蹄为同一个胎儿的。

　　2）当产道干燥或胎水流失过早时，产道内需要灌入大量润滑剂后，方可牵引。

　　3）母畜努责时进行牵引，不仅省力而且符合阵缩的生理要求。助手也可在母畜努责时推压其腹部，以增加努责的力量。当母畜无努责时，拉动胎儿可刺激并诱发母畜努责。

　　4）牵引方向要沿着母体骨盆轴的方向进行，防止胎儿和母体产道受到损伤。

　　5）牵引前必须确认产道开张完全与否，避免引起产道损伤。

　　6）当胎向、胎位或胎势异常且未矫正时，胎儿严重过大或畸形时，母畜发生坐骨神经麻痹时，产道有严重损伤或畸形时，母畜子宫收缩强力且紧裹胎儿时及子宫颈开张不全或狭窄时，应慎用或不用牵引术，以免对胎儿和母体产道造成损伤。

（二）矫正术

　　矫正术（mutation）是指通过推、拉、倒转、旋转及拉直或矫正胎儿前置部位，使异常的胎向、胎位及胎势恢复正常的助产方法。单胎动物正常分娩时，其胎儿处于纵向（正生或倒生），上位，头、颈及四肢伸直的状态；而多数的多胎动物，由于四肢均较短且柔软易弯曲，即使胎儿的四肢弯曲于母体的体侧或体下也可顺产，但有时也发生难产。

　　**1．矫正术适应证**　　胎儿的胎向、胎位及胎势异常时，均可先行矫正术。

　　**2．矫正胎儿的方法**

　　（1）矫正胎向　　将横向或竖向的胎儿进行倒转术（version），使异常的胎向转变成正生或倒生时的纵向。马属动物的腹横向较多发生，而牛、羊及犬的横向则较为少见，当胎儿处于横向时，通常是胎儿的一端距骨盆入口近些，而另一端稍远些。矫正时将胎儿近端向骨盆入口内牵拉，将胎儿的远端向腹腔前方推送，即拉近端推远端。但如果胎儿的两端与母体骨盆入口的距离大致相等，则应尽量向腹腔前方推胎儿前躯，向骨盆入口拉后躯，矫正成倒生纵向，因为这样不需要处理胎头，矫正和拉出都比较容易。

　　常见的竖向，主要是头、前肢及后肢一起前置的竖向（腹竖向）和臀部靠近骨盆入口的背部前置的竖向（背竖向）。对于腹竖向，矫正时尽可能将后肢推退回子宫，或者在胎儿较小时将其后肢拉直伸于自身的腹下，以便于消除后肢阻塞于骨盆入口的障碍，然后拉出胎儿。背竖向时可围绕着胎儿的横轴转动胎儿，将其臀部拉向骨盆入口，变为双侧坐骨前置，然后再矫正后肢后将胎儿牵引拉出。

（2）矫正胎位　　常用旋转法（rotation），即使胎儿沿其纵轴向上转动，变成正常的上位。单胎动物分娩时除了胎儿过小外，正常胎位均为上位，而多胎动物通常也是上位，但胎儿横断面较母体骨盆腔或骨盆入口小，故轻度胎位异常一般不会引起难产。胎儿上位时，由于其头、胸和臀部横切面形状符合母体骨盆腔横切面形状，便于胎儿顺利通过，而侧卧位和下位时，胎儿难以顺利通过产道引起难产，故其为异常胎位。

单胎动物旋转胎儿矫正胎位时，需先将胎儿从母体骨盆腔中推回至腹腔，可借助推拉桄或矫正桄等器械实施。如果子宫收缩难以推回，说明难产历时已久，产道黏膜干燥，此时必须在产道内灌入大量润滑剂才能进行矫正。对于中小动物和多胎动物，如羊和猪可用手，而犬和猫则用手指或产科钳等器械，在子宫内灌注润滑剂后按压胎儿的胸部或臀部将胎儿推退至腹腔，而后进行旋转胎儿使之变为上位。当胎儿处于侧卧位时，可在产道内旋转胎儿，向后向下牵引胎儿，即可矫正。当正生下位时，应将胎儿推回至腹腔，推回前应先在两前肢腕关节处拴系产科绳，由两名助手交叉牵引。牵引前，先根据胎儿处于下位的程度决定旋转方向，再将一侧前肢先向上拉，然后水平向左或向右拉；另一侧前肢则先拉到之前处理过的前肢的下方，然后斜向右或向左拉；术者手臂在胎儿的鬐甲或身体之下，以骨盆为支撑点，将胎儿抬高至接近耻骨前缘的高度，向左或向右斜着推胎儿，即可将胎儿矫正为上位或轻度侧卧位。倒生下位时的旋转方法与正生下位基本相同（图9-13）。

图9-13　倒生下位的矫正施术方法

牛侧卧位和下位时，常常伴有90°～180°子宫捻转，发生90°子宫捻转时，产道扭曲往往不易察觉，而180°子宫捻转，产道扭曲严重，极易发现。对于处置伴有子宫捻转的胎位异常时或向一侧旋转矫正胎向很难时，可向相反方向实施旋转。马和多胎动物在妊娠期间很少有侧卧位和下位的发生。

（3）矫正胎势　　矫正胎势的手法主要有推和拉抬两个动作，且密切相关，推的同时可以向外拉，或者先推后拉，视具体状态而定（图9-14）。

推（repulsion）：术者用手臂、手指或借助产科桄将胎儿或其某一异常部位经由产道推退至子宫内，获得矫正空间，以便矫正异常胎势。将胎儿推回腹腔是矫正术的第一步。推退胎儿时，最好使母畜呈前低后高姿势且在母畜努责的间隙用力推，同时要注意产道的润滑程度，如果润滑程度较低或干燥，应灌注润滑剂后再实施。对于伏卧的母畜，由于内脏向后挤压骨盆腔，推回胎儿极为困难，此时应使病畜侧卧。在反刍动物，最好使其左侧卧，以免瘤胃压在子宫及胎儿上。此外，为了避免母畜努责和产道干涩妨碍操作，可适度对母体实施硬膜外麻醉后再进行助产手术。

推退时，术者可根据情况用手推或指导助手用手推的同时矫正异常部位。尽管术者和助手配合的边推边矫正的方法非常实用，但无法实施于体格较小的动物，因为其操作空间有限。在利用推拉桄或产科桄推退胎儿的过程中，术者应用手保护桄叉部位，以避免其滑脱损伤子宫。在牛，由于胎儿和子宫基本呈弓形，推的时候可能会使胎儿的另一端更接近骨盆，这样也可用来矫正

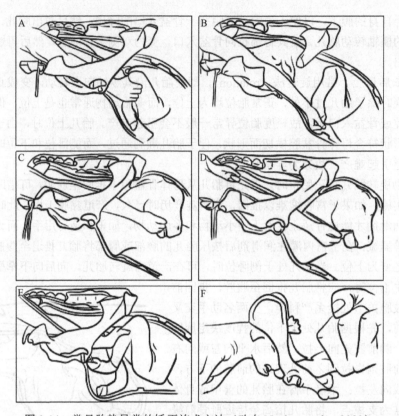

图 9-14 常见胎势异常的矫正施术方法（改自 Noakes et al.，2009）

A，B. 腕关节前置的矫正；C，D. 头颈侧弯的矫正；E. 臀前置的矫正；F. 犬头顶前置的矫正

之前手难以触及的异常部位。除了将胎儿推回腹腔外，也可向胎儿发生异常部分的对位推，以便有足够的空间矫正失位部位。在中小动物，如羊和猪的推退胎儿时一般用手，而犬和猫则仅用手指或借助产科器械实施。

拉（traction）：主要是将姿势异常的头或四肢矫正成正常状态的过程中将异常部位向后拉至正常及牵引出胎儿。除了用手直接拉以外，常用产科器械有产科绳、产科钩及推拉梃等。也可由术者和助手同时配合实施，术者向前推的同时，由助手向外牵拉产科绳或钩，使异常部位得以恢复正常胎势。

**3. 施行矫正术时的注意事项**

1）要充分润滑产道和胎儿体表，先在产道和子宫内灌注大量润滑剂。这不仅使得推、拉及转动比较容易进行，而且能够减少对母畜产道的刺激。

2）使用坚硬或尖锐的产科器械时，应注意对处于产道和子宫内的器械部位做好保护工作，以免损伤母畜产道及子宫。

3）要尽早确诊并实施助产手术，这有利于胎儿的矫正效果，反之，难产发生时间较长，母畜的子宫壁变脆（易破裂）且紧紧包裹着胎儿，矫正的成功率降低。

（三）截胎术

截胎术（fetotomy）是为了缩小胎儿体积而肢解或除去其身体某（些）部位的手术。一般胎儿存活时不适合实施截胎术。当无法矫正拉出胎儿，又不能或不宜施行剖宫产，或是胎儿已经死亡且无法矫正拉出时，可选用这种手术，即将妨碍胎儿通过产道的某些部位截断并分别取出。截胎术具有减少胎儿体积、避免剖宫产、需要人手少及避免过度牵引造成母畜产道损伤等优点。但存在所用截胎器具及尖锐的骨断端易造成母畜产道及子宫的损伤、截胎操作时间较长时易引起母畜产道坏死、截胎器械可能损伤术者，以及截胎气肿胎儿可能感染术者等缺点。截胎术是大动物难产救助的有效方法，应用比剖宫产多出数倍，这是由于剖宫产所需的经费、时间、人员及术后治疗护理均比截胎术多。在马属动物，剖宫产难度较大，故截胎术和牵引术是马属动物发生难产时最常用的方法。但由于容易发生损伤，而且一旦发生创伤，其后果要比牛严重得多，因此施行截胎术时更应谨慎小心。

截胎术可以分为皮下法及开放法两种。皮下法也叫作覆盖法（subcutaneous fetotomy），是在截除某一部位以前，首先把皮肤剥开；截除后，皮肤留在躯体上，覆盖住断端，避免损伤母体，同时还可用来牵引。开放法或经皮法（percutaneous fetotomy）是直接把某一部分截掉，不留皮肤。利用线锯和胎儿绞断器等截胎器械时，多以开放法为宜，因为操作简便；尤其对于马、驴胎儿，由于皮薄毛短，更易操作。胎儿绞断器可用于绞断胎儿的任何部位，而且绞断过程较线锯迅速，也不易发生像使用线锯那样出现锯条磨断、夹锯和损伤产道的现象。因此，凡是能用线锯截断的部位，均可用胎儿绞断器代替。

截胎方法应依据具体病例而定。施行时，可以截除胎儿的任何部位，也可在任何正常或异常的胎向、胎位及胎势时进行。由胎儿畸形引起的难产大多采用截胎术。

**1. 截胎术的适应证及方法**

（1）头部缩小术（craniotomy，cephalotomy）

适应证：胎儿颅腔积水积液、头部过大、双头及双面畸形等引起的难产。

手术方法：胎儿颅腔积水积液时，颅部增大，不能通过盆腔，但头盖骨很薄，尚未完全骨化，有的甚至无骨质，可用产科刀在胎儿头顶中线上切一纵长切口，排出积水，使头盖塌陷。必要时也可通过切口剥开皮肤，然后用产科凿破坏头盖骨基部，使它塌陷；这时因有皮肤保护骨质断端，不致损伤母体。如果线锯条或钢绞绳能够套住头顶突出部分的基部，也可把它锯掉取出，然后用大块纱布保护好断面上的骨质部分，把胎儿取出。

（2）头骨截除术（craniectomy）

适应证：胎头过大且唇部已伸入母畜骨盆腔内。

手术方法：先尽可能在胎儿的耳后皮肤切一深而长的切口，把线锯条放在这一切口内，然后将锯管的前端伸入胎儿口中，把胎头锯为上下两半，先将上半部头取出，再保护好断面把胎儿拉出。

（3）下颌骨截断术（amputation of the mandible）

适应证：牛犊头部呈侧位时，或者矫正侧位胎儿头颈后，头部仍呈侧位，因为额角至下颌骨角比母牛骨盆入口的中横径宽，不易通过，所以需要破坏下颌骨，使头部变小。

手术方法：先用产科钩将下颌骨骨体拉紧固定牢，再将产科凿伸入一侧上下臼齿之间，敲击凿柄，把下颌支的垂直部凿断；另一侧同法处理，然后再用产科凿将颌骨体凿断。最后用刀沿上臼齿咀嚼面将皮肤、嚼肌及颊肌由后向前切断。这样在由两侧向一起压迫下颌骨使其重叠，进而使头部变小便于牵引出胎儿。

（4）头部截除术（decapitation，amputation）

适应证：胎头呈枕部前置无法矫正及肩部前置无法矫正胎头。

1）枕部前置时的头部截除术：胎头呈枕部前置并已伸至阴门口上时，可先用刀子切开枕寰关节上的软组织，然后一边切一边用钩子牵拉胎头，即能将头截除。

2）肩部前置时的头部截除术：肩部前置时，如胎头已伸至阴门之外，需要将胎儿往里推，矫正前肢，但由于头部阻碍向前推动，极难或不可能将其推回，故需截掉。可采用的方法有：一是开放法，直接在下颌支的后面用刀经枕寰关节把头切掉，推回矫正后，用复钩或锐钩钩住颈部断端，拉出胎儿；二是皮下法，施术前先用绳套经下颌骨固定或用眼钩钩住眼眶，固定胎头，适当牵引。或在下颌后切一横向切口，切断皮肤、肌肉、咽、喉及食道一直到颈椎，切开耳下及前额上的皮肤，两侧切口汇合，由此切口将头上的皮肤及两耳与皮下组织及肌肉和骨头分开，一直向后到枕部，再做横向切口，切开项韧带及颈椎部的肌肉，抓紧头部捻转，切开相连的软组织，就可将头从枕寰关节处截掉。推回胎儿矫正前肢后用牵引术将胎儿拉出。

（5）头颈部截除术（amputation of the head and neck）

适应证：胎儿头颈姿势异常且矫正困难、胎儿过大及母体骨盆过于狭小。

手术方法：头颈侧弯及头向下弯时，可用绕上法，把线锯条或钢丝绳套在颈部，管的前端抵在颈基部，最好位于肩关节与颈部之间，将颈部截断（图 9-15），然后把胎头向前推，拉出胎儿躯干，最后再把头部拉出来；偶尔也可用钩子钩住颈部断端拉出头部，再拉出胎体。

如果头部为正常前置，使用线锯时可用套上法，先把锯条或钢绞绳在管内穿好，然后将其从唇部向后套到颈部，管前端可以放到颈基部旁边的空隙内，锯的过程中要把头拉紧，使颈部紧张（图 9-16）。

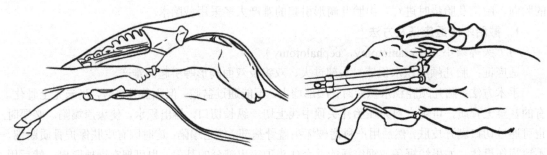

图 9-15　线锯截断侧弯的颈部（Noakes et al.，2019）　　　图 9-16　用线锯截断正常的颈部（陈北亨和王建辰，2001）

（6）前肢截除术（amputation of the fore limbs）

适应证：切除前肢后可提供更多的空间，以利于矫正头颈部的异常；前肢屈曲于身体之下时；胎儿气肿或子宫壁收缩难以行矫正术时；胎儿过大或气肿而为了缩小其体积行内脏摘除术时；马胎儿发生腹横向时。

1）肩部前置时的前肢截除术：肩部前置时，如无法向前推动胎儿，把前肢矫正后拉出产道，可先把正常前置的头颈截掉，使产道内腾出空间，然后截除肩部前置的前肢。截除方法有两种：一是开放法，用刀子沿肩胛骨的背缘做一深而长的切口，切透皮肤和肌肉及软骨。用绳导把锯条绕过前腿和躯干之间，装好线锯，并将锯条放在此切口内，锯管前端抵在肩关节与躯干之间，即可将肩部锯下来并取出，然后拉出躯干和后肢。也可采用胎儿绞断器将其绞断，即把钢丝绳绕上并固定后，将钢管前端抵在肩关节和躯干之间，直接绞断。二是皮下法，沿肩胛骨前缘及肱骨上端做一长的皮肤切口，用剥皮铲剥离整个肩胛及前肢上部的皮肤，尽可能破坏肩胛前缘和躯干之间的肌肉联系，并伸至肩胛骨和肋骨之间，破坏血管、神经和下锯肌，再用指刀破坏肩胛骨上端、后上方与躯干之间联系的肌肉。在肩胛骨颈部前后穿一个洞，将产科绳绕过其中，并将绳的末端穿过此套，把肩胛骨颈拴住，然后把产科桄顶在胎儿胸前，用力拉绳，将前腿从它的皮肤内拉出来（像手从橡皮手套中抽出来一样）。上述操作在胎儿气肿的情况下比较容易，最后在球节处把前腿切掉，仍连在体干上的皮肤可用于拉胎儿。

2）正常前置前肢的截除术：在头颈侧弯等异常且难以矫正时，截除正常前置的前肢，为后续的操作留出空间。手术也可用开放法或皮下法。如果两前肢露出程度相同，原则上可截除任何一肢。有两种方法，一是开放法：沿肩胛骨背缘做一深而长的切口，切透皮肤、肌肉或软骨。把锯条套在锯管前端（锯管位于前腿内侧），从蹄子套到前腿基部，把锯条套放在切口中，即可开始拉锯条截断前肢。或者也可用钢绞绳按同样方法进行绞断（图9-17）。二是皮下法：先把绳子拴住系部由助手向外拉，使掌部尽可能露在阴门外。在皮下打气，以便容易剥离皮肤。然后沿着掌内侧做纵长皮肤切口，直达球节。剥离掌部及球节的皮肤。将剥皮铲伸至切口前端皮下，并围绕前腿把皮下组织完全分离至腋窝及肩胛部的整个外侧。剥皮过程中，助手将前腿拉紧。术者一只手剥皮，另一只手隔着皮肤保护好铲端，随时注意防止铲破皮肤，损伤母体。然后从肩胛上端开始，用指刀或产科刀沿着前腿做一纵长的皮肤切口，直接达到掌部外侧。或者由掌外侧开始，在手的保护下切至肩胛上端。将手伸至皮下，用手指扯断尚未剥离的皮下组织。皮肤剥开后横断球节，但不切断皮肤，使球节以下的关节连在皮肤上，作为拉胎儿之用。用绳子拉紧掌部上端，用指刀尽可能切断肩胛周围的肌肉（前部的臂头肌，颈部的斜方肌和菱形肌及后部的背阔肌，上端的胸部斜方肌和菱形肌），至腕部露出阴门之外时，将绳子拴在腕部之上拉紧，并把腕部变成直角，扭转前腿，这样可以使肩胛周围的肌肉紧张，以便切断。最后用产科梃顶住胎儿，把前腿强行拉出（图9-18）。

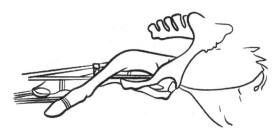 

图9-17　用线锯截除正常前置的左前腿（头颈弯于右侧）（刘永明，2015）

图9-18　皮下法截除左前腿（剥离皮肤）（陈北亨和王建辰，2001）

（7）肱桡关节截除术（amputation of the anterior limb at the humer or adial articulation）

适应证：将胎儿腹横向时矫正成倒生纵向，此时截除整个前肢困难，可用该手术。

手术方法：拉直前肢并套上线锯，锯管头紧抵在胸部，在肱骨远端开锯，另侧前肢也可用相同方法锯掉。

（8）腕关节截除术（amputation of the anterior limb at the carpus articulation）

适应证：腕关节屈曲或腕关节前置。

手术方法：腕部前置时，用绳导将锯条绕过腕关节，锯管前端抵在腕部之前，或将线锯装好后从蹄尖套到腕部，锯管前端放在其屈曲面上，将桡腕关节或上下列腕关节锯断。不应从桡骨下端锯断，否则断端拴系产科绳时容易滑脱，难以牵引（图9-19）。

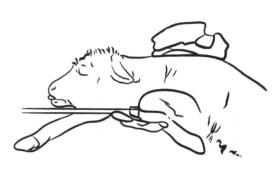

图9-19　腕关节截除术

（9）后肢截除术（amputation of the poste-florlimbs）

适应证：坐骨前置且无法矫正、胎儿骨盆过大时。

1）坐骨前置时后肢截除术：用绳导使线锯条或钢绞绳绕过后肢与躯干之间，把线锯或钢绞绳装好，使管前端抵于尾根和对侧坐骨粗隆之间，上部锯条或钢绞绳也需绕至尾根对侧，尽可能避免股骨头留下断端，损伤母体，然后先把截下的后腿拉出来，再将躯体拉出。

2）胎儿骨盆过大时后肢截除术：一是开放法，可用刀子在髋结节前做一深而长的皮肤及肌肉切口，然后将装好的线锯套在锯管前端（锯管应位于后肢内侧），由蹄尖套至后肢根部，把锯条套放在切口中，即可开锯锯断胎儿（图 9-20），然后拉出胎儿。使用胎儿绞断器时，可直接把钢绞绳套上绞断。另一方法是皮下法，在飞节处做一横切口，再从此切口开始，做一深而长的纵向切口，从后侧一直向上到达臀部，剥离整个腿部及坐臀部的皮肤，再用器械（如线锯拉杆）撬开髋臼，向侧面扭后腿，使股骨头从髋臼脱开。切开飞节，但不要切断皮肤，使其与飞节以下关节相连。在跗部拴上绳子，由助手牵拉，推回胎儿，便可将后肢拉出。

（10）跗关节截除术（amputation of the hind limb sat the tarsus）

适应证：跗部前置（跗关节屈曲或失位）。

手术方法：施术方法与腕部前置基本相同，先用绳导把线锯或钢绞绳绕过跗部，锯管或绞管前端放在跗部下面。后肢伸直时，先把线锯或胎儿绞断器装好，从蹄尖套到跗部，管前端也放到跗部下面。截断的部位应在上列跗骨之下，便于将绳子拴在胫骨下端拉动胎儿，以免绳子发生滑脱，难以牵引（图 9-21）。

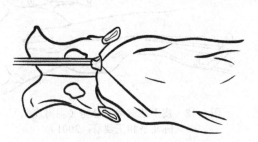　　　　

图 9-20　用线锯截除坐骨前置的后腿　　　　　图 9-21　跗关节截除术
（陈北亨和王建辰，2001）　　　　　　　　　（陈北亨和王建辰，2001）

**2. 实施截胎术时的注意事项**

1）根据适应证尽快决定施术方案，如矫正术遇到很大困难且胎儿已经死亡，应立即实施截胎术，以免继续矫正刺激阴道水肿和子宫进一步缩小，妨碍以后的操作。

2）应尽量使母畜保持站立的状态下施术，如硬膜外麻醉过度或母畜已无法站立，为方便操作则应垫高母畜的后躯。

3）注意消毒工作，施术前要对术者的手臂及产科器械进行充分消毒，另外，施术前要注意术者的手臂及母畜的产道内施以涂抹或灌注大量的润滑剂。尤其是马属动物，因为它们对截胎造成的损伤比较敏感。

4）实施截胎术时应时刻注意坚硬的产科器械及尖锐的骨质断端损伤母畜的产道、子宫及术者。

5）实施截胎术之后，一定要检查产道及子宫内是否留有胎儿的残余部位，同时也要注意检查产道是否有损伤，若有损伤应及时处置。

## 二、用于母体的助产方法

在生产实践中，可用于母体的难产救助手术主要包括剖宫产术、外阴切开术、子宫切除术、子宫捻转时的整复手术和耻骨联合切开术。但耻骨联合切开术在产科临床上使用甚少。

（一）剖宫产术

剖宫产术（cesarean section）是指通过切开母体腹壁及子宫以便取出胎儿的手术。在难产救助时，如果无法通过牵引术、矫正术及截胎术进行救助，尤其是胎儿尚存活的时候，抑或这些方法的预后并不比剖宫产术好时，即可施行剖宫产术。

**1. 剖宫产的适应证**

1）未成熟牛的妊娠所引起的产道过小，如骨盆发育不全、骨盆狭窄或骨盆变形（骨软症或骨折）而使骨盆过小。

2）猪、羊、犬和猫等中小动物，手无法伸入产道或母畜阴道极度肿胀或狭窄，手不易伸入。

3）子宫颈闭锁、子宫颈开张不全且胎囊破裂胎水已流失，抑或子宫颈没有继续扩张的迹象。

4）子宫严重捻转，无法矫正。

5）子宫破裂、子宫迟缓且催产或助产无效。

6）胎儿存活且过大或水肿，以及胎向、胎位或胎势严重异常且无法矫正；胎儿畸形且难以施行截胎术；干尸化胎儿较大且药物无法使其排出；胎儿严重气肿难以矫正或截除。

7）双胎性难产及用于胎儿的助产手术难以救治的任何难产。

8）要保全胎儿生命而其他手术方法难以达到者。

9）母畜妊娠期满，因患其他疾病生命垂危，施以剖宫抢救仔畜者。

10）用于研究目的，如在奶山羊要获得无菌羔羊或无关节炎脑炎（CAE）的羔羊时，或为培养无特定病原体（SPF）仔（幼）畜，直接由剖宫产术获得胎儿。

**2. 剖宫产的手术方法**　牛、羊和马剖宫产的手术方法基本相同，猪的略有不同，具体如下。

（1）牛的剖宫产　牛剖宫产的手术方法有腹下切开法和腹壁切开法。

1）腹下切开法。可供选择的切口部位（图 9-22）有 5 处：乳房前中线，中线与右乳静脉之间，中线与左乳静脉之间,乳房和右乳静脉右侧5～8cm处,乳房与左乳静脉左侧5～8cm 处。选择切口的一般原则在胎儿摸得最清楚的部位做切口，如两侧触诊的情况相似，可在中线或其左侧施术。腹下切开的优点是容易接近妊娠的子宫角、子宫内液体不易流入腹腔而造成污染及此部位的肌肉容易扩展等，其缺点是容易发生腹壁疝及操作时小肠易于脱出。

a. 保定。术前应检查动物的体况，使其左侧卧或右侧卧，分别绑住前后腿，并将头压住。

b. 术部准备及消毒。手术部位的准备详见兽医外科学有关章节。此外，对于母畜的尾根、外阴部、会阴及产道中露

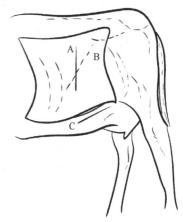

图 9-22　剖宫产手术的切口部位
（Noakes et al.，2009）

A．站立或躺着奶牛的左侧标准垂直切口；

B．站立或躺着奶牛使用的替代斜切口；

C．用于躺着的奶牛，特别适合提取肺气肿胎儿

出的胎儿部分，首先应用温肥皂水清洗，然后用消毒液洗涤干净，并将尾根系于身体一侧。身体周围铺上消毒巾，腹下部的地面铺以消毒过的塑料布。

　　c. 麻醉。可行硬膜外麻醉及切口局部浸润麻醉，或盐酸二甲苯胺噻唑肌内注射及切口局部浸润麻醉法或用电针麻醉，但一般来说，如果胎儿仍然活着，应尽量少用全身麻醉及深麻醉。

　　d. 手术步骤（以中线与右乳静脉之间的切口为例）。在中线与右乳静脉之间，从乳房基部前缘开始，向前做一纵行切口，长 25～30cm，切透皮肤、腹黄筋膜、腹斜肌和腹直肌，用镊子把腹横肌腱膜和腹膜同时提起，切一小口，然后在食指和中指引导下，将切口扩大。为了操作方便及防止腹腔脏器脱出，可在切开皮肤后使母牛仰卧，再完成其他部分的切开，也可在切开腹膜后由助手用大块纱布防止肠道及大网膜脱出。最好仅用一整块大纱布，如果奶牛的乳房很大，为了避免切口过于靠前，难以暴露子宫，可先不把切口的长度切够，切开腹膜后再确定向前或向后延伸。乳腺和腹黄筋膜的联系很疏松，切口如需向后延长，可将乳房稍向后拉。如果切口已经够大，可将手术巾的两边用连续缝合法缝在切口两边的皮下组织上。

　　切开腹膜后，常可发现子宫及腹腔脏器上覆盖着的大网膜，此时可将双手伸入切口，紧贴下腹壁向下滑，以便绕过它们，或者将大网膜向前推，这样有助于防止小肠从切口处脱出，也利于暴露子宫。手伸入腹腔后，可隔着子宫壁握住胎儿的某些部分（正生时是两后腿跗部，倒生时是头和前腿的掌部），把子宫孕角大弯部拉出切口之外，这样也就把小肠和大网膜挤到切口一侧了。在子宫和切口之间塞上一大块纱布，以免肠道脱出及切开子宫后其中的液体流入腹腔。如果是发生子宫捻转，因为子宫捻转变短且紧张，暴露子宫壁有困难，切开子宫壁时出血也多，所以可先把子宫转正。如果胎儿为下位，背部靠近切口，向外拉子宫壁时无处可握，应尽可能先把胎儿转正为上位。如果在切开皮肤之后让牛仰卧，则此时应使其侧卧。有时子宫内胎儿太重，无法取出切口外，也可用大纱布充分填塞切口和子宫之间，在腹内切开子宫再取胎，而这通常是不得已而为之。

　　沿着子宫角大弯，避开子叶和大血管，做一与腹壁切口等长的切口，切透子宫壁层、肌层和黏膜层，暴露胎膜，然后切开胎膜，切口不可过小，以免拉出胎儿时被扯破而不易缝合。切口不能位于子宫的侧面或小弯上，因为这些部位的血管较为粗大，切开时引起的出血较多。将子宫切口附近的胎膜剥离一部分，拉于切口之外，然后再切开，这样可以防止胎水流入腹腔，在子宫内容物已受污染时更应如此。在胎儿活着或子宫捻转时，切口出血一般较多，可边切边止血。

　　胎儿正生时，经切口在后肢拴上绳子，倒生时在胎头上系上绳套，慢慢拉出胎儿，交助手处理。从后肢拉出胎儿时速度宜快，以防止胎儿吸入胎水引起窒息。如果腹壁及子宫壁上的切口较小，可在拉出胎儿之前再行扩大，以免撕裂。拉出的胎儿首先要清除口鼻内的黏液。如果发生窒息，先不要断脐带，可一边用手捋脐带，使胎盘上的血液流入胎儿体内，一边按压胎儿胸部，以诱导吸气，待呼吸出现后，拉出胎儿。必要时可给胎儿吸氧气。一定要注意防止子宫切口回缩，特别应防止污染的胎水流入腹腔。如果拉出胎儿困难，而且胎儿已经死亡，可先将造成障碍的部分截除后拉出。

　　胎儿胎盘和母体胎盘粘连紧密，剥离比较困难，也会引起出血，最好不要剥离，但剖宫产后子宫感染和胎衣不下的发病率均较高，因此可以在子宫中放入抗生素，术后注射催产素，使其自行排出。如果胎衣妨碍缝合，此时可用剪刀剪除一部分。将子宫用丝线或肠线及圆针连续缝合子宫壁浆膜和肌层切口，再用间断伦勃特氏缝合法进行包埋缝合（针不可穿透黏膜）。

　　用加有青霉素的温生理盐水将暴露的子宫表面洗干净（冲洗液不能流入腹腔），蘸干并充分涂以抗生素软膏后，将子宫放回腹腔，然后将大网膜向后拉，使其覆盖在子宫上。连续缝合腹膜，再对肌层实行二层结节缝合，最后缝合皮肤。注意缝合过程中在缝合后一层的同时捎带着部分已缝合的肌肉等组织，不能与已缝合的上一层间留下死腔。

e．术后护理。术后应注射催产素，以促进子宫收缩及复旧，并按一般腹腔手术常规进行术后护理。如果伤口愈合良好，术后 7～10d 可拆线。

2）腹侧切开法。

a．手术部位。切口可选在左侧或右侧的肷部（图 9-22A 和 B），每侧切口的位置又有高低的不同，一般来说，右侧切口应靠上（近脊柱侧），而左侧切口应靠下（远脊柱侧），究其原因是右侧切口若靠下难以控制小肠的冒出，而若左侧切口靠上，则瘤胃妨碍妊娠子宫角的牵出。右侧切开的缺点是由于切口靠上不利于将妊娠子宫角牵引出切口外，而且难以避免子宫内液体流入腹腔而发生腹腔感染。但子宫捻转的整复时，若采取切腹整复术，则应首选右侧切口。左腹肷部切口的优点是，瘤胃能够挡住小肠而不至于使其从切口中冒出；另外，如果在手术过程中发生瘤胃臌气，切开的左侧肷部可以减轻对呼吸的压迫，也可在此处为瘤胃放气，因此在进行牛的剖宫产时，有许多人采用左腹肷部切开法，并且多使牛保定成站立位。腹侧切开法很少有疝的发生。

b．保定。最好采取站立位保定，这样才能将一部分子宫壁拉到腹壁切口之外。但应注意有些牛在手术过程中可能努责强烈甚至发生休克而卧地。如果无法使牛站立，可使它伏卧于较高的地方，把左侧肢拉向后下方，这样便于将子宫壁拉向腹壁切口，同时也可扩大术部。本法不易进行侧卧保定，因为胎儿的重量关系，暴露子宫壁会遇到很大困难，同时切开腹壁后肠管易于脱出，尤其是左侧卧时。

c．麻醉。硬膜外注射 2%盐酸普鲁卡因 5～10ml，可以减少腹壁的努责、排粪及尾巴的活动并使施术动物能够保持站立位，同时在手术部位施行局部浸润麻醉。东北农业大学临床教学团队采用 1、2、4 腰椎横突上下分别注射 2%盐酸普鲁卡因 20ml 传导麻醉，同时手术部位施行局部浸润麻醉，麻醉的效果也很好。

d．手术方法。在左腹肷部切开长度约 35cm 的切口，切口做在髋结节与脐部之间的连线上或稍上方。整个切口宜稍低一些，易于子宫壁的牵出，但要与皮下静脉之间有一定的距离。切口应仔细止血，以免术后形成血肿。切开皮肤之后，按肌纤维方向依次切开腹外斜肌、腹内斜肌、腹横肌腱膜和腹膜，以便于切口的缝合及愈合，但切口的实际长度会大为缩小，因此可将腹外斜肌按皮肤切口方向切开，其他腹肌按其纤维方向切开或撕开。

暴露子宫时，如果瘤胃妨碍操作，助手可垫着大块纱布将它向前推，术者隔着子宫壁握住胎儿的某一部分向切口拉，即能将子宫角大弯暴露出来，在大弯处做切口，拉出胎儿。对子宫、腹膜、肌层和皮肤的处理方法与腹下切开法相同。

腹侧切开法剖宫产时，胎水极易进入腹腔。如果胎儿仍存活或新近死亡，则胎水对腹腔的污染一般不会引起严重后果，可不进行处理。但如果胎水已被污染并且进入腹腔，尽可能冲洗腹腔并将其吸干净，在腹腔中放入大剂量的抗生素。

（2）马的剖宫产　　马剖宫产的施术方法基本与牛的相同，主要用来救治由于骨盆畸形、胎儿横向、犬坐式胎势及子宫捻转难以矫正引起的难产。

a．手术位点。马剖宫产可采用的手术位点较多。一般来说可根据难产的性质、胎向、胎位等，特别是胎头的位置决定。最常用的位点是左腹肷部，可在最后一个肋骨弓中点与膝关节的连线上，切口长 25～40cm。其他手术位点有左上腹肷部、腹中线左侧及腹中线等处。右侧由于有较大的盲肠，因此很少在右侧做剖宫产。

b．麻醉。胎儿死亡时可用全身麻醉，并配合硬膜外麻醉及局部浸润麻醉。马的麻醉常用地托咪定、乙酰丙嗪或赛拉嗪镇静，氯胺酮或埃托啡诱导麻醉，异氟醚维持麻醉。

c．手术方法。手术方法与牛相同，但应注意，切开腹壁后将子宫从切口中拉出时，在马比在牛困难。在施术过程中动作要轻柔，以免过度刺激腹腔器官引起母马休克。如果子宫已受到感染，则应特别注意防止子宫内容物污染腹腔。马胎儿的四肢较长，切开子宫后有时要矫正或截胎才可能将胎儿从切口中拉出。如果胎儿是活着的，则应保留脐带，直到胎儿出现呼吸后再切断脐带。

在马属动物，剖宫产后胎衣很易剥离，应该将胎衣剥离后再缝合子宫切口。

马的子宫在切开后常在黏膜下层出现弥散性出血，因此取出胎儿后最好进行连续锁边缝合，缝线穿过子宫内膜、黏膜下层及浆膜层，在切口处至少应缝深约 1cm 的组织，再用内翻缝合使切口内翻。

子宫切口缝合后，应该用加有青霉素、链霉素的温生理盐水反复冲洗腹腔。每次冲洗后排出冲洗液，蘸干残留液，直至排出液中不含絮状物时再缝合腹壁切口，这对预防腹膜感染及粘连大有益处。

d．术后护理。除按一般腹腔手术进行常规护理外，马剖宫产后应缓慢静脉注射 40IU 的催产素，术后 4～5d 直肠检查生殖道的状况。

（3）羊的剖宫产　　羊剖宫产的施术方法与牛相同，在羊发生妊娠毒血症或酮病时，也可使用剖宫产术以挽救母羊的生命。

羊的硬膜外麻醉可用 0.5%布比卡因（Bupivacaine）7～8ml，这种药物穿过胎盘的能力差，对胎儿的影响小。镇静可选用地西泮（0.1～0.2mg/kg 体重，静脉注射）或赛拉嗪（0.02～0.04mg/kg 体重，静脉注射）。另外，也可用氟烷或异氟烷（isoflurane）做全身麻醉。羊与牛不同之处是可能有两个子宫角都妊娠的情况，此时要将双子宫角分别切开。剖宫产的施术部位与牛相同，但多选用左侧腹肷部，母羊右侧卧，这样瘤胃可以阻止小肠从切口脱出。另外，绵羊对子宫内梭状芽孢杆菌的感染比其他动物更为敏感，术后大多数母绵羊的死亡也是由这种继发感染所致。

（4）猪的剖宫产　　猪的剖宫产主要适应于子宫迟缓、胎儿过大、胎儿畸形及产道狭窄或损伤。在施行剖宫产时，需要考虑的因素有母猪的体况、子宫中可能的胎儿数目、难产的类型及母猪和仔猪的价值。

a．麻醉。采用硬膜外麻醉时，药量可以稍大，以尽量限制后肢的活动，同时前肢应拴紧，以免干扰手术。也可采用全身麻醉，具体麻醉方法见本章第三节中的母畜的准备。

b．手术部位。猪的手术切口位点主要有三处，大多数人喜欢从乳房基部的背侧 7.5～10cm 处做一与乳房平行的切口，从腹肷部的皮肤褶处之后之下向前伸延 20～25cm。

c．手术方法。依次切开皮肤、皮下组织及腹壁肌层，如有出血及时结扎血管，然后小心切开腹膜，谨防切破子宫，腹膜的切口大小应足以将两个胎位的子宫拉出。由于子宫中胎儿可能较多或变脆，因此切口应足够大，以防损伤或撕裂子宫。切开腹膜后，在切口下垫上消毒塑料布，然后仔细检查腹腔，确定胎儿的数量及其在子宫中的位置。子宫切口应在阔韧带附着面的对面，尽量避开血管。由于猪子宫角的游离性较大，子宫上的切口在靠近子宫体的部位，以便从该切口取出双角的胎儿。取出胎儿时，先取靠近子宫体切口部位的，每取出一个，应在子宫外面挤压，使前面的胎儿后移到子宫体部，以便取出。如果取完胎儿后胎衣已游离于子宫中，则可将其取出，否则应留在子宫内。

取完胎儿后用温生理盐水冲洗子宫，并将其送回腹腔，将切口留在外面，用肠线缝合子宫。缝完后再次用生理盐水冲洗腹腔。

在缝合子宫切口之前，要仔细检查双侧子宫角及子宫体，以免尚有胎儿残留。检查的方法是从子宫体向前翻子宫角，直到看见卵巢为止。

d. 术后护理。可注射催产素以促进子宫收缩，为预防术后感染可用抗生素治疗 3～5d。

（5）犬的剖宫产

a. 手术部位。通常采用腹中线切口。有时候如果母犬双侧乳房下垂过大，也可以考虑腹侧切口。

b. 保定。仰卧保定。

c. 麻醉。犬剖宫产的麻醉方法基本也有 3 种，即全身麻醉、硬膜外麻醉及局部浸润麻醉配合其他麻醉剂和（或）镇静剂麻醉。选用麻醉剂时，注意所用药物是否会通过胎盘抑制胎儿的神经系统，是否对施术动物心血管系统、呼吸系统及子宫的收缩能力有不良影响。如果在全身麻醉之前用阿托品，可以减少呼吸道分泌物及抑制剖宫产时的操作对心血管系统的影响。

目前犬的剖宫产麻醉方法较为常见的是吸入性全身麻醉，麻醉前用药常采用肌内注射或皮下注射布托啡诺 0.2～0.4mg/kg，而后进行诱导麻醉，缓慢静脉注射丙泊酚 1～4mg/kg，随后用七氟烷或异氟烷最低有效剂量应用麻醉机维持麻醉状态，术后立即停止七氟烷的供给，待犬苏醒后，肌内注射丁丙诺啡 0.005～0.02mg/kg。

d. 手术方法。手术部位可选择腹胁部或腹中线部位。如在左腹胁部施行手术，可在肋骨弓后 3cm 处开始做一与脊柱平行的 7～12cm 长的切口。该部位施术的优点是切开后容易暴露子宫，术后的瘢痕不太明显。

切开腹壁后，隔着子宫壁抓住胎儿头部或后肢，连同子宫一同带出切口，此时助手也可以从母体两侧腹部加压，利于胎儿和子宫的取出。此阶段的操作一定要谨慎小心，并由助手密切注意母犬的呼吸及循环系统的变化。子宫带出切口后，在子宫体的背部做一切口，通过同一切口取出双侧胎儿。子宫角尖端的胎儿较难取出时，可用手抓着子宫角轻轻向子宫体的切口方向隔着子宫挤压胎儿，让胎儿连同胎膜向切口方向移动，同时术者可缩小已经取出胎儿部分子宫角，用手从子宫内侧试图抓住胎儿的一部分将胎儿拉出到切口处。如果骨盆腔中有胎儿，也从切口拉出胎儿。

每取完一个胎儿，可在子宫角外胎盘附着处轻轻压迫，并在脐带处牵拉，以便分离并取出胎盘。直至所有的胎儿和胎盘全部取出。随后，采用连续缝合法闭合子宫，再内翻缝合，并在子宫中直接加入或肌内注射催产素，以促进子宫的复旧及止血。

每取出一个胎儿，应先用毛巾擦干全身并刺激胎儿呼吸，并将胎头向下，除去口腔中的黏液。如果胎儿取出后未见有呼吸，也可在脐静脉注射或舌下滴刺激呼吸系统的药物如多沙普仑（doxapram）等，具体护理和抢救胎儿的方法详见新生仔畜疾病章节。

e. 术后护理。术后应注意观察，防止子宫出血引起的休克，也可注射催产素。其他术后护理措施可按一般腹腔手术进行。

（6）猫的剖宫产　猫剖宫产的适应证除与其他动物的相同之处外，下列情况也适应：①持续强烈努责达 3h 以上，但进展甚小；②努责微弱，产程基本未进入第二阶段；③努责尚未开始产道中即有暗红色分泌物；④第一个胎儿排出后持续努责达 2～4h。

a. 麻醉。猫的剖宫产多用全身麻醉。吸入麻醉前通过肌内或皮下注射布托啡诺 0.2～0.4mg/kg，如果给药后出现严重的心动过缓，心率降低大于 30%，皮下注射阿托品 0.2mg/kg。随后通过面罩预吸氧 5min，再通过静脉缓慢注射丙泊酚 1～6mg/kg 进行诱导麻醉，再用七氟烷或异氟烷应用麻醉机维持麻醉状态直至手术结束。

b. 手术方法。基本与犬的相同，多在腹中线或腹侧施行手术。切开腹壁后应将子宫角基部拉出来，在靠近子宫角分叉后的子宫体部切开子宫，如果切开后发现子宫颈后有胎儿，则应先取这个胎儿，之后逐个取出两个子宫角中的所有胎儿，由助手清除胎儿口中的黏液，并用毛巾擦干胎儿的身体。取出胎儿后用内翻缝合法缝好子宫，常规方法缝合腹壁及皮肤。术后护理与犬相同。如不希望再繁殖，可同时施行卵巢子宫摘除术。

**3. 剖宫产的并发症**　　剖宫产手术过程中见到的并发症主要有休克、肠道脱出、出血、腹膜炎及子宫内膜炎等。如果难产胎儿有气肿、腐败及母体子宫壁变脆的症状，则术后常见的并发症有腹膜炎、粘连、子宫内膜炎、腹壁疝及皮肤切口感染等。

（1）休克　　马和驴等动物在剖宫产手术过程中有时会发生休克，其主要原因是腹膜及腹腔器官受到强烈刺激，引起疼痛；拉出胎儿后腹压急剧降低，引起血压下降和毛细血管灌注不良。

（2）肠道脱出　　牛和马在腹壁切口位置低的时候，肠道及大网膜（牛）脱出是剖宫产常见的并发症，而且脱出严重很难送回。为了防止脱出，需做好硬膜外麻醉，从切开腹膜到缝合腹膜，助手要一直注意防止脱出。

（3）出血　　血管断裂造成的出血，可在手术中随时注意结扎。子宫捻转施行剖宫产或矫正以后，子宫内膜上不断有血液渗出；这时需持续给予止血药物，直至不再出血。

（4）腹膜炎　　如果手术过程中腹膜受到严重污染，就会发生弥散性或局限性腹膜炎。其中弥散性腹膜炎是术后母畜死亡的直接原因；局限性腹膜炎常引起局部粘连，如子宫及腹膜切口均常和附近组织发生粘连，如果子宫发生大面积粘连，可能造成不育。为防止发生腹膜炎，手术过程中要十分注意防止子宫内容物流入腹腔，术后可在腹腔内注入大剂量的抗生素，如青霉素 200万 IU，链霉素 200 万 IU，5%葡萄糖溶液 500～1000ml，加温至 37℃左右，一次腹腔内注入，并同时用抗生素进行全身治疗。

（5）子宫内膜炎　　子宫内膜炎是导致剖宫产术后不育的最主要原因之一，如不彻底治疗，则母畜即使受孕，也可在妊娠过程中复发，造成流产。因此，术后注意防治。

（二）外阴切开术（episiotomy）

外阴切开术（也称为阴门侧切术）是救治难产，尤其是未经产的青年母牛难产时，为了避免撕裂外阴部（尤其会阴部）而采用的一种简单方法。

**1. 适应证**　　阴门狭小且难以使胎儿顺利通过；胎儿过大或巨型胎儿；阴门发育不全或损伤而扩张不全。

**2. 麻醉**　　当胎儿的前置部露出且被阴门阻碍时，可不麻醉直接切开外阴将胎儿拉出，因为胎儿前置部的挤压使母畜对阴门疼痛反应性下降甚至失去疼痛反应，在牵引出胎儿之后再进行麻醉（局部浸润麻醉即可）。

**3. 手术部位及方法**　　切口位置可选择在阴唇的背侧面距背联合部向下 3～5cm 且拉得最紧的游离缘。切口应切透整个阴唇，长度一般为 7cm 左右。拉出胎儿后，马上清洗伤口，采用褥式缝合。缝合要平整，以尽可能减少纤维化和影响阴门的对称性，防止形成阴道积气。

（三）子宫切除术（hysterectomy）

**1. 适应证**　　子宫壁损伤或破裂时；子宫脱出无法送回时；子宫捻转难以矫正时使子宫发生坏死时；各种原因引起的严重子宫感染，如胎儿气肿，子宫壁十分紧张且发生感染时。

目前，在大家畜中很少实施子宫切除术，但对于犬和猫等伴侣动物来讲，子宫切除术的实施较为常见，因为这种手术多在手术室内进行，条件较好，而且胎儿和子宫均小，施行手术较为方便，成功率也较高，能够挽救母体生命。

**2．麻醉及保定**　　上述适应证需要切除子宫时，母畜的体况一般均较差，选用合适的麻醉方法非常必要。比较常用的是剂量较小的镇静剂配合局部浸润麻醉。犬和猫采取全身麻醉，仰卧保定。

**3．手术部位**　　对于犬和猫，多选用脐后腹中线处。

**4．手术方法**　　按剖宫产的方法切开腹腔，如有可能，应在子宫完整的情况下连同胎儿一同取出，以免污染腹腔。在切除子宫前结扎好周围所有血管，子宫周围的大血管应做双层结扎。切开阔韧带后，子宫和卵巢即已游离，然后用止血钳分别夹住子宫体和子宫颈，在体与颈之间做切口，取出子宫及卵巢。缝合时，先用内翻缝合缝好剩余子宫颈的浆膜层，腹壁的缝合同剖宫产。

**5．术后护理**　　术后应将母畜保持在温暖的环境下，并补血补液以防止休克，用抗生素疗法防止术后感染。

# 第五节　助产后母畜的检查和护理

助产不可避免会对母畜尤其是其生殖道造成一定损伤，若不及时处理，会影响其后续繁殖能力，甚至危及生命。因此，助产后对母畜的检查和护理十分重要且必不可少。

## 一、助产后母畜的检查

用 0.1%高锰酸钾或 0.05%新洁尔灭溶液洗干净母畜臀部和会阴部，术者手臂消毒后检查生殖道。检查时应注意以下几个方面。

（1）检查生殖道有无破损或出血　　分娩时因胎儿脐带断裂，阴门会流出一定量鲜血。若阴门或产道深部有大量出血，则要查明是否存在阴门及阴道损伤、子宫颈及子宫损伤或破裂、截胎致产道损伤等。严重出血可行结扎止血或钳夹止血，并注射止血药。子宫破裂可通过产道或将子宫颈及子宫拉出阴门缝合，并注射止血药和催产素，但一般均预后不良，若子宫裂口较大，且已发生感染，则一般预后极差，可行子宫切除术。

（2）检查子宫中是否存在未娩出胎儿　　助产后要详细检查子宫中是否还有胎儿，若仍留有胎儿，牛产后多出现厌食、持续努责等。猪一般表现不安、厌食、努责等。犬分娩出胎儿后 4h 以上无继续分娩症状，可腹部触诊、产道或 B 超检查，仍有胎儿，则应及早助产。

（3）检查子宫角有无内翻及胎盘和胎盘附属结构有无异常　　若产后母畜持续努责，除检查产道是否损伤、胎衣不下等外，还应检查是否存在子宫内翻现象。若胎盘突坚硬，则多发生胎衣不下，若子宫已有明显受感染的迹象，则应控制感染。

（4）其他检查　　助产时或之后一定要检查动物可视黏膜色泽、呼吸、心跳等。另外，检查动物能否站立，是否有低血钙、乳房损伤及全身其他系统异常等。助产能否成功，除周密细致的准备、耐心认真的操作外，还要有良好的护理。

## 二、助产后母畜的护理

助产后母畜的护理包括以下几个方面。

1）肌内注射或静脉注射催产素，以促进胎衣排出，子宫收缩和复旧，并可止血。大动物可注射 30～50IU，羊、猪 10～30IU，犬、猫 5～10IU。

2）助产后子宫内应放入适量抗生素，如出现全身症状，可用广谱抗生素治疗。

3）助产后应注意动物体温、呼吸、脉搏有无异常变化。

4）密切观察有无休克、产道损伤、胎衣不下及其他产后疾病等，若出现异常症状则应立即治疗。

5）破伤风散发地区，为防止术后感染，应注射破伤风抗毒素。

### 三、难产助产的原则

难产助产的目的是保全母子两者生命和避免母畜生殖器官与胎儿的损伤。当有困难时，要根据情况保全二者之一（多保全母畜）。应遵守以下原则（以大动物为例）。

1）难产诊断必须迅速准确，助产应尽量争取时间早做，越早效果越好，否则胎儿楔入盆腔，子宫壁紧裹胎儿，胎水完全流失及产道水肿，会妨碍推退、矫正及拉出胎儿，也会妨碍截胎。如果拖延过久，胎儿死亡，发生腐败，会危及母畜的生命。即使母畜术后存活下来，也常因生殖道炎症而长期不孕。

2）术前检查必须周密，并结合设备条件，慎重考虑手术方案、先后顺序及相应的保定、麻醉等。在手术当中，术者和助手要密切配合，迅速、细致地完成手术。

3）减少胎儿对产道的压力。进行助产手术前，通过灌肠、导尿等方法排尽患牛的粪尿，垫高患牛后躯，尽量缓解产力，必要时可采取传导麻醉（如会阴部麻醉、腰荐部硬膜外麻醉等）。充分润滑产道，可向产道内灌注液体石蜡、肥皂水等。对于已腐败或气肿胎儿可施行胸部或腹部缩小术，减少胎儿的体积。

4）如诊断母畜预后不良，要向主人说明可能发生的情况，在手术中尽量保证母子平安，必要时征得他们的同意，根据实际情况，舍弃一方。

5）胎儿矫正的顺序。当胎位、胎势和胎向同时发生异常时，要先矫正胎势，再行矫正胎位、胎向。四肢发生屈曲时，将上部异常矫正为下部异常，逐步矫正，如肩关节屈曲时，先矫正为腕关节屈曲，然后再进一步矫正。发生胎向异常，拉距离阴门近的一端，将距离远的一端推回。胎儿不是十分大时，有时屈曲的肢体可不行矫正直接拉出。

6）矫正胎儿要以推退为原则。当胎儿楔于盆腔时，很难进行矫正，所以最好将胎儿推回到腹腔进行矫正。推回胎儿时要在产力的间歇时进行；并在推胎儿的同时矫正异常胎势；尽可能向失势的对向推，如左前肩关节屈曲异常，应该向右后方推胎儿，使左侧肩关节处有较大的空间易于矫正。应注意的是，外露的正常肢要缚绳，以免在推迟和矫正时发生正常外露肢异位。

7）拉出胎儿时，要遵守以下原则：消除障碍后拉；沿骨盆轴方向拉，牛的骨盆轴为先向上，再向后，再向上，在不同的位置拉力方向要进行调整。拉时要配合母畜的努责，力量适中。在胎儿的宽大部位，如头部和肩关节、髋关节，通过阴门时要保护好阴门和胎儿的脐带，防止撕裂阴门。当胎儿即将全部拉出时，要减缓拉出的力量，防止发生子宫脱出。

8）术后要全面检查子宫腔及产道，预防与治疗产后子宫出血或产道破裂，尽可能地防止过多刺激生殖道，预防感染，术后要在子宫内投入抗生素。

## 第六节　母畜常见难产

按直接病因分为产力性难产、产道性难产和胎儿性难产三种。

### 一、产力性难产

产力包括子宫肌、腹壁肌和膈肌收缩的力量，是母体娩出胎儿的动力。若发生异常，即易造成难产。

（一）子宫迟缓

母畜分娩开口期和胎儿排出期，子宫肌层收缩频率、持续时间和强度不足，导致胎儿不能排出，称为子宫迟缓（uterine inertia），可延续到胎衣排出期和子宫复旧期。牛、猪和羊均可发生，且随胎次和年龄增长而发病率升高。子宫迟缓是奶牛最常见的母体性难产，猪难产中子宫迟缓也较常见。根据发生时间不同可分为两种：原发性子宫迟缓（primary uterine inertia），分娩开始即发生，子宫肌层原发性收缩能力减弱；继发性子宫迟缓（secondary uterine inertia），分娩开始时正常，但因胎儿排出受阻，子宫肌疲劳，收缩力量变弱。两种临床症状基本相同。

**1. 病因**　　原发性子宫迟缓原因较多：体质虚弱或年老；流产或早产；妊娠期营养不良、运动不足或肥胖；全身性疾病（如创伤性网胃心包炎，瘤胃弛缓，慢性耗竭性疾病等）、布鲁氏菌病、子宫内膜炎等引起的肌纤维变性；妊娠末期特别是分娩前，孕畜激素（如雌激素、前列腺素、催产素分泌不足或孕酮分泌过多）分泌失调或子宫肌对激素反应减弱；胎儿过大或胎水过多，子宫过度伸张而变薄；子宫与内脏器官粘连，收缩减弱；分娩时低血钙、低血镁症或酮病等代谢性疾病；子宫肌层脂肪浸润。此外，所有动物均可发生继发性子宫迟缓，尤其是大动物，多胎动物中的一个胎儿发生继发性子宫迟缓而难产，如多胎动物猪分娩初期，子宫和腹壁收缩正常，若产道障碍或胎儿异常，长时间不能排出或不能完全排出胎儿，导致母畜和子宫肌过度疲劳，使努责和阵缩减弱或完全停止。子宫破裂或子宫捻转会导致子宫肌层停止收缩。

**2. 症状及诊断**　　妊娠期满并出现分娩预兆，但长时间不见胎儿排出。原发性子宫迟缓根据预产时间、分娩状况和产道情况即可诊断。猪和羊排出胎儿时间间隔延长，有时无明显临床表现和努责，不易观察到分娩已开始。产道检查，牛常出现子宫颈松软开放，但有时开张不全，仍可摸到子宫颈轮廓；胎儿和胎膜囊尚未进入子宫颈及产道。胎儿胎向、胎位和胎势均可能正常。猪可摸到子宫角深处有胎儿。因子宫收缩力量弱，胎盘仍保持循环，起初胎儿还活着，但如久未发现分娩而未助产，胎盘循环减弱，胎儿即死亡，子宫颈口也缩小，常发生于猪。

继发性子宫迟缓因子宫已发生正常收缩，但由于产道或胎儿异常，不能排出胎儿，导致母畜过度疲劳而阵缩减弱或停止。牛可发现子宫紧缩且裹着胎儿，尤其是子宫颈前子宫肌收缩较紧张，胎儿难以排出。猪和山羊常见已排出大部分胎儿后，还有个别胎儿遗留于子宫，易误认为分娩已结束。因而产后要注意母畜是否还有努责和全身有无异常状况。

**3. 预后**　　如不及时助产，胎儿死亡后可发生腐败、浸溶分解或木乃伊化，也可引起脓毒血症。大家畜虽可排出胎儿，但易发生胎衣不下、子宫感染或子宫脱出等，造成母畜不孕。猪和羊有时部分胎儿在子宫内死亡后发生腐败分解，引起败血症而死亡，预后谨慎。

**4. 助产**　　大家畜可根据分娩持续时间、子宫颈扩张和松软程度、胎水是否排出或胎囊是否破裂、胎儿是否存活等来确定助产方法。若胎儿存活，拉动胎儿可刺激母畜阵缩和努责，利于胎儿排出。若子宫颈尚未全部开张或松软，胎囊未破，且胎儿存活，不可急于牵引，可等待一段时间或用力按摩腹壁，刺激子宫收缩，否则胎儿尚未转入正常姿势，子宫颈开张和松软程度不够，强行牵引易造成子宫颈损伤。若胎水已排出和胎儿死亡，应立即灌注大量润滑剂，矫正异常部位后行牵引术。助产可以采用以下方法。

（1）牵引术　　大家畜一般使用牵引术。可徒手或使用产科绳（套）或产科钩钳等助产。猪拉出前几个胎儿后，当手触摸不到后部胎儿时，宜等待一段时间，待后部胎儿移至子宫角基部时再拉，如此反复，即可完成助产。有时只需取出前几个胎儿后，分娩过程即恢复正常，其余胎儿可自行产出。若胎膜妨碍矫正或拉出胎儿，可将其撕破。若继发性子宫迟缓，必须产道润滑后，矫正异常胎势、胎位或胎向，再用牵引术。若子宫有强烈收缩现象，则牵引时用力不可过大，以免引起子宫破裂。若子宫壁紧裹胎儿，可使用子宫松弛剂后，再用牵引术，也可用剖宫产或截胎术。

（2）药物催产 使用药物催产时，母畜子宫颈必须扩张充分，无骨盆狭窄或其他异常，胎向、胎位、胎势均正常，否则药物会引起子宫剧烈收缩而可能破裂。猪和羊若子宫颈完全扩张，但触摸不到胎儿，可用药物催产。催产药物最佳时间是胎儿排出期的早期，若用于最后一个胎儿的催产，则效果不佳。常用的催产药物有垂体制剂（如垂体后叶激素、催产素）和麦角制剂。垂体制剂不易引起子宫强直性收缩，是生理性收缩，静脉滴注效果更好。麦角制剂常用马来酸麦角新碱，可引起子宫强直性收缩，因而可致胎儿死亡。此外，药物引起弛缓子宫收缩的同时可引起子宫颈收缩，干扰胎儿和胎膜排出，也可加快胎膜与子宫内膜的分离，威胁子宫中胎儿的存活。因此，药物催产 20min 后胎儿不能排出，应尽快实施手术助产。

催产素，猪 10～20IU，羊 10IU，肌内注射、皮下注射或静脉滴注，必要时可注射苯甲酸雌二醇 4～8mg 或己烯雌酚 8～12mg；麦角新碱，猪 0.2～0.5mg，肌内注射，另外也可注射 $PGF_{2\alpha}$ 3～4mg。犬原发性子宫迟缓可静脉注射钙制剂。

（3）剖宫产 若子宫颈已缩小或开张不全、药物催产和产道助产无效，子宫不再收缩时，应尽早实施剖宫产。

无论是产道助产，还是手术助产，助产使胎儿排出后，应在子宫内及全身用抗生素治疗，以防止引起子宫炎或其他继发症。

（二）努责过强及破水过早

分娩时母畜子宫壁和腹壁收缩力量强、时间长、间隙期短称为努责过强，有时还出现子宫肌痉挛性不协调收缩而形成环。子宫颈未完全松软开张、胎儿姿势未转正和进入产道时，胎囊即已破裂，胎水流失称为破水过早。

**1. 病因** 临产前因惊吓、环境突变或空腹饮用冷水等刺激引起子宫反射性痉挛性收缩；产道（如狭窄和子宫颈开张不全等）或胎儿（胎势、胎位和胎向不正或畸形等）异常，胎儿不能排出；过量使用子宫收缩药物或分娩时乙酰胆碱分泌过多；分娩前突然倒卧或滑倒。

**2. 症状** 母畜努责频繁而强烈，努责间隔较短，但收缩间隔不明显。若胎儿姿势正常可迅速被排出，而胎位异常，产道触诊可见子宫颈松软和开张程度不够，若尚未破水，隔着胎膜可摸到胎儿尚未转正，仍呈下位或侧卧位，头部也未伸直。马偶见将胎儿和完整的胎膜同时排出。

**3. 预后** 只要及时采取措施，可减缓努责。若子宫长时间持续收缩可压迫子宫血管和胎盘，引起胎儿窒息。马可引起软产道及阴门损伤。胎儿排出后，持续强烈努责可导致子宫脱出。破水过早常被误认为是排尿而延误治疗，引起胎儿死亡。

**4. 助产** 用指尖掐压母畜背部，可减缓努责。如已破水，可根据胎儿姿势、位置等异常情况进行矫正后牵引。若子宫颈未完全松软开放，胎囊尚未破裂，可注射镇静药减缓子宫收缩和努责。马可静脉注射水合氯醛（7%）硫酸镁（5%）溶液 150～250ml，也可先灌服 10～30g 溴制剂，10min 后再注射水合氯醛硫酸镁溶液。若胎儿已死亡，矫正和牵引均无效，可实施截胎术或剖宫产。

## 二、产道性难产

产道性难产为母体软产道和硬产道异常而引起的难产。常见的软产道异常有阴道、阴门及前庭狭窄、子宫颈开张不全、子宫捻转等。硬产道异常主要有骨盆狭窄、骨盆变形等。

（一）阴道、阴门及前庭狭窄

阴道、阴门及前庭狭窄各种家畜均可发生，但主要是牛、羊、猪，且青年母畜较常见。

**1. 病因**　　导致狭窄的原因可能有以下几种。

（1）配种过早或营养不良　　青年母畜，阴道与前庭交界处的组织质地本就较实，弹性较小，且多狭窄，分娩时若软组织浸润不足，不够松软，即不能充分扩张。幼稚性狭窄或配种过早母畜外生殖道尚未发育完全，不能扩张。阴门狭窄有先天性和后天性，如青年母畜生长迟缓、营养不良引起的生殖道发育不全，隐性基因遗传引起的前庭缺失性狭窄（nonvestibular stenosis）及膣肛（rectovaginal constriction）。有时产道后部发育不全，处女膜过度发育或坚硬也可引起狭窄。

（2）母畜分娩过程过长或助产时手在产道中操作时间过长引起产道黏膜水肿，继发阴道狭窄　　马对产道刺激较牛敏感，很容易发生水肿。猪先排出的胎儿若引起阴门黏膜下血肿，也可导致阴门狭窄。因胎水持续压迫对软产道逐步扩张起重要作用，胎膜囊过早破裂可影响牛和羊阴门和阴道扩大。另外，流产及早产母畜，由于产道的正常松弛过程尚未开始，有时也出现狭窄。

（3）其他病因　　阴道或阴门损伤及感染（易形成瘢痕、血肿或纤维组织增生）、阴道或阴门肿瘤（如乳头状瘤、肉瘤、黏膜下层纤维瘤及平滑肌瘤等）、骨盆脓肿、阴道周围脂肪组织沉积等对阴道的压迫均可引起狭窄。

**2. 症状及诊断**　　母畜的阵缩和努责正常，胎儿长时间未能排出，检查时阴道有狭窄部位，在狭窄部位前可摸到胎儿前置部分，若不及时助产，胎儿会死亡甚至发生腐败气肿。阴门及前庭狭窄时，随母畜阵缩，胎儿前置部分或部分胎膜会露于阴门处，正生时，胎头或两前蹄可抵于会阴壁而突出很大，阵缩间隙期间，会阴部又恢复原状，若努责强烈，会阴可能破裂。

**3. 助产**　　若为轻度狭窄，阴道及阴门还能开张，应充分涂以润滑剂，缓慢牵拉胎儿可在一定程度上刺激产道开张。胎儿通过阴门时，为避免阴唇撕裂，助手可将阴唇上部向胎头耳后推，若牵拉用力过大，很易引起阴门撕裂。若牵拉时间较长，阴门仍难以扩张，且发现阴唇破裂不可避免，可行阴门切开术。拉出胎儿时，阴道后端下壁偶尔发生破裂，阴道组织突出于阴道腔，甚至被拉出一部分。术后需局部麻醉后缝合。若狭窄严重，不可能通过产道助产，此时不宜实施截胎术，应及时进行剖宫产。

（二）子宫颈开张不全

子宫颈开张不全是牛和羊最常见难产病因之一，其他动物则少见。

**1. 病因**　　牛、羊子宫颈肌肉组织十分发达，产前受雌激素作用而变软过程所需时间较长。若阵缩过早而胎儿排出提前，由于雌激素和松弛素分泌不足，子宫颈未充分软化，即不能迅速达到完全扩张的程度。分娩过程受到干扰或惊吓，也可使子宫颈痉挛性收缩而使子宫颈口不易扩张或扩张不充分。牛子宫捻转矫正后也常发生子宫颈扩张不全。过去分娩时子宫颈损伤发生慢性感染或子宫颈撕裂伤形成了瘢痕、宫颈肿瘤或纤维组织增生等使子宫颈硬化。此外，原发性子宫和子宫颈无力、子宫捻转、胎儿死亡、胎膜水肿及单胎牛或羊生双胎、胎水过多、胎儿干尸化和双子宫颈等均可导致子宫颈开张不全。

**2. 症状及诊断**　　母畜已出现分娩的全部预兆，努责和阵缩也正常，但长时间不见胎儿排出，甚至不见胎水和胎膜。产道检查发现阴道柔软而有弹性，但与子宫界线明显。根据子宫颈管开张程度可分为四度：一度狭窄是胎儿两前腿和头可勉强通过子宫颈；二度狭窄是两前腿及颜面能进入子宫颈，但头不能通过，硬拉时易导致子宫颈撕裂；三度狭窄是仅两前蹄能伸入子宫颈；

四度狭窄是子宫颈仅开一小口。最常见的是一度或二度狭窄，子宫颈虽开张但松弛不够，无弹性，不硬，没有明显病理变化。三度或四度狭窄时则子宫颈几乎不能开张，努责强烈，可引起阴道脱出。若分娩过程已久，则可引起胎儿死亡。牛羊子宫迟缓、子宫捻转、产道复旧和胎儿干尸化等导致的子宫颈开张不全较常见，需与原发性子宫颈狭窄鉴别。子宫迟缓的特点是努责一直较弱。子宫捻转可通过直肠检查和阴道检查可诊断。产道已复旧的特点为阴门、阴道和子宫颈呈硬管状，弹性小，不柔软，脆而易破，胎儿已死亡。干尸化胎儿正向外排出时，阴门流出棕色液体，胎儿干硬蜷缩。

**3. 预后**　　取决于子宫颈扩张程度，扩张程度越大预后越好。若手可顺利伸入子宫抓住胎儿，且胎儿正常，可缓慢将胎儿拉出，预后多良好。若只限于子宫颈膣部狭窄，努责剧烈可使其略微破裂而完成分娩。若子宫颈或子宫体部破口较小，分娩后可随子宫收缩而愈合，但易形成瘢痕，影响下次分娩。子宫颈完全不能开张预后谨慎。子宫颈因病理变化而狭小，不能开张，阵缩努责强烈时不仅会造成胎儿死亡，还可引起阴道脱出或子宫破裂，使母畜死亡。羊子宫颈开张不全多表现不安，难以进入胎儿排出期，子宫颈呈紧缩状态，只可容 1～2 个手指通过，胎膜囊常完整或破裂，部分可突出于阴道中。若不及时救治，母羊会发生毒血症，多在 48h 内死亡。若诊断及时且立即实施剖宫产，则预后良好。

**4. 治疗及助产**　　可选用牵引术、截胎术或剖宫产。牵引术可用于一度和二度狭窄。拉出需缓慢，使子宫颈有时间逐渐开张。在二度狭窄，牵拉可能伤害胎儿，牛和羊还可能使子宫颈破裂。拉马胎儿使子宫颈开张比羊、牛容易。机械性扩张子宫颈常引起子宫颈损伤，尤其是子宫颈已硬化，药物及机械性扩张均难见效，此时应实施剖宫产术。若难产时间已久，由于子宫颈已缩小，且胎儿也可能会发生气肿，甚至出现子宫破裂或易被撕破，此时最好用剖宫产或截胎术。子宫颈不能开张，术后可能会使结缔组织增生或炎症加剧，子宫颈变得更为狭窄或完全封闭，致使不易再次受孕，即使受孕，也易再次发生难产，此时最好用剖宫产，并在泌乳期结束后淘汰。

牛若努责和阵缩不强、胎囊未破且胎儿存活时，宜等候子宫颈尽可能自行扩张，过早牵拉会损伤子宫颈或胎儿，在此期间应时常检查产道，根据子宫颈扩张程度，胎囊是否破裂和胎儿是否存活等，确定助产方法。子宫颈封闭时，可先行等待，同时为促进子宫颈开放，胎囊未破前，可注射苯甲酸雌二醇（牛 5～20mg，羊 1～3mg），再静脉注射催产药物和葡萄糖酸钙，以增强子宫收缩力帮助子宫颈开张。当胎囊或胎儿一部分进入子宫颈管时，应向子宫颈管内涂以润滑剂，再缓慢牵引胎儿。羊子宫颈开张不全时，也可静脉注射钙制剂。

（三）骨盆狭窄

骨盆骨折或损伤引起骨盆腔大小和形态异常，妨碍胎儿排出称为骨盆狭窄（stenosis of pelvis）。可见于所有动物，牛和猪尤为常见。

**1. 病因**　　有先天性和获得性。先天性发育不良或佝偻畸形称为先天性骨盆狭窄。猪、牛、羊未达到体成熟即过早配种，分娩时骨盆尚未发育完全，有时虽已达体成熟，但因饲养管理太差或慢性消耗性疾病等，骨盆发育受阻，也可形成生理性骨盆狭窄。由骨盆骨折或裂缝引起增生，骨质突入骨盆腔内及骨软症所引起的骨盆腔变形、狭小等均为获得性骨盆狭窄。

**2. 症状及诊断**　　狭窄较轻，胎儿小，阵缩和努责强烈时，分娩过程可能正常，否则会导致难产。骨盆发育不全时，虽见胎水排出，阵缩和努责也强烈，但未见胎儿排出，软产道和胎儿均无异常，进一步触诊骨盆，并结合年龄，即可诊断。获得性骨盆狭窄，可发现骨折处的骨瘤、骨质增生及骨质变形等。

**3. 预后** 及时助产或生理性狭窄较轻时，一般预后良好，否则胎儿易死亡。

**4. 助产** 生理性骨盆狭窄，产道内先灌注润滑剂，配合母畜努责，用牵引术。若母畜年幼，不可强行牵拉，以免损伤荐髂关节。正生时胎儿胎头和两前肢难以同时进入骨盆腔或倒生时胎儿骨盆明显比母体骨盆入口大，但胎儿仍存活，矫正和牵引一般极难成功，宜立即采用剖宫产。当拉出困难、胎儿已死亡或耻骨联合前端有骨瘤、骨质增生或软骨病引起的骨盆变形狭窄时，强行牵引易损伤子宫壁，宜采用剖宫产或截胎术。曾因骨盆狭窄而发生过难产的母畜，除营养不良和配种过早等引起的生理性狭窄外，不宜再作繁殖用。

（四）子宫捻转

子宫捻转（uterine torsion）是指整个子宫、一侧子宫角或子宫角的一部分围绕其纵轴发生的扭转。多为子宫颈及其前后捻转，涉及阴道前端的称为颈后捻转，位于子宫颈前的称为颈前捻转。各种动物均有发生，奶牛最常见，羊、马和驴时有发生，猪则少见，是母体性难产的常见原因之一。牛从妊娠 70d 至分娩前均可发生，但大多发生于分娩前，捻转 180°～270°，个别可达 720°，捻转大多涉及阴道，向右捻转比向左捻转多，且多引起难产。马子宫捻转多发生于妊娠第 8 个月以后，与牛不同的是，马子宫捻转很少涉及子宫颈和阴道，且几乎所有的子宫捻转在妊娠后期因临床症状明显即可做出诊断，很少在分娩时发现，向左捻转与向右捻转的发病率几乎相同。

**1. 病因** 与妊娠母畜子宫形态特点和起卧姿势有关，另外，能使母畜围绕其纵轴急剧转动的任何因素均可造成子宫捻转。妊娠末期母畜如急剧起卧并转动身体，子宫因胎儿重量大，不随腹壁转动，即造成向一侧捻转。临产母畜绊倒、运动中突然改变方向或因疼痛起卧不安等，均易引起扭转。

牛妊娠末期子宫捻转与子宫形态特点密切相关。因孕角子宫大弯显著向前扩张，但小弯扩张不明显且有子宫阔韧带附着，仅固定了孕角后端，而前端的大部分处于游离状态，因此子宫稳定性较低，而未孕角体积又较小，使子宫不稳定性增加。牛卧地时，前躯首先跪倒，而起立时则是后躯先起，因此无论起卧，子宫在腹腔内都有一个阶段呈悬空状态，此时若转动身体，胎儿和子宫因重量大，不随腹部转动，即可造成孕角向一侧发生捻转。牛腹腔左侧被庞大瘤胃所占，妊娠子宫常被挤向右侧，所以子宫向右侧扭转较多。因阴道后端有周围组织固定，所以捻转多发生于阴道前端，有时则发生于宫颈前。

羊下陡坡或从斜坡上跌下时如急剧转动身体，可发生子宫捻转。马、驴子宫捻转和打滚有关。分娩开口期，胎儿转变为上位时，过度而强烈的转动也可能引起子宫捻转。另外，胎儿对子宫收缩发生反应，调整其姿势而出现的运动也可能造成子宫捻转。此外，饲养不当或运动不足，可使子宫及周边组织弛缓，腹壁肌肉松弛，从而诱发子宫捻转。多胎动物子宫多在一个胎儿的子宫角或其一部分发生捻转，而单胎动物因子宫角间韧带比较发达，胎儿占据子宫角和子宫体，因此孕角和未孕角都可能发生捻转。

**2. 病程及预后** 根据家畜种类、捻转程度、妊娠阶段和救治时间不同而异。牛产前子宫捻转若不超过 90°，可能自行转正，若捻转严重且治疗延误，子宫与周围器官发生粘连，妊娠过程虽能正常进行，但子宫不能自行转正。若捻转达到 180°～270°，母畜多有明显临床症状，治疗及时，预后较好，但矫正后有可能再次捻转。若捻转严重且未及时诊断和矫正，则因子宫壁水肿充血或出血，胎盘血液循环障碍，胎儿不久即死亡。若距分娩尚早，子宫颈未开张，胎儿在无菌环境中可能干尸化，母畜也可能存活，可见于牛和羊。若子宫颈管已开放，阴道中细菌进入子宫，胎儿死亡后腐败，母畜常并发腹膜炎、败血症而死亡。捻转更为严重时，因血液循环停止而发生子宫坏死，也易导致母畜死亡。马无论是产前或临产时发生子宫捻转，病程一般较短，预后较差，捻转超过180°，同时发生子宫或子宫血管破裂、直肠或膀胱脱出者较多，常导致死亡。子宫捻转若诊治及时，尤其是大动物，一般预后良好，小动物因早期确诊较为困难，预后谨慎。

**3．症状及诊断**　　　依畜种、妊娠阶段及捻转部位和程度的不同而异。

（1）外部表现　　　产前捻转不超过90°，母畜可不出现任何临床症状。超过180°时，母畜表现明显不安和阵发性腹痛，并随病程延长，腹痛加剧，出现包括摇尾、拱腰、努责、前蹄刨地、后腿踢腹、呼吸加快、食欲减退或消失、卧地不起或起卧不安等较明显临床症状，但不见胎水排出。因此，易误诊为疝痛或胃肠功能紊乱。随血液循环受阻加重，腹痛剧烈。若捻转严重，持续时间太长，可出现麻痹而不再疼痛，但病情恶化。若子宫阔韧带撕裂和子宫血管破裂而发生内出血，甚至引起子宫高度充血和水肿，捻转处坏死，可导致腹膜炎。妊娠最后几个月发生的90°～180°捻转，可一直持续到分娩时才表现出来。因此，凡妊娠后期家畜表现上述腹痛症状，要及时进行阴道检查和直肠检查，尽早诊断。

临产时的捻转，孕畜分娩之前表现和分娩预兆均正常，但开口期后因努责和子宫肌层的收缩可出现腹痛，子宫颈开放，但软产道狭窄或拧闭，胎儿难以进入产道，同时胎膜也不能露出于阴门之外，故临床症状不明显，只是腹痛和不安现象较正常分娩时严重。若不能及时矫正，则会发生胎盘分离，胎儿死亡。绵羊子宫捻转后有时腹痛症状不明显，仅表现卧地不起，精神不振，食欲降低或废绝等，需与胃肠功能紊乱鉴别。若临产前的严重子宫捻转，子宫血液循环受阻，则可表现明显的临床症状，如食欲废绝、瘤胃活动停止，四肢冰冷，体温升高，有时甚至出现休克或死亡，胎儿也可死亡、气肿或浸溶。

（2）阴道和直肠检查　　　临产时发生的子宫颈前捻转若不超过360°，子宫颈口稍微开张并弯向一侧（图9-23）。达360°时，颈管封闭。产前发生的捻转，阴道的变化不明显，直肠检查时，在耻骨前缘摸到子宫体上软而实的捻转处，阔韧带从两旁向此捻转处交叉，一侧韧带达到此处的上前方，另一侧韧带则达到其下后方。若捻转不超过180°，下后方的韧带要比上前方的韧带紧张，

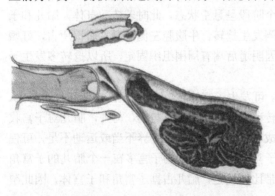

图9-23　子宫捻转的阴道检查（Jackson，2004）

而子宫就是向着韧带紧张的一侧捻转。若捻转超过180°，两侧韧带均紧张，韧带内静脉怒张，捻转程度越大，怒张也越明显。马因小结肠受到捻转的子宫韧带牵连，直肠前端狭窄，子宫阔韧带紧张，手进入一定距离即无法再向前向下或左右活动。阔韧带及子宫动脉紧张程度可帮助判断子宫捻转的严重程度。

产前或临产时发生的子宫颈后捻转均表现为阴道壁紧张，前端有螺旋状皱襞，阴道腔越向前越狭窄。螺旋状皱襞从阴道背部开始向哪一侧旋转则子宫即向该方向捻转（图9-24）。阴道前端宽窄和皱襞大小代表捻转严重程度。不超过90°时，手可自由通过，达180°时，手仅能勉强通过，在阴道前端上壁上均可摸到较大皱襞且由此向前管腔弯向一侧。达270°时，手即不能伸入，360°时管腔拧闭，阴道壁皱襞均较细小，不见子宫颈口，只能摸到前端的皱襞。直肠检查情况与颈前捻转相同。捻转超180°时，子宫血液循环多受阻而引起胎儿死亡和子宫破裂。

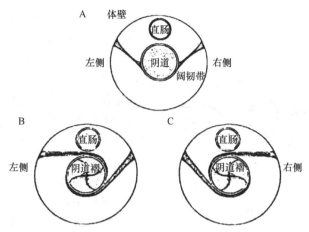

图 9-24　子宫左侧捻转和右侧捻转示意图（王春璇，2008）

A. 正常；B. 向右侧捻转；C. 向左侧捻转

捻转轻可发现同侧阴唇向阴门外陷入。捻转严重，一侧阴唇可肿胀歪斜。一般是阴唇肿胀与子宫捻转的方向相反，妊娠后期因阴门松弛，水肿更为明显。猪子宫捻转仅限于一侧或一部分子宫角，除涉及子宫体，否则诊断较难。

**4. 治疗**　　临产时发生捻转，应先把子宫转正后，拉出胎儿，产前发生捻转，主要应将子宫转正。矫正方法有通过产道或直肠矫正胎儿及子宫、翻转母体、剖腹矫正和剖宫产。后三种方法主要用于捻转程度严重而产道极度狭窄、手难以进入产道抓住胎儿或子宫颈尚未开放的产前捻转。

（1）产道矫正　　借助胎儿矫正捻转子宫，是最常用的方法之一，但取决于手臂能否通过子宫颈和胎儿是否存活。捻转程度小，可用此法，矫正时前低后高站立保定母畜，若母畜努责严重，可行后海穴或硬膜外麻醉，但药量不可过大，以免导致母畜卧下。手伸到胎儿捻转侧之下，握住胎儿某一部分向上向对侧翻转。若胎儿较小，借助转胎儿可矫正子宫，也可边翻转边用绳牵拉上方的前腿。胎儿存活时，手指抓住并掐压胎儿两眼眶引起胎动，同时向捻转对侧扭转，有时也可纠正捻转。

羊子宫捻转从产道矫正时，可将后腿倒提，使腹腔内器官前移，润滑产道后抓住胎羊腿向捻转对侧翻转。若胎膜未破裂，可先撕破，放出胎水，减轻子宫重量和大小，但会降低胎儿的活动性。

（2）直接倒牛法　　子宫向哪一侧捻转，采用一条绳倒牛法，将母畜倒于哪一侧。因迅速将牛放倒，子宫因惯性作用可能不随母体转动而恢复正常。若未成功，可再次倒牛，每次倒牛均需经产道进行验证倒牛是否正确有效（颈前捻转需行直肠检查，以确定子宫阔韧带的交叉是否松开），从而确定是否继续倒牛，但倒牛次数不宜过多。

（3）直肠内矫正　　若子宫向右侧捻转，可将手伸至右侧子宫下侧方，然后向上向左侧翻转，同时助手用肩部或背部顶在右侧腹下向上抬，另一助手在左侧胺部由上向下施加压力。若捻转程度较小，可得到矫正。向左捻转时操作方向相反。

（4）翻转母体　　这是一种间接矫正子宫的简单方法，可用于马、牛和羊。迅速向子宫捻转方向翻转母体，此时因子宫可能保持相对静止，使其位置相对于母体恢复正常。若母畜翻转前挣扎不安，可行硬膜外麻醉或注射镇静药物。场地必须宽敞、平坦、松软，病畜头下应垫草袋。子宫向哪一侧发生的捻转，应该让母畜的哪一侧着地，然后进行翻转。

1）直接翻转法。若直接倒牛法未成功，可分别捆住前、后肢，并抬高后躯。两助手站于

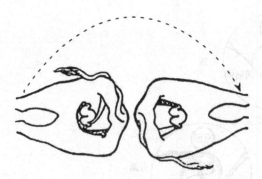

图 9-25　矫正向右捻转的子宫（赵兴绪，2016）

母牛右侧卧，仰翻为左侧卧

母畜背侧，分别牵住前后肢上绳子，猛然同时急拉，将母畜翻过去。因转动迅速，子宫因惯性可能不随母体转动，而恢复正常。若翻转成功，可摸到阴道前端开大，皱襞消失。若翻转方向错误，产道会更加狭窄。因此每次翻转后均需按上述方法验证翻转是否正确有效，从而确定是否继续翻转（图 9-25）。若未成功，可将母畜慢慢翻回原位，重新翻转。有时要经过数次，才能使子宫复原。产前很久发生的捻转，因为胎儿较小，子宫周围常有肠道包围，有时甚至与周围组织粘连，翻转时子宫也会随母体转动，不易成功，有时见于马。

2）腹壁加压翻转法。方法与直接法基本相同，可用于牛和马，但另用一长约 3m，宽 20～25cm 木板，将其中部置于母畜腹部，一端着地，术者站立或蹲于木板上，然后将母畜慢慢向对侧仰翻，同时翻转其头部。翻转时助手可协助固定木板。翻转后同样需进行产道或直肠检查。若不成功，可重新翻转（图 9-26）。

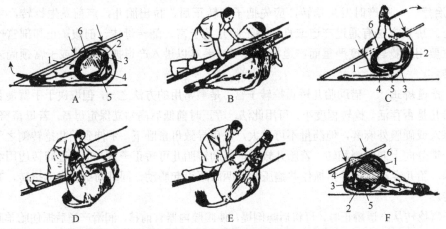

图 9-26　腹壁加压翻转法矫正子宫向右侧转（赵兴绪，2016）

A. 子宫向右转 180°时，子宫阔韧带的位置；B. 向右翻转的开始；C. 翻转 90°时，子宫阔韧带的起点及附着点；

D. 翻转 90°时，助手位置；E. 翻转 135°时，助手位置；F. 翻转 180°时，子宫阔韧带的起点及附着点。

1. 腹壁；2. 胃后部；3、4. 左及右子宫阔韧带起点；5. 左子宫阔韧带空角上的附着点；6. 右子宫阔韧带孕角上的附着点

3）产道固定胎儿翻转法。分娩时子宫捻转，手可通过子宫颈抓住并尽量固定胎儿一肢，翻转母体时子宫可能不随母体转动而恢复到正常解剖位置。

（5）剖腹矫正或剖宫产　利用上述方法无法矫正，可剖腹后在腹腔内矫正，若矫正不成功则行剖宫产。

1）剖腹矫正。可用于子宫颈开张前任何时间的子宫捻转。按剖宫产方法打开腹腔，切口部位视妊娠期而定。捻转发生于临产时，因胎儿重量大，为便于转动，可使母畜侧卧，行腹中线切口，尽可能隔着子宫壁握住胎儿某一部分（最好是腿部），围绕孕角纵轴向捻转对侧转动，转动的标志是子宫恢复至正常位置和捻转处消失。还可用手伸入产道验证是否已松开。

2）剖宫产。常因胎儿较大、子宫水肿、粘连等或腹腔矫正较为困难，需施行剖宫产。腹

下切口延长起来要比腹肷部切口方便，因此宜选用腹下切口。捻转程度严重且持续时间久常见到子宫壁充血或出血，腹水呈淡红色。有时剖腹矫正后，子宫颈也常开张不大，且子宫壁较脆，牵拉胎儿可能会引起子宫破裂，因此矫正后也可实施剖宫产。切开严重子宫捻转子宫壁时，子宫因高度充血而大量出血。为避免出血过多，应在切开前尽可能将子宫转正，若无法转正，要边切边止血，应先结扎可见大血管再切断，切开子宫后，还要注意止血，并检查捻转处有无损伤、破口等。

子宫捻转治疗方法较多，要根据具体情况而定。大多病例多已出现胎盘分离及子宫迟缓，且子宫复位后大多数子宫颈口很快关闭。因此，临产时的捻转，若子宫颈开张且胎儿无异常可用牵引术，若子宫颈开张不全或完全没有开张则可用剖宫产。

**5. 术后护理**　　产前捻转母畜因阔韧带疼痛而术后强烈努责，可给以止痛药或进行硬膜外麻醉。临产时捻转，矫正子宫并拉出胎儿后，因子宫内膜持续出血，捻转也可致子宫颈周边组织和血管破裂，术后需用止血药，子宫、腹腔及全身应用抗生素预防感染，为防止子宫水肿加剧，不宜使用等渗溶液。

（五）双子宫颈

偶尔见于牛、羊和马，对受胎影响较小，但若为双子宫同时双子宫颈（double cervix），人工授精时可能会影响受胎率。分娩时胎儿的不同肢体可能各伸入一个子宫颈口而发生难产，助产时可切开二口间隔膜，出血不多，也利于拉出胎儿。若单胎胎儿，可从一个子宫颈娩出，产出无碍。如两子宫角内各有一个胎儿，则可因子宫颈开张不全或子宫收缩无力或两个胎儿同时进入产道而都不能产出，可按双胎助产，也可施行剖宫产术。

（六）子宫疝

妊娠子宫通过脐孔、腹股沟、膈、会阴或腹壁等处破口突出而形成疝，有时耻骨前腱破裂，也可进入由皮肤和皮肌形成的包囊而形成疝。多见于妊娠后期，可引起难产，甚至母子双亡。马常发生于妊娠 9 个月后，牛 7 个月后，羊则多发生于妊娠最后一个月。

**1. 病因**　　子宫疝（hysterocele）发生原因不尽相同，主要有以下几种。

（1）腹壁疝　　妊娠后期母畜腹壁受到严重外伤，子宫经伤口脱出。有时即使没有外伤，妊娠后期腹壁肌肉难以支撑怀孕子宫而破裂，也可出现腹壁疝。破口多在腹底，略偏开中线。马多位于左侧，反刍动物则多位于右侧，且多在脐孔之后。此外，双胎或胎水过多等也是诱因。发病初期，局部多出现足球大小肿块，随后很快增大，整个腹壁从骨盆边缘一直到剑状软骨均出现大面积肿大，尤以后部更明显，可能是整个子宫通过破口进入皮下。牛肿胀最明显的是在两后腿之间，乳房常被挤在一起。

（2）脐疝　　各种家畜均可发生，可能是常染色体隐性基因所致，偶尔子宫可经脐孔处的疝环脱出，大多有遗传性，因此患病母畜不应作繁殖用。

（3）腹股沟疝　　有遗传性和获得性两种，犬多发，猫、猪和马较少，牛、羊则极少。5 岁以上犬给予大剂量雌激素可诱发本病。

（4）膈疝　　膈创伤时，子宫可能进入胸腔，多为继发创伤所致。

（5）耻骨前腱破裂　　多见于妊娠最后两个月，主要是妊娠后期腹壁负担加重所致，有时也见于外伤。发病时，耻骨前韧带横向断裂，腹肌、腹黄筋膜等也可破裂，内脏和妊娠子宫脱出。最常见于马，尤以挽马最多，轻型马较少，牛和羊罕见。

（6）会阴疝　　子宫可向骨盆腔后结缔组织凹陷内突出而形成会阴疝，多发于牛。

**2. 症状**　　腹壁子宫疝因腹壁受内脏巨大压力而严重水肿，有时很难摸清破孔边缘和其中的胎儿，妊娠一般可维持，但对母体和胎儿均极为危重。发生脐疝时，若疝环很大，子宫和胎儿可进入疝囊形成难产。腹股沟疝多为单侧，偶见双侧，腹股沟区肿胀明显，且随妊娠进程而肿胀变大。耻骨前腱破裂多发生于妊娠最后两个月，多有明显的大面积疝性水肿，可从腹壁底乳房部位延伸至剑状软骨区。若为外伤引起，则除腹腔底部突然增大外，腹胁部出现下陷，常出现腹痛，出冷汗，呼吸加快，脉搏快而弱，有时甚至休克。

**3. 治疗**　　若胎儿和子宫同时进入疝囊，则直肠或产道很难触及胎儿。马需在开始努责时即助产，最好将其麻醉，使其仰卧，减少对疝口压力，分娩和子宫复旧后，疝口可能自愈，但小肠可能由疝孔脱出，形成新的疝。若发生时间距分娩尚早，可手术修复。小动物腹壁疝则相对较易修复。但大动物若破口很大且子宫和胎儿已脱出则极难修复。

耻骨前腱破裂较难治疗，可用吊带吊着腹部，若距分娩尚早，可用人工引产或用剖宫产。若距分娩较近且引起难产，则可将其仰卧后，将胎儿拉入骨盆，再用牵引术。其他疝孔较小子宫疝可用保守疗法，疝孔大时可手术修复，但若病程较长，子宫已坏死，则要实施子宫切除术。

## 三、胎儿性难产

胎向、胎位和胎势异常及胎儿过大等，胎儿畸形或双胎同时楔入产道等引起难产。

### （一）胎儿过大

胎儿过大（fetal oversize）包括胎儿相对过大和胎儿绝对过大，前者指胎儿大小正常而母体骨盆相对太小，后者指母体骨盆大小正常而胎儿体格过大，但其他方面正常。另外，巨型胎儿、胎儿水肿或气肿等及胎儿某部分或某些器官体积过大等也可造成胎儿过大。常将胎儿相对过大和胎儿绝对过大统称为胎儿与母体大小不适或与骨盆大小不适应，因救治方法基本相同，且临床上也难确定是由骨盆太小或是胎儿过大引起，所以常作为一种难产考虑救治方法。

**1. 病因**

（1）遗传因素　　遗传对胎儿初生重影响最为明显，杂交品种尤为突出。牛若双亲体格差别较大，如荷斯坦公牛与娟姗母牛杂交，则杂交品种初生重接近于两者平均值，若反向杂交，则胎儿初生重会偏向母体方，因此可通过有目的的杂交育种预防因胎儿过大引起的难产。

（2）胎儿性别　　雄性胎儿体重一般大于雌性，因此胎儿过大引起的难产中，雄性胎儿比雌性胎儿多。

（3）胎次　　青年母牛所产牛犊比成年牛轻，随母体体重和胎次增加，胎儿初生重基本不再增加。

（4）病理性胎儿过大　　如重复畸形、胎儿水肿或裂腹畸形等。

（5）肌肉过度增大　　介于生理性与病理性间的特殊情况称为肌肉过度增大，也可引起难产。

（6）骨盆大小　　母体骨盆大小与年龄密切相关，初产家畜若生长发育不良或配种过早，则分娩时骨盆可能太小。

（7）巨型胎儿　　多见于妊娠期超过 300d 的牛或牛群近亲繁殖，可能为隐性基因所引起。牛发病率相对较高，一般不表现正常分娩时所出现的骨盆韧带松弛和乳房发育等症状，雄性牛犊比雌性牛犊多发，多因垂体前叶异常，胎儿毛和蹄子较长，切齿生长过快等病理变化，胎水中常有毛球，而很快死亡。

（8）管理不当　头胎母牛配种过早是胎儿过大的一个重要原因，此外，采用个体较大的公牛精液对体型小母牛人工授精也易造成胎儿过大。

**2．症状及诊断**　分娩初期母畜阵缩和努责、产道及胎向、胎位和胎势均正常，但胎儿很大，难以娩出。多见于胎儿排出期，多继发子宫迟缓，胎膜大多已破裂，且也可见到胎儿两前腿，偶尔可见到唇部。牛胎儿过大是最常见的一种难产，以荷斯坦奶牛最为常见，青年母牛发病率比成年牛高。另外，胎儿死亡后发生气肿也可造成胎儿过大。难以娩出主要原因似在头部，但胎儿胸部和肩部更易阻滞在骨盆入口处。由于胎儿过大楔入产道内，常难以确定胎儿过大的程度。倒生时，因胎儿臀部先进入产道，且胎儿排出时的方向与胎毛相反，因此过大的胎儿更难产出。

**3．助产**　胎儿过大引起的难产，可使用以下方法助产。

（1）牵引术　轻微胎儿过大用牵引术可成功助产。胎儿正生时，可用手牵引前肢或同时用绳子牵引头部，也可用三个绳套分别套住头部和两前肢交替进行牵引（图9-27）。倒生时则牵引两后肢，且应交替用力牵引。一般只需两个人牵引，术者指导牵引方向和力度，较为严重病例，则两个人各牵引一前肢和第三个人牵引头部，必须随时检查产道中胎儿位置，并随时润滑产道。若仍难以见效，则应检查牵引的部分是否属于同一胎儿或考虑其他助产方法。

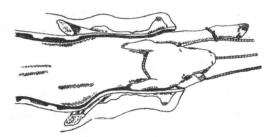

图 9-27　胎儿过大，施行牵引术
（侯振中和田文儒，2011）

（2）截胎术　胎儿过大且已死亡时，若难以拉出胎儿，正生时可考虑截去一侧或两侧前肢以减小胸部大小，若胎头妨碍进一步操作，可施行头部截除术。倒生时可截除一侧或两侧后肢，若胎儿仍难以进入母体骨盆入口，则可施行内脏摘除术或其他截胎手术。

（3）外阴切开术　若阴门明显较小，牵引过大的胎儿时会引起阴门及会阴撕裂，则可施行外阴切开术。

（4）剖宫产术　如经牵引术难以将胎儿拉出且胎儿仍存活，可施行剖宫产术。胎儿若已死亡，虽可用剖宫产术解救，且母体康复率高，但操作复杂且需要特殊护理，宜用截胎术。

（5）诱导分娩　若母畜已超预产期且发现为巨型胎儿，且仍无分娩征兆时，牛可每天注射 15～20mg 雌二醇，或者合用 20～40mg 地塞米松，或者合用 25～40mg $PGF_{2\alpha}$，以诱导分娩，注射药物后应注意观察，以便及时助产。

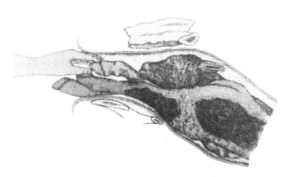

图 9-28　双胎难产，正生胎儿肩关节屈曲
（Noakes et al.，2019）

**（二）双胎难产**

双胎难产（dystocia due to twins）是指两个胎儿同时楔入母体骨盆，往往还伴有胎势和胎位的各种异常（图9-28）。奶牛最为常见。马怀双胎时大多引起流产，妊娠足月发生难产的很少。绵羊虽产双胎较多，但其引起的难产相对较少。双胎难产的基本类型有：两个胎儿同时楔入产道；一个胎儿前置，但胎势、胎向或胎位异常而难以娩出，其中胎势异常最常见，是由子宫空间太小而引起四肢或头颈屈曲；子

宫迟缓，即由于子宫负担过重，收缩无力，虽胎儿正常，但却难以娩出。

双胎难产时，两胎儿均为正生或一个正生一个倒生者较多，均为倒生者较少，一个横向一个竖向者更少。

**1. 诊断** 先确定胎儿前置四肢所属关系。若两个胎儿均为正生，产道检查可发现两个头及 4 条前腿，均为倒生时只是 4 条后腿。因此，若发现有两个头或两条以上腿时，应考虑双胎难产。若同时有 4 条腿，还应注意是两个胎儿同时楔入产道还是一个胎儿的四肢楔入产道。当楔入骨盆腔的深度不同时，可能会忽略里面的一个胎儿，要将两个胎儿仔细触诊清楚。此外，要与裂体畸形、连体畸形、胎儿竖向和横向等鉴别。

**2. 助产** 应先推回靠里面的一个胎儿，待拉出靠外胎儿后再将推回的胎儿拉出。怀双胎时的子宫容易破裂，推退时应谨慎小心。双胎胎儿一般均较小，拉出并无多大困难，但一定要矫正其异常部位，推之前要分辨清楚两胎儿肢体，勿将两胎儿腿拴在一起拉出。若产程已很长，矫正及牵引均很难，可用剖宫产术或截胎术。胎儿死亡后阻滞于骨盆腔内时也可用剖宫产。

（三）胎位异常

正常情况下，胎儿在子宫内总是将其脊柱对着子宫大弯。无论正生还是倒生，胎儿均可能因未翻为上位而发生胎位异常（abnormal position），即呈侧卧位或下位。妊娠末期，马胎儿一般是下位，牛胎儿一般是上侧卧位。分娩时胎儿则要变为上位才能产出，所以马胎位异常的发生比牛更为多见，主要原因是妊娠后期或分娩初期马胎儿必须要从下位转向上位，转动幅度大于母牛。胎儿虽呈纵向正生多见，偶尔也呈倒生，但胎儿脊柱偏向左侧或右侧或朝向母体腹底而呈下位的异常胎位，则将侧卧位或下位胎儿矫正成上位。矫正时要先推回胎儿后，用力转动胎儿为上位。胎位异常主要有正生时侧卧位及下位和倒生时侧卧位及下位两种。

**1. 正生时的侧卧位及下位** 各种动物均可发生，均可造成难产，尤其是初产家畜。但侧卧位以牛多发，下位以马和驴多见，母驴怀骡则下位更多。

（1）症状 胎儿侧卧位时，两前蹄底朝向母体一侧体壁，唇部进入盆腔，但下颌朝向一侧，但约半数病例两前腿和头颈屈曲，不进入盆腔。下位时，两前腿和头颈一般都屈曲，位于盆腔入口前缘，偶尔前腿以蹄底向上姿势伸直进入盆腔，头颈侧弯在子宫内。向前触诊可根据胸背部位置确定为侧卧位或下位。检查时还要注意胎位异常是否与子宫捻转有关，若为子宫捻转所致，则应先矫正子宫捻转，再确认胎位是否异常。

（2）助产 胎位异常均要把胎位翻转成上位或轻度侧卧位后才能牵引（除胎儿很小或母畜为猪外）。矫正时产道应灌入大量润滑剂，并防止粗暴操作而导致子宫破裂及子宫阔韧带血管破裂。因受胎儿重量或子宫收缩的影响，翻转胎儿可能比较困难。矫正羊胎儿时，将母羊倒提，用手翻转即可。根据难产时间长短不同，以下位异常介绍矫正大动物胎位异常的方法。

母畜前低后高站立保定更便于操作。发病初期，因胎水未流失和子宫未紧裹胎儿，翻转胎儿一般并不困难，先把一条前腿拉直伸入产道后，用手钩住胎儿鬐甲部向上抬，使之变为侧卧位，再钩住下面的一腿前肘部向上抬，使胎儿接近变为上位。用手握住下颌骨把胎头转正拉入骨盆腔，最后把另一前腿拉入盆腔，即可拉出。这在刚开始分娩的病例，都很容易，甚至分娩一开始就依次向上抬鬐甲及下面前腿肘部，即能把胎儿翻转成为轻度侧卧位或上位，然后再矫正胎头及两前腿姿势。侧卧位活胎儿，可用拇指及中指掐住两眼眶，借助胎儿的挣扎可把头和躯干转正，然后使胎儿前肢及唇部进入产道，借助母畜子宫收缩的力量而将胎儿拉出。

如果站立保定后翻转胎儿困难或母畜不愿站立时，可将母畜侧卧保定，后躯垫高，将胎儿一前腿变成腕部前置后，紧握掌部固定，然后迅速翻转母畜，若未成功，可重复翻转。翻转前应灌入大量润滑剂。这种翻转母畜矫正胎位的方法，尤其针对刚发生难产不久的病例，效果很好，但是要应用惯性原理，侧卧位时要注意侧卧和翻转的方向。矫正困难而延误的病例，因胎水流失，子宫缩小，胎儿卡在盆腔入口前，需在子宫内灌入大量润滑剂，若努责严重，可行后海穴麻醉。

　　胎儿头部和两前腿均屈曲，翻转时应先将头部及两前肢扳直后拉入盆腔，在球节上方缚上绳子。术者用手握住下颌骨体或下颌骨支翻转头部的同时，一个助手向左向下拉右腿，另一助手向右向上拉左腿，这样交叉拉两前腿，同时术者用手钩住左肘部向上抬，助手继续拉动位于上部的左腿，即可把胎儿转正为上位或轻度侧卧位。在死胎儿，可用产科钩钩住眼眶，由助手向对侧轻拉。只要头转正了，躯干也基本转成了轻度侧卧位，由于盆腔入口侧壁是由上向外倾斜，拉出过程中背部就能沿此斜面向上滑动，基本上变为上位，不至于影响拉出。若胎头阻碍翻转胎儿，也可先截除头颈后用上述扭转法拉出胎儿。

　　**2. 倒生侧卧位及下位**　　两后腿屈曲或伸入产道，蹄底朝向侧面或向下。产道检查可触摸到胎儿跗关节可确定是后腿，继续向前可触摸到臀部朝向侧面或位于下面。检查时要注意是否与子宫捻转有关。因没有头的阻碍，翻转及时，拉出胎儿要比正生时容易。无论矫正为侧卧位还是上位，均应先将两后腿拉直进入盆腔。尽量使母畜站立保定。倒生侧卧位胎儿两髋结节间长度较母畜骨盆垂直径短，通过盆腔并无困难，但随后牵拉腹胸部通过时，因盆腔入口侧壁是向上向外斜的结构，所以背部也可沿此斜面向上滑动而基本变为上位。另外，术者也可向上抬下面的一个髋结节或膝关节，同时助手用力拉上部的后腿，也可翻转侧位的骨盆。

　　倒生下位的矫正方法与侧卧位基本相同，即拉胎儿上面的一条后腿，同时抬下面对侧髋关节，使骨盆先变成侧卧位后，再继续矫正为上位拉出。如胎儿已死，而跗部已露出于阴门外，可在二者间放一粗棒，用绳以"8"字形缠绕并一起捆紧，缓慢并用力转动粗棒，将胎儿转正。倒生下位的矫正，也可采用固定胎儿翻转母体的方法。无论采用哪种方法，转正前必须灌入大量润滑剂，否则易损伤母体。

　　（四）胎势异常

　　胎势异常（abnormal posture）可单独发生或与胎位、胎向异常同时发生，是仅次于胎儿过大的难产之一。牛以腕关节屈曲和头颈侧弯常见。马最常见的是四肢及头颈姿势异常。若救治及时，一般比较容易，若救治延误，则难产程度加大或继发子宫迟缓、胎水流失，导致胎儿死亡或气肿等，则实施截胎术或剖宫产。救治时，一般先将胎儿推回腹腔，矫正后再用牵引术。根据发生的部位可分为头颈姿势异常、前腿姿势异常及后腿姿势异常。

　　**1. 头颈姿势异常**　　主要有头颈侧弯、头向下弯、头向后仰和头颈捻转4种。以头颈侧弯最为常见，主要原因是在分娩开口期中胎儿活力不够旺盛，头颈姿势未能转正；胎儿头颈部分抵在骨盆前缘，头颈未能伸直；子宫收缩急剧，胎膜过早破裂，胎水流失，子宫壁直接紧裹胎儿，胎头未能以正常姿势进入骨盆腔内，若子宫继续收缩，胎儿活动空间缩小，使头颈姿势异常更为加重。助产错误（如头部尚未进入产道前，过早牵拉前腿）和颈椎先天性硬结等也可能造成头颈姿势异常。

　　（1）头颈侧弯　　胎儿的两前腿进入产道，而头未伸直，弯于躯干一侧。常见于马、牛、羊等单胎动物。牛和马占胎儿异常所致难产的半数或更多，是最常见难产之一，尤其是马，胎驹颈部较长，发生后矫正也特别困难。初期侧弯程度较小，仅头部偏于骨盆入口一侧，没有进入产道，阴门仅可见蹄子。随母畜努责和子宫收缩，胎儿肢体继续向骨盆入口移行，头颈侧弯越来越重。两前腿腕部以下伸出阴门之外，但不见唇部。哪一侧的腿伸出较短，头就弯向哪一侧。若前腿伸出很长，则可能为助产时仅拉前腿，不矫正头部所引起。产道检查时，牛可触摸到头部弯曲于胸部或腹部侧面。马因颈部较长，头部最远可达腹肋部，嘴唇可抵至膝关节处，因此不易摸到，但从颈部鬃毛或气管位置即可确定头在哪一侧。头的方向有三种情况：一种是唇部向着母体骨盆，整个头呈"S"状，同时头部捻转，下颌转至上面，额部转至下面。另一种是唇部向着母体头部（图9-29）。再一种是介于以上二者之间，唇部向着母体腹下。

矫正的难易程度要根据子宫收缩强弱、胎位是否同时也有异常及头颈弯曲程度而定。子宫收缩力越强，头颈部弯曲程度越大，胎儿颈基部楔入骨盆入口越紧，难产发生时间越长，矫正越困难。牛若阵缩不强，一般预后良好，有时尚能救活胎儿。马驹多因胎盘血液循环受阻而死亡。

救助时母畜应采取前低后高姿势保定。大动物可根据胎儿情况选用下列方法。

弯曲程度不大，仅头部稍弯，同时骨盆入口前空间较大，手可够及胎头，可把润滑过的手伸入产道握住胎儿唇部，即能扳正（图9-30）。活胎时可用拇指和中指掐住眼眶，引起胎儿反抗，有时也能自动矫正。矫正后使用牵引术，将胎儿拉出。

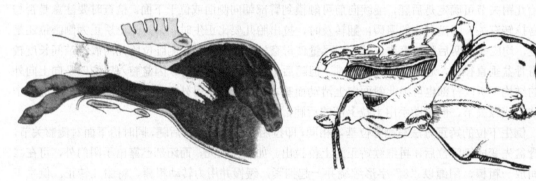

图9-29　马驹头颈侧弯（赵兴绪，2016）　　　　　图9-30　头颈侧弯的徒手矫正
　　　　　　　　　　　　　　　　　　　　　　　　　　　　　（侯振中和田文儒，2011）

如果弯曲程度很大，胎儿颈部堵在盆腔入口，且胎水流失严重，子宫紧裹胎儿，单独用手无法矫正，应向子宫内注入润滑剂后，先用手握住一肢或产科梃叉顶在胸前和对侧前腿（如头颈弯于右侧时是左前腿）之间，将胎儿推向腹腔，腾出盆腔入口部位空间，然后拉直胎头。拉胎头时，如能摸到唇部，可用手握住下颌骨支，将肘部支在母体骨盆上，先用力向对侧压迫胎头，然后把唇部拉入盆腔入口。若徒手扳正胎头有困难，可用绳子打一活结，套在下颌骨体并拴紧后，术者用拇指和中指掐住两眼眶或握住唇部，向对侧压迫胎头，助手拉绳，即可扳正。牵拉头颈时易使胎头以侧位伸入骨盆入口，不能通过，这时应一边向子宫内推动胎儿，一边扳正胎头，然后拉出（图9-14C和D）。胎儿唇部向着母体骨盆，眼眶位于耻骨前缘之下或胎儿已死亡或用其他方法矫正困难时，也可用产科钩钩住眼眶拉头，将胎儿头部拉近骨盆入口，用手把唇部扳入骨盆腔。操作比较省力。

马因颈较长，如手触不到头部，可用手牵引肢体或用推拉梃拴住颈部前端，把头拉至盆腔入口处，再按上述方法把头拉入盆腔。胎儿如已死亡，且上述操作遇到困难，手很难够及胎儿头部时，可用线锯或胎儿绞断器绞断其颈基部，将头颈部向里推，先拉出躯干后，再将头颈拉出。也可将躯干向里推，拉出头颈再拉躯干。当骨盆部空间无法满足矫正弯曲头颈时，可用截胎术截断对侧前肢，再矫正弯曲的颈部。若胎儿存活，而弯曲的头颈难以矫正时，可行剖宫产。羊助产方法基本相同，将母羊后肢倒提，可先用绳子拴住胎儿两前腿，借胎儿重量和手推（努责强烈时可施行硬膜外麻醉），使胎儿退回腹腔深部。若努责不强烈，胎儿较小，手伸入子宫握住胎头，徒手矫正即可，也可借助产科绳或产科钩矫正。若手难以触及胎头，可先将母体前躯抬高，握住胎头后，再将后肢倒提矫正。若无效，可施行截胎术。

（2）头向后仰 头颈向上向后仰至背部。因头颈总是偏在背部一旁，所以没有严格的后仰，可视为头颈侧弯的一种。触诊胎儿，摸到气管位于颈部之上，即可与头颈侧弯区别。助产方法与头颈侧弯也基本相同，一般是在向腹腔推退回胎儿的同时，将胎头从后仰变成头颈侧弯，然后再继续助产。

（3）头向下弯 主要有以下几种情况，头未伸直，唇部向下，抵于母体骨盆前缘，额部朝向产道，称为额部前置；枕寰关节极度屈曲，唇部向下向后，枕部朝向产道，称为枕部前置，从额部前置发展而来；头颈下弯于两前腿间，颈部朝向产道，胎儿下颌抵于胸骨，称为颈部前置。阴门口可见前蹄或产道可摸到前腿外，额部前置时骨盆入口处可摸到额部，枕部前置时骨盆入口处可摸到项脊和两耳，颈部前置时，可摸到颈部在两前腿之间向下弯，且两腿之间的距离较宽。助产方法依头颈弯曲程度而定。一般宜使母畜前低后高保定，先将胎儿推回腹腔深部再行矫正。额部和枕部前置，矫正容易，预后良好。若颈部极度向下弯曲，矫正较为困难。

额部前置，可用手钩住唇部上抬，使下颌高过骨盆边缘，拇指按压鼻梁，先将头向上抬并向前推，即可将胎儿唇部拉入骨盆入口。

枕部前置，若楔入骨盆不深，可用上述方法矫正或可先用产科梃顶在胸部和前腿间向前推，然后将唇部拉入盆腔。马出现枕部前置时，若头已进入阴道，且可见到两耳，有时用力牵引即可拉出胎儿。也可将绳子套在上颌或下颌骨体并拎紧，术者用手指掐住两眼眶向上向前并向一侧用力推胎头，同时助手向上拉紧绳套，将唇部拉入盆腔。若矫正头部困难，可先将前肢推回子宫，然后向侧面转动头部，再向上向前推动，使头部通过骨盆前缘，再拉直推回子宫中的前肢，用牵引术将胎儿拉出。若特别困难，可将两前肢推回子宫，再矫正头部。若时间很长，胎儿楔在骨盆边缘，可用截胎术截去弯曲的头颈部。若胎儿已经死亡，且枕部达到阴门，可用产科刀切断枕寰关节背侧面软组织，使关节充分屈曲，然后用产科钩或钩钳夹住颈部断面，拉出胎儿，也可从枕寰关节把头截下取出，再将胎儿拉出。

颈部前置时，死胎可用截胎术把颈部截断，再分别把躯干和头颈拉出。活胎儿则可先用产科梃顶在胸部与一前腿之间，将胎儿尽可能向前推，再把另一前腿的腕关节弯曲起来，并向前推，变为肩部前置，以便头颈有活动空间，然后用手握住或用绳拴住下颌骨体，将唇部拉入盆腔，最后再把另一前腿矫正复原，即可拉出胎儿。在活胎儿且矫正极为困难的头向下弯，可采用剖宫产术。

（4）头颈捻转 头颈围绕自己的纵轴发生了捻转。捻转90°，头部成为侧位；或捻转180°为下位，额部在下，下颌朝上。头颈捻转常与胎儿侧卧位有关。偶尔发生于马，也见于牛，有自发的，也有因头颈侧弯时助产错误，未将头部翻正即向骨盆腔内牵拉所致。根据两前肢进入产道，头部位于两前腿之上，但下颌朝着一侧或朝上即可诊断。助产时将胎儿推入子宫内，用手掐住眼眶或握住一侧下颌骨支，把胎儿翻转拧正，拉入产道，将头扭正。也可用手固定胎头后，用翻转母体的方法扭正胎头。胎儿死亡可用截胎术截去异常部分，胎儿存活但难以矫正，可用剖宫产。

**2. 前腿姿势异常** 可能是由胎儿对分娩缺乏应有的反应或子宫颈开张不全而阵缩过强所致。腿姿势异常可使胎儿体积增加，不能通过盆腔。前腿姿势异常主要有以下4种。

（1）腕关节屈曲 前腿没有伸直，一侧或双侧腕关节屈曲，楔入骨盆入口处，又称为腕部前置。两侧腕关节屈曲时，阴门处看不到胎儿任何一部位，单侧性腕关节屈曲时，可见到屈曲的腕关节楔在骨盆入口处，阴门处可见到另一伸直的前腿。经产道可摸到一侧或两侧屈曲的腕关节位于耻骨前缘附近或楔入骨盆腔内。可用产科梃顶在胎儿胸部与异常前腿肩端之间将胎儿推回子宫后，用手钩住蹄尖或握住系部尽量向上抬，或握住掌部上端向前向上推，并向后向外侧拉，使前蹄越过骨盆前缘向骨盆腔内伸，将前腿拉直。若屈曲较为严重，也可将绳子拴住异常前腿系部，术者一只手握住掌部上端向内向上推，另一只手拉动系部，前腿即可伸直进入盆腔。但不可硬拉，以免损伤软产道（图 9-31）。如用上述方法仍难矫正，且胎儿已死亡，也可先截掉腕关节并取出后，用绳子拴住肱骨下端，手护住断端，将前腿拉直。

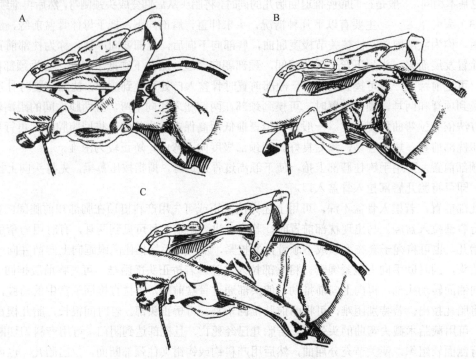

图 9-31　腕关节屈曲时的助产（侯振中和田文儒，2011）

A. 用手和推拉梃进行矫正；B. 用手和绳套矫正；C. 用手抓住蹄尖矫正

（2）肩关节屈曲　　胎头已进入盆腔，而前腿肩关节以下部分在躯干旁或腹下，使胸部体积增大，又称为肩部前置。在前腿姿势异常比较常见，且多为两侧。而猪这种姿势属于正常。阴门处可能会看到一侧前蹄尖或什么也看不见，经产道可摸到胎头和屈曲的肩关节卡于骨盆入口附近，前腿自肩端以下位于躯干之旁或之下。为便于矫正，可将母畜仰卧保定，将胎儿推回子宫并矫正后牵引。一侧肩部前置时，若胎头进入骨盆不深（多见于牛），可先将产科梃顶在胎儿胸前与对侧前腿之间，术者握住异常前腿腕部，助手向前并向对侧推的同时，把腕部往骨盆腔拉，使之变成腕部前置（图 9-32）。马因胎儿腿长，若手触不到前腿下端，助手可握紧并向前推另一肢的同时，术者先把前腿拉成腕部前置，再按腕部前置矫正法继续矫正拉直。马和羊若胎头已露出阴门，不易推回，而胎儿较小，尤其是一侧性异常或母体骨盆腔较大，可不矫正即试行牵拉。马和羊的骨盆腔较大，拉出比牛容易。若胎儿气肿，且子宫紧裹胎儿，不易矫正和拉出，可截掉异常前腿，先拉出躯干，再拉出前腿。若难产历时较久且难以矫正，则可用截胎术截去前肢。

两侧肩部前置也可按上述方法助产。若胎儿已死，肩端楔入盆腔较紧且胎头已露于或拉出阴门外，胎头肿胀严重，可在阴门外截掉枕寰关节后推回胎儿，将肩部前置矫正成腕部前置。马和羊若胎儿小，不加矫正即轮流向左和向右拉头，有时也能拉出，但易损伤产道。

（3）肘关节屈曲　　肘关节未伸直，呈屈曲姿势，肩关节因而也同时屈曲，使胎儿胸部体积增大，但腕部伸直，主要见于牛。阴门处可见唇部、一个前蹄在前另一前蹄在后（肘关节屈曲）或两前蹄仅位于颌下（两侧肘关节屈曲）。可用手向前推异常前腿肩端（也可用产科梃推），用另

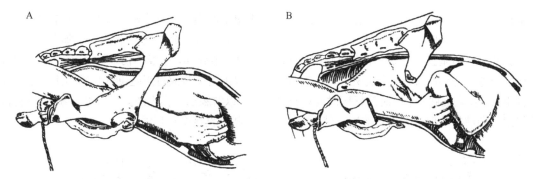

图 9-32　肩关节屈曲时的助产（侯振中和田文儒，2011）

A. 徒手矫正第一步；B. 徒手矫正第二步

一只手或绳子拉动前腿蹄部即可拉直。羊可先握住胎蹄，再把母羊倒提起来，即可拉直。

（4）前腿置于颈上　　一条或两条前腿交叉于头颈部之上，甚至头颈弯曲，胎头位于胸或腹部之下。主要发生于马，且为双侧性，牛偶有发生，可造成严重难产，甚至蹄部穿裂阴道壁。阴门内可摸到蹄尖位于唇上两旁，两腿交叉。前腿置于颈上时，因增大了头部体积，影响胎儿排出。阵缩强烈时，前蹄可使阴门上壁及会阴发生破裂而引起膣肛或阴道破裂。术者最好先用手将胎儿向后推回，然后抓住反常的前腿向正常侧并向下压，即可矫正。矫正困难时，如为两侧性的，可分别在两前腿系部套上绳子，向前向上推动胎儿的同时，先将位于上面的一条腿抬起，再向上并向正常侧拉，即可使前腿复位。然后再以同样的方法矫正另侧前腿，并将头部抬起，两腿放于其下，用牵引术拉出胎儿。如蹄子已经穿入阴门壁内，则先用硬膜外麻醉或深部麻醉，再推回胎儿，使蹄子退出破口，再行矫正。拉出胎儿后缝合伤口。若胎蹄穿过会阴部或直肠，可先切开会阴，拉出胎儿后再缝合切口和损伤组织。若矫正极为困难，可用截胎术截去前肢，以腾出空间矫正胎头，或截去胎头和前肢后再行处理。

**3. 后腿姿势异常**　　正常情况下，马驹和牛犊大多均是正生，绵羊产单羔时，正生比例与牛相似，双羔倒生则较多。猪和犬的胎儿会有部分倒生。倒生胎儿后肢或伸直或屈曲。若后肢伸直，难产发生率略比正生高，但若后肢屈曲，则难产发生率很高。因胎儿四肢较长且后肢伸展也要较大空间，因此妊娠末期倒生胎儿常难以将后肢伸直而发生难产。虽然羊双胎比单胎胎儿小，但坐生时也多引起难产。矫正倒生时姿势异常的后腿，操作时需润滑产道，以免胎儿肢体损伤子宫，甚至造成子宫穿孔。倒生且后肢异常，若及早救治，一般预后良好，胎水流失，子宫收缩，胎儿死亡，则救治比较困难，常使用截胎术或剖宫产。

后腿姿势异常主要有以下两种。

（1）跗关节屈曲　　倒生时常发生，且为双侧性，即后腿没有伸直进入产道，跗关节位于骨盆边缘前或楔入母体骨盆腔，又称为跗部前置。伴发髋、膝关节屈曲，后腿折叠而无法通过骨盆。牛和羊比马多，猪偶发。如双侧跗关节屈曲，阴门处无胎儿任一部位，骨盆入口处可摸到胎儿尾巴、坐骨粗隆、肛门、臀部和屈曲的跗关节。一侧跗部前置时，阴门内常有一蹄底向上的后蹄。助产原则和方法基本与正生时的腕关节屈曲相同，主要目的是拉直屈曲的跗关节。可将产科榇顶在尾根和坐骨弓之间向前推胎儿，术者用手钩住蹄尖或握住系部尽量向上抬，或握住跗部上端向前、向上并向外侧推，然后使蹄子向盆腔内伸，都可使它越过耻骨前缘，将后腿拉直。在牛也可用绳子拴住异常后腿系部，并使绳子穿过二趾之间，这样拉绳子时蹄子可向后弯起来（图 9-33）。术者用一只手握住跗部上端向前向上推，另一只手拉绳，后腿即可伸入盆腔，但要注意不可使蹄子损伤软产道。驹因跗部较长，推动困难时，也可把梃上的绳子绕过跗部，并将梃叉伸到它下面用力拉，然后助手向上向前推，术者用手钩住蹄尖并拉入盆腔。矫正之前不可强行牵拉，否则会造成大腿与产道垂直，膝部抵于产道底壁，且蹄子压迫产道底部，造成损伤。若跗部已深入盆腔，上述矫正方法遇到困难，且胎儿死亡时，可先截断并取出跗关节或将跟腱彻底切断后用绳子拴住胫骨下端，拉直后腿。牵拉时最好同时向前推动胎儿，以防膝部损伤产道。马和羊一侧跗部前置，可将跗部向前推，使变为坐骨前置，然后拉出胎儿。猪可直接牵拉后腿。

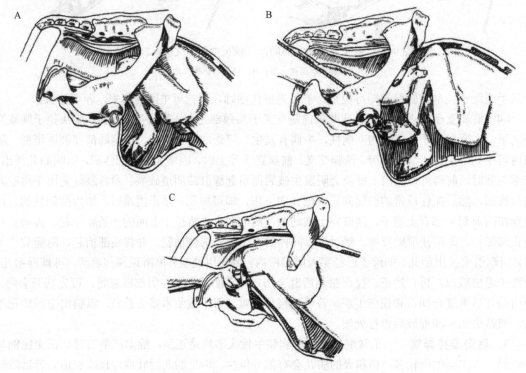

图 9-33　跗关节屈曲时的矫正（侯振中和田文儒，2011）
A. 倒生时的双侧跗关节屈曲；B. 用手和绳套矫正；C. 用线锯在跗部行截胎术

（2）髋关节屈曲　后腿未进入骨盆而伸于躯干之下，胎儿坐骨朝向盆腔，所以又称坐骨前置，双侧性的也称为坐生。因臀部和大腿加在一起体积增大，胎儿不能产出。马比牛、羊常见，猪仅在胎儿过大时引起难产。若一侧坐骨前置时，阴门内可见一蹄底向上的后蹄尖，骨盆入口处可摸到胎儿尾巴和肛门等，向前可摸到大腿向前伸。有时由于难产时间较长，手难以进入产道检查。倒生时有时两前蹄也向后弯曲伸至骨盆入口前，蹄底向上，要注意鉴别。助产原则和方法与正生时的肩部前置相同。马和羊的一侧异常，如胎体小且已进入骨盆，推回困难，可不加矫正，即轮流向左和向右拉另一条腿，容易拉出。坐生时，如胎体也小，前置部分楔入骨盆较深，可直接拴上绳子拉出。驹坐生时，若胎儿存活，宜抑制母畜努责并立即剖宫产，否则，由于矫正拉出会耽误时间而导致胎儿死亡。坐骨前置难于矫正且胎儿已死亡，可用截胎术截去弯曲后肢，再拉出（图 9-34）。

（五）胎向异常

胎向异常（abnormal presentation）是指胎儿纵轴与母体纵轴不平行，与母体纵轴或为上下垂

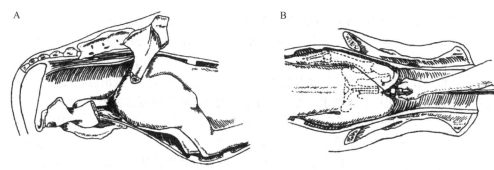

图 9-34　髋关节屈曲时的助产（陈北亨和王建辰，2001）

A. 双侧髋关节屈曲；B. 截除后肢

直呈竖向或为水平垂直呈横向。横向时，胎儿某一端也总比另一端更靠近骨盆入口。横向可分为腹横向和背横向两种。如有发生，则马比牛较多发，在牛和羊极为罕见。但在多胎动物，多在分娩时才会出现个别胎儿呈横向的情况。竖向在马相对较多，牛则较少。根据胎儿脊柱或腹部位于骨盆入口处，可分为背竖向和腹竖向两种。所有胎向异常的难产均极难救治。主要方法是转动胎儿，将竖向或横向矫正成纵向。一般是先将最靠近骨盆腔的肢体向骨盆入口处拉，将其矫正成正生或倒生，并灌入大量润滑剂，以防子宫发生损伤及破裂。胎儿死亡则宜施行截胎术，胎儿存活宜尽早施行剖宫产术。

**1. 腹竖向**　腹竖向是胎向异常中比较常见的一种，主要发生于腹部下垂的老龄动物，胎儿倾斜竖于子宫中，腹部朝向骨盆入口部，头及四肢伸入产道内，因此又称为犬坐式（图 9-35）。此时，后肢多在髋关节处屈曲，趾关节可能楔入骨盆腔或沿胎儿体躯伸入阴道。可分为头部向上（头部和四肢伸入产道）及臀部向上（胎臀在上，后肢以倒生姿势楔入骨盆入口，两前蹄也伸至骨盆入口处）。可先把两前蹄推入子宫，再按坐生处理。为便于推回前肢，

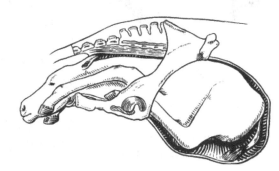

图 9-35　腹竖向（犬坐式）（Noakes et al.，2019）

可将母畜侧卧或半仰卧，后躯垫高。分娩开始时，产道内可摸到正常前置的头和前腿，在耻骨前缘或盆腔入口附近还可摸到后蹄。腹竖向在临床上一般较少，若救助延误，经阵缩，唇及前蹄已见于阴门处，且为伸展状态，但胎儿不能继续排出。此时，在骨盆入口处可摸到屈曲的后腿，因此整个后躯增大，阻塞于骨盆入口，不能通过。后蹄已进入盆腔入口时，位于膝部与腹部之间，跗部挡在耻骨前缘。有时一后蹄呈这种状态，另一后腿仍在耻骨前缘之前。此外，有时也可遇到腹部前置的竖向同时伴有前躯的姿势异常，如胎头侧弯及腕部前置，这时前躯就不会露出阴门之外。因而产道检查时，除注意检查和矫正头部外，还要弄清进入产道的蹄子是前蹄还是后蹄。根据难产发生时间，前躯状况及胎儿大小选择助产方法。矫正前在产道中灌入润滑剂。对刚发生腹竖向病例，头及前躯进入骨盆腔不深，手可握住后蹄尽可能向上抬，再越过耻骨前缘推回子宫，然后将胎儿矫正成正生纵向拉出。若上述方法无效，也可试将其矫正成倒生下位。救治时可用绳套拴在后肢上拉紧，同时用推拉梃或手臂顶住胎儿肩部或颈部回推，再用牵引术拉出胎儿。若矫正困难且胎儿存活，应立即剖宫产。延误病情或强行牵引时，头颈及前腿已露出于阴门外，胸部楔在骨盆腔内，后蹄已进入盆腔较深，无法推回，也无法矫正，可先在后蹄系部拴上绳子，术者

把跗部或跗部尽可能向上抬，助手拉绳，使腿伸直于自身躯干之下，然后同时拉动头及四肢，将胎儿拉出。此法在一侧后腿异常且胎儿较小时容易成功，但跗部可能损伤软产道。矫正有困难时，因胎儿一般已死亡，应立即施行胸部缩小术，将后蹄推回子宫，再拉出胎儿。若无法把后蹄推回子宫或拉直，也可行前躯截除术。截除前躯后，将剩下的腰臀部推回，拉出前躯后将剩余后躯部分以倒生下位拉出。若阴道肿胀严重，难以进行子宫内操作时可施行剖宫产。

**2. 背竖向** 胎儿竖立于子宫中，背部向着母体骨盆入口，头部在上，头和四肢呈屈曲状态。多由下位发生而来，腹部下垂家畜分娩时若阵缩努责持续过强，破水过早，加上胎儿活力不强时，可转变为竖向。偶尔见于马、驴、牛和山羊。前躯有时距骨盆入口较近，在骨盆入口之前可摸到胎儿鬐甲、背部及颈部，可视为一种正生下位。有时后躯靠近骨盆入口，可摸到荐部、尾巴及腰部，可视为一种倒生，但臀部位于耻骨前缘下方。根据胎儿头部或臀部距骨盆入口远近，可将竖向矫正成正生或倒生时的纵向。在胎儿臀部比较靠近骨盆入口时，用中指插入肛门或用产科钩夹住死胎臀端拉向骨盆入口后，将胎儿变为坐生，再行处理。若胎头及前肢靠近骨盆入口，可利用绳子及产科钩，先将胎儿头和（或）前腿拉向骨盆入口，将胎儿变成正生下位后，按正生下位的矫正方法，将胎儿翻转成为上位，再行拉出。在矫正时要将胎儿推回子宫，并注意产道润滑。若胎儿已死且矫正困难时，可套上钢绞绳，绞断后分别拉出。

**3. 腹横向** 胎儿横卧在子宫内，腹部朝向骨盆，四肢伸向产道。有时见于马、猪，牛、羊则少见。马有时是因双角妊娠（胎儿横卧在子宫内）或先天性歪颈胎驹而引起。产道内有时可摸到蹄底朝向一侧的四肢，可交叉楔在骨盆入口处或四肢有的屈曲，并不都伸入产道，难以触及胎头。再向前触诊，即可摸到胎儿腹部。横卧胎儿往往是倾斜的，即一端高，一端低（图 9-36）。胎儿前躯及后躯可能距母畜骨盆入口处距离相等，但有时则一端更靠近产道，要与双胎、裂腹畸形等加以鉴别。胎儿较小及刚发生的病例，可将其矫正成纵向，常矫正成倒生时的纵向侧卧位，因这时需要处理的只是两条后腿，不受头的妨碍，也容易拉成上位，且整个后躯呈楔形，

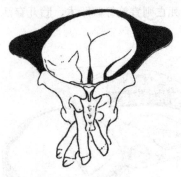

图 9-36 腹横向
（改自 Noakes et al.，2019）

容易拉出。矫正时应注意润滑产道。矫正时也可将胎儿变为正生侧卧位，胎头及前躯距骨盆入口很近时可采用此方法。先用推拉梃将后腿推回子宫后，用产科钩拉头，用绳子拉两前腿，将前肢及唇部拉入盆腔，再按正生侧卧位助产方法矫正拉出胎儿。上述矫正方法常因胎儿过大，胎水流失，子宫紧裹住胎儿等情况难以救治成功，若矫正难以很快奏效或胎儿死亡，可及早实施剖宫产或截胎术。可将两前腿从肘关节截掉，必要时还可把头颈部截掉，然后推动前躯使呈倒生，拉出胎儿。术后一定要注意护理，以免发生子宫炎及阴道炎。猪竖向，只要先向前推动前躯，即能握住后腿拉出。

**4. 背横向** 胎儿横卧于子宫内，背部朝向母体骨盆入口。有时见于马和猪。产道检查什么也摸不到，手伸入骨盆入口前才可摸到胎儿背腰部，沿脊柱及其前后及两旁触诊，利用肋骨和鬐甲、腰横突、髋结节和荐部，即能做出诊断，并能够确定头尾的朝向（图 9-37）。矫正时应先确定胎儿哪一部位离骨盆入口

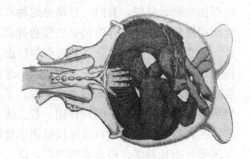

图 9-37 背横向（赵兴绪，2016）

一端最近。胎儿较小及刚发生的病例可加以矫正。若后躯距骨盆入口较近，可先将推拉梃缚于胎儿胸部，或在死胎背部做一切口，将产科梃叉顶在骨质上，再用产科钩钩住臀端，在向子宫内推动前躯的同时，向骨盆内拉臀端，将胎儿变为坐生侧卧位后，再矫正拉出。胎儿较大、难产已久、胎水流失、子宫紧裹时，无法采用上述矫正方法，应及时采用截半术，将胎儿腰部截为两半后，分别拉出。若胎儿存活，不宜试行矫正，应尽早考虑剖宫产。

（六）胎儿畸形性难产

胚胎期胎儿细胞增殖及分化速度快且对致畸因素敏感。若出现异常，则会导致畸形。畸形胎儿可发育至妊娠期满，但出生后因为畸变的组织器官不能发挥正常功能，无法独立生活，所以大多立即死亡。牛最常见的为裂腹畸形，其次为先天性假佝偻、躯体不全、重复畸形、关节强硬和胎儿水肿等。羊与牛基本类似，但发病率较低。马除了先天性歪颈外，偶见脑积水及一侧横膈膜缺损。猪则多见脑积水、双胎畸形或躯体不全。

救治基本原则和方法是：①尽可能弄清胎儿畸形部位、程度和胎儿大小；②润滑并仔细检查产道，以免牵引时异常部位损伤产道；③可用适当的截胎术或其他方法缩小异常增大部位；④牵引术无效时，则应用截胎术或剖宫产；⑤难以弄清畸形种类和程度时，应首先考虑截胎术；⑥畸形严重或胎儿体积太大或胎向不规则时，可选用剖宫产术；⑦有时胎儿前置部分正常，但产道深部部分严重畸形，分娩开始时正常，但因畸形部分楔入骨盆入口而引起难产。

胎儿水肿偶尔见于牛、羊和猪，以牛较多。可能为一种常染色体隐性基因引起的遗传性疾病，胎儿可妊娠至足月，但大多在产前死亡。常伴有胸腔积液、胎膜水肿，有时尚有轻度羊水过多。因胎儿全身组织极度水肿，体积增大，难以通过母体骨盆。有时水肿主要限于头部和后肢等局部。胎头水肿严重时，几乎完全失去原有的外观特征。牛大多在妊娠中后期中断，若水肿轻微，胎儿可自行娩出。产道检查可发现胎儿前置各器官充塞于产道中呈面团状，皮肤较松地方还可能摸到有波动。全身水肿死亡胎儿，牵引有困难，要立即施行截胎术，可先在肿胀部分做多处切口，排出积水，缩小胎儿体积。如积水排不完全，则逐步截除前置器官。局部性水肿可在截除水肿肢体后拉出胎儿。若水肿严重，可用剖宫产术。

# 第七节　危重情况的处理

发生难产时，若助产不及时或助产方法不当，不但可引起仔畜死亡，还会影响母畜健康，甚至危及母畜生命。

## 一、子宫破裂

子宫破裂（uterine rupture）是分娩过程中一种极其严重的并发症，可引起大量失血，导致母畜休克和死亡。

（一）病因

一般由难产助产操作粗鲁、助产器械使用不慎、子宫壁水肿或截肢后骨骼断端未保护好所致。也可见于自然分娩、子宫捻转、子宫颈扩张不全、双胎、胎水过多、胎儿体积过大或胎儿异常等，多与瘢痕子宫组织、子宫强烈收缩、子宫壁过度扩张或难产有关。

（二）诊断

助产过程中若发现助产器械、手臂或产道有大量血水，则可能为子宫或产道损伤、破裂。若发生于胎儿排出之前，母畜努责突然停止且变得安静。破口很大时，胎儿可能坠入腹腔。有时母体的内脏可进入子宫而突出于阴门之外。依子宫破口大小的不同，母畜可出现不同症状。如破口小，未被发现也可自愈；破口大，胎儿可坠入腹腔。子宫破裂后，母畜因大出血可使全身状态恶化，出现震颤、出汗、心跳和呼吸加快及贫血性休克等现象。

（三）防治

子宫自然破裂者很少，多为损伤破裂，且破裂后预后不佳。所以助产技术要熟练，操作要细致，严格遵守助产基本要求和方法。分娩过程中发生子宫破裂时，首先应取出胎儿和胎衣。若子宫裂口较小且无感染，破口位于子宫背部，可重复用抗生素和催产素，并在子宫和腹腔中注入抗生素。若破口较大，可经阴道用连续褥式缝合子宫，或将子宫和阴道拉出后在体外缝合。手术过程中除清理子宫局部、子宫投入抗生素、生理盐水清洗腹腔外，同时还将结合病情给以全身治疗。出血较多时，可注射止血剂并输血或输液。

## 二、产后出血

分娩及产后期，产道大量出血时，极易引起母畜死亡，因而对出血的及时发现及正确的诊断处理具有很重要的意义。

（一）病因

一般是分娩过程中因子宫、子宫颈、阴道及阴门的损伤或撕裂引起。

（二）诊断

分娩过程中有少量出血一般是正常现象，胎儿排出后阴门中有弥散性出血，最可能的原因是来自蓄积在阴道中的脐带断端的血液。若发生子宫迟缓，由于子宫收缩力量弱，胎儿胎盘大部分血液在胎儿排出期不能挤入胎儿体内。另外，牵引胎儿，加快排出过程时，可使脐带在胎儿端断裂。这种出血对母体影响一般不大，但由于减少了胎儿的自然血液供给，可能会造成脑贫血。但在剖宫产等情况下，剥离胎衣等处理不当，则会出现严重的有时甚至是危及生命的出血。由于马、猪和反刍动物的胎盘组织特点，只有在子宫内膜发生大面积创伤时，在子宫腺窝周围的毛细血管才有明显出血。在产科临床上，严重的出血多由胎儿的四肢、产科器械或术者的手臂对子宫血管损伤所引起。除去胎儿后，大量的血液可能积聚在子宫中，然后经阴道排出，或经子宫破口进入腹腔。可见到血液从阴道中呈点滴状或间歇性流出，尤以卧下时流出血量较多，并黏附于阴门周围、尾根及臀部等处。若出血量很多，母畜就会出现黏膜苍白、虚脱、出汗及脉搏快而弱等现象。

（三）防治

产后产道如有轻微出血，一般不需要治疗。若出血是由子宫损伤所致，应立即注射催产素，促进子宫及血管收缩，再除去血凝块。若血液来自破裂的阴道血管，可用止血钳夹住破裂血管，并保留 24～48h，若出血仍难以制止，可由阴道内压迫止血。若出血严重并有休克，则可输血治疗。马和牛也有因阔韧带的血管破裂而发生严重出血，这些血管可以是卵巢动脉、子宫动脉或髂外动脉。破裂可能是血管变性，再加上分娩时的压力引起。这种出血极为严重，可使母畜在半小时内或几小时内死亡。治疗时可经腹胁部的腹壁切口结扎血管，但预后仍然较差。

### 三、休克

产科休克（shock）常发生于分娩第二期或第三期初期，是以有效循环血量锐减、微循环障碍为特征的急性循环不足，是一种组织灌注不良，导致组织缺氧和器官损害的综合征。

（一）病因

分娩第二期中胎儿排出过快，致使子宫体积骤然缩小，引起腹压急剧降低（特别在胎儿过大、多胎妊娠或胎水过多时）；矫正牵拉难产胎儿时，因持续而强烈刺激引起的疼痛，可使大脑皮质从兴奋转入抑制期。另外，子宫破裂、子宫颈撕裂、子宫脱出、剖宫产术等引起大量失血时，可使循环血量减少，心输出量不足，动脉血压下降，周围循环衰竭，最终导致全身组织器官出现一系列缺氧、缺血等出血性休克；胎膜毛细血管破裂，而使胎儿血液经由绒毛间隙进入母体循环，使母体发生一定的过敏反应，因而也是胎儿排出期中引起休克的一个原因。有时胎膜破裂后，因羊水进入母体循环也可引起过敏性休克。

（二）症状

休克初期，动物通常呈兴奋状态，表现为不安，呼吸快而深，脉搏快而有力，黏膜发绀，皮温降低，无意识的排尿排粪等。此过程很短，因此往往被忽视。继兴奋之后，出现沉郁，食欲废绝，痛觉、视觉、听觉等反射消失或反应微弱，心跳微弱，呼吸浅表而不规则，此时黏膜苍白，瞳孔散大，四肢厥冷，血压下降，体温降低，全身或局部颤抖，出汗，最后引起死亡。

（三）防治

助产过程中要随时仔细监测病畜的心跳、呼吸活动和全身状态等，若怀疑有休克的出现，要尽早采取预防措施，发生休克后应立即抢救，抢救时，可根据休克的原因，给予相应处理。效果主要取决于早期诊断和早期治疗，若已进入衰竭状态，抢救会较难。若因子宫破裂、产道撕裂等损伤所引起，必须先止血，以防失血过多。若是由强烈疼痛刺激所引起，应立即除去不良刺激。对失血引起的休克应及早采用输血、补液及解除微血管痉挛，同时还可应用维生素C、钙制剂及右旋糖酐葡萄糖盐水等，或针刺分水、耳尖及尾尖等穴位。当胎水流失，胎儿胸腹部已露出体外，应缓慢拉出胎儿，防止迅速拉出胎儿时腹压急剧降低。可用如异丙肾上腺素或多巴胺、洋地黄、皮质醇等提高心肌收缩力量的药物。还要注意纠正酸中毒。轻度酸中毒可给予生理盐水，中度可用碱性药物。创伤性休克常伴发感染，可用广谱抗生素治疗。

## 第八节　难产的预防

母畜一旦发生难产，特别是弥散型胎盘家畜，因胎盘剥离迅速，极易引起胎儿死亡，也常危及母畜生命，或助产不当，使子宫和产道受到损伤而感染，影响母畜健康和受孕，降低母畜生产性能。因此，积极预防难产的发生，对家畜的繁殖具有重要意义。

## 一、预防难产的措施

保证青年母畜生长发育的营养需要，以免其生长发育受阻而引起难产。即使营养和生长都良好的母畜，一般也不宜配种过早，否则因母畜尚未发育成熟，易发生骨盆狭窄，造成难产。妊娠期间，因胎儿的生长发育，母畜所需的营养物质大大增加，因此要供给充足的含有维生素、矿物质和蛋白质的青绿饲料。但不可使母畜过于肥胖，而影响全身肌肉的紧张性。妊娠母畜要进行适当牵遛或自由运动，提高母畜对营养物质的利用，使胎儿活力旺盛，同时也可使全身及子宫的紧张性提高，从而降低难产、胎衣不下和子宫复旧不全等的发病率。分娩时，胎儿活力强和子宫收缩力的正常，有利于胎儿转变为正常分娩的胎位、胎势及产出。妊娠末期，应适当减少蛋白质饲料，以免胎儿过大，尤其是肉牛和猪更应如此。

接近预产期的母畜，应在产前半个月至一周送入产房，适应环境。分娩过程要保持环境安静并配备专人护理和接产。接产人员不要过多干预分娩和高声喧哗，以避免造成应激。分娩过程中要细心观察，并注意进行临产检查，以免使比较简单的难产变得复杂。另外，产乳奶牛要在产前一定时间实行干乳。

## 二、预防难产的方法

临产前进行产道检查，对分娩正常与否做出早期诊断，以便及早对各种难产进行救治。牛是从胎膜露出至排出胎水间进行检查，马、驴是尿囊破裂，尿水排出之后进行检查。这一时期正是胎儿的前置部分刚进入骨盆腔的时间。检查方法是将手臂和母畜外阴消毒后，手伸入阴门，隔着羊膜（羊膜未破时）或伸入羊膜囊（羊膜已破时）触诊胎儿。羊膜未破时不要撕破，以免胎水过早流失，影响胎儿排出。若胎儿是正生，前置部分（头和两前肢）俱全且正常，可让其自然排出。如有异常，应立即进行矫正。这时胎儿的躯体尚未楔入盆腔，异常程度不大，胎水尚未流尽，子宫内润滑，子宫尚未紧裹胎儿，矫正比较容易。

家畜的难产一般认为难以预防，但顺产和某些难产在一定条件下可互相转化，临产检查是将这些难产转化为顺产。如不进行临产检查，随子宫收缩，胎儿前躯进入骨盆腔越深，异常部位就可能变得越厉害，终成为难产。此时如稍加助产，不但可防止难产发生，挽救胎儿生命，同时还可避免因难产引起的产道损伤。

产道检查时，除检查胎儿外，还应检查母畜的骨盆有无异常，阴门、阴道和子宫颈等软产道的松弛、润滑及开放程度，以判定有无可能发生难产，从而及时做好助产准备。对于胎位异常，也能通过临产检查及时发现，及早矫正，从而防止难产的发生。胎儿如为倒生，无论异常与否，均要迅速拉出。此外，临产检查还能发现胎儿有无其他异常及产道是否异常，是减少难产的一种积极预防措施。

但生产中对每例临产动物都进行检查不现实，尤其是在放牧情况下。为此，以牛为例提出以下参考，如遇到任一情况，要进行检查和助产：母牛进入宫颈开张期后已超过 6h 仍无进展；母牛在胎儿排出期已达 2～3h 而进展非常缓慢或毫无进展；胎囊已悬挂或露出于阴门 2h 内胎儿仍难以娩出。另外，助产人员也应注意观察有无难产的症状，以便尽早发现及检查。观察动物出现预产征兆时，时间不应短于 3h，以准确确定胎儿排出期的长短。

一般来说，若分娩第一阶段（开口期）牛、绵羊和山羊超过 6h，马超过 4h，犬、猫和猪超过 6h，或者是分娩第二阶段（胎儿排出期）牛、绵羊和山羊超过 2h，马超过 20min，猪、犬和猫超过 2h，则应及时进行助产。

# 第十章 产后期疾病

产后期是母畜繁殖功能活动中比较特殊的一个时期,此时在精神上,要从强烈分娩刺激中逐渐平静下来,适应新的产后环境;在营养代谢方面,从维持妊娠转变为泌乳,需要建立新的能量及其他营养物质的平衡状态,以保证泌乳功能的正常进行;各系统器官组织要逐步恢复功能和结构重建,如消化器官要恢复到原来位置,卵巢要恢复到周期性活动的状态,恶露要排出体外,子宫内膜要恢复到正常;此外,动物的免疫能力和内分泌调控能力也处于极不稳定的时期。而在分娩过程中,也可能出现生殖器官的损伤和感染,机体无法适应分娩前后的剧烈变化而使产后生理过程发生紊乱。产后母畜体质虚弱,以及产后母畜的护理不当,妊娠期间的某些致病因素直到产后才表现出来,这些因素都可能导致产后期各种疾病的发生。尤其在饲养管理条件差的情况下,产后期疾病更易发生。对母畜产后期疾病诊治不及时或治疗不当,则可能导致病情恶化,甚至造成母畜死亡,或使生殖器官形态、功能受到严重损害转为慢性疾病,导致不孕。在临床上,产后期疾病发生率较高,疾病的种类较多,发病情况复杂,造成的影响及经济损失也较大。因此,对于产后期疾病正确的理解和有效的控制意义重大,需引起足够的重视。

## 第一节 产 道 损 伤

产道损伤(trauma of the birth canal)多数是在分娩时发生的,但其病程及治疗都在产后期。临床上常见的有阴道、阴门和子宫颈的损伤;骨盆部分的损伤包括骨盆韧带和神经的损伤及骨盆骨折等。

### 一、阴道及阴门损伤

分娩和难产时,产道的任何部位都可能发生损伤,但阴道及阴门损伤(trauma of the vagina and vulva)更为常见,如果不及时处理,容易发生感染。

(一)病因

阴道损伤多发生于难产过程中,如胎儿过大;胎位、胎势不正且产道干燥时,未经完全矫正即灌入润滑剂并强行拉出胎儿;母牛阴道壁脂肪蓄积过多,分娩时胎儿通过困难;助产时使用产科器械不慎;截胎后未将胎儿骨骼断端保护好即拉出等,都能造成阴道损伤。胎儿的蹄及鼻端姿势异常,抵于阴道上壁,努责强烈或强行拉出胎儿时可能穿破阴道,甚至使直肠、肛门及会阴也发生破裂。母畜配种年龄过早,生殖器官在妊娠期间未能充分发育,分娩时胎儿相对过大而强行拉出,造成阴道及阴门损伤。

此外,救助难产时,手臂助产器械及绳索等对阴道及阴门反复刺激,可造成阴道水肿及黏膜的损伤,甚至造成阴门血肿。为促使胎衣排出而在外露的部分坠以重物,成为索状的胎衣也能勒伤阴道底壁。

除上述分娩时造成的损伤外,个体大的纯种公马、牛本交时,也可能发生阴道壁穿透创。

二维码
10-1

二维码
10-2

## （二）症状

阴道及阴门损伤的病畜表现出极度疼痛，尾根高举，骚动不安，拱背并频频努责。阴门损伤可见撕裂口边缘不整齐，创口出血，创口周围组织肿胀（二维码 10-1）。若在夏季发生，创口内容易生蛆。助产时间过长及刺激严重时，阴道及阴门发生剧烈肿胀，阴门内黏膜外翻，阴道腔变狭小，有时可见阴门内黏膜下有紫红色血肿。少数情况下，会发生细菌感染、化脓，炎症治愈后可能出现组织纤维化，使阴门扭曲，出现吸气现象。

阴道创伤时从阴道内流出血水及血凝块，检查阴道可见黏膜充血、肿胀，新鲜创口（二维码 10-2）。若为陈旧性溃疡，溃疡面上常附有污黄色坏死组织及脓性分泌物。阴道壁发生透创时，其症状随破口位置不同而异。透创发生在阴道后部时，阴道壁周围的脂肪组织或膀胱可能经破裂口突入阴道腔内或露出阴门外（图 10-1）。马的尿道口较宽，分娩努责强烈时可发生膀胱外翻。脱出的膀胱随尿液增加而增大，此时应与阴道脱出、阴道囊肿及阴门血肿等加以区别。陈旧性阴道后部透创可发生阴道周围组织蜂窝织炎或脓肿。若透创发生在阴道前端，病畜很快会出现腹膜炎症状，如不及时治疗，马和驴常迅速死亡，牛也预后不良。如破口发生在阴道前端下壁，肠管及网膜可能突入阴道腔内，甚至脱出于阴门之外（二维码 10-3）。有时还出现阴道上壁与直肠透创，形成阴道直肠瘘，个别病畜发生会阴部严重撕裂导致肛门同时破裂，使得粪便流入阴道腔并从阴门流出。

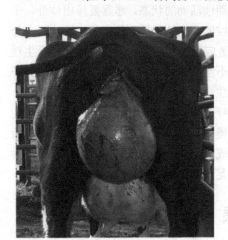

图 10-1　阴道底壁破裂致膀胱脱出
（Noakes et al.，2019）

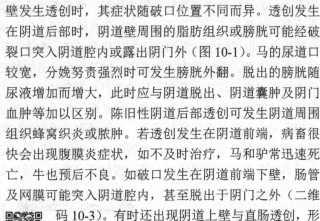

二维码
10-3

## （三）诊断

阴门损伤直接观察即可确诊。阴道损伤需要借助一定的方法和器械进行判断。发现阴道外部有出血时，若是鲜血，可以将手（大动物）或手指（小动物）伸入阴道内触摸，严重创伤可以直接触摸到损伤部位。若不能确定，则使用开膛器打开阴道观察是否有损伤部位及其损伤程度，是否有脂肪组织、膀胱或肠管凸入阴道腔内，是否发生阴道直肠瘘等。

## （四）治疗

阴门及会阴损伤按常规外科处理，及时治疗可以痊愈。新鲜撕裂创可用组织黏合剂将创缘黏接起来，也可用尼龙线进行褥式缝合，在缝合前应清除坏死及损伤严重的组织和脂肪。若不缝合，不但愈合时间延长，容易造成感染，且愈合后形成的瘢痕也将妨碍阴门的正常屏障功能。阴门血肿较大时，可在产后 3～4d 切开血肿，清除血凝块；形成脓肿时，应切开脓肿并引流。

对阴道黏膜肿胀并有创伤的患畜，可向阴道内投入碘仿磺胺或乳剂消炎药，在阴门两侧注射抗生素。若创口生蛆，可用 2%敌百虫将蛆杀死后取出，再按外科处理。蜂窝织炎时，应待脓肿形成后，切开排脓并按外伤处理。

对阴道壁发生透创的病例，应迅速将突入阴道内的肠管、网膜用消毒溶液冲洗净，涂以抗菌药液推回原位。膀胱脱出时，将膀胱表面冲洗干净，用皮下注射针头穿刺膀胱排出尿液，撒抗生素粉，轻推复位。将脱出器官及组织复位处理后，应立即缝合创口。缝合的方法：左手在阴道内固定创口并使创缘对齐，尽可能向外拉，右手拿长柄持针器，夹上穿有长线的缝针带入阴道内，小心仔细地将缝针穿过创口两侧；在阴门外打结，然后左手再伸入阴道，将缝线拉紧使创口边缘吻合，创口大时，需做几道结节缝合。缝合前不要冲洗阴道，以防药液流入腹腔。缝合后，除按外科方法处理，连续肌内注射大剂量抗生素4～5d，防止发生腹膜炎。

对于直肠透创，应在全身麻醉或硬膜外麻醉下迅速缝合。将穿有长线的缝针带入直肠内进行缝合（缝合的方法同阴道壁穿透创），或将创口边缘拉出阴门外缝合。

## 二、子宫颈损伤

子宫颈损伤（trauma of the cervix）多发生在分娩的第二期，在拉出胎儿时造成子宫颈撕裂创。牛、羊等初次分娩时，常发生子宫颈黏膜轻度损伤，但均能愈合。如裂口较深，才称为子宫颈撕裂。

### （一）病因

子宫颈开张不全时强行拉出胎儿；或者胎儿过大、胎位及胎势不正且未经充分矫正即拉出胎儿；截胎时，胎儿骨骼断端未充分保护；强烈努责和排出胎儿过速等，均能使子宫颈发生损伤。

### （二）症状

产后可见到少量鲜血从阴道内流出；如撕裂不深，可能见不到血液外流，仅在阴道检查时才能发现阴道内有少量鲜血。如子宫颈肌层发生严重撕裂创时，能引起大出血，有时一部分血液可以流入盆腔的疏松组织中或子宫内，一部分通过阴道排出体外。严重者迅速出现休克症状，甚至危及生命。动物有疼痛表现，回头望腹，扭动尾部，或者反复起卧。

阴道检查时可发现裂伤的部位及出血情况，后期创伤周围组织发炎、肿胀，创口出现黏液性脓性分泌物。子宫颈环形肌发生严重撕裂，会使子宫颈管封闭不全，并形成结缔组织瘢痕。

### （三）诊断

可用开膣器打开阴道观察子宫颈外口。组织缺损、撕裂和粘连进行手指触诊，但要避免细菌污染，触诊可使用食指和拇指，当子宫颈紧张、闭合时，可确诊。在创伤性分娩后，建议在3～5d内检查宫颈，记录粘连或缺损的位置和程度。黏膜缺损通常因愈合迅速而被漏诊，除非缺损较大或较深。对于严重的病例，在治疗前，应谨慎评估生殖道功能是否正常。

### （四）治疗

浅表性的宫颈损伤不需要治疗，数日内自行恢复。子宫颈的裂伤，可用双爪钳将其拉出阴门然后进行缝合。如有困难，且伤口出血不止，可将浸有防腐消毒液或涂有消炎药的大块纱布塞在子宫颈管内，进行压迫止血。纱布块末端必须用细绳系好，并将绳的一端拴在尾根上，便于以后取出，局部止血的同时，肌内注射止血剂（牛、马可注射20%止血敏10～25ml，0.5%安络血20ml，凝血活素20～40ml，维生素$K_3$ 100～300mg，或催产素50～100IU），静脉注射含有10ml甲醛的生理盐水500ml，或10%葡萄糖酸钙500ml。止血后，创面涂2%龙胆紫、碘甘油或抗生素软膏，并配合全身应用抗生素。

胎衣未脱落时，应设法促进排出，以免腐败后引起创口及子宫发炎。

（五）预后

及时治疗损伤预后良好。如发展为慢性病，子宫颈粘连可能复发。局部撕裂或小的撕裂伤可自然愈合，预后良好。全层撕裂伤手术修复，但可能并发部分破裂、瘢痕和粘连。修复成功后一般可恢复生育力，但再次分娩时病变复发较多。胎盘炎引起流产和早产是常见的后遗症。

# 第二节　胎衣不下

胎儿娩出后，胎衣在第三产程的生理时限内未能排出，称为胎衣不下或胎膜滞留（retained fetal membrane，RFM）。原发性胎衣不下是由胎衣不能从母体子宫脱离所致，而继发性胎衣不下则是由于已脱离的胎衣不能排出体外（如子宫迟缓）。原发性及继发性胎衣不下可同时存在。

各种家畜产后胎衣排出都有正常时限：牛 8～12h，羊 4h，马 1～1.5h，猪 1h。如果在上述时间内胎衣不能完全排出，就视作胎衣不下。各种家畜均可发生胎衣不下，但牛比其他动物多发，且奶牛比肉牛多发。正常健康奶牛分娩后胎衣不下的发生率为 3%～12%，平均为 7%；而异常分娩（如双胎、剖宫产、难产、早产、流产等）的母牛和感染布鲁氏菌病的牛群，胎衣不下的发生率为 20%～50%，甚至更高。羊偶尔发生本病；猪和犬则发生胎儿和胎膜同时滞留，很少发生单独的胎衣不下；马胎衣不下的发生率为 4%，重挽马较多发。

奶牛发生胎衣不下不但引起产奶量下降，还可引起子宫内膜炎和子宫复旧延迟，其他疾病（如代谢病、乳腺炎等）的发病率也增高，从而导致不孕，致使许多奶牛被迫提前淘汰，严重的感染甚至可能继发败血症和脓毒血症，造成母畜的死亡。

（一）病因

**1. 产后子宫收缩无力**　　非分娩期因素和分娩期因素均可导致产后子宫收缩无力，非分娩期因素是指营养性因素（如饲料单纯、钙和硒缺乏、维生素 A 和维生素 E 缺乏等）、孕期运动不足、胎儿数量、胎水总量、胎次、初乳哺食（未及时给仔畜哺乳或挤乳，致使催产素释放不足）等情况。分娩期因素主要是指由流产、早产、产后截瘫、子宫捻转及难产持续时间过长等分娩期疾病造成的产后子宫乏力。难产后子宫肌疲劳也会发生收缩无力。产后没有及时给仔畜哺乳，致使催产素释放不足，也可影响子宫收缩。

**2. 胎盘未成熟或老化**　　胎盘在妊娠期满前 2～5d 成熟，成熟后胎盘结缔组织胶原化，变湿润，纤维膨胀，轮廓不清并呈直线形，子宫腺窝的上皮变平；多核细胞数量增多，吞噬作用增强；易受分娩时激素变化的影响，组织变松，这些变化有利于胎盘分离。如果妊娠时间缩短，胎盘未成熟，就缺乏上述变化，母体子叶胶原纤维呈波浪形，轮廓清晰，不能完成分离过程。因此，早产时间越早，胎衣不下的发生率越高。据报道，奶牛在妊娠后 240～265d 排出胎儿，胎衣不下发生率可达 50%以上。

胎盘老化时，结缔组织增生，胎盘重量增加。母体子叶表层组织增厚使绒毛钳闭在腺窝中，不易分离。同时胎盘老化后，内分泌功能也减弱，雌二醇和催产素水平下降，使胎盘分离过程复杂化。

**3. 胎盘充血和水肿**　　分娩过程中，子宫异常强烈收缩挤压或脐带关闭太快，会引起胎盘充血。由于脐带血管内充血，胎儿胎盘毛细血管的表面积增生，绒毛钳闭在腺窝中。充血还会使腺窝和绒毛发生水肿，不利于绒毛中的血液排出。水肿可延伸到绒毛末端，腺窝内压力不能下降，胎盘组织之间持续紧密连接，不易分离。

**4. 胎盘炎症**　　妊娠期间胎盘受到机体基部病灶如乳腺炎、蹄叶炎、腹膜炎和腹泻细菌的感染，从而发生胎盘炎，使结缔组织增生，胎儿胎盘和母体胎盘粘连，导致胎衣不下。妊娠期间饲喂变质饲料，可使胎盘内绒毛和腺窝壁间组织坏死，从而影响胎盘分离。患胎盘炎时，炎症为轻度感染到严重坏死。炎症范围可能是局部的，也可能是弥散性的，但子宫空角很少发生。感染的子宫全部或部分坏死，变成黄灰色，胎盘基质水肿并含有大量的白细胞。

**5. 胎盘组织构造异常**　　从形态上讲，牛、羊的胎盘为上皮绒毛结缔胎盘（子叶胎盘），胎儿胎盘与母体胎盘联系比较紧密，正常分娩时分离也比其他动物所需的时间要长，发生胎衣不下的概率较高。马和猪的胎盘为上皮绒毛膜胎盘，不容易发生胎衣不下，若发生，主要是在子宫体内绒毛较为发达的部位发生粘连。

**6. 免疫功能变化**　　牛滋养层细胞主要组织相容性复合体Ⅰ（MHCⅠ）型分子的表达及其调控与胎衣不下的发生具有一定联系。妊娠早期，滋养层细胞表达 MHCⅠ型分子的完全关闭对胎盘的正常发育及胎儿生存极为关键。这种免疫屏蔽作用对规避多因子调节的细胞和体液免疫排斥极为重要。在成熟胎盘，母体对胎儿 MHCⅠ型蛋白的免疫识别启动免疫及炎症反应，引起分娩时排斥尿膜绒毛膜。若 MHC 功能异常，可导致胎衣不下的发病率增加。

母体发生免疫反应后可出现炎症反应，炎症过程中两个最为特别的作用是产生激活中性粒细胞的因子和对中性粒细胞产生趋化性，这些作用对免疫系统辅助的尿膜-绒毛膜脱离极为重要。

**7. 内分泌变化**　　胎盘的成熟与内分泌变化密切相关，这种变化可引起基质金属蛋白酶及其抑制因子基因的表达。虽然成熟胎盘可启动甾体激素生成及花生四烯酸生成途径，但此时的抗氧化防御机制可在细胞代谢水平干扰甾体激素生成。临近分娩时，血液循环中雌二醇浓度增加，孕酮浓度也发生改变，孕酮进入胎盘突后可使其结构及功能发生改变，这些变化有利于子宫肌层的收缩，同时雌二醇、催产素和前列腺素等激素的协同作用，促使子宫肌层的收缩。

**8. 血管变化**　　在子宫收缩期间，子宫压力不断变化，导致缺血与充血交替出现，胎儿绒毛膜绒毛表面发生暂时性变化，绒毛膜上皮母体腺窝的附着被破坏。随后脐带的断裂关闭了对胎儿绒毛膜的血液供应，绒毛体积缩小，有助于分离。分娩后脐带断裂，胎儿绒毛膜发生贫血，因此对胎衣的分离发挥促进作用。由于子宫收缩，肉阜也发生完全相同的变化。持续发生的子宫收缩减少了子宫的血流量，子宫肉阜体积缩小，导致母体腺窝扩张。

**9. 其他因素**　　引起胎衣不下的原因十分复杂，除了以上因素以外，还与下列因素有关：畜群结构；年度及季节；遗传因素；饲养管理失宜；激素紊乱；胎衣受子宫颈或阴道隔的阻拦；剖宫产时误将胎膜缝在子宫壁切口等。

（二）症状

根据发病程度，胎衣不下分为全部不下和部分不下两种。

胎衣全部不下，即整个胎衣未排出来，胎儿胎盘的大部分仍与母体胎盘连接，仅有一小部分胎衣悬吊于阴门外或者阴门外完全看不到胎衣。牛、羊胎衣脱出的部分常为尿膜-绒毛膜，呈土红色，表面有许多大小不等的子叶，少部分病例脱出来的是尿膜-羊膜，表面呈光滑的灰白色。马脱出的部分主要是尿膜-羊膜，呈灰白色，表面光滑；有时也可见到一部分尿膜-绒毛膜悬吊于阴门外，颜色也为土红色，表面粗糙呈绒状。子宫迟缓严重时，全部胎膜可滞留在子宫内。胎衣部分不下，即胎衣的大部分已经排出，只有一部分或个别胎儿胎盘残留在子宫内。将单胎动物产后排出不久的胎衣水平摊开,仔细观察胎衣破裂处的边缘及其血管断端能否吻合,可以查出是否发生胎衣部分不下。

牛发生胎衣不下后,常常表现拱背和努责。胎衣在产后 1d 之内就开始变性分解。由于子宫腔内存在有胎衣,子宫颈不会完全关闭,从阴道排出污红色恶臭液体,卧下时排出量较多,液体内含胎衣碎块,特别是胎衣的血管不易腐烂,很容易观察到。如果未进行及时有效的治疗,向外排出胎衣的过程一般为 7～10d,甚至更长时间。由于感染及腐败胎衣的刺激,病畜会发生急性子宫炎。胎衣腐败分解的有毒产物被吸收后则会引起全身症状,如体温升高,脉搏、呼吸加快,精神沉郁,食欲减退,瘤胃弛缓,腹泻,产奶量下降等。胎衣部分不下通常仅在恶露排出时间延长时才被发现,所排恶露的性质与胎衣完全不下时相同,排出量较少。牛的子宫内膜下结缔组织比较丰富,子宫的生理防卫功能及自身净化能力较强,故有些牛发生胎衣不下,若未严重感染,胎膜腐败分解后,经 20d 左右,逐渐地自行排净。

其他家畜发生胎衣不下时的临床症状与牛的相似。牛和绵羊对胎衣不下不敏感;山羊较敏感;马和犬则很敏感,一般超过半天就会出现全身症状,病程发展很快,临床症状严重,有明显的发热反应。马胎衣不下可引发蹄叶炎;部分胎衣不下常常发生在子宫空角尖端处。重型挽马比骑乘马和矮种马敏感。猪的敏感性居中。

猪的胎衣不下多见于难产母猪,多为部分胎衣不下且位于子宫角最前端,触诊不易发现。患猪哺乳时常常突然起立跑开,这可能是伴发乳腺炎后仔猪吮乳引起乳房疼痛的表现;也可能是患急性子宫炎,哺乳时催产素释放引起子宫收缩而造成疼痛的表现。为了及早发现胎衣不下,产后需检查排出胎衣上的脐带断端数目是否与胎儿数目相符。

犬很少发生胎衣不下,偶尔见于小品种犬,犬在分娩的第二产程排出黑绿色黏液状液体;待胎衣排出后很快转变为血红色液体。如果犬在产后 12h 内持续排出黑绿色液体,应怀疑发生了胎衣不下。如果 12～24h 胎衣没有排出,就会发生急性子宫炎,出现中毒性全身症状。

（三）治疗

胎衣不下的治疗原则是尽早采用子宫局部和全身性抗生素疗法,防止胎衣腐败吸收,并促进子宫收缩。

**1. 药物疗法**　　在确诊胎衣不下后要尽早进行药物治疗。对于阴门处悬吊有胎衣的,不能在胎衣上拴上重物扯拉,胎衣上的血管可能将阴道底壁上的黏膜勒伤,也可能引起子宫内翻及脱出,还会引起努责及重物将胎衣撕破,使部分胎衣留在子宫内;也不能将胎衣从阴门处剪断,遗留的胎衣会缩回子宫内,脱落后不易排出体外。如果悬吊的胎衣较重,可在距阴门约 30cm 处将胎衣剪断,以免引起子宫脱出。

（1）子宫内抗生素疗法　　向子宫腔内投放四环素、头孢噻呋、土霉素、磺胺类或其他广谱抗生素粉剂及防腐消毒类药物,如 0.1%高锰酸钾、0.5%新洁尔灭或 0.01%碘溶液等,以防止腐败、延缓溶解,等待胎衣自行排出。药物应投放到子宫内膜和胎衣之间。大家畜每次投药 1～2g;小家畜可向子宫内灌注 30ml 抗生素溶液。每次投药之前应轻拉胎衣,检查胎衣是否已经脱落,并将子宫内聚集的液体排出。隔日投药 1 次,共用 2～3 次。也可向子宫内投放一些其他药物辅助治疗,如天花粉蛋白可以促进胎盘变性和脱落,从而加速胎衣的分离;胰蛋白酶可加速胎衣溶解过程;食盐则能造成高渗环境,减轻胎盘水肿和防止子宫内容物被机体吸收,并且刺激子宫收缩。

如果子宫颈口已缩小,牛可先肌内注射苯甲酸雌二醇 5～20mg,使子宫颈口开放,排出腐败物,然后再放入防止感染的药物。雌激素还能增强子宫收缩,促进子宫血液循环,提高子宫的抵抗力,可每日或隔日注射 1 次,共用 2～3 次。

（2）全身抗生素疗法　　在胎衣不下的早期阶段，常常采用肌内注射抗生素的方法；当出现体温升高、产道创伤或坏死时，还应根据临床症状的轻重缓急，增大药量，或改为静脉注射，并配合支持疗法。特别是对于小家畜，全身用药对治疗胎衣不下必不可少。采用头孢噻呋（2.2mg/kg体重，每日1次）进行全身抗生素预防治疗，连续治疗3～7d或直到胎衣排出。

（3）促进子宫收缩，使胎衣自行排出　　在产后超过正常的胎衣排出时间后，即可注射子宫收缩药，对于难产和瘦弱的母畜，分娩后应立即用此类药物。也可用前列腺素类制剂，如大家畜可应用氯前列烯醇肌内注射0.4～0.6mg，羊0.1mg；可先肌内注射雌激素制剂苯甲酸雌二醇，牛、羊、猪剂量分别为20mg、3mg和10mg，1h后再肌内注射或皮下注射催产素，其剂量为牛50～100IU，猪、羊5～20IU，马40～50IU，每日用药一次；若是产后2h之内用药，可以单独给予催产素，若超过2h，需与雌激素配合；或者给予麦角新碱（牛1～2mg，猪0.2～0.4mg），皮下注射。这类制剂应在产后尽早使用，但对分娩后超过24h或难产后继发子宫迟缓者效果不佳。马用催产素治疗后常出现腹痛症状，特别是在胎衣排出前腹痛比较剧烈，可用镇静剂进行缓解。麦角新碱比催产素的作用时间长，但不能与催产素联用。

另外，可在分娩时收集羊水，发生胎衣不下时，可灌服羊水300～500ml。如灌服后2～6h不排出胎衣，可再灌服一次。

（4）促使胎儿胎盘和母体胎盘尽快分离　　直接向子宫内注入5%～10%温盐水2～3L，温热、高渗浓盐水可以使胎儿胎盘缩小，易于和子宫内膜分离，并且刺激子宫收缩，使胎衣（胎盘）易于脱落、排出。注入后需注意使盐水尽可能完全排出。

（5）脐动脉注射胶原酶　　治疗胎衣不下的一种新方法是向脐动脉注射胶原酶，这种治疗方法是针对发生胎衣不下时子叶缺乏蛋白水解而设计，因此效果比传统方法好。溶组织芽孢梭菌的细菌胶原酶可降解多类胶原，不会在胎盘形成血凝块。治疗时先找到脐动脉，手伸入阴道触诊，可发现两条较硬的动脉和两条静脉滑过手指，找到脐带后，另外一只手从阴道进入，两手轮换将脐带拉出阴门，用钳子夹住脐动脉，将胶原酶溶液快速注入。若需要抗生素治疗，再加入静脉注射用土霉素（总剂量100mg，约为每千克胎膜30mg），但注射液的pH应调整到7.5。每条动脉注入500ml，也可将1000ml注入一条动脉，由于动脉的吻合，双胎时注射一条动脉也可。36h之后如果胎衣没有自行排出，可轻轻牵拉。

胶原酶注射对大多数病例在36h内见效，没有效果的病例不建议再次注射，此治疗方法安全，无副作用，可在分娩后12～96h注射。胎衣不下48h后，胎盘中残留的血液可凝固，血管之间的吻合闭合，因此胶原酶难以灌注到整个胎盘。

在马发生胎衣不下时注射胶原酶也非常有效，且马在找注射用的脐动脉要比牛容易；马胎盘的胶原对胶原酶的敏感性比牛更高。

牛在实施剖宫产后胎衣不下的发病率升高，注射胶原酶可防止胎衣不下的发生。

（6）中药治疗　　中兽医认为，胎衣不下的发病机制主要是由于气血运行不畅，根据不同的症型，采用相应的方剂进行治疗。

气虚血亏者，治宜补气益血，佐以行瘀，可以采用补中益气汤加减（炙黄芪90g，党参60g，当归60g，陈皮60g，炙甘草45g，升麻30g，柴胡30g，川芎30g，桃仁20g）或八珍散加减（党参60g，黄芪60g，茯苓60g，当归45g，川芎30g，白芍45g，熟地45g，炙甘草30g，红花30g，桃仁20g，益母草30g）。

气滞血瘀者，治宜活血化瘀，佐以行气，可用方剂加味生化汤：当归120g，川芎45g，桃仁45g，炮姜20g，甘草20g，益母草100g，枳壳30g。如瘀血化热，去炮姜，加金银花、连翘、地丁、蒲黄各 30g。

**2. 手术疗法**　　手术疗法即剥离胎衣。采用手术剥离的原则是：易剥离则剥离，不易剥离不可强剥，剥离不净不如不剥。牛最好在产后 72h 进行剥离，马胎衣不下超过 24h 应进行剥离。剥离胎衣应做到快（5～20min 剥完）、净（无菌操作，彻底剥净）、轻（动作要轻，不可粗暴），严禁损伤子宫内膜。如子宫颈已经收缩，手臂不能伸入，可先注射雌激素，待开张后再剥离。但需注意，对于体温升高到 39.5～40.0℃ 及 40.0℃ 以上，有急性子宫炎及坏死性阴道炎的病畜，不可施行剥离术。

（1）术前准备　　用绷带包缠病畜的尾根，拉向一侧系于颈部或柱栏上；术者穿长靴及戴围裙，清洗母畜的外阴及其周围，并按常规消毒。在手术过程中若动物排粪，需重新洗净外阴，并再次消毒。为了避免胎衣粘在手上妨碍操作，可向子宫内灌入 1000～1500ml 10% 盐水。若努责剧烈，可在腰荐间隙注射 2% 普鲁卡因 15ml。对马要妥善保定，以防蹴踢。

（2）术式　　首先理顺阴门外悬吊的胎衣，并轻拧几圈后握于左手，右手沿着胎衣伸进子宫进行剥离。剥离要由近及远螺旋前进，剥完一侧子宫角，再剥另一侧。在剥胎衣的过程中，左手要把胎衣扯紧，以便顺着去找未剥的胎盘。已剥出的胎衣可先剪掉一部分，以防过于沉重把胎衣拽断。位于子宫角尖端的胎盘较难剥离，空间狭小妨碍操作，或手臂的长度不够，应尽可能向后牵拉胎衣的同时剥离。

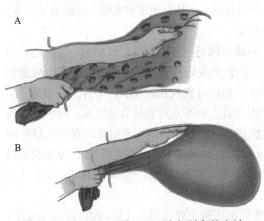

图 10-2　牛（A）、马（B）胎衣剥离的方法

1）牛胎衣的剥离方法：在母体胎盘与其蒂交界处，用拇指及食指捏住胎儿胎盘的边缘，轻轻将母体胎盘撕开一点，或用食指尖抠开一小口，再将食指或拇指伸入胎儿胎盘与母体胎盘之间，逐步将其分开，剥得越完整，效果越好（图 10-2A）。剥过的胎盘表面粗糙，胎膜不相连；未剥过的胎盘和胎膜相连，表面黏滑。若一次不能剥完，可在子宫内投放抗菌防腐药物，1～3d 后再剥或自行脱落。

2）羊胎衣的剥离方法：握住母体胎盘将胎儿胎盘向外挤。羊个体较小，手进入子宫有困难，不便操作。

3）马胎衣的剥离方法：在子宫颈口，找到尿膜-绒毛膜破口的边缘，把手伸进子宫内膜与绒毛膜之间，用手指尖或手掌边缘向胎膜侧方向前伸入并轻轻摆动手指，即可将绒毛膜从子宫内膜上分离下来（图 10-2B）。破口边缘很软，需仔细触诊。也可将手伸进胎膜囊，轻轻按摩尚未分离的部位，使胎衣脱离。此外，也可拧紧外露胎衣，手沿着伸入子宫找到脐带根部，握住轻扭转拉动，绒毛逐渐脱离腺窝，使胎衣完全脱落下来。马部分胎衣不下时，应仔细检查已脱落的胎衣，确定未脱落部分，找到相应部位将其剥离。若不能一次将胎衣全部剥离，可继续进行抗生素和支持疗法，待 4～12h 后再试行剥离。

猪发生胎衣不下时，其子宫颈通常缩小到手不能伸入，难以剥离。猪对催产素不敏感，注射后效果甚微。抗生素疗法可以防止感染，避免引起死亡。

犬发生胎衣不下时，可伸一手指进入犬阴道内探查，找到脐带轻轻向外牵拉，通常可将胎衣取出。也可用包有纱布或药棉的镊子在阴道中旋转将胎衣缠住取出。小型犬通过腹部触诊若子宫内有鸡蛋样的团块，就可做出诊断，将病犬前肢提起加大腹腔压力，按摩腹壁排出胎衣。若无效，间隔几小时重复 1 次。必要时及早进行剖腹术。

胎衣剥离完毕后，一般不必冲洗子宫，但应向子宫内投入抗菌消炎药。若胎衣已经腐败，子宫腔内尚有残留的胎衣碎片和腐败液，患畜体温在 39.5℃ 以下时，可用 0.1%高锰酸钾或 0.5%新洁尔灭冲洗子宫，清除子宫内的感染源。随后用生理盐水冲洗，彻底排净冲洗液后，再投入抗菌消炎药。冲洗方法是将粗橡胶管（如粗胃管、子宫洗涤管）的前端插入子宫角前下部，管的外端插一漏斗，注入消毒液 1～2L，借虹吸作用将子宫内的液体自动导出，反复冲洗几次，直到注入与排出的液体颜色一致为止。最后检查子宫内有无液体积留及子宫内翻，再将抗菌消炎药放入子宫内，隔日 1 次，连续 2～3 次。

手术剥离胎衣是一种治疗胎衣不下的传统方法，目前人们对其临床应用价值有较大的争议。在手术剥离的过程中，难免对母体胎盘造成一定程度的损伤，增加持续感染的可能性，也降低了子宫的自然防御功能。即使胎衣是正常脱落，子宫内膜上仍然残留胎衣上的绒毛，在手术剥离时存留的绒毛会更多。特别是强行剥离时，绒毛较大的分支是被拔出来的，其断端仍遗留在子宫内膜中，会损伤子宫内膜下的毛细血管。

（四）预后

牛胎衣不下一般预后良好。虽然多数牛胎衣腐败分解后会自行排尽，但也常常继发子宫内膜炎、子宫积脓等，影响后期妊娠，故对牛的胎衣不下应当重视。流行病学研究表明，患胎衣不下的牛患代谢性疾病、子宫炎及流产的发病率升高。因此，多数胎衣不下的牛不表现症状，但相关疾病的发生增多。

马胎衣不下预后慎重，如不及时治疗即出现全身反应，并可能继发蹄叶炎，甚至引起败血症，最常见因子宫内膜炎而不易受孕。山羊可能继发脓性子宫内膜炎及败血症。绵羊及猪胎衣不下一般预后良好。但猪也需及时治疗，否则会因泌乳不足影响仔猪的发育；犬胎衣不下会导致子宫组织坏死，并继发腹膜炎，若不及时治疗，病犬往往产后 4～5d 死亡。

（五）预防

减少妊娠及分娩期对繁殖有不良影响的因素。将围产期母畜隔离饲养，用干草作为垫料可能具有一定作用。给妊娠母畜饲喂富含矿物质和维生素的饲料，特别是补充微量元素硒有一定的预防作用。舍饲奶牛要有一定的运动时间和干乳期。产前 1 周要减少精料，搞好产房的卫生消毒工作。分娩后让母畜舔仔畜身上的羊水，并尽早挤奶或让仔畜吮乳。分娩后特别是在难产后立即注射催产素或钙溶液，避免给产畜饮冷水。

# 第三节　子宫破裂

子宫破裂（uterine rupture）一般发生在妊娠后期或分娩时，初产母牛多发，按破裂的程度可分为不完全破裂与完全破裂（子宫透创）两种。不完全破裂是子宫壁黏膜层或黏膜层和肌层发生破裂而浆膜层未破裂；完全破裂是子宫壁的三层组织都发生破裂，子宫腔与腹腔相通，甚至胎儿坠入腹腔。子宫壁透创的破口很小时，也叫作子宫穿孔。

（一）病因

难产时，若子宫颈开张不全，胎儿和骨盆腔大小比例不适，胎儿过大并伴有异常强烈的子宫收缩，或胎儿异常未解除即使用子宫收缩药；特别是胎儿臀部前置，因胎儿的臀部填塞母体骨盆入口，当母畜努责时，胎水不能进入子宫颈而使子宫内压增高容易造成子宫破裂。

难产助产时动作粗鲁，操作失误，如推拉产科器械时失手滑脱、截胎器械触及子宫、截胎后骨骼断端未保护好等，也可引起子宫破裂。难产时间较长时，子宫壁变脆，若操作不当，更易引起子宫破裂。破裂多发生在耻骨前缘处，因子宫壁在此处常受到压迫。子宫的瘢痕组织（如剖宫产的切口等）部位也容易发生破裂。

临床上有时发生自发破裂，如子宫捻转严重时，捻转处会破裂；妊娠时胎儿过大胎水过多或双胎在同一子宫角内妊娠等，使子宫壁过度伸张而引起子宫破裂。自发性子宫破裂易发生于妊娠后期和分娩过程中，尤其是初产母牛发生较多。

冲洗子宫使用导管不当，插入过深，人工授精及胚胎移植时操作失误，均可造成子宫穿孔。此外，子宫破裂也可能发生在妊娠后期母畜突然滑跌，腹壁受踢或意外抵伤等。

（二）症状

根据破口的深浅、大小、部位、动物种类不同及破口是否感染等，患畜表现出的症状不完全一样。

子宫不完全破裂不易被发现，且多能自愈，易继发子宫炎症。有时在产后可见少量血水从阴门流出，但很难确定其来源，只有进行子宫内触诊，才可能发现破口而确诊。

子宫完全破裂，若发生在产前，部分病例不表现任何症状，或症状轻微，不易发现，后期会发现子宫粘连或在腹腔中发现脱水的胎儿；若子宫破裂发生在分娩时，则努责及阵缩突然停止，子宫无力，母畜安静，有时阴道内流出血液；若破口较大，胎儿可能坠入腹腔。子宫破裂后引起大出血时，迅速出现急性贫血及休克症状，全身恶化，患畜精神极度沉郁，全身震颤出汗，可视黏膜苍白，心音快而弱，呼吸浅而快；若受子宫内容物污染，患畜很快继发弥散性脓性腹膜炎。

若子宫破口很小（子宫穿孔）且位于上部，胎儿也已排出，感染不严重，牛一般不出现明显的临床症状。产后子宫体积迅速缩小，使破口边缘吻合，多数可自愈，但易引起子宫粘连；马易出现腹膜炎的症状，全身症状明显。

（三）治疗

检查难产时应注意检查生殖道是否有损伤。如果发现子宫破裂，或者在助产过程中发现子宫破裂，应立即根据破裂的位置与程度，决定是经产道取出胎儿还是实施剖宫产术，最后缝合破口。但应注意的是，除了子宫破口不大且在背位，不需要过多干预即可娩出胎儿的情况外，多数子宫破裂都需要剖宫产术。

对子宫不完全破裂的病例，取出胎儿后不要冲洗子宫，仅将抗生素或其他抑菌防腐药放入子宫内即可。每日或隔日 1 次，连用数次；同时注射子宫收缩剂（前列腺素、催产素或麦角制剂）。

子宫完全破裂，如裂口不大，取出胎儿后可将穿有长线的缝针由阴道带入子宫，进行缝合。这种缝合比较困难，必须要有耐心。如裂口大，应迅速施行剖腹术处理，其过程和剖宫产术相似，不同的是，此时的剖腹术应根据易接近裂口的位置及易取出胎儿的原则，综合考虑选择手术通路，从破裂位置切开子宫壁，取出胎儿和胎衣，再缝合破口。在闭合手术切口前，向子宫内放入抗生素。因腹腔有严重污染，缝合子宫后要用灭菌生理盐水反复冲洗，并用吸干器或大块消毒纱布将存留的冲洗液吸干，检查腹腔内无异物后，再将 1～1.5g 氨苄西林钠注入腹腔内，最后缝合腹壁。

子宫破裂，无论是不完全破裂还是完全破裂，除局部治疗外，均要全身或腹腔内注射抗生素，连用 3~4d 或更长时间，防止发生腹膜炎及全身感染。如失血过多，应输血或输液，并注射止血剂。

当犬、猫发生子宫破裂时，可采用手术治疗，手术过程中静脉滴注 5%葡萄糖溶液、林格液、维生素 C 等，肌内注射抗生素和止血敏。麻醉用速眠新或舒泰等进行全身麻醉或用氟乙烷等吸入麻醉。仰卧保定，从脐部至耻骨前缘的腹中线部刮毛，消毒术部。切开皮肤、皮下组织、腹中线和腹膜，将两侧子宫角和子宫体拉出创口外，实施卵巢子宫摘除术。术后用温生理盐水，反复冲洗干净腹腔后，吸出腹腔内液体，用肠线一次性连续缝合腹中线和腹膜，采用结节缝合术缝合皮肤。创面消毒，安置防护纱布并固定。术后按常规剖宫产外科手术护理即可。

（四）预后

子宫不完全破裂如能及时治疗，防止感染，预后良好；否则可引起慢性子宫内膜炎。

子宫完全破裂，死亡率的高低与家畜的种类及破口的位置、大小有关。马、羊预后不良。牛预后可疑，但若破口小而且在子宫壁上部，预后较好；也可能由于子宫和邻近组织发生粘连，屡配不孕，而被淘汰。

（五）预防

发生子宫破裂后常发生并发症，若不及时治疗会导致死亡。

1）助产时，手法要轻巧，切忌粗心蛮干，使用器械时，防止滑脱，产后要及时检查，若有子宫损伤应及时治疗。

2）插入子宫冲洗管、输精器和冲卵管时，不宜过深及用力过猛。

3）难产时谨慎应用缩宫药。

4）病畜单独饲养数日，注意检查体温、脉搏、呼吸等。

# 第四节　子宫内翻及子宫脱出

子宫角前端翻入子宫腔或阴道内，称为子宫内翻（uterine inversion），也称为子宫（宫角）套叠（uterine invagination）；整个子宫或大部分子宫翻转，并脱出于阴门外，称为子宫脱出（prolapse of the uterus）。

子宫脱出可发生于各种动物，较常见于奶牛、肉牛、绵羊和山羊，较少发生于猪，罕见于马、犬、猫和兔。本病多为散发，常常发生于分娩过程和分娩之后的数小时之内，此时子宫颈还处于开放状态且子宫处于弛缓状态。母牛通常是孕侧子宫角全部脱出，且子宫大部分悬垂于阴门外直到跗关节下。小动物通常发生两侧子宫角完全脱出。

（一）病因

子宫脱出的发生与产后子宫颈口闭合不良、子宫迟缓等多种因素密切相关。分娩时过度牵拉、产后母畜过度努责、胎衣不下、子宫壁收缩弛缓、低血钙及缺乏运动等，都与本病的发生有关。此外，产后动物站立体位不当（前躯高于后躯）、母畜衰老、营养不良、胎儿数量过多或胎儿过大、饲草中天然雌激素水平过高或助产过程中催产素等药品使用不当等都是本病的诱发因素。

1）老龄经产的孕畜、营养不良、瘦弱、运动不足及子宫过度扩张等因素，使固定子宫的韧带和组织弛缓，紧张性降低，并使产后子宫迟缓，母畜在产后如患有强烈努责及腹压增高类疾病，容易造成子宫内翻和脱出。

2）难产时间过久，努责强烈，使子宫韧带及肌纤维疲劳、松弛，胎水流出时间太久，产道干涩，子宫紧包胎儿，若没有在产道注入润滑剂，强行快速拉出胎儿，此时子宫内压突然降低，腹压相对增高，易形成牵引性负压，在拉出胎儿后子宫也随之内翻或脱出。

3）胎衣不下时，若在露出的胎衣上拴一重物，也可能造成子宫的内翻甚至脱出。

（二）症状

子宫轻度内翻，通常在子宫复旧过程中自行复原，无外部症状；内翻程度较大时，患畜表现轻度不安、努责、尾根举起、食欲减退等。直肠检查时可发现增大的子宫角似肠套叠，子宫阔韧带紧张。病畜躺卧后，可见突入阴道内翻的子宫角。

二维码
10-4

牛、羊脱出的子宫较大，有时还附着未脱离的胎衣。若胎衣已脱离，可见暗红色的子叶，并极易出血，脱出物表面常常被粪便、泥土等污染。大多数母畜是孕侧子宫角脱出，且在脱出子宫角上会有未孕角的开口和尿道外口。部分病例子宫颈和阴道同时脱出（二维码 10-4），有肥厚横皱襞者为子宫颈，光滑的部分为阴道。脱出时间稍久，子宫内膜即发生瘀血、水肿，呈黑红色肉冻状，并发生干裂，有血水渗出；脱出后延误治疗，患畜可能由于骚动不安、起卧，造成脱出子宫与地面、墙壁等处摩擦而损伤；寒冷季节发生于户外的子宫脱出，常因冻伤而发生坏死。若肠管进入脱出的子宫腔内时，患畜往往有疝痛症状，如举尾、踢腹、起卧等症状较明显。

猪脱出的子宫角似两条肠管，较粗大。猪子宫脱出后全身症状特别严重，反应强烈，常因出血而休克，于发病数小时内死亡。

二维码
10-5

马子宫脱出的病例较少（二维码 10-5）。主要是由于部分未脱离子宫内膜的胎衣牵拉使子宫角内翻，继而刺激母马努责。马脱出的大多数是子宫体；子宫角脱出时，也分为大小两部分，大的是孕角，小的为空角，每一部分的末端有一凹陷。子宫内膜表面和猪的相似。刚分娩的母马在阴唇处呈现不同的外翻子宫，根据出血量，子宫会呈现亮红色或暗红色，并有不同程度的损伤和脆性，同时胎盘仍可能附着。病症可能迅速发展成休克和内毒素血症。卵巢、子宫动脉破裂经常导致腹痛和快速死亡。

猫子宫脱出通常发生于产后 48h 之内，往往表现双子宫角脱出或部分脱出，有的则是一侧子宫角脱出，另一侧可能仍存有胎儿。

（三）诊断

产后观察母畜频繁努责、抬举尾部、回头顾腹时，应及时检查产道，判断产后子宫的复旧情况。子宫部分脱出体外和子宫全部脱出，常规监控，极易观察到。但需要注意，从子宫部分突出到全部脱出的过程很短，数分钟到数小时，一般病程不超 2h。还需要识别排出的胎衣与子宫内膜形态上的差异。

（四）预后

预后取决于患病动物的种类、脱出程度、治疗时间早晚及脱出子宫的损伤程度。

子宫内翻如能及时发现，加以整复，预后良好。若未及时发现，又不能自行复原，套叠时间延长，则可导致子宫角坏死或不孕。

牛、羊在脱出 1～2h 内将子宫送回，预后良好。马预后需谨慎，治疗延误或消毒处理不当，可继发腹膜炎及败血症。犬和猫的预后较好。

（五）治疗

子宫脱出是一种急性危重病，发现后应该及时采取治疗措施。子宫脱出的时间越长，整复越困难，机体所受的外界刺激、损伤及污染越严重，死亡率和康复后的不孕率也越高。对犬、猫和猪的子宫脱出病例，必要时可行剖腹术，通过腹腔整复子宫。

**1. 整复法** 整复脱出的子宫之前必须检查子宫腔中有无肠管和膀胱，若有应设法将肠管压回腹腔并将膀胱中尿液导出后再行整复。以下是以牛为例整复的方法和步骤。

（1）保定 使患牛处于前低后高体位。排空直肠内的粪便，防止整复时排便污染子宫，同时迅速静脉输液、止血，若努责强烈，可局部麻醉或轻度全麻。

（2）清洗消毒 用温的 0.1%高锰酸钾、0.5%新洁尔灭等刺激性小的防腐消毒液，清洗尾根、外阴及脱出的子宫，除去粪便、污泥等污染物及坏死组织，若黏膜有较大的创口，应缝合；水肿较严重者，可用2%明矾水溶液洗敷。

（3）麻醉 可施行荐尾间硬膜外麻醉降低母畜的努责。

（4）整复 病牛侧卧时，由助手用在消毒液中浸泡过的纱布将子宫抬高至坐骨弓水平，降低子宫的重力牵拉，使子宫血液循环逐渐恢复正常而使水肿减轻，便于整复。从靠近阴门的部分开始，将手指扒拢，用手掌或拳头压迫靠近阴门的子宫壁（切忌用手抓子宫壁），将脱出的子宫向阴道内推送。边推送边由助手在阴门外紧紧顶住，防止其再次脱出。将剩余部分逐步向阴门内推送，直至脱出的子宫全部送入阴道内。也可从脱出的子宫最远端开始，特别是子宫刚脱出或部分脱出时，术者可将拳头伸入脱出子宫角尖端的凹陷中，将其顶住，逐步推回阴门之内。上述两种方法都在患畜不努责时进行，若努责要把推送回的部分紧紧顶压住，防止再脱出来。如果脱出时间过久，子宫壁变硬，子宫颈也缩小，整复极其困难。

猪脱出的子宫角较长，不易整复。可将患猪置于倾坡、木板或吊于斜梯上，并进行全身麻醉。若脱出的时间短，或猪的体型大，可在脱出的一个子宫角尖端凹陷内灌入低浓度消毒液，并将手伸入其中，先把此角尖端塞回阴道，利用水的重力作用将剩余部分送回；同法处理另一子宫角。如果脱出时间已久，子宫颈收缩，子宫壁变硬，或猪体型小，手无法伸入子宫角中，整复时可先在近阴门处隔着子宫壁将脱出较短的一个角的尖端向阴门内推压，使其通过阴门，但整复脱出较长的另一角时，因前一个角堵在阴门上，向阴门推进困难，需耐心仔细操作。

马子宫完全脱出应立即处理。母马保定并保持安静，最好取站立姿势，必要时使用镇静剂、镇痛剂（药物引起的低血容量可能导致马虚脱休克）。在复位子宫之前，先给予全身性抗生素和氟尼辛葡甲胺，预防子宫炎和内毒素血症。将子宫放在干净的塑料布或托盘上，并抬高到与外阴持平，以改善子宫的血液循环，减轻水肿，并降低血管破裂和子宫内膜损伤的可能性。先用温的稀释聚维酮碘溶液，然后用等渗盐水彻底清洗子宫，清除所有杂物。在复位过程中，保护受损区域，撕裂伤可用可吸收缝线修复。

猫根据脱出时间的长短选择相应的疗法。1h 之内，应及时整复，侧卧或由助手提起两后肢，用温消毒液清洗，黏膜上涂润滑剂，用一个或两个手指缓慢地由上而下逐渐送入骨盆腔或腹腔内。若子宫严重水肿，整复有困难，可用冷的 50%葡萄糖液冲洗，以减轻水肿，使子宫的体积缩小。送回腹腔后，借助腹部触诊确定子宫位置是否恢复正常，并将后肢提起，用软胶管向两子宫角内灌注抗生素溶液。术后常规全身应用抗生素。对脱出时间已久的病猫，需用外科手术处理。

**2. 预防复发及护理** 整复后为防止复发，应皮下或肌内注射 50～100IU 催产素。若患畜努责，采用绷带将腹部缠紧并压迫固定阴门，持续 3～4d。也可将排球胆消毒后送入子宫充以空气，阻止再次脱出，为防止患畜努责，荐尾间隙硬膜外麻醉。慎用阴门缝合固定法，缝合后会刺激患畜持续努责，虽能在一定程度上防止子宫脱出但不能阻止子宫内翻。

术后按常规护理即可。若出现内出血，给予止血剂并输液。对病畜专人负责。

**3．脱出子宫切除术**　　如子宫脱出时间过久，无法送回，或有严重的损伤及坏死，整复后有引起严重感染、导致死亡的危险，可将脱出的子宫切除，以拯救母畜的生命，特别是种用价值低的犬、猫等动物发生子宫脱出后，若整复困难，常常采取子宫-卵巢全切除术。牛子宫脱出切除术操作如下。

患牛站立保定，局部浸润麻醉或后海穴麻醉，常规消毒，用纱布绷带缠裹尾巴并系于一侧。在子宫角基部做一纵行切口，检查有无肠管及膀胱。有则先将它们推回，如果肠管有坏死，则先进行坏死肠管切除术。找到两侧子宫阔韧带上的动脉进行结扎。粗大的动脉需结扎两道，并注意区别输尿管与动脉。在结扎下方横断子宫阔韧带，断端如有出血应结扎止血。断端先做全层连续缝合，再行内翻缝合，将缝合好的断端送回阴道内。

术后注射强心剂并抗菌消炎，密切关注有无内出血现象。对努责剧烈者，可在百会穴行硬膜外麻醉，或在后海穴注射 2%普鲁卡因，防止引起断端再次脱出。有时病畜出现神经症状，兴奋不安，忽起忽卧，牛可灌服乙醇镇静。术后阴门内常流出少量血液，可用收敛消毒液（如明矾等）冲洗。如无感染，断端及结扎线经过 10d 以后可以自行愈合并脱落。

**4．中兽医疗法**　　子宫脱出属中医中气下陷证，以补中益气、升阳举陷为主，方选"补中益气汤"加味较宜。

**（六）预防**

子宫脱出发病过程较急，产后应对母畜进行必要的监控。在产后及时驱赶母畜保持站立姿势，密切关注产后仍有努责表现的母牛，必要时可将手臂伸入产道及子宫，检查有无子宫内翻和产道损伤；此外，及时给予催产素促进子宫收缩。有腹痛症状的母畜，可给予镇静止痛剂，并积极治疗原发病。

# 第五节　子宫复旧不全

母畜分娩后，子宫从妊娠及分娩所发生的各种变化恢复到妊娠前的状态和功能的过程，称为子宫复旧。正常的子宫复旧时间各种动物有所差异，马 21d、牛 32～46d、水牛 40d、羊 29d、猪 28d、犬 85d 左右。分娩以后子宫未能在预定时间内恢复原有形态和功能，称为子宫复旧不全（subinvolution of uterus）或子宫迟缓（uterine inertia）。本病常见于老龄的经产母畜，或孕期营养不良的母畜，奶牛多发。通常衡量子宫复旧依据两个标准，一是宏观参数，即一定时间内子宫的重量、体积和长度；二是微观参数，即宫内微生物种群类型和数量。

**（一）病因**

子宫复旧取决于产后子宫收缩的频率和力量，以及子宫内胶原蛋白和肌质球蛋白降解成氨基酸的速度。产后子宫收缩使妊娠期间伸长的子宫肌细胞缩短，子宫壁变厚，蛋白质降解使肌纤维变细，子宫壁变薄。因此，影响产后子宫收缩和蛋白质降解的各种因素，都会导致子宫复旧延迟。

产后卵巢功能状态及生殖激素水平的高低对子宫复旧的影响有一定差异。例如，雌激素可增强子宫收缩力，促进子宫复旧。也有报道雌激素可增加子宫壁的厚度，延长马和牛子宫复旧的时间；孕酮也可延缓子宫复旧的时间。雌激素、孕酮与子宫复旧的关系反映出产后卵巢功能恢复早晚与子宫复旧的关系。产后卵巢功能恢复越早，子宫复旧越快；否则越慢。催产素的作用是促进子宫平滑肌收缩和机体合成前列腺素。因此，有人认为，这两种激素都能促进子宫复旧。如果上述有利于子宫复旧的激素不足，可导致子宫复旧延迟。

子宫复旧的速度随胎次增多、年龄增大而变慢，初产牛子宫复旧速度最快。老龄、经产牛易发生子宫复旧延迟。围产期疾病，如难产、胎衣不下、子宫脱出、子宫内膜炎、产后低血钙和酮病等是造成子宫复旧延迟的主要因素。据报道，子宫内膜炎和子宫积脓可使子宫复旧时间延长 5～10d，甚至更长时间。双胎、胎儿过大、胎水过多、瘦弱、运动不足等常使妊娠后期子宫乏力，导致子宫复旧延迟。

（二）症状

产后恶露排出时间明显延长（牛恶露排出的正常时间为 9～12d）。因子宫收缩力量弱，恶露常积留在子宫内，母畜卧下时排出量较多。在运动场地、患畜腿部、外阴及尾根可能沾有恶露污渍。由于腐败分解产物的刺激及病原菌的繁殖，常继发慢性子宫内膜炎。因此，产后第一次发情时间推迟，配种也不易受孕。

病畜全身状况一般无明显的异常，有时仅体温略微上升，精神不振，食欲及奶量稍减。阴道检查，可见子宫颈口开张，有的患畜在产后 72h 仍能伸入整个手掌，产后 14d 还能通过 1～2 指。直肠检查，子宫下垂，子宫壁软而厚，体积较产后同期的要大，收缩反应微弱。若子宫腔内积留有大量液体，触诊会有波动感；有时还可摸到未完全萎缩的母体子叶。持续时间过长可能导致子宫纤维化，宫颈部明显肿大，宫颈内部坚硬。

全身症状表现为母畜精神不振，食欲不佳，消瘦，产奶量降低。由于伴有不同程度的子宫内感染，体温稍高。

（三）治疗

治疗原则主要是提高子宫收缩力和增强其抗感染能力，促进子宫恶露排出，防止形成慢性子宫内膜炎。

**1. 激素疗法**　注射催产素或氯前列烯醇，可以有效地促进子宫收缩。牛肌内注射 20mg 苯甲酸雌二醇和 50～100IU 催产素，或应用麦角新碱 10～20mg，能有效促进子宫复旧。也可以将此法作为产后母牛子宫常规保健手段，有效地防止子宫复旧不全及子宫感染。

**2. 抗生素疗法**　产后及时向子宫内投入土霉素粉剂、乳剂或片剂，产后 20d 再次子宫注射土霉素和生理盐水混合液，可以有效抑制宫内微生物的繁殖。也有报道，子宫内投入头孢噻肟等头孢类药物来进行治疗。同时为消除全身症状，可以使用抗革兰氏阳性菌或阴性菌的抗生素（窄谱或广谱）静脉注射，同时也起到抑制子宫内微生物的作用。

**3. 冲洗子宫**　子宫冲洗时，用 40～42℃ 5%～10%温盐水、0.1%高锰酸钾、0.1%新洁尔灭、0.05%呋喃西林等溶液。冲洗液体的量要适宜，要根据子宫体积大小而定。若子宫基本复旧，插入子宫洗涤管长度不能超过子宫颈 15cm，注入量每次不超过 150ml，应低压注入；插入子宫洗涤管时动作要轻柔，以免对子宫造成刺激和损伤。冲洗液导净后再注入抗菌消炎药。

**4. 通过直肠按摩子宫**　通过机械性刺激，连续数日通过直肠按摩子宫，使子宫收缩力量加强，恢复加快。

**5. 针灸**　电针百会、肾俞、后海等相关穴位。

**6. 中药疗法**　产后母畜可口服加味生化汤（当归 90g，川芎 30g，桃仁 40g，炮姜 30g，益母草 40g，枳壳 30g，甘草 30g）或八珍生化汤（当归 40g，川芎 20g，白芍 30g，熟地 40g，党参 40g，茯苓 40g，甘草 20g，炮姜 20g，桃仁 30g，益母草 40g，枳壳 30g）等，可以有效加快母畜产后恢复，降低本病发生率。

**7. 生物制剂**　　在分娩当天开始每天子宫内输注 8g 壳聚糖微粒，持续 5d，壳聚糖微粒与细菌细胞膜结合发挥作用，具广谱抗菌活性，可以减少子宫大肠杆菌的增殖；奶牛在妊娠（240±3）d 和（270±3）d 接受重组蛋白亚单位疫苗的皮下接种，可以降低阴道细菌数量，提高奶牛对子宫感染的有效反应，减轻炎症和相关的组织损伤；在妊娠 230d 和 260d 接受全灭活细胞（大肠杆菌、坏死梭杆菌和化脓杆菌）疫苗的皮下注射，可以降低子宫内病原体数量；促进子宫内膜分泌特异性免疫球蛋白。

**8. 非甾体抗炎药**　　非甾体抗炎药（NSAID）具有镇痛、卵巢功能恢复、预防和治疗子宫炎症等作用，因此在一定程度上可以通过防治子宫炎促进子宫复旧。美洛昔康、氟尼辛葡甲胺与卡洛芬等已被应用于缓解患子宫炎奶牛的疼痛和炎症控制。

（四）预防

对难产或可能发生子宫复旧不全的病畜，胎儿排出后，肌内注射促进子宫收缩的药物。产后同一时间内子宫复旧的程度存在个体差异，子宫复旧不全重在预防，如复旧延迟，应及时治疗。子宫复旧不全的病牛，要推迟 1～2 个发情周期配种。

# 第六节　产后感染

母畜分娩时及产后，生殖器官发生剧烈变化，当正常排出或难产经手术取出胎儿时，可能在子宫及软产道上造成不同程度的损伤、污染；产后子宫颈开张、子宫内滞留恶露及胎衣不下等，给微生物的侵入和繁殖创造了条件。产后感染（postpartum infection）按感染部位分为阴门感染、阴道感染及子宫感染。

引起产后感染的微生物很多，但主要的是化脓棒状杆菌、链球菌、溶血性葡萄球菌及大肠杆菌，偶尔有梭状芽孢杆菌。微生物的来源主要有两个途径，一种是外源性的，如助产时手臂、器械及母畜外阴等消毒不严；产后外阴部松弛，外翻的黏膜与粪尿、褥草及尾根接触；胎衣不下、阴道及子宫脱出等，都能使外界微生物得以侵入。另一种是内源性的，正常情况下存在于阴道内的微生物，由于生殖道发生损伤而迅速繁殖；存在于身体其他部位的微生物，由于产后机体的抵抗力降低，也可通过淋巴管及血管进入生殖器官而产生致病作用。

## 一、产后阴门炎及阴道炎

在正常情况下，母畜阴门闭合，阴道壁黏膜紧贴在一起，将阴道腔封闭，阻止外界微生物侵入；母畜在雌激素发挥作用时，阴道黏膜上皮细胞贮存大量糖原，在阴道杆菌作用及酵解下，脱落的黏膜细胞中的糖原被分解为乳酸，使阴道保持弱酸性，能抑制阴道内细菌的繁殖；此外，在雌激素占主导地位时，机体内白细胞的吞噬能力增强。因此，阴道对微生物的侵入和感染具有一定的防卫功能。当阴门及阴道发生损伤时，上述防卫功能受到破坏或机体抵抗力降低，细菌即侵入阴道组织，引起产后阴门炎及阴道炎（puerperal vulvitis and vaginitis）。本病多发生于反刍家畜，也见于马，在猪则少见。

（一）病因

微生物通过上述各种途径侵入阴门及阴道组织，是发生本病的常见原因。特别是在初产奶牛和肉牛，产道狭窄，胎儿通过时困难或强行拉出胎儿，使产道受到过度挤压或裂伤；难产助产时间过长或手术助产的刺激，阴门炎及阴道炎更为多见。少数病例是用高浓度、强激性防腐剂冲洗阴道或是坏死性厌氧丝杆菌感染而引起的坏死性阴道炎。

### （二）症状及诊断

由于损伤及发炎程度不同，表现的症状也不完全一样。

黏膜表层受到损伤而引起的发炎，无全身症状，仅见阴门内流出黏液性或黏液脓性分泌物，尾根及外阴周围常黏附有这种分泌物干痂。阴道检查，可见黏膜微肿、充血或出血，黏膜上常有分泌物黏附。

黏膜深层受到损伤时，病畜拱背，尾根举起，努责，并常做排尿动作，但每次排出的尿量不多。有时在努责之后从阴门中流出污红、腥臭的稀薄液体。阴道检查送入开腔器时，病畜疼痛不安，甚至引起出血；阴道黏膜，特别是阴瓣前后的黏膜充血、肿胀、上皮缺损，黏膜坏死部分脱落露出黏膜下层。有时见到创伤、糜烂和溃疡。阴道前庭发炎者，往往在黏膜上可以见到结节、疱疹及溃疡。全身症状时，体温升高，食欲及泌乳量稍降低。

### （三）治疗

炎症轻微时，可用温防腐消毒液冲洗阴道，如 0.1%高锰酸钾、0.05%～0.1%新洁尔灭或生理盐水等。阴道黏膜严重水肿及渗出液多时，可用 1%～2%明矾或 5%～10%鞣酸溶液冲洗，或者使用 0.5%硝酸银液冲洗，然后用生理盐水冲洗，冲洗后可涂抹碘甘油或碘仿鱼肝油，有助于缓解感染。对阴道深层组织的损伤，冲洗时必须防止感染扩散。冲洗后，可撒布碘仿磺胺粉（1：10）或注入其他防腐抑菌的乳剂或糊剂，连续数日，直至症状消失。如果患畜出现努责，可用长效麻醉剂进行硬膜外麻醉。在局部治疗的同时，于阴门两侧注射抗生素，并配合封闭疗法，效果很好。

中医认为阴道炎多是湿热下注或热毒壅盛所致，前者宜清热利湿，可用止带方或龙胆泻肝汤加减，外用蛇床子散煎水熏洗；后者宜清热解毒，活血化瘀，方用银翘红酱解毒汤加减。

### （四）预后

浅表炎症预后一般良好，严重者如能及时治疗，预后较好。组织严重损伤时，马可能引起败血症，牛也易引起子宫颈炎、子宫炎、骨盆部蜂窝织炎、尿道炎及膀胱炎。经久不愈转为慢性者，可能形成瘢痕收缩或粘连，影响后期的交配、受孕及分娩。

## 二、产后子宫内膜炎

产后子宫内膜炎（puerperal endometritis）为子宫内膜的急性炎症，常发生于分娩后数日内。如不及时治疗，炎症易于扩散，引起子宫浆膜或子宫周围炎，并常转为慢性炎症，导致不孕。本病常见于牛、马，羊和猪也有发生。

### （一）病因

分娩或产后期微生物通过各种感染途径侵入。90%以上的马和牛分娩后子宫中可分离出感染菌，这些细菌可短期或长时间存在于子宫内（图 10-3）。当母畜产后首次发情时，子宫可排出其腔内的大部分感染菌。首次发情延迟或子宫迟缓不能排出感染菌的母畜，可能发生子宫炎。尤其

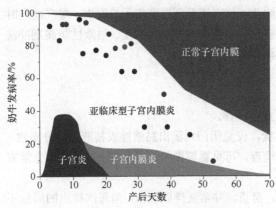

图 10-3 奶牛产后天数与子宫内细菌感染的发生率
（Gilbert et al., 2005）

彩图

图中的点表示的是从产后 60 天内不同的奶牛子宫腔内分离细菌，有细菌存在的奶牛发病率，数据来源于不同的研究（同一颜色是同一个人的研究）

是发生难产、胎衣不下、子宫脱出、流产时，子宫迟缓、复旧延迟，均易引起子宫发炎。患布鲁氏菌病、沙门菌病、蜩疫及其他侵害生殖道的传染病或寄生虫病的母畜，分娩后抵抗力降低，使病程加剧，转为急性炎症。

## （二）症状及诊断

致病微生物在未复旧的子宫内繁殖，产生的毒素被吸收，易引起严重的全身症状，特别是梭状芽孢杆菌感染时，可危及患畜生命。有时患畜出现败血症或脓毒血症，全身症状明显。

二维码
10-6

病畜频频从阴门内排出少量黏液，病重者分泌物呈污红色，且带有臭味，躺卧时排出量多（二维码 10-6）。病畜体温升高，精神沉郁，食欲及产奶量明显降低，牛、羊反刍减弱或停止，并有轻度臌气，猪常不愿给仔猪哺乳。

阴道检查变化不明显，子宫颈稍开张可见胎衣或有分泌物排出。阴门及阴道肿胀并高度充血。探查子宫时，引起患牛高度不安和持续性努责。直肠检查子宫角比正常产后期的大，壁厚，子宫收缩反应减弱。若子宫内有脓液或渗出物蓄积，则触诊有波动感。

发生子宫内膜炎的母畜若及时治疗，预后一般良好。如不治疗或治疗不及时，马很快继发败血症，出现全身症状，预后应慎重；牛、羊、猪可能变为慢性或继发子宫积脓、子宫积水、子宫与周围组织粘连及输卵管炎等，扰乱发情周期，造成繁殖障碍。牛还可继发乳腺炎、关节炎、败血症和脓毒血症等，预后应慎重。

## （三）治疗

抗菌消炎药物可防止感染扩散，清除子宫腔内渗出物并促进子宫收缩。

首先应将患畜转移到宽敞温暖的畜舍，铺好垫草。伴有胎衣不下者应轻牵拉露在外面的胎衣，将胎衣除掉，禁止用手探查子宫和阴道。患牛出现强烈、持续的努责，可用硬膜外麻醉缓解，此法只能在 1～2h 内缓解努责。牛可直接向子宫内注入或投放抗菌药物，用温热的低刺激性消毒液冲洗子宫，利用虹吸作用将子宫内冲洗液排出，反复冲洗几次。冲洗子宫后，全身症状即很快改善，禁止用刺激性药物冲洗子宫。对中小型动物，可用导管向子宫内注入 50%呋喃唑酮混悬液 2～5ml，连用 3～4d。

对伴有严重全身症状的病畜，体温超过 39.5℃，为了避免引起感染扩散而致病情加重，应禁止冲洗疗法。

为了促进子宫收缩，排出子宫腔内容物，可静脉注射 50IU 催产素，也可肌内注射麦角新碱、$PGF_{2\alpha}$ 或其类似物，禁止应用雌激素。

## 三、产后败血症和脓毒血症

产后败血症和脓毒血症是局部炎症感染扩散而继发的严重全身性感染疾病。产后败血症的特点是：细菌进入血液并产生毒素；脓毒血症的特征是静脉中有血栓形成，以后血栓受到感染，化脓软化，并随血流进入其他器官和组织中发生迁徙性脓性病灶或脓肿，有时二者同时发生，叫作脓毒败血症。本病在各种家畜均可发生，但败血症多见于马和牛，脓毒血症主要见于牛、羊。

（一）病因

本病通常是由于难产、胎儿腐败或助产不当，软产道受到创伤和感染而发生的，也可能是由严重的子宫炎、子宫颈炎及阴道阴门炎引起的。胎衣不下、子宫脱出、子宫复旧不全及严重的脓性坏死性乳腺炎有时也可继发本病。

病原菌通常是溶血性链球菌、葡萄球菌、化脓棒状杆菌和梭状芽孢杆菌，而且多数是混合感染。分娩时发生的创伤、生殖道黏膜淋巴管的破裂，为细菌侵入提供条件，母畜抵抗力降低也是发病的重要原因。脓毒血症并不一定完全是由生殖器官的脓性炎症引起，也可能由其他器官原有的化脓过程在产后加剧而并发本病。

（二）症状及诊断

产后败血症的病程及转归在各种家畜有很大的差异。马、驴的败血症大多数是急性的，通常在产后 1d 左右发病，如不及时治疗，病畜往往 2～3d 后死亡。牛的急性病例较少，亚急性者居多。亚急性病例如能得到及时治疗，一般均可痊愈，但常遗留慢性子宫疾病，急性病例若延误治疗，病牛发病后 2～4d 内死亡。羊的病例大多为急性，猪的多为亚急性。

产后败血症发病初期，体温突然上升至 40～41℃，触诊四肢末端及两耳发凉。临近死亡时，体温急剧下降，且常发生痉挛。整个病程中出现稽留热是败血症的一种特征症状。体温升高的同时，病畜精神极度沉郁。病牛常卧下、呻吟、头颈弯于一侧，呈半昏迷状态；反应迟钝，食欲废绝，反刍停止，喜欢饮水。泌乳量骤减，2～3d 后完全停止泌乳。眼结膜充血，且微带黄色，病的后期结膜发绀，有时可见小出血点。脉搏微弱，每分钟可达 90～120 次，呼吸浅快。患畜往往表现腹膜炎的症状，腹壁收缩，触诊敏感。随着疾病的发展，病畜常出现腹泻，粪中带血，且有腥臭味；有时则发生便秘，由于脱水，眼球凹陷，表现极度衰竭。阴道内流出少量带有恶臭的污红色或褐色液体，内含组织碎片，阴道检查时，母畜疼痛不安，黏膜干燥、肿胀，呈污红色。如果见到创伤，其表面多覆盖有一层灰黄色分泌物。直肠检查可发现子宫复旧延迟、子宫壁厚而弛缓。

产后脓毒血症的临床症状表现不一致，多突发。在开始发病及病原微生物转移，引起急性化脓性炎症，体温升高 1～1.5℃；待脓肿形成或化脓灶局限化后，体温又下降，甚至恢复正常。如再发生新的转移，体温又上升，在整个患病过程中，体温呈现时高时低的弛张热型。脉搏常快而弱，马、牛每分钟可达 90 次以上；随着体温的高低，脉搏也发生变化，但两者之间没有明显的相关性。

大多数病畜的四肢关节、腱鞘、肺、肝及乳房发生迁徙性脓肿。四肢关节发生脓肿时，病畜出现跛行，起卧、运步困难。发病的关节主要为跗关节，患部肿胀发热，且有疼痛表现。如肺发生转移性病灶，则呼吸加深，常有咳嗽，听诊有啰音，肺泡呼吸音增强，病畜常见发吭声，似有痛苦。病理过程波及肾者，尿量减少，且出现蛋白尿。转移到乳房时，表现乳腺炎的症状。

血细胞检查：红细胞、白细胞减少，白细胞核指数在发病初期核左移，若处于病的恢复期，则核右移，红细胞和白细胞也增多。

（三）治疗

治疗原则是处理病灶，消灭侵入体内的病原微生物和增强机体的抵抗力。本病的病程发展急剧，需及时治疗。

对生殖道的病灶，可按子宫内膜炎及阴道炎治疗或处理，但禁止冲洗子宫，尽量减少对子宫和阴道的刺激，以免炎症扩散，使病情加剧。为了促进子宫内聚集的渗出物迅速排出，可以使用催产素、前列腺素等。要及时全身应用抗生素及磺胺类药物，消灭侵入体内的病原菌，抗生素的用量要比常规的量大，并连续使用，直至体温降至正常 2~3d 后为止。

静脉注射葡萄糖液和生理盐水增强机体的抵抗力，促进血液中有毒物质排出和维持电解质平衡，防止组织脱水；补液时添加 5%碳酸氢钠溶液及维生素 C，同时肌内注射复合维生素 B。根据病情还可以应用强心剂、子宫收缩剂等。

注射钙剂可作为败血症的辅助疗法，对改善血液渗透性，增进心脏活动有一定的作用。可静注 10%氯化钙或 10%葡萄糖酸钙。钙剂对心脏作用强烈，注射必须尽量缓慢，否则可引起休克、心跳骤然停止而死亡。对病情严重、心脏极度衰弱的病畜避免使用。

本病属中医产褥热范畴，治宜清热解毒，凉血化瘀，清心开窍，方选五味消毒饮或清宫汤。

# 第七节　产后瘫痪

产后瘫痪（parturient paresis）是母畜分娩前后突然发生的一种严重代谢性疾病，也称为乳热症（milk fever），血钙水平明显低于正常，故也称为生产性低钙血症（parturient hypocalcemia），发病后常常危及动物生命。临床特征为精神抑郁、知觉丧失、全身肌肉无力、四肢瘫痪、循环衰竭、血浆钙浓度降低等。临床上多见于高产奶牛，犬和猫也较常见。其他家畜如水牛、奶山羊、绵羊也有报道，猪比较少见。

奶牛发生产后瘫痪最为常见，多发生于高产奶牛，而且多见于处于泌乳高峰年龄的第 3~6 胎的个体，娟姗牛多见，大多数产后 12~48h 发病，少数在分娩后数周发病。本病主要呈散发性，发病率为 0~10%。产后瘫痪的发生会继发子宫脱出、子宫炎、胎衣不下、难产及真胃变位等，因此本病对奶牛业造成的经济损失巨大。在犬和猫，低钙血症主要发生于产后 2~3 周的泌乳高峰期，特别是窝仔数多的小型犬更容易发病，低钙血症也可造成犬和猫的难产。绵羊和山羊常常发生在妊娠期间或泌乳期，开始表现过度兴奋，之后共济失调、局部肢体瘫痪，继而昏迷，甚至死亡。

## （一）病因

产后瘫痪发病机制至今尚不完全清楚，目前主要有两种观点：主要是分娩前后暂时性低血钙造成，其次是大脑皮质缺氧所致。

奶牛血钙浓度的维持及低血钙形成是由分娩后泌乳所引发的，钙代谢变化明显，每日由血液进入乳汁中的钙超过 50g。而在分娩之前，每日钙需要量仅为 30g。因循环血液中钙储备量极有限，因此只有通过增加胃肠吸收钙能力和增强动员组织钙，特别是骨骼中储备的钙来满足需要。大多数牛在分娩时表现为低血钙。

正常血中钙的浓度维持在一个狭窄的范围（2.0~2.5mol/ml，相当于 0.08~0.12mg/ml），当血钙在 1.4~2.0mol/ml 时表现为亚临床症状，当血钙低于 1.4mol/ml 时就会表现明显的低血钙症状，奶牛最多承受 50%的血钙损失，否则就会出现生命危险。正常情况下，机体通过甲状腺 C 细胞分泌的降钙素和甲状旁腺分泌的甲状旁腺激素（parathyroid hormone，PTH）来调控血钙平衡。甲状旁腺激素使骨骼中动员的钙增加；维生素 D 的激活产物则可以增强肠道吸收钙及溶解骨钙的能力，从而提高血钙水平。

正常的围产期母牛通过增加甲状旁腺激素的分泌及 1,25-二羟基钙化醇浓度来应对血浆钙的下降，使得肠道对钙的吸收能力、骨骼中钙的溶解能力及肾小管对钙的重吸收能力都有所增强。机体99%的钙都储存于骨中，机体骨钙的动员过程有很大的不确定性。激素缺乏对甲状旁腺激素或1,25-二羟基钙化醇的应答，对低钙血症的发生起到重要作用。

此外，机体血钙的水平也受到其他因素的影响，如日粮钙磷比及钙镁比例不合适等；近些年的研究认为分娩前母牛日粮中阳离子，特别是钠、钾水平对产后瘫痪的发生有重要作用。奶牛产前日粮中钙水平过高，会导致血钙的吸收效率下降，但由于血钙总浓度升高，就会刺激甲状腺分泌降钙素，造成血钙骤然降低的现象。产后初乳排出大量的钙，血钙浓度降到极低水平，而母牛不能及时补充血钙水平，则容易导致血钙降低。

犬、猫最常见的是泌乳造成钙损失及日粮钙供应不足。胎儿体格过大或数量过多引起的泌乳增多，由乳汁失去的钙也增多，可能造成低血钙。此外，妊娠期间单纯补钙的犬，容易诱发低血钙症。

绵羊和山羊也主要由过度泌乳和多胎分娩引起。日粮中过量地摄入钙、磷、钠、钾等可能导致甲状旁腺激素下降。

猪是多胎动物，但是伴发低血钙的频率反而较其他家畜低，这可能由于猪的钙平衡调控能力较强。

有报道，产后瘫痪是脑皮质缺氧引发的神经性疾病，而低血钙是脑缺氧的并发症。分娩前，腹压增高，乳房肿胀，影响静脉回流。分娩后，一方面乳房体积继续迅速增大，大量血液流经乳房；另一方面肝内储存血量也较平时明显增加，以应对泌乳期高强度代谢的需要。此外，胎儿排出后，腹腔内压迅速降低，造成腹腔器官被动性充血。多种因素使得机体血液再分配，有效循环血量减少，造成暂时性脑贫血，大脑的供氧量降低，中枢神经功能发生障碍，引发以缺氧为特征的神经症状。

（二）症状

产后瘫痪的临床症状主要是渐进性的肌肉衰弱所表现的各种症状。离子化钙与肌肉功能之间的关系是钙在神经传导、神经肌肉刺激及肌纤维收缩等过程中发挥多种作用的结果。钙可促进肌肉收缩期间肌动蛋白和肌质球蛋白纤维的运动，在肌神经接头处释放乙酰胆碱，随着低钙血症的加深，乙酰胆碱释放减少及肌肉活动减少，因此在更严重的病例出现迟缓性麻痹。

牛发生产后瘫痪时，表现的症状分为典型（重型）和非典型（轻型）两种。

**1. 典型症状**　　体温降低，初期体温可能在正常范围，但随着病程的发展，体温逐渐降低，部分临床病例可降至35～36℃。

初期食欲减退或废绝，鼻镜干燥，精神沉郁，四肢抬举困难，不愿走动，两后肢交替负重，运动时后躯摇摆，似站立不稳，四肢上部肌肉出现震颤，逐渐出现运动障碍。部分病例症状，在初期表现短暂的烦躁不安，出现惊慌、哞叫，目光呆滞，头部及四肢肌肉强直，皮温降低，四肢发凉，脉搏无明显变化。

初期症状出现后不久即表现特征性症状，除四肢瘫痪外，继发意识障碍和知觉丧失。具体表现为病牛昏睡，眼睑反射微弱或消失，瞳孔散大，对光反应不敏感；皮肤对疼痛刺激无反应；肛门松弛、反射消失；心音快而弱，心率可达 90～120 次/min，甚至更快，脉搏难以触到；呼吸深慢，肺部听诊有啰音；有时发生喉头和舌麻痹，舌外露下垂不能自行缩回；吞咽发生障碍，易引起异物性肺炎。四肢及全身发凉，皮温显著降低。病畜卧下时出现特征性的姿势，称为伏卧，即四肢屈于躯干之下，头向后弯至胸部一侧，若用手将头拉直，松开时头可重新弯向胸部。个别病例出现癫痫症状，母牛卧地后四肢伸直且抽搐。

病牛死前处于深度昏迷状态，表现安静，甚至难以观察到死亡时间；少数病例表现为死亡前痉挛性挣扎。若发生在分娩过程中，则努责和阵缩停止，不能排出胎儿。

典型病例的病程发展较快，如果不能及时发现，或者没有及时采取适当的治疗措施，有 50%～60%的病牛可能在 12～48h 内死亡。特别是产后不久（6～8h 内）即发病的病例，疾病进程快，病情也较重，可能在数小时内死亡。如果及时发现且治疗方法得当，90%以上的病牛可以痊愈。有的病例可能复发，复发者预后可疑。

**2. 非典型症状** 非典型的病例在临床上占有很大比例，在产前及产后较长时间发生的产后瘫痪多表现非典型症状。病畜发病程度比较轻，除表现瘫痪以外，主要特征是头颈姿势不自然，由头部至鬐甲部呈轻微的"S"状弯曲。病牛精神极度沉郁，但不昏睡，食欲废绝。各种反射不同程度减弱，不完全消失。有的病牛能够勉强站立，但站立不稳，有行动欲望，步态摇摆。体温正常或者不低于 37℃。如果治疗及时，一般预后良好。

奶山羊的产后瘫痪多发在产羔 1～3d 内，泌乳早期的羊易感。症状与奶牛相似，但程度较轻，多呈非典型症状。部分病例昏睡不起，心跳快而弱，呼吸增快，鼻腔分泌物增多；绵羊的症状与山羊相似，但发病率较低。

猪的产后瘫痪发生在产后数小时，少数在 2～5d 发生。病初母猪表现轻度不安；随后精神沉郁，食欲废绝，躺卧昏睡，所有反射消失；便秘；体温正常或略有升高。奶量减少甚至完全无奶，有时病猪伏卧，拒绝哺乳仔猪。

犬产后低血钙也称为泌乳期惊厥或产后子痫，多见于易兴奋的小型犬，多发生于产后 6～30d。最初症状表现为精神高度兴奋，站立不稳，共济失调，眼结膜潮红。患犬很快出现全身强直性肌肉痉挛，体温升高（可达 42℃），呼吸短促（150 次/min），心跳加速（180 次/min），全身抽搐，颈、胸、腹及四肢肌肉高度痉挛。眼球震颤，口不停闭合开张，口角有白色泡沫，反复表现出咀嚼和吞咽动作，舌有时外伸。意识异常，但并未完全昏迷。对外界刺激敏感，触摸时表现极度惊恐。

（三）诊断

测定血浆或血清钙浓度对本病的诊断具有重要意义。治疗前采集血样进行分析，除了低钙血症外，临床生化异常指标包括低磷血症（＜0.03mg/ml）、高镁血症（＞0.03mg/ml）及高血糖（＞1mg/ml）。PTH 浓度升高，低钙血症的症状说明发生低磷血症，主要是肾排出增多，而高镁血症则是肾重吸收加强的结果。分娩时皮质醇水平升高及其他应激因素也与低糖血症有关，依低钙血症的病程及母牛的病情，肌肉型肌酸激酶（creatine kinase，CK）及天冬氨酸转氨酶（aspartate transferase，AST）活性可能增高，以及其他并发的情况，特别是肝脂肪沉积，改变肝功能及能量平衡。

诊断产后瘫痪的主要依据是 3～6 胎的高产母牛分娩不久，出现特征的瘫痪姿势及血钙降低，若乳房送风疗法有良好效果，便可做出确诊。

非典型的产后瘫痪必须与酮血病进行鉴别诊断。酮血病虽然有半数也发生在产后数日，但泌乳期间都可发生，妊娠末期也可发病。酮血病患畜奶、尿及血液中的丙酮含量增高，呼出的气体有丙酮气味是酮血症的特征性症状。酮血病对钙疗法、乳房送风无效果。

（四）治疗

本病是一种严重的代谢病，若不及时治疗，则会很快死亡。治疗越及时，治愈率越高。

**1. 以补钙为主的补液疗法**　　钙补给量要足，配合补糖及其他电解质，液体总量要大，配合强心、维生素 C 药物等。

补钙可静脉输注硼葡萄糖酸钙溶液（葡萄糖酸钙溶液中加入 4%的硼酸，以提高葡萄糖酸钙的溶解度和稳定性），可按每 50kg 体重补充 1g 纯钙计算。葡萄糖酸钙较氯化钙的副作用小，可进行皮下注射，因此将葡萄糖酸钙总输注量的一半静脉注射，另一半皮下注射，皮下注射的钙吸收较慢，可以较长时间保持血液中的高钙水平。钙剂输注速度不能过快，并密切监测心脏功能，以免发生意外。注射硼葡萄糖酸钙的疗效一般在 80%左右，注射后全身状况即刻好转，心率降低，出现嗳气，胃肠蠕动增强，开始排粪、排尿，并可站立。若注射后 6～12h 病牛无反应，可重复注射，但一般不宜超过 3 次。连续大量静脉注射钙剂可能发生不良后果，可引起心率增快和节律不齐，严重者可发生死亡。

静脉输注钙剂的同时，宜补充葡萄糖，每头牛按 400g 左右葡萄糖计算，可用 25%或 50%葡萄糖配合钙剂，继而应用其他电解质，如 0.9%氯化钠、复方氯化钠、乳酸林格液等；如机体有缺镁症状，可临时补充镁剂，如 25%硫酸镁 50～100ml；心动过速者，输液时加入一定量的钾剂，如 10%氯化钾 30～50ml。整个静脉注射输液总量达到 5000ml以上，充足钙和能量，增加机体内循环血量，有利于患牛康复（二维码 10-7，二维码 10-8）。

二维码 10-7　二维码 10-8

对于母猪产后瘫痪的治疗，多以药物注射为主，如取 10%葡萄糖酸钙溶液 150ml 静脉注射，每天 1～2 次，连用 3d，且期间给予病猪肌内注射 5～10ml 地塞米松用于辅助性治疗。若母猪的体质较虚弱，适量注射维丁胶性钙与安钠咖，每天 1 次，注射 7d。注射钙剂时，应控制好剂量与注射速度。通过静脉注射可有效防止病猪心室纤颤发生。另外，西药要以祛风镇痛、补钙为治疗原则，可为病猪静脉注射 10%葡萄糖酸钙注射液 150ml，联合地塞米松 20mg、头孢 10g、5%糖盐1000ml，分次静脉滴注，每天 1 次，连续滴注 3～5d。或者在葡萄糖液加入氢化钙注射液进行静脉注射，其中氢化钙注射液为 40～60ml，葡萄糖注射液为 100～150ml，每天 1 次，连续注射 5d。若母猪伴有便秘现象，可内服硫酸镁加以调节，从而达到缓泻的目的。

羊患产后瘫痪，也可静脉注射 10%葡萄糖酸钙 50～100ml，外加轻泻剂，以促进积粪排出，并改善消化功能。

犬患产后低血钙症时，将 10%葡萄糖酸钙 20ml，混于 200ml 5%葡萄糖注射液中，缓慢静脉注射，速度为 1～3ml/min。注射 15min 后，多数患犬症状开始缓解，痉挛减轻，体温下降，呼吸及心搏次数减少。当输液完毕时，患犬能够站立行走。为防止复发，第二天可再静脉注射 10%葡萄糖酸钙 10ml，5%葡萄糖注射液 200ml，或口服维丁胶性钙片，每日 1 次，每次 2 片，连用 7d。

**2. 乳房送风疗法**　　乳房内注入消毒的空气，是治疗本病的传统疗法。特别适用于对钙疗法反应不佳或复发的病例。其缺点是技术不熟练或消毒不严时，可引起乳腺损伤和感染。

乳房送风疗法的机制是在打入空气后，乳房内的压力随即上升，乳房的血管受到压迫，因此流入乳房的血液减少，随血流进入初乳的钙也减少，血钙水平回升。同时，全身血压也升高，可以消除脑部的缺血和缺氧状态，使其调节血钙平衡的功能得以恢复。另外，向乳房打入空气后，乳腺的神经末梢受到刺激并传到大脑，可提高大脑的兴奋性，解除中枢神经的抑制状态。

向乳房内打入空气需用专用的器械——乳房送风器。使用之前应将送风器的金属筒消毒并放置干燥消毒棉花，以便过滤消毒空气，防止感染。没有乳房送风器时，也可利用大号注射器或普通打气筒，但过滤空气和防止感染较困难。

牛侧卧保定，挤尽乳房中的积奶并消毒乳头，将消毒且尖端涂有少许润滑剂的导乳管插入乳

二维码
10-9

头管内，慢慢将空气压入乳房内，直至乳房胀满，乳房基部的边缘清楚、变厚，轻敲乳房呈鼓响音为宜，然后拔出导乳管，用绷带条轻轻结扎乳头，防止空气流出（二维码10-9）。同样的方法给其他3个乳房注满空气。经1h左右取下绷带条，乳房内注入抗生素。注入的空气量要适当，过多易引起乳腺泡破裂，发生皮下气肿，过少则效果不佳。

绝大多数病牛在注入空气后10min左右，鼻镜开始变湿润；15～30min眼睛睁开，头颈姿势恢复自然状态，反射及感觉逐渐恢复，体表温度也升高。驱体站立后，立即进食，除去全身肌肉尚有颤抖和精神稍差外，其他均恢复正常。肌肉震颤仍可持续数小时之久，随后消失。若注入后6h还未见好转，可以再送风一次。

乳房送风和补液疗法配合使用，效果更好。

**3. 对症疗法**　　在补液和送风治疗的同时，可进行对症疗法。

1）强心：10%安钠咖30ml，肌内注射或静脉输液；心跳过快者（心率大于120次/min），可以肌内注射10%樟脑磺酸钠30ml。

2）给予肾上腺皮质激素类药物。

3）补液时配合能量合剂等。

4）治疗瘤胃臌气。

5）纠正酸中毒。

6）促进子宫恢复。

7）根据病情，可应用镁制剂、钾制剂及磷制剂等，除静脉注射外，可配合口服。

8）必要时可考虑腹腔封闭。

**4. 中兽医疗法**　　中兽医将奶牛产后瘫痪称为"胎风""产后风"，多属中医气血两虚的阴寒证，故其治法当以补气养血，强筋壮骨为主，宜选"十全大补汤"加味。

（五）预防及护理

专人护理，多加垫草，天冷时注意保温；切忌病牛横躺，若病牛不能保持正常卧姿，应在身体两侧放置草袋、沙袋等支撑物，并设法使病牛的头部处于较高的位置，防止发生窒息、异物性肺炎及褥疮等。病牛初次起立时仍有困难，或者站立不稳，必须注意加以扶持，避免因跌倒而引起骨骼及乳腺损伤。产后最初和痊愈后3～4d内的乳不可以挤尽，以减少由初乳丢失过多的钙而引发本病或复发。

干乳期合理的饲养管理，可以有效地预防产后瘫痪的发生。对于妊娠母牛，尤其是5～9岁高产奶牛或之前发生过本病的奶牛，妊娠期间需加强营养，应供给充足的蛋白质、矿物质、维生素等营养，以保证母体自身需要和胎儿发育需要。但在产前2～3周，要适当减少精料，给母牛饲喂低钙高磷的饲料，减少从日粮中摄取的钙量，可以激活甲状旁腺的功能，提高机体吸收钙及动用骨钙的能力。在干乳期间，可将每头奶牛每日摄入的钙量限制在60g以下，增加谷物的比例，减少饲喂豆科植物干草及豆饼类等，使摄入的钙磷比例保持在（1.5～1）∶1。分娩前后几日，立即将摄入的钙量增加到每日每头125g以上，并注射维生素D制剂。

应用维生素D制剂预防产后瘫痪，可在分娩后立即肌内注射10mg双氢速变固醇。在第一次使用钙剂治疗的同时，应用双氢速变固醇可降低复发率。分娩前8～2d，一次肌内注射维生素D 1000万IU，若用药后母牛未分娩，则每隔8d重复注射一次，直到分娩为止；分娩前24h肌内注射1α-羟基维生素$D_3$（胆钙化醇）1mg，如未按预产期分娩，则每隔48h重复应用一次，或者产前3d静脉注射25-羟基胆钙化醇200mg，可降低母牛产后瘫痪的发病率。

干乳期奶牛日粮中添加阴离子盐。人为控制临产期的离子差值，使产前日粮中阳离子与阴离子的差值降低为负数，使饲料 pH 偏酸，进而降低血液中的 pH，使钙离子从骨骼到血液的动员过程更加容易，产后奶牛的血清钙水平就可升高，从而降低本病的发生。阴离子盐主要包括氯化铵、硫酸铵、硫酸钙和硫酸镁等。产前 2～3 周将阴离子盐加入全混日粮，分娩时停止饲喂。

分娩后立即饮温盐水，同时注射维生素 $D_2$，且饲料中增喂氯化镁 30g，对预防本病的发生有一定的作用。

# 第八节 产后截瘫

产后截瘫（puerperal paraplegia）是指母畜产后不能站立。主要包括两种情况，一种是母畜在产后后躯不能站立，多数是后躯神经损伤而引起，主要见于难产后的牛和羊，引入的优良品种和本地品种杂交后，本病的发生率较高，有时马也会发生本病。另一种是由钙、磷及维生素 D 不足引起，其机制和孕畜产前截瘫基本相同。

（一）病因

产后截瘫的常见原因是分娩时由胎儿过大，胎位、胎向、胎势不正及产道狭窄引起的难产时间过长，或未经完全矫正就强力拉出胎儿，使坐骨神经及闭孔神经（多见于牛）和臀神经（多见于马）受到胎儿躯体的粗大部分长时间压迫和挫伤，引起麻痹；或者荐髂关节韧带剧烈拉伸、骨盆骨折及肌肉损伤，母畜产后不能起立。此损伤发生在分娩过程中，产后有瘫痪症状。

与产前截瘫相同，饥饿及营养不良，缺乏钙、磷等矿物质及维生素 D，阳光照射不足，也可在产后出现截瘫。

（二）症状

分娩后体温、呼吸、脉搏、食欲及反刍等均无明显异常，皮肤痛觉反射也正常。但母畜后肢不能起立，或后肢站立困难，有跛行症状，症状的轻重依损伤部位及程度而异（二维码 10-10）。闭孔神经由第四、五腰神经发出，经髂骨体内侧进入闭孔前部，分布于闭孔外肌、耻骨肌、内收肌及股薄肌，故一侧闭孔神经受损，同侧内收肌群麻痹，病畜虽仍可站立，但患肢外展，不能负重；行走时患肢也外展，膝部伸向外前方，膝关节不能屈曲，跨步较正常大，容易跌倒。两侧闭孔神经麻痹，则两后肢强直外展，不能站立（二维码 10-11）。若将病畜抬起，把两后肢扶正，虽能勉强站立，但向前移动时，由于两后肢强直外展而立即倒地。臀神经由腰荐神经丛发出，分布于臀肌、股阔筋膜张肌、股二头肌。故马臀神经麻痹，卧下后起立困难，抬起后能站立，运动时有明显跛行。坐骨神经是由第六腰神经及第一、二、三荐神经腹支所形成的混合神经，沿坐骨大孔出盆腔后，分为胫神经及腓神经，分布于后肢肌肉，故一侧坐骨神经麻痹时，则完全不能站立。荐髂关节韧带剧伸，也能引起后肢跛行或不能站立。骨盆骨折，卧下后也不能站立。

二维码
10-10

二维码
10-11

猪因钙、磷及维生素 D 缺乏引起的截瘫，最初的症状是运动障碍，四肢僵硬，行走时拱腰，有时出现独特的踏步动作；个别母猪甚至出现兴奋症状，跳墙爬圈，盲目乱跑。稍久的症状，即长时间卧地，饲喂时虽能挣扎起立，但行走极其困难，或以前肢跪地爬行；强迫行走，则痛苦嚎叫，有的病猪一后肢完全不能着地，呈现严重跛行。病重时则卧地不起，而且不能翻身。病猪常有异食癖，消化紊乱，食欲减退，粪便干燥。

（三）诊断

临床上，需要把产后截瘫与产后瘫痪、产道损伤、胃肠道及腹部疼痛等疾病区别开来。

产后截瘫多数伴有不同程度的难产病史。奶牛在分娩后倒地卧下，休息半小时后仍然不能站立，结合难产助产时的表现，应怀疑发生了产后截瘫，及时采取治疗措施。产后瘫痪多数是产后延续一段时间发生，在发病时间上，没有产后截瘫发病急。从治疗角度，产后瘫痪在补充钙剂或者乳房送风以后立即见效，但神经麻痹和损伤及钙磷缺乏、维生素 D 不足引起的产后截瘫，输液后一般不会立即起立，病程常常拖延较长时间。

产道损伤严重，如子宫破裂、子宫颈口损伤、阴道破裂等，病畜也会卧地不起。但动物多伴有疼痛表现，头颈及全身出汗，腹壁肌肉紧张。子宫破裂出血的，在进行子宫探查时可以摸到子宫壁撕裂口，且手臂带有鲜血。

（四）治疗

治疗产后截瘫要经过长时间才能看出效果，所以加强护理特别重要。

二维码
10-12

牛、马如能勉强站立，或仅一侧神经麻痹，每日可将患畜抬起数次，或用吊床、自制简易设备（二维码 10-12）帮助站立，可以疏通血脉，也能防止褥疮。要注意防止患畜二次损伤其他组织和发生并发症，将牛放在铺有松软褥草的舍内或松土的草地上，全身躺卧休息，如牛能站立，地面也应铺垫草，并置于较宽敞的场地，防止其四肢叉开，损伤其他组织。同时补充钙剂和能量、杀菌消炎，以提高血钙和血糖浓度、防止继发感染。可用10%葡萄糖酸钙注射液 1000ml、25%葡萄糖注射液 1000ml、5%葡萄糖氯化钠注射液 1000ml、5%碳酸氢钠注射液 500ml、氨苄青霉素 12g、维生素 C 50ml、氢化可的松注射液 50ml，1 次静脉注射，1 次/d，连用 3d。

对神经麻痹引起的瘫痪患畜，采用针灸疗法，根据患病部位，针刺或电针刺激相应的穴位；与此同时可在腰荐区域试用醋灸。

症状轻、能站立的患畜，预后良好。如果能及时治疗，效果也好。症状严重，不能站立的患畜，预后要谨慎，因病程常拖延数周，长期爬卧易发生褥疮，最后导致全身感染和败血症而死亡。治疗 2 周以上不见好转的病例，预后不佳。

（五）预防

本病的预防主要是在难产发生时助产动作要轻巧适宜，尽量避免对家畜产道及周围神经造成损伤。在孕后期，注意营养平衡，保证矿物质和维生素的供给和运动量，增强体质，保证分娩过程的正常进行。

# 第九节　围产期奶牛脂肪肝

肝脂肪代谢过程受阻，脂肪在肝中蓄积，并超过肝中正常含量（5%）时，称为脂肪肝。本病常发生于围产期奶牛，所以常称为围产期奶牛脂肪肝（fatty liver in periparturient cow）、分娩综合征（parturition syndrome）或肥胖母牛综合征（fat cow syndrome）。

围产期奶牛脂肪肝的发病率与奶牛品种、年龄及饲养管理有关，可达 30%～70%。各品种奶牛中，以高产娟姗牛发病率最高（66%），更赛牛较低（33%），黄牛和肉牛很少发生本病；不同年龄的奶牛中，以5～9岁者发病率最高，初产奶牛发病率较低（4.8%）。患病奶牛不仅肝的正常功能受到影响，胆汁分泌障碍，影响消化功能，而且患牛常伴发其他围产期疾病，如胎衣不下、产后瘫痪和子宫内膜炎等。此外，患牛的繁殖力和免疫力也受到不同程度的影响。

（一）病因

**1. 饲养管理不当**　　奶牛产前停奶时间过早，或精料过多；分娩后，体内的糖和其他营养物质不断随乳汁排出。此时，奶牛损失的能量如果不能从食入的饲料中得到补充，则处于能量负平衡状态，母牛只能动用体内储备的脂肪。体脂分解产生大量的游离脂肪酸随血液入肝，一方面不断被酯化成三酰甘油，然后再与阿扑蛋白、胆固醇和磷脂等结合生成脂蛋白；另一方面不断被氧化生成酮体，然后被运输到各组织，经三羧酸循环产生ATP，为这些组织提供能量。肝中脂蛋白以极低密度脂蛋白的形式被肝清除，但进入肝的游离脂肪酸过多，或患牛低血糖而使肝组织清除极低密度脂蛋白的能力降低，使这种蛋白质运出肝的过程受阻，最终三酰甘油在肝中蓄积而形成脂肪肝。因此，脂肪肝发生的严重程度与产后体脂消耗的多少有关。

**2. 内分泌功能障碍**　　奶牛受妊娠、分娩及泌乳等因素的影响，垂体、肾上腺负担过重。肾上腺功能不全，引起糖异生作用降低，且瘤胃对糖原的利用也发生障碍，结果使血糖降低而发病。还有人认为，奶牛分娩后血糖及蛋白结合碘含量均降低，特别是分娩后2周内，蛋白结合碘显著减少造成甲状腺功能不全而发生脂肪肝。

**3. 遗传因素的影响**　　脂肪肝的发病率和牛的品种有关。娟姗牛发病率最高，87.5%的患牛有中度脂肪肝和重度脂肪肝；中国荷斯坦牛次之，40%的患牛患有中度脂肪肝和重度脂肪肝；更赛牛的发病率为33%；役用黄牛的发病率仅有6.6%。

**4. 继发于其他疾病**　　奶牛的一些消耗性疾病，如前胃弛缓、创伤性网胃炎、真胃变位、骨软病、产后瘫痪及某些慢性传染病等，均可继发脂肪肝。

（二）症状

患牛无明显的临床症状，大部分病牛开始时表现为中度的食欲减退和产奶量下降，通常是先拒食精料而后拒食青贮料，但还能继续采食干草，表现异食癖，体重迅速减轻。因消瘦和皮下脂肪消失而出现皮肤弹性减弱。粪便干而硬，严重的出现稀便。病牛精神中度沉郁，不愿走动和采食，有时有轻度腹痛的症状。体温、脉搏和呼吸次数正常，瘤胃运动稍有减弱；病程长时，瘤胃运动消失。重度脂肪肝病牛如得不到及时的治疗和护理，可能死于过度衰弱及内中毒，或死于伴发的其他疾病；患轻度脂肪肝和中度脂肪肝的牛，约经过一个半月的时间可自愈，但产奶量不能完全恢复，免疫力和繁殖力均受到影响，容易伴发其他疾病而留后遗症。

脂肪肝患牛的某些血液生化指标也发生相应的变化，其中血糖含量由正常的40mol/ml下降到15～25mol/ml；游离脂肪酸的浓度由正常的0.2mol/ml上升到0.6～0.8mol/ml；天冬氨酸转氨酶（AST）由正常的50～60IU/L上升到80～100IU/L。血中胆红素的含量也有所升高。脂肪肝患牛血液中镁的含量也比正常牛低，这通常是脂肪分解使血液中游离脂肪酸含量过高所造成。此外，患牛产后首次排卵时间、子宫复旧时间和产犊间隔延长，血中LH浓度较低；患牛的免疫力降低，对疫苗的应答反应差，中性粒细胞及嗜酸性粒细胞和淋巴细胞数量减少，未成熟中性粒细胞增高，病牛易感染沙门菌病等疾病。

本病死亡率约为25%，死亡牛的肝明显增大，增大的程度视肝内脂肪浸润的程度而异。肝颜色呈暗黄色，边缘变钝，切口外翻，小叶形状明显，质地变脆，触之易碎。其他内脏外附有脂肪，子宫壁上有脂肪沉积。有时可见真胃变位。

（三）诊断

临床症状通常不明显，单纯依据临床症状很难确诊。诊断时应首先了解病史，特别是参考母牛分娩时间、饲料组成、营养水平、泌乳量及产前产后的体况变化，为确诊提供有价值的参考。目前，比较准确可靠的诊断方法有肝组织活检和血液生化分析。

**1. 肝组织活检**　　在患牛右侧第 10 和 11 肋骨间、腰椎横突下 20cm 处用肝采样针采取肝样，冰冻切片后用油红 O 染色。随机取三张切片镜检，每张切片在 1000 倍显微镜下检查 6 个视野，记录每个视野中的脂肪滴数并计算其平均值，每个视野中脂肪滴平均数在 30 以下者为正常，30~70 为轻度脂肪肝，70~100 为中度脂肪肝，160 以上则为重度脂肪肝。

此方法的优点是诊断准确，而且可判断出肝脂肪浸润的程度，但操作技术复杂，需要时间长，而且在现场进行活体肝脏采样较为困难，故此法难以在现场广泛应用。

**2. 血液生化分析**　　根据患牛血中成分的变化，测定血中游离脂肪酸（FFA）、血糖和天冬氨酸转氨酶的含量并将其测定值代入下列公式计算：$Y = -0.51 - 0.0032FFA + 2.84$ 血糖（mol/ml）$-0.0528AST$（IU/L），如果所得的 $Y$ 值大于 1，为正常（肝脂肪量小于 20%）；当 $Y$ 值小于 1 而大于 0 时，有轻度脂肪肝（肝脂肪量大于 20%，小于 40%）；$Y$ 值小于 0 时，为重度脂肪肝（肝脂肪含量大于 40%）。

血液生化分析诊断脂肪肝时需要一定的仪器设备和化学试剂，而且费时，所得的结果和肝组织活检法的符合率仅为 75%。但在临床上采取肝样比较困难时，可选用此法。另外，还可采用磺溴酞（BSP）排出试验测定肝功能。此方法是静脉注射磺溴酞（每千克体重 2mg），注射后 8~20min 内间隔采集血样，通过分光光度计测量其药物的半衰期 $T_{1/2}$ 值，再经过图表查出其浓度。由于患脂肪肝奶牛对磺溴酞的清除率降低，$T_{1/2}$ 值明显增加。

在诊断脂肪肝时，应和酮病加以区别。牛和绵羊患酮病时常伴发肝功能不全。有人认为酮病和脂肪肝都出现于低血糖，而脂肪肝是酮病的继发现象。此外，牛的创伤性网胃心包炎、慢性肾盂肾炎和慢性消化不良等病均可与脂肪肝混淆。如果脂肪肝伴发子宫炎、乳腺炎和皱胃变位，则诊断时更加困难。

（四）治疗

本病的治疗效果不佳，且费用较高，应以预防为主。

**1. 加强饲养管理**　　对干乳期的奶牛应减少精料的投给量，以免产前过肥；对产后牛要加强护理，改善日粮的适口性，增加优质干草投给量，特别要注意增加糖类的摄入量，避免发生因产后泌乳等所造成的能量负平衡。

**2. 葡萄糖注射疗法**　　静脉注射 50% 葡萄糖 500ml，每日 1 次，连注 4d 为一个疗程，也可腹腔内注射 20% 的葡萄糖 1000ml。皮下注射可延长疗效，但时常引起动物不适、局部肿胀，甚至发生感染。应用葡萄糖的同时，肌内注射倍他米松 20mg，随饲料口服丙二醇或甘油 250ml，每日 2 次，连服 2d，随后每日 110mg，再服 3d，效果较好。

**3. 口服烟酸、胆碱**　　烟酸具有降低血浆中游离脂肪酸、酮体含量和抗脂肪分解的作用；胆碱和脂肪代谢密切相关，缺乏胆碱，可使体内脂肪代谢紊乱，并容易形成脂肪肝。因此，每日用烟酸（15g）、胆碱（80g）和纤维素酶（60g）治疗围产期奶牛脂肪肝，效果良好。如能配合应用高浓度葡萄糖静脉注射，则效果更好。

**4. 其他疗法** 采用肾上腺皮质激素和胰岛素，同时配合应用高糖和 2%～5%碳酸氢钠注射液进行治疗，也有不错的效果。此外，水合氯醛能增加瘤胃中淀粉的分解，促进葡萄糖的生成和吸收，初次口服 30g，随后减为 7g，每日 2 次，连服数日。

（五）预防

本病的发病率高，治疗效果又不理想，因此有效预防本病显得尤其重要。

**1. 饲养管理** 在管理方面，限制干乳牛的精料饲喂量，防止奶牛产前过肥。避免出现产后能量负平衡和使牛过度消瘦的因素。保证日粮中含有充足的钴、磷和碘；妊娠后期适当增加运动量。

**2. 疾病治疗** 及时治疗影响消化吸收的胃肠道疾病；在产后逐渐增加精料，以防出现消化不良。

**3. 补饲** 从产前 14d 开始，每日每头牛补饲烟酸（8g）、氯化胆碱（80g）和纤维素酶（60g）可有效降低脂肪肝发病率。也可从分娩开始每日补饲丙酸钠 110g，连喂 6 周，或口服丙二醇每日 350ml，连用 10d 都可取得良好的效果。

# 第十节 奶牛产后卧地不起综合征

奶牛产后卧地不起综合征（downer cow syndrome）是母牛分娩后发生的一种以长期"爬卧不起"为特征的临床综合征，又称"奶牛不明原因的胸骨伏卧征"，多发于高产奶牛产后 48～72h。可继发于产后瘫痪，3.8%～28%围期低血钙的母牛会发展成为"爬卧母牛"综合征，本病采取补钙和乳房送风疗法无效，死亡率为 20%～67%。死后剖解可见心肌炎，腿部肌肉和神经的创伤性损伤、局部缺血性坏死和肝脂肪浸润及变性等病理变化。也可由代谢、中毒及外伤等许多原发性疾病引起。

（一）病因

**1. 神经、肌肉和骨骼的损伤**

1）产道狭窄或胎儿过大而强行拉出时容易造成损伤，分娩后闭孔神经麻痹。难产时胎儿卡在盆腔，或者胎儿与骨盆比例不相称，可能导致第六腰神经或者闭孔神经损伤。

2）发生产后瘫痪后长时间以不正常的姿势躺卧于坚硬地面而引发的神经损伤；或由于光滑水泥地面意外摔倒或者乳热症后站立不稳摔倒，造成严重的肌肉撕裂、股骨骨折、髋关节脱臼或骨盆骨折。由于受到外界压迫，引起局部或大面积肌肉和神经缺血、坏死，以及病牛挣扎引起骨骼损伤和肌肉撕裂，是导致爬卧母牛的主要因素。通常可见髋关节远端的坐骨神经肿胀出血及周围神经损伤，局部神经明显地受到股骨头的压迫。坐骨神经功能的丧失导致大多数大腿上部肌肉、半腱肌、半膜肌的麻痹。

**2. 大量失血** 犊牛产出后，由于严重的产伤，阴道、子宫颈严重的撕裂或严重的子宫全层破裂，大血管发生破裂，引起大出血而导致母体衰竭。

**3. 代谢性因素** 磷、镁、钾代谢性紊乱，会引发本病。也继发于低糖血症、低蛋白血症或重度的贫血。

**4. 中毒传染性因素** 中毒性产后子宫内膜炎和腐败性阴道蜂窝织炎，或分娩前后发生重度急性乳腺炎时，有很高比例会发展成为"爬卧母牛"综合征。发生急性败血型乳腺炎的母牛，反应迟钝，眼球内陷，严重腹泻。

**5．其他因素**　　部分肝功能障碍患牛也常常继发本病。

（二）症状及诊断

发病初期，在无并发症时，精神通常较好，但比较敏感，食欲正常或稍有降低，体温正常，心率正常或增加，不愿后肢负重，常用前肢转圈，被称为"匍匐牛"，或呈犬坐姿势。

病牛呈各种侧卧姿势，头弯向后方；有的则伏卧，后肢伸展或屈曲于胸腹之下。长期压迫将会使局部肌肉和神经坏死。这些神经和肌肉受到身体其他部位重力的压迫，限制了骨组织及环绕肌肉筋膜组织的舒张。被压迫的肌肉由于淋巴液和静脉血回流受阻而发生炎性肿胀。随着炎症的发展，肌肉的受压迫程度加重，局部动脉血液输入降低，最终导致缺血性肌肉溶解。严重的病例感觉过敏，四肢抽搐，食欲废绝。

尸体剖检时常见后肢和骨盆部肌肉、神经出血、水肿、变性和坏死；心脏扩张，质地松软，有灶性心肌炎；肝脂肪浸润，肾上腺增大。血液学检查表明血糖和镁离子浓度降低，蛋白质含量低于正常，但酮体呈阴性。

诊断时可根据病史、临床症状及血液生化指标进行综合判断。还可结合治疗性诊断确诊，如钙制剂治疗连续两次，乳房送风也未见效果，应怀疑为本病。其他代谢性疾病可使牛瘫痪复杂化，诊断比较困难，必须根据临床症状并用镁、磷制剂或皮质类固醇来进行治疗性诊断。

（三）治疗与护理

奶牛发生产后卧地不起综合征，治疗原则是加强护理，采取对症治疗。

**1．加强护理**　　首先要对患牛进行身体检查，对引发伏卧的潜在原因进行鉴定。对于"爬卧母牛"管理的早期阶段应该移动患牛到安全的、经过特殊处理的防滑、松软的地面，或使用滑板车将牛拖到理想的地方。夏季应该放到有阴凉且通风良好的地方。母牛的卧地应该铺设垫料，每小时翻动一次以改变受压侧后肢的姿势，确保其后肢处于正确的坐姿，一方面防止腹部受寒，另一方面防止地面微生物感染乳房。"爬卧母牛"应该每日挤奶一次，监视乳腺炎的情况。改变饲料组成和适口性，供给充足的饮水。

**2．药物治疗**　　早期发现，及时治疗。初期以10%葡萄糖酸钙200～600ml静脉注射，6h后再注1次，若不能站立可静脉注射磷、钾制剂，10%氯化钾50ml，20%磷酸二氢钠300～500ml，1次静脉注射。

**3．激素辅助治疗**　　胰岛素、肾上腺皮质激素如地塞米松20mg或氢化可的松80～100mg，防止休克。使用非类固醇类抗炎症药物治疗爬卧母牛疼痛、肌炎和神经炎效果不错，但是需要注意这类药物可能引起脱水。

**4．全身疗法**　　缓解水和电解质平衡紊乱；调节消化功能，补充营养；静脉注射葡萄糖以缓解脂肪肝；输注25%硫酸镁100～150ml可缓解抽搐；用2%～5%碳酸氢钠500ml可缓解酸中毒。

**5．中药治疗**　　临床上根据情况灵活选择中药。如重症损伤可选用乳香、没药、血竭、红花、自然铜等活血止痛药物。同时应加入杜仲、续断、巴戟天、熟地、菟丝子、山药、牡蛎、茴香、炮姜等补腰肾药物，对肢蹄损伤可加入方海、三七、土鳖虫等活血止痛药物，使用中药要根据症状进行辨证施治，如可根据情况加肉桂、附子、瓜蒌、细辛、茴香等热性药，起温经散寒、暖腰温肢的调节作用。

**6. 悬吊法** 可以使用臀钳或提髂器固定髋结节后将牛吊起，帮助牛站立。臀钳的不足之处在于可能造成髋关节部位的软组织损伤。因而在臀钳与皮肤之间垫一层软布，可以缓减损伤，尽可能限制使用臀钳吊牛的时间。也可用吊带和六柱栏将牛后躯吊起，帮助后肢负重，减少后肢受压。吊带用坚韧而又厚实的大块结实的帆布或尼龙布带制成，从腹下侧乳房前缘兜住后躯。吊牛时，滑轮和牵引机操作简单而又便宜，是帮助提升后躯的理想设备。

若牛可自主站立，尽快地给大腿内侧、胸部、腋下放入垫料。垫料主要是干燥而柔软的麦秸或稻草，也可在牛体下方铺气囊垫。多数牛在后躯吊起时有挣扎行为，应及时调整高度，尽可能使牛舒适。

**7. 水浮法** 设计一个两端开放的水槽，将牛拖进水槽后插入密封钢板使水槽两端密闭，加入水后可以逐渐将牛后躯悬浮起。神经麻痹不严重的牛数分钟后即可站立；麻痹严重的病例，可以一直保持悬浮状态，直到好转。为了增强悬浮力，也可在牛的后躯腹部绑上较大的拖拉机内胎，当牛站立后，从气嘴处充满气体。牛能够自行站立后，从下端排水口排出水分，结束悬浮。这种方法的优点在于没有损伤，而且省时省力，容易操作。不足是可能增加感染乳腺炎和子宫内膜炎的概率。在天气寒冷的季节，最好使用温热的水，以减缓水温对牛的刺激，增加牛的舒适感，促进恢复。在结束悬浮时，在牛体下方衬入柔软垫料，防止腹部受寒和再次滑倒。

（四）预防

加强妊娠期的饲料管理，调节饲料中钙、磷比例；接产手术时小心操作，避免损伤；定期检查血生化指标排查隐性发病牛，合理调配饲料，预防牛群中脂肪肝的发生。

# 第十一章　母畜科学

不育（sterility）专指动物受到不同因素的影响，生育力严重受损或被破坏而导致的绝对不能繁殖，但通常将暂时性的繁殖障碍也包括在内。不孕（infertility）是指各种因素使母畜的生殖功能暂时丧失或者降低。不孕症则为引起母畜繁殖障碍的各种疾病的统称。一般认为，超过始配年龄的或产后的母畜，经过三个发情周期仍不发情，或繁殖适龄母畜或产后母畜经过三个发情周期的配种仍不受孕，就是不孕。

## 第一节　不育的原因及分类

引起母畜不育的原因比较复杂，按其性质不同可以概括为 7 类，即先天性（或遗传）因素、营养因素、管理利用因素、繁殖技术因素、环境气候因素、衰老、疾病和免疫因素。每一类中又包括各种具体原因（表 11-1）。

**表 11-1　母畜不育的原因及分类**

| 不育的种类 | | | 引起的原因 |
| --- | --- | --- | --- |
| | 先天性不育 | | 先天性或遗传性因素，导致生殖器官发育异常或各种畸形 |
| 后天获得性不孕 | 营养性不育 | | 饲料数量不足、营养不平衡而导致过瘦或过肥，如维生素不足或缺乏、矿物质不足或缺乏 |
| | 管理利用性不育 | | 使役过度、运动不足、哺乳期过长、挤奶过度、厩舍卫生不良、持续应激 |
| | 繁殖技术性不育 | 发情鉴定 | 未观察到发情而漏配，发情鉴定不准确错配 |
| | | 配种 | 本交：未及时让公畜配种（漏配），配种不确实，精液品质不良（公畜饲养管理不良、配种或采精过度），公畜配种困难 |
| | | | 人工授精：输精时机不准确，精液处理不当，精子受到损害；输精技术不熟练 |
| | | 妊娠检查 | 不及时进行妊娠检查，或检查不准确，未孕母畜未被发现 |
| | 环境气候性不育 | | 由外地引进的家畜对环境不适应，气候变化影响卵泡发育 |
| | 衰老性不育 | | 生殖器官萎缩，生殖功能减退 |
| | 疾病性不育 | 非传染性疾病 | 配种、接产、手术助产消毒不严，产后护理不当，流产、难产、胎衣不下及子宫脱出等引起的子宫、阴道感染；卵巢、输卵管疾病，以及影响生殖功能的其他疾病 |
| | | 传染性疾病和寄生虫病 | 病原微生物或寄生虫使生殖器官受到损害，或引起生殖功能紊乱的疾病，如结核病、布鲁氏菌病、沙门菌病、支原体病、衣原体病、阴道滴虫病等 |
| | 免疫性不育 | | 精子或卵母细胞的特异性抗原引起免疫反应，产生抗体，使生殖功能受到干扰或抑制 |

## 第二节　先天性不育

先天性不育是指生殖器官发育异常，或者卵子、精子及合子有生物学上的缺陷，使母畜丧失繁殖能力。母畜及仔畜的先天性畸形有很多，但只有在同一品种动物或同一地域重复发生类似畸形时，才认为可能与遗传有关。

## 一、近亲繁殖与种间杂交不育

一般来说，近亲繁殖会使动物的生育力降低，降低程度主要与配种所用公畜有关，并且近亲繁殖对生育力的影响具有品系及家族特征。近亲交配后胚胎的死亡率比异系交配高，近亲交配所生母畜的流产率也较高。

人们通过杂交改良将不同品种的优良性状结合起来遗传给后代，并且在某些动物已经取得显著成就。但在大多数情况下，种间杂种往往不能繁殖，杂交母畜虽然性功能和排卵正常，但可能由于生物学上的某种缺陷，以致卵子不能受精或合子不能发育。

马、驴种间杂交所产生的后代中，公母马骡及公驴骡均不育，母驴骡怀孕也极为少见。牛的种间杂交后代的繁殖能力也会降低，如瘤牛与牦牛杂交，其杂种一代雌性具有生育能力，但雄性无繁殖能力。牦牛与黄牛杂交，其后代犏牛与瘤牛-牦牛杂交后代基本相同，并且杂交妊娠的流产及死产均较多。

## 二、两性畸形

两性畸形是动物在发育过程中性别分化某一环节发生紊乱而造成的性别区分不明，患畜性别介于雌雄两性之间，既具有雌性特征，又有雄性特征。根据表现形式可分为性染色体两性畸形（非正常 XX 或 XY）、性腺两性畸形及表型两性畸形等三类。

（一）性染色体两性畸形

性染色体两性畸形是性染色体的组成异常，不是正常的 XY 或 XX，引起性别发育异常而形成的两性畸形。性染色体两性畸形中，除了嵌合体外，其他的畸形一般是性腺和生殖道发育不全，雌雄间性极少见，嵌合体引起的畸形则常为雌雄间性，以下为常见的性染色体两性畸形。

**1. XXY 综合征**　　患病动物的表型为雄性，有正常的雄性生殖器官及性行为，但睾丸发育不全，组织学检查见不到精子生成过程。睾丸及附睾虽然位于阴囊内，但均很小，射出物中不含精子。

**2. XXX 综合征**　　患病动物的表型为雌性，但常表现为卵巢发育不全。

**3. XO 综合征**　　患病动物的表型为雌性，但表现为卵巢发育不全。

**4. 嵌合体**　　性染色体不同的两个合子融合则可形成 XX/XY 嵌合体。

（二）性腺两性畸形

性腺两性畸形个体的染色体性别与性腺性别不一致，又称为性逆转动物。

**1. XX 真两性畸形**　　此种动物的性染色体核型为 XX，通常具有雌性外生殖器，但阴蒂很大，性腺位于腹腔，且多为卵睾，有时也可能发现独立的卵巢和睾丸组织。患病奶山羊和猪的性腺大多为睾丸组织。本病在牛、羊、猪和犬均有报道，病畜的性腺及生殖道的发育情况与真两性畸形嵌合体相似。

**2. XX 雄性综合征**　　此种动物表型为雄性，但染色体为 XX，H-Y 抗原为阳性，性腺常为隐睾且无精子生成，曲细精管仅衬有一层支持细胞，间质细胞可能变化不大。有阴茎但常为畸形。此种畸形在牛（60，XX）、猪（38，XX）、马（64，XX）及犬（78，XX）均有报道，但以奶山羊和猪较为多见，有可靠的家族遗传证据。

（三）表型两性畸形

表型两性畸形是指动物的染色体性别与性腺性别相符，但与外生殖器不符合。这种畸形动物根据其性腺类型分为雄性假两性畸形和雌性假两性畸形。

**1. 雄性假两性畸形**　　患病动物的性腺为雄性，具有 XY 性染色体及睾丸，但外生殖器官介于雌雄两性之间，既有雄性特征又有雌性特征。

（1）睾丸雌性化综合征　　是由于睾酮的靶器官细胞缺少雄激素（睾酮及双氢睾酮）特异性受体而导致发育过程中发生雌性化的一种雄性假两性畸形，具有正常的雄性染色体核型，且有睾丸（虽未下降），但表型性别为雌性。本病通过直肠检查可以做出初步诊断，但必须进行染色体核型及雄激素受体分析才能确诊。

（2）尿道下裂　　病畜的染色体核型为正常的XY雄性，但外生殖器官异常，尿道开口于下部。

（3）米勒管残留综合征　　患病动物具有 Y 染色体，同时尚有由米勒管系统发育而来的器官，通常为双侧或单侧隐睾，表型可能是正常雄性。

（4）其他雄性假两性畸形　　此类畸形由各种酶的缺乏所引起，病畜均有正常的雄性性染色体，两侧性腺均为睾丸（或隐睾），外生殖器为雌雄间性。

**2. 雌性假两性畸形**　　此种畸形动物比较少见，患病动物的染色体核型为 XX，有卵巢，但外生殖器官雄性化且程度在各个体之间有所差异。可能具有类似正常的雄性阴茎和包皮，且有前列腺，但同时也有阴道前端及子宫。

在犬，妊娠期间注射雄激素，可使雌性胎儿雄性化，成为雌性假两性畸形。患犬能表现发情症状，对公犬有性吸引力，阴门肿胀，有时可并发子宫积脓及子宫内膜囊肿性发育不全。

## 三、异性孪生母犊不育

异性孪生母犊不育是指雌雄两性胎儿同胎妊娠，母犊的生殖器官发育异常，丧失生育能力。其主要特点是具有雌雄两性的内生殖器官，有不同程度向雄性转化的卵睾，外生殖器官基本为正常雌性。

异性孪生母犊在胎儿发育的早期，从遗传学上来说是雌性（XX）的。由于特定的原因，在怀孕的最后阶段成为 XX/XY 的嵌合体。这种母犊性腺发育异常，其结构类似卵巢或睾丸，但不经腹股沟下降，也无精子生成，并可产生睾酮。生殖道由沃尔夫管和米勒管共同发育而成，但均发育不良，存在精囊腺。外生殖器官通常与正常的雌性相似但阴道很短，阴蒂增大，阴门下端有一簇很突出的长毛（图 11-1）。

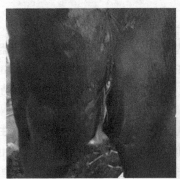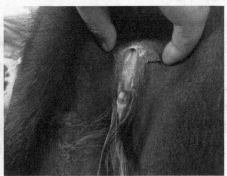

图 11-1　阴门下长毛丛和阴门阴道短小

（一）发病机制

本病的发病机制，目前比较认可的有以下两种解释。

**1. 激素学说** 同胎雄性胎儿产生的激素，可能经过融合的胎盘血管到达雌性胎儿，从而发生影响使雌性胎儿的性腺雄性化。

**2. 细胞学说** 在两个胎儿之间存在着相互交换血细胞和生殖细胞的现象。由于在胎儿期间就完成了这样的交换，因此孪生胎儿具有完全相同的红细胞抗原和性染色体（XX/XY），XY细胞则导致雌性胎儿性腺异常发育。

（二）诊断方法

**1. 阴道和直肠检查** 为了检查异性孪生母犊是否具有生育能力，可用一粗细适当的玻璃棒涂上润滑油后缓慢向阴道插送，在不育的 30 日龄母犊，玻璃棒插入的深度不会超过 8cm，而正常犊牛为 13～15cm。诊断本病也可通过阴道镜进行视诊。牛 8～14 月龄时，尚可进行直肠触诊。不育母犊的阴道、子宫颈及性腺都很微小或难以找到，或者生殖器官有不规则的异常结构。

**2. 染色体检查** 进行雄性特异性 Y 染色体 DNA 序列分析，可检查到 Y 染色体特异性片段。牛的异性孪生不育母犊的神经细胞核中存在有典型的雄性染色体。

**3. 血型检查** 在诊断牛和羊的异性孪生不育上有一定的应用价值。在妊娠期间每个胎儿除了自己的红细胞外，还获得了来自对方的红细胞，因此可以用检查血型的方法进行诊断。

## 四、生殖道畸形

先天性和遗传性生殖道畸形多为单基因所致，其中有些基因对雌雄两性都有影响，而有些具有连锁性；病情严重的母畜因为无生育能力，在第一次配种后可能就被发现。母畜常见的生殖道畸形主要有米勒管发育不全、子宫颈发育异常、阴道及阴门畸形、子宫内膜腺体先天性缺如、子宫粘连、沃尔夫管异常及膣肛等。

（一）米勒管发育不全

牛的米勒管发育不全是由一隐性性连锁基因与白毛基因联合引起的，也称为白犊病。在正常情况下，牛的胚胎发育到长 5～15cm 时（胚胎 35～120 日龄），米勒管融合形成生殖道。发生本病的主要表现是：阴道前段、子宫颈或子宫体缺失，剩余的子宫角呈囊肿状扩大，其中含有黄色或暗红色液体，其容量多少不等；阴道通常短而狭窄，或阴道后端膨大，含有黏液或脓液。子宫角通常可能为单子宫角，这种情况，患畜也可能尚有一定的生育能力，但发情的间隔时间延长，每一次受胎的配种次数明显增加。如果排卵发生在无子宫角一侧的卵巢，则由于不能正常产生PG，因此黄体不能退化。

（二）子宫颈发育异常

可表现为子宫颈短，缺少环状结构，子宫颈环缺如，子宫颈严重歪曲等。发生上述情况时，常常因子宫内膜炎或子宫颈中充塞大量黏液而使生育力降低。子宫颈发育异常的另一表现是双子宫颈。在牛，双子宫颈多由米勒管不能融合所致，且具有遗传性，可能是通过隐性基因传递。双子宫颈患牛，有的是在子宫颈外口之后或其中，有一宽 1～5cm、厚 1～2.5cm 的组织带，用开膣器视诊时发现子宫颈好像有两个外口；有的则是由组织带将子宫颈管全部分开并各自有开口。在极少数的病例，还可形成完整的两个子宫颈，甚至为双子宫，每个子宫各有一个子宫颈（图 11-2）。另有一种情况是，双子宫颈之间的组织带向后延伸，形成纵隔，将阴道前段或者整个阴道一分为二。在一般情况下，双子宫颈患牛可以正常妊娠，但在分娩时胎儿身体的不同部分可能分别进入不同子宫颈而发生难产。在各有一个子宫颈的双子宫母牛，进行人工授精时，可能误将精液输入非排卵侧的子宫内影响受胎。阴道触诊时，可以摸到双子宫中间的组织带。直肠检查时，可发现子宫颈要比正常的宽而扁，双子宫颈的发生有一定的遗传背景，这样的母牛一旦检查出来应予以淘汰，所产的犊牛也不宜作繁殖之用。

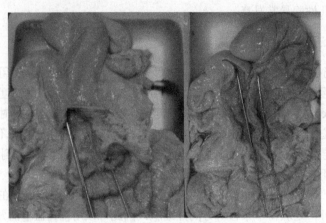

图 11-2　奶牛双子宫颈

（三）阴道及阴门畸形

阴道及阴门畸形一般对受孕没有影响，只对交配或分娩有影响。牛有时阴瓣发育过度，阴茎不能伸入阴道。如果阴道及阴门过于狭窄或者闭锁不通，则不宜用作繁殖。有时直肠开口入前庭或阴道成为所谓的膣肛，可见于猪和羊。膣肛患畜的阴道往往受到感染，因此不宜用作繁殖。这种家畜往往发育不良，应考虑及早淘汰。

# 第三节　营养性不育和管理利用性不育

营养性不育是指母畜由于营养物质的缺乏或过剩而导致的生育能力下降；管理利用性不育是指为了某种生产目的过度利用母畜而导致的不育，如使役、哺乳等。在临床上，常常难以将营养因素引起的生育力降低与管理、环境等因素引起的不孕区分开来。因此本节将对上述不育进行综合介绍。

## 一、营养性不育

动物机体在不同的生理过程对营养的需要也是不相同的，在生长、发育及泌乳等各阶段都有各自的独特需要，尤其是繁殖功能，营养缺乏时会首先受到影响；在有些家畜，即使营养缺乏不表现明显临床症状，但其繁殖能力已经受到严重影响。现场观察及许多研究都表明体况下降和能量失衡是生育力降低的主要原因。

营养性不育是指营养物质不平衡、缺乏（如饲料数量不足、蛋白质缺乏、维生素缺乏、矿物质缺乏），或营养过剩而引起动物的生育力降低或停止。营养缺乏对生殖功能的作用主要是通过丘脑下部或垂体前叶，干扰正常 FSH 和 LH 的释放，而且也影响其他内分泌腺。有些营养物质缺乏则可直接影响性腺，如某些营养物质的摄入或利用不足，即可引起黄体组织减少，孕酮含量下降。营养失衡也会对生殖功能产生直接影响，可引起卵子和胚胎死亡。

**1. 营养对家畜各项繁殖功能的影响**　　营养失衡、营养物质摄入不足、过量或比例失调可以延迟初情期，降低排卵率和受胎率，引起胚胎或胎儿死亡，产后乏情期延长。

**2. 营养因素影响家畜繁殖功能的机制**　　营养因素对生殖激素起着重要的调控作用。发情周期显现之后，营养水平主要是对甾体激素的生成起作用，进而影响下丘脑-垂体-卵巢轴而影响促性腺激素的分泌。营养状态引起的繁殖性能变化主要有两种：急性反应，这种反应几天之内即可快速发生，通常体况并没有明显改变；慢性反应，一般出现的时间较迟，体况有明显的变化。

（一）诊断

营养性不育的诊断，首先必须调查饲养管理制度，分析饲料的成分及来源。瘦弱或肥胖引起不育时，母畜往往在发生生殖功能紊乱之前，已表现出全身变化，因此不难做出诊断。根据临诊表现，主要有以下两种情况。

**1. 营养不良**　　患畜最主要的表现是瘦弱（二维码 11-1）。这类患畜主要是由饲料数量不足，或者使役过重引起。直肠检查时可以发现卵巢体积小，不含卵泡；如有黄体，则为持久黄体。营养不良的家畜发情时，卵泡发育的时间往往延长。在实践中经常见到，马驴的卵泡发育到第二期时停止发育，经连续检查一周，无任何进展，以后发情征象消失。再过十余天，又重新出现明显的发情，经直肠检查确定仍为上次停止发育的卵泡继续发育增大，最后正常排卵。如果母畜极度消瘦，则不表现发情。

二维码
11-1

**2. 营养过剩**　　动物主要表现为肥胖。肥胖可引起脂肪组织在卵巢上沉积，使卵巢发生脂肪变性。因此，临诊上常表现为不发情。在牛，直肠检查时发现卵巢体积缩小，而且没有卵泡或黄体。有时尚可发现子宫缩小、松软等现象。

（二）防治

对营养不良引起不孕的病畜，应当迅速供给足够的饲料，实行放牧并增加日照时间；饲料的种类要多样化，其中应含有足够数量的可消化蛋白质、维生素及矿物质；可补饲苜蓿、胡萝卜、大麦芽及新鲜优质青贮饲料等。以青贮饲料为主的奶牛场，日粮中青干草的比例不应少于 1/3，以维持瘤胃微生物的动态平衡和营养需求。

对营养过剩的病畜，应饲喂多汁饲料，减少精料，增加运动。对卵泡已成熟而久不排卵的母畜，采用激素疗法，常可收到良好效果。过肥的奶牛，有时直肠检查可发现卵巢被脂肪囊包围，将卵巢从脂肪囊中剥离出来，通常可使其发情。

## 二、管理利用性不育

管理利用性不育是指使役过度或泌乳过多引起的母畜生殖功能减退或暂时停止。这种不孕常发生在马、驴和牛，而且往往由饲料数量不足和营养成分不全共同引起。另外，在现代化养殖场，由于地面湿滑而影响到动物运动、动物跛行及其他管理应激也可导致不育。

（一）病因

**1. 使役过重**　　母畜使役过重，如长途拉车、驮运、耕种、碾磨等，由于工种单纯，过度疲劳，生殖激素的分泌及卵巢功能就会降低。

**2. 过度泌乳**　　母畜泌乳过多或断乳过迟时，催乳素的作用增强，催乳素释放抑制因子的作用则减弱，因而卵泡不能发育成熟，也不能发情排卵。由于供应乳房的血液增多，机体所必需的某些营养物质也随乳汁排出，因此生殖系统的营养不足。此外，仔畜哺乳的刺激，可能使垂体对来自乳腺神经的冲动反应加强，因而使卵巢功能受到抑制。

**3. 地面湿滑**　　圈舍地面湿滑、冬天地面结冰、圈舍及运动场未及时清理而泥泞等可影响繁殖性能。牛在湿滑坚硬的地面上滑倒后常常不愿再站起或不愿爬跨其他牛，因此表现为发情活动减少或停止，表现发情行为的时间缩短。

**4. 跛行**　　跛行的牛不愿站立、不喜运动，对其他牛不感兴趣，采食、运动时间明显减少，随后表现失重及生产性能下降，不表现发情。严重跛行及失重明显时可引起能量负平衡及乏情。

在大型奶牛场，奶牛生育能力的提高主要取决于 3 个方面：人员的组织和训练、牛群的组织和繁殖健康管理、收集和分析数据的手段和方法。在这种奶牛场，不育常常由管理不善所引起，由奶牛本身的疾病引起的不育相对较少。

（二）治疗

首先应减轻使役强度，或者改换工作；同时进行放牧，并供给富含营养的饲料，对于奶牛，应分析和变更饲料，使饲料所含的营养成分符合产奶量的要求。对母猪可及时断乳。为了促进生殖功能的迅速恢复，可以采用刺激生殖器官的催情药物。

对跛行的牛最重要的是及时治疗，可将病牛隔离，垫上厚的垫草，否则可能会继发其他肌肉关节系统疾病，治疗不及时则除了不育外还可继发其他疾病。处于能量负平衡的跛行牛不可能受胎，应在跛行治愈、达到能量正平衡后再行配种。跛行的牛即使处于发情状态，由于担心损伤或疼痛而不愿站立被爬跨。

# 第四节　繁殖技术性不育

影响动物生育能力的因素主要来自 4 个方面，即母畜、公畜、发情鉴定的准确率及配种技术。后两种因素属于繁殖技术范畴，由它们引起的不育称为繁殖技术性不育。识别母畜发情征象的经验不足、怀孕诊断技术不高及工作中疏忽大意，不能及时发现发情母畜，导致漏配或配种不及时，均可引起不育。人工授精技术不良、精液处理和输精技术不当，妊娠检查或检查的技术不熟练，不能及时发现未孕母畜，也是造成不育的重要原因。

为了防止繁殖技术性不育，首先要提高繁殖技术水平，制订并严格落实发情鉴定、妊娠检查、标准化人工授精的操作规程，做到不漏配（做好发情鉴定及妊娠检查）、不错配（不错过适当配种时间，不盲目配种），检查技术熟练、准确，输精配种正确、适时。

**1. 造成发情鉴定不准确的原因**　　造成发情鉴定不准确的原因主要是人为因素，如对发情的各种表现缺乏认识，对动物群体观察不细致等；另外，就是某些动物的发情期短暂，不易观察到；有的畜舍条件不佳，如牛舍面积太小，地面光滑，牛群过于拥挤，会妨碍发情母牛的活动和爬跨，其发情行为不能充分表现出来而被漏检。

**2. 提高发情鉴定准确率的措施**　　提高发情鉴定准确率的措施是多方面的，各地各养殖场的情况也有差异，下面列举一些，可视具体情况选用。

二维码
11-2

（1）改进标记母牛的方法　　应尽可能采用较大的耳标，或者液氮烙号（二维码 11-2），具有明显易见的牛号，使每头牛都有明显的标记，便于观察。

（2）标记发情母牛　　一旦母牛被其他牛爬跨，可在其身体某一部位留下染色的明显印记，以方便识别。

（3）涂抹蜡笔　　荐骨和尾根部位被毛上涂抹蜡笔（二维码11-3），辅助鉴定发情。

（4）增加观察次数　　增加观察母牛发情的次数和时间，可以提高发情检出率。

（5）应用公牛试情　　将结扎过输精管的公牛或无生育能力的健康公牛，佩戴发情标记打印器后，放入牛群试情。

二维码
11-3

（6）用犬查找发情母牛　　牛在发情时，其生殖道、尿液及乳汁中均带有一种特殊气味，经过训练过的犬能闻出这种异味，可以找出发情母牛。

（7）改进照明设备　　畜舍应当光线充足，并有完善的照明设备。后者对运动场尤为重要，因为母牛夜间在运动场上表现爬跨行为更加频繁。

（8）发情监测系统　　例如，通过项圈传感器进行发情监测（二维码11-4）。

（9）利用计步器检测　　发情牛活动频繁，走步增多，利用记录其走动步数的计步器（二维码11-5）作为辅助方法，间接发情鉴定，可以与带管理软件的挤奶设备配套使用。

二维码　二维码
11-4　　11-5

（10）安装监视设备　　在有条件的牛场，可安装闭路电视观察记录牛的活动情况。采用这种方法不但能减轻管理人员的劳动强度，而且可以昼夜不断地连续监视，提高效率。

（11）乳汁孕酮分析　　测定血液或乳汁孕酮浓度，可以查出配种未孕的母牛，并预测其返情的大致时间。

（12）采用同期发情技术　　采用这一技术，使大部分牛集中在预定时间内发情，便于观察配种，或结合涂蜡笔、使用发情贴膜等辅助发情鉴定技术，可以提高发情检出率。

**3. 配种技术错误及其改进措施**　　提高发情鉴定的水平，是减少或杜绝输精时间错误导致不育的主要途径。

（1）本交配种时　　母牛只在发情的旺期，即最适宜配种期间，才静立不动，接受公牛爬跨，而且每次发情能够多次交配，不会因为配种时间错误而影响受胎。

（2）采用人工授精技术时　　输精适时与否完全取决于发情鉴定的准确程度。为了适时配种提高受胎率，可以采用如下确定最佳输精时间的简易方法：第一次观察到发情在早晨或上午时，则当天下午输精；下午见到发情时，则第二天早晨或上午输精。如果采用同期化排卵定时输精技术可以不进行发情观察，在合适的时间进行配种。在有条件的奶牛场，也可参考采用先进的发情监测系统显示的适宜配种时间进行输精。

# 第五节　环境气候性不育

环境气候性不育是指环境气候的剧烈变化引起动物生殖功能的暂时性降低或停止。环境因素可影响母畜全身生理功能、内分泌及其他方面，从而影响繁殖性能。将母畜转移到与原产地气候截然不同的地方，可以影响生殖功能而发生暂时性不孕；在同一地区，各年之间气候的不同变化也可影响母畜的生育力。

（一）病因

母畜的生殖功能与光照、气温、湿度及其他外界因素都有密切关系。环境温度改变，可引起动物胚胎生存的子宫内微环境变化而导致受胎率降低。气候炎热时，发情期缩短，而且发情行为微弱。热应激可影响动物的激素水平而干扰繁殖活动。动物对热应激的调节反应，可以引起子宫的血流减少而使子宫温度升高，而且影响子宫对水、电解质、营养及激素的利用，造成妊娠早期胚胎死亡率增加。在围产期，环境热应激对孕体和母体均有不良的作用，影响它们各自的功能。

（二）症状

环境气候性不孕母畜的生殖器官一般正常，只是不表现发情，或者发情表现轻微；有时虽然有发情的外部表现，但不排卵。一旦环境改变或者母畜适应了当地的气候，生殖功能即可恢复正常，由此即可做出确诊。

（三）预防

环境气候性不孕是暂时性的，一般预后良好。治疗及预防环境气候性不育时，应该注意母畜的习性，对于外地运来的家畜要创造适宜的条件，使其尽快适应当地气候。天气剧烈转变、变热或转冷时，对牛、猪要注意饲养管理和检查发情，应积极创造良好环境条件，做好防暑抗热应激和防寒保暖工作，重视动物福利，提高动物舒适度。

## 第六节　衰老性不育

衰老性不育是指未达到绝情期的母畜，未老先衰，生殖功能过早地衰退。达到绝情期的母畜，由于全身功能衰退而丧失繁殖能力，在生产上已失去利用价值，应予淘汰。

（一）病因

衰老性不育见于马、驴和牛。经产的母马和母牛，由于阔韧带和子宫松弛，子宫由骨盆腔下垂至腹腔，所以阴道的前端也向前向下垂，因此排尿后一部分尿液可能流至子宫颈外口周围（尿膣），长久刺激这部分组织，引起持续发炎，精子到达此处即迅速死亡，因而造成不育。

（二）症状

衰老母畜的卵巢小，其上没有卵泡和黄体。在马和驴，有时卵巢内有囊肿。经产母畜的子宫角松弛下垂，子宫内往往滞留分泌物。妊娠次数少的母畜，子宫角则缩小变细。

（三）治疗

对于有价值的母畜，可试行治疗。治疗原则是对于生殖道有炎症的，首先消炎；然后采用激素疗法诱导母畜发情并配种。大多数这类母畜的外表体态也有衰老现象，如果屡配不孕，不宜继续留用。

## 第七节　疾病性不育

疾病性不育是指由母畜生殖器官和其他器官的疾病或者功能异常造成的不育，不育是这些疾病的一种症状。除了生殖器官的疾病及功能异常外，许多其他疾病，如心脏疾病、肾疾病、消化道疾病、呼吸道疾病、神经疾病、衰弱及某些全身疾病，也可引起卵巢功能不全及持久黄体而导致不育。有些传染性疾病和寄生虫病，如布鲁氏菌病、牛传染性鼻气管炎、牛病毒性腹泻-黏膜病、生殖道弯杆菌病、马传染性子宫炎、猪子宫炎-乳腺炎-无乳综合征、猪繁殖与呼吸综合征、滴虫病等，也能引起不育。本节重点介绍一些直接导致不育的非传染性疾病。

## 一、卵巢功能不全

卵巢功能不全是指包括卵巢功能减退和萎缩、卵泡萎缩及交替发育等在内的、由卵巢功能紊乱所引起的各种异常变化。

（一）病因

卵巢功能减退和萎缩，常常是由子宫疾病、全身性的严重疾病，以及饲养管理和利用不当（长期饥饿、使役过重、哺乳过度），使家畜身体乏弱所致。卵巢炎可以引起卵巢萎缩及硬化。母畜年老时，或者季节性繁殖的母畜在乏情季节，卵巢功能也会发生生理性减退。此外，气候的变化（转冷或变化无常）或者对当地气候不适应（家畜异地运输后），也可引起卵巢暂时性功能减退。引起卵泡萎缩及交替发育的主要因素是气候与温度，早春配种季节天气冷热变化无常时，多发本病，饲料营养成分不全，特别是维生素 A 不足可能与本病有关。安静发情多出现在牛产后第一次发情时，羊则常见于发情季节中的第一次发情，也见于营养缺乏时。

（二）症状及诊断

**1. 卵巢功能减退**　　卵巢功能减退是卵巢功能暂时受到扰乱，处于静止状态，而不出现周期性活动。卵巢功能减退的特征是发情周期延长或者长期不发情，发情的外部表现不明显，或者出现发情症状，但不排卵。直肠检查，卵巢的形状和质地没有明显的变化，但摸不到卵泡或黄体，有时只可在一侧卵巢上感觉到有一个很小的黄体遗迹（图 11-3）。牛直肠路径超声诊断，卵巢结构通常规则正常，但无法检查到黄体组织影像，有时能检查到 5mm 以下卵泡，间隔 4～5d 再次检查无优势卵泡发育。当卵巢功能长久衰退时，可引起组织萎缩和硬化。本病发生于各种家畜，而且比较常见，衰老家畜尤其容易发生。

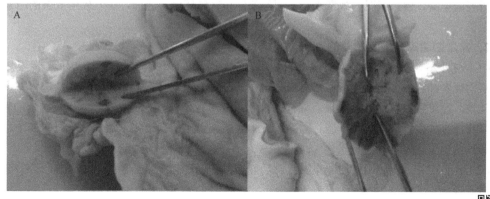

图 11-3　牛卵巢黄体遗迹

A. 橘黄色区域为退化黄体；B. 橘黄色区域为退化黄体痕迹

彩图

**2. 卵巢组织萎缩**　　卵巢组织萎缩时母畜不发情，卵巢往往变硬，体积显著缩小，母牛的卵巢如豌豆一样大，母马的大如鸽蛋。卵巢中既无卵泡又无黄体。子宫的体积也会缩小。超声检查，卵巢常显粗糙、不规则。如果间隔 1 周左右，经过几次检查，卵巢仍无变化，即可做出诊断。

**3. 卵泡萎缩及交替发育**　　卵泡萎缩是卵泡不能正常发育成熟到排卵，本病主要见于早春发情的马和驴。卵泡萎缩的母畜，在发情开始时卵泡的大小及发情的外部表现基本正常，但是卵泡发育的进展较正常时缓慢，一般达到第三期（少数则在第二期）时停止发育，保持原状 3～5d，以后逐渐缩小，波动及紧张性逐渐减弱，发情症状也逐渐消失。因为没有排卵，所以卵巢上无黄体形成。发生萎缩的卵泡可能是一个，或者是两个以上；有时在一侧，有时也可在两侧卵巢上。

卵泡交替发育是母畜发情时，一侧卵巢上正在发育的卵泡停止发育，开始萎缩；而在对侧（有时也可能是在同侧）卵巢上又有数目不等的新卵泡出现并发育，但发育至某种程度又开始萎缩，此起彼落，交替不已，最终也可能有一个卵泡获得优势，达到成熟而排卵，暂时再无新的卵泡发育。卵泡交替发育时，发情表现随着卵泡发育的变化有时旺盛，有时微弱，连续或断续发情，发情期拖延很长，有时可达 30～90d。一旦排卵，1～2d 之内停止发情。

卵泡萎缩及交替发育都需要进行多次直肠检查，并结合外部的发情表现才能确诊。

### （三）防治方法

**1. 治疗原则** 对卵巢功能不全的家畜，首先必须对其身体状况和饲养条件进行全面了解分析，然后按照家畜的具体情况，采取适当的措施，才能收到治疗效果。

1）首先加强饲养管理，改善饲料质量，增加日粮中蛋白质、维生素和矿物质的数量，增加放牧和光照时间，适当运动，减少使役和泌乳，往往可以收到满意的效果。良好的自然因素是保证家畜卵巢功能正常的根本条件，特别是对于消瘦乏弱的家畜，更不能单独依靠药物催情，因为它们缺乏维持正常生殖功能的基础。对放牧家畜而言，在草质优良的草场上放牧，往往可以得到恢复和增强卵巢功能的满意效果。

2）对患生殖器官或其他疾病（全身性疾病、传染病或寄生虫病）而伴发卵巢功能减退的家畜，只有先治疗原发病才能收到良好效果。

3）在上述处理的基础上，可考虑应用药物进行治疗。虽然刺激母畜生殖功能的方法（催情）和药物种类繁多，但是目前还没有一种能够用于所有动物并且完全有效的方法和药物，即使是激素制剂也不一定对所有病例都能奏效，其原因不只和方法本身及激素的效价和剂量有关，更是取决于母畜的年龄、健康状况、激素水平、饲养条件和气候环境等方面，影响催情效果的因素是极其复杂的。

**2. 常用刺激家畜生殖功能的方法**

（1）利用公畜催情 公畜对母畜的生殖功能来说，是一种天然的刺激。因此，除了患生殖器官疾病或者神经内分泌功能紊乱的母畜外，尤其是对不经常接触公畜、分开饲喂的母畜，利用公畜催情，通常可以获得满意效果。催情可以利用健康种公畜进行；为了节省优良种畜的精力，也可以将没有种用价值的公畜，施行阴茎移位术（羊）或输精管结扎术后混放于母畜群中，作为催情和试情使用。

（2）激素疗法 使用促使卵巢发育及功能恢复的促性腺激素类药物，如 FSH、hCG、PMSG 和雌激素等。

1）FSH：牛肌内注射 100～200IU，马和驴 200～300IU，每日或隔日一次，共 2～3 次，每次注射后需做检查，无效时方可连续应用，直至出现发情为止。

2）hCG：马、牛肌内注射 1000～5000IU，猪、羊肌内注射 500～1000IU，犬肌内注射 100～500IU，必要时间隔 1～2d 重复一次。在少数病例，特别是重复注射时，可能出现过敏反应，应当慎用。

3）PMSG：类似于 FSH，因而可用于催情。马、牛肌内注射 1000～2000IU，猪肌内注射 200～800IU，羊肌内注射 100～500IU。牛可以重复肌内注射，但有时引起过敏反应。

4）雌激素：这类药物对中枢神经及生殖道有直接兴奋作用，可以引起母畜表现明显的外部发情症状，但对卵巢无刺激作用，不能引起卵泡发育及排卵。超过 80% 的母驴，在注射雌激素后半天之内出现性欲和发情征象；但直肠检查无卵泡发育；猪注射后也可迅速引起发情的外部表现。应用雌激素之后能使生殖器官血管增生，血液供应旺盛，功能增强，从而摆脱生物学上的相对静止状态，使正常的发情周期得以恢复。虽然用后的第一次发情不排卵（不必配种），但是可以刺激和调节母畜的发情周期，在以后的发情周期中可正常发情排卵。

常用的雌激素制剂是苯甲酸雌二醇。肌内注射，马 10～20mg，牛 5～20mg，羊 1～3mg，猪 3～10mg，犬 0.2～0.5mg。治疗时一定要注意药物的残留，不得在动物性食品中检出。注意牛剂量过大或长期应用雌激素时，可引起卵巢囊肿或慕雄狂，有时可引起卵巢萎缩或发情周期停止，甚至使骨盆韧带及其周围组织松弛而导致阴道或直肠脱出。

（3）维生素 A　　维生素 A 对牛卵巢功能减退的疗效有时较激素更优，特别是对于缺乏青绿饲料引起的卵巢功能减退。一般每次给予 100 万 IU，每 10d 注射一次，注射 3 次后的 10d 内卵巢上即有卵泡发育，且可成熟排卵和受胎。

（4）冲洗子宫　　对产后不发情的母马，用 37℃生理盐水或 1∶1000 碘甘油水溶液 500～1000ml 隔日冲洗子宫 1 次，共用 2～3 次，可促进发情。

（5）隔离仔畜　　如果需要母猪在产后仔猪断乳之前提早发情配种，可将仔猪及早隔离，隔离后 3～5d 母猪即可发情。

（6）其他疗法　　刺激生殖器官或引起其兴奋的各种操作方法，如按摩卵巢，在繁殖季节内按摩驴的子宫颈，往往当时就出现发情的明显征象（拌嘴、拱背、伸颈及耳向后竖起等），这些操作可引起母畜的外部发情表现，但是这些方法与雌激素一样，所引起的只是性欲和发情现象而不排卵，不能有效地配种受胎。尽管如此，由于这些方法简便，因此在没有条件采用其他方法治疗时仍然可以试用。

（7）淘汰　　对于已接近衰老，卵巢明显萎缩硬化，经 1～2 次激素治疗无效，或卵巢与附近的组织发生粘连，或者子宫也同时发生萎缩的动物，建议淘汰。

## 二、卵巢囊肿

卵巢囊肿是指卵巢上有卵泡状结构，其直径超过正常发育的卵泡，存在的时间在 10d 以上，同时，卵巢上无正常黄体结构的一种病理状态。囊肿的基本定义：如果单个存在，直径超过 25mm，如果有多个囊肿存在，则直径可能较小（大于 17mm）。按照发生囊肿的组织结构不同，又可分为卵泡囊肿和黄体囊肿两种。

卵泡囊肿壁较薄，呈单个或多个存在于一侧或两侧卵巢上（图 11-4）。黄体囊肿多为单个，存在于一侧卵巢上，壁较厚（图 11-5）。这两种结构均为卵泡未能排卵所引起，前者是卵泡上皮变性，卵泡壁结缔组织增生变厚，卵细胞死亡，卵泡液未被吸收或者增多而形成；后者则是由未排卵的卵泡壁上皮黄体化而引起。

临床上还有一种现象为囊肿黄体，囊肿黄体是非病理性的，与以上两种情况不同，其发生于排卵之后，是由于黄体化不足，黄体的中心出现充满液体的腔体而形成。其大小不等，表面有排卵点，具有正常分泌孕酮的能力，对发情周期一般没有影响。

卵巢囊肿是引起动物发情异常和不育的重要原因之一，常见于奶牛及猪，马和犬也可发生。我国奶牛场均有发生，发病率通常为 5%～10%，甚至高达 30%。犬卵巢囊肿的发病率占卵巢疾病的 37.3%。

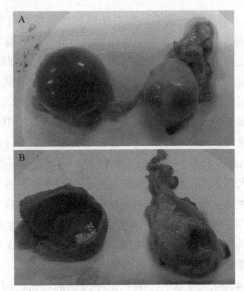

图 11-4　奶牛卵泡囊肿　　　图 11-5　奶牛黄体囊肿（左侧）及正常卵泡（右侧）

A. 完整卵巢外观；B. 卵巢组织横切面

奶牛的卵巢囊肿多发生于产奶量最高期间，而且以卵泡囊肿居多，黄体囊肿只占 25% 左右。卵巢囊肿的总发病率为 20%～30%。肉牛偶尔发生卵巢囊肿。

此外，卵巢炎、卵巢肿瘤及内分泌器官（垂体、甲状腺、肾上腺）或神经系统（主要是丘脑下部）功能扰乱也可发生慕雄狂；在后一类病例，检查卵巢时查不出任何明显的变化，有时甚至体积缩小。

（一）病因

引起卵巢囊肿的原因很多，目前对其认识还不太完全一致。涉及的主要因素包括：①缺乏运动，长期舍饲的牛在冬季发病较多。②所有年龄的牛均可发病，但以第 2～5 胎的产后牛或者 4.5～10 岁的牛多发。③发病与围产期的应激有关，在双胎分娩、胎衣不下、子宫炎及生产瘫痪病牛，卵巢囊肿的发病率均高。④产后期卵巢囊肿的发病率最高。⑤可能与遗传有关，在某些品种的牛发病率较高。⑥饲喂不当，如饲料中缺乏维生素 A 或者含有大量雌激素时，发病率升高。

（二）发病机制

一般认为，卵巢囊肿的原因是生殖内分泌功能异常，导致优势卵泡发育过程中 LH 的分泌出现异常及 LH 峰值不能发挥作用。患卵巢囊肿的奶牛，LH 排卵前峰值缺失或降低，使雌二醇部分或完全不能启动正常的对 LH 分泌的正反馈调节作用，这可能是丘脑下部峰值发生中心对雌二醇不敏感及 GnRH 不能释放所致，而不是由于丘脑下部缺少 GnRH，或者垂体缺少 LH，或者垂体不能对 GnRH 发生反应。

（三）症状及病变

**1. 发情行为变化**　　卵巢囊肿病牛的症状及行为变化个体间的差异较大，按外部表现基本可以分为两类，即慕雄狂及乏情。

慕雄狂是卵泡囊肿的一种症状表现，其特征是持续而强烈地表现发情行为，但也有些卵泡囊肿病牛不表现慕雄狂症状。表现为无规律地、长时间或连续性地发情、不安，偶尔接受其他牛爬跨或公牛交配，但大多数牛常试图爬跨其他母牛并拒绝接受爬跨，常像公牛一样表现攻击性的性行为，寻找接近发情或正在发情的母牛爬跨。病牛常由于过多的运动而体重减轻，长期患病牛颈部肌肉逐渐发达增厚，荐坐韧带松弛，臀部肌肉塌陷，尾根高举（图11-6），状似公牛。

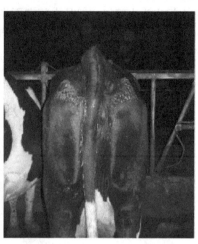

图11-6　奶牛卵泡囊肿尾根高举

表现为乏情的牛则长时间不发情，有时可长达数月，因此常被误认为是已妊娠。有些牛在表现一两次正常的发情后转为乏情；有些牛则在发病的初期乏情，后期表现为慕雄狂；但也有些患卵泡囊肿的牛是先表现慕雄狂，而后转为乏情。

母牛表现为慕雄狂或是乏情，在很大程度上与产后发病的迟早有关，产后60d之前发生卵泡囊肿的母牛中85%表现为乏情；以后随着时间的增长，卵泡囊肿患牛表现慕雄狂的比例增加。

**2. 荐坐韧带及生殖器官的临床变化**　　卵泡囊肿常见的特征之一是荐坐韧带松弛，生殖器官常水肿且无张力，阴唇松弛、肿胀。表现慕雄狂的牛可能发生阴道脱出，阴门流出的黏液数量增加，黏液呈灰色，有些为黏脓性。子宫颈外口通常松弛，子宫颈和子宫较大，子宫壁变厚，触诊时张力极弱且不收缩。在卵巢上可感觉到有囊肿状结构，囊肿常位于卵巢的边缘，壁厚，连续检查可发现其持续时间在10d以上，甚至达数月。卵巢囊变大，系膜松弛。

**3. 卵巢及子宫的病理学变化**　　在发生卵泡囊肿的动物，见不到黄体组织，有时颗粒细胞层及卵子也缺失，壁细胞层水肿且发生变性。大多数病例，子宫的外观正常，有时可见子宫壁变厚，其中积有黄色的液体，镜检可发现液体中含有上皮细胞及沉渣。子宫内膜水肿，黏膜增生，有时可见到子宫内膜腺体有囊肿性变化。表现乏情的牛，子宫内膜轻度萎缩，在有些部位可以见到增生现象。

（四）诊断

**1. 调查病史**　　规模化牛场，查阅繁殖配种记录，如果发现有慕雄狂的病史、发情周期短或者不规则及乏情时，即可怀疑患有本病。

**2. 直肠检查**　　囊肿卵巢为圆形，表面光滑，有充满液体、突出于卵巢表面的结构。其大小比排卵前的卵泡大，直径通常在25mm左右，直径超过50mm的囊肿不多见。卵泡壁的厚度差别很大，卵泡囊肿的壁薄且容易破裂，黄体囊肿壁很厚。囊肿可能只是一个，也可能是多个，检查时很难将单个大囊肿与同一卵巢上的多个小囊肿区分开。仔细触诊有时可以将卵泡囊肿与黄体囊肿区别开来，由于两种囊肿均对hCG及GnRH发生反应，一般没有必要对二者进行鉴别。

**3. 孕酮分析**　　血浆孕酮或乳汁孕酮水平可用来鉴别卵泡囊肿和黄体囊肿。卵泡囊肿的孕酮水平大约在 0.29ng/ml，而黄体囊肿的孕酮水平在 3.9ng/ml 左右。囊肿壁越厚，孕酮水平越高，雌二醇水平越低；囊肿壁越薄，则雌二醇水平越高，孕酮水平越低。

**4. 超声诊断**　　奶牛卵泡囊肿暗区直径明显大于成熟卵泡（图 11-7），泡壁光滑，反射性强；黄体囊肿中间也为大暗区，但是中间有不光滑的黄体组织，厚薄依黄体组织的多少而定，回声不强；囊肿黄体中间暗区较前两者小，有排卵凹陷，黄体组织多，低回声区域较大。一般黄体囊肿的壁厚度＞3mm，而卵泡囊肿的壁厚度＜3mm（图 11-8）。

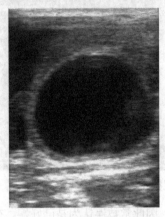

图 11-7　奶牛卵泡囊肿声像图

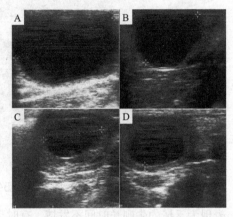

图 11-8　奶牛卵泡囊肿与黄体囊肿 B 超影像图

A. 卵泡囊肿直径 61.1mm；B. 卵泡囊肿直径 39.9mm；
C. 黄体囊肿内腔直径 34.1mm；D. 黄体囊肿壁厚 3.9mm

**5. 鉴别诊断**　　不同发育及退化阶段的黄体也易与卵巢囊肿相混。在发情周期的第 5～6 天，黄体表面光滑、松软。随着黄体发育，其质地变成与肝类似，此时很容易与卵巢囊肿区别，见表 11-2；间隔 7～10d 重复检查，对于鉴别卵巢囊肿和正常黄体更有助益。正常黄体及囊肿黄体的表面均有排卵点。

表 11-2　奶牛卵泡囊肿、黄体囊肿、囊肿黄体和周期黄体的鉴别诊断

| 项目类型 | 壁、液体腔 | 数量 | 卵巢 | 原因 | 共同点和不同点 |
| --- | --- | --- | --- | --- | --- |
| 卵泡囊肿 | 薄、大 | 单个或多个 | 单侧或双侧 | 卵泡上皮变性，卵泡壁结缔组织增生，卵细胞死亡，卵泡液未吸收或增多 | 未排卵，病理性的，间隔 7～10d 检查存在囊肿 |
| 黄体囊肿 | 厚、小 | 多为单个 | 一侧 | 卵泡壁上皮黄体化 | |
| 囊肿黄体 | 厚、小 | 单个 | 一侧 | 黄体化不足，黄体中心是液体腔 | 排卵，非病理性的，间隔 7～10d 检查存在变化 |
| 周期黄体 | 发情排卵后5～6d黄体表面光滑、松软，其后黄体发育质地类似肝 | 单个 | 一侧 | 正常周期的变化 | |

**（五）治疗**

卵泡囊肿的治疗方法种类繁多，其中，大多数是通过直接引起卵泡黄体化而使动物恢复发情

周期。本病可以自愈，随着产后时间的延长，牛卵泡囊肿的自愈率存在差异，高者可达 60%，有时只有 25%。黄体囊肿主要是注射 $PGF_{2\alpha}$ 或其类似物进行治疗，以下主要介绍卵泡囊肿的治疗方法。

**1. LH**　　具有 LH 生物活性的各种激素制剂均可用于治疗卵泡囊肿，如 hCG 及羊和猪的垂体提取物（PLH）等。奶牛的治疗剂量为 hCG 5000IU 静脉注射，或者 10 000～20 000IU 肌内注射。对 LH 疗法有良好反应的牛，其囊肿黄体化或者其他卵泡不发生排卵而直接黄体化，在卵巢上形成黄体组织而痊愈。LH 为蛋白质激素，有些牛会出现变态反应，或者产生抗体，而使治疗效果降低。

**2. GnRH**　　目前，治疗卵泡囊肿多用合成的 GnRH，这种激素作用于垂体，引起 LH 释放。例如，促黄体素释放激素（LHRH），即促排卵素 3 号（LRH-A$_3$），一般剂量为 25μg，连用 3～5d；犬 2.2μg，一次肌内注射，或按 1μg/kg 连用 3d。牛治疗后血浆孕酮浓度升高，囊肿出现黄体化，18～23d 后有望正常发情。GnRH 为小分子物质，注射后不会引起免疫反应。

**3. GnRH 配合 PGF$_{2\alpha}$**　　经 GnRH 治疗后，囊肿通常发生黄体化，然后与正常黄体一样发生退化。因此，同时可用 $PGF_{2\alpha}$ 或其类似物进行治疗，促使黄体溶解，尽快萎缩消退。

**4. 孕酮**　　用孕酮治疗可以使病牛恢复发情周期。每天注射 50～100mg 黄体酮，连用 14d，或者一次用药 750～1000mg，可使 60%～70% 卵泡囊肿牛恢复正常的发情周期，但痊愈后的受胎率比用 GnRH 治疗的低。用孕酮治疗结合使用 $PGF_{2\alpha}$，目前可使用孕酮阴道栓（CIDR）孕酮缓释阴道装置（PRID）较为方便，将其埋植于阴道 13d，撤去后肌内注射氯前列醇钠，可以使患牛恢复发情周期。

**5. 中药**　　可用理囊散等进行治疗。

**6. 穿刺术**　　对以上方案治疗无效的可用，穿刺术又分为腹壁外穿刺和阴道内穿刺。

（1）腹壁外穿刺　　成年奶牛先通过直肠内用手掌确定骨盆腔侧壁荐结节阔韧带后缘，再用手固定卵巢在此处，对应于坐骨结节前上方皮肤位置剪毛消毒和局部麻醉，用 8 号穿刺针穿刺进入囊性卵泡中，连接注射器抽出卵泡液，注入促排卵素 3 号和少量抗生素即可。对于个体小的牛，术者手伸入直肠内，寻找囊肿卵巢，用拇指、中指及食指固定卵巢，使囊肿位于外侧，移向并紧贴腹壁，臀部左手持穿刺针穿透腹壁进入腹腔。对准囊肿穿刺，用直肠内一指挤压囊肿，并将针尾的软管放低，囊肿液即可流出。

（2）阴道内穿刺　　一手伸入直肠内，握住卵巢移至阴道穹隆侧，另一手将穿刺针带入阴道，针尾连接软管和注射器，抽吸卵泡液，触摸准确后穿过阴道壁刺入囊肿内排出卵泡液，手可感觉到卵巢体积缩小。也可用活体采卵仪在超声引导下穿刺囊性卵泡处理。

**7. 摘除囊肿**　　具体操作是将手伸入直肠，找到患病卵巢，将它握于手中，用手指捏破囊肿。这种方法只有在囊肿中充满液体并且容易捏破的病例较易实施，操作不慎时会引起卵巢损伤出血，使其与周围组织粘连，进一步对生育造成不良影响。

## 三、排卵延迟及不排卵

排卵延迟及不排卵是指排卵的时间向后拖延，或有发情的外表症状但不排卵。严格来说，本病也应属于卵巢功能不全，多见于配种季节初期的马、驴和绵羊，在牛也发生，尤其是奶牛。犬和猫排卵不正常，包括排卵延迟和不排卵。

（一）病因

垂体分泌 LH 不足、激素作用不平衡，是造成排卵延迟及不排卵的主要原因；气候变化导致应激、营养不良、利用（使役或挤奶）过度，均可造成排卵延迟及不排卵。

## （二）症状及诊断

排卵延迟时，卵泡的发育和外部发情表现都和正常发情一样，但发情的持续期延长，马可拖延到 30~40d，牛可长达 3~5d 或更长。马的排卵延迟一般是在卵泡发育到第四期时延长，最后有的卵泡可能排卵，并形成黄体，有的则发生卵泡闭锁。超声检查，排卵延迟时卵泡大小和形状与正常发情没有差别，但存在时间延长，此后间隔 7~10d 检查，如果有黄体说明排卵延迟，否则极有可能不排卵。卵泡囊肿的最初阶段与排卵延迟的卵泡极其相似，应根据发情的持续时间、卵泡的形状和大小，以及间隔一定时间重复检查的结果慎重鉴别。母猫排卵延迟的特征是交配后仍嚎叫不止，或未曾交配持续嚎叫。

## （三）治疗

对排卵延迟的动物，除改进饲养管理条件、加强营养补充外，应用激素治疗通常可以收到良好效果。对可能发生排卵延迟的马、驴，在输精前或输精的同时注射 LH 200~400IU，或 LRH-A$_3$ 50μg，或注射 hCG 1000~3000IU，可以促进排卵；对配种季节初次发情的可配合使用黄体酮 100mg，效果更好。此外，应用小剂量的 FSH，也可缩短发情期，促进排卵。

在牛出现发情症状时，立即注射 LH 200~300IU 或 LRH-A$_3$ 25~50μg，可以促进排卵。对繁殖用的猫，用公猫进行交配，可在交配后停止嚎叫；对不用于繁殖想要终止嚎叫的，可在发情期间，肌内注射 hCG 250IU 或 LRH-A$_3$ 25μg 进行治疗。犬常采用 hCG 治疗。对于确知由于排卵延迟而屡配不孕的母牛，发情早期应用雌激素，晚期注射孕酮，也可得到良好效果。

# 四、持久黄体

持久黄体（黄体功能不全）是指妊娠黄体在分娩或流产之后，或周期黄体超过正常时间而不退化的疾病。在组织结构和对机体的生理作用方面，持久黄体与妊娠黄体或周期黄体没有区别。持久黄体同样可以分泌孕酮，抑制卵泡的发育成熟和排卵，使发情周期停止循环而引起不育。本病多见于母牛，而且多是继发于某些子宫疾病；原发性的持久黄体较少见。

## （一）病因

本病可能是饲养管理不当或子宫疾病造成内分泌紊乱，特别是 PGF$_{2\alpha}$ 分泌不足，体内溶解黄体的机制遭到破坏后所致。

## （二）症状

持久黄体导致母畜发情周期停止，长时间不发情。直肠检查可发现一侧（有时为两侧）卵巢增大，B 超检查可发现有黄体。在牛，直肠检查卵巢表面有或大或小的突出黄体，可以感觉到它们的质地比卵巢实质硬；B 超检查可发现黄体组织影像，血浆孕酮水平保持在 1.2mg/ml 以上。

## （三）诊断

根据病史和间隔 1 周连续 2~3 次的直肠检查，发现同一个黄体持续存在就可做出诊断。B 超检查可发现黄体组织呈致密中等回声，黄体中小梁呈明显强回声（图 11-9）。但应仔细检查子宫，排除妊娠的可能性。

（四）治疗

**1. PGF$_{2\alpha}$ 及其类似物**　　PGF$_{2\alpha}$ 及其类似物被公认为是治疗持久黄体的。肌内注射氯前列烯醇 0.2～0.4mg，用药 3d 后母牛、母猪开始发情；母犬 0.05～0.1mg，肌内注射，每天 1 次，连用 2～3d（犬对前列腺素制剂在临床上有呕吐、腹泻等不良反应），但持久黄体并不马上"溶解"，而是功能消失，即不能再合成孕酮，消失需经 2～3 个发情周期。

**2. 催产素**　　用催产素 400IU 分 2～4 次肌内注射，但临床效果不如 PGF$_{2\alpha}$。

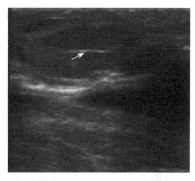

图 11-9　奶牛持久黄体 B 超影像图

**3. 雌激素**　　用 20～30mg 苯甲酸雌二醇肌内注射，2～3 次/d，连用 3d 可以诱导黄体消退和发情。

## 五、慢性子宫内膜炎

慢性子宫内膜炎（chronic endometritis）是子宫内膜的慢性炎症。各种动物均可发生，在牛比较常见，马、驴、猪、犬也多见，为动物不育的重要原因之一。犬子宫内膜炎可以转化为子宫积脓，可以引起严重的全身症状，但除犬外，其他动物很少影响全身健康情况。

（一）病因

子宫内膜炎根据发病的时间和病程，可分为急性子宫内膜炎和慢性子宫内膜炎两类。急性子宫内膜炎为子宫内膜的急性炎症，常发生在分娩后的数天内（见产后子宫感染）。

慢性子宫内膜炎多因急性未及时治愈转归而来。主要病原是葡萄球菌、链球菌、大肠杆菌、变形杆菌、假单胞菌、化脓棒状杆菌、支原体等。输精时消毒不严，分娩、助产时不注意消毒和操作不慎，是将病原微生物带入子宫导致感染的主要原因。公牛患有滴虫病、弧菌病、布鲁氏菌病等疾病时，通过交配可将病原传给母牛而引起发病。公牛的包皮中常常含有各种微生物，也可能通过采精及自然交配将病原传播给母牛。

据报道，在产后 10～15d，90%～100%的奶牛子宫存在微生物，至产后 30～40d 降低到 30%，60d 时降为 10%～20%。产后早期多为混合感染，一般来说，子宫的混合感染在产后前几周对生育力的影响不是很大，但在奶牛产后 21d 子宫中仍然存在化脓棒状杆菌，尤其是在产后 50d 仍有感染时，会引起子宫复旧延迟及严重的子宫内膜炎，受胎也基本不可能发生。

（二）症状及诊断

传统上，慢性子宫内膜炎按症状可分为隐性子宫内膜炎、慢性卡他性子宫内膜炎、慢性卡他性脓性子宫内膜炎和慢性脓性子宫内膜炎 4 种类型。由于这种分法在临床上不易区分，实践中应用较少。目前，临床上一般将慢性子宫内膜炎分为亚临床子宫内膜炎和临床子宫内膜炎。

亚临床子宫内膜炎是指无全身症状，阴道没有化脓性分泌物，但子宫取样，中性粒细胞数超过 5%的慢性子宫内膜炎，如果是产后发生的，应为产后 21d 之后。这类子宫内膜炎不表现临床症状，子宫无肉眼可见的变化。发情周期正常，但屡配不孕。发情时子宫排出的分泌物较多，有时分泌物不清亮透明，略微浑浊。直肠检查及阴道检查也查不出任何异常变化。

对于亚临床子宫内膜炎的诊断，可用少量无菌生理盐水（20ml）冲洗子宫腔，通过测定冲洗液中的中性粒细胞的比例进行诊断。如果在产后3周甚至4周中性粒细胞数超过5%，则说明亚临床子宫内膜炎存在。根据这一诊断标准，多数牛患有这种炎症。对所有奶牛进行子宫内膜细胞学检查在生产实践中不现实，因此，在生产中重点应在防止其发生方面，而本病的发生与分娩前2周开始的干物质采食量减少、产后能量负平衡及免疫功能受到影响密切相关。

临床子宫内膜炎是指一般无全身症状，但阴道有化脓性分泌物的慢性子宫内膜，如是产后发生的，应为产后28d之后。这类子宫内膜炎一般不表现全身症状，有时体温稍微升高，食欲及产奶量略微下降，病情严重者有精神不振、食欲减退、逐渐消瘦、体温略高等轻微的全身症状。发情周期不正常，阴门经常排出不同颜色的稀薄脓液或黏稠脓性分泌物。

阴道检查可发现阴道黏膜和子宫颈膣部从正常、肿胀到充血等不同程度的变化，往往黏附有脓性分泌物；子宫颈口略微张开。直肠检查感觉子宫角增大，收缩反应微弱，壁变厚，且薄厚不均、软硬度不一致；若子宫积聚有分泌物，则感觉有轻微波动。

临床子宫内膜炎的诊断，可以依据以下几点：分娩21d后视诊或者通过阴道检查发现有脓性分泌物从子宫排出，还可以按阴道分泌物的色泽和气味进行评分，总分越高，表明炎症程度越重，但应注意与阴道损伤感染相鉴别；分娩21d后直肠检查或超声检查发现子宫角直径大于8cm或子宫颈直径大于7cm；病史分析发现未做产后监护或产后监护不到位，分娩60d后，发情周期正常，但连续三个发情期配种未受胎。

（三）治疗

近些年，对传统的子宫冲洗法越来越有争议，多数学者不推荐使用。目前，对慢性子宫内膜炎治疗的基本原则是提高子宫局部免疫功能，抗菌消炎，促进炎性产物的排出、促进子宫内膜修复和子宫功能的恢复。由于不同种类动物子宫解剖学构造的差异，在治疗方法上也有不同，可根据具体病例选用合适的方法。有些方法还可参考产后子宫感染的治疗。

**1. 激素疗法**　子宫在孕酮的影响下局部免疫功能降低，而雌二醇可使局部免疫功能提高。因此，对卵巢存在功能性黄体的慢性子宫内膜炎病例，应该及时给予 $PGF_{2\alpha}$ 溶解黄体，使子宫处于雌二醇影响之下，以增强子宫局部免疫功能而达到自动清除子宫内致病菌的目的。此外，$PGF_{2\alpha}$ 可促进炎症产物的排出和子宫功能的恢复。对于犬和猫，还可注射苯甲酸雌二醇 2~4mg，4~6h 后注射催产素 10~20IU。激素疗法配合应用抗生素治疗可收到较好的疗效。

如果卵巢无功能性黄体，也无优势卵泡存在，不建议继续使用外源性雌二醇，以免乳中外源性雌二醇残留而造成对人的危害。可采用同期化排卵技术，制造人工发情周期，从而提高子宫局部免疫功能。

**2. 抗生素治疗**　治疗慢性子宫内膜炎常用各类抗生素，方便时可先做药敏试验，确定最适合的抗生素。由于子宫灌注法目前很有争议，所以推荐全身给药。首选的是青霉素类药物，因为产后子宫感染的绝大部分致病菌对青霉素类药物较敏感，该药物能均匀分布于子宫各层组织，且其价格低廉。可按每千克体重 2.1 万 IU，每日一次，连续 3~5d。停药后需弃乳 96h，最后一次给药 10d 后方可屠宰食肉。

**3. 子宫冲洗法**　在牛，特别是慢性子宫内膜炎时，也不提倡冲洗子宫。原因在于其子宫颈管细长，环形肌发达，子宫角下垂，注入的液体不易排出；输卵管的宫管结合部呈漏斗状，无明显的括约肌，子宫内注入大量液体压力增加时，液体可经宫管结合部和输卵管流入腹腔，造成腹腔污染和炎症扩散。多胎动物如猪、犬和猫，子宫角很长，注入的液体很难完全排出，一般不提倡冲洗子宫。子宫冲洗疗法适合马属动物，马属动物的子宫颈宽而短，环形肌不发达，很易扩张，子宫角尖端向上，输卵管的宫管结合部有明显的括约肌，子宫内注入液体的压力增大时，液体会自行经子宫颈排出，而不必担心液体经输卵管流入腹腔。马和驴可用大量（3000～5000ml）1%盐水或0.01%～0.05%苯扎溴铵溶液冲洗子宫。在子宫内有较多分泌物时，盐水浓度可提高到5%。用高渗盐水冲洗子宫可促进炎性产物的排出，防止吸收中毒，并可刺激子宫内膜产生前列腺素，有利于子宫功能恢复。

**4. 辅助疗法**　　除以上治疗方法外，还需合理地给予其他辅助疗法。例如，使用非固醇类抗炎药物降低炎症反应，避免子宫内膜产生瘢痕组织和输卵管发生粘连。

尽管可以适时采取以上方法治疗慢性子宫内膜炎，但治愈率却因子宫内膜炎的严重程度不同而异。阴道检查采集分泌物评价色泽和气味进行评分，慢性子宫内膜炎总分为1者，治愈率可达78%；慢性子宫内膜炎总分为4以上者，治愈率将低于44%。

## 六、子宫积液及子宫积脓

子宫积液是指子宫内积有大量棕黄色、红褐色或灰白色的稀薄或黏稠液体，蓄积的液体稀薄如水者，也称为子宫积水。子宫积液多由慢性卡他性子宫内膜炎发展而来。子宫积脓是指子宫腔中蓄积脓性或黏脓性液体，多由慢性脓性子宫内膜炎发展而成。其特点为子宫内膜出现炎症病理变化，多数病牛卵巢上存在持久黄体，因而往往不发情。下面以牛为例进行介绍。

（一）病因

牛子宫积液是由于慢性炎症过程，子宫腺的分泌功能加强，子宫收缩减弱，子宫颈管黏膜肿胀，阻塞不通，以至子宫内渗出物不能排出而发生。长期患有卵泡囊肿、卵巢肿瘤、持久性处女膜、单子宫角、假孕及受到雌激素或孕激素长期刺激的母畜也可发生本病。

奶牛子宫积脓大多发生于产后早期（15～60d），而且常继发于分娩期疾病如难产、胎衣不下及子宫炎等。牛患慢性脓性子宫内膜炎时，由于黄体持续存在，子宫颈管黏膜肿胀，或者黏膜粘连形成隔膜，使脓液不能排出蓄积在子宫内，形成子宫积脓。配种之后发生子宫积脓，可能与胚胎死亡有关，其病原是在配种时引入或胚胎死亡之后感染。在发情周期的黄体期给动物输精，或给孕畜错误输精及冲洗子宫引起流产，均可导致子宫积脓。

（二）症状

**1. 子宫积液**　　患子宫积液的牛，症状表现不一。如为卵泡囊肿所引起，则普遍表现乏情；如为米勒管发育不全所引起，则乏情极为少见。子宫中液体的黏稠度不一致，子宫内膜发生囊肿性增生时，液体呈水样，但存在持久性处女膜的病例，则液体极其黏稠。大多数病畜子宫壁变薄，积液可出现在一个子宫角，或者两个子宫角中均有液体（图11-10）。阴道中排出异常液体，并黏附在尾根或后肢上，甚至结成干痂；阴道检查时发现阴道内积有液体，颜色为黄色、红色、褐色、白色或灰白色。直肠检查发现，子宫壁通常较薄，触诊子宫有软的波动感，其体积大小与妊娠1.5～2个月的牛相似，或者更大。两子宫角的大小可能相等，因两子宫角中液

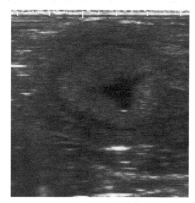

图11-10　子宫积液

体可以互相流动，经常变化不定。卵巢上可能有黄体。

**2. 子宫积脓**　一般不表现全身症状，个别患病牛，尤其是在病的初期，体温略有升高。其症状视子宫壁损伤的程度及子宫颈的状况而异。特征症状是乏情，卵巢上存在持久黄体及子宫中积有脓性或黏脓性液体，其数量不等，为200～2000ml。产后子宫积脓病牛由于子宫颈开放，大多数在躺下或排尿时从子宫中排出脓液，尾根或后肢粘有脓液或其干痂；阴道检查时也可发现阴道内积有脓液，颜色为黄色、白色或灰绿色。直肠检查发现，子宫壁通常变厚，并有波动感，子宫体积的大小与妊娠2～4个月的牛相似，个别病牛还可能更大。两子宫角的大小可能不相等，但对称者更为常见。当子宫体积很大时，子宫中动脉可能出现类似妊娠时的妊娠脉搏，且两侧脉搏的强度均等，卵巢上存在有黄体。

（三）诊断

母牛子宫积液或子宫积脓可根据临诊症状、阴道检查及直肠检查，做出初步诊断，必要时结合超声诊断容易确诊，注意与正常怀孕3～4个月的子宫（图 11-11）、胎儿干尸化和胎儿浸溶（图 11-12）进行鉴别诊断（表 11-3）。

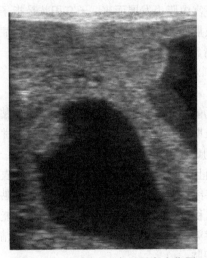
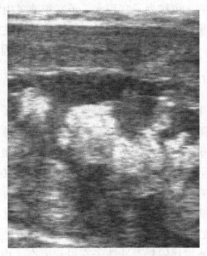

图 11-11　怀孕3～4个月子宫声像图　　　　　图 11-12　胎儿浸溶声像图

**表 11-3　奶牛正常妊娠、子宫积液、子宫积脓、胎儿干尸化和胎儿浸溶的鉴别诊断**

| 症状种类 | 直肠检查 | 阴道检查 | 阴道排出物 | 发情周期 | 全身症状 | 复查时子宫的变化 |
|---|---|---|---|---|---|---|
| 正常妊娠 | 子宫壁薄而柔软；妊娠3～4个月后可以触摸到子叶，大部分可以摸到胎儿；两侧子宫中妊娠动脉有强度不等的妊娠脉搏，卵巢上有黄体 | 子宫颈关闭，阴道黏膜颜色比平常稍淡，分泌物黏稠，有子宫颈塞 | 无 | 停止循环 | 全身症状良好，食欲及膘情有所增加 | 间隔20d 以上重复检查时，子宫体积增大 |
| 子宫积液 | 子宫增大，壁很薄，触诊波动明显；整个子宫大小与妊娠子宫1.5～2个月的相似，分叉清楚；两角大小相等，卵巢上有黄体 | 有时子宫颈阴道部有炎症 | 不定期排出分泌物 | 紊乱 | 无 | 子宫增大，有时反而缩小；两子宫角的大小比例可能发生变化 |

续表

| 症状种类 | 直肠检查 | 阴道检查 | 阴道排出物 | 发情周期 | 全身症状 | 复查时子宫的变化 |
|---|---|---|---|---|---|---|
| 子宫积脓 | 子宫增大，两角大小相等，与妊娠2~4个月的相似；子宫壁厚，但各处厚薄不均，感觉有硬的波动；卵巢上有黄体，有时有囊肿；子宫中动脉有类似妊娠的脉搏，且两侧强度相等 | 子宫颈及阴道黏膜充血及微肿，往往积有脓液 | 偶尔发情或子宫颈黏膜肿胀减轻时，排出脓性分泌物 | 停止循环，患病久时，偶尔出现发情 | 一般无明显变化，有时体温略微升高，出现轻度消化紊乱症状 | 子宫形状、大小和质地大多无变化 |
| 胎儿干尸化 | 子宫增大，形状不规则，坚硬，但各部分硬度不一致，无波动感，卵巢上有黄体 | 子宫颈关闭 | 无 | 停止循环 | 无 | 无变化 |
| 胎儿浸溶 | 子宫增大，形状不规则；表面高低不平，无波动感；内容物较硬，但各部分硬度不一致，挤压感觉有骨片摩擦音 | 子宫颈及阴道黏膜有慢性炎症，子宫颈口略开张，有时可看到小骨片，阴道内有污秽液体 | 有排出黑褐色液体及小骨片病史 | 停止循环 | 体温略微升高，反复出现轻度消化扰乱症状 | 无太多变化，有时略缩小 |

**1. 怀孕3~4个月奶牛**　　奶牛怀孕3~4个月以后，有时可以摸到子叶，而且怀孕脉搏两侧强弱不同。子宫壁较薄且柔软。另外，大多数可以触及胎儿。间隔20d以上再进行直肠检查，可以发现子宫随时间增长而相应增大。B超检查可确诊怀孕。

**2. 子宫积液**　　子宫壁变薄，触诊波动极其明显，触摸不到子叶、孕体及妊娠脉搏，由于两个子宫角的液体可以相互流通，重复检查时可能发现两侧子宫角的大小比例有所变化。B超检查扩张子宫内为回声均匀的液性暗区。

**3. 子宫积脓**　　子宫壁较厚而且比较紧张，大小与（牛）妊娠2~4个月子宫相似，但摸不到子叶和孕体，间隔20d以上重复检查，发现子宫体积不随时间增长而相应增大。B超检查时应加大灵敏度，扩张子宫内可显示回声不均匀的液性暗区。

**4. 胎儿干尸化**　　子宫紧包着胎儿，整个子宫坚硬、形状不规则。仔细触诊则发现有的地方坚硬，有的地方（骨骼的间隙处）软，但没有波动的感觉。

**5. 胎儿浸溶**　　触诊子宫感觉内容物硬，而且高低不平；用手挤压，可以感觉到骨片的摩擦音。另外，病牛有从阴道排出黑褐色液体及小骨片的病史。

（四）治疗

**1. 前列腺素疗法**　　对子宫积液或子宫积脓病牛，应用前列腺素治疗效果良好，注射后24h左右即可使子宫中的液体排出。

**2. 雌激素疗法**　　雌激素能诱导黄体退化，引起发情，促使子宫颈开张，便于子宫内容物排出。因此，可用于治疗子宫积液和子宫积脓。

## 七、犬子宫积脓

犬子宫积脓是指母犬子宫内感染后蓄积有大量脓性渗出物，不能排出。本病是母犬生殖系统的一种常见病，多发于成年犬。特征是子宫内膜异常并继发细菌感染。

（一）病因

本病是由生殖道感染及内分泌紊乱所致，并与年龄有密切关系。

**1. 年龄** 子宫积脓是一种与年龄有关的综合征，多发于 6 岁以上的老龄犬，尤其是未生育过的老龄犬。老龄犬一般先发生子宫内膜囊性增生，后继发子宫积脓。

**2. 细菌感染** 犬子宫积脓多发生在发情后期，发情后期是黄体产生孕酮的阶段，此时的子宫对细菌感染最为敏感。过量的孕酮诱发子宫腺体的增生，并大量分泌有利于细菌繁殖的物质。如果老龄母犬在发情期和公犬交配，发病率明显增加。

**3. 生殖激素** 母犬的子宫积脓与细菌感染有一定的相关性，但更重要的是与母犬的内分泌特点有关。与其他动物相比不同的是，母犬正常排卵后即使不怀孕形成的黄体在 50～70d 内可以产生大量的孕酮。

（二）发病机制

犬子宫积脓包含两个病理变化过程。第一个病理变化是子宫内膜囊性增生（endometrial cystic hyperplastic disorder），表现为子宫内膜增厚，这是重复多次的发情周期所致。母犬的发情周期比较特殊，在每次发情周期中，先是高水平血清雌激素作用，随之持续很久的高浓度孕酮存在 50～70d，促使子宫内膜高度应答而逐渐发展成囊性增生。到 9 岁时，2/3 的母犬都有清晰可辨的子宫内膜囊性增生，其发展是一个连续而统一的过程，目前还不完全清楚为什么一些母犬在子宫内膜囊性增生很轻的情况下会出现子宫积脓，而有些犬具有严重子宫内膜囊性增生却不发生子宫积脓。

第二个病理变化是感染。感染都是由正常阴道菌群中的某一部分病原菌而引起。最常分离到的是大肠杆菌，研究表明，与子宫感染有关的大肠杆菌是母犬自身的大肠杆菌亚型，该亚型大肠杆菌接触雄性犬不会感染。子宫积脓常常发生于从未怀孕过的母犬，这表明怀孕可能在子宫内膜水平具有某种保护作用。

本病最可能的发展顺序如下：①母犬经历反复多次的发情周期，随着时间的推移子宫内膜囊性增生逐步加重；②在发情前期和发情期，细菌从阴道进入子宫内；③已发生变化的子宫内膜在发情结束前很难将所有的细菌排出子宫外；④母犬进入间情期，子宫颈闭合，将细菌潴留在子宫内，同时子宫内膜腺体分泌液体增多，滋养细菌，并且子宫内膜的反应性增强，加剧增生；⑤随着子宫内脓性液体的积聚而感染逐步发展。

（三）症状

临床症状与子宫颈的实际开放程度有关，按子宫颈开放与否可分为闭合型和开放型两种。犬子宫积脓的症状在发情后 4～10 周较为明显。

**1. 闭合型** 子宫颈完全闭合不通，阴门无脓性分泌物排出，腹围较大，呼吸、心跳加快，严重时呼吸困难，精神沉郁，食欲不振，腹部皮肤紧张、呕吐，腹部皮下静脉怒张，喜卧，继发肾问题时出现多饮多尿，喜饮凉水。

**2. 开放型** 子宫颈管未完全关闭，从阴门不定时流出少量脓性分泌物，呈奶酪样，乳黄色、灰色或红褐色，气味难闻，常污染外阴、尾根及飞节。患犬阴门红肿，阴道黏膜潮红，腹围略增大。

（四）诊断

根据发病史、临床症状及血常规检验，结合影像学检查等进行综合诊断。

**1. 临床症状**　　病犬为处于发情期后 4～10 周的老年母犬；开放型阴道有脓性分泌物；可触摸到增大、柔软、面团状的子宫；闭合型子宫积脓常表现腹部异常膨胀（图 11-13）。

**2. 血常规检查**　　白细胞数增加，犬通常可升高至（20～100）$\times 10^9$/L；核左移显著，幼稚型白细胞达 30%以上；发病后期出现贫血，血红蛋白量下降。

**3. 血液生化检查**　　呈现高蛋白血症和高球蛋白血症；毒血症导致出现肾小球性肾病，血清尿素氮、肌酐等含量升高。

**4. X 射线检查**　　对于闭合型子宫积脓，侧卧保定体位，其腹腔后部出现一液体密度的管状结构。

**5. B 超检查**　　子宫腔充满液体，子宫壁增厚，有时甚至能看到增厚的子宫壁上有一些低回声液性暗区（图 11-14）。

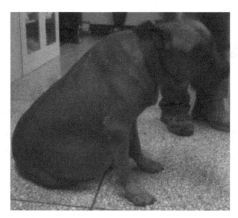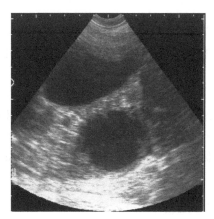

图 11-13　犬腹围增大　　　　　　　图 11-14　犬子宫积脓声像图

（五）治疗

对于犬子宫积脓的治疗，无论是闭合型还是开放型，首选方案就是进行卵巢子宫摘除术。子宫内膜囊性增生是不可逆的变化，因此没有任何药物可以使犬恢复到正常的生殖功能。患犬在之后发生严重的蛋白尿（尿蛋白：肌酐比值大于 10）提示将来发生肾衰竭末期的可能性增加。如果母犬符合以下条件，可考虑进行药物治疗：①子宫颈开放；②没有氮质血症或由脱水或其他肾前性原因导致的轻度氮质血症；③母犬仍处于育龄期（一般不超过 6 岁）；④母犬具有较大的繁育价值。

**1. 闭合型**　　闭合型子宫积脓的犬，毒素很快被吸收入血，症状严重。因此，立即进行卵巢子宫切除是理想的治疗措施。在手术前后和手术过程中必须补充足够的液体。术前和术后 7～10d 连续给予广谱抗生素治疗。

**2. 开放型**　　开放型子宫积脓或留作种用的闭合型子宫积脓的种犬，可以考虑保守治疗。治疗的原则是：促进子宫内容物的排出及子宫功能的恢复，控制感染，增强机体抵抗力。治疗期间通过 B 超检查和生化检测等密切关注犬机体的变化。

（1）静脉补液及使用抗生素　　静脉补液，治疗休克，纠正脱水、电解质及酸碱平衡紊乱，同时使用广谱抗生素，或者根据药敏试验的结果应用抗生素。抗生素的使用至少要等到 1 周内看不到外阴分泌物后停药，有时候可能要超过 1 个月。

（2）使用前列腺素治疗　　给予 $PGF_{2\alpha}$ 0.1～0.25mg/kg，皮下注射，每日 1～2 次，有条件的

情况下测定孕酮浓度，若血清孕酮低于 2ng/ml，用前列腺素每日 1 次进行治疗就有效果。如果血清孕酮大于 2ng/ml，则需要每天 2 次应用前列腺素溶解黄体，降低血清孕酮浓度，从而让子宫收缩更加有效，直到子宫大小接近正常（触诊、X 射线检查）或宫内看不到游离液体（超声检查）。使用促进子宫收缩的药物进行治疗，有助于将脓性液体推入子宫颈口而排出子宫外，随后子宫会松弛，但是这些药物也可能将液体通过输卵管推入腹腔，或者引起子宫破裂而发生腹膜炎。

也可以使用合成前列腺素（如氯前列醇钠，按照 5μg/kg 每 3d 皮下注射 1 次）、催乳素抑制剂（卡麦角林，按 5μg/kg 口服，每日 1 次）和抗生素进行联合治疗，疗效更好。

保守治疗后的母犬在今后的每一个发情周期都易发子宫积脓。母犬应在药物治疗子宫积脓后的第一个发情周期进行配种繁殖，并在其繁殖生命结束后尽可能早绝育。如果母犬不能在一个特定的发情周期内被配种，只要子宫颈开放，有外阴排出分泌物，就应该使用合适的抗生素进行治疗。

## 八、子宫颈炎

子宫颈炎是指从子宫颈外口直到子宫内口黏膜及黏膜下组织发生的炎症。

### （一）病因

本病通常继发于子宫炎，继发于异常分娩（如流产、难产）之后，尤其在施行牵引术或截胎术引起子宫颈发生严重损伤时。子宫颈外口的炎症可继发于阴道及阴门损伤，细菌或病毒引起的阴道感染，通常为混合型感染。子宫和阴道的任何病原均可引起子宫颈炎，其中有些细菌如化脓棒状杆菌致病性可能更强。

### （二）症状

子宫颈发炎时其外口通常充血、肿胀，子宫颈外褶脱出，子宫颈黏膜呈红色或暗红色，有黏脓样分泌物。直肠检查时，发炎的子宫颈可能增大，患有严重的慢性子宫颈炎时，感觉子宫颈变厚实。

### （三）治疗

在子宫炎及阴道炎同时伴发子宫颈炎的病例，必须对整个生殖道进行处理。治疗时，可用温和的消毒液冲洗阴道 3～4d，以便清除黏脓性分泌物，促进阴道、子宫、子宫颈的血液循环。冲洗之后，可向子宫颈周围涂布抗生素软膏，帮助消除感染。继发于阴道炎或气膣的子宫颈炎，则应施行阴门缝合术。子宫颈外环脱出而发生慢性子宫颈炎时，治疗常无效，此时可将脱出的外环截除，然后再将阴道黏膜与子宫颈黏膜缝合，以便止血及促进伤口愈合。

## 九、阴道炎

阴道炎是指阴道黏膜及黏膜下组织的炎症，包括原发性阴道炎和继发性阴道炎两种。

### （一）病因

原发性阴道炎通常是由于配种或分娩时受到损伤或感染而发生。衰老瘦弱的母畜生殖道组织松弛，阴门向前向下凹陷，并且开张，空气容易进入，形成"气膣"（pneumovagina），尿也易于滞留在阴道中，因而发生阴道炎。粪便、尿液等污染阴道；用刺激性太强或浓度过高的消毒液冲洗阴道，阴道使用的器械消毒不严，阴道检查时不注意消毒等都可引起感染。阴道感染以后，由于经产牛子宫垂入腹腔将阴道向前倾斜，因此炎性分泌物很难排出。

继发性阴道炎多数由胎衣不下、子宫内膜炎、子宫炎、子宫颈炎及阴道和子宫脱出引起。病初为急性，病久即转为慢性阴道炎。

引起阴道炎的大多数病原菌为非特异性的，如链球菌、葡萄球菌、大肠杆菌、化脓棒状杆菌及支原体等；有些则是特异性的，如牛传染性鼻气管炎病毒、滴虫、弯曲杆菌等。

（二）症状

根据炎症的性质，阴道炎可分为慢性卡他性、慢性化脓性和蜂窝织炎性三类。

**1. 慢性卡他性阴道炎**　症状不太明显，阴道黏膜颜色稍显苍白，有时红白不匀，黏膜表面常有皱纹或者大的皱襞，通常带有渗出物。

**2. 慢性化脓性阴道炎**　病畜精神不佳，食欲减退，乳量下降。阴道中积存有脓性渗出物，卧下时可向外流出，尾部有薄的脓痂；阴道检查时动物有痛苦的表现，阴道黏膜肿胀，且有程度不等的糜烂或溃疡（图11-15）。

**3. 蜂窝织炎性阴道炎**　病畜往往有全身症状，排粪、排尿时有疼痛表现。阴道黏膜肿胀、充血，触诊有疼痛表现，黏膜下结缔组织内有弥散性脓性浸润，有时形成脓肿，其中混有坏死的组织块；也可见到溃疡，溃疡日久可形成瘢痕，有时发生粘连，引起阴道狭窄。

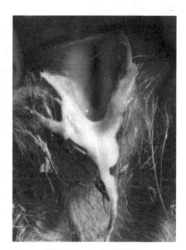

图 11-15　牛阴道炎

（三）预后

单纯的阴道炎，一般预后良好，有时甚至不需要治疗即可自愈。同时发生气膣、子宫颈炎或子宫炎的病例，预后欠佳。阴道发生狭窄或发育不全时，则预后不良。阴道炎如为传染性原因所引起，阴道局部可以产生抗体，有助于增强抵御疾病的能力。

（四）治疗

根据程度不同，采用不同的处理方法。

**1. 冲洗法**　可用消毒收敛药液冲洗。常用的药物有 0.05%～0.1%高锰酸钾，0.05%苯扎溴铵，1%～2%明矾，5%～10%鞣酸，1%～2%硫酸铜或硫酸锌。冲洗之后，可在阴道中放入浸有磺胺乳剂的棉塞。冲洗阴道可以重复进行，每天或者每2～3d 进行 1 次。阴道炎伴发子宫颈炎或者子宫内膜炎的，应同时加以治疗。

**2. 手术法**　气膣引起的阴道炎，在治疗的同时，可以施行阴门缝合术。其具体程序：首先，给病畜施行硬膜外腔麻醉或术部浸润麻醉，并适当保定；对性情恶劣的病畜，可考虑给以适当的全身麻醉。在距离两侧阴唇皮肤边缘 1.2～2cm 处切破黏膜，切口的长度自阴门上角开始至坐骨弓的水平面，以便在缝合后让阴门下角留下 3～4cm 的开口，除去切口与皮肤之间的黏膜，用肠线或尼龙线以结节缝合法将阴唇两侧皮肤缝合起来，针间距离1～1.2cm。缝合不可过紧，以免损伤组织，7～10d 后拆线。以后配种可采用人工授精，在预产期前 1～2 周沿原来的缝合口将阴门切开，避免分娩时被撕裂。缝合后每天按外科常规方法处理切口，直至愈合，防止感染。

### 十、屡配不孕

屡配不孕是指发情周期及发情期正常，临床检查生殖道无明显可见的异常，但输精 3 次及以上不能受孕的繁殖适龄母畜。在实际生产当中，有相当比例的多次配种难孕牛，广义上也应该在屡配不孕的范畴内。屡配不孕长期以来一直是影响奶牛业生产发展的重大问题之一，据报道其发生率高达 10%～25%，造成了很大的经济损失。屡配不孕并非是一种独立的疾病，而是许多不同原因引起的繁殖障碍。引起的原因众多，也很复杂，总的来说，大致可以归于两类，即受精失败和早期胚胎死亡。

**1. 受精失败**　　受精是动物繁殖过程中至关重要的环节，其过程受许多因素的影响，其中任何一种失调或者异常即可导致受精失败。导致受精失败的因素包括以下几方面。

（1）卵子发育不全　　卵子发育上有缺陷必然会导致受精失败，但目前尚缺乏直接的试验证据。有人认为卵子发育不全与遗传有关。这种疾患目前在临床上还不能诊断出来，也无法治疗。

（2）卵子退化　　排卵延迟或推迟配种可使卵子老化，从而引起一系列退行性变化。卵子老化过程不很严重时，虽然仍可受精，但合子难以存活。

（3）排卵障碍　　包括卵泡成熟后不能排卵及排卵延迟，两者均可引起受精失败。在牛，排卵障碍可能与品种有关，也可能是受环境因素的影响所致。排卵延迟可能与 LH 的分泌不足有联系。

（4）卵巢炎　　卵巢炎的病例在临床上多数查不出症状，尤其在卵巢的体积大小变化不明显时，因此将它引起的繁殖障碍也列于屡配不孕范畴内。

（5）输卵管疾病　　输卵管对排出的卵子拾检和输送有极为重要的作用，它还参与精子的获能和运送，因此其解剖结构或功能出现任何异常都会阻碍受精的完成。输卵管积液、输卵管炎和输卵管功能异常的患畜都会发生屡配不孕。

（6）子宫疾病　　引起不育最常见的是子宫炎及子宫内膜炎。此外，子宫组织内的腺体囊肿和子宫的内分泌失调也可引起受精失败。

（7）环境因素　　畜舍环境、畜群大小及季节对屡配不孕的发生有一定的影响。

（8）技术管理水平　　漏配及配种不及时，会使许多母牛屡配不孕。人工授精技术不良、精液处理和输精技术错误往往引起大批母牛不孕。

**2. 早期胚胎死亡**　　黄体形成期、妊娠识别和附植阶段是早期胚胎死亡的高峰时段，但主要是指胚胎在附植前后发生的死亡，为屡配不孕的主要原因之一。

## 第八节　免疫性不育

在繁殖过程中，动物机体可对繁殖的某一环节产生自发性免疫反应，从而导致受孕延迟或不受孕，这种现象称为免疫性不育。动物的生殖细胞、受精卵、生殖激素等均可作为抗原而激发免疫应答，导致免疫性不育。

### 一、免疫系统对繁殖功能的影响

神经内分泌系统产生的激素、递质或细胞因子也可由免疫系统产生，由于共享受体和配体，两者之间互相影响，由此构成了神经-内分泌-免疫调节网络，对繁殖发挥了重要的调节作用。

免疫系统对性腺的功能也具有极为重要的调节作用。此外，细胞因子也是连接免疫系统和卵巢功能的重要调节因子，它们在调节卵巢功能的神经内分泌中发挥重要作用。

## 二、抗精子抗体性不育

抗精子抗体是由机体产生可与精子表面抗原特异性结合的抗体，它具有凝集精子、抑制精子通过子宫颈黏液向子宫腔内移动，从而具有降低生育能力的特性，是引起动物免疫性不育的最常见原因。抗精子抗体可通过下列几个方面引起不育：①引起精子凝集，进而降低精子的活力；②影响精子质膜上的颗粒运动，干扰精子获能；③影响顶体酶的释放，使精子不易穿透放射冠和透明带，阻止精卵结合；④阻碍精子黏附到卵子透明带上，影响受精；⑤抗体与精子结合后可活化补体和抗体依赖性细胞毒活性，加重局部炎症反应，损伤精子细胞膜，增强生殖道内巨噬细胞对精子的吞噬作用。

## 三、抗透明带抗体性不育

透明带具有精子的特异性受体，可以阻止异种精子或同种多精子受精。透明带具有良好的抗原性。机体遭受与透明带有交叉抗原性的抗原入侵时，或由于病毒感染等因素使透明带抗原变性时，免疫系统即将透明带抗原视为异物而产生抗透明带免疫反应。

抗透明带抗体可通过下列几个方面引起不育：①封闭精子受体，干扰或阻止同种精子与透明带结合及穿透，发挥抗受精作用；②使透明带变硬，即使受精，也因透明带不能从受精卵表面自行脱落，而影响受精卵着床；③抗透明带抗体在透明带表面与其相应抗原结合，形成抗原抗体复合物，从而阻止精子通过透明带，使精卵不能结合。

# 第九节　提高牛繁殖力的兽医管理措施

引起家畜不育的原因繁多，在防治不育时必须精确查明不育的原因，调查其在畜群中发生和发展的规律，从选种选配、饲料营养、繁殖配种、环境调控及数据管理分析的角度，进行全面综合的分析，抓住主要矛盾，根据具体实际情况，制订出切实可行的计划，采取具体有效的措施防治不育。以牛为例，可从以下几个方面着手。

## 一、个体牛繁殖力的管理与产后定期检查

防治不育时要重视繁殖母畜的日常管理及定期检查，首先应该有目的地向饲养员、育种员或挤奶员调查了解母牛的饲养管理、使役、配种情况，查阅繁殖配种记录和病例记录，有条件的可通过奶牛场管理软件获取相关数据进行分析。在此基础上，对母牛进行全面检查，不仅要详细检查生殖器官，还要检查全身情况。

（一）病史调查

应尽可能获得详尽的病史资料，包括年龄，胎次，上次产犊时间，是否发生过难产、胎衣不下或感染等，注意产犊后第一次观察到发情的时间，生殖道是否有异常分泌物，配种或输精时间、配种或输精之后是否观察到发情，以前的生育力，尤其是从产犊到受胎的间隔时间和每次受胎的配种次数，饲养管理情况，产奶量，哺乳犊牛数量，健康状况，是否有产乳热、乳腺炎、酮病及肢蹄病等。

（二）临床检查

可采用症状观察法、阴道检查、直肠检查和超声检查等方法。

1）应仔细检查个体的全身状况，进行体况评分，详细检查生殖道的状况并评分。

2）检查阴门、会阴及前庭有无伤痕或分泌物。

3）检查尾根部有无塌陷，背部及腹胁部有无被其他牛爬跨的痕迹。

4）徒手或用开腔器检查阴道，注意阴道黏膜及黏液的性状。

5）直肠检查子宫颈的状况，确定其位置、大小；检查子宫角的状态、子宫内容物的性状，是否有粘连，是否怀孕等。

6）直肠检查卵巢位置、质地、大小及卵巢的结构等，初步诊断是否有黄体和卵泡。

7）必要时进行超声检查，确诊是否怀孕，是否有黄体，辅助诊断卵巢和子宫疾病。

8）实验室检查，如有必要，可测定血样或奶样中孕酮浓度，判断是否有黄体存在，如果孕酮浓度升高，则表明有黄体存在。

9）检查输卵管有无病变，检查卵巢囊有无粘连。

（三）产后定期检查及采取的措施

**1. 产后 7~14d**　　产后 14d，大多数经产牛的两子宫角已大为缩小，初产牛的子宫角已退回骨盆腔，复旧正常的子宫质地较硬，可以摸到角间沟。触诊子宫可以引起收缩反应，排出的液体数量和恶露颜色已接近正常；也可以用一次性手套掏取阴道前端的分泌物检查评分，评估是否感染。如果子宫壁厚，子宫腔内积有大量的液体或排出的恶露颜色及数量异常，特别是带有恶臭味，则是子宫感染的征候，应及时进行治疗。在此期间，对发生过难产、胎衣不下或其他分娩及产后期疾病的母牛，应注意详细检查。

产后 14d 以前检查时，往往可以发现退化的妊娠黄体，这种黄体小而较坚实，且略突出于卵巢表面。在分娩正常的牛，卵巢上通常有 1~3 个直径 1.0~2.5cm 的卵泡，因为正常母牛到产后 15d 时虽然大多数不表现发情症状，但已发生产后第一次排卵。如果卵巢体积较正常的小，其上无明显卵泡生长，则表明卵巢无活性，这种现象不是由导致母牛全身虚弱的某些疾病，就是由摄入的营养物质不足所引起。

**2. 产后 20~40d**　　在此期间应进行配种前的检查，确定生殖器官有无感染及卵巢和黄体的发育情况。产后 30d，初产母牛及大多数经产母牛的生殖器官已全部回到骨盆腔内。在正常情况下，子宫颈已变坚实，粗细均匀，直径 3.5~4.0cm。子宫颈外口开张，其中，阴道排出或尾根黏附有异常分泌物则是存在炎症的象征。由于子宫颈炎大多继发于子宫内膜炎，因而应进一步检查，确定原发的感染部位，以便采用相应的疗法。

产后 30d，母牛子宫角的直径在各年龄组间有很大的差异。在正常情况下，直肠检查感觉不到子宫角的腔体，如果感觉到是子宫复旧延迟的象征，可能存在子宫内膜炎。触诊子宫时可同时对其进行按摩，促使子宫腔内的液体排出，触诊按摩之后再做阴道检查往往可以帮助诊断。产后 20~40d 内，子宫如发生明显的异常，通过直肠检查一般都能检查出来。

产后 30d 时，最好做超声检查，可发现许多母牛的卵巢上都有数目不等的正在发育的卵泡和退化的黄体，这些黄体是产后发情排卵形成的。在产后期的早期，母牛安静发情极为常见，因此在产后即使未见到发情的母牛，只要卵巢上有卵泡和黄体，就证明卵巢的功能活动正常，不是真正的乏情母牛。

**3. 产后 45~60d**　　对产后未见到发情或者发情周期不规律的母牛，应当再次进行直肠检查和超声检查。到此阶段，正常母牛的生殖器官已完全复旧，如有异常，易于发现。

**4. 产后 60d 以后**　　对配种 3 次及以上仍不受孕，发情周期和生殖器官又无明显异常的母牛，应进行直肠检查和超声检查。在发情的第 2 天或者输精时反复多次检查，分析牛场发情、配种和妊娠诊断记录数据，注意鉴别是根本不能受精，还是受精后发生早期胚胎死亡。引起母牛屡配不孕的其他常见情况有排卵延迟、输卵管炎、输卵管积液或堵塞、隐性子宫内膜炎和老年性气腔等。

母牛屡配不孕，特别是有大批母牛不育时，不可忽视对公牛的检查，牛场应注意精液品质的检查。精液品质的好坏可以直接影响母畜的受胎率。此外，对输精（或配种）的操作技术也应该加以考虑，因为繁殖技术错误往往可以引起母畜屡配不孕。

**5. 输精后 30～45d** 应做例行妊娠诊断，对牛可采血检测 PSPB（妊娠特异蛋白）或进行超声诊断，以便及时检查出未孕母牛，减少空怀引起的损失。对已经确定妊娠的母牛，在妊娠中后期还要重复进行直肠检查，有流产史的母牛更应多次重复检查。调查资料证实，在妊娠的中、后期，妊娠母牛中仍然有 5%～10% 的流产。

## 二、牛群繁殖力评估及繁殖管理

经常性地对牛场繁殖力进行准确评估是牛群生育力控制程序中必需的组成部分。对全年产犊的牛群，一年至少进行 2 次评估；尤其是在检查可能的不育原因时，这种评价尤为重要。对季节性产犊的牛群，应在合适的时间进行评估。目前，奶牛场可以利用管理软件系统评估牛群生育力，对繁殖指标进行有规律的持续分析。建立牛群定期评估制度，从群体角度把握繁殖工作的成效。

### （一）牛群繁殖力的评估

为了准确评价牛群的繁殖力，需要采用繁殖指标进行评价，因此必须要有当年及上一年的繁殖记录。所需要的信息至少包括最后一次产犊日期、第一次和最后一次配种或人工授精的日期、确定妊娠的日期和母牛淘汰或离开牛群的日期。因此做好繁殖记录极为重要，规模化牛场应积极进行信息化建设，利用牧场管理软件，对繁殖数据进行收集整理、录入，并及时分析相关指标，制订牧场繁殖配种技术人员的考核指标和制度，坚决执行落实，不断学习改进不足，提高牧场繁殖效率。

群体繁殖力评估常用指标：21d 妊娠率和受胎率、发情检出率和参配率、情期受胎率、产犊间隔、产犊指数、产犊到受胎间隔时间（空怀天数）、产后首次配种受胎率、产犊至第一次配种的间隔时间、总受胎率、发情间隔时间或配种间隔时间的分布、淘汰率。

### （二）制订合理的繁殖计划

一般而言，除了繁殖疾病外，泌乳牛的繁殖性能低下的主要原因包括：从产犊到第一次配种的间隔时间延长、发情检出率低、输精率低和受胎率低等。一旦能够确定原因，则应考虑可能的解决方案，建立可行的繁殖管理计划。

### （三）建立完善的管理制度

由于管理不善引起的母畜不育占较大的比例，如母畜的乏情、屡配不孕等均与管理有很大关系，因此改善管理采取有效措施是防治不育的一个重要方面。在这方面兽医人员必须发挥主动作用，认真负责，恪尽职守。养殖场领导、相关技术人员需要不断积极学习吸收新知识、新技术和接受新理念，根据实际条件合理利用。制订牛场标准化繁殖管理制度和流程，积极加以落实。适应规模化牛场的发展趋势，大力培养繁殖管理相关技术人才，做好发情管理、妊娠管理、配种管理和产犊管理，尤其是做好围产期的饲养管理。

**1. 建立完整的繁殖记录系统** 每头动物应该有完整准确的繁殖记录，应该包括繁殖史、分娩或流产的时间、发情及发情周期的情况、配种及妊娠情况、生殖器官的检查情况、父母代的有关资料、后代的数量及性别、公畜信息、预防接种、药物使用及其他有关的健康情况。注意坚持记录，数据应真实和有效。

大型饲养场，需要建立完整的数据管理系统，针对规模化牛场做好标准化繁殖管理，最好使用牧场管理软件，做好信息化管理工作。管理人员应该准备日常报表，记录分娩、配种及其他有关的异常或处理方法等，保证信息的及时录入、整理和定期分析。

**2. 建立发情鉴定制度** 工作中需要仔细观察、详细记录，发情鉴定采用外部观察法时，每次观察不应短于 30min，每天 3～4 次，甚至增加观察时间和人员。可采用尾根涂抹蜡笔，使用发情贴膜、计步器或发情监测系统等提高发情检出率。

**3. 建立配种及人工授精操作规范** 制订标准化人工授精操作流程，并严格执行。自然交配前，首先要检查公畜的健康、外生殖器的卫生，观察交配过程中公母畜的行为是否正常，并记录交配时间、确定两次交配的间隔时间。对采用人工授精的首先要检查精液是否符合配种要求，做好输精器械的无菌准备和母畜外阴的清洁卫生，规范输精操作技术，准确适时输精。

**4. 建立妊娠管理制度** 牛场应定期对配种后的牛实施妊娠诊断，早期妊娠诊断可采用血检 PSPB 或 B 超检查，怀孕的在 3 个月、5 个月和 7 个月或干乳时再进行复查。积极推广早期妊娠诊断新技术，对诊断为空怀的母牛，在病史调查、繁殖记录数据分析、阴道检查、直肠检查和超声检查的基础上，分析病因采取有针对性的治疗措施，及时受胎。

**5. 建立接生助产和产后护理制度** 合理设计产房，严格落实接生助产操作要求，加强产房的管理，减少各种应激，提高母牛的舒适度。除了需建立产房的环境卫生和消毒制度、药械储备管理等制度外，还应对仔畜制订母乳喂养和保健制度，对母畜制订产后子宫复旧、卵巢功能恢复的康复保健计划，并具体实施，争取产后及时子宫复旧。

**6. 卫生及防疫措施** 在进行母畜的生殖道检查、输精及母畜分娩时，一定要尽量防止发生生殖道感染。严重影响繁殖力的传染性疾病或寄生虫疾病应建立合理的防疫检疫等保健计划并严格落实。新购入的母畜应隔离观察 30～150d，并进行检疫和预防接种。

# 第十二章 公畜科学

公畜生殖活动的规律与母畜有所不同。它们生殖活动虽然不具有明显的节律性，但容易受到环境、光照、营养、运动和疾病等影响。从早期原始生殖管发育、睾丸沉降、精子形成，到性冲动出现、交配行为完成，这一系列围绕生殖功能的变化，都具有一定的特殊性。因此，在临床和生产中应该对公畜予以特殊的照顾。合理的营养供应，以便公畜良好发育；定量的运动，使公畜保持旺盛精力；适度的配种频率，能使其繁殖年限持久；降低发病率，提高公畜使用率；开展后代基因筛选，以帮助繁育更加优秀的后代。本章将对上述问题，以及公畜生殖系统疾病进行介绍。

## 第一节 公畜生殖功能的发生、发展与调节

### 一、公畜生殖功能的发生和发展

从生殖功能的发生、发展、衰老整个过程看，公畜的生殖功能可以划分为胎儿期（含初生期）、初情期、最适繁殖期三个时期。从初情期开始，公畜具有生育能力，随着年龄的增加，生育力达到高峰，然后逐渐减退直至停止。

（一）胎儿期

公畜在胎儿期，丘脑下部-垂体-睾丸轴已具有重要的内分泌功能，并逐步完善。

**1. 性别分化**　雄性胚胎早期形成的生殖嵴包括将来分化为曲细精管中支持细胞的生殖腺索、分化为睾丸间质细胞的间质细胞和分化为精原细胞的原始性腺细胞。尽管胚胎的性别在受精时就已被确定，但如果在早期原始生殖管和外生殖器分化之前缺乏雄激素的作用，则生殖导管和外生殖器将向雌性方向发展。起源于胚胎睾丸生殖嵴的支持细胞可以产生米勒管抑制物（Müllerian tube inhibitor substance，MIS），使米勒管（Müllerian duct）退化消失，沃尔夫管（Wolffian duct）发育；间质细胞分泌睾酮和二氢睾酮（DHT），诱导生殖导管和外生殖器向雄性演变。胎儿期雄激素的另一个重要作用是破坏了丘脑下部的周期中枢，仅保留了紧张中枢，这是雄性生殖活动缺乏周期性变化的主要原因。

**2. 睾丸下降**　睾丸下降是指睾丸在腹腔移行至腹股沟环内侧，并经腹沟管由腹腔进入阴囊的过程。各种家畜睾丸从腹腔下降到阴囊的时间见表 12-1。睾丸下降到阴囊的过程，取决于睾丸韧带的牵拉与腹股沟管的闭合时间。犬睾丸的沉降过程见图 12-1。

表 12-1　各种家畜睾丸下降时间表

| 动物种类 | 睾丸下降时间 | 动物种类 | 睾丸下降时间 |
| --- | --- | --- | --- |
| 猫 | 出生后数周（5~8 周） | 牛 | 妊娠早期（胎龄 3.5~4 个月） |
| 犬 | 出生后数周（5~8 周） | 羊 | 妊娠中期（胎龄约 80 日） |
| 马 | 妊娠晚期或出生后数月 | 猪 | 妊娠后期（胎龄 85 日后） |

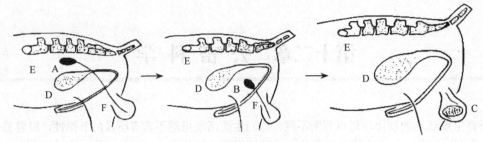

图 12-1　犬睾丸的沉降过程

A. 原始发育的睾丸；B. 跨越腹股沟的睾丸；C. 下降至阴囊的睾丸；D. 膀胱；E. 脊柱；F. 睾丸牵引韧带

**3. 性腺发育**　　从胎儿期开始，促性腺激素的分泌基本与雄激素的分泌及间质细胞的分化同步，但精原细胞数目的增长不依赖于促性腺激素。猪和牛在出生前促性腺激素和雄激素分泌下降，而在初生期分泌出现暂时性增加。同时，曲细精管主要表现为长度增加，变得弯曲，可见有丝分裂；睾丸出现间质细胞前体（pre-Leydig cell），这些间质细胞与胎儿期间质细胞可能属于两类不同的细胞群。在此期间分泌的雄激素主要是雄烯二酮，其生物活性较低，仅为睾酮的 12%。

（二）初情期

**1. 初情期的概念**　　公畜的初情期是指它对发情母畜开始有性反射，能够和母畜交配，开始出现第二性征的时期。确切地讲，公畜的初情期（puberty）是指公畜睾丸逐渐具有内分泌功能和生精功能的时期。从临床表现看，显著变化是公畜不但表现充分的性行为，而且精液中开始出现具有受精能力的精子。由于类固醇激素的产生早于精子生成，所以公畜一般先表现爬跨等性活动，然后才能产生精子。进入初情期的公畜虽然已有生殖能力，但精液中精子的活力和正常精子百分率都不及性成熟的公畜。受多种因素的影响，各种动物到达初情期的年龄各不相同。公畜初情期前精子发育和达到初情期、性成熟和体成熟的月龄见表 12-2。公畜初情期开始，生殖活动有赖于促性腺激素的作用。达到初情期时，丘脑下部的中央突对睾酮负反馈作用的敏感性降低，睾酮的抑制作用减弱，促性腺激素的释放即增多。

表 12-2　公畜初情期前精子发育和达到初情期、性成熟和体成熟的月龄

| | 牛 | 羊 | 猪 | 马 | 驼 | 犬 | 猫 |
|---|---|---|---|---|---|---|---|
| 曲细精管中出现精子 | 8 | 4 | 5 | 12 | | 5～6 | 5 |
| 初情期（精液中出现精子） | 10 | 4.5 | 5.5 | 13 | 36 | 8～10 | 6～7 |
| 性成熟 | 24～36 | >6 | >7 | 24～36 | 36～48 | 12～13 | 9 |
| 体成熟 | 24～36 | 12～15 | 9～12 | 36～48 | 60～72 | | |

**2. 影响初情期的因素**　　动物出现初情期的时间主要受遗传因素的影响。一般来说，小型品种早于大型品种，杂交后代早于纯种，乳用品种早于肉用品种，我国的地方猪早于欧洲猪。季节性繁殖动物达到初情期的月龄与其出生时间有关。以北半球为例，在晚秋或者冬季受胎出生的绵羊，与秋季早期受胎出生的绵羊比较，达到初情期的月龄可能更早。体重对初情期的影响比年龄更大，同一种动物增重越快初情期的到来也相对早一些。因此适度地提高个体营养水平会使初情期提前，反之营养水平低下可使初情期推迟。温度也可以影响动物的初情期，生活在热带的动物初情期较生活在温带和寒带的动物提前。此外，公畜出现初情期的年龄一般比母畜晚。

（三）最适繁殖期

进入初情期的公畜经过数月后，精液品质显著提高，并逐渐进入最适繁殖期。睾丸产生精子的能力和精液品质随年龄增长而下降，公犬到8周岁后性欲和精液品质显著下降，胚胎死亡数和返情率增加。作为种用公畜，可供繁殖期一般猪5年、马15年、牛10年、绵羊8年、山羊6年、驼12年、兔4～5年、鸡2～3年。由于公畜大多在完全丧失生殖能力之前被淘汰，因此对各种公畜最高使用年限的研究不多。

## 二、公畜生殖功能的调节

公畜生殖功能具有自身的特点，没有明显周期性，容易受母畜刺激和环境条件影响。在一定时间内，公畜的交配有次数限制，因此在繁殖季节内，群体中公母比例问题非常重要。公畜的生殖功能主要依赖于性腺与丘脑下部、垂体之间的相互调节，以及睾丸内部各种类型细胞所产生的局部调节因子通过邻分泌和自分泌等形式的协调作用。

（一）全身调控：丘脑下部-垂体-性腺轴

**1. 丘脑下部释放激素对垂体前叶的内分泌调节**　公畜的丘脑下部在胎儿期即因为雄激素的作用而破坏了周期中枢，只保留了紧张中枢。在丘脑下部的促垂体区中具有肽能和单胺能两类神经元。在光照、温度、性刺激、应激等外界环境变化的刺激，以及垂体、性腺的反馈调节下，肽能神经元可以分泌GnRH，通过垂体门脉循环到达垂体前叶调节垂体促性腺激素的分泌；单胺能神经元可以释放神经递质调节肽能神经元的分泌，如多巴胺可以调节GnRH的释放，并能刺激催乳素释放抑制因子的分泌。垂体前叶在GnRH刺激下分泌LH和FSH；LH和FSH可以通过负反馈抑制GnRH的分泌。

**2. 垂体促性腺激素对性腺激素分泌的调节**　在垂体前叶分泌的多种激素中，主要是LH、FSH和PRL直接调节睾丸激素的分泌。LH作用于间质细胞，促进雄激素和多种局部调节因子的合成和分泌；FSH主要作用于支持细胞，诱导雌激素的芳香化，刺激雄激素结合蛋白和多种生精过程所必需的物质的合成；PRL对LH刺激雄激素的合成和分泌具有协同作用。

睾酮可以反馈抑制LH的分泌，其作用部位既包括垂体，也包括丘脑下部，但主要可能是后者。睾酮对丘脑下部的抑制作用可能是睾酮在丘脑下部转变为雌激素后作用的结果。睾丸分泌的抑制素选择性地抑制垂体FSH的分泌。

（二）局部调控：睾丸内不同类型细胞间的相互调节

FSH、LH和睾酮是调节公畜生殖功能的主要激素，研究人员陆续在性腺中发现和提纯了一些局部调节因子，如表皮生长因子（EGF）、胰岛素样生长因子（IGF）、碱性成纤维细胞生长因子（BFGF）等。这些因子产生于睾丸内不同类型的细胞，它们通过邻分泌和自分泌调节作用影响相邻细胞和自身细胞的分化与增殖，也影响蛋白质和类固醇的合成及酶的活性。垂体促性腺激素对睾丸功能的调控，在很大程度上是通过影响这些局部调节因子的邻分泌和自分泌作用实现的。

（三）精子生成的调控

影响精子发生的主要激素是垂体分泌的FSH和LH及睾丸间质细胞产生的睾酮，正常的精子发生有赖于这三者的相互配合协调，其作用机制如下。

FSH 与支持细胞上 FSH 受体结合，刺激产生 cAMP，激活蛋白激酶，促进雄激素结合蛋白（ABP）的合成。LH 与间质细胞上 LH 受体结合，促进睾酮的分泌。一部分睾酮经主动运输或扩散进入曲细精管；大部分经血流或淋巴循环到达全身靶细胞。睾酮在支持细胞中可转变为二氢睾酮（DHT），并与 ABP 结合生成 ABP-睾酮和 ABP-二氢睾酮。ABP 将睾酮带至生殖细胞并与睾酮解离，高浓度的睾酮促进精子发生；另一部分睾酮与 ABP 的复合物可以进入曲细精管腔并进入附睾，以保证精子细胞完成形态变化过程，并逐渐成熟。解离的 ABP 可以重新与睾酮结合；ABP 与睾酮的复合物还可以促进 ABP 的生成。因此，FSH 只起一种始动作用，生精功能启动后单独由雄激素就可以维持。FSH 还可以诱导支持细胞将睾酮转变为雌激素，雌激素在调节曲细精管的成熟和发育上具有重要作用。总之，垂体促性腺激素和睾丸类固醇激素均需要直接或间接作用于支持细胞，通过调整支持细胞的功能，创造适合于精子发生的微环境。

（四）生殖功能的季节性变化

野生哺乳动物的性活动几乎都表现季节性变化，动物在哪一个季节繁殖，主要取决于其妊娠期的长短。一般妊娠期在 10 个月以上的动物在春、夏季发情配种，妊娠期在 5 个月左右的动物在秋、冬季交配，以保证出生后的幼仔有丰富的食物和适宜的温度。在家养的公畜中，马、绵羊、山羊、骆驼性活动的季节性变化较明显，牛、猪和兔的季节变化不明显，终年可以配种繁殖。

在各种随季节变化的外界因素中，对家畜性活动影响最大的是光照的改变。光照的周期性变化对丘脑下部-垂体-性腺轴有直接作用。日照增长可以刺激马属动物和少数其他哺乳动物促性腺激素的分泌，诱导繁殖季节的出现，因此这类动物又称为"长日照动物"；而对羊和鹿等大多数哺乳动物则需要减少日照才能达到上述效果，它们则被称为"短日照动物"。光照的周期性变化还可以改变中枢神经系统对类固醇负反馈作用的敏感性。对于公绵羊来说，随着光照的逐日缩短，这种敏感性减弱，促性腺激素和性腺激素的分泌增加，精子生成功能增强，睾丸重量增加。使用人工控制光照逐渐缩短光照时间，可以使绵羊和山羊的配种季节提前。光周期变化还可以通过调节褪黑素、甲状腺素和催乳素（PRL）的分泌影响公畜的性活动。

长时间过高的环境温度可以降低许多动物睾丸的生精和内分泌功能。例如，在炎热的夏季，公长毛兔睾丸缩小，精液品质下降，性欲减退，停止与母兔交配或交配后受胎率下降，胚胎死亡率增高，称为"夏季不育"。在夏季，对公猪和公牛也应采取遮阳、通风、泼洒凉水等措施，以防止高温对生殖功能的不利影响。也有实践证明，通过改变生存环境温度，也可以将季节性繁殖的动物为全年繁殖动物。

## 三、公畜性活动的年龄

在生后初期，公畜无性活动表现。随着初情期到来，逐渐表现爬跨和求偶行为。到达性成熟后性功能旺盛，年老时逐渐衰退、停止。公畜初情期、性成熟及开始配种的年龄和母畜基本相同。为了避免妨碍公畜的健康并保证仔畜的质量，公畜的初配年龄可较母畜稍迟，且初配时配种负担不要过重。公畜初情期及性成熟开始的时间可因品种不同而异。外界环境条件也能通过对丘脑下部及垂体的作用而起一定的影响。公畜的初配年龄即繁殖适龄期，与母畜基本一致。公畜性功能衰退或停止的老龄期为：牛 12～15 岁，羊 5～7 岁，猪 6～10 岁，猫约 8 岁，马 18～25 岁。

# 第二节 公畜的性行为

公畜发育到初情期后，在生殖激素和神经机制的共同作用下，对异性产生兴趣，并以一定的行为表现出来。性行为的本质是非条件反射，但是公畜在后天可根据繁殖经历对母畜形成条件反射。从狭义上说，公畜的性行为主要是指一系列顺序发生的交配行为。这些性行为的反射活动在不同家畜虽然可能有不同的表现方式，但其出现的顺序大体上形成一个行为链：性兴奋→求偶→阴茎勃起→爬跨→插入→射精→爬下和不应期。从广义上讲，公畜的性行为不仅包括交配行为，还包括与求偶活动有关的其他行为，如胁迫行为、挑逗行为、领地行为、寻找和看守母畜的照管行为等。在自然状态下，公畜正常的性行为是使母畜受精、妊娠和物种繁衍的保证。

## 一、公畜在交配活动中的性行为链

### （一）性兴奋

性兴奋（sexual excitation）也叫作性激动（sexual drive）或性欲（libido）。公畜表现出一种兴奋、焦急的状态，试图接近发情的母畜。马和驴常高声嘶鸣，公羊频繁开闭嘴唇发出劈啪声，公猪口吐白沫且喉部发出咕噜声。被拴住的牛、马、驴等公畜常用前肢刨地，欲挣脱缰绳。被关在圈内的公羊和公猪常顶撞圈门，公猪经常跳墙出逃寻找配偶。进入繁殖季节后的公驼经常处于极度性兴奋状态。公畜在性兴奋时行为不易控制，可能伤人或造成自体受伤，应引起配种人员和饲养人员的重视。

### （二）求偶

求偶（courtship）也叫作诱情，公畜常表现多种形式的求偶行为。最经常的形式是嗅舔母畜。除猪以外，有蹄动物常表现出典型的性嗅反射（olfactory reflex），即公畜伸展头颈、收缩鼻翼、上唇上卷、嗅母畜的尿液和会阴。此时母畜也可能舔嗅公畜的后躯和阴囊，相互的嗅闻使两者呈现环旋运动。性嗅反射使异性的特殊气味容易进入犁鼻器（vomeronasal organ），犁鼻器是两条接受性气味的管道，位于鼻纵隔下缘两侧，其前端开口于硬腭前端中线两旁。公畜嗅舔母畜的行为说明通过嗅觉传递化学信息对诱导动物性行为的重要性。

求偶行为的另一种表现是触推行为。公畜常用前肢、肩或前躯触推母畜，触推的部位常为母畜的后躯或颈部。公猪可用鼻拱母猪的腹胁部。绵羊和山羊甚至顶撞母羊的后躯，并可能出现前肢刨地、低吼等行为。公马常啃咬母马的颈部、后躯和跗关节，使母马向前运动。公驼用颈部压迫母驼颈部或用体侧掀抗母驼，迫使母驼卧地接受交配。对于公畜的触推行为，发情母畜一般呈现站立反射，做出接受交配的姿势。母山羊和绵羊还表现出头向后转，母猪则出现耸耳，母马闪露阴蒂。公畜在出现求偶行为时，通常还表现出尾根抽动，排出少量尿液。公牛甚至还可排出少量粪便。一般的公畜在出现求偶行为时均表现出试图爬跨的行为。公犬遇到母犬会发出叫声，以吸引对方注意，接近以后也会闻嗅母犬会阴部。公猫看到母猫时，或者嗅到发情母猫味道以后，会快速接近并发出声音信号。

### （三）勃起

勃起（erection）是指公畜阴茎充血、体积膨大伸出包皮腔，硬度及弹性增加，敏感性增强的一个生理过程。勃起反射是公畜性交的先决条件。在正常情况下，公畜阴茎的勃起一般需要有发情母畜在场，通过嗅觉、触觉、视觉和听觉等方面的刺激，引起中枢神经系统发出冲动。由于各种家畜阴茎解剖学结构有差异，其勃起的状态也有所不同。马的阴茎属于肌肉型，富含海绵体组织，勃起的阴茎比软缩时不但坚硬得多，而且体积明显增大。但公马阴茎勃起过程较慢，甚至在出现 1～2 次爬跨行为后才能充分勃起。因此，公、母马间的相互嗅舐和触推等诱情行为，对阴茎的充分勃起有着重要的作用。阴茎插入阴道后，龟头才充分勃起而呈蕈状。公驴的龟头比公马的大，龟头勃起推迟的原因是它的血液仅由包皮内层的动脉供给。龟头的充分勃起使龟头感受各种刺激从而引起射精，并对阻止精液外流具有重要作用。牛、羊、猪的阴茎属纤维伸缩型，比马的细得多，勃起时仅稍增粗，阴茎变硬后 "S" 状弯曲消失变直，长度增加。牛、羊阴茎勃起的过程较马快，勃起前诱情时间较马短。猪的阴茎勃起时前端呈明显的螺旋状。公犬阴茎呈两期勃起，开始时动脉扩张，阴茎海绵组织充血，阴茎部分勃起，由于公犬阴茎具有阴茎骨，爬跨后阴茎可以插入阴道；阴茎根部肌肉和母犬阴门括约肌收缩，压迫阴茎背侧静脉，使阴茎龟头球和阴茎头延长部的弹性组织充血膨大，而在阴道内形成锁结状态。因此，公、母犬交配成功后，外生殖器呈锁链状态，身体不能马上分开。公猫阴茎勃起后由指向后下方变为指向前下方，与水平面呈 20°～30°角。阴茎勃起时尿道外口常滴出稀薄透明的液体，这主要是尿道球腺的分泌物。

（四）爬跨

公畜爬跨（mounting）时由后向前将前躯跨在母畜背上，以其前肢夹住母畜体躯，紧紧抱住母畜，并将其下颌靠在母畜背上或颈部，马、驴有时还啃咬母畜的颈部。有些公猪和公马在交配前反复爬跨数次，公牛和公羊一般爬跨一次即完成交配。发情母畜对公畜爬跨行为表现出站立反应，即安静地接受公畜爬跨。骆驼交配时母驼卧下，公驼由其后方将两前肢跨到母驼腹部两侧，至胸垫到达母驼后峰时站住，后肢踏步数次后坐下，然后阴茎勃起插入阴门。犬爬到母犬后躯，双腿朝前一挺，顺势将阴茎送入阴门。猫会用嘴叼住母猫颈部，后躯压于母猫身上，母猫尾巴偏于一侧，公猫脚踏母猫尾巴，收回后躯将阴茎插入。

（五）插入

公畜爬跨时依靠腹肌特别是腹直肌的收缩，使公畜的阴茎正对母畜的阴门并插入（intromission）。牛和羊一般只是臀部做一次急剧的前冲即可完成射精，时间持续仅数秒钟。马和猪阴茎需要在阴道内前后抽动，持续时间马为数十秒到几分钟，公猪一般需要几分钟至 20min。公犬阴茎在母犬阴道内被锁结后，公犬骨盆部快速推动，阴茎停止抽动后射出精液。然后公犬爬下，转身，公、母犬尾对尾相连，阴茎弯折 180°，保持锁结状态达 5～30min，待阴茎充血和勃起状态消失后，方可将阴茎从阴道中抽出。公猫阴茎插入阴道后很快射精，但在阴茎抽出时可能由于阴茎角质化突起对阴道的刺激，母猫常发生尖叫。阴茎在阴道内感受的主要刺激是温度、压力和润滑度。牛、羊主要对阴道内的温度敏感；马对阴道内的压力、温度和润滑度均要求适宜；公猪阴茎头一般插入子宫颈，对压力的感觉敏感，甚至在没有适宜热刺激的情况下也可以引起射精。

（六）射精

当阴茎感受到适当的温度和压力、经过一段时间的摩擦后，阴茎头上神经感受器将兴奋经阴部传入中枢，引起高级射精中枢兴奋；待兴奋加强到一定程度时，冲动回传至脊髓射精中枢，并进一步经交感和副交感、阴部和盆神经等协同作用，引起附睾尾、输精管、前列腺、精囊腺、尿道球腺和尿道平滑肌的收缩及坐骨海绵体肌、球海绵体肌和骨盆一些横纹肌的节律性收缩，将精子及副性腺的分泌物（精清）射出，称为射精（ejaculation）。如果母畜不安，使插入的阴茎滑出，或公畜阴茎尚未插入阴道，因性兴奋亢进而将精液排出体外，称为无效射精。正常的射精活动包括三个生理过程：泄精，即将前列腺液、精囊腺液和精子排入后尿道；射精，后尿道的精液达到一定量后，经尿道外口射出体外；尿道内口闭合，射精的同时，膀胱内括约肌关闭，外括约肌放松，以防止精液逆流至膀胱。

牛、羊精液射在子宫颈外口附近，称为阴道射精型动物；猪和马主要射入子宫内，也称为子宫射精型动物。公羊和公牛射精时间十分短促，射精时发生强烈而全面的肌肉收缩，臀部向前一冲即完成。公马射精时较安静，前腿伸直，头下垂，会阴及肛门发生节律性收缩，尾根也出现节律性回缩，臀部轻微抽动。在公马射精过程中包括 5～10 次喷射，各次喷射精子数和精液量按 50% 递减，前 3 次喷射包括总射精精子数和精液量的 70%～80%，较后的喷射伴随着勃起的衰退和阴茎从阴道中缩回，少量的精液可能射入阴道内。公猪射精时更为安静，仅阴囊可见轻微的节律性收缩。猫的射精量约 0.5ml 左右，犬为 2～15ml。骆驼射精量一般在 7ml 以上，最高可达 28ml。牛射精量为 5～8ml，羊射精量为 1ml，射出精液已经充分混合，精子密度很高。马的射精量为 60～100ml。公猪射精量为 150～250ml，射出精液可分为三部分先后排出，第一部分稀薄透明，不含或含少量精子；第二部分呈乳白色、浑浊，内含密度很高的精子和输精管壶腹、前列腺的分泌物；第三部分清亮，内含冻胶样分泌物和少量精子。

（七）爬下和不应期

射精后公畜很快从母畜背上爬下（dismount），阴茎立即缩回包皮腔内，但公犬爬下时仅射完第二部分精液，阴茎仍在阴道呈锁结状态。马阴茎从阴道中抽出后还可能排出仅含少量精子的尾滴。绵羊爬下后伸展头和颈，山羊常舔其阴茎。大多数公畜在交配后短时间内无性活动表现，称为不应期（refractoriness）。不应期的持续时间变化很大，除了物种和品种的差异外，一般随着交配次数的增多，不应期持续时间增长。不应期持续时间的长短还与环境刺激有关。总的来说，公牛和公绵羊的不应期较公马和公猪的短。有记录记载一头公牛在 24h 内交配超过 80 次，在 6h 内超过 60 次。长期未进行性交的公绵羊，第一天交配可达 50 次，以后大大减少。公马和公猪达到性衰竭的射精次数也较公牛和公羊少。公猫在第一次交配后几分钟至 1h 可出现第二次交配。交配时公猫阴茎角质化突起对母猫阴道的强烈刺激是引起 LH 大量释放和诱导排卵的重要原因。交配 1 次的母猫仅有 1/12～1/4 排卵，如果连续交配 3 次，4/5 的母猫可以排卵。

## 二、公畜性行为机制及影响因素

（一）公畜性行为机制

公畜性行为机制十分复杂，就目前的研究结果看，性行为主要受神经和内分泌系统的调节，嗅觉、触觉、视觉和听觉器官等感觉器官是传递性信息的主要器官。

**1. 感觉器官对诱发性行为的作用** 以交配为中心的性行为，其发生可以分为三个主要阶段：公畜和母畜的相互寻求、公畜对母畜生理状态的辨认和公畜出现爬跨反应。

雌雄两性的相互寻求依靠的是嗅觉、视觉和听觉等感觉器官，其中起主要作用的是视觉。在放牧条件下，公畜不断地通过嗅阴门和后躯搜索发情母畜。有经验的公畜可以发现处于发情期，甚至发情前的母畜，并与之交配。但也可能积极地追随一头不发情的母畜，而对一头发情母畜视而不见。一般来说，公畜需要与母畜接触后根据母畜是否出现站立反应才能确实鉴别发情母畜。母畜在发情期间活动性增强，强烈地吸引公畜并引起公畜主动接近。公畜释放的外激素是公畜吸引母畜的主要刺激物，公猫尿液中含有的外激素可以诱导母猫发情，还具有标示公猫领地的作用。发情的母绵羊也释放对公绵羊有吸引力的外激素，从而使公绵羊可以在一定程度上选择发情母绵羊。发情期母猫分泌的外激素可能是一种戊酸，除能吸引公猫外，还能诱导其他母猫发情。

公畜和母畜的接触、公畜的触推反应和爬跨尝试使发情的母畜出现站立反应，并呈现出接受交配的姿势。对于母猪来说，公猪包皮分泌物的气味和求偶的哼叫声可以使部分发情母猪出现站立反应，但其作用不如公、母猪直接接触有效。

一般来说，出现交配姿势的母畜会立即被公畜爬跨，这一反应似乎主要是由触觉和视觉引发，一头受约束的母畜即使不在发情期也会被有性经验的公牛或公羊爬跨；如果把发情和不发情的母绵羊拴在一起，公绵羊会无选择地与之交配。就爬跨而言，母畜的静止和外表对公畜的刺激是主要的，发情母畜的其他信息可能是次要的，但却能增进公畜的性反应。大部分公畜可以爬跨假台畜并进行射精的事实也证明了这一推论。

**2. 性行为的神经机制**　　各种经过感觉器官传递的刺激主要到达大脑，经过中枢神经系统综合，兴奋不同的性中枢，使动物表现不同的性行为。勃起和射精主要受副交感神经影响，中枢位于荐部脊髓内。因此，影响自主神经系统的药物可以用来改变射精过程；而对荐神经进行电刺激可以引起勃起和射精，这一现象已经在电刺激采精上得到应用。

**3. 性行为的内分泌机制**　　调节性行为的内分泌因素主要是性腺类固醇激素的作用。类固醇激素作为调节性行为的重要因子，是与丘脑下部相应激素受体结合发挥作用的，其作用主要是对性行为的启动效应和调节垂体促性腺激素的分泌。雌性动物性激素的分泌存在着明显的周期性变化和季节性变化，发情和接受交配的行为仅局限于发情期的数小时至数天。雄性动物一般常年都可能具有交配行为，每天激素水平虽然也有一定的节律性变化，但激素分泌的总量是基本一致的；即使表现出一定季节性变化规律的动物，每日之间激素水平的变化也不很明显。公畜性行为与性激素的相关性不如母畜明显，雌雄两性间行为链的开始是由母畜启动的。

公畜性腺主要产生雄激素，但公马和公猪也产生大量的雌激素。睾酮对中枢神经系统性中枢的作用有赖于芳香化酶将睾酮转变为雌激素，外周组织和器官中的睾酮也需要在 5α-还原酶的作用下转变为二氢睾酮（DHT）才能发挥生理效应。睾酮转化为雌激素和二氢睾酮是性行为充分表现的基础。去势对雄性动物性行为的影响存在着广泛的物种差异，也与去势时动物是否具有性经验有关。性行为的恢复需要使用大剂量的雄激素进行较长时间的处理。配合使用雌激素可以增强雄激素恢复性行为的效果。单独使用雌激素也可以使去势公绵羊的雄性活动基本恢复。

（二）影响公畜性行为的因素

公畜性行为的形式及强度主要受遗传、环境因素、营养、自身生理状况和交配经验的影响。家畜由于品种、品系或个体不同，其性行为及性欲反应有快慢、强弱的差异，乳用品种公畜比肉用品种公畜活泼，黄牛比水牛性欲反应更强烈。

外界环境的改变对公畜性行为的影响比对母畜明显。有些人工饲养的动物仍表现一定的领地属性，如笼养公兔和公猫只有在较长时间熟悉环境并在认为是其领地之后，才与雌性动物进行交配，因此可以把母兔和母猫送到公兔和公猫的饲养地进行交配。畜群中增加新的发情母畜、改换试情母畜或台畜、改变采精地点，可以刺激性反应迟缓的公畜的性欲，增强公畜的性行为。隔离圈养的公猪性活动下降，再将其圈养在母猪附近，4 周后性活动恢复正常。改善性刺激条件，采用适当的采精程序，可以使牛的精子产量从每周 80 亿～100 亿增加到 300 亿～400 亿。对公羊和公猪还可以通过假爬跨和限制其与台畜的接触等延长性准备时间的方法，来提高采精量和精子的质量。在进行自由交配的放牧畜群中，公畜过多时可出现"等级统治"现象，即壮年强健的优势公畜将与大部分母畜交配，并限制较弱公畜的性活动，而在每一个马的母系群中只有一匹居支配地位的公马。但是这些优势公畜并不总是繁殖力最好的公畜，如果优势公畜中有不育或遗传性能差的个体，则可能降低全群的繁殖率。因此，畜群中应该配备年龄相当、数量适当的公畜，并对公畜经常性地进行精液品质检查。

营养水平对性行为也有影响，瘦弱的公畜和因疾病造成肉体痛苦的公畜，其性行为严重减退。性经验对公畜的交配行为有明显的影响，初情期公畜第一次交配时通常动作笨拙，显露阴茎较慢，屡经爬跨才能交配成功，且射精量少。随着性经验的增多，公畜寻找和识别发情母畜的效率得到改进，逐渐达到正常交配水平。去势对公畜性行为的影响在很大程度上取决于去势时公畜所处的状态，一般来说，在初情期前去势的动物很少再出现爬跨等交配行为；但在初情期后去势，在一定时间内公畜可维持爬跨、勃起、插入甚至射精等行为。

（三）异常性行为

常见的异常性行为有同性性欲（homosexuality）、性欲亢进（hypersexuality）、性欲减退（hyposexuality）和自淫（autoerotism）。这些异常的性行为可能是遗传因素、内分泌或神经系统失调或管理错误所致。一般情况下，圈养的动物较野生动物更容易出现异常性行为。

同性性欲是指公畜间，特别是在初情期年轻公畜同圈时相互之间的性行为。自幼在同一性别群中饲养的公畜中还可能出现性欲受损伤的个体。同性性欲个体在接触母畜后可以转变为异性性欲者。性欲亢进是指公畜表现持续而强烈的性兴奋，过于频繁地进行交配，甚至一些形状和大小与母畜相似的物体、静立不发情母畜和公畜都可诱发其性冲动。性欲减退可见于多种生殖疾病，表现为长期性欲缺乏、勃起缓慢、不爬跨，或虽有勃起但不射精。自淫行为常见于公马和公牛，这些公畜的性反应可以自我激发，阴茎勃起后伸出包皮腔摩擦下腹部并出现射精。饲喂高蛋白饲料的公牛阴茎黏膜对触觉刺激更敏感，精子生成增加，容易出现自淫行为。猫也是性取向较复杂的动物之一，部分猫有同性恋行为。

# 第三节 公畜不育概述

公畜不育在临床上实际包含两个概念：一是指公畜完全不育，即公畜达到配种年龄后缺乏性交能力、无精子或精液品质不良，或者其精子不能使正常卵子受精；二是指公畜生育力低下，即各种疾病或缺陷使公畜生育力低于正常水平，不能繁育或者繁育效率低下。

## 一、公畜不育的病因及临床分类

（一）公畜不育的病因

公畜要具有正常的生育力有赖于以下几个方面的功能正常：精子生成能力、精子的受精能力、性欲和交配能力。但是要判别这些功能是否正常往往缺乏明确的标准，通常所进行的精液品质检查固然是衡量公畜生育力高低的重要指标，但是这些指标（如密度、活力、畸形精子百分率）与公畜生育力的关系并不是绝对的。例如，生育力正常公牛的精液应该使健康青年母牛配后 60～90d

的受胎率达到 60%～70%，但是配种受胎率的高低与配种母牛是否正常、配种是否适时、配种方法是否正确等因素有关。例如，不同授精员进行人工授精的受胎率通常都可能相差 10%～20%。

除了管理和技术上的原因之外，遗传的、营养性的、神经内分泌的、病理的、免疫方面的因素也都可以引起公畜不育。公畜不育的病因和临床表现见表 12-3。在不育和生育力低下的公畜中，除了某些遗传性缺陷难以治疗或不应治疗外，大多数获得性疾患在消除病因后，生育力在一定程度上可以得到改善。

表 12-3　公畜不育的病因和临床表现

| | 病因 | 临床表现 |
|---|---|---|
| 先天性 | 染色体异常 | 曲细精管发育不全、染色体异位、两性畸形、无精或精子形态异常、性功能紊乱 |
| | 发育不全 | 睾丸发育不全、沃尔夫管节段性形成不全、隐睾 |
| 获得性 | 饲养管理及繁殖技术不当 | 饥饿、过肥、拥挤；使役过度、配种困难、配种操作不当 |
| | 神经内分泌失衡 | 生殖器官、细胞和内分泌腺肿瘤，精子生成障碍，激素分泌失调 |
| | 疾病性因素 | 普通病、传染病（特别是布鲁氏菌病、传染性化脓性阴茎头包皮炎、马媾疫、胎毛滴虫病等性疾病）、全身性疾病、性器官疾病 |
| | 免疫学因素 | 精子凝集、精子肉芽肿 |
| | 性功能障碍 | 勃起及射精障碍、阳痿 |

## （二）公畜不育的临床分类

造成公畜不育的原因很多，而且一种疾病往往可能是多种因素共同作用的结果，因此在临床上表现出错综复杂的症状。为了便于从临床角度讨论各种不育疾病的诊断及处理方法，以下按疾病的主要发生部位对常见的公畜生殖疾病进行分类（表 12-4）。

表 12-4　常见的公畜生殖疾病

| 主要发生部位 | 疾病名称 | 主要患病家畜 |
|---|---|---|
| 睾丸 | 睾丸炎（orchitis） | 各种家畜 |
| | 睾丸变性（testis denaturation） | 各种家畜 |
| | 睾丸发育不全（testicular hypoplasia） | 牛、羊、猪 |
| | 隐睾（cryptorchidism） | 猪、马、山羊 |
| | 睾丸肿瘤（testicular tumor） | 犬、马、牛 |
| | 睾丸扭转（testicular torsion） | 马、犬、猫 |
| 附睾 | 附睾炎（epididymitis） | 绵羊、山羊 |
| | 精液滞留和精子肉芽肿（spermiostasis and sperm granuloma） | 牛、猪、羊、犬 |
| 精索和输精管 | 精索静脉曲张（varicocele） | 羊 |
| | 沃尔夫管节段性形成不全（segmental aplasia of the Wolffian ducts） | 牛、猪、山羊 |
| 副性腺 | 精囊腺炎综合征（seminal vesiculitis syndrome） | 牛 |
| | 前列腺疾病（disease of prostate） | 犬 |

续表

| 主要发生部位 | 疾病名称 | 主要患病家畜 |
| --- | --- | --- |
| 阴囊 | 阴囊创伤（scrotal trauma） | 各种家畜 |
| | 阴囊疝（scrotal hernia） | 猪、马、牛、犬 |
| | 阴囊水肿（scrotal edema） | 马、犬 |
| | 阴囊皮炎（scrotal dermatitis） | 牛、羊、马、犬 |
| 阴茎和包皮 | 阴茎和包皮损伤（penis and preputial trauma） | 各种家畜 |
| | 阴茎偏斜（penis deviation） | 牛 |
| | 阴茎麻痹（penes paralysis） | 马、猪、牛 |
| | 包茎和嵌顿包茎（phimosis and paraphimosis） | 马、牛 |
| | 阴茎畸形（penile malformation） | 各种家畜 |
| | 阴茎肿瘤（penile neoplasm） | 马、牛 |
| | 包皮脱垂（preputial prolapse） | 牛、猪 |
| | 憩室溃疡（ulcer of the preputial diverticulum） | 猪 |
| | 阴茎头包皮炎（balanoposthitis） | 羊、牛 |
| | 尿石病（urolithiasis） | 牛、羊 |
| | 马交媾疹（equine coital exanthema） | 马 |
| | 马媾疫（dourine） | 马 |
| | 胎毛滴虫病（trichomonaiasis） | 牛 |
| 功能性疾病 | 精子异常（dysspermia） | 各种家畜 |
| | 血精（hemospermia） | 马、牛、猪 |
| | 阳痿（impotency） | 马 |
| | 不能射精（inability to ejaculate） | 马 |
| | 性欲缺乏（lack of libido） | 各种家畜 |

## 二、公畜不育的检查方法

导致公畜不育和生育力低下的疾病有很多，有的容易检查出来，如由于生殖系统功能损伤和外生殖器损伤所引起的生精障碍、不能交配或不能正常射精。但是一些不表现明显外部症状或呈慢性经过的生殖系统疾病在临床上，特别是在发病初期往往被忽略，以致这些疾病对生育力所造成的影响很难及时得到克服和矫正。检查公畜生殖系统疾病可参照下列程序进行。

（一）临床检查（clinical examination）

**1. 询问病史及查阅配种记录**　　除了询问品种、年龄、环境、营养和运动状况之外，应特别注意了解公畜的病史、配种记录、采精记录、精液质量和与配母畜的受孕史。

**2. 一般体况检查**　　注意检查公畜的体型、遗传缺陷、体况评分、运动能力、被毛亮度和是否有其他全身性疾病。

**3. 生殖器官检查**

（1）外部生殖器官检查　　观察阴茎、包皮、阴囊和睾丸的外形，有无先天性异常和损伤，重点对可疑器官进行认真检查。

观察包皮口的大小，是否有分泌物排出；包皮腔内有无异物或积液；包皮是否损伤，是否表现肿胀、脱垂或外翻。阴茎检查注意有无破损、肿胀、流血或血肿、肿瘤；阴茎与包皮间有无粘连；阴茎是否脱垂或形成阴茎嵌顿。除已发生阴茎或包皮脱垂的病例，如需使阴茎易于从包皮腔内拉出，可按摩包皮区、进行阴部神经封闭或使用镇静剂。往包皮腔内充入空气或氧气，可检查包皮腔的大小和是否发生粘连。

比较两侧阴囊的充盈度、对称性及悬垂的程度；检查睾丸和附睾的大小和坚实度，有无囊肿和硬结；阴囊皮肤有无破溃、肿胀、热度和痛感；阴囊内有无多量液体和异物；阴囊皮肤有无皮炎、皮肤结核，与睾丸鞘膜是否粘连；检查精索的粗细，能否触摸到血管扩张和盘曲的蔓状静脉丛。另外，应触摸腹股沟管的外口大小和深浅，淋巴结是否肿大；对阴囊内既无睾丸，又无去势瘢痕的公畜，应注意检查睾丸是否位于腹股沟或腹腔。

每日精子生成与睾丸重量高度相关，而公牛沿阴囊最宽处所量得的周径与睾丸重量和精子生成高度相关。因此，测量阴囊周长可以相当准确地判断不满 3 岁的小公牛的生精能力，并可作为评价小公牛生育力的一项重要指标，在临床上对判断公牛睾丸先天性发育不全或睾丸变性具有重要的参考价值。测量公羊和公猪阴囊周长对估计其睾丸生精能力也具有实际意义。

（2）内部生殖器官检查　　主要通过直肠检查两侧副性腺的对称性和有无炎性肿大，以及腹股沟管内环是否有粘连或已形成腹股沟疝。

**4. 观察公畜的性欲及交配能力**

（1）反应时间测定　　测定从公畜感觉到发情母畜的存在或接触到发情母畜开始到阴茎充分勃起完成交配为止所需的时间。

（2）性欲指数测定　　根据单位时间内完成一系列性行为的次数和时间评分，计算时对不同指标给予不同的系数加权。计算出的性欲指数能比较客观地反映公畜性欲的强弱。

（3）配种能力测定　　测定公畜在单位时间内能够完成交配的次数。在用发情母畜逗引时，应同时观察阴茎是否勃起及勃起的程度，伸出的长短和方向，是否出现螺旋形扭转或向下偏转，阴茎上是否有损伤或肿瘤。如不见阴茎伸出，应触摸包皮内是否有勃起的阴茎，以区别阳痿、包茎和阴茎粘连等病例。

（二）实验室检查（laboratory examination）

**1. 精液检查**　　精液检查能快速准确地直接反映精子生成和运输中的情况，至今仍然是衡量公畜生育力的一个重要而简便的方法。对性欲和交配能力正常而生育力低下的公畜，进行精液检查具有特别重要的意义。

被检查公畜在进行检查之前应休息 1 周，被检精液应连续采集 3 份，间隔 1 个月还应再检查两次。这样才能比较全面地分析陈旧精液和新鲜精液的情况及公畜的生精能力。

**2. 包皮鞘内容物检查**　　怀疑为传染性生殖道疾病的病例，应对包皮鞘内容物进行检查。常用的采集包皮鞘内容物的方法有三种：用消毒棉签擦拭、插入毛细吸管采集和进行冲洗。常用的冲洗液为生理盐水和磷酸盐缓冲液（pH 7.2）。冲洗后将回收的冲洗液低速离心，做细菌和病毒检查时使用上清液；检查胎毛滴虫时，应除去上清液，轻轻振动离心管，用上层悬浮液镜检或培养。

**3. 生殖内分泌功能测定**

（1）丘脑下部-垂体功能测定

1）促性腺激素水平测定。性腺功能低下的公畜，如果其 FSH 和 LH 水平增高，说明公畜属于原发性性腺功能不足；如果 FSH 和 LH 水平也很低，则说明公畜可能属于继发性性腺功能不足。FSH 浓度增高，可能说明支持细胞受损，抑制素分泌不足。在这种情况下，支持细胞 ABP 的合成受到影响，血睾屏障也可能遭到严重的，甚至是不可逆转的损伤。

2）GnRH 刺激试验。注射 GnRH 后如果 FSH 和 LH 浓度显著升高，说明垂体功能基本完好；如果注射 GnRH 后 FSH 和 LH 无明显变化，则表示垂体功能低下。

3）枸橼酸氯米芬刺激试验。枸橼酸氯米芬是一种抗雌激素药物，它可以与丘脑下部雌二醇受体结合。在正常情况下，睾酮在丘脑下部可能转变为雌二醇而对丘脑下部 GnRH 的分泌产生抑制作用（负反馈），当枸橼酸氯米芬占据丘脑下部雌二醇受体后，类固醇激素对丘脑下部的负反馈作用降低，引起分泌增强。如果口服枸橼酸氯米芬后促性腺激素和睾酮都不升高，则应考虑性腺功能低下是由丘脑下部病变所致。

（2）睾丸内分泌功能测定　　直接测定样品中睾酮的含量或是注射 LH 和 hCG 后检查睾酮水平的变化可以了解睾丸间质细胞的功能。性腺功能过高可见于睾丸间质细胞瘤；性腺功能过低（原发性）可见于曲细精管发育不全、重度睾丸炎、隐睾、辐射后遗症等。有的临床表现为性腺功能低下的公畜，其体内睾酮、雌激素、FSH 和 LH 可能均高于正常，其原因可能是：靶细胞缺乏 5α-还原酶，睾酮不能被转变为二氢睾酮（DHT）；雄激素受体异常；受体后雄激素作用阶段出现异常。上述情况导致的不育称为雄激素不反应症。

**4. 睾丸活组织检查**　　进行睾丸活组织检查可以直接了解睾丸损伤程度，并据此推测生精障碍和内分泌紊乱的程度，适用于对各种生精功能低下、睾丸发育不全和睾丸变性等进行诊断。怀疑睾丸组织局部变性的病例，为了了解整个睾丸的生精功能，有必要多点采样。此法可能对公畜睾丸造成一定的损伤而不易被畜主所接受。

**5. 染色体检查**　　通过对培养的淋巴细胞、睾丸活组织细胞或口腔颊部细胞涂片进行染色体检查，可以揭示某些因染色体数量和组型变化导致的不育。

# 第四节　公畜生殖系统疾病

## 一、睾丸及附睾疾病

（一）睾丸炎

睾丸炎（testitis）是指由损伤和感染引起的各种急性和慢性睾丸炎的总称，猪、马、牛、羊、驴、犬和猫各种动物均可发生。

**1. 病因及病原**

（1）由损伤引起感染　　常见损伤为打击、啃咬、踢蹴、尖锐硬物刺伤和撕裂伤等，继之由葡萄球菌、链球菌和化脓棒状杆菌等引起感染，多见于一侧。外伤引起的睾丸炎常并发睾丸周围炎。

（2）血源性感染　　某些全身性感染，如布鲁氏菌病、结核病、放线菌病、鼻疽、腺疫、沙门菌病、猪乙型脑炎等，以及衣原体、支原体和某些疱疹病毒都可以经血流引起睾丸感染。在布鲁氏菌病流行地区，布鲁氏菌感染可能是引发睾丸炎最主要的原因。

（3）炎症蔓延　　睾丸附近组织或鞘膜炎症蔓延；副性腺细菌感染沿输精管道蔓延均可引起睾丸炎症。附睾和睾丸紧密相连，常同时感染和互相继发感染。

**2. 症状**

（1）急性睾丸炎　　睾丸肿大、发热、疼痛；阴囊发亮；公畜站立时拱背、后肢撑开、步态强拘,拒绝爬跨;触诊睾丸紧张、鞘膜腔内有积液、精索变粗,有压痛。病情严重者体温升高、呼吸浅表、脉频、精神沉郁、食欲减少。并发化脓感染者,局部和全身症状加剧。在个别病例,脓液可沿鞘膜管上行入腹腔,引起弥漫性化脓性腹膜炎。

(2)慢性睾丸炎　　睾丸不表现明显热痛症状,睾丸组织纤维变性、弹性消失、硬化、变小,产生精子的能力逐渐降低或消失。

一些传染病继发的睾丸炎往往有特殊症状;结核性睾丸炎常波及附睾,呈无热无痛冷性脓肿;布鲁氏菌和沙门菌常引起睾丸和附睾高度肿大,最终引起坏死性化脓病变;鼻疽性睾丸炎常呈慢性经过,阴囊呈现慢性炎症、皮肤肥厚肿大,固着粘连。

**3. 病理变化**　　炎症引起的体温增加、局部组织温度增高、病原微生物释放的毒素和组织分解产物都可以造成生精上皮的直接损伤。睾丸肿大时,由于白膜缺乏弹性而产生高压,睾丸组织缺血而引起细胞变性。各种炎症损伤中,首先受影响的主要是生精上皮,其次是支持细胞,只有在严重急性炎症情况下睾丸间质细胞才受到损伤。单侧睾丸炎症引起的发热和压力增大也可以引起健侧睾丸组织变性,这在犬、猫临床十分常见,常做急诊处理。

**4. 治疗和预后**　　急性睾丸炎病畜应停止使用,安静休息;早期(24h 内)可冷敷,后期可温敷,加强血液循环使炎症渗出物消散;局部涂擦鱼石脂软膏、复方乙酸铅散;阴囊可用绷带吊起;全身使用抗生素药物;局部可在精索区注射盐酸普鲁卡因青霉素溶液(2%盐酸普鲁卡因20ml,青霉素 80 万 IU),隔日注射 1 次。

无种用价值者可去势;单侧睾丸感染而欲保留作种用者,可考虑尽早将患侧睾丸摘除;已形成脓肿摘除有困难者,可从阴囊底部切开排脓;由传染病引起的睾丸炎,应首先考虑治疗原发病。

睾丸炎的预后视炎症严重程度和病程长短而定。急性炎症病例由于高温和压力的影响可使生精上皮变性,长期炎症可使生精上皮的变性不可逆转,睾丸实质可能坏死、化脓。转为慢性经过者,睾丸常呈纤维变性、萎缩、硬化,生育力降低或丧失。

(二)睾丸变性

公畜原先具有正常生育力或发育正常的睾丸,其生精上皮和其他睾丸实质组织出现不同程度的变性、萎缩而使精液品质下降,造成暂时或永久性生育力低下和不育称为睾丸变性(testis denaturation)。本病是公牛、公猪和单峰驼不育的重要原因,特别在老龄公畜常见。

**1. 病因**

(1)睾丸局部温度过高　　正常情况下,睾丸温度由于受蔓状静脉丛中精索内动脉调节而不超过 35℃。温度增加 2℃,就可使原来缓慢流动的血流加速,使睾丸充血,耗氧量增加,大量代谢产物聚积而造成生精上皮损伤和其他组织变性。常见引起睾丸局部温度增高的因素有:睾丸和附睾炎症,约 75%的病例可导致睾丸变性;各种阴囊皮肤炎症;夏季曝晒、圈舍不通风,长期气温过高;长途运输或疾病时不适当地使用绝热材料制作的悬吊绷带;隐睾、阴囊过短和阴囊疝。

(2)睾丸和阴囊局部损伤　　睾丸和阴囊局部损伤导致血液循环和温度调节系统功能紊乱可引起睾丸变性,如外伤、阴囊皮肤结核、疥癣、昆虫叮咬、农药和杀虫剂刺激。

(3)代谢障碍和中毒　　长期营养不良,消化不良,蛋白质、能量及矿物质缺乏,特别是维生素 A 和维生素 E 缺乏;长期饲喂豆渣、酒糟、霉变饲料及其他有毒物质;使用四氯化碳驱虫;某些病毒感染(肠道病毒、口蹄疫病毒、蓝舌病病毒)及边缘红细胞孢子虫等严重感染。

(4)环境变化和内分泌障碍　　小公牛生活环境改变可导致睾丸变性;长期使用雄激素或雌

激素类药物，饲喂含雌激素的牧草，肾上腺皮质肥大，睾丸间质细胞瘤及甲状腺萎缩可导致内分泌紊乱而引起睾丸变性。

（5）辐射损伤 辐射对体内增殖快的细胞影响较大，所以明显地影响精子生成而对间质细胞合成睾酮的影响不大。辐射剂量不大时，生精能力可在 3～6 个月恢复；严重辐射损伤可使曲细精管变性而使生精能力丧失。

（6）自体免疫性因素 用自身睾丸组织或抗 LH 血清注射公牛和公羊，可实验性地引起睾丸变性和不育，说明自体免疫性因素也可能是睾丸变性的原因。

（7）原因不明的睾丸变性 即所谓"无损伤变性"，有人认为与遗传有关。

**2. 症状** 因炎症引起变性者具有睾丸炎症；出现非炎性损伤时，睾丸组织先变软，继之纤维化或钙化，睾丸组织变硬。完全变性者睾丸体积缩小一半或一半以上，呈圆球形或细长形。由于睾丸变性主要损伤生精上皮，间质细胞形态和功能基本完好，因此公畜的性欲和交配能力一般不受影响。有的山羊在睾丸变性前 3～4 年可能出现乳房增殖并泌乳。

**3. 诊断**

（1）临床检查和查阅病历 患病公畜一般都曾有过一段正常生育史。触诊睾丸变小、变硬，但性功能一般正常。除睾丸炎所致变性者外，应注意调查公畜是否有过热病史、特殊传染病、慢性病及饲养管理情况。

（2）精液检查 精液量一般正常，但精子浓度逐渐降低，精液呈乳清样或水样，精子活力差，畸形精子增加，特别是断头、头部及顶体畸形精子及中段卷曲畸形精子增加。一次精液检查不足以说明问题，应间隔 2 个月重新检查一次或多次，每次检查精子总数应超过 1000，单侧睾丸变性者精液品质优于双侧睾丸变性者。

（3）组织学检查 生精上皮不同程度变性，轻微者仅限于一种或几种类型的生殖细胞；严重者曲细精管空虚、皱缩，仅能见到变形的支持细胞，生精作用完全消失；间质纤维组织增生，并可能出现钙化点；基膜不同程度增厚。根据曲细精管的组织学变化可以将睾丸变性分为 5 个阶段：精细胞变性；精细胞消失；精母细胞消失及精原细胞消失；所有支持细胞消失；管腔壁玻璃样变、增厚，管腔消失。

根据曲细精管横切面上生殖细胞和支持细胞的比例也可以衡量睾丸变性的程度。一个横切面上一般可发现 12～14 个支持细胞，正常睾丸的两类细胞数量之比为 11.5；轻度、中度和重度变性睾丸中两类细胞数量之比分别为 11.0、8.8 和 5.8。某些部分睾丸组织变性的病例要多点采样（至少 5 点）检查才能发现。

**4. 治疗和预后** 已经变性的睾丸无有效治疗方法。重要的是采取预防措施和在病变初期及时消除引起变性的各种因素。例如，对附睾-睾丸炎病例应抓紧治疗；对无法治疗的患侧睾丸及早切除；炎夏时注意圈舍通风，对公牛和公猪可采用淋浴等降温措施；不饲喂霉变饲草饲料，慎重使用雌激素类制剂，不用添加有雌激素类药物的饲料饲喂公畜。补充能量和蛋白质总量，肌内注射维生素 A 等。

预后视病因和病程的长短而定。早期发现，及时消除病因，生殖功能可望有一定程度的恢复。本病的确诊和愈后应有 2 个月以上的观察时间。

（三）睾丸发育不全

睾丸发育不全（testicular hypoplasia）是指公畜一侧或双侧睾丸的全部或部分曲细精管生精上皮不完全发育或缺乏生精上皮，其间质组织可能基本正常。本病多见于公牛和公猪，在各类睾丸疾病中约占 2%；但在有的公牛品种，发病率可高达 25%~30%。

**1. 病因**　　大多数是由隐性基因引起的遗传疾病，也有的患畜因非遗传性的染色体组型异常所致，一般是多了一条或几条 X 染色体，额外的 X 染色体抑制双侧睾丸发育和精子生成，使公畜呈现曲细精管发育不全症状。由于公畜到初情期睾丸才得到充分发育，在此之前因营养不良、阴囊脂肪过多和阴囊系带过短也可引起睾丸发育不全。

**2. 症状**　　发生本病的公牛在出生后生长发育正常，周岁时生长发育测定都能达到标准，公牛第二性征、性欲和交配能力也基本正常，但睾丸较小，质地软，缺乏弹性，精液水样，无精或少精，精子活力差，畸形精子百分率高，且多次检查结果比较恒定。有的病例精液品质接近正常，但受精率低，精子不耐冷冻和贮存。

**3. 诊断**　　根据睾丸大小、质地，精液品质检查结果和参考公畜配种记录，在初情期即可做出初步诊断。根据睾丸活组织检查和死后睾丸组织学检查，可将睾丸发育不全分为三种类型：典型者整个性腺或性腺的一部分曲细精管完全缺乏生殖细胞，仅有一层没有充分分化的支持细胞，间质组织比例增加；精子生成抑制型者表现为不完的生殖细胞分化，生精过程常终止于初级精母细胞或精细胞阶段，几乎都不能发育到正常精子阶段；生殖细胞低抵抗力型者曲细精管出现不同程度的退化，虽有正常形态精子生成，但精子质量差，不耐冷冻和贮存。染色体检查有助于本病的确诊。

**4. 治疗**　　本病具有很强的遗传性，患畜可考虑去势后用作肥育或使役。即使病畜精液有一定的受胎率，但发生流产和死产的比例很高。

（四）隐睾

隐睾（cryptorchidism）是指睾丸因下降过程受阻，单侧或双侧睾丸不能降入阴囊而滞留于腹腔或腹股沟附近皮下的现象，是异位睾丸的一种类型。正常情况下，牛、羊和猪的睾丸在出生前已降入阴囊，马在出生的前后两周睾丸降入阴囊，但也有迟至生后 6~8 个月睾丸才降入阴囊者。多数犬出生时睾丸位于腹腔内，出生后 2~6 周陆续下降到阴囊内。睾丸在降入阴囊之前可能具有游走性，睾丸可出现于阴囊前方、阴茎外侧皮下或会阴部海绵体后侧。这种睾丸不在阴囊内的现象都被称为异位睾丸。双侧隐睾者不育，单侧隐睾者一般具有生育力。隐睾多见于猪、羊、马、犬和猫，较少见于牛。

**1. 病因**　　隐睾形成可能与以下因素有关。

（1）遗传因素　　隐睾是一种与性别相关的常染色体隐性遗传病，其遗传方式还不完全清楚。某些品种犬多发隐睾，贵宾、博美、约克夏、迷你雪纳瑞、凯恩梗、吉娃娃、马尔济斯犬、拳师犬、北京犬、英国斗牛犬依次位列犬隐睾风险前十位。因为隐睾基因是一种常染色体基因，所以雌性和雄性动物均可携带。这意味着隐睾患者本身、其父本母本及所有同胞都不应作种用，以彻底地去除隐睾基因。波斯猫隐睾患者明显高于其他品种。对羊来说，隐睾基因与无角基因紧密连锁，使用无角公羊交配与隐睾密切相关。公羊隐睾发生率约为 0.5%，但在长期近亲交配的羊群中，隐睾发生率可能达到 10% 以上。

（2）发育因素　　导致隐睾形成的发育方面因素包括睾丸发育速度、腹股沟管开闭时间、睾丸头侧悬韧带发育状况。

性成熟前，睾丸发育速度快慢及最终睾丸体积的大小，可能决定是否形成隐睾。发育过快、体积较大的睾丸，可能无法顺利通过腹股沟管道，腹股沟管可能相对狭窄，最终滞留腹腔，形成完全隐睾。

发育期的个体腹股沟要保持开放，在初情期到来时，大多数动物的腹股沟管彻底关闭，这使得睾丸滞留在腹腔内，不可能再向阴囊方向移动，也形成完全隐睾。

发育期的动物睾丸上存在较发达的头侧悬韧带。如果发育过程中，悬韧带未在预定时期内退化，持续存在的悬韧带就会对睾丸构成反向牵拉，阻止阴囊睾丸牵引韧带生长，也阻碍睾丸向阴囊迁徙，最终形成完全隐睾或不完全隐睾。

（3）内分泌因素　　内分泌因素可能影响着阴囊牵引韧带生长或退化，也使得睾丸大小与腹股沟管不相适宜。GnRH 和睾酮（特别是 DHT）水平偏低可以造成睾丸附属器官发育受阻、睾丸系膜萎缩而致隐睾。正常犬与隐睾犬的血浆雌激素浓度相似，然而黄体生成素（LH）和睾酮浓度却很不一致。隐睾犬血清睾酮浓度通常低于正常犬。

**2．症状**　　双侧隐睾患畜外观阴囊空扁，触诊双侧阴囊无内容物，睾丸位于腹腔内，称为完全隐睾。单侧隐睾患畜阴囊内只能触及一个睾丸，健侧阴囊内的睾丸大小、质地和功能均可能正常，而公畜一般有生育力。患侧阴囊空扁，沿着阴茎基部向前方触摸，有的个体能够触摸到异位的睾丸位于皮下，这种称为不完全隐睾。不管是单侧隐睾还是双侧隐睾者，位于腹腔内或腹股沟管附近的睾丸由于环境温度较高，使其生精上皮变性，精子发生不能正常进行，睾丸变得小而软。因此双侧隐睾者会造成不育，但睾丸间质细胞仍具有一定的分泌功能，动物的性欲及性行为基本正常。单侧隐睾患者常生殖功能正常，可以正常配种。进入中老年时期，有的患畜患侧睾丸常表现异常增生或者癌变，体积显著增大。隐睾动物多发生睾丸支持细胞瘤和精原细胞瘤。

**3．诊断**　　一般情况下，初步诊断只需触诊阴囊和腹股沟外环，结合直肠检查触摸腹股沟内环和直接探查腹腔内睾丸即可确诊。当触及皮下或者腹股沟附近有异常组织团块，可以借助超声确诊。正常睾丸结构呈中等密度回声，卵圆形，睾丸纵隔处强回声。增生或者癌变后的隐睾，一般回声显著增强，可以与健侧睾丸对照，很容易确定。腹腔内隐睾鉴别诊断常需要与其他腹部肿块区别，腹股沟皮下隐睾需要与乳腺瘤、脓肿、淋巴瘤、乳腺增生等区别开来。

**4．治疗和预防**　　从种用角度出发，任何形式的隐睾均无治疗的必要。应禁止使用单侧隐睾公畜进行繁殖，否则可能将这种基因传给后代。避免近亲交配，及时淘汰隐睾后代较多的公畜和多次生产隐睾后代的母畜，可以在一定程度上防止隐睾的发生。对于已经患有隐睾的公畜，大动物可以绝育后改为育肥或者使役。犬、猫等小动物，不管双侧隐睾还是单侧隐睾，都应该通过外科手术及时摘除，否则进入中老年期癌变风险高，会显著缩短寿命。也有药物治疗本病的报道。

### （五）睾丸扭转

睾丸扭转（testicular torsion）是指支配睾丸的精索发生扭转（图 12-2），进而阻断睾丸的血液供应，是动物急性阴囊疼痛的主要原因之一。在临床上，睾丸扭转的病例也较常见，常引起动物疼痛而寝食不安。本病初期较为隐蔽，常因治疗不及时导致睾丸坏死或不可逆性的萎缩。因此一旦怀疑扭转，应尽快进行检查，否则会因缺血时间过长导致睾丸坏死。猪、马、牛、羊、犬和猫各类家畜均可发生。

**1．病因**　　睾丸扭转的发生，有时并无先兆性的因素。气候变化、运动不当、遗传、环境及其他动物的损伤都可能诱发这种疾病。也有报道显示，隐睾个体腹腔内的睾丸比阴囊内的更容易发生扭转。

**2．症状**　　睾丸扭转常为突然发生，没有任何预兆。常发现单侧睾丸比另一侧略大，有时并不明显。但是，之后可能迅速加重，继发睾丸扭转和睾丸肿大，明显大于另一侧，且患侧睾丸发热和疼痛。猫患睾

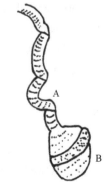

图 12-2　扭转的睾丸

A．扭转的精索及血管；
B．肿大的睾丸

丸扭转时，表情痛苦，起初舔舐会阴部。随着病程发展，拒绝进食，睾丸迅速肿大、表现典型红、肿、热、痛特征。不进行治疗时，往往进一步发生坏死，动物疼痛难忍。睾丸扭转有轻重之分，报道有180°、360°、540°和720°等情况。扭转度数越高，梗死越严重。短毛犬发生时，可以直接观察到左右不对称的阴囊。长毛犬较隐蔽，但是检查时可以发现。大家畜发生睾丸扭转时，疼痛踢腹，频繁起卧，不能乘骑和使役。牛患有本病时，停止反刍，回头望腹，表现急腹症典型特征。

**3. 诊断**　　本病需要和普通睾丸炎、布鲁氏菌病进行鉴别诊断。

患病动物睾丸一侧大一侧小，增大的一侧温度较高。普通睾丸炎病程发展缓慢，一般为双侧对称性。睾丸扭转一般为单侧发生，病程短发病迅速。布鲁氏菌病通常也表现一侧大一侧小，病程发展不快，但血清学诊断及PCR诊断时为布鲁氏菌阳性。此外，睾丸扭转可以通过超声进行诊断，精索扭转，血流不畅。在手术摘除睾丸时，看到扭转是临床确诊的最终方法。

**4. 治疗**　　初步确诊时，要及时使用抗生素控制感染，也可以配合激素治疗，保守治疗以观后效。如果是不列入繁殖计划的动物，建议及时执行睾丸摘除手术。发生典型不可逆病变的动物，只能选择睾丸摘除术。

## （六）睾丸肿瘤

睾丸肿瘤（testicular tumor）常见于一些老年动物，常因单侧睾丸渐进性增大而就诊，同时伴有阴囊皮肤色素沉着增加。大部分睾丸肿瘤为良性瘤，根据细胞类型分为精原细胞瘤、间质细胞瘤和支持细胞瘤三类。对于隐睾动物，不管睾丸隐藏于腹腔内还是腹部皮下，发生睾丸肿瘤的比例较正常动物高。6岁以内的犬发病率较低，平均发病年龄为10岁。

**1. 病因**　　睾丸肿瘤的发生是随机的，无特定病因。隐睾动物滞留在腹腔内的睾丸，由于温度升高，容易形成支持细胞瘤。阴囊内的睾丸，患精原细胞瘤、间质细胞瘤和支持细胞瘤这三种肿瘤的机会均等。

**2. 症状**　　老年犬在执行临床检查时，应该对睾丸进行详细触诊。睾丸增大、形状改变、部分或者整体致密度增加，都应该怀疑肿瘤。睾丸肿瘤的发生，通常是渐进性的，睾丸体积缓慢增大，甚至在早期没有疼痛感觉。常伴有阴囊脱毛、阴囊色素沉积加重、雄性动物雌性化、前列腺增大等。有些动物会有贫血、血小板减少、白细胞减少等表现。也有的患病动物会表现健康侧睾丸萎缩。隐睾的动物，触摸的后腹部皮下有肿块，应该怀疑到睾丸肿瘤。

**3. 诊断**　　局部阴囊内睾丸明显肿大，且无红肿热痛表现时，怀疑睾丸肿瘤。隐睾动物通常在腹股沟附近出现肿块，而阴囊空无一物。此时，需要借助超声进行肿块质地的鉴别诊断。典型的睾丸纵隔清晰可见，睾丸小室也轮廓分明。癌变以后的睾丸，大多结构模糊，通常表现混合回声。细针穿刺也是可行的鉴别诊断方法。抽取的细胞样品再进行细胞染色，通过细胞特征进行判断是简便的方法。但是穿刺可能引起疼痛和一定的不舒适，需要提前告知动物主人。对于睾丸支持细胞瘤，可以通过采集包皮细胞染色对比，角质化程度升高，是支持细胞瘤引起的雌激素分泌增多的典型病变之一。

**4. 治疗**　　睾丸肿瘤的治疗，不管是单侧还是双侧发生，均以外科摘除为主。切除下来的病变睾丸，应该进行病理组织切片以便确诊。伴有骨髓抑制、发生贫血的动物，可以采取输血措施。发生感染的动物，使用抗生素。

## （七）附睾炎

附睾炎（epididymitis）是附睾及其邻近组织炎症的总称。附睾炎可以是原发性感染，也可以继发于睾丸炎。在患病侧的附睾出现典型的红、肿、热、痛症状。严重的附睾炎引起高度折叠盘曲的附睾出现堵塞和肉芽肿，附睾功能丧失。单侧附睾炎引起生育力下降，双侧附睾炎可致不育。双侧感染常引起不育。单侧附睾炎会诱导对侧睾丸发生温度诱导的退化。50%以上生殖功能失常的公羊是由附睾炎造成的，严重者可引起死亡。本病在公牛也有发生。

**1. 病因** 附睾炎主要由细菌感染引发，流产布鲁氏菌、马耳他布鲁氏菌，以及包括精液放线杆菌、羊棒状杆菌、羊嗜组织菌在内的多种革兰氏阴性菌也可以引起附睾炎。感染传播的途径为公羊间同性性活动、小公羊圈舍拥挤及公羊与因布鲁氏菌引起流产后6个月内发情的母羊交配。病原菌可经血源途径和生殖道上行途径引起附睾炎。此外，阴囊损伤也可引起附睾化脓性葡萄球菌感染。犬在腹压突然增加的情况下（如冲撞、压迫），尿液被迫返入输精管而进入附睾也可以引起附睾炎。

**2. 症状** 附睾感染一般都伴有不同程度的睾丸炎，呈现特殊的化脓性附睾炎及睾丸炎的症状。公畜不愿交配，叉腿行走，后肢强拘，阴囊内容物紧张、肿大、疼痛，睾丸与附睾界线不明。精子活力降低，不成熟精子和畸形精子百分数增加。布鲁氏菌感染一般不波及睾丸鞘膜，炎性损伤常局限于附睾，特别是附睾尾。初发的附睾病变表现为水肿，间质组织内血管周围浆细胞和淋巴细胞聚积，小管的上皮细胞增生和囊肿变性。通常在急性感染期睾丸和阴囊均呈水肿性肿胀，附睾尾明显增大，触摸时感觉柔软。慢性期附睾尾内纤维化，可能增大4～5倍，并出现粘连和黏液囊肿，触摸时感觉壅实，睾丸可能萎缩变性。精液放线杆菌感染常引起睾丸鞘膜炎，睾丸明显肿大并可能破溃流出灰黄色脓液。感染所引起的温热调节障碍和压力增加可使生精上皮变性并继发睾丸萎缩。附睾管和睾丸输出管变性阻塞引起精子滞留，管道破裂后精子向间质溢出形成精子肉芽肿，病变部位呈硬结性肿大，精液中无精子。

**3. 诊断** 附睾的损伤和炎症通过观察、触摸或超声检查均不难发现，困难的是去确定那些无外部损伤的附睾炎的病因。通常采用精液细菌培养检查、补体结合测定和对死亡公畜剖检及病理组织学检查等几种方法，也可同时进行病原菌的药物敏感性试验。

鉴别诊断时应注意，由精液放线杆菌和羊棒状杆菌引起的附睾炎通常出现脓肿，触诊坚实但有波动感。另外，应注意与精索静脉曲张区别，后者总是定位于精索蔓状丛的近体端。

**4. 治疗和预后** 在睾丸发热初期，及时使用抗生素、非类固醇类抗炎药，睾丸冷敷。严重病历，推荐睾丸摘除术。药物治疗可使用三甲氧苄氨嘧啶（增效磺胺），但疗效常不佳。对处于感染早期、具有优良种用价值的种公羊，每日使用金霉素800mg和硫酸双氢链霉素1g，3周后可能消除感染并使精液质量得到改善。治疗无效者，最终可能导致睾丸变性和附睾肉芽肿。优良种畜在单侧感染时可及时将患侧附睾连同睾丸摘除，可能保持生育力。如已与阴囊发生粘连，可先用10ml 2.5%利多卡因进行腰部硬膜外麻醉，将阴囊一同切除。

预防的根本措施是及时鉴定所有感染公畜，严格隔离或淘汰。预防接种可减少本病的发生。

## 二、前列腺疾病

（一）前列腺炎

前列腺炎（prostatitis）是指前列腺发生的感染性疾病，常表现前列腺体积增大、尿痛、尿血等发生。

**1. 病因** 引起前列腺感染的细菌主要包括链球菌、葡萄球菌、绿脓杆菌、大肠杆菌、变形杆菌和放线菌，以及布鲁氏菌和结核杆菌等。感染源头多来自泌尿道及其邻近器官感染。

**2．症状**　　前列腺炎可以分为急性和慢性两种类型。按照炎症的性质可以分为卡他性和化脓性两类。前列腺炎最初表现为疼痛反应，行走步态强拘，小心翼翼。犬等小型动物，通过手指经肛门触诊，可以发现肿大的前列腺，触诊敏感，前列腺分叶明显。随着病程加重，前列腺内渗出物积聚增多，其体积不断增大，分叶不明显或分叶消失。内部化脓时，触诊有波动感。患畜常体温升高，性反射抑制。精液品质恶化，射出的精液中常含有黏脓样物质，并具有腐败气味。

**3．诊断**　　可以根据临床症状和精液检查结果进行初步诊断。同时，也伴有中性粒细胞和C反应蛋白升高。怀疑布鲁氏菌病或者结核病时，补充特殊检查。

**4．治疗**　　治疗以抗感染为主。可使用阿莫西林、阿莫西林克拉维酸钾、氨苄西林、头孢噻呋钠等抗生素。早晚各一次，连用 5~7d。经久不愈的个体，进行药敏试验，选择合适的抗生素治疗。

### （二）前列腺增生

前列腺增生（hyperplasia of prostate）是指前列腺对称性的增大。对于 5~6 岁及 6 岁以上的公犬，前列腺增生是极为常见的疾病。

**1．病因**　　雄激素刺激是引起本病的主要原因，特别是二氢睾酮（DHT）。

**2．症状**　　患有轻度前列腺增生的动物，可能不表现有任何临床症状。随着病情加重，有些患畜会出现排便困难，频繁表现排便动作，但大便干燥，难以顺利排出，表现典型的里急后重。也有的患畜会有偶发性的尿道出血、血尿等症状，出血时有时无，时轻时重。还有的患畜在配种时，精液中带血，这也怀疑患有前列腺增生，应予以排查。

**3．诊断**　　使用食指直肠触诊前列腺，发现犬前列腺增大是诊断前列腺增生简单易行的方法。有的个体在拍摄 X 线片时，能看到显著增大的前列腺。确诊需要使用超声扫描，发现双侧前列腺对称性增大，前列腺内有多个弥散性囊状结构，即可基本确诊。

**4．治疗**　　如果没有症状，也未引起任何不适，前列腺增生可以不进行治疗。出现前列腺增生的犬，常进行睾丸摘除手术，以断绝主要的睾酮来源。这样，前列腺逐渐萎缩，恢复到正常大小。

对于繁殖用的公畜，不宜进行绝育手术。可以使用抗雄激素进行治疗。只是药物治疗不如绝育有效，停药后容易复发。常用的是雌激素，这种药物反复使用会引起前列腺新的问题，应该谨慎使用。除了雌激素，孕激素也可抗雄激素。注意孕激素可以抑制精子的形成和精子活性，也使得精子的形态缺陷增多。

### （三）前列腺肿瘤

前列腺肿瘤（prostate neoplasm）多发于老年动物，特别是 10 岁以上的犬多见，是威胁老年雄性动物的主要疾病之一。

**1．病因**　　随着年龄的增长，雄性动物患原发性前列腺肿瘤的概率会增加，可见年龄是影响因素之一。身体其他部位的肿瘤，如淋巴肉瘤、鳞状上皮细胞癌、血管肉瘤等，都有可能转移至前列腺，引起继发性肿瘤。

**2．症状**　　前列腺肿瘤的临床症状包括里急后重、大便困难、痛性尿淋漓、步态强拘和体重降低。初诊前列腺引起敏感疼痛，前列腺体积未明显增大，但形状往往不规则，整体质地也较正常前列腺坚实。严重的病例，肿瘤可以长入膀胱颈部，导致尿道堵塞。

**3．诊断**　　通过对患畜的病史分析、体格检查、超声、X 射线等检查项目，可以初步确诊前列腺肿瘤。前列腺肿瘤较正常前列腺回声更强，有时超声可以看到肿瘤组织堵塞的尿道影像。

针对肿瘤的细针抽吸或组织检查技术可以帮助诊断本病,细胞学染色可见巨型的晶体样细胞,胞质中空,核质比高。

**4. 治疗** 前列腺肿瘤往往预后不良。目前的治疗方法如手术疗法、化疗、放疗和激素治疗等,对于改善患畜生存质量和延长存活时间没有实际意义。

### 三、阴茎和包皮疾病

（一）阴茎和包皮损伤

阴茎和包皮损伤也包括尿道的损伤及其并发症,常见的有撕裂伤、挫伤、尿道破裂和阴茎血肿。

**1. 病因** 交配时阴茎冲击,使勃起的阴茎突然弯折;阴茎受蹴踢、鞭打、啃咬;公畜骑跨围栏等,均可造成阴茎海绵体、白膜、血管及包皮的擦伤、撕裂伤和挫伤,甚至还可能引起阴茎血肿和尿道破裂。也有的动物因人为因素损伤。

**2. 症状** 阴茎和包皮损伤一般有外部可见的创伤和肿胀,或从包皮外口流出血液或炎性分泌物。肿胀明显者阴茎和包皮脱垂并可能形成嵌顿包茎。阴茎白膜破裂可造成阴茎血肿,发生血肿时可能局限肿胀,也可能扩散到阴茎周围组织,造成包皮下垂,并引发包皮水肿。开始时肿胀部柔软、有波动感、触摸敏感,一般不发热,损伤后 2h 左右肿胀到最大程度,触摸较坚实。由于包皮腔内存在多种病原微生物,各种损伤造成的血肿约有一半可继发感染形成脓肿。感染后局部或全身发热,公畜四肢强拘,跨步缩短,完全拒绝爬跨。如不发生感染,几天后水肿消退,血肿慢慢缩小变硬,并可能出现纤维化,使阴茎和包皮发生不同程度的粘连。如伴有尿道破裂,将出现排尿障碍,尿液可渗入皮下及包皮,形成尿性肿胀,并可能导致脓肿及蜂窝织炎。

**3. 诊断** 调查损伤的原因,检查阴茎和包皮上是否有破口。必要时在严密消毒下穿刺检查肿胀部位液体并行细菌学检查;注意与原发性包皮脱垂、嵌顿包茎、传染性龟头包皮炎等区别;在公猪还应与包皮憩室溃疡区别。

**4. 治疗** 以预防感染、防止粘连和避免各种继发性损伤为原则。公畜发生损伤后立即停止使用,隔离饲养,有自淫习惯的公畜可口服（5.5mg/kg）或肌内注射（0.55～1.00mg/kg）安定,以减少性兴奋。损伤轻微者短期休息后可自愈。

（1）新鲜撕裂伤 清理消毒创口,必要时可缝合,伤口涂抹抗生素油膏,全身使用抗生素一周,预防感染。

（2）挫伤 初期冷敷,2～3d 后温敷,有肿胀者适当牵遛运动,以利水肿消散。全身使用抗生素药物和利尿药,限制饮水;局部可涂抹非刺激性的消炎止痛药物（如甘油磺胺酰脲）,忌用强刺激药。

（3）血肿 治疗以止血、消肿、预防感染为原则。

**5. 预后** 预后取决于损伤的严重程度和是否粘连与感染,纤维变性和瘢痕组织形成可引起包皮和阴茎粘连或包皮狭窄,使阴茎不能伸出。阴茎血肿愈合后阴茎海绵体和阴茎背侧静脉之间可能出现血管相通而致阳痿。各种损伤引起的化脓感染预后均不良。

（二）阴茎肿瘤

阴茎肿瘤（penile neoplasm）在犬最常见,牛、羊、马、猪、猫等家养动物中少见。常见的犬阴茎肿瘤为性传播肿瘤（transmissible venereal tumor, TVT）,通常经配种由生殖器接触传播,也可能是犬只相互舔舐引起,在全世界范围内广泛分布。

**1. 病因**　　　犬性传播肿瘤是自然发生的同种转移性瘤。研究发现，将肿瘤细胞通过皮下注射，很容易移植成功。在自然交配或者接触过程中，有瘤动物脱落的表皮细胞能转移到新宿主。自然传播时，瘤细胞也可以通过黏膜的擦伤侵入宿主。

**2. 症状**　　　原发性的性传播肿瘤（TVT）可见于皮肤、口腔和肛门黏膜表面。有些肿瘤发生后可以自行消退，有些会转移至局部淋巴结、会阴部或者阴囊。但很少出现远距离转移病灶。TVT 外观为充血的肉质肿瘤，最初表面突出于皮肤表面。生长后变为菜花样，直径不断增大。公犬的肿瘤常发生在阴茎头球部，也可见于包皮与阴茎之间的软组织中。患有肿瘤的犬阴茎外部形态发生改变，新生肉芽或菜花样不规则组织。有时分泌物增多，或者伴有出血和疼痛。与患公犬交配后的母犬，常在交配后不久发生感染，并传播给与之交配的其他公犬。

**3. 诊断**　　　根据生殖器上肿瘤的外观形态即可初步判断性传播肿瘤。鉴别诊断需要将之与肥大细胞瘤、组织细胞瘤、淋巴瘤进行区别。细胞学检查可以通过肿瘤表面触片染色镜检、细针抽吸、组织病理学检查很容易做出诊断。

**4. 治疗**　　　单独使用长春新碱，每周给药一次即可取得良好疗效。肿瘤消退后需要再给药 2 次防止复发，总疗程为 4～6 周。治愈率一般在 90% 以上。

### （三）嵌顿包茎

嵌顿包茎（paraphimosis）是指阴茎从包皮中伸出超过正常时间而不能回缩的一种疾病（二维码 12-1）。本病常见于犬科动物，可发生于各个年龄段的犬。常见于发情期的公犬，或者性欲过度的公犬。大、中、小型犬均可发生。

二维码
12-1

**1. 病因**　　　阴茎勃起是本病的前置性因素，但阴茎勃起不是由激素介导的，而是依靠神经调节。因此，无论是否有交配行为，犬都可能阴茎勃起，并可能出现嵌顿包茎。阴茎黏膜的刺激或调节阴茎勃起的神经紊乱可能导致阴茎不能回缩。膨大的海绵体被天然窄缩的包皮口束缚，引起阴茎静脉血回流障碍。进而阴茎进一步膨大，黏膜变干燥甚至发生坏死。导致阴茎异常勃起的原因包括龟头炎、异物、神经紊乱性疾病，也包括行为问题。

**2. 症状**　　　由于母犬刺激或者未知的原因，阴茎勃起后超过正常时间不能再自行回缩到包皮中。阴茎持续暴露，黏膜会干燥变红，卧下时会污染环境尘埃和泥土。检查这些部位通常不感觉疼痛，表皮黏膜会随着时间的延续，逐渐溃烂，进而形成坏死性病灶，阴茎呈黑紫色，或者黑褐色。持续 2～3d 后，有的会整体发生坏死。

**3. 诊断**　　　根据外观形态和病史，基本可以达到确诊本病。患有本病的动物，常有性欲过度的情况，阴茎长期暴露在外，平时可以正常回缩，发病时无法收缩。针对本病继发问题，可以进行血常规、C 反应蛋白及包皮分泌物检测，以判断全身感染有无及其程度。有些患畜需要执行神经学检查。有些动物嵌顿包茎会反复发作，诊断前应理清病史。

**4. 治疗**　　　本病治疗原则是尽早解除包皮对阴茎的嵌顿，促进阴茎血液回流及其功能恢复，同时抗感染。轻度的嵌顿，可以使用无齿镊和止血钳将包皮口撑开，再将阴茎送入包皮内。待血流循环通畅后，可自行恢复。配合部分抗生素和抗炎药物，同时戴伊丽莎白项圈，进行行为限制，防止再次舔伤阴茎。在临床中，东北农业大学临床教学医院曾在患嵌顿包茎的犬的阴茎头滴上利多卡因，包皮周围注射利多卡因，成功地将阴茎送入包皮内。重度的嵌顿，包皮口过窄或者阴茎肿胀过度的，需要外科手术将阴茎送入包皮。具体操作：镇静，包皮口局部麻醉，无菌操作环境下，然后将包皮口腹侧切开 1～2cm，将阴茎清洗干净，用温和消毒剂处理后，送入包皮内，最后将包皮伤口适度闭合。注意，不能将切开的包皮口彻底缝合，否则容易复发嵌顿。

### （四）包皮脱垂

公畜包皮过度下垂并常伴有包皮腔黏膜外翻者，称为包皮脱垂（preputial prolapse）。脱垂的包皮，特别是外翻的包皮腔黏膜易受损伤，引起炎性肿胀、坏死或纤维变性。本病在公牛和公猪常见。

**1. 病因**　包皮脱垂在某些品种的公牛多见，如无角公牛包皮脱垂的发生率高于有角公牛，但奶牛较少见。包皮脱垂是由于前包皮肌缺乏或功能不足。前包皮肌来自后躯皮肌、剑突附近的深筋膜和腹下皮肌，围绕包皮口，附着于外层包皮皮下组织，并有细肌束附着于真皮，它可以提升和关闭包皮开口，起到包皮括约肌的作用。脱垂和外翻的包皮易因外伤和昆虫叮咬引起炎性肿胀，造成静脉和淋巴回流受阻，使包皮脱垂加剧，并可能导致坏疽或坏死。即使炎性肿胀消失，也可能因组织纤维化而使包皮口狭窄。另外，阴茎和包皮的各种损伤和包皮炎症可引起包皮神经损伤或包皮肿胀而致包皮脱垂。

**2. 症状和诊断**　包皮口过度下垂，脱垂部黏膜和皮肤上可能有龟裂口，如已感染则肿胀发亮，并有炎性分泌物从包皮口流出，感染严重者可能有全身症状。

**3. 治疗**

（1）预防性手术处理　适用于已经脱垂但尚未感染的病例。局部麻醉，用肠线在脱垂包皮鞘四周做人工褶，以减少悬垂和外翻的程度。

（2）药物保守治疗　脱出的黏膜用无刺激性消毒液充分清洗，涂擦 0.1%氯己定乳剂或 1%利凡诺软膏，然后送回包皮腔后进行固定，必要时可在包皮口做袋口缝合。每周处理 2～3 次，3～4 周后尚不能复原者可结合使用网状绷带将脱垂包皮固定。绷带要求每天清洗，防止感染和液体潴留，全身使用抗菌和利尿药物。如果因纤维组织增生引起包皮口狭窄，则应进行手术处理。

（3）手术治疗　公牛全身麻醉，侧卧保定，手术部位消毒后，实施包皮环切术，切掉脱垂组织，术后使用抗生素防止感染。在创口愈合后应经常进行按摩，防止阴茎和包皮粘连。

**4. 预后**　包皮脱垂如不及时处理，常因感染导致化脓，或脱垂组织纤维化，其结果是引起包皮口狭窄，或包皮、阴茎粘连，最终可能因包茎而使公畜丧失种用价值。

### （五）包皮憩室溃疡

公猪包皮前腔背侧有一个包皮盲囊，也称为憩室（diverticulum），它与包皮前腔有一通道而无明显分隔。憩室内潴留有尿液、精液、脱落的上皮细胞和多种细菌，有臭味。憩室对公猪的生理意义不明，摘除后不影响公猪的生殖能力。在异常情况下憩室黏膜可出现炎症和出血性溃疡。

**1. 病因**　包皮憩室内腐败产物刺激、包皮和阴茎的各种炎症及憩室损伤均可使憩室黏膜出现慢性或急性炎症，引起黏膜增厚或溃疡。

**2. 症状和诊断**　包皮前腔背侧肿大，触摸有热感，白色公猪可见肿胀部位发红。包皮口有污红或脓性分泌物流出。如用手挤压憩室，公猪有痛感，并流出大量炎性分泌物。诊断时注意与阴茎头包皮炎和阴茎损伤所引起的肿胀及感染相区别。

**3. 治疗**　一般可全身使用抗生素药物结合局部冲洗，进行保守疗法。保守治疗无效时，可开展手术治疗。采用全麻并配合局麻，将公猪侧卧保定。皮肤消毒后在包皮腔开口后上方约 5cm 处向后做约 10cm 的切口。憩室上有一薄层包皮肌，切透此肌后用手指在肌层与囊袋间做钝性分离，分离时可轻压囊袋，将囊内液体从包皮腔开口挤出。分离好后将囊袋经囊颈部向外翻，使其从包皮腔开口露出，用手或钳将其固定，由切口围绕囊袋颈部做荷包缝合，然后在包皮腔外口切除外翻囊袋。也可从切口处用止血钳夹住囊袋颈部后将囊袋切除，然后做内翻缝合。再用肠线将包皮背面与腹壁缝合在一起，不留空腔。最后缝合皮肤，但应注意将表皮和创底连续缝合在一起，避免血肿。术后全身使用抗菌药物控制感染，一般 8d 后可拆线，2 周后可用于配种。

## 四、精子及精液异常

### （一）精子异常

精子异常（dysspermia）是指精液中精子的数量、形态或者功能异常，不能达到受精所需要的标准。在各类动物都有发生，是公畜不育的主要原因。

**1. 病因**　　饲养管理不良是公畜精子异常的主要原因，如饲料营养素配比不均衡、维生素缺乏、与生殖相关的微量元素不足等。运动不足也会影响精子质量，造成精子少，活力不足。长期不配种，第一次配种时精液内的死亡精子数也会较多。睾丸发育异常，如隐睾，也可以造成无精子的状态。人工冷冻精液时，也可以造成精子活力相应下降。

**2. 症状和诊断**　　主要表现是无精子、少精子、死精子、精子畸形、精子活力低下等。在进行精子镜检时，精子畸形表现为双头精子、双尾精子、小头精子、巨头精子、死精子等现象，见图 12-3。对于精子活力不强的精液，可见呈直线运动的精子数量急剧下降，转圈运动、微弱运动、不运动的精子数量增多。

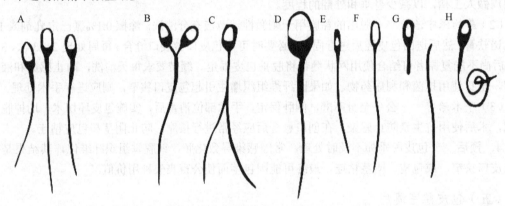

图 12-3　畸形精子形态示意图

A. 正常精子；B. 双头精子；C. 双尾精子；D. 巨头精子；E. 小头精子；F. 梨形精子；G. 断尾精子；H. 卷尾精子

**3. 治疗**　　首先分析病史，找到原因，针对不同情况采取相应措施。饲养管理不良引起的，及时调整饲养管理措施，补充营养。运动不足引起的，增加活动量。长期不配种的种畜，前几次采集的精液，应该弃掉不用。无精子动物和死精子较多的动物，可以使用促性腺激素治疗。活力差的精子，可以使用 FSH、LH 等激素调整活力。隐睾个体应该淘汰，不作种用。

### （二）血精

血精（hemospermia）即精液中带血，各种公畜均有发生。它可以使精子受精能力下降或完全丧失。

**1. 病因**　　精液中混入的血液有多种来源，如副性腺和尿道炎症、射精管开口处感染、尿道上皮溃疡和上皮下血管出血等炎症损伤；阴茎头有裂伤、刺伤，或阴茎海绵体组织在尿道腔和阴茎头出现瘘管，当阴茎勃起时流出血液与精液混合。

**2. 症状**　　由尿道炎引起的血精，公畜频尿，不愿爬跨，射精时和排尿时有痛感，精液暗红或淡红，并可能混有血块和其他炎性产物，有时尿液中也带血。勃起出血一般不表现明显的临床症状，仅在阴茎勃起时有几滴或细线状鲜血从阴茎头或尿道口滴出，混入精液的血液鲜红。这种公畜即使在不射精而勃起时也可能有血液滴出，病畜多有阴茎损伤史。

**3. 诊断**　　精液中混有血液一般肉眼可见。镜检精液品质基本正常，由尿道炎引起的血精，其精液中可发现白细胞和脱落的上皮组织等炎性产物。除精液品质检查外，应注意检查公畜阴茎头是否有损伤；还可使用尿道镜观察尿道的损伤情况。处女马和小母马交配时有时发生阴道破裂，交配后公马阴茎头和母马阴门溢出的精液带血，不应视为血精。

**4. 治疗**　　如发现血精，公畜应停止交配。细菌性尿道炎全身使用抗生素或口服磺胺类药物治疗。口服磺胺异噁唑首次量为 0.14～0.2g/kg，维持量减半。勃起出血无有效治疗办法，停配数周后仍不能康复者应淘汰。

## 五、公畜性行为异常

### （一）性欲低下

性欲低下（hyposexuality）也称为阳痿，是指公畜在配种时性欲不旺盛，阴茎不能勃起，不能完成交配。性欲低下，在马、驴、牛和猫中较为多见。

**1. 病因**　　性欲低下的主要原因是饲养管理不当。此外，先天性发育不良、营养过剩导致的肥胖、公畜缺乏运动、人工采精时技术不良、配种过度、心理异常等都可以引起性欲低下。

饲料品质差、饲料营养配比不合理、微量元素与维生素缺乏、饲养环境空气质量差、环境温度过高或者过低都是饲养管理方面的原因，可能引起性欲低下。有的动物先天性调节中枢发育不良，阴茎短小或者睾丸发育障碍，都可能引起性欲低下。也有的动物，出现营养过度供给的情况，造成公畜过度肥胖，导致性欲低下，不能正常繁殖。公畜运动不足时，体质差，精力不够，也容易引起性欲低下。采精技术不好、操作不当、假阴道水温过高或者冰冷刺激、假阴道型号不合适都可能引起性欲低下。在配种季节，公畜头数不足，畜群个别公畜配种过度，会引起性欲低下。种公畜频繁配种，在牛、羊、马、犬、猫均可引起性欲低下。一些动物，由于舍饲或者居家饲养，性欲低下。例如，宠物猫中，一些公猫就是如此。

**2. 症状和诊断**　　主要表现为在交配（包括采精）时不能勃起，或者勃起不坚，坚而不持久，缺乏交配能力，不能进入阴道，也不能完成射精过程。在观察其交配动作时，很容易发现一个动物是否性欲低下。但是，要准确找出原因，常要花费大量时间去调查。饲养不良导致的性欲低下，常常可见动物皮包骨头、身体消瘦，或者过度肥胖、行动迟缓。由于配种过度引起的性欲低下，公畜精神萎靡，通过与畜主问诊或检查交配记录可以确定。由于心理疾患或者其他身体潜在问题导致的性欲低下，动物没有交配欲望。也有的动物，具有交配欲望，但是不能勃起，因而无法完成交配。

**3. 治疗**　　首先要查明原因，然后才能采取相应的措施去治疗。例如，改善饲养环境、加强营养、保持足够的运动、在繁殖季节到来前保持接触异性动物，进行相关的诱导。有条件的情况下，也应开展内分泌的检查，由于雄激素合成或者释放有异常的，补充外源性雄激素治疗。性调节中枢出现异常的，使用 GnRH 等对中枢进行调节。先天性发育不良的，淘汰不作种用。配种过度的，应制订合理的配种计划，降低或者停止近期配种行为。人工采精的，避免过度采精。

### （二）性欲亢进

性欲亢进（hypersexuality）是指动物连续出现性兴奋和较高性需求，并形成与之相关的异常行为的疾病。在各类动物都能见到发生，动物中的性欲亢进者，大多行为激进，容易伤人或者攻击同类，是制造任何动物不和谐的主要原因之一。

**1. 病因**　　性欲亢进的形成，可能与生活经历有关，也有一定的遗传因素。公犬在首次配种后，变得很难管理。公猫在配种后，常常离家出走，数日不归。但是并不是所有的犬、猫都这样。性欲亢进者，很容易形成领地意识，并不允许同种同性的动物进入领地，争强好胜，形成攻击行为。从根源上讲，与雄激素过量有关。这些动物体内雄激素合成超过正常水平。也有的动物，有性成瘾疾病发生。

**2. 症状和诊断**　　性欲亢进的公猪，常跃圈出走寻找母猪。公猫频繁排尿到猫砂盆以外的区域。公犬对异性异常迷恋，阴茎常悬吊于包皮之外，有时回缩，但龟头外露。性格上讲，性欲亢进的动物，雄性特征过于明显，常常攻击同类或人类。公犬中的部分，除了阴茎频繁勃起，也喜欢吠叫，到老年很容易发生会阴疝。也有的引起前列腺过度增生问题。观察性行为和了解生活史即可诊断。在遇到前列腺问题的患畜，要调查有无病史。会阴疝的患犬，大多数性欲是亢进的。

**3. 治疗**　　性欲亢进的动物，要及时进行行为学干预和调整。化学药物主要使用抗雄激素，以降低体内雄激素水平。直接绝育，进行睾丸摘除手术，也是非种用动物常采取的措施。除了性欲过剩以外，还有其他并发症的动物，如会阴疝患者因此要考虑到治疗会阴疝同时绝育，并配合行为学干预。

# 第十三章 乳房疾病

乳房是哺乳动物的特化腺体，能将母体的营养物质供给子代。其功能的优劣不仅影响其生产性能，还可能发生疾病，如乳腺炎等，影响到子代的哺乳。

## 第一节 乳房组织结构与功能

哺乳动物的乳房经过长期的自身进化和人工选择，具有极高的泌乳性能，其生长发育和生理活动受到神经系统和生殖内分泌的双重调节。深入了解乳房组织结构和功能是提高母畜生产性能、提高繁殖能力和控制乳房疾病的前提和基础。

### 一、乳房和支撑组织的解剖结构

从组织进化角度来看，乳房由汗腺进化而来，因此，乳房实际上是皮肤腺的衍生物。在组织学分类上，泌乳期的乳房是一个大的小叶形复合的外分泌腺，其膨胀的腺泡腔可贮存乳汁。乳汁是由许许多多的乳腺腺泡分泌的，每一个乳腺腺泡都具有完整的分泌和输送乳汁的腺管结构。乳汁一旦进入微导管中，其成分就不再改变。乳腺腺泡内层为单层细胞。乳汁在腺泡上皮细胞上进行合成。乳腺外层为具有收缩性能的肌上皮细胞，这些包裹在乳腺腺泡外的肌上皮细胞是乳腺所具有的独特细胞。当乳房受到挤奶或者幼畜吮吸等机械刺激时，神经冲动沿脊髓传入中脑和丘脑下部，引起催产素分泌，这些肌上皮细胞受到催产素的刺激而收缩，从而将乳汁从乳腺腺泡的中央空腔中挤出并流入乳腺导管中，随后汇集到大导管，最后注入乳腺乳池。

### 二、牛的乳房结构

**1. 乳房外部解剖结构**　　奶牛乳房位于耻骨部的腹下壁、两股根部之间，由 4 个彼此功能相互独立的乳区构成，乳汁在每个乳区之间互不相通，每个乳区由一个乳头与外界相连。乳房中间的中央悬韧带把乳房分为左右两部分（外表为浅的乳房间沟），每一部分乳房又分为前后两区，前后两区之间没有明显的界线（图 13-1 和图 13-2）。

乳头的长度平均为 5～8cm。乳头通向外界的管道称为乳头管，一般长 0.5～1.0cm，是由乳腺乳池通向体外的细管，其周围围绕着括约肌，最外边的开口称为乳头管口或乳头小孔（图 13-1 和图 13-2）。

**2. 乳房内部解剖结构**

（1）乳头　　乳头由乳腺乳池、乳头乳池、乳头管和乳头管口组成。乳池分为上下两部，上部称为乳腺乳池，下部称为乳头乳池。乳头乳池是乳头内贮存乳汁的地方，外面是皮肤，内面为光滑有皱褶的黏膜。黏膜在乳腺乳池和乳头乳池交界处形成大的环状皱褶，称为乳池棚。乳头乳池下端有通向体外的细管，称为乳头管。乳头管向皮肤外的开口称为乳头管口。乳头管周围有乳头括约肌控制乳头管的开口（图 13-1 和图 13-2）。

（2）实质　　乳腺实质由腺泡、乳腺导管和乳池组成。

腺泡是泌乳的基本单位，总数为 10 亿多个，充满时直径为 0.1～0.3mm。泌乳期的腺泡呈鸭

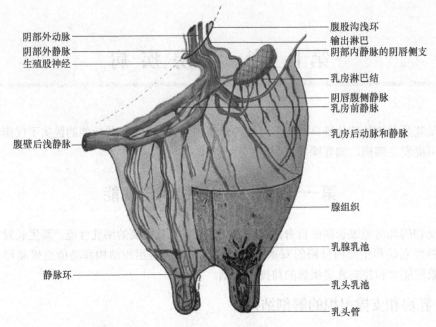

图 13-1　牛乳房的神经分布和血液供应示意图（König and Liebich，2009）

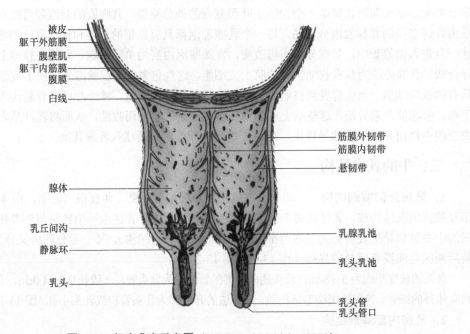

图 13-2　奶牛乳房示意图（König and Liebich，2009）

梨形。腺泡壁由单层立方上皮或柱状上皮细胞构成，每个腺泡都有一条排乳小管——终末管。在腺上皮细胞与基膜之间有肌上皮细胞。该细胞呈树枝状突起，形成网状结构，称为星芒细胞，收缩时能使乳汁从腺泡中排出。

　　乳腺导管是乳腺中乳汁的排出管道系统。它们起于终末管，几个腺泡和各自的终末管共同组成乳腺的基本单位——小叶。小叶内腺管向小叶间的集乳管开口，集乳管汇合成中等大的乳管，再汇合成 5～15 条大的输乳管，分别向乳腺乳池开口，腺泡分泌的乳汁，最后注入乳池中潴留。腺管外壁都有平滑肌纤维包围。

乳池为乳腺实质下部连接乳头处的空腔，其侧壁和上壁有 5～15 条输乳管的开口。乳池分为上下两个部分，上部称为乳腺乳池，容积一般为 100～400ml，下部称为乳头乳池，容积一般为 30～45ml。乳头乳池下端与乳头管相连，经乳头管口将乳汁输送到体外（图 13-2）。

（3）间质　乳腺间质主要由结缔组织和脂肪组织构成，其中含有丰富的血管、淋巴管、神经和韧带等组织。

乳房的血管非常丰富和粗大，左右两侧基本对称。动脉有乳房动脉和会阴动脉两条，乳房动脉来自阴部外动脉，是分布到乳房的主要动脉。进入乳房前为乳房动脉，向前向后的分支为乳房基底前动脉和乳房基底后动脉（图 13-1）。进入乳腺后又分为两支，乳房前动脉和乳房后动脉。会阴动脉来自阴部内动脉。乳房的静脉每侧有三条，即腹皮下静脉（乳静脉）、阴部外静脉和会阴静脉。乳静脉沿腹白线旁侧蜿蜒前行，通过肋弓软骨后缘的"乳井"向上进入胸腔下部，为胸内静脉，然后进入前腔静脉。"乳井"一般身体每侧一个，其大小常能反映泌乳量的高低。

左右乳房各有一组淋巴系统。起源于腺泡周围组织间隙的毛细淋巴管，在小叶间汇聚成淋巴管，然后向上汇聚到乳上淋巴结（图 13-1）。乳上淋巴结位于乳房基底部的后上方，呈上下扁的椭圆形，约鸡蛋大小，一般 1～2 个。

支配乳房的神经有第一和第二腰神经、精索外神经、会阴神经及交感神经。神经在乳房受刺激而引起乳腺腺泡排空的神经体液反射中，起重要作用。

乳房的主要支持结构有乳房悬韧带和乳房侧韧带。悬韧带由腹黄筋膜延伸而来，从腹白线向下形成一片纵行的乳房中隔。侧韧带由骨盆腹侧盆下腱延伸而来，包在整个乳腺的周围。这两组韧带分出许多板状枝深入乳腺结缔组织，构成乳腺网状支架，并互相连接起来。当乳房充满乳汁时，由于两种韧带弹性纤维方向的不同，乳房在水平方向更易膨大。一旦悬韧带失去弹性，就会导致乳房下垂，严重者甚至离开腹壁，变成垂乳（图 13-2）。

**3. 乳腺的发育**　哺乳动物乳腺发育最早出现在其胚胎早期，初情期前后虽也有不同程度的生长，但大约到妊娠晚期或泌乳早期才达到完全发育状态。小牛在胚胎期发育成乳腺的某些细胞和皮肤腺的发育相似。乳腺导管和乳腺腺泡由复杂且高度特化的外胚层发育形成。因此乳腺组织也可以被认为是外周器官，而不是内脏器官。

## 三、泌乳生理

（一）乳汁

**1. 乳汁的成分**　乳汁的主要成分有水，蛋白质、脂肪、乳糖及各种矿物质、维生素等，其中水分占 90% 左右，含水量主要是由乳糖浓度决定的。乳汁中蛋白质含量为 3%～4%，乳蛋白中 80% 是酪蛋白。乳汁的脂肪含量为 3.5%～5.2%，乳脂主要是三酰甘油。乳汁中的矿物质主要为氯、钾、磷、钠、硫和镁。维生素包括维生素 A、维生素 D、维生素 E、维生素 K 和大多数的 B 族维生素，特别是维生素 $B_2$。

**2. 乳汁的物理性质**

（1）乳汁的颜色　乳汁中酪蛋白乳糜微粒折射光使得乳汁呈白色。乳脂中的胡萝卜素含有不同浓度的黄色素使乳汁呈现独特的淡奶油色。

（2）乳汁的密度　乳汁的密度与乳脂和乳蛋白含量相关。一个含有 3% 乳脂的乳汁样本在

4℃下的密度是 1.0295g/ml，而当脂浓度升高到 4.5%时，乳汁密度下降到 1.0277g/ml。此外，其他因素如温度等同样会影响乳汁的密度。

（3）乳汁的冰点　　乳汁的冰点为－0.525℃，主要受乳糖含量影响。

（4）乳汁的 pH　　正常乳汁的 pH 是 6.6～6.8。

**3. 初乳**　　一般将母畜分娩后 3～5d 所产的乳汁称为初乳。初乳颜色多为微黄，如同花生油状，在煮沸时发生凝固，呈豆腐样。其中含有大量的免疫球蛋白、清蛋白，还有白细胞、各种酶、溶菌素、维生素（维生素 A、维生素 C 和维生素 D）和无机盐类（主要是镁盐）等。乳汁中的 IgG 直接来源于血清，刚刚出生的幼畜对免疫球蛋白的吸收能力最强，随后吸收能力逐渐下降，出生 36h 后幼畜对免疫球蛋白的吸收几乎下降到 0，这也是幼畜一出生就要尽快喂初乳的原因。

## （二）泌乳

乳腺腺泡从血液摄取营养物质生成乳汁，并分泌入腺泡腔内的过程，称为泌乳。乳腺的泌乳启动受神经体液调节，其中激素调节占主导作用。

乳汁是在乳腺腺泡中的上皮细胞中生成的。催产素可使乳腺腺泡的肌上皮细胞收缩排出乳汁。乳汁由腺泡排出后，进入乳腺导管，同时乳腺导管、乳腺乳池和乳头乳池扩张，以容纳排出的乳汁，这时乳头括约肌收缩，令乳汁停留在乳腺内。

## （三）排乳

排乳俗称"放奶"，幼牛吮奶或挤奶时，刺激乳房的神经末梢，以及受听觉、视觉或嗅觉等刺激时，产生神经反射到达丘脑下部，迅速导致催产素的释放，催产素引起腺泡外周平滑肌强烈收缩使乳汁在很短时间内排出。乳汁排出过程中，首先排出的是乳池内的乳，即乳池乳；接着在排乳反射调节下排出腺泡及乳导管内的乳，即反射乳；乳房内还会剩余小部分不能排尽的残留乳。排乳过程受神经系统和激素的双重调节。

## （四）干乳

泌乳高峰期后，乳腺会发生退行性变化即乳腺的回缩。奶牛通常在两个泌乳期之间有 50～60d 的干乳期。干乳期奶牛的原有乳腺组织退化，乳腺腺泡逐渐缩小，间质中再次出现脂肪，实质缩小到导管系统，残留的乳汁逐渐被吸收，然而为适应下一个泌乳期到来，又会重新形成新的乳腺组织，这就是乳腺的重建过程。所以，泌乳期之间的干乳期对于奶牛下一个泌乳期的奶产量十分重要。如果奶牛正处在妊娠期，乳腺萎缩的过程将被乳腺准备进下一个泌乳期的发育所补偿。

# 第二节　乳　腺　炎

各种动物均可罹患，多见于奶牛、奶山羊、母猪和母犬。

## 一、奶牛乳腺炎

乳腺炎（mastitis）是乳腺受到病原微生物、物理和化学等因素刺激引起的一种乳腺实质或间质的炎性病理过程，导致乳腺泌乳功能障碍和乳汁发生物理化学性质变化的疾病。其特点是乳腺组织发生病理变化，乳汁中的体细胞总数（somatic cell count，SCC）增多，乳的性状和品质发生异常。在患病期间，患病乳叶组织受到损伤后，乳腺泌乳细胞被破坏，受损的乳腺小叶中的细胞开始变形、增生，有些死亡脱落，导致患叶乳汁生成急剧下降或完全停止，甚至影响健康乳叶的泌乳，特别是转为慢性炎症时，乳腺通常出现不可恢复的变化，丧失泌乳功能，使奶牛过早被淘汰。乳腺炎不仅会导致乳品质降低、增加牛群的更替成本、影响奶牛繁殖能力，而且患乳腺炎奶牛的产奶量难以完全恢复到它原来的正常泌乳水平，因此奶牛乳腺炎是造成奶牛养殖损失最严重的疾病之一。另外，患乳腺炎奶牛的乳汁中常含有大量的微生物和细菌毒素，饲喂犊牛可能引起严重的胃肠疾病，给人食用，还可能给人们的健康带来威胁。

（一）病因

奶牛乳腺炎的发生和奶牛的自身因素、病原微生物因素、饲养管理因素密切相关（图 13-3）。乳腺炎的病因非常复杂，多为各种外部致病因素（感染、中毒、物理化学性损伤和挤奶方法不当等）与内因（乳头异常、高产奶量、产后机体与乳房状态、乳房发病的遗传特性等）的联合作用，其中最为关键的可能与挤奶过程中消毒不严、乳头损伤等导致多种非特定病原微生物的感染有关。

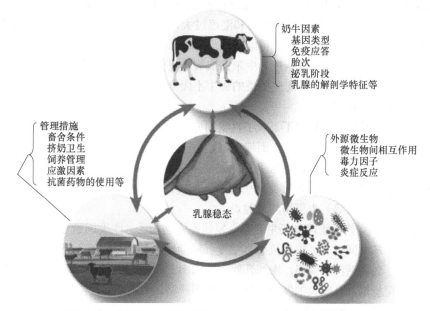

图 13-3　乳腺稳态的决定因素（Derakhshani et al.，2018）

**1. 内因**　　奶牛的遗传、体质、体型与其是否患乳腺炎密切相关，如乳头括约肌松弛、乳头端缺陷、韧带松弛、乳房下垂、乳区（乳叶）发育不匀称等均会增加患乳腺炎的风险。经产老龄奶牛，抗病力减弱，乳房组织（尤其是乳头管口）紧张度降低，病原菌容易侵入，诱发乳腺炎。此外，产前 2～3 周，乳房的腺体、血管和神经的生长进入最旺盛阶段，腺泡间组织有各种细胞浸润，血流旺盛，且发生水肿。此时似乎到了生理与病理的临界点，使乳房组织对外界各种不良因素的抵抗力明显下降。另外，母牛分娩也会使机体消耗很大，机体抵抗力明显下降。产后母牛开始泌乳，越是高产奶牛乳腺功能变化越旺盛，从而也就越容易遭到破坏，易从生理状态转为病理状态；同样高产奶牛因乳腺组织特别发达，受间质的支持和保护也不如低产奶牛。由于这些因素的存在，发生乳腺炎的机会就多。

性激素也会影响奶牛乳腺炎发生。奶牛乳腺炎多发生在发情期后 3～9d，可能与该期间体内性激素活性高，促进葡萄球菌等病原菌的增殖有关。

**2. 外因**　　引起乳腺炎的外因很多，归结起来可分为以下几个主要类型：感染、生活环境、中毒、物理化学性损伤等。

（1）感染　　主要由多种非特定病原微生物引起，包括细菌、病毒、支原体和真菌等，已从患乳腺炎奶牛的乳汁中分离到了 130 多种微生物，较常见的有 20 多种，以细菌为主，其中金黄色葡萄球菌、无乳链球菌、停乳链球菌、化脓链球菌、兽疫链球菌和乳房链球菌比较多见；其他的病原微生物还有大肠杆菌、克雷伯氏杆菌、产气荚膜杆菌、绿脓杆菌、化脓棒状杆菌、结核杆菌、布鲁氏菌、念珠球菌、隐球菌、毛孢子菌、曲霉菌、诺卡氏菌、放线菌、支原体、钩端螺旋体、牛乳头尖疱疹病毒、牛痘病毒和口蹄疫病毒等，这些病原微生物都可引起乳腺炎。引起乳腺炎的致病微生物复杂多样，而且又有地区差异性，在临床中，往往是两种或两种以上的病原微生物共同作用于机体，呈现混合感染，一般细菌混合感染的比较常见，大部分是葡萄球菌和链球菌混合感染，多为无乳链球菌、停乳链球菌、乳房链球菌、金黄色葡萄球菌和表皮葡萄球菌混合感染，优势菌群会因地区、环境、饲养管理条件、奶牛个体差异的不同而不同。

（2）生活环境　　奶牛生活环境是乳腺炎致病菌的主要栖息处。污脏的地面、牛床、牛床垫料（二维码 13-1），室内通风不良和湿度过大，牛群拥挤等都可促使乳腺炎的发生。通常夏季发生乳腺炎的概率高，可能与环境卫生、产仔季节和干乳期时间等因素有关。另外，对奶牛随意转群，对新进奶牛未完成规定时间隔离观察提前合群，也会因新进奶牛带菌而增加感染风险。对患乳腺炎的病牛不隔离，诊断和治疗不及时，难以消除牛群中的传染源，增加了牛群发病概率。

二维码
13-1

（3）中毒　　当发生产后胎衣不下或子宫复旧延迟而恶露难以排出时，停滞的胎衣分解产物和恶露等和细菌毒素被子宫内膜吸收，而造成毒素进入乳腺组织，引起乳腺炎。另外，饲料中毒或胃肠道疾病时产生过量内毒素，也常引发乳腺炎。

（4）物理化学性损伤　　由温度变化引起的乳房烫伤、冻伤及化学物质灼伤（如生石灰、强酸、强碱试剂清洁不到位等）也可引起乳腺炎。

（5）奶厅管理　　奶厅管理与奶牛乳腺炎发病率密切相关。主要因素包括挤奶杯衬垫老化，奶杯密封不严、挂杯时间过长、挤奶机的真空度、脉动频率和脉动比例不当等导致的过挤现象，导致乳头孔外翻，乳头括约肌受损，增加乳腺炎发病率。此外，挤奶机的真空度、脉动频率和脉动比例不合理也可能增加乳腺炎的发病。挤奶操作不严格，如挤奶前药浴液在乳头上的时间不足 30s，头三把奶挤得不充分，药浴液中有效碘浓度不够等也会增加乳腺炎发病率。

（6）营养　　因瘤胃酸中毒（亚临床酸中毒居多）造成的瘤胃菌群紊乱，革兰氏阴性菌大量死亡而释放出内毒素，内毒素通过瘤胃壁吸收入血后随着血液循环进入泌乳的乳腺，导致乳腺炎。此外，奶牛日粮氮不平衡，导致瘤胃降解蛋白不能充分被瘤胃微生物利用，而以尿素氮的形式吸收入血，随着血液循环到达乳腺，同样会引起炎症。这两种营养因素引起的乳腺炎难以治愈且病情易复发，表现为在应激条件下（天气突然变化，转群等）奶牛抵抗力差、临床乳腺炎高发、治愈率低等。

（7）牛体状况　　主要是指乳腺防卫机制减弱、抵抗力下降或乳房外伤。常见于新产牛产后处于短期免疫抑制，以及由食欲下降、干物质采食量不足导致的机体抵抗力下降。

（二）乳腺的自然防御机制

**1. 物理防御机制**　　乳头管是最重要的阻止病原微生物侵入的物理屏障，其与乳头皮肤一起构成乳房防御感染的第一道防线。乳头末端含有括约肌，其控制乳导管的开张与闭合，若乳导管开放或者闭合不全则容易导致细菌进入乳腺，诱发乳腺炎。乳头管内皮具有一层排列紧密的角质细胞，该细胞不仅能够捕获入侵的细菌，其分泌的角蛋白含有豆蔻酸、棕榈酸、亚油酸等抑菌成分。挤奶后乳头管口可开张约2h，因此挤奶后保持奶牛站立能有效降低乳腺炎的发病率。育成母牛的乳头末端和乳头管是病原菌的定植部位，因此能够良好地保持乳头管清洁对预防初产母牛乳腺炎非常重要。

**2. 细胞防御机制** 病原菌越过乳头管或皮肤组成的物理屏障后，启动乳腺的细胞免疫。乳腺的细胞免疫系统包括巨噬细胞（macrophage）、中性粒细胞、T淋巴细胞、B淋巴细胞、补体系统、自然杀伤细胞（natural killer cell，NK细胞）和一些体液因素，其中巨噬细胞和中性粒细胞起主要作用。

（1）巨噬细胞 其是健康奶牛乳腺和乳汁中的主要细胞。巨噬细胞具有很强的吞噬和杀菌功能，然而发生乳腺炎时，巨噬细胞数量很少，吞噬能力有限，其主要通过分泌具有趋化作用的细胞因子和白三烯吸引中性粒细胞进入乳腺加工处理和提呈抗原，参与体液免疫和细胞免疫。

（2）中性粒细胞 其是乳腺中最重要的专职吞噬细胞。在没有炎症的情况下，中性粒细胞主要存在于血液中，发生乳腺炎时，中性粒细胞在炎性介质的诱导下从血液迁移至乳腺，其数量可占整个乳腺白细胞数量的90%以上，将乳腺的病原菌吞噬和杀灭。

**3. 体液预防系统** 乳腺内对细菌防御的体液免疫主要有IgA、$IgG_1$、$IgG_2$和IgM 4种免疫球蛋白。由血清进入乳汁的IgG是主要的抗体，IgA和IgM则可能由局部合成后进入乳汁。发生炎症时免疫球蛋白含量可增加2～3倍。抗体能够有效调理细菌，以便中性粒细胞的吞噬。此外，乳铁蛋白、溶菌酶、乳素、调理素等其他多种抑菌和杀菌物质在维护乳房健康中同样发挥重要作用。

（三）发病机制

乳腺炎的病理过程是病原体与乳房防御系统相互抗争（感染与抗感染）的过程。乳头管括约肌是乳房防御病原体感染的第一道防线，而乳汁中的杀菌成分和体细胞构成了乳房防御病原的第二道防线。当乳头管开放、闭合不全或受到损伤而导致乳腺防御能力下降时，病原体就会突破第一道防线通过乳头管进入乳腺。当病原体达到一定数量、毒力增强导致免疫力下降时，病原体会在乳区内增殖，建立感染，引起一系列的病理变化，诱导乳腺炎的发生。

（四）分类及症状

根据病原微生物、病理变化、病程、发病部位和症状等，现有不同的分类方法。对于不同类型乳腺炎的分类，目前较为常用的有3种。国际乳业联盟（International Dairy Federation，IDF，1985）根据乳汁能否分离出病原微生物而分为感染性临床型乳腺炎、感染性亚临床型乳腺炎、非特异性临床型乳腺炎、非特异性亚临床型乳腺炎。СтубДеНцОВ（1946）根据炎症的性质将乳腺炎分为浆液性乳腺炎、卡他性乳腺炎、纤维蛋白性乳腺炎、化脓性乳腺炎、出血性乳腺炎和特殊性乳腺炎。目前最常用的分类方式为美国国家乳腺炎委员会（National Mastitis Committee，NMC，1987）根据乳房及乳汁中有无肉眼可见的变化进行的分类，将乳腺炎分为非临床型乳腺炎即隐性乳腺炎、临床型乳腺炎和慢性乳腺炎。

（1）隐性乳腺炎 乳房和乳汁都无肉眼可见变化，要用特殊的试验才能检出乳汁的变化。最常用的检测方法有两种，一是体细胞计数法，就是计算每毫升乳汁中的体细胞总数，这是确诊隐性乳腺炎的基准，也是与其他方法做对照的基准，用这种方法判定最为准确，但操作烦琐，不

二维码
13-2

二维码
13-3

宜在临床中现场应用；二是加利福尼亚州乳腺炎检测法（California mastitis test，CMT），根据颜色和黏稠度变化，可在现场迅速做出诊断（二维码 13-2 和二维码 13-3）。

二维码
13-4

二维码
13-5

（2）临床型乳腺炎　　乳房和乳汁均有肉眼可见的异常变化，乳汁中含有絮片，乳房出现红、肿、热、痛的炎症反应，即可认为是临床型乳腺炎。一般轻度临床型乳腺炎乳汁中有絮状物和乳凝块，有时呈水样，颜色发黄（二维码 13-4 和二维码 13-5）或发红，乳房轻度发热，疼痛或不热不痛，有的肿胀，重度临床型乳腺炎患乳区红肿热痛，乳汁分泌异常，乳量减少，并出现全身症状，如发热、食欲废绝等。根据病程的长短和病情的严重程度又可分为特急性、急性、亚急性。

特急性乳腺炎：以突然发生、乳房重度发炎、水样或血样乳，甚至无乳为特征。病牛可出现败血症或毒血症，且全身症状往往先于乳房和乳汁异常。病牛体温升高至 39.5～42℃，食欲减退、精神沉郁、反刍减少、脱水，严重者可导致死亡。局部症状主要表现为发病乳区呈红色（二维码 13-6），疼痛明显，乳汁异常。此类型乳腺炎很难治疗，大多数淘汰或者死亡。

二维码
13-6

急性乳腺炎：以突然发病、乳房中度发炎，表现红、肿、热、痛，乳汁显著异常（水样奶或纤维蛋白奶），奶量减少为特征。病牛表现体温升高、食欲减退、精神沉郁等全身症状，但其程度比特急性乳腺炎轻。

亚急性乳腺炎：是一种温和的炎症。乳房有或无眼观变化，通常乳中可见小的薄片或凝乳块，乳汁颜色变淡。一般没有全身症状。表现为患病乳区持续性的肿块，有时乳房肿胀，产奶量下降。通常是急性乳腺炎的持续或康复阶段。此类乳腺炎通常发生于经过抗生素治疗的牛，未经治疗的病牛，尽管症状温和，往往导致乳腺炎反复发作，尤其是金黄色葡萄球菌引起的亚临床型乳腺炎。

（3）慢性乳腺炎　　由乳房持续感染所引起，通常没有临床症状，常以亚临床的形式（处在隐性乳腺炎阶段）持续几个月甚至几年，偶尔可发展成临床型乳腺炎，但在短时间突发以后，通常又转变成非临床型。慢性乳腺炎一般是由急性临床型乳腺炎处理不及时或者治疗不完全，造成持续感染，使乳腺组织渐进性发炎的结果。全身症状不明显，仅是乳房有肿块，乳汁变清，有絮状物，产奶量明显下降，长期可导致乳腺组织纤维化，乳房萎缩（二维码 13-7）。慢性顽固性乳腺炎，乳房可见坚硬的肿瘤、肿块，大小不一，形状呈圆形或卵圆形。乳汁中有薄片或者脓样分泌物。本病很容易复发，而且很难治愈。

二维码
13-7

（五）诊断

临床型乳腺炎根据其临床症状，如乳房红、肿、热、痛，拒绝人工挤乳，乳汁出现絮状物，乳汁分泌不畅，产奶量下降或产奶停止，乳汁中出现血液（二维码 13-8）、絮状凝块等，较易做出诊断；隐性乳腺炎，因奶牛乳房和乳汁均无肉眼可见的变化，需要对乳成分进行检测诊断；此外，通过分离培养、生化实验、分子诊断技术等确定感染的病原微生物可对乳腺炎做出诊断。

二维码
13-8

**1. 一般临床检查**　　在进行全面的全身检查后进行乳房的局部检查。检查的方法包括问诊、视诊、闻诊、触诊和试行榨乳等。

（1）问诊　　根据发病时间可区分乳腺疾病的急、慢性，以及了解疾病发生发展的变化过程。了解过去是否发生过乳腺疾病，确定是不是旧病复发，并了解牛群的发病情况，是散发还是群发，如果是群发就要考虑是否存在传染病或者中毒等。了解是否采取过治疗及治疗的方法和用药种类及剂量如何，是否长期使用某种抗生素，以推断有无可能产生耐药性或发生真菌继发感染的可能。

在管理利用方面，主要询问饲料质量如何，保存的方法是否得当，营养是不是全价，矿物质和维生素如何补给及补给的量，饲料是怎样饲喂的，每天饲喂的次数等；在饲养环境方面，询问牛是舍饲还是放牧，舍饲的牛舍是开放的还是封闭的，牛床大小和结构如何，牛舍、牛床和运动场的卫生状况等；挤奶卫生状况包括饲养人员和挤奶工人健康状况，挤奶时工人手臂清洗和消毒情况，挤奶准备擦拭用的水、毛巾，挤奶器械（榨乳杯等）清洗卫生和消毒情况等；挤奶设备和技术方面，询问机械挤奶时机器是自动的还是半自动的，各个参数的设置情况，挤奶前擦拭乳房和按摩乳房的时间多少，挤奶技术熟练程度，定期的检修情况等；针对母牛的繁殖史，询问发病时处于分娩的什么阶段，发情周期正常与否，配种时间，产犊时间和干奶期长短等；在泌乳史方面，询问处于泌乳的什么时期，泌乳量如何，以往的奶量和上一胎次的奶量，以往的挤奶方法和条件等。

（2）视诊　检查者站在牛的后面或侧面进行观察。观察各乳叶的形状、大小、位置及对称性；乳头及乳头管的形状，是否漏奶；乳房被毛的完整性如何，有被毛缺损提示可能存在损伤；乳房皮肤是否存在损伤、皮肤病、瘢痕、水疱、血疹及溃疡，皮肤的颜色是什么样，有没有新生物等。另外，要挤两把奶，看乳汁是否正常，有没有内容物，如凝乳块、絮状物等，以及是否存在异常分泌物。

（3）闻诊　健康奶牛所分泌的乳汁具有牛奶固有的香味。闻诊包括乳汁有无臭味，如有恶臭味，可能为化脓棒状杆菌性乳腺炎或坏疽性乳腺炎等。

（4）触诊　用手触摸乳头管、乳头乳池、乳头管管壁、乳池棚、乳腺乳池、乳腺皮肤、乳腺实质组织及乳上淋巴结等。

触诊时应先触诊表面和浅层部位，然后逐渐向深层触摸。一般触诊乳房的方法都是由乳头尖端开始，向上逐渐检查。首先将两只手的手背同时放于两乳区相对称的部位，感觉皮温是升高还是降低。然后进行乳腺实质部位的触诊，用手掌进行，触摸感觉敏感性如何，并用手掌按揉实质，正常的实质软硬度为挤奶前有明显的坚实感，挤奶后质地柔软，且稍有弹性，乳腺实质纹路清晰。检查时注意实质内有无条状或囊状的肿胀物。触诊时还要感知皮肤的紧张性、皮肤厚度和可移动性。

乳头和乳头管的触诊，要用一只手的拇指和食指固定乳头的基部，以另一只手的拇指和食指检查；以两手指相互揉动，正常时感觉到乳头管有较坚实感。检查时注意乳头管有无外伤、肿瘤及乳头管的软硬度和温度。乳头乳池也是用手指揉动检查，正常时为柔软，薄厚均匀，没有块状或条状的坚实物，也没有固定或游动的块状物，如乳凝块、血凝块、纤维凝块、脓块、纤维性乳头瘤或息肉。用手指揉动检查乳池棚，正常时位于乳头基部，呈枕头牙子状，柔软有皱褶，没有赘生物和增厚现象。

检查左侧乳上淋巴结时，用左手顶起乳房，右手由正中线开始向外侧触诊乳房后缘。右侧检查方法相同。正常的乳上淋巴结有鸡蛋大小，有弹性。发炎时淋巴结肿大，触摸敏感，坚实并且不可移动。

（5）试行榨乳　即在检查乳腺时挤几下奶。其目的在于凭借手感和乳流强度，了解乳头括约肌的收缩力、乳头管及乳池状态、乳和乳腺分泌物的气味及眼观性状。

**2. 乳汁的实验室检查**　隐性乳腺炎无临床症状，乳汁也无肉眼可见的变化，但乳汁的pH、导电率和乳汁中的体细胞数（主要是白细胞）、氯化物均比正常高，同时相关酶的特性发生明显变化。有关乳汁理化检查的主要方法主要包括乳汁中体细胞计数法、物理检验法和乳汁酶学检测。

（1）乳汁中体细胞计数法　　乳腺炎的特点之一是乳汁中体细胞数，特别是白细胞数显著增多。同时，受损脱落的上皮细胞也进入乳汁。因此，可根据乳汁中的体细胞数来判断隐性乳腺炎。加利福尼亚州乳腺炎检测法是目前用于间接测定乳汁中体细胞数最为常用的方法，该方法尽管结果受人为判定影响不是十分准确，但操作简单、成本低。

二维码
13-9

（2）物理检验法　　乳腺炎时，乳中氯化物含量增加，电导率上升，用物理方法检验乳汁电导率值的变化，诊断隐性乳腺炎，方法迅速而准确。现有 AHI 乳腺炎检测仪、SX-I 型乳腺炎检测仪和 XND-A 型检奶仪乳等可供检验用（二维码 13-9）。

（3）乳汁酶学检测　　乳腺炎的发生会导致乳汁中的一些酶活发生改变，其中一些酶活性已经用于评估奶牛乳腺炎，如乳酸脱氢酶（LDH）、$N$-乙酰基-$\beta$-D-氨基葡萄糖苷酶、乳过氧化物酶（LP）、碱性磷酸酶（ALP）和髓过氧化物酶（MPO）等。

**3. 乳汁病原学检测**　　为了确定牛群中引起乳房感染的微生物种类，尤其是确诊乳腺炎的病因，取患病乳区乳汁样本进行病原微生物检测非常有必要，这样既可以了解致病因素，从而采取有效措施，同时对分离病原菌进行药敏试验，又可指导临床用药，使药物治疗更有针对性。

（1）病原微生物的分离鉴定　　病原微生物的分离鉴定是诊断奶牛乳腺炎的标准方法。通常通过采样、细菌分离培养、染色镜检、培养性状及生化鉴定等步骤确定病原微生物的种属。如果有需要，可根据条件进行细菌的种、型鉴定，也可以进行细菌的血清型鉴定，以及进行动物接种试验和毒力测定等内容，确定感染乳腺炎的致病菌的毒力。

然而，对于非特异性隐性乳腺炎，乳房和乳汁中不但没有肉眼可见的异常变化，乳汁中也检测不到病原菌，因此很容易产生假阳性结果；另外，有些细菌虽然可以在乳汁中检测到，但是该奶牛却不一定发病。因此，根据乳汁中是否能够检测到病原菌判断奶牛乳腺炎发生与否需要综合分析。

乳汁病原微生物的分离鉴定的优点是可以对乳腺炎发生与否做出准确诊断及对其药敏性做出鉴定，从而提供有针对性的抗生素对乳腺炎进行治疗。然而，病原微生物培养鉴定具有工作量大、耗时长等局限性。

（2）分子诊断技术　　分子诊断技术具有快速、敏感和特异的特点，可以在数小时内对病原微生物做出鉴定，而且分子诊断技术还能对一些用传统生化试验和血清学方法很难或无法鉴别的病原菌（如凝血酶阴性葡萄球菌、乳房链球菌等）进行鉴定。聚合酶链反应（polymerase chain reaction，PCR）技术是应用比较广泛的一种检测技术。此外，免疫印迹技术、荧光定量 PCR 技术、基因芯片技术、宏基因组学、16S rRNA 基因测序等均在奶牛乳腺炎诊断中得到了应用。

（3）自动化技术在微生物检验中的应用　　微生物鉴定的自动化技术近十几年得到了快速发展。数码分类技术集数学、计算机、信息及自动化分析为一体，采用商品化和标准化的配套鉴定和抗菌药物敏感试验卡或条板，可快速、准确地对临床上数百种常见分离菌进行自动分析鉴定和药敏试验。目前自动化微生物鉴定和药敏试验分析系统已在世界范围内临床实验室中广泛应用，下面简要介绍有关情况。

1）微生物数码鉴定法。数码鉴定是指通过数学的编码技术将细菌的生化反应模式转换成数学模式，给每种细菌的反应模式赋予一组数码，建立数据库或编成检索本。通过对未知菌进行有关生化试验并将生化反应结果转换成数字（编码），查阅检索本或数据库，得到细菌名称。其基本原理是计算并比较数据库内每个细菌条目对系统中每个生化反应出现的频率总和。随着电脑技术的进步，这一过程已变得非常容易。

2）自动化微生物鉴定和药敏试验分析系统。自动化微生物鉴定和药敏试验分析系统在临床微生物实验室的应用，为微生物检验工作者对病原菌的快速诊断和药敏试验提供了有力工具。鉴定系统的工作原理因不同的仪器和系统而异。不同的细菌对底物的反应不同是生化反应鉴定细菌的基础，而试验结果的准确度取决于鉴定系统配套培养基的制备方法、培养物浓度、孵育条件和结果判定等。大多鉴定系统采用细菌分解底物后反应液中 pH 的变化，色原性或荧光原性底物的酶解，测定挥发性或非挥发性酸，或识别是否生长等方法来分析鉴定细菌。

药敏试验分析系统的基本原理是将抗生素微量稀释在条孔或条板中，加入细菌悬液孵育后放入仪器或在仪器中直接孵育，通过测定细菌生长的浊度，或测定培养基中荧光指示剂的强度或荧光原性物质的水解，观察细菌的生长情况。在含有抗生素的培养基中，浊度的增加提示细菌生长，根据判断标准解释敏感或耐药。

（六）治疗

奶牛的泌乳有周期性，乳腺炎又分为多种类型，因此对于乳腺炎的治疗要根据不同的时期和不同的类型而采取相对应的措施。

**1. 治疗原则**　　先尽可能地挤出乳汁，疏通乳腺导管，防止细菌滋生及激发感染，杀死已侵入的病原微生物，防止病原微生物继续侵入，减轻或消除乳房的炎性症状。治疗要遵循以下基本要求。

1）早发现，早治疗。乳腺的急性炎症发展迅速，治疗要及时，以免转为其他类型。

2）要查清和消除病因及诱因。

3）将患牛与健康牛分隔开饲养。

4）创造提高疗效和促进健康恢复的良好条件。牛舍安静、温暖、清洁，通风良好；垫草干净，经常更换；去掉多汁饲料并限制饮水。

5）调节挤奶程序及方法。挤奶时先挤高产奶牛，后挤低产奶牛；先挤健康牛，后挤患牛；先挤健康乳叶，后挤患病乳叶；先挤病轻乳叶，后挤病重乳叶等。挤出的乳房内容物要妥善处理，不可随地倾倒，同时加强挤奶卫生。

6）治疗措施要灵活应用，根据发病原因和组织变化程度而异。在治疗乳腺炎局部症状的同时，还应当注意结合提高机体抵抗力。

**2. 治疗方法**

（1）抗生素全身治疗　　本法应用广泛，收效迅速而明显。抗生素治疗必须选择敏感有效（注意抗菌谱）而副作用小的抗菌药，使之在感染部位达到和维持有效浓度，并坚持适当的疗程。若由于条件限制无法确定病原微生物的种类，通常青霉素和新霉素对无乳链球菌、停乳链球菌和乳房链球菌均有效。红霉素、新霉素对大肠杆菌性乳腺炎，庆大霉素对绿脓杆菌性乳腺炎有效。

（2）乳房神经封闭

1）大小腰肌间封闭。取长 10～12cm 封闭针，在第 3～4 腰椎横突，距躯干中线 6～9cm 处与棘突呈 55°～60°刺入，抵椎体后退回 2～3mm，即达到大小腰肌间疏松结缔组织内，每侧注入 0.25%～0.5%普鲁卡因溶液 80～100ml。

2）会阴神经封闭。将牛尾拽到一侧，对阴唇下联合及其附近消毒；以右手上推阴唇下联合，并触到坐骨切迹；沿坐骨切迹中央水平刺入 1.5～2cm；注入 3%普鲁卡因溶液 15～20ml。

3）乳房基底封闭。封闭乳房前叶时，将乳叶向下方推压，充分暴露乳房和腹壁的间隙，在乳房侧面转向前方的交界处，将封闭针头朝向对侧膝关节刺入 8～10cm，每叶注入 0.25%～0.5% 普鲁卡因溶液 150～200ml。封闭乳房后叶时在乳房基部后缘，中线旁开 2cm，将针头对向同侧腕关节方向刺入，深度和注射浓度及量同前叶。如果能在发病后的 2～3d 采用本法，通常有良好效果，一般在用药后 1～3d 趋于痊愈。

（3）中药疗法　　乳腺炎在中兽医学上称为"乳痈"，认为是由于饲养管理失宜，邪毒从乳头管或乳房伤口侵入乳房，与积乳互结，乳络受阻而成病。由于邪毒蕴结化热，乳络不畅，乳汁凝滞，乳房出现红肿热痛、乳汁败坏、分泌减少，以及出现精神不振、体温升高、心搏加快、食欲减少等全身症状。因此应以清热解毒、活血化瘀为治疗原则。

从中兽医经络学角度看，乳腺炎发病除外伤性外，多为阳明胃经实热、厥阴肝经郁滞、冲任二脉失调，致使乳房脉络不畅，乳汁积滞发热腐败而成，从经络学的角度上看，应以疏肝理气、疏通乳络为治疗原则。

治疗乳痈的方剂"公英散"，具有清热解毒、消肿散痈的功效，其方剂组成为蒲公英、银花、连翘、丝瓜络、通草、芙蓉叶和浙贝母。方中蒲公英清热解毒，消痈散结为主药，配合银花、连翘、芙蓉叶清热解毒，丝瓜络、通草通络消肿，浙贝母消肿散痈均为辅佐药，诸药合用则有清热解毒、消肿散痈之功效。

也可用复方公英煎剂、公英加味散、乳疾宁、六茜素和合成鱼腥草等治疗临床型乳腺炎。以蒲公英、紫花地丁、青皮、赤芍、木鳖子混合制成针剂，经乳池注射、乳房涂擦、肌内注射 3 种方法，治疗奶牛隐性乳腺炎。

（4）乳房内灌注疗法　　在乳头管通透性良好时，向乳腺内注入抗菌药物，可迅速弥散到乳腺实质，对各种类型的急性乳腺炎都有较好的疗效。

药物包括 3%硼酸、0.05%～0.1%雷佛奴尔、0.02%呋喃西林、1%～2%氨苄磺胺、1%过氧化氢、0.02%高锰酸钾和 2%鱼石脂等，在药物注入后 2～3h 后轻轻挤出，每日 1～2 次。也可用抗生素，如青霉素 20 万 IU 和链霉素 50 万 IU，或土霉素 50 万 IU，溶于 100ml 的 0.25%普鲁卡因溶液或蒸馏水中，在挤净乳汁和炎性分泌物后注入。注入后抖动乳头基部和乳房，每日 2 次，连用 2～4d。

注入时注意：挤净乳房内容物，做好乳头和乳头管外口的消毒。注药时控制注入的药量和压力，防止造成上行感染。一般乳头乳池和乳腺乳池的总容量最大为 500ml。注入时尽量减少通乳针等进出乳房的次数。注入药物后按摩抖动乳房，使药物在乳房内充分扩散。按摩的方法是先轻捻乳头，然后由乳腺乳池向乳管方向顺序按摩。

（5）物理疗法

1）乳房按摩。为了及时恢复乳腺导管的通透性，恢复和加强乳房血液和淋巴循环，排除乳汁和炎性渗出物，可增加挤奶次数，每次挤奶后按摩乳房 15～20min。浆液性乳腺炎和乳房浮肿需由乳头基部开始，从下而上按摩，可恢复淋巴循环和消除浮肿。对于卡他性乳腺炎，为促使渗出物排除，需自上而下按摩。而对于纤维蛋白性、化脓性、蜂窝织炎性乳腺炎及乳房脓肿与坏死，禁忌按摩，以防炎症扩散和通过血液转移。

2）冷敷、热敷和涂擦刺激剂。为了制止炎性渗出，对浆液性和卡他性乳腺炎，在炎症的初期需行冷敷，2～3d 后可行热敷或红外线照射等，以促进吸收。涂擦樟脑醑、樟脑软膏等或用常醋调制的复方乙酸铅散糊剂等微刺激性药物，同样可促进炎症吸收和消散。

3）激光疗法。小功率氦-氖激光对动物机体有扩张血管、疏通经络、促进血液循环、加速新陈代谢及增强机体免疫能力等生理效应，可用于乳腺炎的治疗。

4）红外线和紫外线疗法。红外线照射一般每天 2 次，每次 30～60min，灯距离乳区表面

60～80cm；紫外线一般用弱的或中等的，2～4d 照射 1 次，每次 5～20min，灯距离乳区 60～80cm。

（6）外科疗法　　乳房脓肿浅在时，应做纵切口，切开排脓，然后按化脓创进行外科处置。对深在的脓肿，可先抽出脓液，然后注入抗生素或防腐药物。

（7）针灸和穴位注射　　在中兽医的针灸学上采用针刺穴位进行治疗，可以起到调和气血、疏通经络，以达到调节机体和恢复正常生理功能。穴位注射药物，就是利用穴位和经络的关系使药物充分发挥疗效。

（8）激素疗法

1）催产素。催产素具有促进排乳的功能。给患病奶牛注射催产素可通过促进乳汁的分泌将乳腺中的细菌、毒素、炎性分泌物等排出，有助于乳腺炎的治疗和康复。

2）皮质类激素。糖皮质激素类药物具有抗炎、抗免疫、抗毒素和抗休克的作用，能够降低局部细胞浸润，减少或消除炎症部位的红、肿、热、痛等症状。但是，糖皮质类激素只能减轻或抑制炎症反应，因此临床奶牛乳腺炎时治疗时通常与抗生素合用。

（9）生物疗法

1）细胞因子疗法。细胞因子是高活性多功能的多肽、蛋白质或糖蛋白，主要包括干扰素（IFN）、白细胞介素（IL）、肿瘤坏死因子（TNF）、集落刺激因子（CSF）、表皮生长因子（EGF）、神经生长因子（NGF）、转化生长因子（TGF）等。其具有免疫调节、组织修复、调节炎症反应及神经内分泌效应等多种生物学功能。

2）细菌素疗法。细菌素是由细菌在代谢过程中产生的一种具有杀菌作用的蛋白质，它通过与敏感菌的特异受体结合而杀死细菌。目前，发现的细菌素有大肠杆菌素、溶葡萄球菌素和链球菌素等，细菌素具有无毒副作用、无残留、无抗药性等优点，具有较大的临床应用潜力。

3）溶菌酶疗法。复合溶菌酶是一种以糖苷水解酶为主体，以生物活性物为中心的溶菌、杀菌剂。溶菌酶对环境和人体无害，但是需要反复给药治疗。

（七）预防

**1. 加强饲养管理，改善牛体和环境卫生**　　奶牛自身的抵抗力与日粮搭配和管理密切相关。严格按科学的饲养标准和方法进行饲养，保证饲料全价、质优，合理搭配精饲料和粗饲料比例，应避免因日粮不平衡导致的瘤胃酸中毒和能量不平衡情况，维持瘤胃内环境特别是瘤胃微生物的稳态，减少内毒素和尿素氮造成的内源性炎性刺激。在日常的奶牛生产性能测定检测中，要多注意牛奶尿素氮的值，一般认为超过 200mg/L 即代表日粮中氮不平衡，瘤胃降解蛋白相对能量供应过高，并以尿素氮的形式吸收入血，对组织器官产生炎性刺激。注意牛舍和运动场要经常清扫和消毒，排尿沟保持畅通和干燥；保持牛体及乳房的清洁，并经常刷拭牛体。运动场、草场和牛床等处要经常注意清理尖锐物质和石砾等，避免损伤乳房。

**2. 奶厅管理**　　正确的挤奶操作程序是保证乳房健康的重要环节。广泛采用的挤奶程序为：挤头三把奶—挤前药浴—擦干—上挤奶杯—挤奶—摘杯—挤后药浴。应做到一牛一巾并戴乳胶手套，头三把奶不应挤到地上，防止由牛的蹄部践踏污染后带到卧床或运动场，进而造成病原的传播。挤奶期间清洗手，特别是被牛奶污染的手。此外，注意不应对湿的乳头挤奶，环境中的细菌可能悬浮在水滴中，增加牛乳腺感染的危险性。

应用合适的药浴可以减少乳头末端的细菌污染，在挤奶前乳房准备完成以后，用含有碘伏溶液药浴，对防止大肠杆菌和乳房链球菌感染效果良好进行药物。一般用 1%碘伏药浴对头胎牛或二胎牛尤为有用，乳头药物持续时间不低于 30s，并在挤奶前一牛一巾擦掉。挤奶后的药浴能减少新的微生物乳腺内感染，也可采用喷洒用药，但要注意完全喷洒乳房的各个部位。药浴使用的药品需要根据每个牛群的病原菌、环境、挤奶程序、卫生条件和正在流行乳腺炎的类型进行选择。如果环境温度极低或由寒风而导致冻疮生成，应停止使用水溶性溶液。如果牛群中已经有接触性感染病原，如金黄色葡萄球菌、无乳链球菌或支原体，挤奶后不进行乳头药浴会增加感染其他病原的可能性。如果乳头皮肤或乳头末端受到刺激，需要仔细评估药浴药物的成分或更换其他药浴液。挤奶后应给予新鲜日粮，保证牛站立 1h 左右，可保证乳头干燥，乳头管完全闭合，防止挤奶后发生环境性乳腺炎。

环境清洁是关键的控制措施，任何消毒药或程序都无法克服环境污染所造成的危害。注意清除运动场的泥坑、积水污池和粪便。牛床垫料不足或垫料不洁也是引起乳腺炎的主要原因。挤奶前、挤奶过程中和挤奶后保持卫生，可有效降低乳腺炎的感染率。

水源、奶桶、管道和消毒管容易受到细菌污染，因此要定期对这些进行细菌学检查。

牛场评估乳腺炎和乳的质量问题时，必须对挤奶机械和设备有一个基本了解。机械挤奶严格消毒挤奶杯，避免接触传染。避免过度或过长时间挤奶，以免造成乳头过度充血。周期性的搏动可保证正常泌乳，不规则的搏动会导致挤奶杯滑脱或脱落，这会导致乳汁返流，乳汁留在乳头末端，而使病原菌进入或穿过乳头管。定期检查挤奶机和挤奶杯，及时进行维修和更换。

**3．定期检查**　　要定期检查和防治隐性乳腺炎，避免转为临床型乳腺炎。

**4．防止病原传播**　　及时诊断和治疗临床型乳腺炎，必要时将患牛隔离，患牛乳汁妥善处理，防止疾病传播。

**5．免疫预防**　　疫苗免疫可降低乳腺感染的严重程度，控制亚临床乳腺炎的发生。目前已研制出金黄色葡萄球菌疫苗、J-5（大肠杆菌疫苗）及金黄色葡萄球菌、无乳链球菌、停乳链球菌的多联苗。不同的佐剂对疫苗的免疫效果影响不同，如油类佐剂主要刺激 $IgG_1$ 应答、硫酸葡聚糖佐剂刺激 $IgG_2$ 应答。此外，接种方式不同，免疫效果也不同。我国兰州兽医研究所证明疫苗经后海穴注射免疫比肌内注射免疫效果要提高 23%。

**6．正确干乳，注意干乳期乳腺炎的防治**　　干乳期对乳房健康的作用主要体现在三方面：一是奶牛产犊后一个月内患乳腺炎的病例多由干乳期的感染引起；二是产犊后前几周，奶牛的抵抗力相当低，1/3 的临床乳腺炎病例在此阶段发生，奶牛抵抗力下降的程度很大程度上取决于奶牛的营养水平、干乳期阶段和产犊过程中的护理；三是干乳期为需要长时间治疗的高体细胞数奶牛提供了一段很好的时间。为了有效防治干乳期乳腺炎，现在普遍强调采取快速干乳法和使用长效抗生素软膏或油剂。快速干乳法是从产前 90d 开始进入干乳预备期。为确保乳房以健康状态进入干乳期，在预备期间，每隔 4~5d 进行一次严格的检查，发现乳腺炎立即治疗。从干乳前的第 4 天起，挤奶改为每天 2 次，同时进行饲料调整，停喂精料和多汁饲料，仅按体重的 2% 比例给予干草。到产前 60d 进行最后一次挤奶并做乳头药浴后，每个乳头注入干乳用软膏或油剂即进入干乳期。在干乳后的头 4~5d，注意检查乳房，发现异常及时处置。6d 后逐步恢复正常的干乳期饲养。

总之，奶牛乳腺炎是由环境、微生物和牛体本身所构成的连锁环所发生的，缺一不可。奶厅管理不仅影响病原微生物的生活条件和侵入乳房的机会，而且也影响奶牛机体的抵抗力和对乳腺感染的易感性。可通过加强操作规范，创造良好的卫生环境来改善奶厅管理。还可以通过加强繁育和饲养管理来使奶牛机体健康、强壮，提高奶牛对病原体感染的抵抗力，从而最大限度地降低乳腺炎的发病率。只有采取综合措施，乳腺炎的预防才会有效，而综合措施的实施必须要长年坚持，持之以恒。

## 二、马乳腺炎

马乳腺炎是母马泌乳期常见的一种疾病，通常由病原菌感染乳腺所致。

（一）病因

引起马乳腺炎的病原菌多为葡萄球菌和链球菌，大肠杆菌感染不多发。产后乳产量高而新生驹死亡的母马多发。此外，挤乳不彻底，乳头损伤及产后母马卫生管理不当均会导致乳腺炎的发生。

（二）症状

常见的有卡他性、脓性卡他性及化脓性乳腺炎。

**1. 卡他性乳腺炎**　患病母马乳房浮肿、增大，触诊热、痛感，呈面团样或坚硬，母马拒绝哺乳，后肢叉立，乳汁稀薄，含有絮状物。

**2. 脓性卡他性乳腺炎**　患病母马精神沉郁，拒食，体温高达40～41℃，患侧肢跛行，患叶乳区肿大，皮肤发红，局部皮温升高，触诊疼痛，乳腺软硬不均，乳房上淋巴结肿大。乳汁中含有黏脓性分泌物，且常常混有血液。

**3. 化脓性乳腺炎**　患马乳腺内很快形成一个或几个脓肿灶，全身反应明显，脓肿病灶触诊坚硬、疼痛。乳汁内含有浓乳块及絮状物，也可见到脓汁或血液。

（三）防治

参照奶牛乳腺炎。

## 三、猪乳腺炎

猪乳腺炎是哺乳母猪较为常见的一种疾病，常发生于产后5～30d，多发于一个或几个乳腺，临诊上以红、肿、热、痛及泌乳减少、拒绝哺乳为特征。据对停乳期母猪尸体剖检统计表明，母猪出现肉眼可见的乳腺炎病变高达82%，发病母猪哺乳的仔猪其死亡率为55.8%，而正常母猪哺乳的仔猪死亡率仅为17.2%。

（一）病因

**1. 感染**　引起母猪乳房感染的病原体有链球菌、葡萄球菌、大肠杆菌、坏死杆菌、化脓棒状杆菌等多种细菌。其主要是通过仔猪的牙齿咬伤乳头皮肤而引起感染。

**2. 排乳不畅**　仔猪少、母乳多，吮乳不尽，余乳蓄积；奶头堵塞，泌乳不畅；乳头发育不良，乳头管口呈漏斗状且弹性小，不利于排乳；母猪在产前及产后突然喂给大量发酵饲料，泌乳过多，乳汁积滞而引起乳腺炎。

**3. 饲养管理不当**　猪舍门栏尖锐、地面不平或过于粗糙，由于母猪腹部松垂，乳房经常受到挤压、摩擦；圈舍潮湿、天气过冷、乳房冻伤等原因而被细菌感染；或乳房受到外伤时也可引起乳腺炎。

**4. 环境卫生不良**　栏舍潮湿、污秽，乳房不洁，尤其是在梅雨季节和酷暑末期易发生乳腺炎。

**5. 继发于其他疾病**　　母猪胎衣滞留，子宫内膜炎，有毒物质被吸收，也可继发乳腺炎。

（二）症状

**1. 浆液性乳腺炎**　　多发生于分娩后。患病母猪体温升高，食欲减退或废绝，喜卧，起立困难，有时颤抖，步态蹒跚，患侧肢跛行，拒绝哺乳。患病乳区增大 2～3 倍，皮肤紧张、浮肿、变红。乳头肿胀、皮温升高、触诊患病乳区疼痛，乳汁稀薄，含有絮状物。

**2. 卡他性乳腺炎**　　患病猪精神沉郁，体温正常或稍高，患病乳区增大，触诊坚硬且热、痛，乳头肿大，基部可摸到圆形结节状物，小如豌豆，大似胡桃，乳汁变少、黄色透明，含有絮状物。

**3. 纤维素性乳腺炎**　　患病猪全身症状重剧。体温高达 41℃，脉搏 90 次/min 以上，无食欲，患侧肢跛行，喜卧。乳丘呈红紫色，增大 2～4 倍，以致皱襞展平，触诊坚硬、热、痛，乳头浮肿。乳汁量减少，呈黄色或绿色，多为含有细小残渣及纤维素絮片的黏稠分泌物。

**4. 急性脓性卡他性乳腺炎**　　患病母猪全身症状明显，喜卧，四肢震颤，后躯摇晃，步态不稳。乳区增大 5～6 倍，浮肿，触诊热、痛。病初 1～2d 榨得乳汁呈浅灰绿色，且混有大量絮状物，随后乳汁呈绿色水样脓性分泌物。

**5. 出血性乳腺炎**　　多发生于母猪产后第 1 天，病程急剧。病猪精神沉郁，体温高达 41～42℃，脉频数，呼吸急迫，肠音弱，可发生便秘。喜卧，拒绝哺乳。乳区增大 2～3 倍，暗红色，触诊坚硬，榨乳困难，仅能榨得几滴红色分泌物。预后不良。

（三）防治

参照奶牛乳腺炎。

# 四、羊乳腺炎

羊乳腺炎多见于泌乳期的绵羊、山羊。奶山羊患乳腺炎，往往使奶质变坏，不能饮用。有时由于患部循环不好，组织坏死，甚至造成羊只死亡。其临床表现为乳房发热、红肿、疼痛，影响泌乳功能和产奶量。常见的有浆液性乳腺炎、卡他性乳腺炎、脓性卡他性乳腺炎和出血性乳腺炎。本病以舍饲的高产羊和经产羊多发。

（一）病因

**1. 感染**　　本病的致病菌主要有葡萄球菌、链球菌及化脓杆菌、大肠杆菌、假结核杆菌等。

**2. 乳房外伤**　　多因挤奶技术不熟练，损伤了乳头、乳腺体；或放牧、舍饲时划破乳房皮肤，病原菌通过乳头孔或伤口感染；或羔羊吮乳咬伤乳头。

**3. 饲养管理不当**　　挤奶员手臂不卫生、圈舍潮湿；饲养管理不当、乳腺分泌功能过强；分娩后挤奶不充分，乳汁积存过多。

**4. 继发于其他疾病**　　可见于某些传染性疾病，如结核病、口蹄疫、羊痘及脓毒败血症等过程中。

（二）症状

**1. 浆液性乳腺炎**　　仅有急性型。病羊精神沉郁，体温高达 41.5℃，呼吸与脉搏增数，食欲减少，离群，患侧肢跛行。患病乳区增大，触诊坚硬，热、痛，乳房上淋巴结肿大，母羊拒绝哺乳。

**2．卡他性乳腺炎**　　患羊体温升高至 41.5℃，呼吸、脉搏加快，患病乳区增大，触诊坚硬。乳头浮肿，患侧淋巴结肿大，乳池内常常充满乳汁。乳汁稀薄，呈青或黄色水样，含有絮片或乳凝块。

**3．脓性卡他性乳腺炎**　　患羊体温高达 41～41.7℃，拒饲，反刍停止，喜卧，站立时头低垂，后肢开张，步态僵拘，拒绝哺乳。患病增大 2～3 倍，触诊疼痛，乳房上淋巴结肿大。乳汁呈酸乳酪样，黄白色，有时呈红色，乳汁中含有脓性分泌物，腐败气味。

**4．出血性乳腺炎**　　患羊体温高达 41～42℃，食欲减退，弓背垂头，站立时后肢叉立，运步拘谨。患病乳区增大 2～4 倍，乳汁呈红色，内含絮状物或乳凝块。病程短急，常因伴发乳腺坏疽而转归死亡。

（三）防治

参照奶牛乳腺炎。

## 五、犬乳腺炎

犬乳腺炎是母犬的一种常见疾病，多发生于产后不久或泌乳高峰期，因机械损伤等而感染病原微生物引起乳房红肿疼痛的疾病。可发生于经产母犬、假孕及初次妊娠受感染的母犬，主要症状为乳房的异常肿胀，质地柔软或坚硬，乳房可挤出脓性或带血的乳汁，严重者可出现乳腺变黑甚至发生溃烂。病犬精神沉郁，体温升高及出现白细胞总数升高、核左移等现象。病犬采用透过血乳屏障的广谱抗生素或其他抗菌药物治疗效果显著。

（一）病因

**1．病原感染**　　母犬乳腺炎的直接病原有葡萄球菌、链球菌、大肠杆菌等病原微生物。

**2．机械因素**　　摩擦、挤压、刺划、仔犬争夺时抓伤或咬伤等机械因素，使乳腺受损，并经外界途径而感染。

**3．乳房压力过大**　　仔犬太少，母乳过度充盈，乳汁涨压乳房，滞留刺激乳腺。

**4．其他因素**　　乳腺肿瘤、增生、乳导管闭锁。

（二）症状

犬乳腺炎大体可分为两个类型。

**1．普通乳腺炎**　　病犬表现精神沉郁、食欲减退、体温升高，局部可见乳房肿胀、充血，部分乳头焦干，皮肤紧而发亮，触之有灼热感，乳量减少，乳汁呈乳白色或淡黄色奶油状，母犬因疼痛拒绝哺乳，幼犬因食入感染的乳汁表现出腹泻、精神沉郁或发病。

**2．败血型乳腺炎**　　初期乳房红肿，腹部紫红，粪干，有时排出胶样黏便，乳房逐渐化脓，严重的乳房化脓被吸收，体温升至 41℃左右，心跳加快，呼吸急促，耳及四肢末端发凉。死亡率高，快的只有 2～3d 即可死亡。

（三）预防

**1．饲养管理**　　保持环境卫生，做好消毒工作，防止皮肤发生外伤。

**2．及时检查**　　及时检查乳房，注意母犬乳腺卫生，产前可用 0.1%新洁尔灭清洗乳房，产后可喂磺胺片预防感染。

**3. 合理哺乳**　　窝产仔过多致有效乳头不足的母犬，可适当增加母犬的营养或考虑寻找保姆犬。窝产仔少或母犬泌乳能力太强，致奶水过多，可适当减少高能量、高蛋白类营养物质的摄入，并经常排空乳汁。

（四）治疗

用温盐水热敷，按时对患病乳房挤奶，每次 5～10min，同时通过乳头管向乳腺内注射青霉素、链霉素，每天 1～2 次，注射后捏住乳头轻轻按摩乳房，以使药物扩散。也可应用普鲁卡因青霉素做乳房基部封闭，每天 1～2 次。还可用碘片 1g、氯化钾 3g、凡士林 80g 制成碘软膏涂在患处。轻者一般 3d 左右即可治愈，如果乳房已有脓肿，宜切开排脓，挤出脓汁，而后用 3% $H_2O_2$灌洗，并且每日肌内注射抗生素，为保持创口可以用纱布包扎。

# 第三节　其他乳房疾病

## 一、乳房浮肿

乳房浮肿（edema of the mammary gland）是乳房的浆液性水肿，特征是乳腺间质组织液体过量蓄积。奶牛多发，尤其以第一胎及高产奶牛发病较多。可导致产奶量降低，重者可永久损伤乳房悬韧带和组织，使乳房下垂。

可以分为急性-生理性和慢性-病理性两种，前者发生于临产前，后者发生于泌乳期间。临产前发生的，一般在产后 10d 左右可以消散，不影响泌乳量和乳品质。

本病的发病率不确切，据美国的资料，20 世纪 60 年代为 18%，70 年代为 50%（经产牛）和80%（初产牛），80 年代为 96.4%，表现呈逐年上升趋势。我国尚无专门的报道。

（一）病因

生理性的乳房浮肿始于产犊前几周，在初产母牛尤其突出，乳房浮肿的病因尚不清楚，可能与以下因素有关：首先是遗传因素，种公牛繁育站有时按公牛的母性后裔发生乳房浮肿的概率对公牛进行生产分级。已证实临产前的乳房浮肿与腹部表层静脉（乳静脉）血压显著升高，乳房血流量减少有关。遗传学研究表明本病与产奶量呈显著正相关。其次，血浆雌激素与孕酮含量，摄入过量的钾，低镁血症，也与本病有关。产前限制饮水和食盐可降低初产牛的发病率，但对成年牛没有影响。另外，一些养殖者和兽医把产后子宫炎和持续存在的生理性或病理性乳房浮肿联系在一起，但这种关系的病理生理学原理仍不清楚。

（二）症状

本病仅限于乳房。一般是整个乳房的皮下及间质发生水肿，以乳房下半部较为明显。也有水肿局限于两个乳区或一个乳区的。皮肤发红光亮、无热无痛、指压留痕。严重的水肿可波及乳房基底前缘、下腹、胸下、四肢，甚至乳镜、乳上淋巴结和阴门。乳头基部发生水肿时，影响机器挤奶。根据水肿的程度，可将其分为无水肿、轻度水肿、中度水肿、严重水肿和水肿很严重 5 个等级。

生理性乳房浮肿可能从乳房后部、前部、左半部、右半部开始，或在四部分对称出现。乳房的后部和底部更为突出。有中度到严重乳房浮肿的母牛通常有从前部乳房向胸部延伸的不同程度的腹侧水肿。

乳房浮肿的压痕和相关的腹侧水肿有时柔软而有波动，有时坚实并带有压痕。生理性乳房浮肿到母牛产犊时达到高峰，然后经过2～4周开始逐步消退。

病理性乳房浮肿比生理性乳房浮肿持续时间长，在母牛产后可能会持续数月甚至长达整个泌乳期。乳房悬韧带垮塌的牛容易发生病理性乳房浮肿，反之，病理性乳房浮肿也可导致乳房支撑结构的垮塌。因此，严重的乳房浮肿有时会影响奶牛的寿命和品质。

明显的乳房浮肿会干扰乳汁的挤净，因为水肿使母牛感到不适，而挤乳更加剧了这种不适。另外，乳腺间质水肿可能造成压力差，影响乳的正常生成及放乳。因此，慢性或病理性乳房浮肿对母牛的泌乳潜力有负面影响。乳房严重水肿的奶牛，由于疼痛及影响机械力或压力干扰挤净乳汁，还会导致挤乳后漏乳，这种变化使其发生乳腺炎的可能性加大。

有乳房浮肿的奶牛运动时水肿肿大的乳房摆动或后肢运动会不断刺激水肿肿大的乳房而感到不适或疼痛。另外，休息时，奶牛总是侧卧并伸开后肢以减轻身体对乳房的压力。

（三）诊断

乳房按压留痕，乳房底部更为明显。严重的情况下，整个乳房都有按痕的水肿，并且经常伴随出现腹水。根据病史和症状不难诊断，但需与乳腺炎、乳房血肿、腹部疝、乳腺炎进行鉴别。

（四）治疗

大部分病例产后可逐渐消肿，不需要治疗。适当增加运动，每日3次按摩乳房和冷热水交换擦洗，减少精料和多汁饲料，适量减少饮水等都有助于水肿的消退。

病程长和严重的病例需用药物治疗，但不得穿刺皮肤放液。口服氢氯噻嗪每日2次，每次2.5g，连续1～2d。也可口服氯噻嗪。如果单独使用上述利尿剂效果不明显，可与皮质类固醇合用提高疗效，但同时使用可使产奶量暂时下降。速尿（呋塞米、呋喃苯胺酸），每日肌内注射500mg或静脉注射250mg（2次）；每日口服氯地孕酮1g或肌内注射40～300mg，连用3d；或于产后第1～2天用200mg己烯雌酚加10ml玉米油涂擦局部，均有疗效。有人建议用选择性育种来预防本病。

在患有地方流行性乳房浮肿的牛群中，通过对阴阳离子平衡的评价进行营养方面的诊断是绝对必要的。应当测定病牛和健康牛的总钾、钠含量和血清中离子的含量。在营养评价中应包括：能否随意采食盐或食盐矿物盐合剂。

## 二、乳房血肿

乳房血肿（hematomas of the mammary gland）常见于奶牛，往往是由挣扎起卧时引起的乳房创伤、其他牛顶撞或踢伤均可导致乳房血肿。发生在乳房乳镜区（即奶牛后乳房背面沿会阴向上夹于两后肢之间的稀毛区）的血肿可能起因于会阴静脉血栓的形成和会阴静脉的破裂，这种情况常发生于干乳期。若大量血液蓄积皮下形成大的血肿，往往会导致奶牛发生大失血，危及生命。

（一）症状

血肿的同时常伴有创伤造成的血乳。皮肤不一定有外伤。轻度挫伤，血管少量出血，可能较快自然止血，血肿不大，血液不久能够完全吸收痊愈。较大的血肿，往往从乳房表面突起。血肿初期有波动，穿刺可放出血液；血凝后，触诊有弹性，穿刺多不流血。深部血肿可并发血乳。大血肿不能完全被吸收时，形成结缔组织包膜，触诊时如硬实瘤体。血肿的部位和大小，可用B超扫查确定。

有的病例在乳房基底严重出血，形成血肿，乳房有所下沉，全身呈现内出血症状，如贫血、心律亢进、呼吸增数等，最终可能导致死亡。

### （二）诊断

乳房局部的渐进、波动性肿胀，结合渐进性贫血和体温不高，通常可以用来确诊乳房血肿。脓肿局部温热、疼痛。超声波可用于确定液体团块的存在，但不能用于确诊。血清肿很少见于乳房附近，血清肿也不会像血肿那样在这一部位增大，也不会出现渐进性贫血。可通过对肿胀部位穿刺进行鉴别诊断。新发生的血肿，穿刺液为血液，但是穿刺有很大危险性，因拔下穿刺针后，穿刺针孔可能不断流出血液，而且很难止血。

### （三）治疗

将患牛隔离、安静休息，严密观察患牛。出血期间禁用非甾体类抗炎药。为了避免感染乳腺炎，以不施行手术切开为宜，小的血肿一般不需治疗，3～10d可被吸收。早期或严重时，可采取对症治疗，如冷敷或冷浴，并使用止血剂。经过一段时间后，可改用温敷，促进血肿吸收。用止血剂无效的，可输血治疗。

## 三、血乳

血乳（blood tinged milk）是挤出的乳汁染血或为血样，是一种症状，主要发生在产后，见于奶牛和奶山羊。

### （一）病因

病因不清，可能有以下几种情况：分娩之后，乳房血管充血或发生变化，红细胞或血红蛋白渗进腺泡腔及腺管腔中，使乳汁变为红色；乳房挫伤也可导致血乳，分娩后，母牛乳房肿胀、水肿严重或乳房下垂，牛在运动或卧地时乳房受到挤压，或牛只相互爬跨，在硬地面上滑倒，运动场不平等，皆可造成机械性损伤，使乳房血管破裂；有些母牛伴有血小板减少或其他血凝障碍性疾病，也容易发生乳房出血；在森林灌木丛地区放牧，特别是转移牧场时，有时出现本病；本病也可能是一种应激反应。

### （二）症状

较轻时，乳中一般无血凝块，或有少量小的凝血块，各乳区乳中含血量不一定相同。将血乳盛于试管中静置，血细胞下沉，上层出现正常乳汁。乳房皮肤充血，但无炎症症状，也看不到全身变化。

严重时，各乳区乳汁均呈均匀的血乳，由于不断出血，挤掉血乳乳区的乳汁不解决根本问题，经过几次挤奶可能会流失大量的血液。牛奶通常是红色而不是粉色，并且有肉眼可见的血凝块，有时会因此而造成挤奶困难。如果出现进行性贫血，可能会表现黏膜苍白、心衰、呼吸频率加快等症状。

### （三）诊断

根据乳汁呈血色，即可诊断，但应注意全身反应，并与感染性乳腺炎出血鉴别。

在产后很长时间发生血乳的奶牛，多因一个或多个乳区发生外伤所致，挤出的乳汁可能含有血凝块，但经过几天后血乳逐渐减轻或消失，发生外伤的乳区局部出现红、肿、热、痛等症状，且有外伤痕迹。若处理不当，可继发细菌感染，发生化脓性乳腺炎，甚至发生败血症而死亡。

（四）治疗

奶牛产后血乳不需要治疗，1～2d即可自愈。超过2d的，可给以冷敷，但不可按摩。乳房内打入过滤灭菌的空气，可使腺泡腺管充气，压迫血管止血。也可使用止血剂。可以小心、少量挤奶。停给精料及多汁饲料，减少食盐及饮水。

对出现血乳时间较长，用止血剂无效时，可给乳区内注射2%盐酸普鲁卡因10ml，每天2～3次。或试用中药治疗。应该排除血小板减少症和其他血凝障碍性疾病。当有血小板减少症时，应该立即输4～6L的全血（最好来自BLV和BVDV-PI阴性的供血牛）。如果母牛贫血非常严重，无论其原因为何应进行输血。

很少能找到特定的病因，一般建议在不影响将来产奶能力的情况下，减少挤奶次数（通常一天一次），并提供全血和支持性钙制剂。

## 四、乳房皮炎

乳房皮炎（udder cleft dermatitis）是乳房皮肤对于物理因素、化学制剂、细菌与真菌或病毒等刺激的变应性反应。

（一）病因

**1. 物理因素** 如垫床刺激，熟石灰、尿液中的氨、硫酸铜或足浴时的甲醛刺激等。导致乳房皮炎的其他物理因素还包括光致敏。

**2. 化学因素** 如晒伤、冻伤和褥疮引起的压迫性坏死。光敏性病变可见于暴露阳光的没有色素的乳头皮肤及乳房。

**3. 微生物因素** 链球菌和葡萄球菌偶尔可引起弥散性颗粒状毛囊炎或脓疱性皮炎，即乳房脓疱病（udder impetigo）。刚果嗜皮菌有时会侵害乳腺皮肤，引起严重的全身感染。疣状藓菌的弥散性感染也会影响乳腺皮肤。此外，疱疹性乳头炎（herpes mammillitis）、牛病毒性腹泻（BVDV）、牛蓝舌病病毒感染及热性卡他热（MCF）等也会引起乳腺皮肤病变。

（二）症状

症状因病因而异。化学和物理因素引起的乳房皮炎主要特点为皮肤出现红斑、肿胀及疼痛，有时出现水疱，可影响乳房或乳头皮肤，可渗出血清，毛可能板结。太阳灼伤导致的乳房皮炎表现为病变皮肤发热，疼痛，在乳房-乳头交界处无毛区可能有灼伤引起的水疱，同时，其他部位也可能有灼伤表现。牛群中多头牛可同时出现症状，因皮肤灼伤疼痛而拒绝挤奶。若牛喜好侧卧，可能只在一侧出现明显症状。在极端寒冷的冬季发生冻伤，大多发生在临产且有乳房浮肿的奶牛，因为其乳房的组织循环已经发生异常。乳房和乳头皮肤上一些皱襞变冷、脱色、肿胀，随后呈皮革样。冻伤要与疱疹性乳头炎进行鉴别诊断。

光致敏导致的乳房皮炎，在皮肤其他无色素区也出现症状，同时该牛有暴露于阳光下的病史。

压迫性坏死和褥疮最常发生于乳房严重下垂的牛，但也会发生于其他的侧卧不起时间较长的牛。这些原因引起的褥疮常发生于飞节内侧和乳房接触的部位。损伤部位初期发红，渗出血清，随后脱落，在乳房留下坏死的杯状火山口样病变。

感染性皮炎的症状因病因而不同，葡萄球菌感染引起的皮炎呈弥漫性毛囊炎，被毛接触渗出液导致被毛缠结形成隆起的小毛簇，严重病例可出现脓疱。通常牛群中只有一头或数头牛发病，偶尔爆发脓疱性皮炎。刚果嗜皮菌感染引起较大范围的融合性毛囊炎区，并有干痂或湿痂与被毛缠结在一起，剥去皮炎处的毛丛或痂块，在痂皮下或邻近皮肤可见有脓性渗出液。

乳房的疣状毛癣菌感染导致的病灶一般为直径 1.0～10.0cm 的圆形或斑块状秃斑。大多数病变可与身体其他部位的癣一样出现痂皮，但有些病变为湿润的无毛区。病变可发生在乳头和乳房的皮肤，如果在早期病例发现大疱或水疱则可诊断。疱疹性皮炎（由牛 2 型疱疹病毒引起）最常发生于初产小母牛，通常会有多头牛发病。从牛呼吸道分离的其他疱疹病毒如 BHV4、BHV 的 DN599 株均可引起乳房疱疹性皮炎，可在母奶牛的乳房见到多个直径 1.0～10.0mm 的大疱或水疱，而且这种病变也可见于养殖场工作人员。

（三）治疗

1）化学因素诱导的皮炎只需用温水轻轻清洗乳房，除去皮肤上引起皮炎的有害物质即可。虽然牛群中大多数的牛可能暴露于相同的化学物质，但只有少数牛表现敏感而发病。治疗时可用温水清洗乳房除去残留的化学物质，之后可涂抹芦荟或羊毛脂产品。

2）物理性因素引起的皮炎，最好的防治方法是防止牛继续暴露于致病的物理因素下，以及采取对症疗法。晒伤的奶牛需隔离在舍内，如果在草场则应为其提供庇荫。冷疗后敷用芦荟或羊毛脂软膏有益于防止因干燥而引起的皮肤开裂和脱落。

3）预防冻伤的最好方法是治疗乳房的水肿，以及为临产牛提供良好的垫床，乳房一旦发生冻伤，应立即仔细清创，并做好防护以免进一步发生损伤。

4）治疗压迫性坏死和褥疮的方法是为奶牛提供松软的垫草，减少乳房浮肿。乳房严重下垂的奶牛发生褥疮的概率大，治疗时要仔细清洗和清创。褥疮可能需要数周或数月才能痊愈。

5）治疗光敏性皮炎必须避免太阳直接照射，清洗病变部位，清除坏死皮肤和确定发生光敏的原因。

6）微生物感染引起的乳房皮炎应根据病原进行治疗。对葡萄球菌性毛囊炎治疗时应剪去乳房上的毛，用聚维酮碘溶液清洗之后再用水冲洗，干燥，每天 1～2 次。一般不需要使用抗生素，但应保持环境清洁。

7）对刚果嗜皮菌感染的治疗应剪除乳房上的毛，用聚维酮碘溶液轻轻清洗，除去痂皮，清水冲洗再干燥。对严重的或全身性的嗜皮菌病，可用青霉素，22 000U/kg，2 次/d，肌内注射，5～7d。同时局部治疗。

8）治疗皮癣病变时，应剪除乳房上的毛，对病变部位使用氯漂白剂，将咪康唑或克霉唑药膏涂抹在患部，每天 1～2 次。同时注意抗真菌药对乳汁污染。

9）疱疹性乳头炎和其他病毒性皮炎引起的乳房损伤尚无特殊疗法。

## 五、乳腺坏疽

乳腺坏疽（mammary gangrene）是由腐败、坏死性微生物引起的乳腺炎，或是乳腺炎的并发症。偶见于奶牛和绵羊。

常发生于母牛产犊后不久，往往因母牛分娩时助产不当，产道损伤及乳房外伤，细菌经伤口感染所致，且时有发生。有时见于奶牛，肉牛、役牛极少。临床以乳头及乳房发生坏疽和全身性毒血症为特征。

（一）病因

**1. 病原微生物感染** 引起本病的主要病原为腐败梭菌，其次有水肿梭菌、魏氏梭菌和溶组织梭菌等，均为革兰氏阳性厌气杆菌，这些菌经常存在于土壤的表层，尤其是被奶牛粪便污染的土壤内。此外，金黄色葡萄球菌也可引起本病。

**2. 其他因素**

（1）外伤 创伤部位不同，发病部位各异。乳腺坏疽多由分娩时产道损伤及乳房外伤所致，特别是初产牛，由于产道开张不全、产道狭小、胎儿过大，助产时器械使用不当和助产方法不当，强行牵引使产道损伤而发病。

（2）助产感染 常见于助产器械、母牛的产道和术者手臂消毒不严，而将病原菌带入。

（3）环境卫生 产房不消毒，褥草不勤换，运动场内粪便不清除，污水浸渍，潮湿泥泞，病原菌由乳头管或乳房皮肤损伤而侵入。

（二）症状

最初患区皮肤出现紫红斑，触之硬、痛。继而全乳区发生坏疽、肿胀、剧痛。最后全乳区完全失去感觉，皮肤湿冷，呈紫褐乃至暗褐色（二维码 13-10）。乳上淋巴结肿痛。有的并发气肿，捏之有捻发音，叩之呈鼓音。有的组织分解，呈浅红色或红褐色油膏样分泌物排出和组织脱落，恶臭。

二维码
13-10

患畜有全身症状，体温升高，呈稽留热。食欲废绝，反刍停止，剧烈腹泻。

（三）预后

及早治疗，可使病变局限在患区，但泌乳功能丧失。有的病例，患区会自然脱落，局部逐渐愈合而痊愈。多数病例在发病的第 7～9 天死于败血症，或未及死亡被淘汰。

（四）防治

**1. 预防** 本病预防是关键。这是由于奶牛的经济价值是泌乳，而乳房则是重要的泌乳器官。当奶牛乳腺坏疽后，其泌乳功能丧失，泌乳量减少或停止，因此其利用价值也随之降低或消失。药物治疗不佳也是需要考虑的因素。另外本病的发生是病原微生物、创伤及环境卫生不良 3 个环节的相互联系所组成。因此，防治的关键是打破三者的联系，具体措施如下。

（1）加强消毒卫生，减少病原微生物的扩散 病牛应隔离、单独饲养，环境严格消毒。对病牛以尽早淘汰为好。

（2）加强管理，防止外伤，特别是乳房及产道的外伤 运动场要平整，及时清除牛场内各种尖锐异物；助产时要严格消毒，助产操作要细致、慎重，防止产道的损伤。

（3）加强环境卫生 产房要清洁，褥草、粪便应及时清理；已被病牛污染的牛舍和场地用 10%漂白粉溶液或 3%氢氧化钠溶液进行消毒，并将粪便及褥草焚烧。

**2. 治疗** 严禁热敷、按摩。及时治疗，否则难以收效。全身使用大剂量广谱抗生素、结合抗生素患区乳房内注入，可望控制败血症的发展。对组织已开始分解的患区，可用 1%～2%高锰酸钾溶液、3% $H_2O_2$ 注入患区，进行冲洗治疗。也可内服碘化钾，每次 7～9g，连服 5～7d。

如果乳房或乳头皮肤形成溃疡，对病灶先用棉花浸以10%硫酸铜擦拭，再用过氧化氢或1%～2%高锰酸钾溶液冲洗，最后涂以碘仿醚。

对病初或轻症可施行坏疽乳区切除术，彻底清除坏死组织。坏死组织切除后，在创腔内撒布云南白药，有利创口愈合。

# 第四节　乳 头 疾 病

## 一、乳头外伤

### （一）病因

主要见于大而下垂的乳房，往往是在奶牛起立时被自己的后蹄踏伤。损伤多在乳头下半部或乳头尖端，大多为横创，重者可踩掉部分乳头。也可因挤奶粗暴引起。

### （二）治疗

1）皮肤创伤，按外科常规处理，但缝合要紧密。

2）乳头裂伤用芦荟提取液治疗效果良好。取鲜芦荟叶捣烂成汁，4～6h内使用。在挤奶后用此液擦洗裂伤乳头，每天2次。据报道治疗36例，66.7%擦洗2d即愈，连用5d全部痊愈。

3）乳头断裂，必须及时缝合，否则由于漏乳及边缘水肿与肉芽增生，难以缝合紧密。缝合前，在乳头基底部皮下实行浸润麻醉。共做三层缝合：先用3-0或4-0可吸收缝线连续缝合黏膜破口；再间断缝合皮下组织；最后结节缝合皮肤。缝合时各层间撒布少量抗生素，缝后一层的时候要带上少部分前一层组织，保证二者间不能留下死腔，否则很容易发生感染。10d后拆线。由于乳头乳池内蓄积乳汁，缝合处很容易发生漏乳，而形成瘘管。因此，必须经常排出乳池中乳汁，方法是用人医男用橡胶导尿管或其他细胶管，在其尖端部两侧剪多个小洞后，灭菌，再以灭菌探针插入导管中，将导管经乳头管插入乳池。将导管的末端用线拴住，并缝一针于乳头皮肤上，加以固定。

创伤发生在乳头尖端并伤及乳头管时，则愈合困难。

乳头或其一端完全断掉时，必须将断端各层相对缝合，使其不能排乳。否则会自行流乳，并感染发生乳腺炎。

## 二、乳头末端损伤

### （一）病因

乳头末端是奶牛乳头最常发生损伤的部位，也是畜主寻找兽医诊治乳头的常见原因。乳头末端的损伤可能会影响到括约肌或乳头管，或者两者都受影响。损伤可能是牛自己同侧后肢的趾或悬蹄造成的，或者是由邻近的牛踢到乳头造成的。这种损伤最易发生在乳房易摆动或是乳房支持结构功能丧失的牛身上。此外，乳头药浴、过高的挤奶压力和机械擦伤等也会造成乳头末端损伤，但造成损伤的确切原因却难以确定。急性损伤会引起末端乳头的基层和括约肌炎症，发红和水肿（二维码13-11）。然后是乳头末端软组织肿胀，影响奶从乳头管的正常排出。另外，乳头管上皮和角质层可能会开裂（二维码13-12），撕裂，部分翻入乳头乳池，或部分由乳头末端翻出。也偶尔会出现乳头远端皮肤撕裂，撕裂一般出现在乳头末端。

二维码13-11　二维码13-12

反复或慢性乳头末端受损可导致受伤组织的纤维化，并在黏膜或乳头管的损伤部位形成肉芽组织，进而影响排乳。

亚临床乳头末端损伤与挤奶器械功能异常有关，如挤奶压力增加或过度挤奶等。

除创伤性损伤外，乳头末端溃疡也可能是个体或一定范围内群体奶牛的普遍问题。火山口样溃疡内充满干的渗出物和痂，会导致挤奶困难并容易诱发乳腺炎。

（二）症状

乳头有痛感的软组织肿胀是急性乳头末端损伤的主要症状。皮肤可能会出血或青肿，后期结痂（二维码13-13）。母牛拒绝挤奶，病乳区的乳汁不能完全挤出。此外，乳腺炎是有乳头末端损伤并挤奶不完全的母牛经常发生的严重的后遗症。

二维码
13-13

乳头末端损伤有急性损伤史和持续的挤奶困难。乳头末端触诊可检查到括约肌的纤维化或是在乳头管的背侧和乳头乳池的最腹侧括约肌有肉芽组织。疼痛在慢性乳头末端损伤不像在急性损伤那么明显。

（三）治疗

急性乳头末端损伤的治疗应该针对损伤本身和可能造成进一步损伤的管理因素，如过于拥挤、缺少垫草和挤奶器等问题。并且任何一种治疗方法都必须考虑对病畜的保定、减少患畜疼痛和防止乳腺炎发生等问题。

急性乳头末端损伤的最好治疗方法是对症抗感染治疗和减少乳头末端的进一步损伤。要根据不同的损伤程度选择不同的处理方式。如果只是乳挤出减少而不是排乳受阻碍，挤奶工可在两次挤奶之间使用各种型号的扩张器，来扩展括约肌，然后进行机械挤奶。如果挤奶非常困难，最好避免进一步的机械挤奶，在其他乳区机械挤奶的同时使用乳头导管，每天两次有效挤奶。当使用乳头导管时，必须先轻轻擦洗乳头末端，用酒精消毒后，再插入灭菌的导管，以避免外界病原微生物对乳头的感染。在奶挤净之后，乳头正常药浴，最好在10min内重复一次。另外，有人建议使用留置式导管，这种导管可在两次挤奶之间用盖封口。留置式导管除了方便挤奶外，还可以起到扩张器的作用，减少乳头管粘连或纤维化的可能。通常硅树脂材质导管由于其兼具抗菌活性较受欢迎。

对患乳头末端损伤的奶牛，护理非常关键。通过温的硫酸镁溶液浸泡受伤的乳头（每日2次，每次5min）可以有效缓解乳头的水肿和炎症。此外，避免新的损伤并减少乳腺炎的风险是十分重要的，因此，应尽量做到在乳头末端损伤的头几天时间内避免机械挤奶。

对持续影响挤奶的亚急性或慢性损伤必须进行外科手术。而急性乳头末端损伤在3～7d后可逐步恢复正常挤奶，并且由于对已受伤害的括约肌和乳头管的任何锐性损伤，都会造成更严重的急性炎症、出血及随后的纤维化，所以在急性乳头末端损伤时应避免外科手术。

如果亚急性或慢性乳头末端损伤炎症已缓解，但挤奶仍受阻，应通过检查确定损伤、纤维化或肉芽组织阻塞的部位，肉芽组织阻塞通常发生在乳头管的最背侧或乳头乳池的最腹侧。括约肌的纤维化也很常见。在此情况下需要对乳头末端进行器械处置或外科手术。注意，在外科手术前，乳区应该充满乳汁。如果挤去了乳汁，那么应给母牛静脉注射20单位的催产素使乳区臌胀。如果乳区没有充足的乳汁，就很难确切估计有多少阻塞物已被去除。

乳头要清洗干净，并用酒精消毒。术前要对母牛进行保定或给予镇静剂。用切牛乳头的柳叶刀或手术刀（最好选用有钝头的单刃小刀）通过夹角为90°的4个切口切掉阻塞物。切口要深入上面（背侧）括约肌但要逐渐变窄，以防切到远侧括约肌或乳头末端。有些兽医还会通过使用硝酸银棒来减少术后出血，以便缓解术后乳头的炎症和水肿，便于排乳。

一种 Moore 氏乳头扩张器已用于括约肌纤维化的治疗。这种器械在常规消毒后插入乳头并慢慢推进以便在非外科手术情况下扩展括约肌。

在乳头管内的或刚好在其上方的成块的肉芽组织一般是借 Hug 氏乳头肿瘤切取器进行切除。这种工具可以打开并抓住较多组织，并通过切取器的利刃将其切掉，但是在切除肉芽或纤维组织时应该谨慎以防切掉过多的健康组织。挤压造成的乳头末端损伤偶尔可观察到乳头管黏膜脱出。这种组织应该切得与乳头末端平齐，然后用乳头导管轻轻探入以便使翻入乳头管的组织复位。

在治疗乳头末端纤维化时，大部分兽医开始都是过分谨慎和保守的。知道"切除多少"既可以达到治疗效果，又可避免由于后来病症复发而导致重新手术是很必要的。如果对此有怀疑的话，最好保守一些，因为手术是可以重复的。大多数有经验的兽医手术结束后会看到乳头有轻微的滴奶，而手术器械造成的扩张解除后，由于括约肌弹性的恢复，滴奶现象就会消失。

对特定乳头的反复自源性乳头末端损伤需要确定其原因，如果发现内侧悬蹄是致病原因（根据试验结果，即涂在内侧悬蹄的染料在母牛躺卧之后涂到了存在问题的乳头上），切掉悬蹄可以防止乳头的进一步损伤。乳房严重下垂致使乳头末端反复损伤的母牛通常要淘汰。

乳头末端坏死或溃疡很难控制，因为痂皮物质在火山口样溃疡内的堆积会经常干扰挤奶。所以，轻轻浸湿痂皮并将它去除对于挤奶是非常必要的。可以使用甘油或羊毛脂柔和地浸湿乳头使痂皮软化。当牛群中不止一头牛出现乳头末端坏死时，就需要仔细检查挤奶器和挤奶方式以排除过高的真空压力以及乳头药浴液、垫草中的物理或化学性刺激物。

## 三、乳池和乳头管狭窄和闭锁

乳池和乳头管狭窄及闭锁（stenosis of the cistern and teat canal）在奶牛较常见，多出现在一个乳头乳池的基底部。

（一）病因

通常由慢性乳腺炎或乳池炎引起，或由粗暴挤奶或乳头挫伤所造成。乳头基底部的乳池棚或乳头乳池黏膜下结缔组织增生肥厚、形成肉芽肿和瘢痕可导致乳池狭窄。黏膜面的乳头状瘤、纤维瘤等，也可造成狭窄。

乳头管狭窄分为先天性和后天性两种。先天性的很少见，可能与遗传有关，猪的瞎乳头就有遗传性。后天性的主要是挤奶方法不正确，长期刺激乳头管，引起黏膜发炎，组织增生，导致乳头管狭窄或闭锁。乳头末端受到损伤或发生炎症，也可引起乳头管黏膜下及括约肌间结缔组织增生，形成瘢痕，导致管腔狭窄。

导致乳汁流出障碍的乳头乳池病变可能是局部的也可能是弥散的。多数乳头乳池阻塞是由早期乳头创伤而导致的肉芽组织增生、黏膜损伤或纤维化所造成。个别病例也许没有早期急性损伤史。乳头乳池的局部病变可引起到阀门效应干扰挤乳过程中乳汁向乳头管的有效输送，而弥散性病变仅仅会减少乳池的流量。除了固定的病变，"奶石"或"漂浮物"等杂质在挤奶时也会引起问题，因为它们会被引入乳头并机械性地干扰挤奶。这些"漂浮物"可能是完全游离或是通过蒂附着在黏膜上的。在乳头外部创伤之后也可能继发黏膜脱落。脱落的黏膜会塌落在对侧的乳头壁上，在挤奶过程中引起阀门效应。前期创伤引起的黏膜下层出血或水肿被认为是黏膜脱落的原因，只有在黏膜下的液体消散使得脱落的黏膜可以在乳头乳池内移动，才会出现阻塞的问题。

充塞部分或全部乳头乳池的"铅笔样"阻塞通常是由于腔壁和黏膜损伤造成粘连阻塞部分或全部乳头乳池造成的。病变可能是黏膜粘连，多数是肉芽组织桥连在对侧腔壁的黏膜组织上。"铅笔样"阻塞可随弥散性乳头损伤发生，这种损伤同时还造成基质严重水肿、出血和整个乳头肿胀。触诊"铅笔样"阻塞，在阻塞的乳头乳池中可发现有纵向的坚实团块。

（二）症状及诊断

主要症状是挤乳不畅，甚至挤不出乳。

1）肉芽肿主要发生在乳池棚及其附近，由于乳池棚裂口而使结缔组织增生，形成环状或半环状、乳头状、块状隆起。指捏乳头基底部一带，可清楚地触知有结节，缺乏游动性。轻症不影响乳汁挤出。大的肉芽肿，挤头几把奶后，乳头乳池尚可充涨。肉芽肿完全阻塞时，乳汁不能进入乳头乳池，挤不出奶。

2）乳池闭锁是组织异常增生的结果，乳汁不能进入乳头乳池，乳头细瘪，挤不出乳。

3）乳头乳池黏膜增厚，池壁变厚，池腔狭窄，乳头缩小，贮乳减少，挤奶时射乳量不多。

4）乳头乳池黏膜面的肿瘤，大的使乳池变窄，小的妨碍挤乳。

5）乳头管狭窄时表现为挤乳困难，乳汁呈点滴状或细线状排出；乳头管口狭窄时，乳汁射向一方，或射向四方。乳头管闭锁，乳池充满乳汁，但挤不出奶。捏捻乳头末端可感觉在乳头管的不同部位（管口、中部或近乳池部）有大小、硬度、形状（豆形、圆柱形、索状或团块状）不同的增生物（二维码13-14）。

二维码
13-14

6）乳池或乳头管狭窄或闭锁，均可以用细探针或是导乳管协助诊断。

7）B超探查时正常泌乳母牛乳头的声图像，皮肤呈强回声，肌内层和内膜呈低回声，乳头管池和乳头管腔呈无回声区。纵向扫描时，乳头乳池呈倒圆锥无回声区，其锥尖端与细条状乳头管腔无回声区相连。未经产小母牛乳头乳池呈一窄条状无回声区。干奶牛乳头乳池无回声区不明显，乳头乳池内膜不清晰。B超检查，可对乳池棚增生物和乳头乳池内膜增厚，息肉及其部位，大小和数量，乳头内憩室的部位及大小，乳池的肿瘤，溃疡和乳管的狭窄等，做出正确诊断。

（三）治疗

1）治疗乳池闭锁时，可于每次挤奶前用导乳管或粗针头（磨平尖端）穿通闭锁部向外导乳。按常规方法用冠状刀穿通闭锁部，切割肉芽肿组织，但术后组织会很快增生，继续闭锁。反复进行，还易引起感染，发生乳腺炎。

2）治疗乳池闭锁也可采用液氮疗法。先将粗导乳管（前端锯掉磨光）插入乳头管内，然后将较细的铅丝置液氮罐中数分钟，取出后立即通过导乳管将闭锁部烧灼穿通，破坏肉芽组织，但也有复发的。

3）治疗乳头管狭窄时可用手术扩张或开通乳头管，关键是如何预防复发。手术在麻醉下进行，在乳头基部做环状浸润麻醉，将乳头管刀插入乳头管，纵行切大或切开管腔，随后放入蘸有蛋白溶解酶的灭菌棉棒，或插入螺帽乳导管。挤奶时，拧下螺帽，奶自然流出或挤奶；挤完后再拧上。也可插入乳头管扩张塞，至痊愈为止。

4）乳头管狭窄的，在挤奶前半小时，插入乳头管扩张塞，挤奶时取下。使用时，要充分消毒，先用细的，由细到粗逐渐扩张。另外，扩张塞在乳头管中停留时间不宜过长，以免压迫黏膜或造成括约肌麻痹而漏奶。

# 第十四章　新生仔畜科学

母畜分娩后，仔畜脐带干燥脱落的时间一般是在出生后 2～6d（猪和羊为产后 2～4d，马和牛为产后 3～6d）。通常将残留脐带断端脱落之前的初生家畜称为新生仔畜（neonate）。新生仔畜疾病（diseases of the newborn）是指脐带脱落之前仔畜发生的疾病，多与接产、助产或仔畜护理不当等有关。专门研究新生仔畜生理活动规律和疾病诊治的学科即新生仔畜科学（neonatology）。

## 第一节　新生仔畜的生物学特点和护理

妊娠期间，母体子宫为胎儿提供了相当稳定的环境温度，通过胎盘供给营养物质和氧气，排出代谢废物。分娩后，新生仔畜需启动自行呼吸、体温调节、采食、消化和排泄等，以适应骤然改变的生活环境及条件。因此，它们在胎儿时期的一些解剖生理状况，必须随着环境的变化而迅速发生相应的改变，才能适应外界条件，进行独立生活。然而，新生仔畜的各部分生理功能还很不健全，抗病能力差，故应加强护理。

### 一、新生仔畜的解剖生理特点

（一）呼吸和循环系统

胎儿出生后，氧气不再通过脐血管进入仔畜体内，血液内的 $CO_2$ 聚积增多，刺激延脑呼吸中枢，引起呼吸反射，仔畜开始自主呼吸，大量血液通过肺进行肺呼吸完成气体交换。因此，胎儿时期所特有的呼吸和循环结构需转变为成年家畜所固有的肺循环通路。肺因为呼吸动作而扩张，由右心室而来的血液通过肺动脉进入肺，动脉导管由于血液内氧压增高和前列腺素的作用而在 1～2d 封闭，变为动脉导管索；由于脐静脉血流停止，仔畜右心房血压降低，而左心房血压增高，使两个心房之间的卵圆孔封闭，一定时间后形成完整的中隔；脐动脉和脐静脉也因失去功能，分别转变为膀胱圆韧带和肝脏圆韧带；肝内的静脉导管变为肝圆韧带静脉。

呼吸动作通常必须要在出生后至多 30s～1min 开始出现，否则可能导致窒息。母畜舔舐刺激新生仔畜的皮肤可引起呼吸反射。仔畜刚出生时常呈胸腹式或腹式呼吸，呼吸频率快而不稳，出生后 1～2d 听诊肺泡音清晰，常可听到啰音，几天后啰音消失。与呼吸浅快同时出现的是心跳快。初生仔畜心跳通常快于母体一倍或一倍以上，仔畜试图站立会加速心跳。初生仔畜出生后不久常能听到心区杂音，这与卵圆孔未完全闭合有关。

（二）消化系统

新生仔畜因唾液腺分泌不发达、胃肠容量小、胃肠分泌及消化功能尚不完善，容易引起消化不良。由于仔畜肠壁的通透性较高，可在出生后 24h（牛）内从母体初乳中获得许多有益的球蛋白。但是，当肠道患某些疾病时，内毒素容易经通透性高的肠壁进入血液而引起中毒；初乳中某些不利的球蛋白进入血流，可能引发疾病，如新生仔畜溶血病。初乳是母畜分娩后最初几天分泌的乳汁，一般呈淡黄色、较稠，所含免疫球蛋白和淋巴细胞的浓度很高，是初生仔畜早期获得抗体的重要来源，其肠道吸收初乳免疫球蛋白能力的高峰通常是在出生后 8h，而在出生后 24h 则显著下降。依靠仔畜自身产生抗体至少要在出生后第 10 天（牛、猪），而且大约在 8 周后其 γ-球蛋白的水平才能达到正常。初乳中含有的抗蛋白分解酶可以防止免疫球蛋白被分解。此外，初乳富含维生素 A、维生素 D、铁和镁盐等。其中，维生素 A 有利于防止初生仔畜下痢，镁盐具有轻泻作用，可促使胎粪排出。因此，新生仔畜应尽早吃到初乳，通常要在出生后 6h 内吃足初乳。

反刍动物仔畜出生后，胃最初的消化类似于单胃动物。新生犊牛的瘤胃、网胃和瓣胃的总体积不及真胃的一半，瘤胃在哺乳期内尚未发育完全。在喝奶、饮水或吸吮时，瘤胃的食道沟唇肌肉收缩，两侧闭合形成类似食管的结构，液体或食物通过此管直接流向真胃，主要依靠真胃和肠内消化液中酶的作用消化食物而获得营养物质。新生犊牛大约在出生后 3 周出现反刍，这与开始采食粗饲料有关。

（三）体温

刚出生仔畜的体温调节能力较差，随着体表羊水和黏液蒸发散热，出生后 1～2h 体温会下降 0.5～1℃，表现出强有力的哆嗦和肌肉活动以供给热量。家兔因皮下有褐色脂肪组织，出生后通常不发生哆嗦。因体温调节功能的不断完善，以及进食使仔畜的代谢率增加，体温在 3d 内呈上升趋势，后续趋于正常。对于被毛较少而保温性能较差的家畜（如仔猪），保温是护理初生仔畜的重要环节。

（四）排尿

仔畜出生后，蛋白质和氨基酸的分解产物需经肾排出，由于新生仔畜血中常有尿素积聚，且出生时其肾功能尚未发育完全，故尿液中含蛋白质较多。仔畜在出生后的一段时间内，因尿液内存在低分子蛋白质，尿蛋白检测呈阳性。

（五）脐带脱落

通常仔畜出生后 2～6d 脐带会干枯脱落，但其脱落时间受到健康状况和外界因素等的影响，若仔畜体弱、气候湿冷、厩舍污潮或通风不良，脐带脱落的时间可能会推迟。

（六）代谢与激素变化

出生后不久仔畜的血浆葡萄糖浓度趋于下降，随即动用肌肉和肝中贮存的糖原，代谢胎儿期血中积聚的一部分果糖，以及摄入的食物，使血糖水平迅速上升并维持正常水平；乳糖是哺乳期仔畜能量的主要来源，由乳糖提供的能量占总能量的 60%（马）、30%（山羊和牛）或 20%（绵羊和猪）。出生前反刍动物仔畜的血浆游离脂肪酸的浓度很低，出生后因外界环境温度低而引起儿茶酚胺释放，刺激脂肪组织分解，致使分娩后 1h 内其浓度很快升高并可持续数小时；乳脂也是新生仔畜的主要供能物质，由乳脂提供的能量占总量的 70%～80%（猪、绵羊和牛）或 30%～40%（马）。胎儿体内每千克血浆中蛋白质的含量可从妊娠早期的大约 50g 增至足月时的 270g 左右。乳汁中钙和磷的含量较为丰富，通常能满足仔畜需求，而铁和铜的含量较低，体内又很少贮存。因此，仔畜易患缺铁症和缺铜症，特别是仔猪更为多发。

仔畜丘脑下部和垂体的形态发育需在出生后很久才能逐渐成熟，在丘脑下部调控系统尚未发育之前，垂体通常就能自动分泌多种激素；在妊娠最后一天，仔畜生长激素的浓度很高，出生后数日下降；妊娠后期胎儿血浆催乳素维持较高水平；丘脑下部-垂体-甲状腺轴是影响子宫内胎儿发育和出生后仔畜快速适应环境的重要因素。

（七）血液生化指标变化

吮乳前仔畜的全血糖高于 2.78mmol/L，血浆糖高于 4.16mmol/L，饲喂后可增高 30%。刚出生时仔畜的全血乳酸为 1.67～4.44mmol/L，之后降至 0.56～1.11mmol/L。首次吮乳前血清白蛋白的正常值为 25～35g/L、球蛋白为 5～9g/L，采食初乳后血清球蛋白的浓度增至 15～35g/L。在正常呼吸节律建立前，马驹的动脉血氧分压为 2.66kPa，呼吸节律正常后呈现急剧上升，出生后 3d 升至 11.99kPa，但 $CO_2$ 分压为 5.33～6.6kPa，仍偏高。

## 二、初生时母仔关系的建立与行为

（一）母仔关系的建立

胎儿出生后的几分钟内，母仔之间通过嗅觉、视觉、听觉和机械接触等途径建立联系信号，以便母仔相互识别。例如，羊侧重于听觉，羔羊的咩叫声对母羊具有很强的吸引力，3 周以后羔羊的视觉信号增强；母牛可在众多哞叫声中辨认出自己小牛的叫声，牛的视觉信号比羊更为重要；犬和猪则侧重于气味信号。仔畜出生后，尽快让母仔接触非常重要，倘若两者分离时间太长，则难以建立起巩固的母仔关系。

（二）母畜对新生仔畜的爱护行为

**1. 闻嗅行为**　仔畜出生后，母畜通常首先从其头部开始嗅闻和舐舔，虽然这种行为持续时间很短，但可借此识别新生仔畜。犬、鹿和羊等一些畜种具有很强的排他性。若羔羊在出生后短时间内离开母绵羊超过几米，则其可能遭受母羊忽视、抛弃或当作他仔。若产后第一天将母猪嗅球摘除，则其对其他母猪会表现出较大的宽容性，而且允许寄养仔猪吮乳。

**2. 舐舔仔畜**　几乎所有分娩母畜都有舐舔仔畜的行为，马的舐舔动作常持续数小时，但猪不明显。尽快舐干仔畜体表水分，有利于减少热量损失，刺激新生仔畜站立并寻找乳房吮乳，进一步进行嗅觉编码以增强母仔识别。母犬舐舔新生仔犬肛门和生殖器可以刺激排泄。

**3. 藏匿行为**　野生动物因长期生存在容易遭受敌害的环境中，形成了多在夜间分娩的习性，以及利用黑暗进行藏匿的行为。家畜因驯化并得到人为保护，夜间分娩及藏匿行为已不太明显。然而，犬、猫和兔等畜种的藏匿行为仍十分明显（某些宠物猫或犬除外）。

**4. 保护行为**　牛、猪和马等分娩后容易变得更具有攻击性，呈现护仔行为。大型牧场中常见由一两头母牛去看护一群小牛；母驯鹿多藏在 3～5m 远处窥视和保护其新生仔鹿；山羊的护羔性不太强。有些公畜也有保护行为，如公猫模仿母猫去蹲窝、舐舔和护卫猫崽。

（三）新生仔畜的行为

**1. 站立**　马驹和犊牛在出生后 50min 内可以站立，但站稳需要经过 1h 以上甚至几小时；马驹出生 3～4h 后可随母畜奔跑；羔羊在 15min 内能够自行站立；新生仔猪出生后几乎立即能够走动。犬、猫和兔等出生后会有较长时间的睡眠。

**2. 吮乳**　几乎所有出生后能立即站立的仔畜，在一旦站立后不久，即会寻找母畜乳房并吮乳，即使不能站立的仔畜也会微微昂头以寻找乳房。

（1）首次吮乳时间　　大多数犊牛、马驹、羔羊和仔猪分别在出生后 4h、2～3h、1～2h 和约 5min 便开始首次吮乳；全部仔猪在 30min 内都能吮乳。

（2）吮乳行为　　犊牛和羔羊在吮乳时通常一边吮吸一边用力冲撞乳头；幼驹在找到乳房后，常用头或鼻端顶撞或拨弄乳腺，然后进行吮乳；站立哺乳的母畜为了便于仔畜找到乳房或吮乳，常将腿叉开，为仔畜让出最好的吮乳位置；母猪分娩后以充分暴露乳房的姿势躺卧，授乳时常采取左侧倒卧或右侧倒卧姿势，仔猪第一次吮乳后，往往固定在某一乳头吮乳，有时是在最后一头仔猪出生后 1h 才固定吮乳的位置。

（3）吮乳次数　　在出生后的最初 4d 内，犊牛每天的吮乳次数约为 4 次，羔羊 30 次，仔猪 10 次；以后犊牛 3 次，羔羊 15 次，仔猪 4 次。马驹出生后最初 4d 平均每小时的吮乳次数分别为 4.4 次、3.3 次、3.2 次和 2.8 次，而第 5 天为平均每小时 1.8 次。

**3. 运动**　　新生仔畜能活动时，通常站立或贴近母畜卧下，若有人接近会自动站立起来。有些仔畜还会盲目跟踪移动物体，故应加强护理，防止走失或遭到损伤。

（四）母畜与仔畜的异常行为

正常情况下，鹿在分娩后常吞食胎衣；母犬常企图吃掉胎衣；牛、羊和猪偶见吞食胎衣，可能引起消化紊乱；马吞食胎衣属于异常行为。猪、兔和犬残食仔畜的情况较为常见；马和牛虽不吞食仔畜，但可能表现出拒哺、践踏或处死仔畜的异常行为。几乎所有畜种的动物均有可能拒哺或遗弃仔畜；羔羊出生后离开母羊超过 6～12h，则很可能被母羊拒绝接受；母羊对无活力、冷凉的羔羊会迅速失去兴趣，甚至遗弃不顾。当母畜感知危险情况或受到惊吓时，常会将窝迁走，特别是犬、猫更为常见，水貂、兔等因笼养而无法挪窝时则往往残食仔畜。窃据他仔在家畜较为罕见，但猪和犬（如假孕犬）有时会有这种行为。脐带脱落前，脐部或多或少会有些炎症，伴有轻度痒感，加上仔畜对腹下摆动的脐带好奇，因而舔舐，甚至形成互相舔舐的恶习，从而引发脐炎、便秘（毛球）或拉稀等。母畜妊娠期间消耗极大，可能导致某些营养物质的严重缺乏，由于母畜供给的营养不足或不全，新生仔畜可能出现异食癖，表现出舔墙、舔土或舔饲槽等行为。

## 三、新生仔畜的护理

新生仔畜出生后，其身体功能尚未发育完善，抗病力弱。通常母性很强的野生动物或某些小动物能自行照料仔畜，但对于大多数人工饲养的家畜而言，需要进行必要的护理，以保障新生仔畜的成活和生长发育。

（一）新生仔畜的常规护理

**1. 通畅呼吸道，预防窒息**　　仔畜刚出生后，应立即清除口、鼻腔的黏液，并检查其呼吸是否正常。若发生窒息，可提起两后肢使其呈倒立姿势，并轻拍其胸部，刺激仔畜自主呼吸，或采取人工呼吸等相应措施抢救。仔犬在出生时身上包有一层囊膜，若母犬未将其撕破，应立即人为撕破。

**2. 合理处理脐带，保持脐带清洁干燥**　　分娩后，脐带通常能随母畜的站立或因仔畜的移动而被扯断，犬、猫等的母畜可将脐带咬断。人工饲养家畜的仔畜出生时，一般需要人为扯断或剪断脐带。断脐带前，可将脐带内的血液反复向仔畜腹部方向挤压；在距离腹壁 4～5cm 处断脐带后，应采用 5%碘酊彻底消毒断端；若脐带断端持续出血，可结扎止血；注意保持脐带清洁干燥，防止仔畜相互吸吮脐带，保持垫料干燥清洁，以免引发感染。

**3．保温**　　仔畜产出后，外界环境温度比母体内温度低很多，而新生仔畜的体温调节中枢尚未发育完全，其调节功能很差，特别是冬季及早春出生的仔畜，若不注意保暖，极易受凉受冻，造成仔畜损失。新生仔猪因皮下脂肪层薄、毛稀，保温能力差，且体温较成年猪高1℃以上，故需要的热量多；然而，出生24h内的仔猪主要靠分解体内储备的糖原和母乳的乳糖提供热源，须在出生24h（气温较高时）或60h（5℃以下环境）后才能有效地氧化乳脂供热；仔猪的体温调节功能从出生后的第9天起才开始完善，直至20日龄时趋于完善。因此，应做好仔猪的防寒保温工作。鉴于"小猪怕冷"而"大猪怕热"，母猪在15℃气温下表现舒适，仔猪出生后第1周所居适宜环境温度一般为34℃，第2周的温度为32℃，故可为仔猪创造温暖的小气候环境，或采用保温箱（如使用250W红外线灯泡或放置电热板）的方法，以提高仔猪成活率。仔犬保育箱的温度第1周为28～32℃，第2～3周为27℃左右，第4周为23℃。仔猫保育箱的温度第1周为30～32℃，第2周为27～29℃，第3～5周为24～27℃。

**4．辅助站立和哺乳**　　大家畜的新生仔畜出生后不久就会尝试站立，最初通常难以站立或站立不稳，宜辅助其站立，以防止摔倒，甚至发生骨折。猪分娩结束前，可让已出生仔畜吮乳，避免其叫声干扰母猪继续分娩；在仔猪出生后的前2d，辅助仔猪固定乳头是提高其存活率和生长均匀度的关键措施，原则上将弱小的仔猪固定在靠前的乳头，若仔猪数少可调教仔猪一仔吃两个乳头，以刺激乳腺发育和泌乳。

**5．预防注射**　　母畜分娩后，对其和仔畜注射破伤风抗毒素，预防发生破伤风。

**6．避免应激**　　保持圈舍或窝巢干燥清洁，避免不良应激因素的刺激。

（二）患病仔畜的护理

由于新生仔畜抵抗力弱，容易在出生后不久便出现一些病理现象，如孱弱、便秘、腹泻、脐带无法闭合、溶血、腹痛或低血糖症。应及时检查和治疗病畜，加强护理。

**1．患病仔畜的表现**

（1）站立和姿势　　在出生后经过一定时间，仔畜通常能自行站立。若很久后仍无法站起，多见于早产、未成熟或某些疾病的表现。当仔畜出现不断滚转、仰卧、转头或做不自然的躺卧姿势时，提示有腹痛症状，如发生尿闭、肠套叠、肠炎或便秘等。若仔畜患破伤风，则表现出牙关紧闭和步态强拘等特征姿势。

（2）精神、吮乳反射和食欲　　健康仔畜精神活泼，喜欢跑跳，耳尾灵活；患病时，则精神沉郁，头低耳耷，不愿起立走动。观察牛、羊是否用头顶撞乳房，确定仔畜能否吃进初乳，判断母乳是否充足；早产或受到感染的仔畜吮乳反射微弱，食欲不振。

（3）体温　　新生仔畜可借助肌肉抖动或其他活动，使体温保持在正常范围内。若发生感染，体温升高；病危时体温则下降。

（4）呼吸和心跳　　在出生后的一段时间内，仔畜会呈现出腹式呼吸、断续呼吸，不久后转为正常呼吸。当发生肺膨胀不全、代谢性酸中毒或体温过高时，呼吸频率加快。新生仔畜首次站立后，心跳明显变快。若仔畜出生后，先出现心动过缓，继而心动过速，则可能会发生窒息。心动过速还见于痉挛、高热和溶血病等。仔畜昏迷时呈现心动过缓。

（5）眼部及可视黏膜　　新生仔畜若发生脑出血，则视网膜出现瘀血点，且两侧瞳孔大小不等；患血斑病时，其口鼻黏膜和眼结膜有出血点或出血斑；可视黏膜黄染为新生仔畜溶血病的典型症状。

（6）尿色　　健康仔畜的尿清亮透明。若尿呈橘黄色、浓黄色、淡茶色或浓茶色，多为溶血病或白肌病的症状。

（7）血液指征　　新生仔畜红细胞减少多见于溶血病或血斑病，患血斑病时还会出现血小板减少。早产弱仔可见白细胞减少，而败血症可见白细胞增多。发生早产或败血症时，红细胞压积减少；患腹泻或痉挛的仔畜，红细胞压积增高。新生仔畜的血糖在吮乳后可增加 30%，低血糖常见于早产、弱仔和仔猪低血糖症，仔畜痉挛时会出现高血糖。

**2. 患病仔畜的治疗要求**　　鉴于新生仔畜的抗病力弱、疾病耐受力差且患病后病情发展迅速，故必须及时治疗，采取有效措施极力控制和扭转病情发展。由于新生仔畜心跳较快，血液循环迅速，故对药物吸收较快，药物在体内的代谢也快。因此，治疗时用药剂量必须充足，一般为同种成年家畜的 1/12～1/8，但也要考虑患畜品种及个体对药物的敏感性和耐受程度。

## 四、新生仔畜的喂养

### （一）帮助仔畜及早吮食初乳

新生仔畜的胃肠道分泌和消化功能均不够健全，但新陈代谢过程又特别旺盛，对食物的需求量大，故在其站立后，需借助吮乳反射或人工辅助其尽快找到乳头，吮食初乳。犊牛通常在出生后 4h 内会吮食初乳。早产犊或弱犊一般不会吮乳，可在手指上蘸些糖放入犊牛口中引诱其吮吸，同时补液，必要时可挤母乳灌服 2～3d，诱导犊牛学会吮乳。若母牛母性差、不习惯哺乳、害怕犊牛吮乳或乳头上有损伤而拒绝哺乳时，可强迫让其哺乳，多数经过 1～2 次即可成功。针对有的头胎母羊拒认羔羊，或者母羊产多胎时不允许个别羔羊吮乳，可用短绳将母羊拴在木桩上或将母子放在狭窄的栏内哺乳，但应防止母羊抵伤羔羊。仔猪娩出后应立即擦干黏液，断脐并消毒，帮其在出生后 0.5～1h，最迟不超过 2h 在固定乳头上吃足初乳。马驹可跟随母马随时吮乳，如有腹泻，则需戴上口笼以限制吮乳。尽早将健壮新生仔犬固定到前面的乳头吸乳，而体质较弱者固定至后两对乳头上，使全窝仔犬生长发育均匀一致；仔犬一般吸 6～8 次才咽一次，吃饱后会安稳入睡。

### （二）新生仔畜的代养

当母畜发生拒哺、乳汁不足、无乳、死亡，或者窝产仔数多于有效乳头数时，可将得不到哺乳的仔畜寄托给分娩期相近的母畜代为哺乳。因为母畜通过气味识别亲仔的能力很强，通常都有强烈的排他性，故应仔细挑选母性强、性情温顺、乳汁充足、乳头多（若为多乳头动物）的母畜代哺。为提高代养成功率，可将代哺母畜的乳汁或尿液涂于待寄养的仔畜身上，或喷洒有气味的药水于寄养及亲仔群中后再混群，也可等待代哺母畜外出觅食时，将寄养仔畜混入亲仔中，并让母仔隔离一段时间，以增强母畜恋仔性后再让其回窝；寄养最好是安排在夜间进行，比较容易成功。

### （三）新生仔畜的人工喂养

如果母畜无乳或死亡，或者为了预防新生仔畜溶血病，除寻找其他泌乳母畜代养外，还可进行人工喂养，使新生仔畜吃到足量初乳。若没有初乳或初乳不足，可制备人工初乳。例如，采用健康鲜牛奶或羊奶 500ml、新鲜鸡蛋 2 个、鱼肝油 8ml 和食盐 5g，混匀制备牛、羊人工初乳；将鲜牛奶 810ml、蛋黄 1 个、奶油（含脂肪 12%）210ml、骨粉 6g、维生素 A 2000IU 和维生素 D 500IU 混合加热至 40℃，再加入柠檬酸 4g，使酪蛋白凝固，从而制备犬的人工初乳。最初饲喂要少量多次，随着仔畜的生长而逐渐减少饲喂次数，增加每次饲喂量；严格遵守定时、定量和定温的"三定"原则。定时：一般每天喂 6 次奶，可安排在 7:00 开始，每隔 3h 一次。定量：按照日龄及体格大小定量饲喂。人工哺乳犊牛时，第 1 天可给予初乳 2~3kg，每天喂乳 5~6 次，2~3d 可增至 4~5kg。山羊羔出生后的前 2d，每天喂奶 6~8 次，每次大约 50ml；此后可酌情逐渐增加喂量，至 1 周时，每天总量可达 1kg 左右。定温：每次饲喂前把奶加温至 38~40℃。此外，宜饲喂当天采集并经煮沸处理过的鲜乳，备用乳保存在凉水中或冰箱内以免酸败；所用器具必须用开水洗净或煮沸消毒；如用瓶子喂乳，不要让仔畜的嘴高于头顶部，更不能挤压瓶子强行灌奶，以免把乳吮吸进气管；避免吮吸空乳头，以免吸进空气引发肚胀腹疼。

# 第二节　新生仔畜疾病

## 一、窒息

新生仔畜窒息（asphyxiation，suffocation）又称为假死，其主要特征是刚出生的仔畜发生呼吸障碍，或无呼吸而仅有微弱心跳，导致低氧血症、高碳酸血症和代谢性酸中毒。本病常见于马、猪和牛。

### （一）病因

胎儿过大、产道狭窄或胎势不正等致使分娩时产出期延长或胎儿排出受阻，助产过程中催产药使用不当，胎盘水肿、胎盘过早分离，胎囊破裂过迟，倒生时胎儿排出缓慢和脐带受到挤压，脐带缠绕，子宫痉挛性收缩等使胎盘血液循环减弱或停止，导致胎儿严重缺氧，当 $CO_2$ 的含量升高到一定程度时，会兴奋延髓呼吸中枢，引起胎儿在体内过早呼吸，吸入羊水或黏液而阻塞呼吸道，引发窒息。多胎动物最后产出的 1~2 个胎儿，常因子宫收缩导致胎盘供血不足，胎儿过早呼吸而窒息。分娩前母畜过度疲劳，或患有高热性疾病、肺炎、贫血、大出血等，分娩时血氧含量不足，可使仔畜发生窒息。

### （二）症状

轻度窒息者四肢软弱无力，可视黏膜发绀，舌脱出于口角外，口鼻内充满黏液，呼吸微弱而短促，吸气时张口并强烈扩张胸壁，呼吸不匀，两次呼吸间隔时间延长；听诊心跳快而无力，肺部有湿啰音，在喉及气管尤为明显，但角膜反射仍然存在，即为青紫窒息或青色窒息。重度窒息病畜呈假死状态，表现为全身瘫软，卧地不动，反射消失，可视黏膜苍白，呼吸停止，仅有微弱心跳，但脉不感手，称为苍白窒息或白色窒息。

### （三）治疗

治疗原则为排出异物，促发呼吸。首先用纱布或毛巾擦净病畜鼻孔及口腔内的羊水或黏液，或用洗耳球或不带针头的注射器先后吸出其口腔和鼻腔内的黏液。为了诱发仔畜呼吸反射，可选用草秆或羽毛刺激鼻腔黏膜，将浸有氨水或乙醇的棉球放在鼻孔上，在仔畜身上泼冷水，或用 25 号针头针刺人中、蹄头、耳尖及尾根穴等。

在排除呼吸道阻塞的前提下，人工呼吸配合吸氧或经气管插管连接呼吸囊或呼吸机输氧，是抢救窒息仔畜的有效措施。人工呼吸主要包括：将仔畜倒提起来抖动，有节律地拍击或按压胸腹部，使胸腔交替地扩张和缩小；将仔畜头部放低，用手指在其身体两侧轻柔地按压胸腹部；将仔畜一手托其肩部，另一手托臀部，一伸一屈有节奏地压缩伸展胸部，直至仔畜叫出声为止；或经过鼻孔用胶管进行吹气，吹气后用手压迫胸壁以排出吹入肺部的气体等方法。使用 10% 的氧气进行供氧呼吸，可以加快复苏进程，待病畜舌头恢复粉红色后再停止供氧呼吸；在寒冷的冬季还可将假死仔畜放入温水（40℃）中，同时进行人工呼吸，救活后迅速擦干，注意头和脐带断端不能没入水中。利用呼吸囊或呼吸机进行人工通气时，需注意呼吸的频率与压力，频率过高或压力过大，均可能导致肺损伤。新生仔畜开始自主呼吸后，仍需继续监测其体温、心率、呼吸、肤色和尿量。

若没有输氧条件或对于呼吸微弱的仔畜，可以静脉注射过氧化氢葡萄糖溶液。犊牛可用 10% 葡萄糖溶液 500ml、3% 过氧化氢 30～40ml，混合后 1 次输注。如果人工呼吸和胸外心脏按压 1min 后无法触发呼吸和心跳，可给予呼吸中枢兴奋药，如多沙普仑、咖啡因、尼可刹米或山梗菜碱；若心脏按压 1min 后仍无法触发心跳或心率过慢，可于脐静脉、气管或骨髓腔内注射 1：10 000 肾上腺素，并继续进行心脏按压。如果 3～5min 后呼吸或心率没有改进，可以再次用药。对于出现呼吸后一段时间仍有呼吸困难、黏膜发绀者，可以输氧或静脉注射过氧化氢葡萄糖溶液。此外，给予 5% 碳酸氢钠溶液以纠正酸中毒，注射抗生素或抗生素加小剂量地塞米松以预防窒息后继发肺炎。

（四）预防

加强孕畜的饲养管理，保证产前良好健康状况，严防围产期疾病等影响分娩过程；建立产房值班制度，及时、正确地接产和护理仔畜；针对分娩延迟、倒生胎儿、胎囊破裂过晚及难产等情况应及时助产，以预防本病的发生或提高治愈率。

## 二、屙弱

新生仔畜屙弱（weakness）是指仔畜因先天性发育不良或生理功能不全，出生后衰弱无力，生活能力低下，长久躺卧不起。如未及时处理可能在出生后数小时或几天内死亡。本病多发生于马驹、犊牛和多胎羔羊。

（一）病因

主要是由于妊娠期间饲料中蛋白质缺乏，维生素 A、维生素 $B_2$ 及维生素 E（猪）严重不足，或者铁、钙、钴和磷等矿物质缺乏。此外，母畜在妊娠期间发生严重或慢性消耗性疾病，如妊娠毒血症、产前截瘫、胎水过多或慢性胃肠疾病，使胎儿得不到足够的营养而发育不良；母畜感染布鲁氏菌或沙门菌等，可引起胎儿感染，产出病弱仔畜；近亲繁殖等遗传因素引起胎儿先天性发育不良或遗传缺陷；母畜早产、单胎动物怀双胎或多胎、多胎动物怀胎儿过多时，常产出弱小胎儿。

（二）症状

仔畜出生后软弱无力，肌肉松弛，站立困难或卧地不起；心跳快而弱，呼吸浅表而不规则；有的闭眼，对外界刺激反应迟钝，耳、鼻、唇及四肢末梢发凉，吮乳反射微弱。

（三）治疗

治疗原则是保温、人工辅助哺乳、补给维生素和钙盐，以及采用强心、补液等对症疗法。保温及人工哺乳，将新生仔畜放在保育室，室内温度以 30℃ 左右为宜，也可用电热器或电热毯等保暖；尽早辅助其吃上初乳，无法自主吮乳者，要挤出初乳人工饲喂，待其食欲较好后，转喂正常母乳；呼吸困难者用氧气袋补给氧气；采取强心、补液和补养分等措施，静脉补充糖盐水、葡萄糖酸钙和维生素等；若发生酸中毒，可静脉注射碳酸氢钠溶液；对于病驹，还可试行输母马血200ml，并加入10%氯化钙5～10ml，可能有效。衰弱程度不严重、有吮乳反射者，若处理得当，则预后良好；严重者大多预后不良。

## 三、胎粪停滞

新生仔畜通常在出生后数小时内排出胎粪，如果因肠道秘结而在出生后一天未见胎粪排出，并伴有腹痛症状，称为胎粪停滞（retention of meconium）或胎粪秘结。本病主要发生于体弱的新生马驹和犊牛，也常见于绵羊羔。胎粪常秘结于直肠或小肠部位。

（一）病因

初乳中含有较多的镁盐、钠盐和钾盐，具有轻泻功效。若母畜营养不良致使初乳分泌不足或品质不佳，仔畜吃不到初乳，仔畜先天性发育不良、早产、体质衰弱或患有某些疾病等均有可能引发本病。随着停滞时间延长，胎粪会变干而紧密黏附于小肠黏膜，使得气体及周围的液体无法通过。气体及摄入的食团蓄积于阻塞部位附近，引起渐进性肠臌胀，腹部明显增大，更为严重的病例可见肠梗阻及腹痛发作。

（二）症状

患病仔畜吮乳次数减少，肠音减弱，不断弓背、摇尾、努责，频繁做出排便姿势但无便排出，有时表现出前肢刨地、后蹄踢腹（马）、卧地、回顾腹部等腹痛症状，腹疼剧烈者前肢抱头打滚，有的羔羊排粪时大声咩叫。随后精神沉郁，食欲废绝，结膜潮红、带黄色，因粪块堵塞肛门常继发肠臌气，呼吸和心跳加快，脉搏快而弱，肠音消失，全身无力。最后卧地不起，逐渐全身衰竭，呈现自体中毒症状。直肠检查手指触及硬固粪块即可确诊。有的病驹，特别是公驹，在骨盆入口处常阻塞有较大的硬粪块。

（三）治疗

治疗原则为软化粪块、润滑肠道、促进胃肠蠕动和对症治疗。直肠内轻缓插入橡皮管直至阻塞部位，缓慢灌入温肥皂水，必要时经2～3h后再灌肠一次，以软化胎粪。也可以将液体石蜡或开塞露注入直肠内，以便润肠排结。为疏通肠道还可给予轻泻剂，口服液体石蜡、植物油或硫酸钠。但不宜使用峻泻剂，以免引起顽固性腹泻、肠套叠或肠扭转。灌肠或投药后，按摩和热敷腹部有利于促进胎粪排出。当胎粪停滞在直肠后部时，可将手指伸入直肠掏出粪结；若粪结较大且位于直肠深部，仔畜经灌肠后，用涂油的铁丝钝钩（或套）沿直肠上壁或侧壁伸到粪结处，钩住或套住粪块后缓慢用力将其掏出。

若上述方法无效，可施行剖腹术，通过挤压肠壁使粪便排出，或切开肠壁取出粪块。大多数患胎粪停滞的新生马驹具有疼痛表现，为防止其因疝痛发作而自伤，可给予小剂量镇痛药（如安乃近、氟尼辛葡甲胺或布托啡诺）进行止痛。如果发生自体中毒、脱水和心功能不全，应采取补液、强心、解毒和抗感染等措施，且预后需慎重。

（四）预防

妊娠后期改善母畜饲养，给予全价饲料，保证胎儿正常生长发育和母畜分娩后有足够初乳；

仔畜出生后应尽快吃足初乳，以促进肠蠕动机能；人工辅助弱仔吮吸初乳。

## 四、脐出血

脐出血（omphalorrhagia）是指新生仔畜脐带断端或脐孔出血。本病主要发生于犊牛和羔羊，偶见于仔猪及马驹。多为静脉出血，犊牛、羔羊和马驹的脐出血是以大滴缓慢流出，仔猪则常常成股流出。

### （一）病因

断脐后脐动脉未能完全闭合，或封闭不全所致。在仔畜孱弱或窒息的情况下，也可因为肺膨胀不全或无呼吸，而使心脏的卵圆孔封闭不全，静脉系统中未形成负压，影响脐静脉的封闭，而由脐带断端流出血液。

### （二）治疗

可用浸有碘酊的细绳子，紧贴脐孔结扎脐带。如果脐带断端过短而无法结扎，可用消毒过的大头针穿过脐孔部皮肤，再用缝线在针和其下的皮肤之间做"8"字结缠紧。也可用消毒过的缝线结扎脐带。若脐带过短、血管回缩至脐孔内，可先用纱布填塞，再将脐孔缝合以便止血。若失血过多、呼吸困难，可输母体血液或生理盐水，实行人工呼吸。

## 五、脐尿管瘘

脐尿管瘘（urachal fistula）又称为持久脐尿管或脐部流尿，其特征是新生仔畜排尿时，经常从脐带断端或脐孔流尿或滴尿。本病主要发生于马驹，偶见于犊牛、羔羊和仔犬等。

### （一）病因

妊娠期胎儿的膀胱借助脐尿管与体外的尿囊相通，出生后脐尿管退化并闭合形成一纤维索带。若出生后脐尿管两端封闭不全，则在排尿时，尿液经常从脐带断端或脐孔流出或滴出，形成先天性脐尿管瘘。或因脐尿管与脐孔周围组织联系紧密，断脐后脐尿管未缩回脐孔内，导致脐尿管收缩不够、封闭不全。脐尿管封闭不全是本病的主要病因。有时脐带断端发生感染或因摩擦、舔舐等原因使封闭处受到破坏，也可能发生本病。

### （二）症状

仔畜排尿时，从脐带断端或脐孔中流尿或滴尿。由于经常受尿液浸渍，脐孔及其周围组织感染发炎、脐部肿胀、组织增生，有的发生较大面积的组织化脓糜烂，伴有体温升高等全身症状。有的仔畜断脐后即发现有尿液从脐带断端滴出，但多数病例因脐带被结扎，待其断端脱落后才被发现。脐部检查可见尿液从脐孔创面中心的一小孔漏出。

### （三）治疗

仔畜出生断脐后有少许尿液自脐部滴出者，可先观察24h，若此后仍有漏尿现象应加以治疗。未继发感染且脐带断端尚存者，碘酊充分浸泡后紧靠脐孔结扎脐带；若脐带断端已脱落，仅从脐孔滴尿或其周围湿润，可每日涂抹5%碘酊2～3次或用硝酸银腐蚀1次，数天后即可封闭。对于脐部持续流尿或滴尿者，宜通过在脐孔边缘做一荷包缝合或在脐孔处做两个横向的纽扣缝合来结扎脐尿管。局部肉芽组织增生严重或顽固性病例，可施行脐尿管结扎切除术。隔离大家畜以防脐部被舔，犬和猫应戴伊丽莎白项圈。脐部已发炎者需抗菌消炎。全身症状明显者需注射全身用抗生素，以防治脓毒血症或败血症。

## 六、脐炎

脐炎（omphalitis）是指细菌入侵新生仔畜脐带残端所致脐血管及其周围组织的急性炎症。本病可见于各种仔畜，但主要发生于犊牛和马驹。

### （一）病因

接产时脐带消毒不严或受到污染，脐尿管瘘使脐部受到尿液浸渍，仔畜彼此吮吸或舔舐脐带，以及自行摩擦等，均可使脐带遭受细菌感染而发炎。此外，气候湿冷、通风不良、厩舍污潮、仔畜体弱、脐带干燥脱落时间推迟等会增加脐带感染的概率。

### （二）症状

脐血管发炎时，脐孔周围发热、充血、肿胀和疼痛。若脐带发生坏疽，其残端则呈污红色，有恶臭味。脐炎可向周围皮肤或组织扩散，引发腹壁蜂窝织炎、皮下坏疽或腹膜炎。有时脐部形成脓肿，除掉脐带残段后，脐孔处肉芽赘生，形成溃疡，常附有脓性渗出物。若化脓菌及其毒素沿血管侵入肝、肺和肾等脏器，可引起败血症或脓毒血症，仔畜表现出精神沉郁、体温升高和呼吸脉搏加快等全身症状，有时可继发破伤风。

### （三）治疗

炎症不严重者，可在脐孔周围皮下分点注射青霉素普鲁卡因溶液，并局部涂以松节油与5%碘酊的等量合剂。如果已化脓或形成脓肿，应及时切开排脓，经3%过氧化氢溶液或0.1%高锰酸钾溶液彻底清洗后，使用生理盐水冲洗干净，5%碘酊擦涂内创面或撒布磺胺粉剂。若已形成瘘管，用3%过氧化氢溶液或新洁尔灭洗净瘘管内的脓液，去除坏死的脐带碎片，然后注入魏氏流膏或碘仿醚。如果脐带发生坏疽，必须切除脐带残段，除去坏死组织，经消毒液清洗后，涂以碘仿醚（1∶10）或5%碘酊，使其干燥。必要时，经石炭酸、硝酸银或硫酸铜腐蚀后，撒布高锰酸钾硼酸粉，并以油纱布绷带包扎。

为了防止炎症扩散引起蜂窝织炎、败血症等，应及时注射抗生素，如青霉素、链霉素、丁胺卡那霉素或头孢拉定。食欲不振、中毒者可静脉注射10%葡萄糖溶液、10%葡萄糖酸钙溶液、维生素C等；内服苏打粉和酵母片有助于增进消化，提高机体抗病力。

### （四）预防

接产时要彻底消毒脐带断端，尽可能不结扎脐带，经常涂擦碘酊，促进其快速干燥、坏死和脱落；当脐血管或脐尿管闭锁不全而使血液或尿液流出不止时，才结扎脐带。保持产房、仔畜圈舍清洁、干燥，防止仔畜互舔脐带，经常检查脐部，及时治疗脐尿管瘘。

## 七、膀胱破裂

新生仔畜若膀胱壁破裂，尿液漏于腹腔内，即发生了膀胱破裂（rupture of bladder）。本病主要见于出生后1～4d的马驹和犊牛。

（一）病因

膀胱破裂通常继发于尿闭，因膀胱过度充盈、内压不断增大，在卧地打滚时易造成破裂；分娩时如果胎儿膀胱内积尿过多，腹部受到狭窄产道挤压也可能导致本病；助产时若过分牵扯脐带容易造成接近脐部的膀胱处破损；膀胱颈或尿道痉挛，尿液无法排出，膀胱过分积尿而胀破；新生马驹因起卧、打滚或跌倒等外力作用而使膀胱破裂；犊牛脐炎沿脐尿管蔓延至膀胱，长时间的炎性病变引发尿渗漏或膀胱壁破裂；若犊牛脐带的结扎线过度靠近腹壁，因脐带收缩，结扎线上移至膀胱内而堵塞输尿管也可能引发本病。

（二）症状

初期常无明显症状，持续无尿液排出，或出生后未见排过尿或有排尿动作而不见尿液排出，腹围逐渐增大，腹壁不敏感且无压痛。1～2d 后，精神逐渐沉郁，食欲减退，经常卧地，心跳及呼吸加快；腹围明显增大，肷窝变平，腹部下沉；叩诊呈水平浊音，拍打腹壁有水袋样波动感，腹腔穿刺有多量淡黄色液体流出。公驹由于鞘膜腔同时积尿，阴囊也会胀大。病程较久者可出现腹膜炎及尿中毒症状。

（三）诊断

根据病史和临床症状，结合腹腔穿刺通常可以确诊。但本病早期临床症状并不明显，常因未能及时确诊而延误治疗。若怀疑本病，可经尿道向膀胱内注入染料红汞液或龙胆紫，依据腹腔穿刺液的颜色即可确诊。通过测定腹腔穿刺液的尿素含量也可确诊。

（四）治疗

发现膀胱破裂时，应立即剖腹修补，排出腹腔内的积尿，缝合膀胱破裂口，用含抗生素的生理盐水冲洗腹腔，最后缝合腹壁创口。如伴有腹膜炎及尿毒症应采取对症疗法。

## 八、新生仔畜溶血病

新生仔畜溶血病（haemolytic disease of the neonates）是因新生仔畜红细胞抗原与母体血清抗体不相合而引起的一种同种免疫溶血反应。其主要特征是仔畜出生后吮吸母畜初乳，因摄入的抗体破坏仔畜的红细胞，而迅速出现进行性贫血、黄疸和血红蛋白尿等症状。各种仔畜都可能发病，但以仔猪、马驹和骡驹多发，偶见于犊牛、仔兔和仔犬。

（一）病因

**1. 抗原及抗体的性质**

（1）新生骡驹溶血病　　马和驴杂交，公畜体内的红细胞特异性种间抗原可以遗传给骡驹，骡胎儿的一种具有父系遗传特性的种间抗原性物质，通过损伤的胎盘，刺激母畜产生一种能够凝集和溶解骡驹红细胞的特异性抗体，于产前进入初乳，新生骡驹吮食含有高效价抗体的初乳后，此种抗体经肠壁吸收进入血液，与红细胞结合并引起溶血。

（2）新生马驹溶血病　　因胎儿与母马的血型存在个体差异所致。Aa、Qa、R、S、Dc 及 Ua 等血型因子与本病的发生有关。妊娠期间血型不相合的胎儿血液抗原经损伤的胎盘进入母体血液循环，使母马产生同种免疫，血清中的抗 Aa 抗体进入初乳引发本病。

（3）新生仔猪溶血病　　与马驹大致相同，主要是由血型不合所引发。猪有 15 个血型，除 A 血型系统外，其他血型系统的血型因子都有可能成为本病的病因。本病还偶见于接种了含猪某种血型红细胞抗原的灭活疫苗之后。

（4）新生犊牛溶血病　　母牛因胎儿红细胞致敏而产生的"自身免疫性"抗体极为少见。母牛接种了采用患病犊牛血液制备的巴贝斯虫疫苗可以引发本病。

（5）仔犬的溶血病　　犬抗体可经胎盘进入胎儿体内，胚胎期或许就已经发病。不加选择地配种或给母犬输血时，易诱发仔犬溶血病，尤其是 A 血型因子的犬更易发病。

（6）幼猫的溶血病　　猫有 A 型和 B 型两种主要血型。A 型血的猫红细胞抗原具有较弱的抗 B 型血抗体，而 B 型血的猫却有很强的抗 A 型血抗体。如果 B 型血的母猫与 A 型血的公猫交配，产下的后代可能是 A 型血。当这些幼猫采食初乳后，强烈的抗 A 型血抗体进入幼猫体内会溶解红细胞，引发新生幼猫溶血症。

**2. 胎儿抗原的传递**　　一般认为胎儿抗原进入母体有以下可能途径：一是胎盘出血，这可能是怀孕的正常现象，或是某些母畜的胎盘容易出血；二是胎盘受损或发生病灶，破坏胎盘引起出血，促成抗原传递；三是上一胎次分娩时，胎盘上发生的微小损伤，是胎儿抗原传递给母畜的一个重要途径，这也是马驹溶血病的发病率随着胎次的增加而逐渐上升的原因之一。

（二）症状

**1. 新生骡驹或马驹溶血病**

（1）临床症状　　新生骡驹或马驹未吃初乳前一切正常，吸吮初乳后 1～2d 发病，5～7d 达到发病高峰；有的采食初乳后几小时内发病。病驹精神沉郁，反应迟钝，喜卧，食欲不振；可视黏膜苍白、黄染，特别是巩膜和阴道黏膜；尿量少而黏稠，病轻者为黄色或淡黄色，严重者为血红色或浓茶色，排尿痛苦；粪便多呈蛋黄色；心跳快而脉弱，节律不齐；呼吸加快、粗厉。后期卧地不起或嗜睡，呼吸困难。有的出现神经症状，惊厥及肢体强直，最终因高度贫血、极度心力衰竭而死亡，濒死前体温下降。

（2）血液检查　　血液稀薄如水，缺乏黏稠性，呈淡红黄色，严重时呈酱油色；红细胞数量减少（轻者为 $3\times10^{12}$～$4\times10^{12}$/L，重者低于 $1\times10^{12}$/L）、形态不整；血红蛋白含量显著降低，白细胞相对值增高；严重者总胆红素水平可达 20mg/dl。

（3）产后初乳检查　　胎儿血液与母体初乳进行凝集反应，若马生骡驹时的初乳效价高于 1∶32、驴生骡驹时的初乳效价高于 1∶128，均判为阳性反应。

**2. 仔猪**

（1）临床症状　　吮乳后数十小时甚至数小时出现全窝仔猪发病。病猪停止吮乳，精神萎靡，震颤，畏寒，被毛粗乱竖立；衰弱，不久陷入虚脱状态；结膜及齿龈黄染最为明显，腋下、股内侧及腹下皮肤黄染显著；粪便稀薄，尿透明或带红色，有时呈咖啡样，隐血试验呈强阳性；心跳 150～200 次/min，呼吸 70～90 次/min，经过 2～6d 死亡。急性病例在吮乳后 2～3h 食欲减退，4h 可视黏膜和皮肤苍白，急剧虚脱，5～7h 内死亡。

（2）病理剖检　　可见皮下黄染，肠系膜、大网膜、腹膜和肠管均呈黄染，胃底有轻度卡他性炎症，肠黏膜充血、出血，肝和脾轻微肿大，膀胱内积存暗红色尿液。

（3）血液检查　　血液不易凝固，红细胞数减少为 $15\times10^{11}$～$45\times10^{11}$/L，血红蛋白含量为 36～65g/L；血清凡登白试验呈阳性，胆红素为 54.08～216.32mmol/L。

**3. 犊牛**

（1）临床症状　吮乳后 11～16h 开始发病。病初精神不振，吃乳减少，喜卧，腹痛，可视黏膜稍苍白，尿色变黄，体温呈弛张热，呼吸及心率稍快。严重时，精神沉郁，食欲消失，惊厥，可视黏膜黄染、苍白，排黄痢或血痢，尿少且尿色呈淡红色，呼吸音粗厉，心音亢进。后期则卧地不起，呻吟，呼吸困难，心率增加且节律不齐，排尿异常困难，尿色为血红色，阵发性痉挛，角弓反张，最后因心力衰竭而死。

（2）病理剖检　皮下有胶质状炎性渗出物，肺、心肌和胃肠道有点状出血，心肌肿胀、质地变软，肝异常肿大、质地变脆、无弹性、胆囊充盈、肿大。

（3）血液检查　血液稀薄，黏稠性差；红细胞数减少至 $2.89 \times 10^{12}/L$，且形态不整、大小不均，血红蛋白含量平均为 67.2g/L，白细胞数高达 $34 \times 10^{12}/L$。

**4. 仔犬**

（1）临床症状　常发生于出生后 2～3d。患病仔犬精神沉郁，反应迟钝，喜卧，吮乳减少或不吃乳；皮肤及可视黏膜苍白、黄染；尿量少而黏稠，轻者为黄色或淡黄色，重者为血红色或浓茶色；心音亢进，呼吸粗厉；有的呈现神经症状。

（2）血液检查　高度溶血，稀薄如水；红细胞数量显著减少，最高为 $3 \times 10^{12}/L$，最低时仅为 $1.6 \times 10^{12}/L$，且大小不等，可见一些红细胞碎片；尿液化验为血红蛋白尿。

**5. 幼猫**　患病幼猫表现黄疸和贫血，呼吸急促，心动过速和血红蛋白尿，可能发生急性死亡。因尾部和末梢部位缺血，可能使尾巴和四肢蜕皮。

（三）诊断

依据发病时间及临床症状可进行初步诊断；将仔畜红细胞与母体的初乳或血清进行凝集反应，根据凝集效价判定是否为阳性；仔畜验血验尿，若血细胞显著减少、红细胞少且形状不规则、黄疸指数增高、出现血红蛋白尿等提示患有本病。

（四）治疗

目前对本病尚无特效疗法。治疗原则是及早发现、及早换乳、及时输血和对症治疗。

**1. 立即停食母乳**　实行代养或人工哺乳，直至初乳中抗体效价降至安全范围，或待仔畜已远远超过肠壁闭锁期，一般要到出生 1 周以后，相关抗体无法通过肠壁直接被吸收。有时一窝仔猪中只有部分猪发病，为了确保安全，也须将整窝仔猪实行代养及人工哺乳。

**2. 输血疗法**　输血前一般应先做配血试验，选择血型相合的同种健康成畜作为供血者。采血时，按采血量 1/10 的比例，加入 3.8%枸橼酸钠作为抗凝剂，经抗凝后输血。马驹的每次输血量为 500～1000ml，必要时可间隔 12～24h 重复输血 1～2 次，但不宜反复输血，以免抑制机体本身的造血功能。若红细胞数量过度降低，则一边放血一边输血，心衰严重者不可放血。临床上还常输入弃去血浆的血细胞生理盐水液，本法比较安全。

**3. 辅助疗法**　注射氢化可的松或强的松以抑制抗原抗体反应；保肝解毒，补充营养，静脉注射 10%～25%葡萄糖液，及时补充维生素 A、维生素 $B_{12}$ 及铁剂，以增强造血功能。若有酸中毒的表现，可静脉注射 5%碳酸氢钠溶液。注射抗生素以防止继发细菌感染。

（五）预防

避免应用已引起仔畜溶血病的公畜配种；根据母畜预产期，在产前采集母畜血清或初乳检测抗体效价，对效价超出安全范围者，产后严禁仔畜吃其初乳；对于上一胎次仔畜已发病的母畜，产仔后应立即实施母仔隔离，暂停饲喂母乳；必要时，可将同期分娩母畜的仔畜相互交换哺乳，或对患病仔畜实行代养或人工哺乳；新生仔驹吮乳前，灌服适量的食醋（加等量水稀释）有一定的预防作用。

## 九、先天性肌阵挛

先天性肌阵挛（congenital myoclonia）是仔畜刚出生不久出现全身或局部肌肉阵发性挛缩的一种疾病，也称为传染性先天性震颤。早在 1854 年，本病发现于德国，且在相当长的一段时期内只发生在新生仔猪，俗称为"小猪跳跳病""小猪抖抖病"。20 世纪 60 年代开始，相继有牛、犬和豚鼠发生本病的报道。

（一）病因

**1. 仔猪先天性肌阵挛**　　过去曾有母猪营养不良、遗传因子作用、肌纤维异常、嗜神经组织病毒或母猪病毒感染、母猪妊娠期间接种猪瘟疫苗等假说。现在认为本病与先天性震颤病毒感染有关。

**2. 牛或犬先天性肌阵挛**　　均为遗传性缺陷，其遗传特性为单基因常染色体隐性类型；分子病理学研究显示本病的根本病因是脊髓突触后对士的宁敏感的甘氨酸受体先天缺乏，以及抑制性神经递质甘氨酸介导的中间神经元突触抑制作用缺陷。

（二）症状

**1. 仔猪先天性肌阵挛**　　出生后立即或不久出现局部肌肉阵挛，站立时明显，卧下则有所减轻，入睡时会消失，醒后又出现。有的头部和颈部骨骼肌呈现节奏性、痉挛性震颤，难以吮乳；有的仅后躯颤抖明显；若四肢同时发生阵发性痉挛，则呈跳跃状姿势，易倒地。病情轻者，虽然全身震颤但仍可运动。随日龄增大症状会逐渐减轻或消失，如在出生后 1 周仍能存活，则预后良好。患病猪群中可见大眼畸形、小眼畸形、反耳畸形和屈肢畸形等的异常仔猪。

**2. 牛遗传性先天性肌阵挛**　　患病犊牛通常会提前 10d 左右出生，出生后 2h 内开始出现症状。主要表现为感觉过敏和肌阵挛性应答。触觉、听觉甚至视觉刺激均可诱发肌阵挛性应答，表现为头颈和四肢伸展，通常全身性僵硬和强直，角弓反张，后肢内收。患病犊牛颤动时呈跳跃姿势，行走困难，易跌倒，无法正常吮乳。若不精心护理，存活期一般不超过 2 周。

**3. 犬反射性肌阵挛**　　通常在出生后数小时至 1～2d 出现肌震颤、身抖动、四肢或后躯呈向上跳跃姿势。严重者节律性抽动达 50～70 次/min，触摸或惊吓等刺激会加大抽动幅度和频率，甚至出现强直性收缩或角弓反张。因肌肉震颤而难以固定乳头或吮乳，存活期一般不超过半年。

（三）诊断

根据流行病学特征和临床症状，仔猪先天性肌阵挛较易与其他病相区别，但确诊需要进行病原学检查。牛和犬先天性肌阵挛的初步诊断依据包括符合常染色体隐性遗传类型特点的家族发病史和临床症状，通过 $^3$H 标记甘氨酸或士的宁及放射自显影技术，确定脊髓中间神经元突触后士的宁敏感的甘氨酸受体的先天性缺乏可确诊本病。

（四）防治

由于本病的致病机制尚不清楚，目前暂无有效的防治方法。应加强对患病仔畜的护理，注意防寒保暖，避免外界不良因素的刺激；通过人工喂养或人工哺乳，减少病畜死亡。若发现公畜的后代中有患先天性肌阵挛，则应淘汰该公畜。

## 十、新生仔猪低血糖症

新生仔猪低血糖症（hypoglycemia of newborn piglet）是仔猪出生后，因饥饿致使体内糖原耗竭而引起血糖水平急剧下降，导致中枢神经系统机能活动障碍的一种营养代谢性疾病。本病多发生于春季，秋季较少，且主要是出生后 1～4d 的仔猪发病。如不及时治疗，可造成全窝或部分仔猪急性死亡，死亡率高达 70%～100%。

（一）病因

仔猪出生后 7d 内，因体内缺少进行糖异生作用的酶类，难以将体内的非糖物质转变为糖原，这是本病的内在因素。此期间血糖主要来源于母乳和胚胎期贮存肝糖原的分解，若胎儿时期缺糖或出生后仔猪吮乳不足或缺乏，加上活动量增加，体内耗糖量增多，则有限的能量贮备会迅速耗尽，血糖含量急剧下降，出现神经症状，严重时昏迷死亡。

胎儿在母体内生长发育不良，体内贮存的脂肪酸和葡萄糖不够所致先天性糖原不足；母猪缺乳、无乳或产仔数过多，个别初产母猪拒哺；仔猪吮乳反射微弱甚至消失；仔猪患有大肠杆菌病、链球菌病、传染性胃肠炎或先天性震颤等使其吮乳减少和消化吸收功能障碍；初乳因过浓，乳蛋白、乳脂含量过高而无法被充分吸收等因素均易造成仔猪饥饿而引发低血糖症。低温或寒冷为重要诱因，使体内糖原消耗增加，加速发生本病。

（二）症状

病初精神萎靡，突然停止吮乳或吃乳减少，后肢、颈下及胸腹下水肿明显。继而卧地不起，被毛蓬乱，四肢绵软无力，尿液呈黄色；病猪卧地后出现阵发性痉挛，头后仰或扭向一侧，四肢做游泳状划动或伸直；口微张，尖声号叫，口角流出少量白沫；心跳加快，心律不齐，呼吸微弱；体表感觉迟钝或消失，除针刺耳部和蹄部稍有反应外，其他部位无痛感；皮肤苍白，畏寒，体温下降，耳尖、尾根及四肢末端呈轻微紫色；严重时昏迷不醒，意识丧失，瞳孔扩大，甚至出现低血糖性休克，于 3～4h 内死亡。

（三）诊断

根据仔猪发病后的临床症状和血糖含量可做出诊断。患病仔猪的血糖含量显著降低，平均约为 1.44mmol/L，最低可降至 0.17mmol/L，而正常仔猪的血糖量平均为 6.27mmol/L，发病阈值为 2.78mmol/L；病猪肝糖原含量极微（正常值为 2.62%）。

（四）治疗

早期应尽快补糖，大多数病例可恢复健康。腹腔注射 10%葡萄糖注射液 10～20ml 和维生素 C 0.1g，每隔 4～6h 给药 1 次，连续用药 2～3d，具有良好效果。也可同时口服 25%葡萄糖溶液 5～10ml，或喂饮白糖水。肌内注射促肾上腺皮质激素 10～15U 或乙酸氢化可的松 0.025～0.05g 可提升其糖异生能力。及时解除病因，母猪无乳或少乳时需人工哺乳或代养，若因母猪或仔猪感染疾病所致，应积极治疗原发病。

（五）预防

妊娠后期对母猪应供给充分营养，以保证其产后能分泌大量高品质乳汁；保证仔猪早吃、吃足初乳，定时哺乳，防止饥饿；额外补喂因弱小而吮乳不足的仔猪；产圈内增设防寒设备，加强仔猪护理和保暖；仔猪出生后 4～12h 内可考虑给予 5%葡萄糖溶液。

## 十一、新生犊牛搐搦症

新生犊牛搐搦症（tetany of newborn calf）多发生于 2～7 日龄的犊牛，主要特征为发病突然，呈现强直性痉挛，继而出现惊厥和知觉消失。该病的病程短，且死亡率高。

（一）病因

病因不详，可能是胚胎期间母体矿物质不足，因急性钙和镁缺乏而引发；或镁代谢紊乱所致。

（二）症状

突然发病，多站立不动，颈伸直，全身肌肉呈强直性痉挛。口不断空嚼，唇边有白色泡沫，口角流出大量带泡沫的涎水。继而眼球震颤，牙关紧闭，角弓反张，随即死亡。

（三）治疗

可选用下列方法之一进行试治。方法一：10%氯化钙溶液 20ml、25%硫酸镁溶液 10ml、20%葡萄糖溶液 20ml，混合，一次静脉注射。方法二：25%硫酸镁溶液 20ml，分 3～4 点肌内注射，同时一次静脉注射 10%氯化钙溶液 20～30ml。方法三：氯化钙 2～4g、氯化镁 1～2g、葡萄糖 2～4g、蒸馏水 20～40ml，溶解、过滤、煮沸灭菌，待降温后一次静脉注射。

## 十二、围产期胎儿死亡

围产期胎儿死亡（perinatal death in newborn）是指在产出过程中及产后不超过 1d 所发生的仔畜死亡，主要见于猪和牛。出生前已死亡者称为死胎，其肺放入水中会下沉。

（一）病因

**1. 非传染性病因**

（1）营养性原因　　母畜妊娠期间营养不足或缺乏某些营养物质，如蛋白质、矿物质、微量元素、维生素 A 和维生素 $B_2$，导致胎儿营养不良，缺乏活力而引发本病。

（2）延迟分娩　　由于分娩推迟胎盘供氧减少，胎儿因缺氧而发生窒息和脑损伤，致使胎儿死亡率增加。

（3）遗传、近亲繁殖　　造成胎儿畸形、难产、妊娠期延长或活力弱等使胎儿致死。

（4）应激　　母猪妊娠至 102～110d，若外界温度达到 37.7℃持续 17h 或 32.2℃持续 8d，死胎产出率接近 50%。

（5）管理不善　　母畜母性不强、过度惊扰、保温不良、带进异味、代养不及时、厩舍设计不合理、产仔时无人照看或人工护理不及时等，均可能造成新生仔畜死亡。

**2. 传染性病因**

（1）病毒感染　　细小病毒病、伪狂犬病、日本乙型脑炎、猪流感、猪瘟和猪流行性流产及呼吸道综合征等疾病均可能造成母猪产死胎或弱仔。

（2）细菌或寄生虫感染　　仔猪红痢、仔猪黄痢、仔猪白痢和仔猪副伤寒等可直接造成仔猪死亡；母畜感染链球菌、葡萄球菌、巴氏杆菌或弓形虫等都可引起仔畜死亡。

### （二）症状及诊断

传染性疾病引起的新生仔畜死亡，其临床症状及诊断方法详见传染病学有关部分；由非传染性原因所致，诊断时需参考致病原因。出生过程中仔畜的死亡多因 $CO_2$ 分压高，氧分压低，胎儿因窒息所致。母体子宫内胎儿若窒息则可在羊水和呼吸道内发现胎粪。幸存仔畜的活力降低，肌肉松弛，吮乳反射缺乏或微弱；有的昏迷不醒，不久也会死亡。

### （三）防治

畜舍和产房设计合理，避免惊扰母畜分娩，注意保温；科学选种选配，防止近亲繁殖；加强母畜饲养管理，合理供给营养物质；加强产房监护，及时助产；强化产房及母畜的卫生消毒，防止仔畜感染，彻底消毒脐带，防止发生破伤风；检查初乳避免发生新生仔畜溶血病；增进母仔识别，尽早吃足初乳；加强母畜免疫接种，科学防治传染病。

## 十三、新生仔畜破伤风

新生仔畜破伤风（tetanus of the neonates）是因分娩期间消毒不严，破伤风梭菌经由脐部侵入体内而引发的急性感染性疾病，主要以牙关紧闭和全身肌肉强直性痉挛为特征。仔畜感染破伤风梭菌后，多于 4～6 日龄发病。

### （一）病因

采用消毒不彻底的器械、污染的手或敷料处理仔畜脐部，可能造成破伤风梭菌侵入体内并增殖，其产生的大量外毒素沿神经、淋巴或血流传入中枢神经系统，导致抑制性神经介质释放障碍，造成运动神经中枢应激性增高，引发全身肌肉痉挛。毒素还可以兴奋交感神经，造成心动过速和血压升高等。

### （二）症状

病初患畜不安，吮乳困难，继而牙关紧闭，四肢强直；重症者全身痉挛，角弓反张，心跳急速，呼吸浅快，对外界环境敏感，轻度刺激即可诱发喉肌和呼吸肌痉挛，严重时造成呼吸暂停、窒息；体温不高或仅有低热，若并发败血症、肺炎或脐炎等可出现高热。

### （三）治疗

破伤风治疗的关键是尽早中和破伤风梭菌产生的大量外毒素，可皮下或静脉注射破伤风抗毒素。青霉素杀灭该菌效果好，甲硝唑是抗厌氧菌的首选药物。加强对症治疗，采用解痉镇静药物控制痉挛及抽搐，首选药物为地西泮，若其无法控制痉挛，可肌内注射苯巴比妥或硫酸镁普鲁卡因溶液。脐带患部经清除脓液及坏死组织后，用高锰酸钾溶液、过氧化氢或碘伏消毒创面，以杀灭破伤风梭菌。尽量减少畜舍环境刺激，以减少痉挛发作；痉挛期间应禁食，由静脉供给营养；待症状缓解、能够吮吮时，可用滴管喂奶。

# 第十五章 生殖调控技术

生殖调控技术也称为繁殖调控技术，是兽医产科学的重要组成部分，是人们在认识动物生殖规律的基础上，在畜牧业生产中，为了提高家畜的繁殖力、加快育种速度而采用的一些技术手段。本章将重点介绍人工授精、胚胎移植、胚胎体外生产、胚胎显微操作、性别控制、动物克隆与转基因及同期发情与定时输精等与现代畜牧业生产紧密相关的技术。

## 第一节 人 工 授 精

人工授精（artificial insemination，AI）是指通过采集公畜精液，经过品质检查和适当处理，人为将一定量精液输入母畜生殖道特定部位，最终使母畜受孕的一种辅助生殖技术。目前，人工授精技术已在家畜和部分野生动物得到广泛的应用，大大促进了动物的繁殖生产，是应用最广泛、成效最为显著的一种生殖调控技术。

### 一、实施人工授精的意义

**1. 充分利用优良公畜的繁殖潜能** 一头公牛每年可采精子 $1.5×10^{12}$ 个，按每头母牛每次输精 $1.5×10^7$ 个，50%受胎率计算，可获得后代 50 000 头。1 只公羊在自然交配情况下可配母羊 50~60 只，采用鲜精人工授精，可配母羊 300~500 只；如果结合精液冷冻技术，其全年采精量可满足 2000 多只母羊的输精要求。不仅使优良种公畜得以充分利用，还减少种公畜饲养数量，降低生产成本。

**2. 迅速扩大公畜优良基因影响，加速良种推广应用** 人工授精技术使配种记录更为完整和方便，保证配种计划的实施。

**3. 可减少和防止因交配所引起的传染性疾病** 例如，布鲁氏菌病、毛滴虫病、胎儿弧菌病、马媾疫等，有助于及时发现某些生殖器官疾病，及早采取防治措施。

**4. 通过发情鉴定，实现适时配种，提高母畜受胎率** 克服公畜和母畜因体格差异和母畜生殖道异常引起的交配困难。

**5. 使用冷冻精液人工授精，可克服时间和地域上的限制** 通过建立精子库，保护珍稀动物品种资源，同时为其他繁殖调控技术（如同期发情、定时输精、胚胎移植、体外受精、性别控制和转基因）的发展提供技术支撑。

### 二、鲜精人工授精

鲜精人工授精包括公畜的管理和采精、精液品质检查、精液的稀释和保存、输精等技术环节。

（一）公畜的管理和采精

**1. 公畜管理** 公畜的体质状况、营养水平对精子质量、采精数量和精子抗冻能力都有明显的影响。公畜饲养适宜维持中等能量水平，长期饲喂高能量饲料会导致公畜肥胖，反应迟钝，最终导致繁殖力下降；能量过低会使初情期延迟，睾丸和附睾变小，精子产量下降。适当增加饲料蛋白质比例，补饲维生素 A 和维生素 E，保持适量运动，可改善精子生成的数量及精子质量。

为了保持公畜的健康体况和正常的繁殖功能，最大限度地利用公畜，应合理安排采精频率。在生产实践中，公牛一般在一天内采精 2 次，间隔 2～3d 再次采精；公猪、公马可隔天采精 1 次，或连续采精几天然后休息 2～3d；公羊在繁殖季节可连续数周每天采精，但公山羊采精频率应相对少一些。一般来说，增加采精频率会减少每次采得的精子数量，但可增加单位时间内所采得的精子数量。各种公畜采精频率与精液品质如表 15-1 所示，若发现公畜性欲减弱或精液品质下降，尤其是精液中未成熟精子数增加，往往预示采集频率过多，应减少采精次数或停止采精。

表 15-1　公畜采精频率与精液品质

| 项目 | 奶牛 | 肉牛 | 水牛 | 绵羊 | 山羊 | 猪 | 马 | 犬 |
| --- | --- | --- | --- | --- | --- | --- | --- | --- |
| 每周采精次数 | 2～6 | 2～6 | 2～6 | 7～25 | 7～20 | 2～5 | 2～6 | 2～3 |
| 射精量/ml | 5～10 | 4～8 | 3～6 | 0.8～1.2 | 0.5～1.5 | 150～300 | 50～100 | 20～30 |
| 每次射精数/$\times 10^8$ 个 | 4～14 | 4～14 | 3.6～8.9 | 2～4 | 1.5～6.0 | 30～60 | 3～15 | 5 |
| 精子活力/% | 50～70 | 40～75 | 60～80 | 60～80 | 60～80 | 50～80 | 40～75 | |
| 精子正常率/% | 80～95 | 75～90 | 80～95 | 80～95 | 80～95 | 70～90 | 60～90 | 72～98 |
| pH | 6.9 | 6.7 | 6.7 | 6.5 | 6.5 | 7.5 | 7.4 | |

**2. 采精**

（1）采精前的准备　　包括采精场地、台畜、采精器械和公畜的准备。采精场地应当宽敞、平坦、安静，采精前做好场地的消毒工作。台畜以发情明显的母畜效果最佳，采精时应适当保定，也可用假台畜，假台畜应坚实牢固。无论真假台畜，用前都应清洗消毒后驱并擦拭干净。采精器械及可能接触精液的所有用品应严格消毒，操作室应配备紫外线消毒设备。采精前认真清洗公畜阴茎和包皮，以减少对精液的污染。采精前对公畜进行适当的性刺激，可增加采得的精子数量。例如，对公牛来说，更换台畜、改变台畜位置、假爬跨、观察另一头公牛爬跨等，可明显增强公畜的性反应。

（2）采精方法　　生产实践中常用的采精方法有假阴道法、手握法、按摩法和电刺激法等，以假阴道法使用最为理想。

1）假阴道法。主要用于牛、羊、马等，以及部分小动物（如兔、犬等）。各种假阴道均应模拟相应母畜阴道条件，最主要的是使假阴道有适当的温度、压力和润滑度。假阴道法采精时，采精员手握假阴道立于台畜右后侧，当公畜爬跨台畜时，将假阴道沿水平方向套入勃起的阴茎，公畜抽动射精时尽量固定假阴道的位置。当公畜跳下时，假阴道随阴茎后移并保持假阴道下倾，以防精液从集精杯流出；排放假阴道内空气，待阴茎软缩后，取下假阴道。对可能危及采精员安全的大型或性情暴烈公畜，可将假阴道固定于假台畜上，但应注意其角度，防止精液倒流。

2）手握法。适用于采集公猪和公犬的精液。以猪为例，采精员蹲在假台畜左侧，用佩戴灭菌手套的右手紧握伸出的龟头，模仿母猪子宫颈挤压公猪龟头，节奏性地施加压力，刺激射精。另一只手持带有过滤纱布的集精瓶收集浓稠精液部分，公猪常有 2～3 次射精，待射精全部结束时松开阴茎。

3）按摩法。适用于牛和家禽，牛可经直肠按摩精囊腺和输精管壶腹，使精液流出，助手按摩阴茎 "S" 状弯曲部使阴茎伸出，便于收集精液。家禽（如鸡）采精时，助手两手分别握住公鸡两腿，自然宽度分开，尾部朝向术者，泄殖腔周围剪毛消毒，术者右手拇指与食指在泄殖腔下部两侧抖动触摸腹部柔软处，迅速轻轻用力向上抵压泄殖腔，使交配器翻出；固定在泄殖腔两边上侧的左手拇指和食指微微挤压，精液即可顺利排出。收集精液时注意防止粪便污染。

4）电刺激法。适用于种用价值高但失去爬跨能力的公畜，以及性情暴躁的小动物和野生动物。使用电刺激采精器，通过电脉冲刺激生殖器官引起射精。操作时动物站立或侧卧保定，必要时可用镇静类药物如氯胺酮、赛拉嗪和美托咪定。电极棒经直肠（泄殖腔）插入输精管壶腹，选择一定的频率，从低到高逐渐增加电流强度和电压，使阴茎伸出勃起射精。此法所得精液量大，但精子密度低，可能混入尿液。

（二）精液品质检查

精液品质的检查和评定包括外观检查（精液的体积、颜色、黏稠度和浑浊度）、显微镜检查（精子活力、形态和浓度）、生物化学检查和精子对环境变化的抵抗力等，更为详细的内容可参见动物繁殖学相关的教材和文献。任何单项检查均难以预测精液的受精能力，采用多项综合检查，能更准确地评价精液质量。人工授精时，较为重要的检查项目是精子的密度和活率检查，对生育力低下的公畜应注意检查死亡精子、畸形精子和活精子的比例，以及一些特殊的理化指标。判定一头公畜种用性能的好坏，除对精液品质多项指标进行综合评定外，还应统计一定数量母畜授精后的受胎率、繁殖率及其所产后代的性能。

（三）精液的稀释和保存

对精液进行稀释，一是扩大精液容量，充分利用精液；二是更长时间维持精子活力和受精能力；三是方便精液的保存和运输，扩大精液的使用范围，克服时间限制。

**1. 精液稀释液的成分和作用**　　精液稀释液常以生理盐水、磷酸盐缓冲液为基础液，同时添加营养物质、缓冲剂、抗冻剂和一些特定的活性成分组成。

（1）营养物质　　主要补充精子存活和维持受精能力所需的能量，如葡萄糖、果糖、乳糖、卵黄和牛奶等。

（2）缓冲剂　　常用的有柠檬酸盐、酒石酸钾钠、三羟甲基氨基甲烷（Tris）、乙二胺四乙酸钠和磷酸二氢钾等，以维持稀释液的正常渗透压和 pH，防止精子一些代谢产物（如乳酸和 $CO_2$ 等）的蓄积。

（3）抗冻剂　　常用的是甘油和二甲基亚砜（DMSO），牛奶和卵黄也可发挥减轻冷休克损伤的作用，以保证精子适应降温过程和低温环境的变化。

（4）一些活性物质　　精液稀释液中添加的活性物质包括酶类（过氧化氢酶、β-葡萄糖醛酸酶、淀粉酶等）、激素（GnRH、hCG 或 LH、催产素、前列腺素等）、维生素类（维生素 B、维生素 C、维生素 E 等）及三磷酸腺苷（ATP）、精氨酸、咖啡因等，目的是保持精液品质，提高精子活力和母畜受胎率。

同时，精液稀释液中还添加抗生素以防止微生物污染，通常添加青霉素和链霉素，含量多为500～1000IU/ml，另外还用卡那霉素、林可霉素、多黏菌素和磺胺类药物等。

**2. 精液稀释**　　首先按要求配制稀释液，所有用品严格消毒，试剂应是分析纯以上级别，相关材料（如鸡蛋）要新鲜。采集的精液先保存于 30℃水浴，迅速检查精子活力和精子密度，根据稀释液种类和保存方法，确定稀释倍数，尽快稀释。稀释精液时应将稀释液预热至 30～35℃，轻轻混匀，避免剧烈搅动。传统上，奶牛精液一般稀释 5～40 倍，绵羊、山羊和猪的精液稀释 2～

4 倍，马精液稀释 2～3 倍，犬精液稀释 3～8 倍。目前，实际生产中倾向于低输精量和高倍稀释，因此输精时马的精液可稀释 7～8 倍，羊的可稀释达 50 倍。

**3．精液的液态保存和运输**　精液保存的目的是延长精子寿命，目前采取的主要措施是降低温度，适当增加酸度，以减少精子在保存期间的活动，降低精子的代谢水平。实际生产中，除牛以外其他动物冷冻精液的受胎率都不够理想。精液液态保存的时间有限，但短时间内需要授精的家畜数量达到一定规模，精液液态保存仍有很大的实用价值，即使使用冷冻精液，解冻后也需要液态保存。精液液态保存包括常温保存（15～25℃）、低温保存（0～5℃）。各种家畜精液低温保存的时间一般较常温保存的时间长。猪的全精液适于 15～20℃保存，分段采集的浓稠精液可于 3～10℃保存。

精液保存液需适当补充能量物质，添加抗冻剂和抗菌物质。低温保存精液需注意缓慢降温，从 30℃至 5℃一般以 0.2℃/min 的降温速率为宜，整个降温过程持续 1～2h；分装好的精液瓶用纱布或毛巾包好并套上塑料套防水，同时附上包括精液来源、采精日期、精液品质及稀释方法的信息。运输过程中须注意存放温度，避免剧烈震荡和碰撞。

（四）输精

在母畜发情阶段最适宜时间，准确把适量精液输送到母畜生殖道适当部位，是采用人工授精技术获得较高受胎率的最后关键环节。

**1．输精时间的确定**　通过发情鉴定推算排卵时间是确定输精时间的依据。在生产中，不同家畜主要通过试情法、外部观察法、检查阴道及其分泌物等，大家畜还通过直肠检查触摸卵巢进行发情鉴定，判断排卵时间。一个发情期一般输精 1 或 2 次，精子到达输卵管壶腹获能且具备受精能力一般需要数小时，精子在母畜生殖道内的存活时间通常较卵子保持受精能力的时间长，因此，应在判定的排卵时间前数小时进行第一次输精，使具备受精能力的精子在输卵管壶腹部等待卵子，而第二次或第三次输精应在卵子受精能力丧失前进行。在生产实践中，动物个体发情与其排卵的准确时间存在一定差异，通常两次输精的间隔时间在牛、羊为 8～12h，猪 12～18h，马隔日输精。

**2．输精前的准备**　直接与精液接触的输精器具必须认真清洗，严格消毒，临用前用灭菌溶液或稀释液冲洗 2～3 次。玻璃或金属制品可用蒸汽或高温干燥消毒，塑料制品或乳胶管用蒸汽消毒；开膣器等用消毒液浸泡或用消毒酒精擦拭、火焰消毒。授精母畜除猪以外均须保定，阴门及其附近体表应清洗、消毒、擦干。鲜精稀释后经质量检查合格方可用于输精；低温保存的精液需预热至 35℃，再进行质量检查，合乎标准者用于输精。

**3．输精方法**　牛普遍采用直肠把握法输精，尽可能将输精管插入子宫颈深部，精液输入子宫颈内口或子宫体；在猪，输精操作相对简单，将输精管插入阴道，再通过子宫颈皱襞进到子宫体，最后将精液输入子宫体；绵羊输精时将一后肢提起，用开膣器扩开阴道暴露子宫颈外口，输精管插入子宫颈外口内 1～2cm 输精；马、驴输精时，用手引导输精管前端插入子宫颈口内 10cm 左右输精。总之，输精时缓慢注入精液，输精结束后宜缓慢拔出输精管，用手刺激外阴或子宫颈口使其收缩，或抬高动物后躯，防止精液外流。

## 三、冻精人工授精

公畜精液在超低温（−196℃）条件下可长期保存，且能保持受精能力。与常温或低温保存相比，超低温冷冻保存使精液的应用不受地域和时间的限制，不受公畜生命的限制，最大限度地提高优良种公畜的利用率。

（一）精液冷冻保存技术

**1. 精液超低温冷冻保存的原理**　　水在逐渐降温过程中会形成冰晶，但若以很快的速度（−5000℃/s）降温至−130℃以下，可跨越冰晶形成过程，使精子呈现一种非结晶状态，即玻璃态而避免精子损伤。目前，精液冷冻的速度一般都比较快，但不足以直接形成玻璃态，仍可能出现冰晶。大的晶体会对生物细胞造成物理性伤害，冰晶形成还可能引起盐溶液浓缩、脱水、蛋白质变性和细胞膜损伤，因此精液冷冻的关键是控制降温速度，避免形成大的冰晶。可能发生强烈结晶的温度区域称为危险温区，精液冷冻的危险温区在−60～0℃，最显著的有害温区是−25～−15℃。加入冷冻保护剂就是要减缓结晶过程，缩小危险温区范围。各种动物精子对温度变化的反应不同，因此采用的冷冻稀释液和降温程序也各有不同，只要能有效避免冰晶形成和精子脱水，迅速将精液冷冻至−130℃以下，即可在液氮中长期保存。

**2. 超低温冷冻的冻前处理**　　精液冷冻前需要根据原精液品质和每头份冷冻精液的剂量确定精液的稀释倍数，以保证解冻后每头份精液含有足够数量高活力的精子。甘油对精子有一定的毒性作用，因此，先用不含甘油的稀释液进行第 1 次稀释，待温度降至 0～5℃时再加入含有甘油的稀释液进行第 2 次稀释；第 2 次稀释时，加入的稀释液温度须与已降温的精液相当，以免温度回升，影响冷冻效果。精液冷却到 0～5℃的降温速率不宜过快，一般约为 1h；稀释的精液在第 2 次加入含甘油稀释液后，在低温区（0～5℃）静置数小时，这一过程称为平衡，在该过程中甘油充分渗透入精子内，重新建立平衡，有利于增加精子的抗冻性，改善冷冻效果。当然，调整基础稀释液成分，或添加一定量甘油，只进行一次稀释也可取得好的冷冻效果。

**3. 冷冻精液剂型和制备方法**　　目前精液冷冻广泛采用的剂型有细管型、安瓿型和颗粒型 3 种。细管型冻精的细管由聚氯乙烯复合塑料制成，长度多为 125～133mm，容量多为 0.25ml 或 0.5ml；采用细管冷冻精液时，注入精液后以聚乙烯醇粉末或钢珠、玻璃珠、超声波静电封口。精液分装多在平衡温度时进行，冷冻时以大口液氮罐、广口保温瓶、铝锅或铝饭盒（外面用泡沫塑料隔温）等为容器，在浸入液氮前平放细管使其距液氮面 1～2cm 处平衡 7～9min，然后浸入液氮长期保存。细管冷冻精液解冻后可直接输入母畜体内，减少污染环节；由于细管内径小，降温快且温度变化均匀，因此冷冻效果好，能保证母畜较高的受胎率；另外，精液分装、封口和标记容易实现自动化，可充分利用精液。

安瓿型冻精的安瓿由硅酸盐硬质玻璃制成，约为 0.5ml 或 1.0ml。安瓿冷冻可参考细管型冻精的方法进行。安瓿具有易标记、剂量准、不易污染和不用解冻液解冻等优点，但封口麻烦，操作过程中易升温等缺陷，进而影响冷冻效果；另外，安瓿容易破裂，体积大，保存和运输不够方便。

颗粒型冻精是直接将稀释平衡后的精液滴在冷冻网或氟板上，经 3～5min，待精液冻结成颗粒后铲下即可浸入液氮保存。使用铜纱网、尼龙网或饭盒盖时，可将其悬在液氮面上方 1～2cm；使用氟板时，可在板上钻出直径约 4mm，深 2mm 排列整齐的小凹，将平衡后精液约 0.1ml 滴入小凹，注意先将氟板在液氮槽中预冷后方可滴冻。滴冻时操作应迅速，始终保持冷冻网或氟板恒温，防止升温。颗粒型冻精制作简便，成本低，体积小，便于贮存，缺点是剂量不标准，不易标记，易污染和混淆，需用解冻剂解冻。

（二）冷冻精液的保存

每批冷冻精液均应抽样检查评定质量，合乎要求者进行分装，包装袋上须标明品种、畜号、生产日期、精子活力及数量等，然后浸入液氮贮存。精液保管需有专人负责，随时检查和补充液氮罐中液氮，长期保存的冻精，应定期抽样检查精液品质。每次解冻精液时，冻精脱离液氮的时间不超过 10s。运输时应防止震动，严禁撞击，避免液氮罐翻倒。

（三）冷冻精液的解冻和输精

冷冻精液解冻时需要快速通过危险温区，解冻温度一般为 40℃，也可用稍微高一点的温度，但必须严格控制解冻时间，解冻后精液温度在 5～8℃，避免精液输入母体前温度反复波动。细管冻精和安瓿冻精可直接投入处于解冻温度的水浴中，待其融化 1/2 时取出，完全融化后用于输精。颗粒型精液在解冻液中解冻，实际上是精液的再一次稀释过程，解冻液事先配制并分装于安瓿中备用。

与鲜精相比，冷冻精液中有效精子数量少，输入母畜生殖道后存活时间也短，因此应准确把握输精时间，输精时尽可能将精液输入子宫颈深部或子宫体内，甚至是经检查确认有卵泡发育的一侧子宫角，输精 2～3 次，以达到最大限度提高受胎率的目的。

### 四、影响人工授精受胎率的因素

精液品质和输精技术是影响人工授精受胎率的主要因素。

（一）精液品质

精液品质往往取决于公畜体况及其遗传性能，加强公畜管理，进行科学饲养是保障优良精液生产的先决条件。鲜精品质好坏与受胎率高低有直接关系；不同动物品种和同一品种不同个体精液的抗冻能力存在差异，因此仅从解冻后精子活力和顶体完整率等指标并不能完全说明精液品质与受胎率之间的关系。掌握正确的采精、稀释、降温、冷冻保存和解冻方法，是减少精子死亡和损伤，保证精液品质优良的重要环节。

（二）输精技术

输精技术涉及对母畜生理状态的了解，包括对输精时间、解剖部位、输精次数和输精剂量的把握。体况良好的适龄母畜一般发情明显，排卵正常，容易确定输精时间，受胎率相对高一些，不易发生早期胚胎死亡和损伤；母畜排卵前适当时间输精有助于提高受胎率。

马和猪通常容易将精液直接输入子宫体内；为了提高受胎率，减少输精时的精子数量，反刍动物也应尽可能将精液（特别是冷冻精液）输入子宫颈深部或子宫体内。每次输精需输入的精子数直接与输精部位有关，以牛为例，在子宫颈口输精，精液容易外流，最少需要 1 亿个以上的精子，但如果将精液输入子宫颈深部或子宫体内，一次输入 500 万～1000 万个精子即可获得理想的受胎率。

## 第二节 胚 胎 移 植

胚胎移植（embryo transfer）也称为受精卵移植，俗称"借腹怀胎"，是指优良母畜（供体）经过激素处理和配种后，在特定时间从输卵管或子宫采集早期胚胎，并对所获胚胎进行质量鉴定后，将符合要求的胚胎移植到另外母畜（受体）输卵管或子宫内，使其正常发育至分娩，最终实现生产优良后代的目的。

## 一、胚胎移植的意义

超数排卵和胚胎移植（multiple ovulation and embryo transfer，MOET）技术可有效发挥优良母畜的繁殖性能，是继人工授精技术之后的又一繁殖技术，对畜牧生产和相关学科的发展具有重要的意义。

**1. 充分发挥优良母畜的繁殖性能**  胚胎移植技术可使繁育力低下的母畜，甚至不孕母畜生产后代，增加双胎率。

**2. 加速家畜遗传改良，快速扩大良种畜群**  胚胎移植可使供体动物繁殖的后代数呈数倍乃至数十倍增加，使良种畜群数量短时间内快速增加。

**3. 为家畜引种和运输提供新的技术路径**  胚胎冷冻使胚胎移植不再受时间和空间的限制，而且引种时不再完全依赖动物个体运输，同时有利于动物品种资源的保护；借助于胚胎移植，在一定程度上可避免引种造成的传染病侵入和传播，已经证实胚胎移植是培育无特定病原（specific pathogen free，SPF）动物群更为有效的技术手段。

**4. 为许多学科的基础研究提供材料**  为繁殖生理学、生物化学、遗传学、细胞学、胚胎学、免疫学、动物育种和进化等学科的基础研究，开辟了新的技术途径。

**5. 促进现代畜牧业发展**  现代畜牧业的一个最基本特征是生产效率大为提高，表现为家畜良种化、饲养管理科学化和生产工厂化的突出特点。

## 二、胚胎移植操作程序

胚胎移植所涉及的技术操作在各种动物大致相同，均包括供体动物的超数排卵、受体动物的同期发情、配种或输精、胚胎回收与质量鉴定和移植胚胎 5 个重要环节。

### （一）供体动物的超数排卵

自然条件下，动物的排卵数基本恒定而且有限，对动物进行超数排卵是获取更多胚胎的主要手段。在发情周期适当时期，使用外源促性腺激素处理，诱发卵巢上更多数量卵泡发育至成熟排卵，使排卵数量为正常生理条件下的几倍、十几倍，甚至几十倍，这类处理称为超数排卵（superovulation），简称超排。超排技术通常用于单胎动物，如牛、绵羊和山羊等，也用于多胎动物和啮齿类，目的是使动物排出大量卵子，充分发挥其繁殖潜力，以满足动物繁殖及相关研究的需要。

**1. 超数排卵方法**  实施超排处理的方法多种多样，主要使用的药物：一类是促进卵泡生长发育的药物，主要有 eCG 和 FSH；另一类是促进卵泡成熟与排卵的药物，主要有 GnRH、hCG 和 LH。传统上，在发情周期适当时间，先单次注射 eCG 或连续多次注射 FSH 促进卵泡生长发育，待发情开始后 12～16h 和 20～24h 进行配种或人工授精，并于第一次配种前后注射 hCG 或 LH，促进卵泡排卵，应用激素的时间和剂量应根据动物种类或生产管理的需要进行调整，有人认为牛超数排卵后如正常发情，在配种或人工授精时即使不注射 hCG 或 LH 也可获得理想的超排效果。

为克服对发情周期的依赖，以及改善超排后所获胚胎的质量，往往在超排时联合使用 $PGF_{2\alpha}$ 或其类似物及时溶解黄体，确保发情配种，便于集中回收胚胎。通常在使用 eCG 后或首次注射 FSH 后 48～60h 注射 $PGF_{2\alpha}$。依据所用前列腺素的种类，牛每次注射 15-甲基 $PGF_{2\alpha}$ 为 2mg，氯前列烯醇为 500μg，绵羊和山羊则根据体重计算。也可先用孕酮阴道海绵栓处理 9～12d，再进行超排处理，这样不依赖发情周期，更便于工作安排。eCG 与 eCG 抗体配合使用可有效消除 eCG

残留及其所产生的副作用（如卵巢充血、大卵泡），明显增加可用胚胎数，改善超排效果。

**2．影响超数排卵效果的因素**　　影响超排效果的因素较多，具体包括：①动物方面，包括种类、品种、年龄、胎次、体重及营养状况等，这些均会影响动物个体的超排反应。②所用激素的种类、剂量和给药程序，包括所用制剂中 FSH 和 LH 的含量和比例，对胚胎数量和质量都有一定影响。激素用量过大，往往会使卵泡过度发育，导致排卵延迟或不能排卵。③在用药时间上，应结合母畜发情周期选择用药时机，改善超排效果。④关于重复超排，通常同一供体动物前 3 次超排反应相似，但有些个体对重复超排的反应不佳。延长超排处理的间隔时间，尽可能采用同种动物来源的促性腺激素，可改善重复超排的效果。

## （二）受体动物的同期发情

诱导受体动物同期发情也是胚胎移植成功的重要环节之一，通过诱导同期发情，使受体母畜与供体发情同期化，保证受体生殖器官与供体生殖器官的生理状态大致相同，便于集中配种和生产管理。受体与供体发情开始的时间越接近，移植的受胎率越高。为了获得最佳受胎效果，受体与供体的发情时间范围最好控制在 12h 内，如果超过 24h（牛）或 48h（绵羊和山羊），妊娠率会显著下降。同期发情给药程序见后续相关章节。

## （三）配种或输精

供体动物超排处理后，经行为观察或试情确定发情，可实施配种或人工授精，超排动物的配种或输精次数，可能比自然发情动物略有增加，每次输入的精子数量也会相应增加。超排供体的受精率，通常比自然供体低，可能与排卵时间延长、卵母细胞成熟质量降低，以及母畜生殖道的生理环境变化有关。

## （四）胚胎回收与质量鉴定

胚胎回收是指在供体动物配种或输精后适当时间，从生殖道特定部位获取胚胎的操作过程，简称采胚。采集胚胎的数量与胚胎采集时间、方法和检胚技术均有关系。

**1．采胚时间**　　一般将首次配种日定为 0d，首次配种后次日开始计算采胚天数。因为动物种类不同，其早期胚胎发育速度和进入子宫的时间往往存在较大差异；就牛而言，配种后 4d 内在输卵管可采集 16 细胞期前的胚胎，5～8d 从子宫内采集桑葚胚或囊胚，牛囊胚采集的时间是配种后 8d；猪输卵管采集胚胎只能在配种后 3d 内，采集到的胚胎为 4 细胞期前的胚胎，配种后 4～5d 在子宫内可采集到桑葚胚或囊胚；家兔在配种后 2.5d 内输卵管可采集到桑葚胚，3d 后在子宫内采集囊胚；配种后 4d 内在山羊和绵羊输卵管可采集 16 细胞期前的胚胎，从子宫内采集囊胚的时间绵羊为配种后 5～6d，山羊为配种后 7d。所以，应根据动物种类以及拟采胚胎所处的阶段制定胚胎采集计划。

**2．采胚方法**　　采胚方法包括手术法和非手术法。各种家畜均可采用手术法采胚，但手术法会产生手术损伤，大家畜一般采用非手术法从子宫采胚，在绵羊、山羊、猪和实验动物等中小型动物，多以手术法采胚为主。

（1）手术法采胚　　具体操作方法包括：①上行冲洗输卵管法，即由宫管结合部向输卵管伞方向冲洗，冲胚率高，损伤小，用于中小型动物；②下行冲洗输卵管法，即由输卵管伞向宫管结合部方向冲洗，适用于猪；③下行冲洗子宫法，即由子宫角尖端向子宫角基部冲洗，适用于配种5d 以后子宫中胚胎的采集。冲洗输卵管的冲卵液用量约为 5～10ml，冲洗子宫的冲卵液用量为

10～20ml。

（2）非手术法采胚 用于大动物牛、马的子宫角采胚。该法采用带有气囊的三通采卵管（已有专用的采卵管出售），分为进气孔、进液孔和回收冲卵液孔，使用方便。采卵时在采卵管内插入金属通杆，再从阴道插入并通过子宫颈进入一侧的子宫角，从充气孔充气 5～20ml，通过触摸子宫确认气囊膨胀，保证冲卵液不流到另一侧子宫角；然后抽出金属通杆，将采卵管与冲胚液容器连接，使冲卵液容器置于子宫水平线上方；将冲卵液注入容器，随后经进液孔注入子宫角内，最后回收冲卵液。同样方法冲洗另一侧子宫角。通常每次放入 30～50ml 冲卵液，冲洗 1～2 次。

**3. 检胚与胚胎质量鉴定** 收集冲卵液，实体显微镜下观察并用吸卵管挑拣采集到的胚胎，转移至新鲜的冲胚液中，反复洗涤以清除黏附于胚胎表面的异物。

超排处理后回收的胚胎发育程度往往存在一定的差异，其中可能有未受精卵、退化的受精卵、发育滞后的胚胎等。通常须在 40～200 倍显微镜下进行形态学鉴定，选择形态正常的胚胎用于移植或者冻存。

胚胎形态色泽因动物种类不同存在差异，山羊、绵羊、兔的早期胚胎，胞质较为均匀，脂滴含量少，胞质明亮，马、猪和犬的胚胎脂滴含量高，折光性强，胞质较暗，牛胚胎介于两者之间。胚胎质量的评定标准尚不统一，大体判定标准如下：①质量优良的胚胎，其发育阶段与其胚龄一致，胚胎呈球形，胚内细胞大小均匀，排列规则，界线清晰，色泽一致，明暗适中，胞质中小泡分布均匀，无细胞碎片和异常颗粒；卵周隙小且规则，透明带完整，无皱褶和缺损；②胚胎形态、结构和大小应当正常，外形匀称，如出现透明带不完整、细胞碎裂、空泡、胞质过于透明或发暗等形态异常，有的异常胚胎还表现小卵、巨卵、椭圆卵、扁形卵等，这些均表明胚胎质量下降。

（五）移植胚胎

移植胚胎就是将从供体母畜采集的可用胚胎移入受体母畜输卵管或子宫内的操作过程。移胚方法包括手术法与非手术法，前者适用于中小型动物，后者适用于牛和马等大动物。

**1. 手术法移植** 以羊为例，在手术架上将羊仰卧保定，固定四肢；局部备毛、清洗、消毒，酒精脱碘，全身麻醉后抬高羊腹部端；随后于乳房一侧做一平行于腹中线的手术切口，暴露输卵管及子宫角。输卵管移植时，将移胚管尖端小心由输卵管伞插入至壶腹，然后注入含有胚胎的液体；子宫移植时，先用钝针头刺破子宫角前 1/3 的子宫壁，再将移胚管沿针孔插入子宫腔，随后注入含胚胎的液体（图 15-1A）。鲜胚移植要求子宫回收的胚胎植入子宫角，输卵管回收的胚胎则植入输卵管，而且最好将胚胎植入黄体侧子宫角或输卵管内。移植完毕将生殖器官还纳腹腔，缝合腹壁，术后做好移植记录及动物护理工作。

如果采用腹腔镜技术进行移植，如上所述将羊仰卧保定在手术架上并固定四肢，经过局部备毛、清洗、消毒，酒精脱碘，全身麻醉后抬高羊腹部端，随后腹部穿刺。穿刺位置为左右乳头正下方约 5cm 处，距离腹中线 2～3cm（图 15-1B），避开血管，内窥镜大套管左侧，小套管右侧，穿刺成功后左手持腹腔镜，右手持输精枪，输注胚胎部位是排卵点所在一侧的子宫角。若子宫角不易固定，可于右侧穿刺孔斜下方再次穿刺，用子宫钳协助固定子宫角。术后放平手术架，在穿刺伤口处喷洒磺胺嘧啶粉并注射长效土霉素。

**2. 非手术法移植** 以牛为例，通常在受体发情后 7～8d，用卡苏枪（人工授精细管枪）通过子宫颈把胚胎注入子宫角内。非手术法胚胎移植程序具体为：①对发情后第 7 天的受体牛实施柱栏内站立保定，直肠检查卵巢上黄体，清除直肠内粪便，清洗并消毒外阴周围，2%普鲁卡

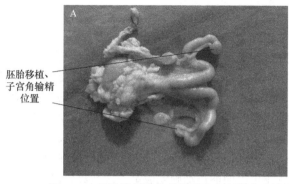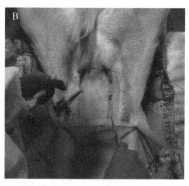

胚胎移植、
子宫角输精
位置

图 15-1 腹腔镜胚胎移植的腹部穿刺部位和注入胚胎的部位（王建光提供）

因 5ml 做荐尾椎间隙硬膜外腔麻醉，将尾系于一侧；②胚胎装入 0.25ml 细管，将含胚细管装入胚胎移植枪，再将移植枪插入塑料外套，套上塑料保护膜；③术者手持移植枪斜向上插入阴道，到达宫颈口时捅破外层保护膜，后拉褪去保护膜，在直肠内手的引导下将移植枪插入宫颈口内，穿过子宫体，进入黄体同侧子宫角大弯处，缓慢推动移植枪内置推杆使胚胎进入子宫，最后缓慢退出移植枪。

# 第三节 胚胎体外生产

胚胎体外生产（*in vitro* embryo production，IVP）是通过卵母细胞体外成熟、精子体外获能、体外受精及早期胚胎的体外培养的技术集成，最终获得早期胚胎的一项辅助生殖技术。胚胎体外生产技术对充分挖掘优良种畜繁殖潜能，加速品种改良，促进家畜繁育工厂化生产有重要的意义。

## 一、卵母细胞体外成熟

卵母细胞体外成熟是利用母畜卵巢上生发泡（germinal vesicle，GV）期未成熟卵母细胞，经体外培养而获得成熟卵母细胞的操作过程。

（一）卵母细胞采集与体外培养

卵母细胞可从活体动物卵巢采集或从屠宰动物的卵巢采集。目前，已建立活体采卵（ovum pickup，OPU）技术，OPU 技术是利用 B 超图像，引导采卵针刺入卵巢卵泡，通过外接的真空泵抽吸，最终采集到卵母细胞，如果采卵前先做超排处理，可望获得更多的卵母细胞。OPU 技术在人医已广泛应用，也已用于牛、马等活体动物卵母细胞的采集。从屠宰动物卵巢采卵，方法有抽吸法、切割法和剥离法，多数采用抽吸法采集，抽吸法只能采集有腔卵泡的卵母细胞，操作迅速简便，而切割法和剥离法操作程序相对烦琐，但可获取腔前卵泡的卵母细胞。屠宰场搜集的卵巢通常在 4h 内运回实验室在无菌条件下进行采集卵母细胞的操作，最好不要超过 6h，运输温度维持在 30℃左右，但猪卵巢运送温度多用 20℃。

用抽吸法采集卵母细胞时，多从卵巢表面抽吸直径 2～8mm 卵泡的卵丘-卵母细胞复合体（cumulus-oocyte complex，COC），经培养液洗涤 2～3 次，再挑拣有 3～4 层卵丘细胞的 COC，置于液体石蜡覆盖的 50～100μl 成熟培养液中，在 38.5～39℃、5% $CO_2$ 及饱和湿度培养箱中培养 22～24h（牛、羊）或 44h（猪），显微镜下确定卵母细胞的成熟状况，通常每 100μl 培养液滴中放入 10～15 枚 COC。

（二）卵母细胞成熟的外观特征

卵母细胞培养一段时间后成熟，成熟的卵母细胞具有如下特征：①卵丘细胞扩展是卵母细胞成熟的重要指标之一，即卵丘细胞变得稀疏，COC 直径变大；②卵周隙可见排出的第一极体，表示卵母细胞完成第一次减数分裂，是核成熟的标志；③生发泡破裂（germinal vesicle breakdown，GVBD），卵母细胞核膜出现皱褶，核膜破裂；④透明带软化，即成熟卵母细胞的透明带蛋白发生重排。小鼠、大鼠和人的卵母细胞胞质相对透明，借助实体显微镜或相差显微镜相对容易观察和判断卵母细胞的成熟，而猪、牛、羊、犬和马属动物的卵母细胞脂质含量高，胞质较暗，不容易观察和判定。第一极体排出说明卵母细胞完成第一次减数分裂，但不能说明卵母细胞胞质也相应成熟；事实上卵母细胞胞质成熟十分重要，不仅影响受精，也影响受精后胚胎的发育潜力。

## 二、精子体外获能和体外受精

体外受精（in vitro fertilization，IVF）是指精子和卵子在体外环境中结合并完成受精，开始早期胚胎发育的过程。1951 年，Chang 与 Austin 同时发现精子获能现象，解决了体外受精的关键技术问题，促进了哺乳动物体外受精的研究与应用。体外受精技术是继人工授精和胚胎移植之后发展起来的一项辅助生殖技术。1978 年，英国诞生第 1 例试管婴儿 Louise Brown，标志着该技术成功进入应用时代。在动物上，1982 年 Brackett 报道获得了试管犊牛，此后，试管绵羊（1985）、试管猪（1986）等陆续报道。我国的哺乳动物体外受精研究起步较晚，但已先后在人和多种动物获得了成功。总体上，目前牛体外受精的囊胚发育率在 40% 左右，山羊体外受精囊胚发育率为30%～40%，但猪体外受精仍存在多精受精、发育阻断和不规则卵裂等诸多问题。

（一）精子预处理与体外获能

精子体外获能是胚胎体外生产的重要环节。通过预处理去除死亡和活力低下的精子，诱导精子获能和顶体反应。

**1. 浮游（swim up）法**　　精液洗涤后，在上层缓慢加入适量溶液（如 TALP 液），培养箱中孵育 30～60min，在此期间活力精子上浮到上层溶液中。精液质量和精子活力较差时，通常用浮游法处理，进而获得正常活力的精子。另外，也有采用潜游（swim down）实验对精液进行处理，同样可获得活力精子。

**2. 玻璃棉（glasswool）过滤法**　　稀释的精液通过玻璃棉过滤，死精子被滞留，活精子则通过玻璃棉，玻璃棉滤过处理可提高精子穿卵力。

**3. Percoll 密度梯度法**　　通过平衡液分离精子，离心后精子按密度大小分布于不同密度梯度的溶液中。

**4. 透明质酸处理**　　解冻后精子活力不佳时，透明质酸处理可提高体外受精效果。精子通过透明质酸溶液浮游到体外受精培养液中，可省去传统的洗涤和离心步骤。

**5. 精子洗涤**　　利用洗涤液多次洗涤精子，除去精清和获能抑制因子，以及冻精中的冷冻保护剂等成分和死亡的精子。通常采用未添加牛血清白蛋白的 BO 氏液和改良台式液作为精子洗涤液。

**6. 精子获能**　　精子获能是精子在精子获能液中，37～38℃或 39℃（绵羊和猪）、5% $CO_2$ 和饱和湿度的条件下孵育 1h，有些动物的精子甚至需要孵育几个小时，获能精子在显微镜下呈鞭打状前行运动，获能处理后，将精子浓度调整为（1.0～5.0）×10⁶/ml。高离子强度液、mKRB（改进的克雷布斯-林格缓冲液）、BO 氏液和改良 Tyrode's 液等均可作为精子获能液，有的在精子获能液中添加一些活性成分，如氨基多糖、硫酸肝素、咖啡因、血小板活化因子（PAE）、肾上腺素和 PHE 等，或者加入适量牛或猪的卵泡液，可提高精子活力和穿卵率，进而改善体外受精效果。

（二）精卵孵育

受精孵育液与精子获能液多为同一种液体，应能提供精子穿卵所需的正常条件，目前多以 BO 氏液、TALP 液作为体外受精孵育液，TALP 液为改良 Tyrode 溶液中添加 0.6%牛血清白蛋白、乳酸钠和丙酮酸钠配制而成。在牛体外受精时，如果添加肝素，可明显提高卵裂率。

温度对体外受精十分重要，牛、猪精子穿卵的最适温度为 39℃。体外受精须将精子和卵子置于严格控制的气相条件（如含 5% $CO_2$，或 5% $CO_2$＋5% $O_2$＋90% $N_2$）和饱和湿度下进行。以牛为例，体外受精的基本程序如下。

1）用精子获能液在平皿中制备 50～100μl 液滴，用液体石蜡覆盖，38～39℃、5% $CO_2$ 和饱和湿度平衡 1～2h。

2）除去成熟卵母细胞周围的卵丘细胞和黏附物，洗涤 2～3 次。

3）将已洗涤的卵母细胞转入预先平衡的体外受精液滴，每个液滴放置 5～10 个卵母细胞。

4）同时加入精子浓度为（1.0～1.5）×10⁶/ml 的精液 2～5μl，最后置于 38～39℃、5% $CO_2$ 和饱和湿度的培养箱培养 44～48h。

5）显微镜下观察并确定受精率和卵裂率。

## 三、早期胚胎的体外培养

早期胚胎体外培养容易发生发育阻断（developmental block），发育阻断出现的时间与合子基因组启动的时间大体一致，可能与胚胎由母源调控向合子型调控转化过程中胚源性基因激活不完全或激活失败有关。研究表明，只要提供合适的条件，胚胎在体外培养可正常发育。胚胎体外培养效果受多种因素影响，如开始培养时胚胎所处的发育阶段、胚胎供体的年龄、个体差异和是否超排处理等，以及培养液、胚胎数量、气相环境、温度、湿度和培养方法等。发育阻断出现的时间呈现种属特异性特点，如人胚胎大致为 4～8 细胞期，小鼠在 2 细胞期，牛和绵羊在 8～16 细胞期，猪在 2～4 细胞期。优化体外培养条件可在一定程度上克服胚胎发育阻断，如共培养技术的应用或胚胎培养液成分优化。

胚胎培养包括体内培养系统和体外培养系统，经过几十年的发展，业已建立针对不同动物胚胎的一系列体外培养技术体系。

（一）体内培养系统

研究显示，许多动物的输卵管可用于异种动物或异体胚胎的培养，即将体外受精卵移植到受体动物输卵管内，维持一段时间，胚胎发育至桑葚胚和囊胚阶段，再回收胚胎。例如，将牛、羊和猪受精卵置于家兔输卵管，经过 4～9d 胚胎可发育至桑葚胚和囊胚，或将牛和羊受精卵置于发情排卵后不久的羊输卵管内，胚胎可发育至桑葚胚和囊胚。小鼠输卵管离体培养可支持小鼠、大鼠、仓鼠、猪和牛胚胎发育至桑葚胚和囊胚。另外，使用 4 日龄鸡胚羊膜腔培养牛、山羊和小鼠胚胎可发育至囊胚阶段。体内培养所获胚胎质量高，但存在操作烦琐，不容易稳定条件，不利于批量生产胚胎，容易丢失胚胎等缺点。

（二）体外培养系统

**1. 共培养体系** 共培养体系以输卵管上皮细胞、卵泡颗粒细胞、子宫上皮细胞、肾细胞或成纤维细胞等作为饲养层，与早期胚胎一起培养，使早期胚胎发育至桑椹胚和囊胚，目前效果较好的是输卵管上皮细胞、颗粒细胞的共培养体系。首先制备饲养层细胞，添加适宜的胚胎培养液，液体石蜡覆盖，放入胚胎后置于 $CO_2$ 培养箱中培养。饲养层细胞可在一定程度模拟体内环境，分泌一些利于胚胎细胞发育的生长因子、细胞分化因子，降解和清除一些有毒代谢产物。

**2. 简化限定性培养系统** 即在选定的基础培养液中添加一些成分，配制胚胎培养液，在培养皿内制作培养液微滴，液体石蜡（或硅酮油）覆盖，在 $CO_2$ 培养箱预先孵育 $1\sim2h$ 后放入受精卵继续培养，直至发育到桑椹胚或囊胚。液滴大小可根据培养的胚胎数量、培养时间而定，一般在 $50\sim100\mu l$，每个液滴培养 $5\sim10$ 枚胚胎。

目前，胚胎培养选择的基础培养液有 mSOF（modified Synthetic Oviduct Fluid）、mKRB（modified Kreb's Ringer Bicarbonate）、mWM（modified Whitten's Medium）、CZB、mMTF（modified Mouse Tubal Fluid）、TCM199、S1、S2 等，使用时再添加 BSA 或血清，以及其他一些活性成分。

# 第四节　胚胎显微操作

胚胎显微操作（embryo micromanipulation）技术包括胚胎分割、胚胎融合、核移植和显微注射转基因等。显微操作仪是进行胚胎显微操作的主要仪器，包括显微镜（实体或相差显微镜）、显微操作机械臂和显微操作系统。作为一项具有广阔应用前景的技术，显微操作的特点是在显微镜下对胚胎进行处理，通过固定于显微操作仪上的微管玻璃针、固定管等器具对胚胎进行操作。

## 一、胚胎分割

胚胎分割（embryo splitting）是指采用机械方法，用特制的显微分割刀或玻璃针将早期胚胎（2 细胞期、4 细胞期甚至 8 细胞期）分割成 2 份或多份，借以成倍地扩增胚胎数量，从而获得同卵双生或多生动物。由于同一胚胎产生后代的遗传特征相同，因而胚胎分割也是一种变相进行哺乳动物无性繁殖（克隆）的手段。作为一项 20 世纪 80 年代发展起来的胚胎生物学技术，胚胎分割能够显著提高胚胎利用率，生产遗传同质动物，具有重要的研究和应用价值。

（一）胚胎分割方法

许多哺乳动物的胚胎从 2 细胞至囊胚期都可以分割并产生健康后代。根据胚胎发育时期的不同，可以采用不同的分割方法。

**1. 毛细管吹吸法** 这种方法主要适用于分割 2 细胞至 8 细胞期的卵裂球。借助显微操作仪，在无钙、镁离子的培养液中，用固定针吸住胚胎，用另一玻璃针挑开胚胎的透明带，细胞团自透明带中脱出。再用略粗于胚胎直径的毛细管吹吸胚胎，获得单个卵裂球，再将卵裂球装入空的透明带中，体外培养至桑椹胚或囊胚期，再进行子宫或输卵管移植，移植入受体中。

**2. 徒手分割法** 该法多用于晚期桑椹胚或胚泡期的胚胎分割。分割时，在实体显微镜下，胚胎透明带不经任何处理，用显微手术刀或玻璃针将整个胚胎一分为二。分割后的半胚装入透明带或直接移植给受体。徒手分割法简单易行，不需要使用复杂的专门仪器，具有较高的成功率。

**3. 显微手术法** 显微手术法主要用于桑椹胚和囊胚的分割。借助显微操作仪，用固定针将胚胎吸住，使用玻璃针或者显微手术刀将其对称切割。桑葚胚的切割，需要在无钙、镁离子的培养液中进行，可以有效降低细胞间的连接程度，减少切割造成的损伤程度。在分割胚胎尤其是囊胚时一定要对称，并且要对称地将细胞团一分为二。

**4. 酶软化透明带显微玻璃针分割法**　　该法用 0.5%链霉蛋白酶或 pH4.0 左右的酸性 PBS 液等软化或溶解掉胚胎透明带。若是紧密化胚胎（如桑葚胚），则需在无钙、镁离子的平衡盐溶液中处理 20min，使胚胎去紧密化，以降低由于切割造成的损伤；再把玻璃微针固定在一侧的显微操作臂上，将针置于欲分割的胚胎上方，使其与胚胎呈 30°，对准胚胎的正中平分线徐徐下压，即可将一个胚胎分割为二。

**5. 消化去透明带后分割法**　　在 25～27℃下，将卵子移入 0.22%～0.5%链霉蛋白酶液，经 3min 以上可以消化破坏透明带，在立体显微镜下观察卵子。将透明带已脱落的卵子移至添加 BSA 的培养液中，洗涤除去透明带，放入无钙、镁离子的 PBS 中，再用玻璃针直接分割。

**6. 免疫手术法**　　免疫手术法是利用处于囊胚期的胚胎滋养层细胞之间已形成紧密连接的特性，该阶段的胚胎能阻挡外部抗体分子进入囊胚腔。具体操作方法如下：将胚胎置于抗血清中，使滋养层细胞与抗体分子充分结合，然后在补体的协助下，利用免疫反应，溶解外层的滋养层细胞，而未结合抗体分子的内细胞团（inner cell mass，ICM）则保持完整。这样分离的 ICM 可以分割多份后注射入另一胚胎的囊胚腔中，或与处于桑葚期的其他胚胎融合，以产生嵌合体。

（二）分割胚胎移植效果的影响因素

从胚胎分割到妊娠产仔需要经过多个步骤，包括胚胎获取、胚胎培养、胚胎分割、半胚培养、半胚移植、妊娠、产仔等步骤。在半胚移植阶段，许多因素影响分割胚的移植效果。

**1. 胚胎分割的时期早晚**　　试验证明，不同时期的胚胎，经分割后，其发育潜能是存在差异的。总体来说，早期胚胎分割后移植妊娠率比晚期胚胎高，但桑葚胚晚期分割后移植妊娠率反而低于囊胚，这可能是桑葚胚时期细胞已建立联系且具有分化倾向，但分割技术无法准确掌握其极性所导致，囊胚时期反而容易根据胚胎极性进行分割。

**2. 胚胎的分割程度**　　四分胚的活力明显低于二分胚，而半胚与全胚的生存力相似。因此，虽然二分胚移植效果接近整体胚的水平，但同卵三生及四生的成功率低，而八分胚的生存力更低，胚胎的分割程度影响了分割胚胎的移植效果。四分法的妊娠率、双胎或多胎率减少可能是由于分割次数的增多，细胞数目下降，发生凋亡的细胞数目增多，尤其是 ICM 细胞凋亡增加，从而使得囊胚 ICM 较小，不易等分的缘故。尤其是先一分为二后，囊胚腔塌陷，ICM 细胞和滋养层细胞不易分辨，再分割时，不易等分或未能分割，从而使妊娠率降低。

**3. 透明带的有无**　　透明带的主要作用是阻止多精子受精，保护受精卵在输卵管和子宫内的正常运行，防止输卵管和子宫液对胚胎的伤害及白细胞的吞噬，并且使分裂阶段的卵裂球互相紧靠而不易分离。同时，透明带是微生物和病毒的屏障，在体外培养中对胚胎具有保护作用。早期胚胎在体内发育必须有透明带，没有透明带的胚胎容易黏附到输卵管的管壁，不能进一步卵裂，因此分割之后胚胎的琼脂包埋对成功率有很大影响。

**4. 移植半胚数量**　　研究表明，受体受胎率随半胚移植数量的增加而增加，这在多胎动物尤其明显。一些在牛的半胚移植数与移植后受体受胎率的关系研究中发现，移植 1 枚或 2 枚半胚到同等条件受体牛的黄体侧子宫角后，妊娠率分别为 16.7%（1/6）和 62.5%（5/8），而且后者获 3 对同卵双生。这一现象可能与移植 2 枚半胚时有较多的滋养层细胞分泌抗溶黄体蛋白有关。

**5. 供受体同期化程度对半胚移植妊娠率的影响**　　妊娠率随非同期化程度的增加而降低，

对于牛尤其如此。大多数试验数据表明，供受体发情期相差 1d 以上，妊娠率就会明显下降。

**6. 其他影响因素**　　有研究结果表明，牛的鲜半胚移植 1 枚的产犊率为 32%，冻胚移植 1 枚的产犊率为 7%。半胚在体外滞留时间超过 4h 和受体的黄体发育不佳均显著降低半胚的受胎率。还有研究发现，冻胚分割移植后的存活率与防冻剂有关。除此之外，胚胎分割人员的熟练程度、胚胎的性别和分割后的半胚培养等对半胚移植后的妊娠率和产仔率均有影响。

## 二、胚胎融合

胚胎融合（embryo fusion）是指利用显微操作技术使两枚或两枚以上的受精卵或胚胎发育成为一枚复合或重构胚胎的技术，由此发育而成的个体称为嵌合体（chimera）。

### （一）制作嵌合体的意义

**1. 嵌合体可作为动物发育的研究模型**　　嵌合体广泛应用于研究动物正常的发育机制，如研究受精后分裂球的形成和分化能力等。根据它们在嵌合体组织或器官中的分布，分析分裂球的分化能力，参与胚胎个体发育的程序及细胞的排列顺序。

**2. 开展异常发育研究**　　嵌合体常被用来研究一些异常发育，如正常小鼠的胚胎与患肌营养障碍的小鼠胚胎制备成嵌合体，嵌合体后代的表型可能正常，也可能在其肌细胞存在发病基因，借此研究其发育状况。

**3. 用血液型嵌合体进行生理、免疫等基础医学研究**　　通过分析嵌合体中白细胞的免疫应答，揭示正常的防御机制；并分析各属间杂交、不同种动物间进行胚胎移植时，母体与孕体间的免疫反应。

**4. 建立人类的疾病研究模型**　　对于一些遗传性疾病，大多可利用嵌合体建立特定的模型，对研究疾病的机制和治疗方法有着重要的意义。例如，利用疾病特异性 iPS 细胞能够携带导致疾病病理学所有遗传改变的特性，人类干细胞产生的人类-宿主动物中间嵌合体可以用作疾病建模，帮助研究人员更好地了解人类疾病的病因、发病时间和进程。

**5. 嵌合体可应用于动物生产，培育杂种个体，甚至种间个体**　　如制作种间杂种、种间胚胎移植、新型皮毛动物嵌合体，与胚胎干细胞嵌合还能生产转基因动物。

**6. 提供嵌合体来源的人类器官**　　利用基因操作技术，可以通过种间囊胚互补或种间靶向器官互补产生人类器官，帮助解决全球器官供体严重短缺的难题。

### （二）嵌合体制作方法

哺乳动物一般可以通过操作早期胚胎（胚胎附植前阶段）而在体外制备出嵌合体。目前，制作嵌合体的方法主要有两种，即聚合法和注射法。聚合法适用于同种供体和受体发育阶段同步或差距不大的胚胎。根据所用聚合对象的不同，可将聚合法分为早期胚胎聚合法和卵裂球聚合法。注射法主要是指囊胚注射法，相较于聚合法，该法虽然操作难度大，但适用范围更广，可用于种内和种间嵌合。

**1. 早期胚胎聚合法**　　该方法可选用 2 细胞期至桑葚胚期的胚胎，但最常用的为 8 细胞期的胚胎。过早或过晚的胚胎，由于细胞之间的联系过于紧密，很难进行聚合。操作时可先将胚胎去掉透明带，然后将两枚裸胚聚合，在 $CO_2$ 培养箱中培养，使之发育到囊胚，再移植给受体，获得嵌合体个体。

**2. 卵裂球聚合法**　　该方法常用于将发育阶段相同的两个胚胎各自的卵裂球进行聚合，也可将发育阶段不同胚胎的卵裂球聚合，制作嵌合体个体。通常是在一个透明带内，人为地将处于不同发育阶段胚胎的分裂球，或者分裂球与特殊的细胞（如肿瘤细胞）聚合在一起。

**3. 注射法**　注射法制备嵌合体是指在哺乳动物的受精卵发育到囊胚分化为两种明显不同的组织——ICM 和滋养层细胞以后，将目的细胞或细胞团注入发育胚胎的囊胚腔或是卵裂球的周围空腔中，使注入细胞与内细胞团结合共同发育，以获得嵌合体个体。

（三）嵌合体的鉴定

嵌合体的鉴定是嵌合体制备过程中的关键步骤，主要是选择合适的标记来鉴定其是否为嵌合体及具体分析嵌合的程度。成功制备的嵌合体一般应满足以下条件：①固定在细胞内的物质不能逃逸到细胞外；②细胞内原有的物质，可以在细胞间移动，但对其他细胞无影响；③能稳定地存在于最初标记的细胞及由它分裂而增殖的所有细胞内；④应当在发育期间普遍存在于机体内、外组织；⑤应当容易识别；⑥在胚胎发育过程中处于中性，也就是进行淘汰及细胞混合或聚合时不影响发生过程。

目前，嵌合体标记方法主要分为人工标记和遗传标记两种。人工标记的主要标记物有活性色素或油滴、放射性标记物质（主要是 $^3$H-脱氧腺嘧啶核苷）、荧光胶质金、黑色素颗粒等。此外，人工标记还包括一些报告基因，如插入强启动子的绿色荧光蛋白基因（EGFP），以其为标记能够直观地观察胚胎发育阶段，可实现活体水平的动态观察。遗传标记指由遗传所决定的黑色素及在生物化学（活性酶）、染色体、细胞学、组织化学和免疫组织化学中能够被鉴定的物质。这些标记物能够比较稳定地继承遗传上的差异，与人工标记相比，更适合作为嵌合体的标记。在遗传标记中，色素是最常用的标记，易于判断，但它仅能用来判断皮毛嵌合的眼观变化，无法反映出内脏等各种器官的嵌合体。

# 第五节　性别控制

动物性别控制（sex control）技术是对动物的正常生殖过程进行人为干预，使成年雌性动物生产出人们所期望性别的后代。目前，哺乳动物的性别控制技术主要分为受精前和受精后，即受精前的 X、Y 精子分离和受精后的早期胚胎性别鉴定。前者主要通过精子的性别鉴定与分离，将X、Y 精子区别开来进行受精，使后代性别在受精时就得到控制；后者是通过对胚胎性别的鉴定，借以控制出生时的性比例。随着现代畜牧养殖业的快速高质量发展，高效精确的性别控制技术研发已成为提高家畜生产性能与经济效益的重要研究方向。

## 一、性别控制的原理

哺乳动物的性别是由一对性染色体所决定的，即动物个体的性别取决于受精时雌、雄配子所携带的性染色体类别。家畜的所有正常配子中均含有一组常染色体和一个性染色体，雌性动物卵子所含的性染色体为 X 染色体，雄性动物精子则具有两种类型，一种含有 X 染色体，另一种含有 Y 染色体。携带 Y 染色体的精子（Y 精子）与卵子结合受精后，其受精卵就向雄性（XY）发展，而由携带 X 染色体的精子（X 精子）与卵子相结合，受精卵向雌性（XX）发展。因此，受精前人为选用某一种精子与卵子结合受精，或通过对胚胎的性别鉴定并结合胚胎移植技术，就能达到动物性别控制的目的。

关于性别决定目前有两个重要发现。一是 Y 精子质膜上表达的 H-Y 抗原（histocompatibility

Y antigen），H-Y 抗原是 Y 染色体上的抗原，为雄性动物所特有且无器官或者组织特异性。将 H-Y 抗血清或 H-Y 单抗用于胚胎性别鉴定，并结合胚胎移植，可使雌鼠率达 86%。二是 Y 染色体性别决定区（sex determining region Y，SRY），已被证实为 Y 染色体上决定雄性的基因，是驱动睾丸发育信号通路的关键基因，贯穿整个雄性动物睾丸发育过程。

## 二、X、Y 精子鉴定与分选技术

目前，具有一定重复性、进展较好的精子分选方法主要有流式细胞仪分选法和免疫法。

### （一）用流式细胞仪分选精子

哺乳动物携带 X、Y 染色体的精子 DNA 含量具有明显差异，X 精子头部的 DNA 含量比 Y 精子要高 3.0%～4.5%。根据两类精子头部 DNA 含量的差异，可利用流式细胞仪分选系统分选各种动物的精子，具体步骤如下。

**1. 精子样品的制备**　样品制备过程中对精子的损伤越小，有效分选的精子数量则越多，受精能力越强。制样过程中可能对精子造成损伤的环节主要有精液中加入染料、精子进入分选系统时压力的变化等。采用高速分选系统时，可将精液制备成每毫升含 1500 万个精子，标准分选系统时其量加大 10 倍，以 8μl/ml（5mg/ml 母液）的比例加入 Hoechst 33342，在 35℃下温育 1h，以便染料能均匀透过细胞膜，减少测定误差。

**2. 分选 X、Y 精子的收集**　收集分选精子时最重要的是保存精子的活力。在精子分选过程中样品的稀释倍数应越小越好，分选精液的精子密度应低于 1.5 亿/ml（射出精液的精子密度一般为：猪 3 亿/ml，牛 10 亿/ml）。当荧光染色的精子进入流式细胞仪测定室时，其周围形成一层由含 0.1% BSA 的 PBS 组成的保护层，PBS 可以增加稀释效果，BSA 可以减少精子凝集。

**3. 分选精子的性别验证**　在分选过程中或完成后，可预先用 BSA 浸泡过的试管收集部分分选样品，然后用超声波断尾处理精子，加入 Hoechst 33342 均匀染色后，再用流式细胞仪鉴定精子性别。也可采用荧光原位杂交技术（fluorescence *in situ* hybridization，FISH）测定携带 Y 微卫星 DNA 的 Y 精子鉴别，两者之间的准确性没有明显差别。此外，也可采用 PCR 技术，但 FISH 和 PCR 技术需要 3～4h，而测定 DNA 含量的流式细胞仪方法仅需 30min。

### （二）免疫法分选精子

免疫法分选 X、Y 精子是利用 X、Y 精子表面特异的蛋白制作特异性抗体，抗原抗体结合后，再结合其他技术（如免疫磁珠和流式等）分离 X、Y 精子的方法。目前，随着一些 X、Y 精子特异性表达及表达差异较大抗原的发现，X、Y 精子特异性抗原和精子膜上差异表达蛋白有望成为精子性别鉴定和 X、Y 精子分离的关键免疫学分离应用蛋白，其中最常用的是 H-Y 抗原。

H-Y 抗原是 Y 精子质膜上的抗原，为雄性动物所特有且无器官或者组织的特异性。H-Y 抗原由多个抗原表位组成，每个抗原表位具有 8～11 个氨基酸组成的小肽。由于 H-Y 抗原含量低，曾用于分离 X、Y 精子的效果并不理想。随着高效价 H-Y 抗体技术的建立，可以用 H-Y 抗体免疫亲和层析法分选精子。其基本程序是用兔抗鼠 IgG 二抗与琼脂糖-6B 小珠偶联构筑分离柱，将精子与大鼠抗 H-Y 血清（一抗）进行预培养，然后洗涤预培养的精子以除去过量抗体。将洗涤后的精子用免疫亲和柱层析，其中一抗 H-Y 阳性精子能与柱内二抗包被的琼脂糖小珠结合，而 H-Y 阴性精子则可被大量的缓冲液洗脱下来，收集 H-Y 阴性精子授精。然后用过量的非免疫血清洗脱结合到层析柱上的 H-Y 阳性精子，收集 H-Y 阳性精子授精。此方法虽然可以获得纯度较高的 X、

Y 精子，但是处理时间较长，会显著降低精子活力，导致受胎率降低，所以免疫亲和柱层析法不适合于大规模精子分选。

## 三、胚胎性别鉴定技术

在胚胎移植前，通过对胚胎进行性别鉴定，可以人为选择所需性别的胚胎进行移植，与此相关的技术称为胚胎性别鉴定技术。对胚胎的性别鉴定有多种方法，主要包括染色体核型分析法、X 染色体相关酶法、H-Y 抗原免疫分析法与分子生物学方法。

### （一）染色体核型分析法

染色体核型分析法，是用含有丝分裂阻滞剂（如秋水仙素等）的培养液处理早期胚胎细胞，使其停留在有丝分裂中期，然后固定染色体，染色性染色体，并借助显微摄影技术分析其核型。由于早期胚胎发育过程中，雌性胚胎的一条 X 染色体是处于暂时失活的状态，并形成巴氏小体（Barr body），因此通过查明胚胎细胞的性染色体中是否具有巴氏小体来达到鉴定胚胎性别的目的，准确率可达 100%。

### （二）X 染色体相关酶法

X 染色体相关酶法是通过测定早期胚胎中与 X 染色体连锁相关酶的活性来鉴定胚胎性别的一种方法。基本原理如下：早期雌性胚胎具有两条 X 染色体，为了保持两性的基因等量，其中必有一条失活，在胚胎基因组的激活与 X 染色体失活之间的短暂时期内，雌性的两条 X 染色体有活性并都可以被转译，此时雌性胚胎中与 X 染色体相关酶的浓度及活性为雄性胚胎的两倍。据此可将 X 连锁酶的底物、辅酶和指示剂与早期胚胎一起孵育，根据胚胎着色的深浅进行分类，从而确定胚胎的性别。该方法对胚胎的损伤相对较小，使用该法雌性和雄性胚胎的鉴定准确率可达到 72% 和 57%。

### （三）H-Y 抗原免疫分析法

免疫学方法的理论依据是在雄性胚胎中存在着 H-Y 抗原，H-Y 抗原是雄性特异性抗原，是雄性哺乳动物细胞膜上的一种糖蛋白，无组织器官的特异性，是雄性特异 H-Y 抗原基因的产物，该基因定位于 Y 染色体的长臂。免疫学方法对胚胎性别进行鉴定，是利用 H-Y 单克隆抗体或抗血清，检测胚胎上是否存在 H-Y 抗原，从而对胚胎进行性别鉴定的一种方法。胚胎的 H-Y 抗原检测法又可分为 3 种，具体包括细胞毒性分析法、间接免疫荧光分析法和囊胚形成抑制法。

**1. 细胞毒性分析法** 王达珍等（1994）最早使用细胞毒性分析法对小鼠进行了胚胎性别鉴定，首先利用免疫学方法制备了 H-Y 抗血清，然后通过细胞毒性试验检测昆明小鼠早期胚胎细胞表面的雄性特异性 H-Y 抗原，鉴定了小鼠早期胚胎性别，其雌性鉴定准确率为 80%。具体操作步骤如下：将 H-Y 抗血清加入胚胎培养液中，培养过程中继续发育的胚胎定为 H-Y 阴性（雌性），如出现个别卵裂球溶解，或不能发育到囊胚则为 H-Y 阳性（雄性）；其原理是在补体存在的情况下，H-Y 抗体可以与 H-Y 阳性胚胎结合并使其中一个或多个卵裂球溶解，使卵裂球呈现不规则的体积和形状，阻滞了胚胎的进一步发育。

**2. 间接免疫荧光分析法** 将胚胎用 H-Y 抗体处理 30min，再用异硫氰酸荧光素（fluorescein isothiocyanate，FITC）标记的二抗处理。根据特异荧光来判断，有荧光者为雄胚，无荧光者为雌胚。目前，使用间接荧光免疫分析法鉴别胚胎，其准确率一般为 87% 左右。

**3. 囊胚形成抑制法**　　囊胚形成抑制法是利用 H-Y 抗体对雄性桑葚胚向囊胚发育具有可逆性抑制的原理，进而发展起来的一种早期胚胎性别鉴定方法。将 H-Y 抗体与桑葚胚共同培养，形成囊胚者判为雌性胚，未形成囊胚者判为雄性胚。雄性胚除去 H-Y 抗体后培养数小时，还可以形成囊胚。

（四）分子生物学方法

该方法是自 20 世纪 80 年代后期逐渐建立的利用分子生物学技术对哺乳动物早期胚胎进行性别鉴定的一类方法。目前，实际应用的分子生物学方法主要包括 Y 染色体特异性 DNA 探针法，荧光原位杂交（FISH）、聚合酶链反应（PCR）和环介导等温扩增法等。

**1. Y 染色体特异性 DNA 探针法**　　由于 Y 染色体上带有雄性特异性的基因片段如睾丸决定因子及 H-Y 抗原基因等，选择这些 Y 染色体上特有的雄性特异性的 DNA 片段设计探针，利用放射性同位素或生物素标记，与被检测胚胎细胞中的 DNA 同源序列进行 Southern 或斑点杂交，从而达到对早期胚胎进行性别鉴定的目的。利用这种方法进行胚胎性别鉴定其准确率高，但耗费时间较长，而且过程复杂，不适用于生产实践。

**2. FISH**　　FISH 技术是在 DNA 探针技术基础上发展起来的一项技术。由于 FISH 技术可使用体细胞杂交探针与 X 和 Y 探针结合检测性别中的非整倍体变异，因而具有高效、快速且错误率低的优势，但由于 FISH 技术有时需要使用放射性物质，所以该技术很难在生产实践中推广应用。

**3. PCR**　　PCR 技术具有灵敏度高、准确率高、用时短、方法简便等特性。通过对扩增产物的分析来判定目的片段的存在，该技术应用使性别鉴定取得了突破性进展。PCR 主要扩增 Y 染色体上特异性的片段，含有扩增产物的琼脂糖凝胶可在紫外灯下或凝胶成像仪下观察、拍照留存，出现特异性条带的为雄性，不出现的为雌性。人们根据 *SRY* 基因的核心序列，设计特异性引物进行 PCR 扩增、电泳检测，出现该条带的为雄性。由于 *SRY* 基因在哺乳动物中具有高度的保守性，因此相同引物可以鉴别不同动物，该种方法的准确率可高达 95%～100%，而且具有速度快、灵敏度高（单细胞即可检测）的特点，具有广阔的应用前景。在研究的早期，人们多采用常规 PCR。近年来，研究者尝试开发荧光定量 PCR 技术进行牛早期胚胎性别鉴定，结果表明，荧光双扩法具有鉴定准确率高与成本较低的优点，是一种更可行的牛胚胎性别鉴定技术，更有利于后期的产业化推广和应用。

**4. 环介导等温扩增法**　　环介导等温扩增法（loop-mediated isothermal amplification, LAMP）是一种全新的基因扩增法。由于双链 DNA 在 65℃左右即处于动态平衡状态，其中任何一条引物对双链 DNA 的互补部位进行碱基配对时，一条链就会脱落变成单链。LAMP 法就是利用 DNA 的这一特性，对目的基因的 6 个区段设计雄性特异性的引物及雌雄共同引物（4 种），在 65℃的恒温条件下对胚胎细胞中的雄性特异性核酸片段和雌雄共有核酸片段进行扩增反应，然后根据反应过程中获得的副产物焦磷酸镁形成的白色沉淀的浑浊度，从而达到对早期胚胎性别进行鉴定的目的。利用此法对牛早期胚胎进行检测，其性别鉴定准确率可达 100%。

# 第六节　动物克隆与转基因

"克隆"（clone）在生物学上是指生物体以无性繁殖形式由单个体细胞产生基因型完全相同后代个体的过程。细胞核移植（nuclear transfer，NT）是将发育阶段不同的胚胎细胞核或体细胞细胞核经显微手术与细胞融合的方法移植到卵母细胞或受精卵中，或直接注入去核卵母细胞质中，并使重组的胚胎发育产生后代的一种技术。在核移植技术中，提供细胞核的细胞称为核供体，其可以是胚胎细胞，也可以是体细胞。接受细胞核的去核卵母细胞称为核受体。核移植技术不仅对于研究胚胎发育的机制具有重要意义，而且有助于加速优良种畜的培育。例如，胚胎分割最多只能产生同卵双生或同卵四生后代，而核移植技术与胚胎移植技术的结合则可在短时间内生产大量克隆动物，数十倍地提高优良家畜的胚胎利用率。

转基因（transgene）是指一种未经或经过特定修饰的基因，通过自然或者基因工程技术从一个物种转移到另一个物种的过程。转基因技术是指将体外重组基因转入动物受精卵或早期胚胎细胞中，以使其整合到宿主动物基因组中，并由此培育出转基因动物（transgenic animal）个体或品系的技术。在转基因动物发育过程中，外源基因可在基因组中稳定地整合与表达，并能通过生殖细胞传递给后代。由于转基因技术可改造动物遗传性状，这些性状如能稳定地遗传给子代，就会形成转基因动物品系或群体。转基因技术，可以按照人们的意愿在分子水平上重新组合任何不同种的生物遗传物质，有助于打破物种间界限，定向改变物种的遗传性状。同时，转基因技术对于研究基因功能及真核生物基因表达的调控机制也具有重要意义，并有助于建立人类疾病的动物模型，加速动物育种。此外，也可利用转基因技术在哺乳动物特异组织系统内生产药用蛋白，如建立乳腺生物反应器。

## 一、克隆动物生产

### （一）核移植与动物克隆的原理

克隆后代的绝大多数遗传物质来源于核供体细胞（极少部分的 DNA 来源于去核卵母细胞的线粒体）。因此，相同来源的核供体细胞可克隆出遗传同质动物。依据核供体细胞的来源不同，克隆动物可分为胚型克隆动物和无性克隆动物两大类。胚型克隆动物是用早期胚胎细胞作核供体来获得的克隆动物，其主要方式有胚胎分割、胚细胞核移植、胚胎干细胞核移植和胎儿成纤维细胞核移植等。无性克隆动物则是用哺乳动物体细胞作为核供体获得的克隆动物。基于早期胚胎细胞具有全能性的认识，胚细胞核移植是指将早期分化的胚胎细胞核移植到成熟的去核卵母细胞中，因其中特殊因子的作用，可使植入核的基因表达被重编程，从而恢复全能性。由于早期胚胎的每一个卵裂球细胞核都具有相同的遗传物质，因而经过细胞核移植后的重组，胚胎可以正常发育为具有相同遗传物质的多个新个体。1997 年，英国爱丁堡罗斯林研究所的遗传学家伊恩·威尔姆特利用体细胞核移植技术首次获得第一只克隆绵羊多莉（Dolly），该研究的核供体细胞来自一只成年母羊的乳腺上皮细胞。上述证据表明，高度分化的体细胞也能发生重编程，完全恢复到原始发育状态，保持细胞核的全能性。

### （二）动物克隆的操作程序

克隆动物的生产方法包括胚胎克隆、胚胎干细胞核移植与体细胞核移植。胚胎克隆从广义来讲，可分为胚胎分割与胚胎细胞核移植，狭义的即指胚胎细胞核移植技术。与胚胎分割相比，细胞核移植则可以产生数量更多的克隆动物后代，是克隆动物生产的主要方式。

**1. 核供体细胞与受体卵母细胞的准备**　　研究证据表明，不同的供体细胞类型适用于不同的物种。供体细胞大致分为胚胎分裂球、胚胎干细胞和体细胞。相同试验条件下，成体干细胞作为供体的胚胎发育率比分化完全的体细胞高 5～10 倍，说明外遗传修饰作用会促使分化成各种表型细胞，影响克隆的成功率。核供体细胞的发育周期也是重要因素，不同时期，核内 DNA 含量不同，使得核移植效率也大不同。有证据表明，细胞培养的传代数也影响着克隆效果。基于上述原则，在核供体细胞的准备过程中，因细胞类型不同，处理方式也会有所差异。对于胚胎细胞，应先用 1%链酶蛋白酶或酸性台氏液（pH 2.5）去透明带，经酶消化或机械吹打使卵裂球分散游离。对于培养的体细胞，可传至 3~8 代后用于核移植，用前 3~5d 将培养液血清浓度降至 0.5%进行饥饿培养，诱导细胞周期于 $G_0$ 期，因为 $G_0$ 期的细胞有利于移核胚胎的发育。然后再用 0.25%胰蛋白酶消化，细胞经离心、洗涤、悬浮后即可使用。对于受体卵母细胞，除去细胞核的 MⅡ期卵母细胞、受精卵和融合的 2 细胞胚胎的细胞，均可作为受体细胞。由于 MⅡ期卵母细胞适用于所有的供体核，因此目前基本上都采用 MⅡ期细胞作为受体细胞。对处于 MⅡ期的卵母细胞，应先经显微操作吸去卵母细胞核，等待接受核供体细胞移植。

**2. 核移植**

（1）去核　　MⅡ期卵母细胞去核首先需要切开透明带，然后才能进行去核操作。去除核移植受体卵母细胞细胞核的方法很多，主要有盲吸去核法、半卵去核法、切割去核法、功能性去核法、高速离心去核法与化学诱导去核法等，其主要目的是去核彻底，以免影响核移植胚的发育。

1）盲吸去核法。除小鼠和兔外，其他大动物的成熟卵母细胞中期板在显微镜下无法看到，所以去核就是盲目的，因此这种去核方法被称为盲吸去核法（blind enucleation method）。盲吸去核后，经 DNA 荧光染料 Hoechst 33342 染色可以证实去核是否完成。

2）半卵去核法。该法是先在极体上部做切口，再从切口处吸出第一极体及 1/2 的胞质，最后通过荧光染料 Hoechst 33342 确认。但由于卵母细胞胞质减少而且荧光染料对受体有不利影响，所以该法使用很少。

3）切割去核法。该法是对半卵去核法的改进。具体步骤如下：沿极体与卵母细胞相交处，将卵母细胞平分，将无极体附着的半卵作为核移植受体细胞。此方法操作的基础是卵母细胞与第一极体黏着在一起，并无透明带，卵母细胞要用植物凝集素（PHA）和链霉蛋白酶预处理。该方法的优点是去核率高，甚至可达 90%，没有荧光染料和紫外照射的影响。

4）功能性去核法。功能性去核法（functional enucleation method）是利用紫外线或激光照射使动物细胞核移植所用的受体卵母细胞的染色体失活而达到去核的方法，又称为非机械去核法。功能性去核的具体步骤如下：将卵母细胞经 Hoehst 33342 染色和短时紫外线照射（5~10s）后，使核失去功能，或去核完成后用 Hoechst 33342 染色，再经荧光显微镜检查，剔除未去核的卵母细胞，从而保证去核率为 100%。

5）高速离心去核法。该方法的原理是因为卵母细胞的细胞核、质与极体的质量不同，不同转速可使细胞核与极体一同离心排出。具体过程：将卵母细胞用含有细胞松弛素 B 的培养液培养，梯度离心后取约 1/3 的部分作为核受体胞质。它的优点是可一次性处理大量核受体，但尚未获得克隆后代，有待进一步验证。

6）化学诱导去核法。该方法可一次性制备大量的卵母细胞，并对操作的技能要求较低，造成的机械性伤害小。方法是先将 MⅡ期卵母细胞激活，再在成熟液中添加抑制剂脱羰秋水仙碱，使其排放第二极体。此化学物质使核染色质进入第二极体，从而去核。但大量的试验数据表明，该方法去核率仅为 54%。

（2）移核　　按核供体细胞所移入部位不同可分为带下移植和胞质内注射。带下移植时，将核供体卵裂球或细胞放入操作液中，用注射针吸入后移植到去核卵母细胞的卵周隙，并使核供体细胞与卵子质膜接触。胞质内注射，一般用 5~8μm 口径的注射针，先将注射针将受体细胞的细胞膜刺破，再将细胞核直接注入卵子胞质内，操作时环境温度应保持在 17℃左右。

（3）融合　　经带下移植操作的卵子需要进行融合处理，才能使供体核进入到受体细胞胞质中，形成重构胚。融合方法包括化学融合、仙台病毒融合和电融合三大类。

1）化学融合。该技术是一种用聚乙二醇（PEG）处理而导致细胞融合的方法。其基本过程是把待融合的卵细胞放入 0.1ml 含 45% PEG 的 HEPES 缓冲液中处理 90s，然后在新鲜培养液中冲洗 3 次，培养 2h 后观察融合情况。如用去透明带的胚胎或卵母细胞融合，可用植物凝集素（PHA，300μg/ml）使待融合细胞接触，或在含 PHA 的培养液中用玻璃管轻轻吹吸，使细胞紧密接触，然后将紧密接触的配对细胞移入含 0.9mg/ml PEG 的无蛋白 TCM 199 中 37℃处理 30～40s，最后用不含 PEG 的培养液洗涤 5 次并培养观察。

2）仙台病毒融合。Hightower 和 Lucas 早在 1980 就建立了一种仙台病毒诱导核移植的处理方法，该方法将去核的卵母细胞转移至冰浴条件下含 400HAU（血细胞凝集单位）/ml 灭活仙台病毒的 EBS 中浸泡 15min，使病毒吸附在卵母细胞上，随后将供体核注入透明带下冰上孵化 15min 后，转移至 37℃的 $CO_2$ 培养箱培养。

3）电融合。外加脉冲电场能够改变细胞膜的通透性，促进膜内外物质的交换。当细胞之间存在紧密接触时，电击可促使膜接触区形成贯穿孔洞，导致细胞融合。常用的电融合液有 0.27mol/L 蔗糖液甘露醇溶液和 Zimmermann 液。

（4）卵子激活　　电融合后，卵子也因电刺激而受到激活，但也有的物种核移植重组卵（小鼠、大鼠和牛等）还需要进一步充分激活才能发育。核移植中常用的激活方法有化学激活和电激活两类。化学激活是利用化学激活剂（如乙醇、$SrCl_2$ 等）对卵子进行激活，电激活则是指在核移植前后采用一定的电流强度处理使卵子达到激活。

（5）体外培养　　核移植后的重组卵需要在体外培养一段时间以观察其发育能力，不同动物胚胎体外发育的条件有所不同（表 15-2）。

表 15-2　不同动物胚胎体外发育的条件

| 动物种类 | 培养液 | 培养温度/℃ | 培养滴体积/μl |
| --- | --- | --- | --- |
| 小鼠 | CZB、TE、mM16 | 37 | 10～20 |
| 大鼠 | R1ECM | 37 | 100～500 |
| 兔 | RD、M199 | 38～39 | 50～100 |
| 牛 | CR1aa、M199、SOF | 38.5～39 | 50～100 |
| 猪 | mKRB | 39 | 50～100 |
| 羊 | M199 | 39 | 50～100 |

（6）胚胎移植　　将移核胚胎移入输卵管或子宫，以期生产克隆动物。

## 二、影响克隆效果的因素

哺乳动物核移植虽已在多种动物上取得成功，但是克隆技术目前仍存在一些问题，如效率低、克隆动物易存在生理缺陷等，许多因素均可影响克隆效果。

（一）供体细胞因素

**1. 供体细胞的类型**　　不同的细胞类型，对克隆成功率的影响很大。以绵羊囊胚 ICM 为核供体，移植后 56%可以发育到囊胚阶段；以牛晚期桑葚胚为核供体，35%可发育到囊胚或桑葚胚。如果核供体细胞超过了囊胚阶段，则会严重影响重构胚的发育。如果超过了囊胚后期，则越来越多的细胞会发生不可逆分化。

**2. 供体细胞的细胞周期**　　细胞周期对核移植成功率的影响至关重要。细胞周期包括分裂期（M 期）和分裂间期。分裂间期分 S 期（DNA 合成期）、$G_1$ 期（DNA 复制前期）和 $G_2$ 期（DNA 复制期）。在进行细胞核移植时，核供体细胞所处的细胞周期与核移植胚胎的发育能力有关。多莉诞生以后，伊恩·威尔姆特认为多莉成功的一个技术关键是采用血清饥饿法诱导供核体细胞至 $G_0$ 期。也有研究表明，供核体细胞的 $G_0$ 期并非核移植成功的关键因素。但是，细胞同步化处理是否为克隆成功的必要条件，并无定论。

**3. 供体细胞的传代次数**　　细胞的传代是否对克隆效率产生影响的说法不一。但是大多数研究者使用的是原代培养或短期培养的细胞，认为这类细胞利于核移植胚的发育。但 Kasinathan 等利用传至 18 代细胞用于核移植，结果并未影响移植胚的发育潜能。Arat 等的研究认为，传代培养 15 代的细胞核移植后，囊胚率高于培养 10、11、13 代的细胞，说明培养代数高的细胞比代数低的细胞克隆效率高。究其原因，可能是细胞在传代过程中，一些老化细胞，如染色体破坏严重，DNA 结构受损的细胞被淘汰。剩余的细胞具有比较完整的核酸结构，对外部环境有较强适应性的细胞保留下来，同时能适应核移植过程中的一些机械损伤，最后与卵母细胞融合并发育成克隆个体。

（二）受体细胞因素

目前已有 3 类受体细胞用于核移植成功培育出了后代，第 1 类是去除原核的合子，但仅局限于用原核或假原核作为供体。第 2 类是早期胚胎，但也只适用于具有全能性的卵裂球作为供体。第 3 类是卵母细胞，也是哺乳动物核移植使用最多的一类受体，这类受体接受各阶段胚胎的卵裂球、早期胎儿细胞、体细胞或胚胎干细胞均获得了后代。在受体细胞层面，多种因素影响克隆效果。

**1. 受体细胞的阶段**　　受体细胞的阶段对核移植后重构胚的发育至关重要，当供体核与去核的单细胞合子融合时，小鼠、大鼠和牛的重构胚均不能发育，但小鼠的受体细胞如处于未去核的 2 细胞阶段，而供体为 4～8 细胞阶段的胚胎，则会发育产仔。

**2. 受体卵母细胞来源与质量**　　Piedrahita 等认为卵泡大小对核移植胚发育能力没有显著影响，用直径 1～3mm 卵泡卵母细胞或 6～12mm 卵泡卵母细胞作受体，重构胚的发育能力并无差异。有研究表明，冷冻保存的卵母细胞用作核受体，其胞质仍可支持重构胚发育到终期，但卵裂率、囊胚发育率及妊娠率要低于新鲜卵母细胞重构。玻璃化冷冻卵母细胞用作核移植时，其重构胚与新鲜卵母细胞重构胚在发育能力上无差异。卵龄对核移植胚的发育能力也有影响，猪卵母细胞体外成熟 33h 和 44h 用于核移植时，前者的卵裂率和囊胚率显著高于后者。

**3. 卵母细胞激活程度**　　卵母细胞的激活程度对发育的影响很大。激活后原核形成延迟的兔卵母细胞很少发生卵裂，更难发育至囊胚阶段；激活程度不同将影响进一步发育，卵母细胞只有受到充分激活才能发育。

**4. 卵细胞促成熟因子**　　卵母细胞中最重要的细胞质影响因子是细胞质中的卵细胞促成熟因子（maturation-promoting factor，MPF），MPF 的活性在卵母细胞成熟的第一次和第二次减数分裂中期达到最高。受精或激活处理之后，MPF 迅速下降。MPF 水平的高低可能影响供体核染色质的状态和复制。M II 期的卵母细胞可使供体核发生早熟染色体凝集（PCC），而 MPF 优先附着在染色体上，因而在去核时随着染色体的移出而移出，所以去核卵母细胞的细胞质内 MPF 水平低于完整的卵母细胞。

**5. 卵母细胞与供体细胞的胞质比及去核的精准性** 去核不完全易导致核移胚染色体的非整倍性,出现卵裂异常、发育受阻和早期胚胎死亡等现象。一般认为,去核时所吸除的胞质量与移入的供体细胞体积相似时有利于重构胚的发育。

（三）重构胚因素

**1. 重构胚的培养及发育** 通过核移植形成重构胚后,要使其发育至晚期胚胎,进而建立和维持怀孕,胚胎必须要在结扎的绵羊输卵管中培育一段时间。核移植重构胚在体外发育至桑葚胚及囊胚的比例仅为在体内输卵管中培养时的一半。

**2. 重构胚激活因素** 体细胞克隆胚胎的充分激活是保证胚胎正常发育的先决条件,只有在去核卵母细胞充分激活的情况下才可以引导移入的核发生重编程（reprogramming）。目前,动物细胞核移植的总效率很低,这可能与卵母细胞未被充分激活有关。由于化学激活方法能大大提高体细胞克隆胚胎的激活效率,许多研究者使用重复性好、结果较稳定的化学方法来激活卵母细胞,近年来已成为小鼠、牛、猪、山羊等体细胞克隆成功的重要原因。常用的重构胚的激活物质有乙醇、氯化锶、放线菌酮、离子霉素和 6-二甲基氨基嘌呤（6-dimethylaminopurine, 6-DMAP）,此外还有电激活法。

（四）妊娠及妊娠维持

虽然核移植重构胚在两栖类、小鼠、绵羊、山羊、牛、猪、家兔等动物均获得成功,但妊娠率及产仔率均很低。例如,牛的重构胚在移植 42d 后的妊娠率只有 22%,而移植正常胚胎后为 50%~60%。导致重构胚移植后妊娠率低的原因尚不清楚。

## 三、转基因动物生产

转基因技术是一种借助基因工程技术使外源基因稳定整合到动物受体细胞基因组中,并能够稳定表达和遗传的生物工程技术,由此而来的动物称为转基因动物。转基因动物的中心环节是 DNA 重组技术,具体涉及目的基因的获得、基因转移与产物表达等过程。

（一）目的基因的获得与重组

目的基因可从基因组 DNA 分离、化学合成、PCR 扩增、cDNA 文库及 DNA 文库中制备,其中 PCR 扩增目的基因片段和从 cDNA 文库、DNA 文库中制备目的基因的方案是较为常用的方法。基因重组过程中可选用的载体种类复杂,如细菌质粒、噬菌体载体、黏粒载体、病毒载体（慢病毒载体、腺病毒载体、腺相关病毒载体）和人工染色体等,在实际操作过程中应根据目的进行选择。以下介绍三类常用的载体。

**1. 质粒** 如常用的 pBR322、pUC18、pUC19、和 pcDNA3.1 等。

**2. 噬菌体载体** 包括 λ 噬菌体载体和 T 噬菌体载体,其中 λ 噬菌体载体是最早使用的克隆载体。

**3. 其他载体** 包括柯斯质粒、穿梭型质粒载体、酵母菌载体和病毒载体等。

（二）重组基因的表达

重组基因的表达是指目的基因能够转录并翻译,产生有生物活性的蛋白质。基因转录需要满足以下条件：①必须有宿主 RNA 聚合酶识别的启动子；②目的基因必须置于启动子控制之下，即位于启动子下游；③外源基因要以正确的方向插入；④高效表达需要强的启动子。重组基因的表达需要有合适的表达载体，其表达方式主要有融合和非融合两种。融合蛋白表达载体是把蛋白质的 N 端由载体固有的 DNA 序列编码，其优点是可以保护外源蛋白，尤其是使真核蛋白产物不受细菌蛋白水解酶的降解。非融合蛋白的基因产物全部由克隆的外源性基因编码，易于被细菌蛋白酶水解。重组基因的表达产物可以用放射性标记、菌体内表达后提取及电泳检测等方法进行检测。

（三）基因导入

转基因动物生产的核心技术环节，就是要把目的基因成功转入动物受精卵或早期胚胎细胞中。目前，基因导入的主要方法有显微注射法、逆转录病毒感染法、胚胎干细胞介导法、精子载体法和转基因克隆等。

**1. 显微注射法**　　显微注射法是一种生产转基因动物的经典方法，是指通过显微操作的方式将目的基因注射到受精卵的原核、胞质或透明带下。显微注射法是产生最早、使用最广、效果比较稳定的基因导入方法，主要适用于原核 DNA 注射、DNA、RNA 和蛋白质等的胞质内注射及包装的病毒载体透明带下注射。

**2. 逆转录病毒感染法**　　逆转录病毒载体可利用自身携带的整合酶使外源基因整合到宿主基因组中，并使之稳定长久地表达。利用逆转录病毒载体，通过感染宿主细胞的形式实现基因导入，产生嵌合体动物，再经过杂交、筛选也可获得转基因动物。逆转录病毒载体主要包括三种成分：穿梭质粒、包装质粒和包膜质粒。穿梭质粒中含有逆转录病毒顺式作用元件和目的基因；包装质粒主要是 gag/pol 产生病毒衣壳和多聚酶成分，以及调节蛋白 REV；包膜质粒含有一个异源性包膜蛋白质基因，如水疱性口炎病毒 G 蛋白（VSV-G）基因，应用 VSV-G 包膜的假构型慢病毒载体（lentiviral vector）不仅扩大了病毒的宿主范围，而且增加了载体的稳定性，允许通过高速离心对载体进行浓缩、提高滴度。

**3. 胚胎干细胞介导法**　　胚胎干细胞（embryonic stem cell，ESC）是一类可在体外培养、增殖，具有多能发育潜力的建系细胞。ESC 介导的转基因技术就是利用基因工程技术（逆转录病毒载体法、电击法及 CRISPR/Cas9 基因编辑技术）对 ESC 基因组进行修饰、筛选和鉴定转基因阳性 ESC，再通过嵌合体技术制备生殖系有转基因 ESC 的嵌合体动物，通过杂交繁育获得转基因个体。由于 ESC 在植入正常发育的囊胚腔后，具有很快与受体 ICM 聚集在一起，参与正常胚泡发育的特性。这时如果对 ESC 进行基因操作，将外源目的基因导入 ESC，筛选出带有目的基因的 ESC 集落，再把其移入宿主囊胚腔内，然后将这样的胚胎移植到代孕子宫内发育而成的个体就可能携带有特定的外源基因，并可能出现特异性表达。由此产生的子代的部分生殖细胞就是由转基因的 ESC 形成的。在得到的转基因动物之间进行杂交，子代再配对杂交，即可筛选获得纯合的转基因动物。

**4. 精子载体法**　　精子载体法广义上讲是利用精子或精原干细胞作为外源基因携带载体，通过受精前的试验干预，使其携带外源基因，在受精过程将外源基因导入受精卵，并稳定整合到子代基因组中。该法是预先通过精子吸附 DNA，再通过受精过程把目的基因带入卵子内，若发生整合及表达，外源基因即可传给子代，从而获得转基因动物。该方法的主要优点是利用生殖细胞受精的自然过程，避免了人为操作给胚胎造成损伤，提高了转基因效率，简单易行、成本低廉。

精子吸附 DNA 的方法主要有 DNA 与精子恒温共孵育法、电穿孔法、脂质体法与纳米载体法等。

（1）DNA 与精子恒温共孵育法　　该法是将已获能的精子和外源 DNA 在恒温条件下混合孵育，使外源基因结合并内化到精子细胞中，然后再通过受精过程实现外源基因的整合。使用该方法，虽然 DNA 吸附到精子上的水平较低，但由其获得的受精卵整合外源基因 DNA 的水平较高，几乎占受精卵数量的 50%。

（2）电穿孔法　　电穿孔法的原理是利用 DNA 分子带负电的特性，通过电场使精子质膜通透性发生变化，让 DNA 瞬时加速后进入精子内部。电穿孔精子虽然吸附 DNA 水平最高，但由该精子受精的卵及胚胎整合的 DNA 水平最低，可能与电穿孔后精子顶体遭到破坏有关。

（3）脂质体法　　脂质体是一种阳离子脂类，能够自发地与 DNA 相互作用，形成脂质体-DNA 复合体。脂质体法是首先将外源 DNA 与脂质体形成复合体，然后将精子与脂质体-DNA 复合体共孵育。由于细胞膜是脂质双分子层，因此脂质体-DNA 复合物易于融合进入精子细胞中，完成外源基因的整合。用脂质体转染 DNA 的精子，获得的受精卵存活力较高，外源 DNA 的整合率也最高。该方法具有转染效率高，重复性好，对细胞毒害性低，以及脂质体包括防止外源基因被核酸酶降解等优点。精子吸附外源 DNA 后，就可用其进行授精，授精的方法及途径因精子的处理方式及卵的来源不同而有所不同，主要包括人工授精、输卵管壶腹手术授精和体外受精等。

（4）纳米载体法　　是近年来在脂质体法的基础上发展起来的方法。该方法利用纳米载体安全低毒、基因装载容量大、对外源基因具有保护作用等优点，显著地提高了精子载体法的转染效率。

**5. 转基因克隆**　　该技术是转基因技术与动物克隆技术的有机结合，制备的转基因动物称为转基因克隆动物（transgenic-cloned animal）。转基因克隆动物的流程主要包括载体构建、转基因供体细胞的筛选鉴定、转基因克隆胚胎的制备、胚胎移植和转基因动物鉴定。实际上，转基因克隆技术是核移植技术与转基因技术的结合。此法获得转基因动物的总效率高于原核显微注射法，且由于在核移植前可以选择后代的性别，一旦产生转基因后代，其遗传背景与遗传稳定性一致，不需要选配，仅一代就可建立转基因群体，使转基因纯合体的获得更为迅速，节约时间和费用。但该技术的缺点也很明显，即技术上难度大，成功率低，且克隆动物容易出现发育异常的表型。

（四）转基因动物的应用

转基因动物技术发展至今，在应用方面已深入生物科学、疾病模型构建、疾病治疗与动物生产等诸多方面。

**1. 制作生物反应器生产药用蛋白与生物材料**　　生物反应器（bioreactor）是指利用转基因活体动物的某种能够高效表达外源蛋白的器官或组织，来进行活性功能蛋白的工业化生产。通过动物转基因技术，对动物进行基因工程改造，可以使动物生产重组蛋白，包括单克隆抗体、疫苗、血液因子、激素、生长因子、细胞因子、酶、乳蛋白、胶原蛋白、纤维蛋白原等。把药用蛋白基因导入动物的受精卵或早期胚胎内，制作转基因动物，可以在生理状态下表达相应的蛋白类药物，安全可靠。这些蛋白一般是药用蛋白或营养保健蛋白。如果使用特异性的启动子，一些蛋白类药物可在乳腺等组织中表达，制造动物生物反应器，产物收集和分离也较容易。目前已经构建成人尿激酶、γ-干扰素、人生长激素、α-抗胰蛋白酶、凝血因子Ⅸ、抗凝血酶Ⅲ等基因的转基因动物。

**2. 开展基因治疗**　　基因治疗是指将外源正常基因导入靶细胞，通过调控目的基因的表达，以纠正或补偿缺陷和异常基因引起的疾病，以达到治疗目的。例如，β 地中海贫血，它是一种因基因缺失导致红细胞中 β 球蛋白链不足而产生的贫血，β 地中海贫血突变小鼠含有两种成年型球蛋白：βmaj 和 βmin，突变发生 *βmaj* 基因缺失时，其纯合突变体表现出与人类 β 地中海贫血相近的贫血。将小鼠或人的 β 球蛋白基因注入纯合突变体小鼠的受精卵，使小鼠的贫血得到了纠正。

这表明，用转基因动物技术对遗传病进行生殖细胞的基因治疗是完全可能的。从理论上讲，对生殖细胞进行转基因，可以根治遗传疾病，但实际上，由于基因治疗的方式是将外源性功能基因导入动物的生殖细胞，因此，存在许多同建立转基因动物一样的问题，如插入突变可能会导致其他疾病产生，外源基因是否表达，表达如何调控及表达在传代中是否稳定等。由于生殖细胞的基因治疗难度大，操作复杂并存在一定的社会问题，所以目前主要限于动物实验。但可以预见，随着胚胎实验技术的提高，人类生殖细胞的基因治疗是完全有可能的，现有的和正在开展的动物水平的研究，将为人类的基因治疗提供更多的基础资料。

**3. 在异种器官移植中的应用前景**　　医学上的异种器官移植，排异反应迅速而剧烈。人类间的器官移植，虽然排异反应可被药物控制，但可供移植的器官严重缺乏。于是人们就想到能否应用异种动物器官进行移植，但首先必须克服异种间剧烈的排异反应。目前，排异反应的机制已基本搞清楚。主要是人的器官组织中糖蛋白的决定簇与猪、羊、犬、牛等动物不同。这些动物的血管内皮上的糖蛋白有一个 α-1,3-半乳糖，同时还有一个 α-1,3-岩藻糖，而人体内有天然的抗 α-1,3-半乳糖抗体，在用这些动物对人进行器官移植时，天然的抗体与这些动物所含的 α-1,3-半乳糖抗原结合，形成抗原抗体免疫复合物，激活补体系统，损坏器官内皮和基底膜，使渗透性增加、出血，导致器官组织坏死而排斥这种器官，而且这种反应可在几分钟到几小时出现。为了解决异种移植的超排斥反应，学者提出，可通过清除受体动物血中的特定补体，使供体器官不受补体攻击。利用这种办法，使猪的心脏移植于猴体内，可以延长心脏存活的时间。另一条途径是应用转基因技术，通过克隆受体的补体调节蛋白基因，将这种基因转移到供体动物的基因组中，使其在心血管内皮表达，以避免受体的超急性排斥反应。

**4. 病毒性疾病研究**　　把病毒基因导入动物并制成转基因动物，可研究这些外源基因在宿主动物引起的病理性变化，从而探讨其发病机制和治疗途径。例如，乙型肝炎病毒（hepatitis B virus，HBV）是引发乙型肝炎的病原体，由于 HBV 一般不感染培养细胞，也不感染常用的实验动物，因而限制了其致病机制的研究。然而，HBV 基因或其片段的转基因鼠可引起肝病变，并最终导致肝癌，所以转基因技术为 HBV 致病机制的研究提供了新途径。再如，在脊髓灰质炎病毒受体（poliovirus receptor，PVR）转基因鼠中，PVR 在中枢和外周神经系统及胸腺内发育的 T 淋巴细胞和肾上皮细胞中，均有高水平的表达。接种脊髓灰质炎病毒后，除在脑神经元和脊髓外，还在骨骼肌中检出病毒的复制，说明脊髓灰质炎病毒受体的表达是决定该病毒宿主范围的重要因子。同时，转基因技术也已应用于人嗜 T 淋巴细胞病毒 I 型和 II 型的研究，成为人们了解 T 淋巴细胞白血病和艾滋病的工具之一。

**5. 提高动物抗逆性**　　鱼类的血清中含有 NaCl 和其他溶质，可以忍受 $-0.7 \sim -0.6 ℃$ 的低温。低于这一温度，多数鱼类一般以季节性洄游来逃避冻害的危险。极地鱼类，如美洲拟鲽和美洲大绵鳚，能合成抗冻蛋白（anti freeze protein，AFP），从而可以忍受 $-1.9 \sim -1 ℃$ 的低温而不会受到冰冻的危害。因而人们就试图将抗冻蛋白基因分离出来，转移到其他不抗冻的经济鱼类体内（如鲑鱼），培育抗冻新品种。将某些抗病毒基因导入动物的合子或卵裂期胚胎，移植发育至子代。它们即具有抵抗这种病毒的作用。利用这种方法，可以培育出抗某种疾病的动物品种。

**6. 促进动物生产**　　在动物生产方面，人们希望许多具有优良性状的动物个体的优良性状能够得到保留并加速扩大生产，同时希望对一些动物品种进行改良。传统的动物品种改良只能依靠亲缘关系近的物种间的自然突变，而自然突变在自然界中的发生频率极低。动物转基因技术可以克服传统动物育种技术的不足，加快改良进程、创造新的突变、打破物种间基因交流的限制。经过动物转基因技术，可以对动物进行基因改造，从而提高优良性状，并提高动物的经济和营养价值。这些优良性状包括：抵抗疾病和抵抗病原微生物的能力、较高的产奶量、高质量的肉类、较高的繁殖能力及动物生长周期缩短等。生长激素（*GH*）基因和生长激素释放因子（*GRF*）基因可以提高动物生产力，包括产肉率、产奶量、生长速度与繁殖率等。在畜牧业上，可进行转*GH*基因和转*GRF*基因的转基因动物生产，如MT-*GH*转基因猪增重率提高15%，饲料利用率提高18%，胴体脂肪减少80%。

**7. 新型基因编辑技术在转基因动物领域的应用**　近年来，我国在新型基因编辑介导的家畜遗传改良领域取得了一系列的突破。目前常用的基因编辑技术是CRISPR/Cas9系统，该系统由crRNA、trancrRNA及CRISPR相关蛋白Cas9三部分组成。crRNA与trancrRNA相互作用形成向导RNA（sgRNA），与Cas9蛋白结合组成核糖核蛋白复合体，此时携带靶点识别序列的sgRNA会引导Cas9核酸内切酶识别并结合在前间区序列邻近基序结构上游靶标DNA序列区域，同时形成RNA/DNA杂合链激活Cas9核酸酶的DNA切割活性，对该段DNA序列进行切割形成DNA双链断裂。当DNA受损细胞内部启动同源重组（homologous recombination，HR）及非同源性末端连接（non-homologous end joining，NHEJ）等DNA修复途径将DNA双链断裂修复，在修复过程中引入突变从而达到基因定点修饰的目的。作为第三代基因编辑技术，CRISPR/Cas9技术已在牛、羊、猪、鸡等畜禽的遗传、繁殖和营养等方面得到了广泛研究应用，在提高现代畜禽的生产力、改善肉蛋生产、优化牛羊奶成分以改良现代畜禽育种体系方面展现出巨大潜力。

**8. 转基因动物在环保领域的应用**　水污染已成为一个全球性环境问题，城市中的工业废水、杀虫剂、生活污水等产生的化学物质和致癌物质可引起人类肿瘤或其他身体异常。2000年，Amanuma等把埃希氏菌属的*rpsL*基因转入斑马鱼中用以检测水生环境中的有害物质，这种以转基因动物作为环境检测器的方法快捷敏感，比起常规环境检测具有明显的优越性。动物产生的磷污染在农业上是一个很严重的问题，加拿大安大略省一所大学的科学家通过基因修饰技术，将在大肠杆菌中发现的一种可产生植酸酶的基因，与从小鼠身上获得的一种可指挥唾液腺产生的酶的基因进行部分组合，培育出粪便含磷量减少75%的转基因猪，并将这种猪的商标确定为"环保猪"。这种新型猪的唾液所产生的植酸酶可以有效地消化植物磷，对于环保大有裨益。

**9. 在动物营养学方面的应用**　随着转基因技术的不断发展，动物营养学应用转基因技术在分子层面上也逐渐实现了对动物生长发育、遗传变异、抵抗力等方面的调控，具体表现在转基因技术可以增加饲料的利用率、增强动物的免疫力及提高动物质量。动物在成长发育过程中需要众多的营养物质，有些营养物质必须经由外界获取，而自身不能产生，如动物所需要的赖氨酸，但研究者可以采取一些手段让动物能够自己产生所需营养物质，而不需要外界提供。针对这一问题有两种解决方案：第一种是重新建成动物体中缺乏的代谢途径；第二种是将这种代谢的途径导入动物体中。转基因技术的出现解决了上述难题，即可以提供改变动物代谢途径的方式，让动物可以经由自身产生赖氨酸这种必要物质。科学家发现大肠杆菌能够有效地合成赖氨酸，因为它含有合成赖氨酸酶的基因，通过使用转基因技术能够将有效的基因导入所需的动物体中。科学家根据转基因技术，将赖氨酸在微生物中生物合成的有效途径导入动物体中，转基因动物就能够自动合成所需要的赖氨酸，不需要从外界获取营养物质。转基因技术的应用能够改变动物体内的代谢途径，不依赖外界的供给产生自己所需的物质。由此可见，转基因技术的重要性和优势不言而喻。

## 第七节　同期发情与定时输精

在实际生产中，后备母畜常常呈现安静发情（后备母猪占比10%～30%）现象，母畜断乳后也时常出现返情困难（母猪占比15%～25%）的问题，因而导致无法及时配种，这严重浪费了母畜的生产资源。同时，随着养殖业的规模化、产业化发展，家畜的批次化生产需求越来越高。同期发情（estrus synchronization）是指运用外源的生殖激素或生殖激素类似物或其他人工干预措施（如哺乳期母猪同期断乳），人为调节并控制母畜群集中发情和排卵的技术。定时输精技术（timed artificial insemination，TAI）则是在同期发情的基础上，在预定时间内统一对母畜群进行人工授精，从而达到同步生产的目的。同期发情与定时输精技术不仅可以有效促进母畜发情、增加年产胎次数、提高母畜生产利用效率，还有利于规模化生产中"全进全出"（仔猪）、母畜分群（奶牛在妊娠、分娩和哺乳的不同阶段需要不同的营养管理因此需要根据生殖周期进行分群管理）等批次化生产管理需求。因此，同期发情和定时输精是规模化养殖中实现母畜高效利用和批次化管理的重要繁殖生产技术。

# 一、同期发情

## （一）同期发情的原理与应用

母畜的发情与排卵过程是在GnRH、FSH、LH、$E_2$、$P_4$、PRL和前列腺素等激素的共同调节作用下完成的。母畜的卵巢在这些激素的调控下交替出现卵泡期和黄体期，同期发情则需要利用外源激素制剂或激素类似药物使同群母畜在同一时间结束黄体期，同步进入卵泡期，进而达到同期发情、排卵的目的。同期发情技术在畜牧生产中主要应用于母猪、奶牛与奶山羊等母畜养殖过程中的批次化管理，可以有效提高母畜利用效率。同时，也用于体外受精、胚胎移植、克隆动物生产中的受体母畜的同期处理。

## （二）同期发情的技术要领

**1. 同期发情诱导所用药物**　　同期发情总体上有两种策略，一种是通过孕激素类药物延长黄体期，然后同时停药使该群的所有用药母畜在同一个时间失去外源性孕激素的抑制，随后同时进入卵泡期，以达到同期发情的效果。另一种策略是通过前列腺素类药物使整群用药母畜的黄体同时溶解，接着同时进入卵泡期，实现同期发情。同期发情技术的应用在猪、牛、羊等不同物种的生产中有所不同，以下主要列举奶牛、猪和奶山羊的母畜同期发情技术。

**2. 牛的同期发情**　　在生产中，多数母牛在较长一段时期处于泌乳期，且泌乳期内仍可能存在黄体，因此可以使用孕激素法或前列腺素法或孕激素与前列腺素联合使用法以达到同期发情的目的。

（1）孕激素法　　常用的孕激素有黄体酮、甲羟孕酮、甲地孕酮、氯地黄体酮和18炔诺孕酮等。投药方式可采用阴道栓塞、埋植、注射等方法。使用孕激素进行同期发情操作时分为短期处理和长期处理两种类型。长期（16～18d）使用孕激素，使得多数母牛的黄体期得以延长，在停药后发情时间齐整、同期率较高，但首次发情配种的受胎率相对较低，待第一个发情周期过后，后续自然发情时受胎率会相对提高。短期（9～12d）使用孕激素时，在停药后，由于母畜群中一些个体有可能仍处于天然黄体期内，导致母畜群发情同期率相对降低，但受胎率受影响较少。根据孕酮给药方式的不同分为阴道栓塞法、埋植法、口服法与注射法4种。

1）阴道栓塞法。该法是在母牛阴道中塞入栓塞物的方法。可以使用不同材料作为栓塞物，如海绵块、泡沫塑料块或硅橡胶环等。在塞入栓塞物前，让其吸附一定量的孕激素制剂，使用开膣器打开母畜阴道，用长柄钳夹带栓塞物放在子宫颈口位置，使栓塞物中的激素得到缓慢释放。处理结束时，将栓塞物取出即可。与此同时，可以肌内注射 eCG，以促进多个卵泡的同时发育。

2）埋植法。埋植法就是将足够剂量的孕激素制剂装入埋植物内，如装入管壁有孔的塑料管或硅胶管内，使用套管针或埋植器将药物埋入母牛耳朵背部皮下，一定时间后再做切口将药管取出即可，同时肌内注射 PMSG 以促使卵泡期到来。需要注意的是，在埋植后需定期查看母畜埋植部位，避免出现埋植物脱落，或者埋植部位感染的情况。

3）口服法。口服法就是在母畜饲料中每天添加必要剂量的孕激素，不间断地饲喂一定天数后，所有母畜同时停止饲喂，以达到同期发情的效果。使用此方法时需注意，母畜群中个体之间的差异导致采食会有所不同，如果采用集体饲喂法会对同期发情率造成一定的影响，最好单个饲喂以达到较好的效果。

4）注射法。注射法就是直接将孕激素注射到母畜体内，每天将足够剂量的孕激素通过肌内注射或皮下注射的方式注入母畜体内，经过一段时间后停药，即可达到同期发情的效果。需要注意的是，注射法需要每天对母畜群中的每个个体进行注射，使用此方法时剂量比较准确，发情同期率较高，但操作相对烦琐，每日进行注射对母畜会产生一定的应激。

（2）前列腺素法　　PGF$_{2\alpha}$ 可导致功能性黄体的溶解，降低血液和黄体中孕酮的浓度，其作用机制是前列腺素可对黄体细胞膜造成损伤，诱导黄体细胞产生凋亡，最终演变为黄体的结构性溶解。黄体溶解后母畜血液中的孕酮水平下降，进入卵泡期，卵巢中的卵泡发育成熟。通过前列腺素处理缩短同群母畜的黄体期，进而达到同期发情的目的。前列腺素给药时，可通过肌内注射和子宫注入两种方法进行。与子宫注入相比，肌内注射具有操作简便快捷的优点，但由于不是直接作用于靶向部位，用药量较多。子宫注入虽然相对来说操作有一定的难度，但药物可以直接作用于靶向部位，具有用药量较少的优点，注入子宫颈的用量为 1~2mg。高效 PGF$_{2\alpha}$ 类似物制剂，如氯前列烯醇肌内注射 0.5mg 即可。虽然前列腺素可溶解成熟黄体，但对新生成的黄体溶解效果较差。在母牛发情周期 6d 后给予前列腺素具有较好的效果，但对于发情周期前 5d 的新生黄体使用前列腺素后母牛无反应或反应不明显，所以在使用前列腺素法时需进行二次处理，针对新生黄体期的母牛经 10~12d 后进行第二次处理，相较第一次处理来说，第二次处理后母牛同期发情率会有一定的提高。因投药后黄体溶解需要一定的时间，所以和孕激素处理相比，前列腺素法的发情时间稍晚。

（3）孕激素和前列腺素联合使用法　　孕激素短期处理与前列腺素法结合会起到较好的效果。在单独使用时，孕激素短期处理虽然对受胎率影响较少，但母畜群中一些个体可能仍处于天然黄体期内，导致母畜群发情同期率相对降低。另外，在采用比较方便的口服法时，将孕激素加入饲料后，母牛个体之间的采食量有所不同，导致黄体期延长后的时间有所差异，但结合使用前列腺素法后这些问题均得到很好的解决。在孕激素处理结束前 1~2d 注射前列腺素，同时溶解处于不同发育阶段的功能性黄体，可以保证较高的母牛发情同期率。处理结束时配合使用 PMSG，可提高同期发情率和受胎率。在同期发情处理结束后，注意观察母牛的发情表现并进行输精，如发情时间集中则进行定时输精。

**3. 羊的同期发情**　　奶山羊是季节性发情动物，一般在秋冬季随日照变短而出现发情。随着奶山羊养殖的规模化发展，一些养殖场为了保障稳定供应羊奶并充分开发母羊繁殖潜力，会对奶山羊实施同期发情和超数排卵，在实现批次化生产的同时还能增加母羊的繁殖效率。

（1）孕激素阴道栓（孕激素＋eCG＋PGF$_{2\alpha}$＋LHRH-A$_3$）策略　　置入含有孕酮的阴道栓 5~12d 或 13~18d（阴道栓取出前 48~24h 注射 300IU eCG 可提高母羊卵泡发育率及双羔率），取出阴道栓后注射 PGF$_{2\alpha}$ 或其类似物，取出后 36~60h 母羊发情，个别羊会在 36h 内或 60h 后发情。在阴道栓取出后 54～56h 定时输精。输精前或输精时肌内注射 LHRH-A₃ 6μg/只。

（2）PGF$_{2\alpha}$（2 次注射）策略　　第 1 天上午注射 PGF$_{2\alpha}$，第 7～9 天或第 11～12 天（间隔 6～8d 或 10～11d）的上午注射 PGF$_{2\alpha}$，第 9～11 天或第 13～14 天的下午进行定时输精（即最后一次注射 PGF$_{2\alpha}$ 后 54～56h）。

（3）GnRH＋PGF$_{2\alpha}$＋GnRH 策略　　第 1 天上午注射 GnRH，第 7 天的上午注射 PGF$_{2\alpha}$，第 9 天的下午注射 GnRH 或 hCG（即注射 PGF$_{2\alpha}$ 后 56h）。第 10 天的上午进行定时输精。

（4）PGF$_{2\alpha}$＋GnRH 策略（2 次注射）　　　第 1 天上午注射 PGF$_{2\alpha}$ 和 GnRH，7d 后再次注射 GnRH，14d 后再次注射 PGF$_{2\alpha}$，第 16 天的下午注射 GnRH 或 hCG（即最后一次注射 PGF$_{2\alpha}$ 后 56h），第 17 天的上午进行定时输精。

**4. 猪的同期发情**　　母猪的生产中，哺乳期母猪统一断乳后，由于失去仔猪对乳头和乳腺的刺激，血液中 PRL 水平迅速下降，导致下丘脑分泌 GnRH 水平重新上升，进而刺激腺垂体释放 FSH 和少量 LH 以促进卵泡发育成熟。发育的卵泡产生 E₂ 促使母猪表现出发情，当 E₂ 分泌至一定水平时，抑制 FSH 分泌同时引发 LH 峰，最终导致卵泡破裂排卵。因此，在繁母猪可以通过统一断乳以达到初步同期溶解黄体的目的。在后备母猪群中，同一批次母猪个体生理阶段不同，卵泡处于不同阶段，因此常通过持续饲喂孕酮类药物（烯丙孕素）可以调控后备母猪的黄体同步溶解。母猪的同期发情中常常先对猪群进行同步溶解黄体后，再使用外源性促性腺激素如 PMSG、hCG 和猪促黄体素（pLH）。生产中，母猪的具体同期发情方案如下。

（1）后备母猪的同期发情方案　　后备母猪同期发情时，首先持续 18d 连续不断地饲喂烯丙孕素，停药 42h 后注射 1000IU 的 PMSG 以保证卵泡发育同步化，PMSG 注射 80h 后再次注射 100μg GnRH（GnRH 类似物 Buserelin 或 Triptorelin）以促进同时排卵，在此后的 24h、40h 进行 2 次人工授精（精液中添加 10μg 催产素效果更佳）。

（2）哺乳母猪的同期发情方案　　对哺乳 3 周以上的母猪统一断乳，24h 后注射 1000IU 的 PMSG 以保证卵泡发育同步化，72h 后注射 100μg 的 GnRH 类似物（Buserelin 或 Triptorelin）以促进同时排卵，在此后的 24h、40h 进行 2 次人工授精（精液中添加 10μg 催产素效果更佳）。

## 二、定时输精

### （一）定时输精的原理与应用

定时输精是通过外源的生殖激素或其他人工干预处理，使母畜群卵泡发育和排卵同步化，进而在适当时间段进行人工授精，从而达到同步化生产的目的。该技术是一项将同期发情与人工授精相结合的生产技术。一方面可以实现对良种公畜种质资源的高效利用，另一方面可以使母畜在预期时间内同步妊娠，实现批次化繁殖。定时输精技术广泛应用于猪、牛、羊的繁育生产中。

### （二）定时输精的技术要领

**1. 定时输精所需材料**　　定时输精诱导母畜排卵时需要用到 PMSG、HCG、FSH 和 PGF$_{2\alpha}$ 等生殖激素，人工授精时一般采用良种公畜的新鲜精液或冷冻精液，稀释或解冻后经过精液品质检查，排除活力低下或带有传染病原的精液，有条件还可以在精液中添加催产素（10μg/次），以提高授精成功率。

**2. 定时输精的方案**　　在母畜同期发情后的合适时间输精是定时输精的关键，猪的定时输精一般为在 GnRH 或 hCG 注射后的 24h、40h 先后进行 2 次人工授精（每次在精液中添加 10μg

催产素授精效果更佳）。奶山羊的定时输精一般为孕酮栓取出后 54～56h 或最后一次注射 PGF$_{2\alpha}$ 后 54～56h。准确地把适量精液输送到母畜生殖道中最适当的部位，是采用人工授精技术获得较高受胎率的最后一个关键环节。通过发情鉴定了解排卵时间是确定输精时间的依据。两次输精的间隔时间牛、羊为 8～10h，猪 12～18h，马隔日输精。

（三）影响定时输精效果的因素

影响畜群同期发情和人工授精的因素均会影响定时输精效果，其中激素稳定性、母畜群体的生理差异和人工授精技术质量和熟练度是影响定时输精效果的关键因素。

**1. 激素稳定性** 定时输精技术依赖于同期发情中外源生殖激素或对于母畜的生殖调控，因而激素的活性和稳定性会严重影响同期发情进而影响定时输精的效果。常用的 FSH 为动物垂体提取物，批次间的纯度和活性常常存在一定差异，而且其中常常含有 LH 等其他垂体来源激素，导致其在诱导提升母畜卵泡发育和排卵效果上存在差异。

**2. 母畜群体的生理差异** 不同品系、不同胎次、不同饲养条件等因素均可能导致母畜对生殖激素的敏感性存在差异，过高的环境温度常常导致母畜无法发情，因此需要根据养殖场中母畜的品系、胎次和饲养管理条件因地制宜调整同期发情中激素的种类和用量，制定最佳的定时输精程序。

**3. 人工授精技术质量和熟练度** 定时输精技术需要在较短时间内给予大量母畜人工授精，因此对人工授精的质量和熟练度都有较高的要求，不仅需要品质较高的公畜精液，而且还需要人工授精技术员具有较高的技术熟练度。

## 主要参考文献

白献晓，向前．2002．水貂高效饲养指南［M］．郑州：中原农民出版社．

包玉清．2008．宠物解剖及组织胚胎［M］．北京：中国农业科学技术出版社．

博兰德．2007．分子内分泌学［M］．3版．北京：科学出版社．

陈北亨，康承伦．1980．骆驼的繁殖生理（第一报）骆驼生殖器官的解剖［J］．畜牧兽医学报（1）：1-8．

陈北亨，王建辰．2001．兽医产科学［M］．北京：中国农业出版社．

韩欢胜．2021．梅花鹿 貉生产技术［M］．北京：中国农业出版社．

侯放亮．2005．牛繁殖与改良新技术［M］．北京：中国农业出版社．

侯振中，田文儒．2011．兽医产科学［M］．北京：科学出版社．

姜海春，罗生金．2020．舍饲圈养骆驼饲养与繁殖技术［J］．黑龙江动物繁殖，3：53-55．

李长生．2009．实用养狍新技术［M］．北京：金盾出版社．

李翔．2019．猫解剖学与组织学图谱［M］．北京：化学工业出版社．

梁书文．2008．宠物繁殖［M］．北京：中国农业科学技术出版社．

刘国世．2009．经济动物繁殖学［M］．北京：中国农业大学出版社．

刘永明，赵四喜．2015．牛病临床诊疗技术与典型医案［M］．北京：化学工业出版社．

任东波，王艳国．2006．实用养貉技术大全［M］．北京：中国农业出版社．

王春璵．2008．奶牛场兽医师手册［M］．北京：金盾出版社．

王峰．2005．动物繁殖［M］．北京：中国农业大学出版社．

王建辰．1993．家畜生殖内分泌学［M］．北京：中国农业出版社．

王明义，袁金．1976．水貂生殖器官的结构与交配［J］．动物学杂志，（1）：37-38．

余四九．2022．兽医产科学（精简版）［M］．2版．北京：中国农业出版社．

张家骅．2007．家畜生殖内分泌学［M］．北京：高等教育出版社．

赵世臻，沈广．2001．中国养鹿大成［M］．北京：中国农业出版社．

赵兴绪．2002．兽医产科学［M］．3版．北京：中国农业出版社．

赵兴绪．2009．兽医产科学［M］．4版．北京：中国农业出版社．

赵兴绪．2016．兽医产科学实习指导［M］．5版．北京：中国农业出版社．

赵兴绪．2017．兽医产科学［M］．5版．北京：中国农业出版社．

赵兴绪，张勇．2002．骆驼养殖与利用［M］．北京：金盾出版社．

赵裕芳．2013．茸鹿高产关键技术［M］．北京：中国农业出版社．

朱妙章，倪江，迟素敏，等．2010．内分泌生殖生理学实验技术方法及其进展［M］．西安：第四军医大学出版社．

朱士恩．2015．动物繁殖学［M］．6版．北京：中国农业出版社．

König H E, Liebich H G. 2009. 家畜兽医解剖学教程与彩色图谱［M］．3版．陈耀星，刘为民，译．北京：中国农业大学出版社．

Kustritz M V R. 2022. 犬猫临床繁殖与产科学［M］．白喜云，赵树臣，张志平，译．沈阳：辽宁科学技术出版社．

Derakhshani H, Fehr K B, Sepehri S, et al. 2018. Invited review: Microbiota of the bovine udder: Contributing factors and potential implications for udder health and mastitis susceptibility [J]. J Dairy Sci, 101:10605-10625.

Gilbert R O, Shin S T, Guard C L, et al. 2005. Prevalence of endometritis and its effects on reproductive performance of dairy cows [J]. Theriogenology, 64: 1879-1888.

Graham M, Scott W. 2011. Equine Clinical Medicine, Surgery and Reproduction [M]. Boca Raton: CRC Press.

Jackson P G G. 2004. Handbook of Veterinary Obstetrics [M]. 2nd ed. London: Elsevier Ltd.

Noakes D E. 1996. Arthur's Veterinary Reproduction and Obstetrics[M].6th ed. London:Sauders Ltd.

Noakes D E, Parkinson T J, England G C W. 2009. Arthur's Veterinary Reproduction and Obstetrics [M]. 9th ed. London: Elsevier Ltd.

Noakes D E, Parkinson T J, England G C W. 2019. Arthur's Veterinary Reproduction and Obstetrics [M]. 10th ed. London: Elsevier Ltd.

Roberts S J. 1971. Veterinary Obstetric and Genital Diseases (Theriogenology) [M]. 2nd ed. Ann Arbor: Edwards Brothers, Inc.

Vannuccini S, Bocchi C, Severi F M, et al. 2016. Endocrinology of human parturition [J]. Ann Endocrinol, 77:105.